ISBN 978-0-260-98166-0
PIBN 10997094

für

Mineralogie, Geognosie, Bergbau

und

Hüttenkunde.

Herausgegeben

von

Dr. C. J. B. Karsten,

Königl. Preuſs. Geheimen Ober-Berg-Rathe und ordentlichem Mitgliede der Königl. Akademie der Wissenschaften.

Siebenter Band.

Mit zwölf Kupfern und Karten.

Berlin, 1834.
Gedruckt und verlegt
bei G. Reimer.

Inhalt.

II. Notizen.

Zweites Heft.

I. Abhandlungen.

II. Notizen.

Archiv

für

Mineralogie, Geognosie, Bergbau und Hüttenkunde.

Siebenten Bandes

Erstes Heft.

I.

Abhandlungen.

1.

Ueber die Anfertigung der Hartwalzen von Gufseisen.

Von

dem Herrn Geh. Ober-Bergrath und Berghauptmann **Martins.**

Der Verein zur Beförderung des Gewerbfleifses in Preufsen, welcher es zu den Mitteln für seinen Zweck zählt, Gegenstände von Interesse für die Gewerbe zur öffentlichen Preisbewerbung zu bringen, hatte schon im Jahr 1822 einen Preis auf ein zuverläfsiges, unfehlbares Verfahren ausgeboten, harte gegossene Walzen aus inländischem Material zu fertigen, die denselben Grad von Brauchbarkeit und Dauerhaftigkeit haben, wie gute Walzen aus gehärtetem Stahle. Die näheren Bedingungen bestanden darin, dafs ein Paar Walzen geliefert werden sollte, von wenigstens 5 Zoll Durchmesser und von 10 Zoll Länge, welches den nöthigen Proben, hinsichtlich ihrer Gleichmäfsigkeit, Härte und Dauerhaftigkeit, unterworfen werden könne. Die runden Zapfen sollten 2½ Zoll Länge und 2½ Zoll Durchmesser haben; die viereckigen Zapfen auf der einen Seite 3 Zoll, auf der andern 4 Zoll Länge. Die Probe aber sollte darin bestehen, dafs drei Monate hindurch Tomback unter den Walzen gestreckt wird, und zwar bei dem ersten Durchgange 2 Zoll, und bei jedem Durchgange nach dem Glühen 1 Zoll mehr. Die Walzen sollten dabei wohlfeiler, als die des Auslandes von gleichem Durchmesser und gleicher Länge sein.

Jener Preisaufgabe waren noch folgende Bemerkungen hinzugefügt:

„Die Walzen, deren sich unsere Metallarbeiter bedienen, sind kostbar und gewöhnlich von geringer Dauer. Sie sind aus Eisen und Stahl gefertigt, und zwar so, dafs der mittlere Theil und die Zapfen aus Eisen, die cylindrische Oberfläche aber aus einem aufgeschweifsten stählernen Ringe besteht, welcher nach dem Abdrehen gehärtet wird. — Das Aufschweifsen sowohl als das Härten pflegt bei der gröfsten Aufmerksamkeit selten vollkommen zu gelingen."

„Es ist daher von Wichtigkeit, vollkommenere gegossene Walzen darzustellen, wovon die Möglichkeit im Auslande nachgewiesen ist. Die englischen gegossenen Walzen sind im Bruche dem Stahle ähnlich; ihre Härte nimmt von der Oberfläche bis zum Mittelpunkte allmählig ab, und man hat es dahin gebracht, zu bestimmen, wie tief sie hart sein sollen."

„Bei den hier gemachten Versuchen, Walzen von weifsem Gufseisen darzustellen, ist keine gleichförmige Härte derselben erlangt worden; diese war vielmehr nach der Entfernung vom Eingusse verschieden. Was die Lioner Walzen betrifft, so sind von einem Mitgliede des Vereins Bruchstücke derselben niedergelegt worden, um den Preisbewerbern Merkmale ihrer Beschaffenheit darbieten zu können."

Der Termin zur Lösung dieser Preis-Aufgabe ist seitdem von Jahr zu Jahr verlängert; die Aufgabe selbst aber im Jahre 1830 dahin modifizirt worden, daſs die Bedingung des inländischen Materials zu den Walzen fallen gelassen ist, und vom Jahre 1831 an dahin gestellt, daſs der Preis demjenigen verheiſsen worden,

„welcher harte gegossene Walzen fertigt, die den„selben Grad von Dauerhaftigkeit und Brauchbarkeit „haben, wie gute Walzen aus gehärtetem Stahle. Es „muſs ein Paar Walzen geliefert werden, von min„destens 5 Zoll, höchstens 5½ Zoll Durchmesser und „von 10 Zoll Länge, ohne die Zapfen; die runden „Zapfen müssen 2½ Zoll Länge und 2⅛ Zoll Durch„messer, die viereckigen Zapfen auf der einen Seite „3 Zoll, auf der andern 4 Zoll Länge haben."

„Die Probe soll darin bestehen, daſs drei Monate „hindurch ein Zain Tomback von 10 Zoll Länge dar„auf gestreckt, und zwar bei dem ersten Durchgange „2 Zoll und bei jedem Durchgange nach dem Glühen „1 Zoll mehr. Die Walzen müssen wohlfeiler, als „englische Walzen von Birmingham sein, welche bei „gleicher Länge und gleichem Durchmesser dort 120 „Thaler Preuſs. Courant kosten."

Zur Lösung dieser Preisaufgabe ist im Jahre 1824 ein Paar gegossener Walzen *), und im Jahre 1825 von demselben Einsender eine harte gegossene Walze **) bei dem Verein eingegangen, dessen Verhandlungen aber keine Nachrichten über die Prüfung dieser Walzen und deren Ergebniſs enthalten.

---

*) Jahrgang 1824. 6te Lieferung S. 215 der Verhandlungen.
**) — 1825. 2te — S. 50 - —

Im Jahre 1827 hat der Ober-Hütten-Inspektor Abt zu Rybnik in Schlesien dem Vereine eine kleine Walze eingesandt, welche er von einem ausländischen Eisenhüttenbesitzer mit dem Wunsche, dafs der Verein sie prüfen und analysiren lasse, und mit dem Versprechen erhalten hatte, „dafs der Einsender, wenn die Walze gut befunden werde, sein Verfahren in den Preufsischen Staat verpflanzen wolle." *) Diese kleine gegossene Walze ist, nachdem ein zweites geschmiedetes Exemplar dazu angefertigt worden, im Jahre 1828 auf Veranlassung des Vereins geprüft und vollkommen brauchbar gefunden **); es ist aber nicht bekannt geworden, ob der Einsender sein Versprechen erfüllt hat.

Die Verhandlungen des Vereins vom Jahre 1832 erwähnen in dem Protokolle von der Februars-Versammlung des Schreibens eines Auswärtigen, welcher dem Vereine anzeigt, „dafs er sich seit Jahren mit der Lösung der Preis-Aufgabe, harte gegossene Walzen zu fertigen, beschäftigt habe und im Begriff stehe, ein Probepaar einzusenden" †); und in dem Protokolle von der Juli-Versammlung der Anzeige eines auswärtigen Mechanikers, „dafs er bereits früher hart gegossene Walzen in seiner Werkstatt gefertigt habe, die in keiner Beziehung den besten Stahlwalzen nachstanden; dafs ein Paar solcher Walzen schon seit einem Jahre in einer Neusilber-Fabrik zur völligen Zufriedenheit des Besitzers arbeiten, welche aber nicht die in der Preisaufgabe geforderten Dimensionen haben; und dafs ein neuerdings angefangenes Walzenpaar in Folge anderweitiger dringender Arbeiten einstweilen habe zurückgelegt werden müssen." ††)

---

*) Jahrgang 1827. 5te Lief. Seite 217 der Verhandlungen.
**) — 1828. 6te — — 295 - -
†) — 1832. Seite 38 der Verhandlungen.
††) — — — 151 - -

In der Februars-Versammlung desselben Jahres wurde auch „eine hart gegossene Walze vorgezeigt, welche von einem Berliner Mechaniker aus einem ihm überlieferten rohen, in eisernen Schalen hart angefertigten Gufsstück nach den in der Preisaufgabe geforderten Dimensionen abgedreht worden ist." *) Diese Walze, von welcher in dem Protokolle bemerkt ist, „dafs die Arbeit allgemeine Bewunderung gefunden habe, da doch das Gufsstück glashart ist", war in der Königl. Eisengiefserei zu Berlin, auf Verlangen des Bestellers, vom härtesten weifsen, aus Wiesenerzen gewonnenen Roheisen gegossen, und hatte der Länge nach einen Hartsprung, welcher sie zur Anwendung unbrauchbar machte.

Das Königl. Ober-Bergamt für die Brandenburg-Preufsischen Provinzen übersandte dem Vereine unterm 29. Juni 1832 ein Probepaar hart gegossener Walzen, welches nach den in der Preisaufgabe vorgeschriebenen Dimensionen in der Königl. Eisengiefserei zu Berlin gefertigt ist, zur Prüfung, und erklärte bei günstigem Erfolge sich bereit, dem Vereine das Verfahren zur Anfertigung solcher Walzen mitzutheilen, ohne auf Ertheilung des Preises Anspruch zu machen. **) Der Verein hat die Versuche mit diesem Walzenpaare nach Vorschrift der Preisaufgabe eingeleitet und als Ergebnifs dieser Versuche enthält das Protokoll von der Versammlung im Monat Juni 1833 den auf den Bericht der Abtheilung für Mathematik und Mechanik gegründeten Ausspruch:

„dafs diese Walzen den Forderungen, wel-
„che der Verein gestellt hatte, ganz ent-

---

*) Jahrgang 1832. S. 39 der Verhandlungen.
**) — — S. 151 — —

„sprechen, und dafs daher die frühere „Preisaufgabe als gelöst betrachtet wer- „den kann." *)

Dem Königl. Ober-Bergamte blieb nun noch übrig, sein dem Vereine zur Beförderung des Gewerbfleifses in Preufsen gegebenes Versprechen der Mittheilung des Verfahrens zur Anfertigung solcher Hartwalzen zu lösen, und dieser Aufgabe werde ich mich in dem Nachfolgenden zu entledigen versuchen.

Die Länge des zehnjährigen Zeitraums, welcher zwischen der Aufstellung und der Lösung einer Preisaufgabe verflossen ist, die, von mannichfachem Interesse für das Gewerbe, viele Concurrenz erwarten liefs, deutet schon darauf hin, dafs, so einfach die Aufgabe an sich erscheint, deren Lösung doch viel Schwierigkeiten gefunden und viele Versuche erfordert hat. Es scheint mir, wenn auch nicht für den Fabrikanten, welcher der Hartwalzen bedarf, doch für den, welcher deren Anfertigung unternimmt, nützlich zu sein, die Mittheilungen darüber nicht auf die Beschreibung des bei der Darstellung der Probewalzen in der Königl. Eisengiefserei zu Berlin beobachteten Verfahrens zu beschränken, sondern auch den Gang und Erfolg der Versuche anzugeben, welche dahin geführt haben; um so mehr, als die Verschiedenheit des Materials und der Betriebs-Einrichtungen anderer Eisengiefsereien, Abweichungen erfordern können, bei denen die Bekantschaft mit jenen Versuchen die Wahl erleichtern und dem Fabrikanten manchen kostbaren und zeitraubenden Versuch ersparen dürfte.

Bei einer Reise nach Grofsbritanien, welche den Oberbergräthen Eckardt und Krigar im Jahre 1814

---

*) Jahrgang 1833, 3te Liefer. S. 128 der Verhandlungen.

zu dem Zwecke übertragen wurde, die Fortschritte kennen zu lernen, welche die Engländer während der Zeit, wo die Verbindung mit dem Kontinente gestört war, in der Bearbeitung des Eisens zu Gufswaaren, zu geschmeidigem Eisen, zu Blechen und zu Stahl, in der Anwendung des Gufseisens und im Maschinenwesen gemacht hatten, wurde die Anfertigung der verzinnten Eisenbleche (Weifsbleche) für einen Gegenstand von besonderer Wichtigkeit für die vaterländische Industrie gehalten, da dieser, seitdem in Preufsen fast ganz ersterbene, Zweig des Eisenhüttenbetriebes, sich bei uns in beiläufig 40 Jahren noch wenig über das erste Aufkeimen erhoben hatte, in den englischen Eisenfabriken hingegen zu einem kräftigen Stamme emporgewachsen war, der seine in Schönheit und Wohlfeilheit unübertroffene Früchte über den ganzen kultivirten Erdkreis verbreitete.

Nach Beendigung der Reise im Jahre 1815 wurde zuerst für die Verbesserung der Eisengiefseren und Formereien und für die Anlegung von Sturzblech- und Kupfer-Walzwerken die Thätigkeit der genannten Reisenden in Anspruch genommen, welche sich in Bezug auf die Weifsblech-Fabrikation vorläufig damit begnügen mufsten, durch ihre Reiseberichte den Beweis abzulegen, dafs sie deren Einrichtungen und Betrieb in England gut beobachtet und hinreichend kennen gelernt hatten, um solche ins Vaterland verpflanzen zu können. Sie hatten sich dabei überzeugt, dafs die Vollkommenheit der englischen verzinnten Bleche hauptsächlich der Härte, Akkuratesse und schönen Politur der dazu angewendeten Walzen zuzuschreiben sei; sie hatten die Vorrichtungen zu deren Anfertigung, das Formen, den Gufs, das Abdrehen und Poliren gesehen, und man durfte hoffen, mit dieser Vorarbeit für die beabsichtigte

Anlage einer Weifsblechfabrik zeitig genug zur Vollendung zu kommen, als im Jahre 1821 auf der Berliner Eisengiefserei die Vorrichtungen zum Hartwalzengufs, nach den Angaben des Oberbergraths Krigar, getroffen und zu Anfange des Jahres 1822 die Versuche damit begonnen wurden.

Die wesentlichsten Bedingungen bei den Hartwalzen sind: gleichmäfsige bedeutende Härte und Dichtigkeit, Reinheit der Oberfläche des Walzenkörpers und Festigkeit der Walzenzapfen. Beide, in der Natur des Roheisens einander entgegengesetzte, Eigenschaften, Härte und Festigkeit, finden sich in keiner Gattung desselben in dem Grade vereinigt, wie es die Bestimmung der Hartwalzen erfordert. Man hat daher früher den Zweck durch mechanische Vereinigung festern geschmeidigen (Schmiede-) Eisens zu den Zapfen, mit einer harten Masse zu dem Walzenkörper zu erreichen gesucht und, weil das Gufseisen eine feste Verbindung mit dem geschmiedeten Eisen, ohne letzteres in den Zustand des erstern zurückzuführen, nicht eingeht, seine Zuflucht dazu genommen, den äufsern Walzenkörper durch einen Stahlring zu bilden, welchen man über eine Zapfenspindel von Schmiedeeisen durch Schweifsung befestigt. Diese Methode, welche noch jetzt zu Anfertigung kleinerer Walzen angewendet wird, deren man sich in Münzstätten zum Strecken der Münzzaine, in Gold- und Silber-Manufakturen und in den sogenannten Lioner Fabriken zum Walzen des Lahns und in vielen andern Gewerben bedient, ist nicht nur kostbar, sondern auch zu gröfseren Walzen gar nicht anwendbar.

Das Gufseisen besitzt die Eigenschaft, durch Abschrecken, indem es durch plötzliches Abkühlen aus dem flüssigen Zustande schnell in den festen übergeht, dichter und härter zu werden. Jene Eigenschaft war einem jeden Eisenhüttenmanne längst schon bekannt, und wird bei den Eisengiefsereien auch dazu benutzt, um bei einzelnen Theilen einer Gufswaare diesen Zustand hervorzubringen, ohne die Festigkeit und Haltbarkeit des ganzen Gufsstücks zu gefährden; namentlich wird beim Gufs von Amböfsen der Theil der Form, welcher die Bahn des Ambosses giebt, durch eine starke gufseiserne Schale gebildet. Den Engländern welchen die Mechanik und das Fabrikwesen so viele nützliche Erfindungen verdanken, gebührt auch das Verdienst, diese Erfahrung bei der Darstellung gegossener eiserner Walzen zuerst benützt haben. Indem sie zur Gufsform des Walzenkörpers einen hinreichend starken gufseisernen Cylinder anwenden, die Zapfen davon aber in der gewöhnlichen Formmasse formen, erreichen sie den Zweck, den Zapfen und dem Kerne des Walzenkörpers die der Natur des zum Gufs angewendeten Roheisens zukommende Festigkeit zu erhalten, während die Oberfläche des Walzenkörpers durch das Abschrekken mittelst der gufseisernen Schale, härter und dichter wird.

Die ersten Versuche, welche mit dieser Methode des Hartwalzengusses in der Königl. Eisengiefserei zu Berlin gemacht sind, wurden auf Walzen von 18 Zoll Länge und 13 Zoll Durchmesser gerichtet; der Absicht, Dünneisen zur Weifsblechfabrikation damit zu walzen, entsprechend. Ein Cylinder von der doppelten Länge des Walzenkörpers, von festem grauen Koak-Roheisen gegossen, wurde bis zum gegebenen Durchmesser ausgebohrt und gab, nachdem er in der Mitte der Länge durchgeschnitten worden war, zwei Kapseln von 9 Zoll Eisenstärke, von denen jede an ihrem Umkreise 2 Einschnitte nach den Enden zu hatte, um die Krahnketten darin festzuhalten und jede zwischen 21 und 22 Centner wog (Taf. II. Fig. 3.).

Die cylindrischen Walzenzapfen sollten 10 Zoll Durchmesser und 6 Zoll Länge erhalten, sich mit einer prismatischen Füllung des Winkels an den Walzenkörper anschliefsen und jeder mit einem Kuppelungszapfen von 7 Zoll im Quadrat und 7 Zoll Länge versehen sein. Um diese Zapfen in Masse zu formen, wurden 2 cylindrische eiserne Formkasten von 13 Zoll Höhe und 18 Zoll Durchmesser gegossen, an den beiden Enden mit breiten Kränzen versehen, um mittelst Schrauben durch 4 geschmiedete eiserne Bolzen mit der Kapsel verbunden zu werden, in deren Stirnenden eben so viel korrespondirende Löcher zur Aufnahme der Bolzen ausgebohrt waren. Ein dritter Formkasten von gleicher Gröfse und Einrichtung, diente für die Form des verlornen Kopfes von 13 Zoll Höhe. Zum Einformen der Zapfen und des verlornen Kopfes bedurfte man, aufser den hölzernen Modellen von diesen Theilen, noch eines Gestelles von Holz, welches, aus 2 runden Scheiben von 13 Zoll Durchmesser bestehend, die durch 6 Seitenstäbe mit einander verbunden waren, genau in die eiserne Kapsel pafste (Taf. I. Fig. 2.). Beim Einformen wurde die eiserne Kapsel mittelst des Krahns auf eine horizontale Unterlage gestellt; das hölzerne Gestell hineingesetzt; ein Zapfen-Formkasten mittelst der Bolzen und Schrauben auf der obern Stirn der Kapsel befestigt; das mit hölzernen Zäpfchen am Boden versehene Modell zu dem Walzen- und Kuppelungs-Zapfen mittelst der in korrespondirende Löcher der obern Gestellscheibe passenden Zäpfchen auf der letztern in die richtige genau senkrechte Stellung gebracht und durch ein Gewichtstück beschwert; der Raum zwischen dem Modell und dem Formkasten mit einer aus der Hälfte Lehm und der Hälfte groben Mauersand zusammengesetzten, nicht zu fetten, Formmasse, die in Schichten von 4 bis 5 Zoll Höhe eingetragen, und mittelst eiserner Stampfkeulen fest eingestampft, wobei jede Schicht durch Auflockern der Oberfläche mit der folgenden verbunden wurde, ausgefüllt und die Oberfläche ganz glatt ab-, auch um das Modell herum noch besonders mit dem Streichbleche festgestrichen. Weil die Formmasse nicht zu feucht sein darf, so pflegt man, damit sie besser an den Wänden des Formkastens hafte, diese vor dem Aufsetzen des letztern mittelst eines Pinsels mit Wasser zu benässen. Da beide Walzen- und Kuppelungs-Zapfen von gleichen Dimensionen sind, so ist es gleichgültig, ob die zuerst eingestampfte Form beim Guſs der Walze den untern oder den obern Zapfen bilden soll. Im erstern Falle wurde der eingeformte Formkasten mittelst des Krahns von der Kapsel abgehoben, wobei das Modell in der Form verbleibt; hierauf wurde die Kapsel selbst, mit dem darin befindlichen Gestelle, mittelst des Krahns umgekehrt und auf der entgegengesetzten Seite der obere Zapfen auf dieselbe Weise eingeformt. Auf den Formkasten, welcher die Form zum obern Zapfen enthält, wurde nun, nachdem die obere Endfläche der Formmasse mit trocknem Streusand, als Ablösungsmittel, bestreut worden, der dritte Formkasten aufgesetzt und mittelst Bolzen und Splinte daran befestigt; das Modell zum verlornen Kopfe mit dem Zapfenmodelle, durch Zäpfchen an jenem und korrespondirende Löcher an diesem, verbunden und in gleicher Art, wie die Zapfenmodelle, eingeformt. Hierauf wurde der Formkasten zum verlornen Kopfe mit dem in der Form stekkenden Modelle, nachdem die Splinte gelöst worden, die ihn mit dem Zapfen-Formkasten verbanden, von dem letztern und dieser dann von der Kapsel, mittelst des Krahns abgehoben und ein jeder Formkasten in der Richtung, welche das Herausziehen des Modells aus der Form gestattet, auf die Hüttensohle gestellt; wobei, um einer Verletzung der untern Formfläche vorzubeugen, die Formkasten mit ihren Kränzen auf Unterlagen ruhen. Das Modell wurde, indem man eine eiserne Holzschraube einschrob, durch starkes Klopfen mit einem kleinen eisernen Hammer an derselben, von der Form gelöst und an der Holzschraube vorsichtig, ganz senkrecht aus der Form gezogen, und die Form, wenn sie dabei kleine Beschädigungen erlitten hatte, mit dem Streichbleche ausgebessert und an den scharfen Kanten mit einem nassen Pinsel sanft überfahren, damit nichts davon durch die Erschütterung beim Transport abbröckele. Die drei eingeformten Formkasten wurden dann auf einen eisernen Wagen gelegt und mit demselben in die Darrkammer gezogen; in dieser wurden die Formen durch zwei Nächte und den dazwischen liegenden Tag einer im verschlossenen Raume konzentrirten bedeutenden Hitze bei Steinkohlen-Feuerung ausgesetzt, und hierauf die sämmtlichen Flächen der noch warmen Formen mit einer aus Weizenmehl und Kohlenstaub im Wasser gekochten, dann mit Wasser verdünnten Schwärze mittelst eines starken Pinsels überzogen. Das Wasser der Schwärze wurde durch die warme Formmasse theils begierig aufgesogen, theils verdampft; indessen wurden die Formen, um alle Feuchtigkeit aus denselben vollständig zu entfernen, in der Nacht vor dem Abgufs noch einer gelinden Hitze in der Darrkammer überlassen.

Die erste nach der hier beschriebenen Methode geformte Hartwalze ist am 7. März 1822 aus dem Flammofen abgegossen worden. Der Theil der Form, welcher den untern Zapfen und den Walzenkörper bildet, wurde in die Dammgrube so tief eingelassen, dafs die obere

Stirn der Kapsel mit der Hüttensohle im Niveau stand. Von der Abstich-Oeffnung des Flammofens bis auf einen Fuſs Abstand von der Kapsel war eine Sandrinne für die Zuführung des geschmolzenen Eisens geführt, welche in acht Zoll Entfernung von ihrer Ausmündung in den Einguſs einen kleinen Sumpf bildete, in dem das flüssige Eisen gesammelt wurde, um durch Vorsetzschaufeln die Schlacken und Unreinigkeiten auf der Oberfläche zurückzuhalten und den Zufluſs nach Erforderniſs zu dirigiren. Der aus gebrannten Lehmröhren zusammengesetzte Einguſs senkte sich von der Einmündung der Sandrinne senkrecht bis unter die Tiefe der Form, wendete sich mit einer sanften Beugung nach unten in horizontaler Richtung der Form zu, und endete mittelst einer zweiten gleichen Beugung nach oben in dem Mittelpunkte der untern Zapfenform. Der Formkasten, welcher die letztere enthielt, ruhte auf einer mit Lehm bestrichenen guſseisernen Platte, welche im Mittel der Form eine Oeffnung für das sich daran anschlieſsende Ende des Einguſsrohrs lieſs. Bei der Vorrichtung der Form zum Guſs wurde zuerst der untere Theil des Einguſsrohrs mit seiner aufsteigenden Krümmung gelegt und fest eingedammt, darüber die eiserne Trageplatte genau horizontal abgewogen; darauf der untere Formkasten zur Kuppelungs- und Walzenzapfen-Form gestellt, und am Rande gegen die Trageplatte mit feuchtem Lehm verschmiert, und auf den Formkasten die vorher in der Darrkammer handwarm erwärmte Kapsel zu dem Walzenkörper. Dabei wurde zugleich der abfallende Theil des Einguſsrohrs mit dem untern Theile desselben verbunden, und dieses sowohl als der untere Formkasten und die Kapsel in der Dammgrube eingedammt. Die beiden obern Formkasten mit der zweiten Zapfenform und mit der Form des verlornen Kopfes wurden, an den Krahnketten befestigt, zur Hand gestellt; sie wurden deshalb nicht gleich mit der Kapsel verbunden, weil man es für nöthig hielt, beim Gufs die etwanigen Unreinigkeiten auf der Oberfläche des in die Kapsel aufsteigenden Eisens von den Wänden der Kapsel abzukehren. Dasselbe Verfahren hatten die Oberbergräthe Eckardt und Krigar in England gefunden. *)

Der Gufs ging gut von statten; es gelang ziemlich, den auf der Oberfläche des Eisens schwimmenden Schaum und andere Unreinigkeiten vom Eingusse und die sich mit hineinstürzenden Partikelchen von den Wänden der Kapsel, mittelst hölzerner Abkehrstäbe, zurückzuhalten. Als das steigende Eisen sich dem oberen Rande der Kapsel näherte, wurde das Abstichloch des Flammofens verpfropft, der Zuflufs zum Eingufs abgesperrt, die Eingufsmündung mit Sand verstopft und beschwert, und der obere Zapfenformkasten auf die Kapsel gestellt. Alle diese Operationen mufsten sehr rasch und gleichzeitig ausgeführt werden. Die Zapfenform wurde schnell und dann die mit derselben durch Aufsetzung und Versplintung des dritten Formkastens verbundene Form des verlornen Kopfes, mit dem in den Sümpfen und im Flammofenheerde zurückgebliebenen Eisen mittelst Kellen gefüllt.

Das Material-Eisen zu diesem Hartwalzengufs war von der Hälfte schlesischen Roheisens von hellgrauem, feinkörnigem, glänzendem Bruch, aus Brauneisenstein und Thoneisenstein bei Koak auf der Königshütte erzeugt, und der Hälfte aus Wiesenerzen, bei Holzkohlen

---

*) Die zum Gufs vorgerichtete Form ist Taf. 1. Figur 5. und mit dem darauf gesetzten obern Formkasten in Figur 6. vorgestellt.

im Hohofen bei Crossen gewonnenen, Roheisens, dessen Bruch dem des schlesischen ähnlich, doch etwas lichter und feiner war, zusammengesezt, weil zu diesem Zwecke das erstere allein für zu weich, das letztere allein für nicht hinreichend fest gehalten wurde. Beide Sorten Roheisen waren vorher im Flammofen der Berliner Eisengiefserei zusammengeschmolzen und die erhaltene Mischung, deren Bruchansehen ein halbirtes Eisen zeigte, indem die weifsen und die grauen Theile gleichförmig und fein vertheilt waren, bildete das Material, womit der Flammofen zum Hartwalzengufs besetzt wurde. Die Feuerung geschah bei beiden Operationen mit schlesischen Steinkohlen.

Nachdem die gegossene Walze ziemlich erkaltet aus der Form genommen war, zeigte sie sich mifsrathen; die Oberfläche des Walzenkörpers war weder glatt, sondern liefs in kleinen Furchen das allmälige Steigen des flüfsigen Eisens erkennen; noch rein, sondern zeigte Grübchen, Schaumstellen und Pokken. Im Bruche waltete die weifse Farbe vor, sowohl im Walzenkörper, als in den Zapfen; die Anzahl der feinen grauen Pünktchen, welche gegen die Oberfläche hin ganz fehlten, nahm nach der Mitte hinzu; die Bruchfläche war vom Körnigen mehr in's Ebene übergegangen, am Umfange des Walzenkörpers bis zu einem halben Zoll Tiefe feinstrahlig; bedeutend hart und spröde. Ein Versuch zum Abdrehen ergab eine ungleiche Härte; hin und wieder weichere Stellen.

Bei einem zweiten Probegusse von demselben Eisen, wobei man den Eingufs nicht von unten, sondern seitwärts, in den untern Kuppelungszapfen einmünden liefs, weil man annahm, dafs die Unreinigkeiten, welche beim ersten Versuche auf der Oberfläche des flüfsigen Eisens in dem Walzenkörper mit aufgestiegen waren, hauptsächlich von Lehmbröckeln herkommen möchten, die sich in dem untern liegenden Theile des Eingufsrohrs gesammelt, zeigten sich dieselben Erscheinungen. Die Kapsel hatte bei diesem zweiten Versuche einen feinen Rifs der Länge nach erhalten.

Ueberhäufte Bestellungen auf Gufswaaren und die Störungen, welche die Versuche mit dem Hartwalzengufse auf der Berliner Eisengiefserei theils veranlafsten, theils erlitten, führten zu dem Beschlufse, diefse Versuche, unter der Leitung des Oberbergraths Eckardt, in der auf dem Königl. Messingwerke zu Hegermühle befindlichen Eisengiefserei fortsetzten zu lassen, wohin die zweite Kapsel mit den übrigen Vorrichtungen zur Formerei gesandt wurde. Die gegossene eiserne Kapsel wurde, um dem Springen vorzubeugen, noch mit vier geschmiedeten eisernen Reifen von $2\frac{1}{2}$ Zoll Breite und 1 Zoll Stärke versehen. Ein Eingufsrohr wurde von Eisen gegossen, von zwei mit Laschen versehenen Hälften, deren innere Flächen mit Lehm ausgeschlagen, getroknet, geschwärzt und gebrannt, und dann durch Schrauben mit einander verbunden wurden. Es erhielt eine Länge von 4 Fufs 9 Zoll, welche hinreichte, den Einsturzpunkt, der bisher mit dem obern Rande der Kapsel im Niveau gelegen hatte, mit dem obern Rande des verlornen Kopfs in gleiche Ebene zu legen; die Weite von $5\frac{1}{4}$ Zoll am obern Ende nahm bis zum untern Ende, das sich in einer sanften Krümmung an den untern Formkasten so anschlofs, dafs das flüssige Eisen seitwärts in den Kuppelungszapfen treten mufste, allmählig bis zu $2\frac{1}{4}$ Zoll ab; von der früheren senkrechten Richtung wich es um beiläufig 10 Grad ab. Durch diese Veränderungen mit dem Eingufsrohre hoffte man den durch die Unreinigkeiten verursachten Fehlern an der Oberfläche des Walzenkörpers vorzubeugen, wenn diese Unreinigkeiten dem Lehmrohre und dem senkrechten heftigen Einsturze des flüfsigen Eisens in dasselbe zuzuschreiben sein sollten, und durch den höhern Druck und einen raschern Zuflufs des Eisens glaubte man die bei den vorigen Versuchen bemerkten kleinen Furchen am Walzenkörper zu vermeiden. Bei der Vorrichtung zum Gufs wurde der untere Formkasten zu den Zapfen in der mit dem Eingufsrohre korrespondirenden gröfsern Tiefe in den Formheerd eingesenkt und die Kapsel darauf gestellt, auch wurden Beide nebst dem Eingufsrohre mit Heerdsand umstampft. Die obern beiden Formkasten sollten, wie bisher, erst dann aufgesetzt werden, wenn das in die Form aufsteigende flüfsige Eisen den obern Rand der Kapsel erreicht haben würde. Um die Haltbarkeit der Zapfen zu vermehren, erhöhte man das Gestell und verlängerte dadurch den Walzenkörper um einen Zoll, wovon an jedem Ende der Kapsel die Hälfte mit dem Zapfenformkasten in Masse eingeformt wurde, und bewirkte dadurch, dafs der letzte halbe Zoll an beiden Enden des Walzenkörpers an der Abschrekkung des Eifens durch die Kapsel nicht Theil nahm.

Weil man sich von der zu den ersten beiden Versuchen bereiteten Mischung von schlesischem Bergerzroheisen von der Königshütte und von märkschem Wiesenerzroheisen, nach dem Bruchansehen keine zulängliche Haltbarkeit versprechen durfte, so beschlofs man die erstere Sorte Roheisen unvermischt anzuwenden, solches aber, damit es dem Walzenkörper von dem grauen Koakroheisen nicht an der verlangten Härte fehle, vorher im Frischheerde durchzulassen und dadurch zu weissen. Man würde ein Koakroheisen von lichtem feinem Bruch, wie es zuweilen vom Hohofen erfolgt, vorgezogen haben, ohne es durchzulassen; dergleichen war aber nicht vorhanden. Das auf dem benachbarten Eisenwerke Eisenspalterei erzeugte Durchlafseisen fiel von sehr ungleichartigem Ansehen aus: theils war es vollkommen grau geblieben, theils völlig weifs, theils lichtegrau von einem sehr feinkörnigem dichtem Bruch geworden. Von der letztern Beschaffenheit war die Mehrzahl der Stücke und diese wurden zum Walzengufs ausgesucht und im Flammofen bei Steinkohlenfeuerung, zum Nachfüllen aber von demselben Durchlafseisen noch 5 Centner im Cupolofen bei Koak eingeschmolzen. Das vom Flammofen erfolgte Eisen war indessen so strengflüfsig, dafs es beim Gufs die Kapsel nur bis zu $\frac{4}{5}$ der Höhe füllte, und da die im Cupoloofen bereit gehaltene Quantität für den übrigen Theil der Form nicht hingereicht haben würde, so blieb der Erfolg bei diesem dritten Versuche, dem ersten in Hegermühle, unvollendet. Die Oberfläche der Walze war rauh und löcherig; der Bruch des Eisens im Walzenkörper war dem des zum Umschmelzen ausgesuchten Durchlafseisens in der Farbe ziemlich gleich, selbst bis zur abgeschreckten Oberfläche hin; nur an einigen Stellen derselben gab sich der Einflufs der Abschreckung durch einen kaum eine Linie breiten halbirten Rand zu erkennen; auch erschien das Korn nach der Oberfläche zu feiner.

Zu dem vierten Versuche wurde die Gufsform um 7 Zoll verkürtzt, weil es in Hegermühle an einer Dammgrube fehlt, und man es für möglich hielt, dafs bei dem tiefern Einlassen der Form in den Formheerd, eine Anfeuchtung vom Grunde aus stattgefunden und zur Mattigkeit des Eisens beim vorhergehenden Versuche beigetragen haben könne. Statt des obersten Formkastens für den verlornen Kopf von 13 Zoll Höhe, wurde daher ein ähnlicher von 6 Zoll Höhe angefertigt; damit aber an dem Gewichte des verlornen Kopfes nichts verloren gebe, wurden die Modelle zu dem obern Zapfen und zu dem verlornen Kopfe dahin abgeändert, daſs, statt des vierkantigen Kuppelungszapfens von 7 Zoll Stärke und Länge und des darauf ruhenden verlornen Kopfes von 13 Zoll Länge, auf den runden Walzenzapfen von 10 Zoll Durchmesser ein abgestumpfter Kegel von 10 Zoll unterem und 8 Zoll oberem Durchmesser und 13 Zoll Höhe aufgesetzt und eingeformt wurde, aus dem dann der Kuppelungszapfen aus dem vollen Eisen ausgehauen werden sollte. Die Schwärze, womit die Masseform zum untern Formkasten überzogen war, hatte bei dem vorigen Guſse, indem sie durch das flüssige Eisen abgewaschen wurde, ein Stauben in der Kapsel verursacht, welches zur Verunreinigung der Wände Veranlaſsung gegeben haben konnte und die Beobachtung und Abkehrung der Oberfläche des steigenden Eisens gestört hatte. Bei dem vierten Versuche wurden daher die in Masse geformten Theile gar nicht geschwärzt. Da die Strengflüſsigkeit des im Flammofen verschmolzenen schlesischen Koakroheisens dem vorherigen Durchlassen desselben zugeschrieben werden muſste, so besetzte man den Flammofen, auf den Grund der Erfahrung: daſs das graue Holzkohlenroheisen durch das Umschmelzen bei Steinkohlen im Flammofen heller von Farbe und härter wird; mit schlesischem Roheisen aus dem mit Holzkohlen betriebenen Hohofen des Grafen von Henkel Siemianowitz zu Piasezna, welches bei einem im Ganzen grauen, grobkörnigen Bruche hin und wieder einzelne weiſse Stellen von blättrigem Gefüge zeigte, die anzudeuten schienen, daſs es bei einem übersetzten Gange des Hohofens erblasen sei. Der Guſs ging gut von statten; indessen fanden sich auf der Oberfläche des in die Kapsel aufsteigenden Eisens viele Unreinigkeiten, welche man mittelst eines hölzernen Stabes im

Mittelpunkte zu vereinigen bemüht war; die nach der Füllung der Kapsel aufgesetzten Formen zum zweiten Zapfen und zu dem damit verbundenen verlornen Kopfe wurden mit dem im Tümpel des Flammofens zurückgebliebenen Eisen voll gegossen. Die Walze war unbrauchbar; die Oberfläche des Körpers wenig glatt, voller Löcher, theils mit Massetheilchen, die von der Form abgebröckelt waren, theils mit Unreinigkeiten, die sich aus dem Eisen ausgeschieden hatten, angefüllt. Die Abschreckung zeigte sich sehr stark durch einen weifsen, strahligen Bruch, der sich vom Umfange bis auf drei Zoll tief erstreckte; dann ging er allmählig in den halbirten über, indem die grauen Punkte erst vereinzelt, dann nach dem Mittelpunkte zu immer häufiger erschienen, das strahlige Gefüge aber noch bis nahe an diesem zu erkennen war. Auch in den Zapfenstücken, welche durchweg ein halbirtes grobkörniges Eisen enthielten, waltete die weifse Farbe nach den Formflächen hin vor.

Bei dem fünften Versuche wurde der Eingufs, wie bei dem ersten in Berlin, von unten in die untere Zapfenform geführt, weil man der Zuführung von der Seite das Abbröckeln der Formmasse zuschrieb. Eine aus Lehm gebildete und gebrannte, in einem eisernen Kasten in Sand eingeformte Röhre schlofs sich, durch zwei sanfte Krümmungen, von der einen Seite an das $2\frac{1}{2}$ Zoll weite Ende des Eingufsrohrs an und mündete an der andern Seite mit einem bis auf $1\frac{1}{4}$ Zoll verengten Durchmesser unter dem Mittel des untern Zapfens in die Form aus. Um die gröfsere Tiefe zu ersparen, ging man mit der Form so hoch hinaus, dafs die obere Kante des obern Zapfenformkastens mit der Hüttensohle im Niveau lag. Um einen raschern Zuflufs des Eisens, von dem man eine glattere Fläche des Walzenkörpers hoffte, möglich zu machen, der bisher durch die Vornicht verzögert worden war, welche man anwenden mufste, um für das Abfangen des zufliefsenden Eisens den richtigen Zeitpunkt zu treffen, damit dasselbe den obern Rand der Kapsel gerade in dem Augenblicke erreichte, wo der obere Zapfenformkasten auf dieselbe aufgestellt und befestigt werden konnte, vereinigte man diesen Formsasten schon vor dem Gufs mit der Kapsel; damit hierdurch aber nicht die Beobachtung des in diese aufsteigenden Eisens und die Abkehrung der darauf schwimmenden Unreinigkeiten von den Wänden der Kapsel verhindert würde, änderte man das Modell dahin ab, dafs die Form, bis auf die Walzenzapfenlänge von 6 Zoll, den vollen Durchmesser des Walzenkörpers erhielt und sich von da ab für die Kuppelungszapfenlänge von 7 Zoll nur um einen Zoll verjüngte; worauf dann, nachdem die Form beim Gufs durch den Abstich von dem von unten aufsteigenden Eisen gefüllt war, die Form für den verlornen Kopf gestellt und schnell von oben durch Handkellen nachgegossen wurde. Da das Piasecznaer Holzkohlenroheisen bei der starken, selbst bis auf die Zapfen ausgedehnten Abschreckung, welche der vorhergehende Versuch ergeben hatte, keine genügende Haltbarkeit versprach, so wählte man zu dem fünften Versuche frisches Königshütter Koakroheisen von feinem grauen Bruche, der sich hiernächst durch das Umschmelzen wenig verändert zeigte und von einer Abschreckung in der Kapsel kaum etwas bemerken liefs. Das Eisen war matter, als bei dem vorigen Gufs, die Oberfläche des Walzenkörpers eben so fehlerhaft.

Die sechste Walze, bei deren Gufsvorrichtung die Ansatzröhre, um Abkühlung zu verhüten, nicht mit Sand, sondern mit Masse umstampft und diese getroknet worden war, wurde von derselben Sorte Roheisen, aber nicht im Flammofen, sondern diesmal im Copoloofen, bei Niederschlesischen Backkoaks, verschmolzen, um ein flüssigeres Eisen zu erhalten. Beim Abstich aus dem Cupoloofen war das Eisen auch gut flüſsig; da es aber, um den Abguſs rasch zu bewirken, erst in einem Sumpfe, wohin es in einer Sandrinne geleitet wurde, gesammlt werden muſste, und von diesem nicht in einem so starken Strohme, wie er aus dem Flammofen bei einer gröſsern Masse erfolgt, durch den nahe dahinter befindlichen Einguſs von unten auf in die Form trat, so wurde es bis dahin schon ziemlich matt, brachte auch, weil der schwache Strohm des Eisens den Einguſs nicht ganz ausfüllte, noch mehr Unreinigkeiten, als bisher, mit in die Form. Der Körper der abgegossenen Walze zeigte daher viele, dem matten Eisen und dem langsamen Zufluſs zuzuschreibenden ringförmigen Furchen und viele Löcher und Unebenheiten auf der Oberfläche. Der Bruch des Eisens hatte sich durch das Umschmelzen im Cupoloofen wenig verändert. Von den vier geschmiedeten eisernen Reifen waren bei diesem Guſs die beiden äuſsern mitten durch zersprungen; die Kapsel selbst war unversehert geblieben.

Zu den beiden folgenden Versuchen blieb die Guſsvorrichtung unverändert; die Kapsel wurde aber auf der innern ausgebohrten Fläche zu dem siebenten Guſse mit Graphit und zu dem achten mit einer aus Weizenmehl und Kohlenstaub, zu gleichen Theilen, gekochten und mit Bierhefen gemischten Schwärze ganz dünn überzogen, auch so stark angewärmt, daſs Wassertropfen darauf nicht zischten, aber schnell verdampften; auch wurden die Masseformen bei dem lezten Versuche, wie bei den drei ersten geschwärzt. Zu beiden wurde wieder Königshütter Koakroheisen im Cupoloofen umgeschmolzen. Um den Ofen gleich anfangs in gröſsere Hitze zu bringen, wurden nach der Füllung und dem

Anblasen zuerst nach einige leere Koakgichten gesetzt, und da die ersten Eisengichten ein matteres Eisen zu geben pflegen als die folgenden, bei denen die Hitze im Ofen zunimmt, so wurde jenes zu andern Gufswaaren abgestochen, bevor man das zum Walzengufs bestimmte Eisen im Heerde sammelte. Dennoch wurde der Zweck, ein recht flüfsiges Eisen zu erhalten, bei dem siebenten Gufs, vielleicht weil der Cupoloschacht nach der vorgenommenen Ausbesserung nicht hinreichend ausgetrocknet war, nicht erreicht, und da das in die Form steigende Eisen viel Unreinigkeiten, Schaum, Graphit, ausschied, welche von den Kapselwänden nicht nach Wunsch abgekehrt werden konnten, so fiel die Oberfläche des Walzenkörpers wieder rauh und löcherig aus. Das Eisen, wovon die achte Walze abgegossen wurde, war vollkommen flüfsig, flofs in einem starken Strohme rasch in den Eingufs, auch schien es, dafs die auf der Oberfläche schwimmenden Unreinigkeiten von den Wänden der Kapsel abgetrieben würden, und sich mehr in der Mitte konzentrirten. Bis auf ein kleines, nicht weit vom Zapfen entferntes Loch, welches durch ein mit dem Eisen in die Form geflofsenes Stückchen Kohle verursacht worden war, zeigte der Walzenkörper nach dem Erkalten eine reine Fläche, die nur nicht vollkommen glatt, sondern mit feinen vertieften, unregelmäfsig wolkenförmig gekrümmten Linien, den Zeichnungen ähnlich, welche sich auf damascirtem Eisen nach der Aetzung ergeben, bedeckt war.

Bruchstückchen vom Rande des Walzenkörpers hatten die unveränderte graue Farbe des zum Umschmelzen angewandten Koakroheisens; das Korn konnte man vielleicht etwas feiner nennen; am äufsersten Umfange zeigte sich ein ganz schwacher kaum bemerkbarer weifser Saum.

Die sechs Versuche, welche zu Hegermühle in der zweiten Hälfte des Jahres 1822 mit dem Hartwalzen-Guſs vorgenommen worden waren, hatten die Sache nicht viel weiter gefördert, als sie in Berlin nach den 2 ersten Versuchen verlassen war. Von den abgegossenen 6 Hartwalzen muſsten die ersten 5 als völlig unbrauchbar verworfen werden; die letzte wurde zwar zur Probe in Hegermühle abgedreht und ist auch, mit einer später in Berlin gegossenen Hartwalze, im Jahre 1824 zum Dünneisen-Walzen versucht worden; da aber der Walzenkörper schon beim Guſs wenig abgeschreckt war, und beim Abdrehen, wegen des bemerkten, durch ein Stückchen Kohle entstandenen Loches, noch der härtere dichtere Theil der Oberfläche weggenommen werden muſste, so zeigte sie sich bei diesem Versuche nicht viel härter, als eine in gewöhnlicher Masse gegossene Walze, lief sich bald hohl, wurde rauh, muſste oft nachgedreht werden, und trat der Zahl der miſsrathenen hinzu. So wie aus den beiden Berliner Versuchen die Erfahrung gewonnen war, daſs eine Mischung von schlesischem Bergerzroheisen und märkischem Wiesenerzroheisen zum Hartwalzenguſs nicht geeignet ist, so berechtigte der Ausfall des ersten und zweiten Hegermühler Versuchs zu der Folgerung, daſs das Durchlassen des schlesischen Koakroheisens vor dem Umschmelzen zum Hartwalzenguſs, in Bezug auf die Abschrekkung, mithin auf die Härte des Walzenkörpers, ohne wesentlichen Nutzen und wegen der durch diese Operation verminderten Flüſsigkeit des zum Zweitenmale geschmolzenen Eisens, für den Guſs nachtheilig ist, und daſs schlesisches Holzkohlenroheisen von einem nicht völlig grauen Bruche, durch das Umschmelzen im Flammofen bei Steinkohlen zu weifs, hart und spröde wird, um den Hartwalzen und insbesondere deren Zapfen hinreichende Haltbarkeit zu gewähren. Dagegen führten die übrigen vier mit schlesischem Koakroheisen ausgeführten Hegermühler Versuche noch zu keinem entscheidenden Urtheile über die Qualifikation dieser Eisensorte zu Hartwalzen. Nur bei einem derselben war das Eisen im Flammofen umgeschmolzen und zeigte sich für diesen Gufs zu matt; den Grund davon konnte man mit Recht dem Umstande zuschreiben, dafs der Hegermühler Flammofen, wegen seiner Lage und der damals noch zu geringen Höhe seines Schornsteins, keinen recht guten Zug hatte und deshalb, vielleicht auch weil es bei der seltenen Benutzung desselben dem Hegermühler Schmelzer an Erfahrung fehlte, das Schmelzen zu lange dauerte, das Eisen der Flamme zu lange ausgesetzt blieb. Dafs dieses graue schlesische Koakroheisen in Cupoloofen geschmolzen zum Hartwalzengufs zu weich erfolgen würde, liefs sich schon im Voraus absehen, und der Grund, weshalb man demungeachtet zu den letzten drei Schmelzen den Cupoloofen gewählt hatte, lag eben darin, dafs man aus dem Hegermühler Flammofen kein hinreichend flüfsiges Eisen erwarten durfte und es vorerst, mit Beiseitesetzung der Ermittelung einer zum Hartwalzengufs geeigneten Roheisensorte, wichtiger war, die Schwierigkeit zu überwinden, welche sich bisher bei allen Versuchen und bei allen Roheisensorten gezeigt hatte, dem Eindringen von Unreinigkeiten in die Form vorzubeugen, die Ausscheidung derselben aus dem in die Form aufsteigenden Eisen zu vermindern oder diese Unreinigkeiten von den Wänden der Kapsel abzuwenden und eine reine Oberfläche des Walzenkörpers zu erhalten. Dafs in England das Eisen beim Hartwalzengufs sehr flüfsig ist, davon hatte der Oberbergrath Eckardt sich überzeugt, und weil er diese Beschaffenheit desselben zum Gelingen des Gufses für nothwendig hielt, versuchte er sie durch das Schmelzen im Cupoloofen zu erlangen. Bei dem letzten Hegermühler Versuche war dieser Zweck wirklich erreicht und es gewann auch den Anschein, dafs dadurch und durch den dabei angewandten Ueberzug der innern Kapselwände mit einer Schwärze, für die Reinheit der Oberfläche des Walzenkörpers viel gewonnen sei, da der gröfste Fehler, welchen die gegossene Hartwalze in dieser Hinsicht noch an sich trug, nur dem zufälligen Eindringen eines Stückchens Kohle zuzuschreiben war.

Weil aber das Eisen aus dem Cupoloofen in anderer Hinsicht für den Hartwalzengufs nicht geeignet schien, die Entfernung des Hegermühler Werks von Berlin überdem für die weitere Verfolgung des Gegenstandes ungünstig war und in der Berliner Eisengiesserei vollkommenere Einrichtungen und geübtere Schmelzer und Former zur Disposition standen, so wurde die Fortsetzung der Versuche im Jahre 1823 dahin zurückverlegt.

Bei den folgenden Versuchen, welche in der Königl. Eisengiefserei zu Berlin mit dem Gufs 18 zölliger Hartwalzen vorgenommen sind, ist diejenige Gufsvorrichtung zur Anwendung gekommen, welche in Hegermühle nach mehreren Abänderungen gewählt worden war, wobei statt des obern vierkantigen Kuppelungszapfens ein abgestumpfter Kegel auf das Modell des Walzenzapfens aufgesetzt und abgeformt wurde, dessen Fortsetzung in den obersten 6 Zoll hohen Formkasten den verlornen Kopf bildete, der Eingufs aber nicht von der Seite, sondern von unten in den untern Kuppelungszapfen einmündete. *)

Nach dem Vorschlage des Oberbergraths Krigar wurde am Ende des untern horizontalen Theils des Eingufsrohrs noch eine kleine Erweiterung nach oben angebracht, indem man voraussetzte, dafs die auf dem einströmenden Eisen schwimmenden Unreinigkeiten in der Erweiterung zurückgehalten werden würden, und das Eisen reiner in die untere Zapfenform steigen würde. Der obere Zapfenformkasten wurde bei mehreren Versuchen schon vor dem Gufs mit der Kapsel verbunden, bei andern erst, indem sich das steigende Eisen dem obern Rande derselben näherte, aufgesetzt, bei einigen von unten, bei andern von oben durch Nachgiefsen aus der Pfanne gefüllt. Das in Hegermühle versuchte Ueberziehen der innern Kapselwände mit Schwärze wurde beibehalten, bis man die Ueberzeugung von dessen Nutzlosigkeit gewann. Dagegen sind die Masseformen der Zapfen und des verlornen Kopfes bei allen Versuchen in Berlin geschwärzt worden. Zu allen Versuchen wurde das Eisen im Flammofen bei schlesischen Steinkohlen geschmolzen. Zuerst kam diejenige Kapsel in Anwendung, welche bei dem zweiten Probegufs in Berlin im Jahre 1822 einen feinen Rifs erhalten hatte; sie hielt noch zu vier Hartwalzengüfsen aus, ohne dafs dieser Rifs sich auf der Oberfläche des Walzenkörpers nachtheilig markirte, und nachdem sich beim fünften Gufs der Rifs zu einem starken Sprunge erweitert und bis zur ganzen Höhe der Kapsel ausgedehnt hatte, wurde die zweite, früher in Hegermühle benutzte, Kapsel an deren Stelle gesetzt.

*) Die zum Gufs vorgerichtete Form ist Taf. 1. Fig. 6. vorgestellt.

Zunächst wurden im Juli 1823 zwei Hartwalzen aus schlesischem Koakroheisen von dem Fürstlich Hohenloheschen Hohofen zu Bytkow gegossen, welches, von feinkörnigem hellgrauem Bruche, zum Walzengufs ausdrücklich von dieser Beschaffenheit verschrieben worden war. Die erste, in der ganzen Reihe der Versuche die neunte, Hartwalze fiel zwar dem äufsern Ansehen nach nicht fehlerfrei aus, indessen schienen die durch Schaum und andere Unreinigkeiten verursachten Fehler doch nicht so tief in den Walzenkörper fortzusetzen, dafs die Walze sogleich hätte verworfen werden müssen; vielmehr wurde sie auf dem Hegermühler Werke abgedreht und als Kompagnon zu der daselbst aus Königshütter Koakroheisen gegossenen achten Hartwalze zu den vorerwähnten Walzversuchen benutzt. Beim Abdrehen zeigte sich das Eisen in den Zapfen weich, auf der Oberfläche des Walzenkörpers zwar härter, doch nicht ganz hart und die fehlerhaften Stellen konnten wegen ihrer Tiefe durch das Abdrehen nicht ganz fortgeschafft werden. Bei den Walzversuchen wurde sie nicht besser, als die aus Könighütter Roheisen gefunden.

Die zehnte Hartwalze, die zweite von Bytkower Koakroheisen, mufste, wegen noch gröfserer Gufsfehler auf der Oberfläche das Walzenkörpers, ganz verworfen werden, nachdem man auf der Eisengiesserei das Abdrehen versucht hatte; die Härte fand man dabei nicht bedeutend, obwohl der Bruch einen zwei Zoll breiten hellen Rand um den hellgrauen feinkörnigen Kern des Walzenkörpers zeigte.

Aus gleichem Grunde wurde die eilfte und zwölfte Hartwalze, welche im November 1823 von Königshütter Koakroheisen gegossen wurde, Ausschufs; der Bruch der Walzenkörper war, bis auf den äufsersten weifsen Rand, von kaum einer Linie Breite, grau;

das gröbere Korn in der Achse ging allmählig nach dem Rande zu in ein feineres und ganz feines über.

Im Jahre 1824 wurden die Versuche mit dem Hartwalzengufs lebhafter fortgesetzt. Von zehn Hartwalzen sind in diesem Jahre neun von schlesischem Roheisen gegossen, das in Malapane bei Holzkohlen erzeugt war. Die vier Versuche, welche im vorhergehenden Jahre mit schlesischem Koakroheisen von zwei verschiedenen Hüttenwerken, Bytkow und Königshütte, ausgeführt worden waren, hatten gelehrt, dafs das graue schlesische Koakroheisen, auch nachdem es im Flammofen umgeschmolzen worden, die Eigenschaft, durch Abschreckung härter und weifs zu werden, nur in einem sehr geringen Grade besitzt, und daher zum Gufs von Hartwalzen nicht geeignet ist. Aber nicht aus diesem Grunde allein, sondern auch um deswillen fand man sich veranlafst, von der fernern Anwendung des Koakroheisens zum Hartwalzengufs abzugehen, weil es bisher noch nicht hatte gelingen wollen, eine Walze von reiner glatter Oberfläche davon zu erhalten. Von den acht Hartwalzen, welche von dieser Sorte Eisen, theils aus dem Flammofen, theils aus dem Cupoloofen, abgegossen worden, war nur eine einzige, die letzte Hegermühler, ziemlich glatt und rein ausgefallen, und nach den vielen vergeblichen Versuchen, diesem Mangel durch Veränderungen der Gufsvorrichtung und des Verfahrens abzuhelfen, glaubte man der eigenthümlichen Beschaffenheit des Eisens auch hierauf einen Einflufs zuschreiben zu müssen. Für diese Meinung sprach noch der Umstand, dafs in England, bei gleichen Vorrichtungen und ähnlichem Verfahren, diese Schwierigkeiten im Jahre 1814 nicht bemerkt worden waren; dafs aber auch viele Weifsblechwerke, welche sich der Hartwalzen bedienten, besonders die in der Gegend von Pontipool, obwohl sie mit eignen Gießereien versehen waren, sich die Hartwalzen nicht selbst anfertigten, sondern solche von andern, zum Theil sehr entfernten, Gießereien, namentlich von Bristol, ankauften. Es war zwar nicht bekannt, daſs die Engländer anderes Roheisen, als solches, das bei Koak erzeugt worden, zum Hartwalzenguſs anwendeten, aber das Verhalten des englischen Koakroheisens im Guſs war auch, nach dem Zeugniſs der sachverständigen Reisenden, sehr verschieden von dem des schlesischen Koakroheisens, von dem es sich durch eine milde Flüssigkeit, ohne matt zu sein, durch ein geringes Absetzen von Graphit und Unreinigkeiten, durch ein ruhiges Verhalten in den Guſsformen und durch reine Ablösung vom Formsande auszeichnet. Auch hinsichtlich des Abschreckens muſste sich das zu den Hartwalzen angewandte englische Roheisen ganz anders, wie das schlesische Koakroheisen, verhalten. In allen den von lezterm gegossenen Hartwalzen hatte sich die geringe Wirkung des Abschreckens nur an dem feinen Korne und dem matten Glanze gegen die Oberfläche des Walzenkörpers zu, erkennen lassen; von einem weiſsen Rande war entweder gar keine Spur, oder sie war doch so schwach, daſs sie durch das Abdrehen nothwendig ganz verloren gehen muſste. Zu Pontipool hatte der Oberbergrath Krigar eine im Gebrauch zerbrochene abgedrehte Hartwalze gesehen, deren Bruch im Walzenkörper einen zwei Zoll breiten weiſsen harten Rand am Umfange zeigte, während der übrige Theil grau und weich war; und von einer abgedrehten Hartwalze in Carmaerthen führt er an, daſs der Bruch an der Kante dem Bruche der Hartwalze ähnlich gewesen sei, welche in Hegermühle von schlesischem Holzkohlenroheisen gegossen worden war. Alle diese Umstände gaben Veranlassung, zur Fortsetzung der Versuche im Jahre 1824 eine andere Sorte Roheisen und zwar Holzkohlenroheisen anzuwenden. Aufser dem wegen seiner Sprödigkeit zum Hartwalzengufs nicht anwendbaren märkschen Wiesenerzroheisen und einiger Ausschufs-Munition von schwedischem Roheisen, war in der Berliner Eisengiesserei an Holzkohlenroheisen nur noch eine Parthie starker Röhren und anderer Gufswaaren von der bei der Belagerung von Colberg im Jahre 1807 zerstörten Dampfmaschine zur Soolenhebung bei der Saline, vorhanden, aus dem Hohofen zu Malapane gegossen und zum Umschmelzen bestimmt. Dieses Eisen von gutem grauem Bruchansehen und bedeutender Festigkeit, von dem auch schon gewöhnliche in Masse geformte Walzen mit gutem Erfolge gegossen worden waren, wurde zu den Versuchen genommen. Der erste Versuch damit, in der ganzen Folgereihe der dreizehnte, verunglückte zwar, weil beim Gufs von der Masse im untern Formkasten etwas abbröckelte, mit dem Eisen in die Kapsel stieg, und indem es sich an deren Wände festsetzte, Vertiefungen auf der Oberfläche des Walzenkörpers verursachte, überdem die schon fehlerhafte Kapsel zersprang und der Walzenkörper dadurch unrund, um einen halben Zoll oval, ausfiel. Indessen wollte man bemerkt haben, dafs das flüfsige Eisen bei diesem Gufs viel weniger Schaum absetzte, als früher das Koakroheisen und dafs derselbe sich mehr von den Kapselwänden ab nach der Mitte zog, daher auch die Oberfläche des Walzenkörpers, abgesehen von den durch die Massebröckeln verursachten fehlerhaften Stellen, viel reiner und glatter erschien, als bei irgend einer der früher gegossenen Walzen. Im Bruche zeigte der Walzenkörper einen breiten weifsen feinstrahligen Rand, der sich, nach der Achse zu, in die körnige halbirte Eisenmasse verlor; in den Zapfen erschien das Eisen ebenfalls halbirt, die weissen und grauen Stellen durchweg gleichmäfsig vertheilt. Der Bruch der aus grauem Malapaner Holzkohlenroheisen gegossenen Walze unterschied sich hiernach wesentlich von dem, welchen die aus übersetztem Piaseznaer Holzkohlenroheisen in Hegermühle gegossene vierte Probewalze gezeigt hatte. Uebrigens war das Bruchansehen der aus Malapaner Eisen gegossenen Hartwalzen, wovon die nachfolgenden mifsrathenen sämmtlich zerschlagen wurden, sehr verschieden; keine von den übrigen zeigte eine so starke Abschrekkung, keine ein halbirtes Eisen, wie die eben erwähnte dreizehnte Walze; die graue Farbe des Gufseisens war durch das Umschmelzen im Flammofen nur lichter, das Korn feiner geworden, im Walzenkörper desto feiner und lichter, je näher nach dem Umkreise, wo sich ein weifser feinstrahliger, mehr oder weniger breiter Rand, der die Breite eines Zolls nicht überstieg, bei einigen Walzen nicht regelmäfsig, nicht überall gleichbreit, bei der 15ten an einer Stelle nur $\frac{1}{8}$; an andern Stellen $\frac{1}{4}$ Zoll breit war, scharf gegen die graue Farbe des höchst feinkörnigen Körpers absetzte. Wodurch diese Verschiedenheiten im Bruchansehen und in der Abschreckung verursacht worden, hat bei diesen Versuchen nicht genügend ermittelt werden können, indessen ist es wahrscheinlich, dafs geringe Verschiedenheiten in der Flüssigkeit und Hitze des Eisens, in der Geschwindigkeit des Gusses, in der Temperatur der Kapsel, darauf einen wesentlichen Einflufs haben; überdem mogte auch wohl die Beschaffenheit und das Bruchansehen der zum Umgufs angewandten mehr oder weniger starken Gufswaaren nicht ganz gleich gewesen sein.

Die Hoffnungen, zu denen man sich durch die Erscheinungen beim 13ten Versuche berechtigt glaubte, dafs die eigenthümliche Beschaffenheit des Malapaner Holzkohlenroheisens den Hartwalzen eine reinere und glattere Oberfläche geben würde, gingen nicht in Erfüllung; auch bei diesen, wie bei den früher aus andern Sorten Roheisen gegossenen Hartwalzen, zeigten sich vertiefte Ringe, Striche und Adern, aufsitzende kleine Pocken, als wären sie entweder durch Körner, die von der Oberfläche des in die Form aufsteigenden Eisens auspritzen, entstanden, oder hätten beim ersten Erstarren und der damit verbundenen Schwindung des Eisens die feine Gufshaut des sich von den Wänden der Kapsel abziehenden Walzenkörpers durchbrochen und mehr oder minder grofse Vertiefungen durch Schaum und andere Unreinigkeiten verursacht.

Die vierzehnte, funfzehnte und achtzehnte Walze, welche nebst den folgenden, in der von Hegermühle zurückgenommenen unbeschädigten zweiten Kapsel gegossen wurden, mufsten wegen solcher Gufsfehler ganz verworfen werden; die sechszehnte und siebzehnte litten weniger daran und wurden nach der Eisenspalterei bei Neustadt Eberswalde gesandt, um daselbst zur Probe abgedreht zu werden. Beim Abdrehen zeigte es sich, dafs an beiden Walzen der Walzenkörper dessen Form die Kapsel gebildet hatte, nicht völlig rund war; die Differenz der verschiedenen Durchmesser, welche das Hüttenamt zu ⅛ Zoll, wahrscheinlich etwas zu reichlich, angiebt, hatte man schon in Berlin an mehreren Hartwalzen nach dem Abnehmen der obern Formkasten bemerkt; die Kapsel war vollkommen rund ausgebohrt, aber die Schwindung des Eisens beim Erstarren des flüfsigen Eisens in der Kapsel erfolgte nicht gleichförmig, und spätere Beobachtungen scheinen dahin zu deuten, dafs das in der Kapsel aufsteigende Eisen an derjenigen Seite, wo es zuerst die

Wände der Kapsel berührt, sich bei der Schwindung weiter von denselben abzieht, als an den andern Seiten. Die eine von den beiden Walzen hatte, aufser einer nicht merklich hervorstehenden Längennath, deren Entstehen sich, da die Kapsel keinen Rifs hatte, nicht erklären liefs, und welche, weil das Drehmesser, ohne sie gleichmäfsig fortzunehmen, darüber hinwegglitt, vorher mit dem Hartmeissel aufgehauen werden mufste, keine Gufsfehler und fiel nach dem Abdrehen ganz rein aus; auf der Oberfläche der andern zeigten sich zwei durch Massetheilchen verursachte kleine Löcher, welche, um einen gleichen Durchmesser mit der erstern Walze zu erhalten, durch das Abdrehen nicht ganz fortgeschafft werden konnten, sondern nach dem Abschlichten noch $\frac{1}{16}$ Zoll Tiefe und den Umfang einer Stecknadel behielten. Beim Abdrehen liefs man die Walzen $1\frac{1}{2}$ bis 2 mal in der Minute umgehen, und wandte zu den Drehschneiden Carlswerker Gufsstahl an. Die Gufshaut des Walzenkörpers war so hart, dafs die Drehschneiden nach 2 bis 3 maligem Umgange desselben immer wieder angeschliffen werden mufsten und dafs zum völligen Abdrehen in 400 Stunden Arbeitszeit überhaupt zehn Drehmesser verbraucht wurden. Von der harten Oberfläche der Walzen wurde nicht mehr durch das Abdrehen und Abschlichten hinweggenommen, als eben nöthig war, ihnen eine vollkommene Rundung und glatte Fläche zu geben; der Durchmesser der fertigen Walzen betrug daher noch $12\frac{3}{4}$ Zoll; die weichen Zapfen von 6 Zoll Länge waren auf 10 Zoll Durchmesser cylindrisch abgedreht; das Gewicht beider Walzen, im rohen Gufs mit dem verlornen Kopf 23 Centner 40 Pfd., war bis auf 19 Centner 66 Pfd. vermindert. Im Jahr 1827 ist dieses Paar Hartwalzen nachgeschliffen und polirt worden, und im Jahre 1832 sind sie, weil die beabsichtigte

Anwendung zum Dünneisenwalzen hier nicht stattfinden konnte, an die Fürstliche Hohenlohesche Hütten-Direktion zu Jakobswalde in Schlesien zu diesem Zwecke verkauft. *)

Nach dem Mifsrathen der 18ten Hartwalze, der 5ten von Malapaner Eisen gegossenen, glaubte man sich immer mehr davon überzeugen zu müssen, dafs die Reinheit des Walzenkörpers nicht von der eigenthümlichen Beschaffenheit des zum Gufs angewandten Eisens abhänge, sondern vielmehr, aufser der Sorgfalt bei der Gufsvorrichtung und der Vorsicht gegen zufällige Verunreinigung, von der Behandlung beim Gufs. Wenn es durch jene bewirkt wird, dafs das Eisen zum Gufs hinreichend flüfsig, nicht matt ist, dafs die Form durch einen starken Strohm rasch gefüllt wird, dafs das Eingufsrohr und die Masseform nicht Feuchtigkeit anziehen, welche ein Aufkochen, Sprudeln oder Spritzen des Eisens veranlafst, und wenn es gelingt, zu verhüten, dafs weder durch den Eingufs Unreinigkeiten mit in die Form dringen, noch Massetheilchen von der Form abbröckeln, so scheint es doch nicht möglich zu sein, zu verhindern, dafs sich aus der Masse des flüssigen Eisens während des Einströmens und Aufsteigens in der Form, noch Graphit ausscheidet, Eisenoxydul erzeugt und Schaum auf der Oberfläche bildet. Diesen während des Gufses durch ein Abkehrholz von den Wänden der Kapsel abzukehren, ist, bei der Schnelligkeit mit welcher das Eisen heraufsteigt, und bei der starken strahlenden Hitze welche es aus der Form ausströmt, höchstschwierig und wird, wenn es glückt, immer nur ein Werk des Zufalls sein.

---

*) Taf. II. Fig. 5. stellt eine fertige 18 zöllige Hartwalze vor.

Der Oberbergrath Krigar brachte daher in Vorschlag, auf einen Ring von Eisendrath einen Kranz von ganz trocknen Koakstückchen aufzureihen, dessen äufserer Durchmesser nur um einen geringen Spielraum kleiner sei, als der innere Durchmesser der Kapsel; diesen Koakkranz vor dem Gufs auf die untere Zapfenform in die Kapsel zu legen, damit er mit dem flüssigen Eisen auf dessen Oberfläche in die Höhe steige, und indem er die Unreinigkeiten innerhalb des Kranzes sammle, solche von den Wänden der Kapsel abhalte. Dieser Vorschlag wurde bei dem neunzehnten Versuche in Anwendung gebracht und der Erfolg entsprach der Erwartung völlig; der Koakkranz schwamm auf der Oberfläche des Eisens mit den durch ihn umschlossenen Unreinigkeiten ruhig empor bis zum obern Rande der Kapsel, wurde schnell abgenommen, der obere Zapfenformkasten auf die Kapsel und auf diesen der Formkasten zum verlornen Kopf gesetzt, und die Füllung der Form von oben vollendet. Die Oberfläche des Walzenkörpers fand sich bis auf einige unbedeutende Pocken vollkommen rein und zeichnete dadurch sich vor allen andern Hartwalzen aus, die in der Reihe von Versuchen zur Darstellung 18 zölliger Hartwalzen geliefert sind. Diese 19te Hartwalze ist übrigens, weil der Erfolg nicht zu verbürgen war, und man das noch vorräthige wenige Malapaner Gufseisen zu den fernern Versuchen aufsparen wollte, nicht von diesem, sondern von schwedischem Eisen gegossen, das man in alten 50 pfündigen Bomben, bei den Artillerie Depots ausgeschossen, erhalten hatte, welche, dem Anscheine nach in eisernen Schalen gegossen, bei einem sehr dunkelgrauen, stark glänzenden, körnigen Bruche, einen breiten, weifsen, strahligen Rande und mitunter auch noch in dem dunkelgrauen körnigen Grunde, scharf abgesetzte weifse, blättrige Flaminen zeigte. Dieses Bruchansehen sprach das Abschreckungsvermögen der Eisensorte überzeugend aus; auch hatte man die Erfahrung für sich, dafs die davon auf eisernen Bahnschalen gegossenen Ambösse, bei einer bedeutenden Festigkeit, gute harte Bahnen erhalten hatten. Die Bomben wurden, um eine homogene Eisenmasse, in Formen wie sie zum raschen Umschmelzen geeignet sind, zu erhalten, vorher im Flammofen eingeschmolzen und das davon in Barren gegossene Eisen, welches einen vorzüglich dichten feinen graues Bruch zeigte, wurde zum Gufs der Walze nochmals im Flammofen umgeschmolzen.

Bald darauf wurde beim Abgufs der zwanzigsten Hartwalze von Malapaner Gufseisen der Versuch mit dem Koakkranze wiederholt, wobei sich aber das Unglück ereignete, dafs durch eine Explosion, wahrscheinlich veranlafst durch ein Hängenbleiben und Eintauchen des Koakkranzes in das steigende Eisen, ein Theil des letztern in die Höhe geschleudert wurde, wodurch die Ober-Bergräthe Krigar und Ribbentrop, welche sich zur Beobachtung des Verhaltens über die Form gebeugt hatten, im Gesicht stark verletzt wurden.

Durch diesen Unfall liefs man sich zwar nicht abhalten, beim ein und zwanzigsten Versuche nochmals einen Koakkranz anzuwenden, dem man aus Vorsicht einen etwas geringern äufsern Durchmesser gab; indessen wagte es Niemand, während des Steigens des Eisens in die Kapsel zu schauen, wodurch es gekommen sein mag, dafs der Eisenzuflufs zu früh abgefangen und am Walzenkörper, etwa einen Zoll von der obern Stirnfläche, eine starke Schweifsnath entstanden ist. Diese, und eine unreine Stelle, welche vielleicht der geringere Durchmesser des Koakkranzes verschuldet hat, machten diese, ebenfalls aus Malapener Gufseisen gegossene

Walze zu Ausschufs Die Gefahr, welche mit der Anwendung des Koakkranzes verbunden ist, erlaubte es nicht, die Hoffnungen weiter zu verfolgen, zu welchen der erste Versuch mit demselben berechtigt hatte; daher wurde bei dem Gufse der zwei und zwanzigsten Hartwalze, wozu der Flammofen mit dem Reste des Malapaner Gufseisens und weil dieser nicht hinreichte, mit Königshütter Koakroheisen besetzt wurde, von dem Koakkranze kein Gebrauch gemacht. Bei diesem letzten Versuche im Jahre 1824 würde der obere Zapfenformkasten schon vor dem Gufse mit der Kapsel verbunden und mit derselben eingedammt. Die Walze war zwar nicht fehlerfrei, doch ziemlich gut gerathen, und wurde mit der 19ten nach der Eisenspalterei zum Abdrehen gesandt. Beim Abdrehen, Schleifen und Poliren dieser beiden Walzen wurde eben so verfahren, wie vorher bei der 16ten und 17ten angegeben ist. Die äufsere Schale zeigte dabei eine bedeutende Härte; wegen der fehlerhaften Stellen mufste aber so viel davon fortgenommen werden, dafs sie nur noch $12\frac{1}{16}$ Zoll Durchmesser behielten und nach der Vollendung respektive 9 Centner 12 Pfd. und 9 Centner 16 Pfd. wogen. Unter der harten Oberfläche fanden sich bei der 19ten, aus schwedischen Ausschufs-Bomben gegossenen Walze, einzelne weiche Stellen zwischen der härteren Masse, welche das gleichmäfsige Abdrehen sehr erschwerten, und nach dem Abschleifen und Poliren matte Flecke auf den hellglänzenden Flächen zurückliefsen. Diese beiden unvollkommenen Hartwalzen werden auf der Eisenspalterei zum Walzen schmaler Sturzbleche benutzt werden.

Im Kreislaufe der Jahre und der Verwaltungs-Ansichten, war der Zweck, welcher zu den im Jahre 1822 begonnenen und während drei Jahren fortgesetzten Versuchen zu Anfertigung von Hartwalzen die Veranlafsung gegeben hatte, verloren gegangen. Der Bergwerks-Behörde lag bei diesen Versuchen das Interefse, die ihrer Leitung anvertrauten eignen Fabrikationen von Hüttenprodukten durch Benutzung der in England gemachten Fortschritte zu verbessern, am nächsten. Nach den Nachrichten, welche die Ober-Bergräthe Eckardt und Krigar zehn Jahre früher aus England mitgebracht hatten, beschränkte sich die Anwendung gröfserer Hartwalzen mit weichen Zapfen beim Hüttenbetriebe auch in jenem Lande zu der Zeit nur noch auf die Weifsblech Fabrikation und auf das Walzen des dünnen Fafsreifeneisens. Als aber im Jahre 1825 der Oberbergrath Krigar England zum Zweitenmale besuchte, fand er nicht nur die Anwendung solcher Hartwalzen schon weit ausgedehnter, bei allen Kupfer- und Messing-Walzwerken und bei der Sturzblech-Fabrikation, sondern sah dergleichen Walzen auch von viel gröfseren Dimensionen, bis zu 56 Zoll Körperlänge. „Der Gufs und die Vorrichtung zum Hartwalzengufs," schrieb er mir aus Bilston, nachdem er solche in mehreren Eisengiefsereien beobachtet hatte, „sind unverändert wie früher und wie sie bei uns eingerichtet worden. Der Unterschied liegt auffallend im Eisen: erstens ist das englische Roheisen zum weifs oder hart werden weit mehr geneigt, als das unsrige; zweitens setzt das englische Eisen durchaus keinen merklichen Schaum ab, sondern steigt, wie ein reiner Spiegel, in der Kapsel herauf. Uebrigens erfolgt die Fläche an der Walze aus der Kapsel nicht so glatt, wie wir sie immer gewünscht haben; man dreht solche $\frac{1}{8}$ Zoll und mehr ab."

In einer spätern Mittheilung liefs der Ober-Bergrath Krigar sich über die Anfertigung der Hartwalzen in England näher dahin aus: „die Hartwalzen zu den

Kupfer-, Messing- und Sturzblech-Walzwerken werden nicht in dem Grade hart gegossen, wie die zum verzinnten Bleche. Deshalb wendet man beim Gufs derselben Kapseln von verschiedener Eisenstärke an; zu den Dünneisenwalzen sind sie in der Regel 8 bis 9 Zoll in den Wänden stark, dagegen haben die Walzenkapseln zu den andern genannten Fabrikationen von aufsen eine tonnenartige Gestalt, bei 3 Fufs Länge und 15 Zoll Durchmesser des Walzenkörpers in der Mitte 6 Zoll Eisenstärke. Der Zweck dieser Verschiedenheit in der Stärke der letztern Kapseln ist, dafs die Walzen an den Enden nicht so stark abschrecken, nicht so hart werden sollen, als weiter nach der Mitte zu, damit sie nicht an den Enden ausbrechen. In der Eagle Foundry zu Birmingham wurden bei meiner Anwesenheit drei verschiedene Walzen von 36, 30 und 20 Zoll Länge auf einmal aus einem Flammofen in Kapseln gegossen. Die mit den Masseformen der obern Zapfen versehenen Formkasten waren sämmtlich in der Dammgrube auf die Kapseln gestellt und mit Sand umgeben; die Eingüfse waren am unteren Zapfen zum Steigen angebracht. Zwischen dem Abstich des Flammofens und der Form waren, aufser dem Tümpel zunächst am Abstich, in der Sandrinne drei Vertiefungen mit Vorhaltern oder Schützen gebildet, welche nicht blos den Schaum, der bei dem englischen Eisen nur in geringer Menge und sehr fein vorkommt, sondern auch den beim Abstich abfallenden Sand abhalten. Das zum Schmelzen eingesetzte Eisen war durchaus grau und feinkörnig. Das Schmelzen dauerte 4 Stunden, mithin eine Stunde länger, als zu gewöhnlichen Gufswaaren. Das Einlaufen des Eisens in die Formen wurde, um beim Aufsteigen in die Kapsel keine Schweifsnäthe zu bilden, sehr gleichförmig und ziemlich schnell geleitet. Nach dem Abheben der Kapsein, welches am folgenden Tage geschah, erschienen die Flächen an den Walzen nicht überall ganz glatt, jedoch ohne merkliche Vertiefungen; ansitzende Oxydbläschen waren an mehreren Stellen sichtbar. Abgedreht werden sämmtliche Hartwalzen, an einigen mehr, an andern weniger; indessen soll nicht über ⅛ Zoll abgenommen werden. Der Umgang der Walze beim Abdrehen ist sehr langsam; bei den härtesten wo die Spähne wie feiner Staub abfallen, geschieht ein Umgang in 1½ Minuten; bei Kupferwalzen aber in weniger als einer Minute. Die Schneiden sind, von Gufsstahl geschmiedet, 3 bis 4 Zoll lang".

Diese Nachrichten ermuthigten, die Versuche mit dem Hartwalzengufs nun mit Rücksicht auf die Messing-, Kupfer-, Zink- und Sturzblech-Walzwerke der am Finow-Kanal belegenen Hüttenwerke wieder aufzunehmen. Ehe man sich aber an den Gufs gröfserer Hartwalzen wagte, versuchte man zuerst nochmals mit den vorhandenen Vorrichtungen ein Paar 18 zöllige zu giefsen; insbesondere in der Absicht, dadurch zu erproben, in wiefern die eigenthümliche Beschaffenheit zweier Sorten schlesischen Holzkohlenroheisens, welche sich durch vorzügliche Derbheit und Festigkeit zu gewöhnlichen Walzen besonders geeignet gezeigt hatten, vielleicht, wie in England, ohne künstliche Hülfsmittel dahin wirken werde, die Walzenkörper von Gufsfehlern frei zu erhalten. Die drei und zwanzigste Hartwalze wurde von Malapaner Roheisen, das aus den vortrefflichen Babkowsker Thoneisensteinen gewonnen war, die vier und zwanzigste von Reinerzer Roheisen, aus Rotheisensteinen erzeugt, aus dem Flammofen auf der Königl. Eisengiesserei zu Berlin im Anfange des Jahres 1827 gegossen. Beide mufsten, wegen gleicher Gufsfehler wie die früheren, verworfen werden.

Umstände, welche nicht hieher gehören, verursachten eine neue Pause von 3 Jahren.

Im Jahre 1830 wurde der Beschluſs gefaſst, die erste Anwendung von Hartwalzen zum Messingwalzen auf dem Königlichen Messingwerke zu Hegermühle zu machen und zwar zum Fertigwalzen der Messingbleche. *)

*) Diese Wahl wurde durch die Ansicht begründet: Beamte und Arbeiter wissen noch nicht und müssen erst durch eigne Erfahrung lernen, welche Festigkeit man den Hartwalzen zutrauen, was man bei der Benutzung von ihnen fordern, was ihnen bieten darf. Die Erfahrung bei den gewöhnlichen Walzen lehrt, daſs das Zinkwalzen die Haltbarkeit der Walzen am stärksten in Anspruch nimmt, weil das Zink an sich ein sprödes Metall ist, das nur erst durch eine sehr vorsichtige Bearbeitung im erwärmten Zustande nach und nach dehnbar wird, daſs daher der erste Angriff der starken gegossenen Zinkbarren durch die Walzen und überhaupt das Vorwalzen der Zinkbleche, oft Stöſse verursachen, welche nicht selten ein Zerbrechen nicht nur der Zapfen, sondern selbst der stärksten Walzen von gutem grauem weichem und festem Eisen zur Folge haben; sie lehrt, daſs das Kupfer, obwohl es glühend, weich und dehnbar, den Walzen geboten wird, doch eine bedeutende Haltbarkeit von denselben fordert, da die Barren und Hartstücke noch stärker vorkommen und zum Kupferwalzen wegen der Gröſse der Böden und Bleche längere Walzen nöthig sind, als zum Zinkblechwalzen; daſs ferner das Walzen des Eisens zu Sturzblechen, — wenn gleich dazu und besonders zum Vorwalzen der starken Stürze noch kürzere Walzen angewendet werden können, — die Walzen durch das öftere Uebergieſsen mit kaltem Wasser sehr angreift, welches erforderlich ist, um sie, durch das weiſsglühende Eisen sehr stark erhitzt, in dem Grade abzukühlen, daſs sie die Schmiere an den Zapfen halten. Das Messing hingegen wird, abwechselnd durch Ausglühen erweicht, kalt gewalzt, und erlaubt schon deshalb bei der Arbeit mehr Aufmerksamkeit auf die Walzen zu wenden; die Messingbleche werden nicht so breit verlangt, als die von Zink und insbe-

Für die zu gießsenden Hartwalzen wurde eine Körperlänge von 36 Zoll bei einem Durchmesser von 16 Zoll, ferner von 8 Zoll Länge der sich mit einer prismatischen Verstärkung bis auf 12 Zoll an den Körper anschliefsenden cylindrischen 10 Zoll starken Walzenzapfen, und für die Kuppelungszapfen ein Würfel von 7 Zoll bestimmt. Von der Körperlänge der Walzen sollte an jedem Ende 1 Zoll in Masse mit dem Zapfen eingeformt werden, um dem Ausbrechen der Zapfen sicherer vorzubeugen. Die gegossene eiserne Kapsel mufste daher und mit Rücksicht auf die Schwindung des Eisens beim Erstarren des Walzenkörpers, eine Länge von 34½ Zoll erhalten; sie wurde aus gutem grauem schlesischem Koakroheisen von der Antonienhütte des Grafen Henkel von Donnersmark Siemianowitz gegossen und erhielt die tonnenförmige Gestalt der englischen; genau cylindrisch ausgebohrt wurde sie, mit Zugabe von ⅞ Zoll für die Schwindung und das Abdrehen des Walzenkörpers, auf 16⅞ Zoll Durchmesser; ihre Eisenstärke betrug nach dem Ausbohren an den beiden Enden 3 Zoll und nahm in einem flachen Bogen bis zu 6 Zoll nach der Mitte zu, wo an zwei gegenüberstehenden Seiten ein 4 Zoll langer, 5½ Zoll starker Knopf angegossen war, um die über 29 Centner schwere Kapsel mittelst Ketten und Krahn

---

sondere von Kupfer, und gestatten daher die Anwendung kürzerer Walzen, und endlich wird es nie in so starken Barren und Stücken zwischen die Walzen gebracht, als Kupfer, Zink und Eisen, und bedarf deshalb und weil es sich minder rasch ausdehnt, weniger oft während der Arbeit einer Veränderung der Walzenstellung, wobei ein Versehen leicht Veranlassung zu Walzenbrüchen giebt; insbesondere beim Fertigwalzen der Messingbleche bleiben die Walzen fast immer in derselben Stellung.

bei der Anwendung regieren zu können. Um jedes Ende der Kapsel, einen Zoll von den Kanten entfernt, wurde noch ein $3\frac{1}{2}$ Zoll breiter, einen Zoll starker Ring von Schmiedeeisen gelegt, der am Abgleiten von der Kapsel durch Stifte in vorgebohrten Löchern verhindert wurde. *) Die runden gufseisernen Formkasten zu den Zapfen hatten, bei $20\frac{1}{4}$ Zoll Durchmesser, $16\frac{1}{8}$ Zoll, der zum verlornen Kopfe 16 Zoll Höhe, und wurden durch angegossene Laschen mittelst Schraubenbolzen und Splintbolzen respective an die Kapsel und auf einander befestigt; durch die Wände der Formkasten waren viele Löcher gebohrt, um das Durchbrennen der Masseformen zu befördern und etwanigen feuchten Dämpfen oder Gasen Abzug zu verschaffen. Der Eintritt des Eisens in die Form sollte, wie bisher, von unten stattfinden und das Eingufsrohr unter dem untersten Kuppelungszapfen in die Form einmünden. Da vorauszusehen war, dafs die Schwierigkeiten, welche bei den bisherigen Versuchen mit dem Gufs 18 zölliger Hartwalzen sich in allen den Fällen ergeben hatten, wo die Form vor dem Gufs nur theilweise vorgerichtet war und die obern Formkasten erst während des Gusses mit der Kapsel verbunden wurden, mit der Gröfse der abzugiefsenden Walzen steigen würden; so zog man es vor, die Gufsform vor dem Gufs vollständig vorzurichten und so tief in die Dammgrube einzulassen, dafs die Oberkante des verlornen Kopfes mit der Heerdsohle im Niveau stand. Um der Anfeuchtung oder Abkühlung des sehr tief liegenden untern Theils der Eingufsröhre vorzubeugen, wurde zu diesem ein besonderer Formkasten von Eisen gegossen, dessen runder, mit dem untern Zapfenformkasten

*) Taf. II. Fig. 1. stellt die tonnenförmige Kapsel mit Beschlag dar.

korrespondirender Theil des Knie aufnahm, womit sich die Verbingungsröhre trichterförmig an die Sohle der untern Zapfenform anschlofs; ein zur Seite angegossener Hals war für den übrigen Theil dieser Röhre bestimmt, welcher die Verbindung mit dem stehenden Eingufsrohre machte. Die Verbindungsröhre wurde in diesem Formkasten über ein hölzernes Modell in Masse geformt und diese Masseform eben so wie die zu den Zapfenformen, behandelt; das stehende Eingufsrohr wurde durch gebrannte Lehmröhren gebildet und erhielt wieder eine von der senkrechten um so viel abweichende Richtung, dafs das Eisen von oben nicht hinunter stürzen durfte, sondern hinunter fliefsen mufste. Die ganze Form nebst dem Eingufsrohre wurden in der Dammgrube mit dem gewöhnlichen Heerdsande fest eingedammt. Das aus dem Flammofen abgestochene Eisen wurde zunächst dem Abstich in einem grofsen Tümpel gesammelt und aus diesem durch eine Rinne, in welcher noch drei kleinere Tümpel angebracht waren, zur trichterförmigen Mündung des Eingufsrohrs geleitet. Die Tümpel und die Rinne waren von Heerdsand gebildet, festgeschlagen und mit Kohlenstaub besiebt. Starke Schaufeln von Schmiedeeisen, mit Lehm angeschmiert, bildeten hinter den Tümpeln die Schützen, durch welche, beim Ueberfliefsen über den Rand des Tümpels, die Unreinigkeiten auf der Oberfläche zurückgehalten wurden, und die, welche sich bis zur Mündung des Eingufsrohrs mit durchschlichen, wurden vor derselben durch hölzerne Abkehrstäbe möglichst abgekehrt.

Mit dieser Vorrichtung und auf diese Weise ist am 1 Oktober 1830 die e r s t e dreifüfsige Hartwalze von Reinerzer Holzkohlenroheisen gegossen.

Ein dumpfer Schall, welcher sich beim Gufs, gleich nachdem das steigende Eisen die Form angefüllt hatte, vernehmen liefs, verbunden mit einer Erschütterung der Hüttensohle, kündigten das Zerspringen der starken Kapsel an, welches sich, nachdem die Walze so weit abgekühlt war dafs die Vorrichtung auseinander genommen werden konnte, durch nähere Untersuchung bestätigte.

Die Kapsel zeigte zwei Risse, welche zugleich den unteren geschmiedeten Ring gesprengt hatten; beide hatten ihren Anfang am untern Ende der Kapsel genommen; der eine, gröfsere, lief vom untern Rande der Kapsel in senkrechter Richtung, wenn gleich nicht grade, sondern bald etwas nach der einen, bald nach der andern Seite gewandt, hinauf, hatte, nach dem Abdrucke auf dem Walzenkörper zu urtheilen, im Momente seiner Entstehung an seinem Umfange eine Weite von $\frac{1}{4}$ Zoll gehabt und verlor sich bis über die Mitte der Kapsel hinweg, zulezt kaum noch sichtbar, im festen Eisen; der andere kleinere Rifs, jenem ziemlich gegenüber, erreichte kaum die Hälfte der Kapsellänge. Beim Schwinden des Walzenkörpers hatten die Risse in der Kapsel sich wieder etwas zusammengezogen, waren aber, da die ausdehnende Kraft nicht sowohl ein Voneinandersprengen in glatten Flächen, sondern ein Voneinanderreifsen des körnigzakkigen Gefüges des Eisens, bewirkt hatte, doch noch so weit geblieben, dafs eine fernere Anwendung der Kapsel zu den Walzengufs-Versuchen nicht räthlich war; um so weniger, als die den gröfsern Rifs begrenzenden innern Kapselwände, durch das Herausziehen der mit der Rifsnath versehenen Walze, so gedrückt und beschädigt worden waren, dafs eine nähere Vereinigung der Rifsflächen durch das Auftreiben geschmiedeter Ringe nicht zu hoffen war, und als die Kapsel am untern Ende durch die Risse eine in's Ovale übergehende Form angenommen hatte. Sie wurde zerschlagen und zeigte einen so vollkommen grauen grobkörnigen Bruch, dafs die Zerstörung ihrer Cohärenz nicht der Beschaffenheit des Eisens, sondern lediglich ihren Dimensionen zugeschrieben werden konnte, welche nicht hingereicht hatten, dem Drucke einer 6 Fufs hohen Masse flüfsigen Eisens von beiläufig 30 Centnern Widerstand zu leisten.

Die Walze selbst lies deutlich erkennen, dafs gleichzeitig mit dem Zerreifsen der Kapsel auch die zuerst erhärtete äufsere Rinde des Walzenkörpers zerborsten und dafs das in dessen Innern noch flüfsige Eisen in die dadurch entstandene Spalte hineingedrungen sei; bis zur Oberfläche war es indessen nicht gelangt, daher der gröfsere Rifs, welcher sich durch die ganze Länge des Walzenkörpers, also noch weiter als der in der Kapsel sichtbare Rifs, erstreckte, bis zu einem halben Zoll tief erschien. Die den Rifs begrenzenden Walzenflächen waren durch das Zerbersten über die Cirkelrundung hinausgedrückt, daher der Durchschnitt in die ovale Form übergegangen war. Aufser den beiden mit den Verletzungen der Kapsel korrespondirenden Rissen, zeigten sich in deren Nähe noch mehrere kleinere, partielle, nicht bis zu den Enden reichende, dem Anscheine nach tiefe Borsten. Viele andere Gufsfehler, durch Kohlenstückchen, Sand und Schaum, so wie durch Eisenkörner verursacht, würden die Brauchbarkeit der Walze auch in dem Falle in Zweifel gestellt haben, wenn jene Rifsfehler nicht schon allein zu deren Verwerfung als Hartwalze genöthigt hätten. Indessen wurde sie, um die Beschaffenheit des Eisens und die Tiefe der Risse näher zu erforschen, auf die Drehbank gebracht, und da man sich durch drei breite Einschnitte mit dem Dreheisen von der Härte und Dichtigkeit des Eisens und dafs die Rifs- und Gufs-Fehler sich nicht viel über ½ Zoll tief erstreckten, überzeugte und so nach hoffen durfte, daraus noch eine Walze von mindestens gewöhnlicher Güte herzustellen, wurde sie nach der Eisenspalterei gesandt, um dort zum Sturzblechwalzen vorgerichtet zu werden.

Wie unangenehm es auch war, die Kapsel zu den dreifüfsigen Hartwalzen gleich beim ersten Versuche eingebüfst zu haben, so liefs man sich dadurch doch nicht von der Fortsetzung der Versuche abschrecken, und war nur um so mehr darauf bedacht, dabei alle Umstände zu berücksichtigen, welche bisher das Gelingen vereitelt hatten.

Zunächst kam es auf die Anfertigung einer neuen Kapsel und hierbei auf die Wahl einer solchen Gestalt und solcher Dimensionen an, wovon man sich ausreichende Haltbarkeit versprechen durfte. Bei der vorigen Kapsel war die Zerstörung vom untern Ende ausgegangen; von den beiden Rissen lief der gröfsere von der untern Kante der Kapsel nur bis über die Mitte, der kleinere noch nicht bis in die Mitte der Höhe hinauf. Indem man erwog:

erstens, dafs der Druck der flüfsigen Eisensäule in der gefüllten Form auf die Wände der Kapsel mit der Höhe der Säule im Verhältnifs steht, mithin auf den untern Theil der Kapsel am stärksten ist und bis zum obern Rande derselben allmählig geringer wird;

zweitens, dafs das Eisen durch die Hitze nach allen Seite ausgedehnt wird, im kalten festen Zustande das relativ geringste, im rothglühenden ein gröfseres, im flüfsigen Zustande das gröfste Volumen einnimmt; dafs der Uebergang des flüfsigen Zustandes des Gufseisens in den festen, durch die Ausgleichung der höhern Temperatur des erstern mit der niedrigeren Temperatur der dasselbe umgebenden Gegenstände vermittelt wird; dafs beim Gufs der Hartwalze das flüfsige Eisen die Kapsel von unten nach oben füllt; dafs, indem dessen Abkühlung und Zusammenziehung beim Eintritt in den untern Theil der Kapsel beginnt, und mit dem Aufsteigen in dieselbe zunimmt, der obere Theil des flüssigen Walzenkörpers bereits einen höhern Grad der Abkühlung erfahren und sich durch die Schwindung von dem obern Theile der Kapselwände zurückgezogen hat, wenn das von unten nachströmende Eisen im höchsten Zustande der Ausdehnung den untern Theil der Kapselwände noch berührt, gleichzeitig aber die Ausdehnung des kalten Kapselkörpers mit dessen Uebergang in den rothglühenden Zustand am untern Theile ihren Anfang nimmt, und den innern Durchmesser desselben vermindert, während derselbe im obern Theile der Kapsel noch unverändert ist und erst allmählig nachfolgt; dafs mithin beim Gufs Momente eintreten, wo gleichzeitig am untern Ende der Kapsel diese am engsten, der flüfsige Walzenkörper am stärksten ist; endlich

drittens; dafs bei der Zerstörung der Cohäsion der Kapsel, wenn sie nicht als ein augenblicklich die Kapsel ihrer ganzen Länge nach trennender Sprung, sondern als ein partieller Rifs erfolgt, der Rifs nothwendig von einem Ende der Kapsel ausgehen mufs, und dafs, wenn die Bedingungen zu einer solchen Zerstörung der Kapsel vorhanden sind, das untere Ende derselben bei weitem mehr ausgesetzt ist, als das obere;

Indem man alle diese Verhältnisse erwog hielt man dafür, dafs für das untere Ende der Kapsel eine gröfsere, dem stärksten Grade der einwirkenden Kraft entsprechende Widerstandsfähigkeit nothwendig, für das obere Ende derselben eine geringere zuläfsig sei, und dafs diese jedem Theile der Kapsel angemessene verschiedene Widerstandsfähigkeit weder durch die tonnenförmige, noch durch die cylindrische Gestalt der Kapsel, wohl aber durch die kegelförmige zu erreichen sei. Der letztern

Gestalt der Kapsel trat indessen die Meinung, dafs die Dicke der Kapsel den Grad der Abschreckung des Walzenkörpers bestimme, und die Besorgnifs entgegen, dafs bei einer nach der Länge des Walzenkörpers abnehmenden Dicke der Kapsel, auch die Härte des Walzenkörpers in eben dem Verhältnisse von dem einen Ende bis zum andern abnehmend sein werde. Da es an eigenen Erfahrungen hierüber fehlte, so beschlofs man, sich diese durch einen Versuch zu erwerben. Es wurden zu diesem Zwecke fünf kleine, 7 bis 8 Zoll hohe, cylinderförmige Kapseln von Gufseisen ausgebohrt, wovon drei einen innern Durchmesser von 7 Zoll und in den Wänden eine Eisendicke von respective $5\frac{1}{8}''$, $3\frac{1}{2}''$ und $2\frac{1}{4}''$, zwei aber nur einen innern Durchmesser von 1 Zoll und in den Wänden eine Eisendicke von respective 8″ und $\frac{1}{2}''$ nach dem Ausbohren hatten.

Diese Cylinderkapseln wurden vor dem Gufs handwarm angewärmt, die vier stärkeren auf eine eiserne Bodenplatte, deren Lehmüberzug getroknet und geschwärzt war, gestellt, die schwächern bis zur Oberkante im Formheerde eingedammt und von oben mittelst Pfannen aus dem Abstich des Cupoloofens mit Eisen gefüllt. Der Versuch wurde einmal mit schlesischem Koakroheisen von der Antonienhütte und einmal mit schlesischem Holzkohlenroheisen vom Reinerzer Hohofen angestellt. Der Erfolg war:

1) bei dem Antonienhütter Koakroheisen,

vor dem Umschmelzen war der Bruch in den Kupolostäben ziemlich feinkörnig, grau und glänzend;

nach dem Umschmelzen in den siebenzölligen Cylindern durchweg grau, nach der Peripherie hin lichter, aber von einem weifsen Rande keine Spur; das Korn nach der Peripherie hin feiner, in's Dichte übergehend; die dichte Masse liefs eine Neigung zu einer strahlenförmigen Absonderung, die Strahlen von der Peripherie nach dem Mittelpunkte gerichtet, etwa auf einen Zoll breit, undeutlich erkennen; die Verschiedenheit der Kapseldicke zeigte sich ohne Einfluss auf die Farbe und Textur des Bruchs, der von allen 7 zölligen Cylindern gleich war;

die einzölligen Cylinder hatten im Mittelpunkte einen dichten hellgrauen Bruch, der nach dem Umfange zu in einen weissen, feinstrahligen überging, und keine merkbare Verschiedenheit zwischen dem Cylinder, der in der 8″ dicken Kapsel gegossen war, und dem aus der ½ zölligen erkennen liess.

2) bei dem Reinerzer Holzkohlenroheisen war der Bruch vor dem Umschmelzen dunkler grau, grobkörniger und glänzender, als bei dem Antonienhütter Koakroheisen;

nach dem Umschmelzen war der Bruch der Cylinder von sieben Zoll in der Mitte lichter grau, weiter nach dem Umfange zu halbirt, weiss und grau, fein und gleichmässig vertheilt, und körnig, am äussern Umfange ein weisser strahliger Rand; der Uebergang aus dem halbirten in's weisse und aus dem körnigen in's strahlige nur durch einige graue Punkte auf den weissen Strahlen und einige weisse Strahlen im halbirten Korne hin und wieder zu erkennen; der weisse Rand nicht überall gleich breit von ½ bis 1 Zoll, im Ganzen von der 2¼ zölligen Kapsel am breitesten, von der 5½ zölligen etwas weniger breit, von der 3½ zölligen am schmalsten;

Der Bruch der einzölligen Cylinder war durchweg weiss und strahlig, die Strahlen vom Umfange nach der Achse gerichtet, in welcher sie mit ihren Enden an einander stossend den Mittelpunkt bildeten; bei beiden Cylindern völlig gleich.

Durch diesen Abschreckungs-Versuch schien die Meinung, daſs der Grad der Abschreckung des flüſsigen Eisens mit der Dicke der Kapsel, in welche solches gegossen wird, im Verhältniſs stehe, in so weit widerlegt, als sie auf die Wahl der Form der Kapsel zum Hartwalzenguſs von Einfluſs sein konnte; wenn sich bei dem Reinerzer Eisen im Gegentheile sogar eine stärkere Abschreckung durch die 2¼ Zoll starke Kapsel, als durch die 3¾ und durch die 5¼ zöllige, erkennen lieſs, so durfte man diesen Umstand doch nicht dem Einfluſse der geringern Kapseldicke, sondern nur andern zufälligen, nicht bekannten, Ursachen zuschreiben, welche, wie die früheren Hartwalzenguſs-Versuche gezeigt hatten, bei einem und demselben Eisen, bei einem gleichen Verfahren und unter scheinbar ganz gleichen Umständen, eine Verschiedenheit in der Stärke der Abschreckung, selbst an einem und demselben Walzenkörper durch die Unregelmäſsigkeit des weiſsen Randes erkennbar, hervorbringen. Es wurde daher nunmehr die kegelförmige Gestalt der Kapsel zu den fernern Versuchen mit dem Guſse der dreifüſsigen Hartwalzen gewählt.

Ehe ich auf diese näher eingehe, dürfte es vielleicht nicht ohne Interesse sein, noch einer Reihe von Abschreckungs-Versuchen zu erwähnen, welche, durch den Versuch mit dem Antonienhütter Koak- und Reinerzer Holzkohlen-Roheisen veranlaſst, mit einer Anzahl anderer Roheisensorten in der Königl. Eisengiesserei zu Berlin vorgenommen worden sind, theils um zu einer gewissern Ueberzeugung von der Richtigkeit des aus jenen gezogenen Resultats zu gelangen, theils um die Abschreckungs-Fähigkeit dieser verschiedenen Roheisensorten zu erproben.

Diese Abschreckungs-Versuche sind ganz auf dieselbe Weise, wie der erste, ausgeführt; bei einigen sind indessen auch noch Kapseln von anderer Eisendicke und auch zum Theil von anderm Durchmesser hinzugefügt worden.

Diese Abschreckungs-Versuche haben folgende Resultate gegeben:

3) neumärksches Roheisen, zu Crossen aus Wiesenerzen bei Holzkohlen gewonnen: es wurden damit zwei Versuche vorgenommen; zu dem einen wurde sogenanntes graues körniges Eisen ausgesucht, die graue Farbe war jedoch nicht der ganzen Masse eigen, sondern es waren die weifsen Körner gleichmäfsig zwischen den hellglänzenden grauen Graphitblättchen vertheilt, durch die Loupe deutlich von den letztern zu unterscheiden; zu dem andern weifses Eisen von blättrigem Gefüge, mit feinen sehr lichtgrauen Pünktchen tingirt. Die von beiden Sorten gegossenen 7 zölligen Cylinder unterschieden sich im Bruche nicht wesentlich von einander; sie waren sämmtlich schon in den Kapseln beim Erkalten, der Höhe und Quere nach, von Sprüngen durchsetzt, die sich nach dem Herausnehmen aus den Kapseln durch leichte Schläge mit dem Handhammer lösten, und auf den Rifsflächen zum Theil sehr schön blau und violet angelaufen waren. Der frische Bruch weifs, nach der Mitte zu mit grauen Punkten, am Umfange mehr oder weniger, bis über zwei Zoll nach der Achse zu, ziemlich breitstrahlig, dann mehr oder weniger in's versteckt blättrige und dichte übergehend. Die einzölligen Cylinder zeigten einen völlig weifsen Bruch, dessen Strahlen vom Umfange aus nach der Achse gerichtet waren; von beiden Arten des verschmolzenen Eisens völlig gleich.

4) **schwedisches Holzkohlenroheisen** in ausgeschossenen 50 pfündigen Bomben, deren Bruchansehen ich schon vorher bei dem 19ten Versuche zur Darstellung 18 zölliger Hartwalzen angegeben habe;

die 7 zölligen Cylinder, welche in den Kapseln von 5⅜", 3⅛" und 2¼" Dicke gegossen waren, hatten in der Mitte ein schönes, gleichmäfsig dunkelgraues Korn, am Umfange einen feinstrahligen, ½ Zoll breiten, silberweifsen Rand, aus dem ein allmähliger Uebergang von ½ bis ¾ Zoll Breite in die graue körnige Hauptmasse stattfand; die Dicke der angewandten Kapseln hatte keine Verschiedenheit des Bruchansehens veranlafst; dagegen unterschied sich das Bruchansehen des in einer ½" dicken Kapsel gegossenen 7 zölligen Cylinders von den andern darin, dafs der weifse Rand am Umfange gar nicht vorhanden war, statt dessen sich aber einige kleine weifse Flecke in dem ¼" breit feiner gekörnten grauen Rande und in diesem eine Neigung zur strahlenförmigen Absonderung bemerklich machte. Der Bruch von beiden einzölligen Cylindern, dem in der 8 Zoll dicken und dem in der ½ Zoll dicken Kapsel gegossenen, war ganz übereinstimmend, völlig weifs und strahlig, dem von Reinerzer Holzkohlenroheisen gleich.

5) **schlesisches** Roheisen, zu **Malapane** bei **Holzkohlen** erzeugt, von schönem dunkelgrauen körnigen Bruch:

die innere Hauptmasse der 7 zölligen Cylinder war feinkörniger geworden und hatte im Ganzen eine lichtere Farbe angenommen, die zwar noch durchweg grau war, in der sich indessen lichtere matte Stellen von dunklern, worin sich feine glänzende Graphitblättchen angehäuft hatten, unterschieden; am Umfange des in der 5¼ zölligen Kapsel gegossenen Cylinders ein ½ Zoll breiter, breitstrahliger, silberweifser Rand, ziemlich scharf abgesetzt gegen die graue Haupt-Masse, aus welcher nur wenige feine graue Punkte die Grenze überschritten; von der 3⅞ zölligen Kapsel der ähnliche Rand etwas breiter, aber weniger scharf abgesetzt, der Uebergang durch strahliges Gefüge weiſs und grau melirt vermittelt; von der 2¼ zölligen und von der ⅞ zölligen Kapsel der weiſse Rand dem von der 5⅛ zölligen gleich, aber nur halb so breit. Der Bruch des einzölligen Cylinders aus der 3 zölligen Kapsel, dem von Antonienhütter Koakroheisen ähnlich, nur die graue Farbe des mittlern Theils noch lichter und die weiſse, der vom Rande ab dahin gerichteten Strahlen noch hellglänzender; der einzöllige Cylinder aus der ⅞ zölligen Kapsel zeigte dagegen einen völlig silberweiſsen Bruch, dessen breitere Strahlen sich in der Achse begegneten.

6) schlesisches Holzkohlenroheisen von Piasezna, ziemlich grobkörnig, dunkelgrau und stark glänzend:

den Kapseln von 5⅛", 3⅞" und 2¼" Eisendicke zu Cylindern von 7" Durchmesser, wurden bei dem Versuche mit dieser Eisensorte noch andere von 1½", 1¼", 1" und ⅞" hinzugefügt. Von allen diesen 7 zölligen Cylindern war das Bruchansehen der innern Masse dem der 7 zölligen Cylinder von Malapaner Holzkohlenroheisen gleich; am äuſsern Umfange lieſs sich der Einfluſs der Abschreckung bei allen bis auf einen Zoll Tiefe erkennen. Dieser einen Zoll breite Rand zeigte: bei der Kapsel

von 5⅛" Dicke, einen weiſsen, strahligen, äuſsern Ring von ¼" Breite, welcher durch ein ganz feinkörniges Gefüge, das die übrige Breite des Randes einnahm, in die gröbere Hauptmasse überging; die weiſsen Strahlen waren zunächst dem feinkörnigen Gefüge mit feinen grauen Pünktchen bedeckt, deren Menge gegen die Peripherie hin immer mehr abnahm, bis sie sich im letzten viertel ganz verloren;

von $3\frac{1}{8}$" Dicke, war er ganz eben so, nur der äufsere Ring noch um ein weniges breiter;

von $2\frac{3}{4}$" Dicke, betrug diese Breite nur $\frac{3}{8}$ Zoll, der übrige Theil des Randes hatte ein lichtgraues mattes Ansehen und zeigte ein feines Korn mit Neigung zur strahlenförmigen Absonderung, auf ähnliche Weise wie es sich bei den Abschreckungs-Versuchen mit Koakroheisen gefunden hat;

von $1\frac{1}{2}$" Dicke, hatte die ganze Breite des Randes dieses Ansehen; die weifse Farbe zeigte sich nur an dem obern Theile des $7\frac{1}{2}$" langen Cylinders, hier auf $\frac{5}{8}$ Zoll Breite, und verlor von da ab nach unten hin an ihrer Ausdehnung, bis sie sich nach den ersten zwei Zollen ganz verlor und für den übrigen Theil der Höhe des Cylinders nur ein schwaches Schimmern zurückliefs;

von $1\frac{1}{4}$" Dicke, fehlte der lichte matte Rand; das feinkörnige glänzende Gefüge verlief sich in die Strahlen des $\frac{3}{8}$ Zoll breiten weifsen Ringes;

von 1" Dicke und von $\frac{7}{8}$" Dicke war das Bruchansehen des Randes dem des Cylinders aus der $5\frac{1}{4}$" dicken Kapsel gleich, der weifse Rand aber bei der 1 zölligen Kapsel nur $\frac{5}{8}$" bei der $\frac{7}{8}$ zölligen nur noch $\frac{1}{4}$" breit.

Hierbei mufs ich bemerken, dafs die beiden Cylinder in den Kapseln von $2\frac{3}{4}$ und $1\frac{1}{2}$ Zoll Dicke, welche einen von den übrigen ganz abweichenden Erfolg der Abschreckung zeigten, von dem ersten Abstich aus dem Cupoloofen, von einem sehr matten, dickflüssigen Eisen von rother Farbe abgegossen worden waren.

Einzöllige Cylinder in Kapseln von $\frac{7}{8}$" und von $\frac{4}{8}$" Dicke gegossen, waren im Bruch durchweg weifs und strahlig; die Strahlen vom Umfange aus nach dem Mittelpunkte gerichtet, wo sie mit ihren Enden an einander stiefsen.

7) schlesisches Koakroheisen von der Königshütte, von gleichem Bruchansehen wie das Antonienhütter:

Der Bruch der 7 zölligen Cylinder von beiden Sorten Koakroheisen nur darin etwas verschieden, dafs bei dem Königshütter das ganz feinkörnige in's Dichte übergehende Gefüge am Umfange der Cylinder nur etwa $\frac{1}{4}$ Zoll, halb so breit wie bei dem Antonienhütter, was, die Neigung zur strahlenförmigen Absonderung darin noch undeutlicher, dagegen aber zunächst der Oberfläche ein strahliger heller Schimmer in der Beite von $\frac{1}{4}$ bis $\frac{1}{16}$ Zoll zwischen dem dichten Grau gleichsam durchzuleuchten schien, ein Schillern, das nicht in allen Richtungen des Auges bemerkbar wurde.

Der Bruch des einzölligen Cylinders aus der 8 zölligen Kapsel war von dem der Antonienhütter 1 zölligen Cylinder nur in so weit etwas verschieden, dafs das weifse feinstrahlige Gefüge sich auch hier weniger weit vom Umfange nach dem Mittelpunkte erstreckte; dagegen waltete es in dem in der 1$\frac{1}{2}$ zölligen Kapsel gegossenen auf der ganzen Bruchfläche vor, und liefs die ganz hellgraue Farbe nur zwischen den, breiteren, Strahlen im mittlern Theile durchblicken.

8) schlesisches Koakroheisen von Bytkow. Von diesem zum Walzengufs verschriebenen Eisen waren zwei Arten vorhanden; die eine von feinkörnigem hellgrauem Bruch, die graue Farbe, verglichen mit der des Antonienhütter und Königshütter Koakroheisens, in eben dem Verhältnifse in's gelbliche fallend, wie man die der beiden andern Sorten in's bläuliche fallend nennen kann; die zweite Art, ein beim übersetzten Gange des Hohofens geblasenes Roheisen,

von sehr lichtegrauem, fast weifsem, dichtem, versteckt blättrigem Bruchansehen.

Von der erstern Sorte: die 7 zölligen Cylinder hellgrau und feinkörnig, nach dem Umfange zu lichter und feiner, in's dichte übergehend, lichter und feiner als bei den beiden andern Sorten Koakroheisen; die Neigung zur strahlenförmigen Absonderung deutlicher und noch weiter vom Umfange aus zu erkennen, als bei dem Antonienhütter; bei dem Cylinder aus der $5\frac{1}{4}$ zölligen Kapsel durch einen $\frac{1}{16}$ Zoll breiten weifsen dichten Rand am Umfange begrenzt, der ohne strahliges Gefüge, doch die Neigung zur strahlenförmigen Absonderung mit dem breiten lichtgauen Rande gemein hatte; bei den Cylindern aus den $3\frac{1}{2}$ und $2\frac{1}{4}$ zölligen Kapseln nur noch eine Spur von der weifsen Begrenzung, welche bei dem aus der $\frac{3}{4}$ zölligen Kapsel ganz fehlte. Der 1 zöllige Cylinder aus der $\frac{1}{2}$ zölligen Kapsel zeigte ein von allen übrigen einzölligen Cylindern aus andern Sorten Roheisen ganz abweichendes Bruchansehen; einen sehr lichtegrauen, matten, dichten, ganz runden Kern von schwach $\frac{3}{4}$ Zoll Durchmesser, umgeben von einem stark $\frac{1}{8}''$ breiten, scharf abgesetzten, weifsen, feinstrahligen Ringe, dessen Strahlen nach der Achse des Cylinders gerichtet waren.

Die von dem übersetzten Bytkower Eisen gegossenen 7 zölligen Cylinder näherten sich in ihrem Bruchansehen mehr dem von Reinerzer Holzkohlen-Roheisen, und entfernten sich ganz von denen der andern Sorten Koakroheisen. Ein weifses strahliges Gefüge an der Peripherie bei den Güfsen in den beiden stärkern Kapseln von $1\frac{1}{2}$ bis 2 Zoll; bei dem in der $2\frac{1}{4}$ zölligen Kapsel von $\frac{1}{2}$ Zoll Breite, ging durch das halbirte körnige nach der Mitte zu in das hellgraue über; bei dem Gufs in der $\frac{3}{4}$ zölligen Kapsel fiel der weifse strahlige Rand ganz Weg und der halbirte Bruch erstreckte sich bis an den Umkreis. Der 1 zöllige Cylinder aus der ¾ zölligen Kapsel hatte einen weifsen wenig glänzenden, fast matten, sehr feinstrahligen Bruch; die in den Mittelpunkt zusammengezogenen Strahlen nur sichtbar, wenn die Fläche in schiefer Richtung vom Auge getroffen wurde, sonst dicht erscheinend.

9) **schlesisch Koakroheisen** von der erst vor einigen Jahren angelegten Falva Hütte zu Swientochlowitz, dem freien Standesherrn Grafen Henkel von Donnersmark gehörig, von grauem Bruch, stark glänzend, feinkörnig, einzelne dichte und weniger glänzende Parthien mit andern gröbern und starkglänzenden im Gemenge.

Es wurde bei dem Abschreckungs-Versuche mit dieser Sorte Koakroheisen dieselbe Folge von Kapseln angewandt, wie bei dem unter 6 aufgeführten Versuche mit dem Piaseżnaër Holzkohlenroheisen. Die in sieben Kapseln von verschiedener Eisendicke gegossenen 7 zölligen Cylinder zeigten in der Hauptmasse dieselbe graue Farbe, aber einen gröbern Bruch, wie die frischen Cupolostäbe; die Sonderung der dichten, weniger glänzenden Parthien von den andern fiel noch mehr in die Augen; am Umfange ein Rand von etwas lichterer Farbe, der von feinkörnigen, glänzenden, nach der Peripherie zu in's Dichte, wenig glänzende, überging, hier eine Neigung zur strahlenförmigen Absonderung, aber keine Spur von einem weifsen Ringe, nur hin und wieder einen Schimmer von einer weifsen Gufshaut, ohne erkennbare *Dicke*, bemerken liefs. Bei den Cylindern

aus den 5⅓″, 3⅓″ und 2¼″ dicken Kapseln betrug die Breite des lichtern und feinern Randes bis 1½ Zoll, wovon der äufsere dichtere Theil etwa ⅔ einnahm, aus den Kapseln von 1½" und 1¼" Dicke war der Rand etwa um $\frac{1}{4}$ Zoll und

aus den 1" und ⅞" dicken Kapseln etwa um ⅜ Zoll schmaler, als aus den stärksten.

Die 1 zölligen Cylinder aus der ⅞" und ⅜" dicken Kapsel hatten im Innern eine lichtegraue, matte Farbe, einen dichten Bruch mit Neigung zur strahlenförmigen Absonderung von der Peripherie bis in den Mittelpunkt, und am äuſsersten Umfange einen weiſsen feinstrahligen Ring, dessen Breite bei der ⅞ zölligen Kapsel etwa ⅛", bei der ⅜ zölligen nur halb so viel betrug, und von dessen Grenze noch ein schwacher weiſser Schimmer in die matte graue Hauptmasse überging.

10) englisches Koakroheisen, von der besten Sorte, unter der Benennung Old Park Pig Iron, durch Maudslay in London besorgt, von einem dunkelgrauen, körnigen Bruchansehen, etwas dunkler und wenig gröber im Korn als das schlesische Koakroheisen, weniger dunkel und von feinerem Korn, als das schwedische Roheisen; im Berliner Cupoloofen umgeschmolzen bei der besten Gattung englischer Koaks.

Im Bruchansehen der 7 zölligen Cylinder war die dunkelgraue Farbe des frischen Roheisens wenig oder gar nicht verändert, nur weniger glänzend, nach dem Umfange zu, fast matt; das Korn war im Innern feiner geworden, in den letzten zwei Zollen nach dem Umfange zu sehr fein und zeigte hier ebenfalls die bei dem schlesischen Koakroheisen bemerkte Neigung zur strahlenförmigen Absonderung; an den Cylindern aus der 3⅞" und der 2¼" dicken Kapsel war an der äuſsern Begrenzung das weiſse Schillern, wie von dem Königshütter Koakroheisen, in $\frac{1}{4}$ bis $\frac{1}{16}$" Breite bemerkbar, welches an dem Cylinder aus der 5⅛" dicken Kapsel nur sehr schwach war; dagegen zeigte dieser unter der Guſshaut einen ganz weifsen Rand von der Breite einer Linie. Ein in einer ½ Zoll dicken Kapsel gegossener 1½ zölliger Cylinder war im Innern sehr feinkörnig, hellgrau, hin und wieder mit einigen weifsen Punkten, vom Rande aus nach der Mitte zu feinstrahlig und weifs; zwischen der weifsen und hellgrauen Farbe keine bestimmte Grenze, sondern ein allmähliger Uebergang; zwischen dem feinstrahligen und sehr feinkörnigen bildete den Uebergang die im letztern sichtbare Neigung zur strahlenförmigen Absonderung.

Die 1 zölligen Cylinder, wovon der eine in der 8 Zoll dicken, der zweite in einer ½ Zoll dicken Kapsel gegossen war, zeigten einen durchweg feinstrahligen, weifsen, nicht stark glänzenden, Bruch, die Strahlen von der Peripherie nach dem Mittelpunkte gerichtet; der aus der schwachen Kapsel heller weifs; in dem aus der starken Kapsel schimmerte die lichte graue Farbe zwischen den weifsen Strahlen hindurch.

Fafst man die Resultate dieser mit 5 Sorten Holzkohlenroheisen und mit 5 Koakroheisen angestellten Abschreckungs-Versuche, in Bezug auf die beiden dabei vorgesetzten Zwecke zusammen, so mufs man erstens, was den Einflufs der Dicke der Kapsel auf den Grad der Abschreckung betrift, welchen der darin gegossene Eisen-Cylinder erfährt, sich zwar gestehen, dafs solcher durch diese Versuche noch keinesweges vollständig ermittelt ist; indessen scheint durch selbige doch so viel festgestellt zu sein, dafs der Grad der Abschreckung mit der Dicke der Kapsel nicht im Verhältnifs steht, oder bestimmter ausgedrückt, dafs bei einem flüfsigen Eisen-Cylinder, dessen Durchmesser zu grofs ist, um den Einflufs der Abschreckung bis zu seinem Mittelpunkte in sich aufzunehmen, der Grad oder die Tiefe der Abschreckung nicht nach dem Verhältnifs der Dicke der ihn umgebenden eisernen Kapsel zu- und abnimmt.

Bei den Abschreckungs-Versuchen, wo der Cylinder einen Durchmesser von 7 Zoll hatte, ist, bei den verschiedenartigsten Eisensorten, eine wesentliche Verschiedenheit in dem Grade oder der Tiefe der Abschreckung einer und derselben Eisensorte nicht bemerkt worden, die Cylinder mochten in einer Kapsel von 5¼″, oder 3⅛″, oder 2¼″ Dicke gegossen sein, ungeachtet die Differenzen in der Dicke der Kapselwände, die sich wie 43 : 29 : 18, oder auf die Einheit zurückgeführt wie 2,39 : 1,61 : 1,00 verhielten, doch schon ganz bedeutend waren. Die bei dem Malapaner Holzkohlenroheisen und dem Bytkower- und dem englischen Koakroheisen angegebenen Abweichungen entscheiden nichts, da sie sich theils auf die eine, theils auf die andere Seite neigen und überhaupt nur so geringe sind, dafs sie füglich andern zufälligen, oder wenigstens nicht bekannten Umständen zugeschrieben werden können. Es ist aber nicht zu verkennen, dafs eine Grenze, wo die Indifferenz der Dicke der die Abschreckung bewirkenden Kapsel aufhört, wirklich vorhanden seyn mufs. *)

Bei den Versuchen mit einer nur ⅛ Zoll dicken Kapsel, bei einer Cylinderstärke von 7 Zoll, hat sich zwar bei dem Malapaner Holzkohlenroheisen der abgeschreckte

*) Um über diese Grenze einigen Aufschlufs zu erhalten, wurden bei den zuletzt ausgeführten Abschreckungs-Versuchen mit dem Plasenaer Holzkohlen- und mit dem Falvaer Koak-Roheisen noch die Kapseln von 1⅞, 1¼, 1 und ⅛ Zoll. Eisendicke eingeschaltet; bei dem Holzkohlenroheisen verhielt sich die Breite des weifsen Randes aus der 5¼ zölligen Kapsel, im Vergleich mit der 1 zölligen wie 6 : 5, im Vergleich mit der ⅛ zölligen wie 6 : 2; bei dem Koakroheisen die Breite de.

weifse Rand des Cylinders eben so breit gezeigt, als bei dem Cylinder, welcher in der 2¼ zölligen Kapsel gegossen worden war; dagegen fehlte bei dem Versuche mit schwedischem Holzkohlenroheisen und dem Bytkower Koakroheisen der weifse Rand, welchen die in den Kapseln von 5⅜'', 3⅝'' und 2¼'' Dicke bemerken liefsen, bei dem in der ⅜'' dicken Kapsel gegossenen Cylinder ganz. Wenn es hier bei drei Versuchen mit 7 zölligen Cylindern augenscheinlich war, dafs die Kapsel von sehr geringer Dicke (sie verhielt sich zur Dicke der 3 stärkern Kapseln wie 3 : 18 : 29 : 43, oder, wenn man wie vorher die Dicke der 2¼ zölligen Kapsel zur Einheit annimmt, wie 0,17 : 1,00 : 1,61 : 2,39) eine geringere Abschreckung bewirkte, so fällt es beim ersten Ansehen auf, dafs bei den Versuchen mit 1 zölligen Cylindern in den meisten Fällen der Erfolg der Abschreckung gleich war, sie mochten in einer 9 Zoll oder in einer ½ Zoll dicken Kapsel gegossen sein; noch mehr, dafs bei den beiden Versuchen mit Malapaner Holzkohlenroheisen und mit englischem Koakroheisen der in der ⅜ zölligen Kapsel gegossene Cylinder durch Farbe und Gefüge sogar einen höhern Grad der Abschreckung zeigte, als der von der 8 zölligen Kapsel. Das Auffallende dieser Anomalien verschwindet aber, und die Resultate welche sich bei den Abschreckungs-Versuchen in Kapseln von verschiedener Dicke ergeben haben, lassen sich leicht er-

lichtern feinern und dichten Randes aus der 5⅜ zölligen Kapsel zu der aus der 1½ zölligen und 1¼ zölligen wie 6 : 5 und zu der aus der 1'' und ¾ zölligen wie 6 : 4. Hieraus würde sich ergeben, dafs die Kapseldicke von 1½'' und 1¼'' kaum zureichend, die von 1'' und ¾'' aber nicht hinreichend ist, den höchsten Grad der Abschreckung zu bewirken; indefs lassen sich aus einem Paar solcher Versuche keine Prinzipien abstrahiren.

klären, wenn man auf den Grund der Veränderung des Gufseisens zurückgeht, welche durch das Abschrecken hervorgebracht wird. Die Erscheinungen, durch welche die Abschreckung des Gufseisens sich dem Auge bemerklich macht, indem die mehr oder minder dunkelgraue Farbe lichter, zuletzt silberweifs, das Korn feiner, das Gefüge zuletzt dicht, dann strahlig wird, und die mit dieser Veränderung des äufsern (Bruch-) Ansehens zunehmende Härte und abnehmende Festigkeit, sind nicht Folgen einer Veränderung des quantitativen Verhältnisses der mit dem Eisen verbundenen fremdartigen Theile, namentlich auch nicht des wesentlichsten derselben, des Kohlegehalts, welcher dem Eisen die Natur des Gufs- oder Roheisens giebt; es wird durch das Abschrecken dem Gufseisen weder etwas von seinen Bestandtheilen entzogen, noch etwas hinzugethan; sondern es findet dabei nur einerseits eine chemische Veränderung des Mischungsverhältnisses der im Gufseisen enthaltenen Kohle und Kohlenverbindung mit Eisen statt *), welche dem Eisen eigenthümlich ist, andrerseits eine damit verbundene mechanische Veränderung des Aggregat-Zustandes, welche auch bei andern Körpern durch das Abschrecken erfolgt. Diese Veränderungen werden lediglich dadurch bewirkt, dafs das geschmolzene Gufseisen, wie es beim Abschrecken geschieht, mit einem verhältnifsmäfsig kalten Körper, der zugleich ein guter Wärmeleiter ist, in Berührung gesetzt, durch diesen ihm die Wärme, welche den flüssigen Zustand veranlafste, entzogen, und es s c h n e l l zum Erstarren gebracht wird; bei einer allmähligen Abkühlung findet dieser Erfolg nicht statt, und je später die Erstarrung erfolgt, um de-

*) Karstens Handbuch der Eisenhüttenkunde Th. I. und III., 2te Auflage. M.

so weniger giebt das äufsere (Bruch-) Ansehen eine Abweichung von der ursprünglichen Farbe und Textur des Eisens zu erkennen.

Da das Abschrecken des flüssigen Eisens und die Erscheinungen welche es begleiten, durch die schnelle, plötzliche Entziehung des Wärmegrades bedingt sind, welcher das Eisen in den flüssigen Zustand versetzt hatte, so kann dessen plötzliches Erstarren von der Fläche aus, welche mit der Fläche des kalten Körpers in Berührung gesetzt worden war, nur bis zu einer gewissen Tiefe statt finden, welche sich gleich bleiben mufs, wenn die Dicke des kalten Körpers nur eben hinreicht, so viel Wärme in sich aufzunehmen, als im Augenblicke des Erstarrens in denselben übergeht. Wenn die Dicke der Masse des flüssigen Eisens nicht gröfser ist als die Tiefe, so wird die ganze Masse plötzlich erstarren; ist sie gröfser, so bildet sich durch das Abschrekken an dem kalten Körper eine erstarrte Schicht, welche nun dessen Stelle in Bezug auf die angrenzende Schicht flüssigen Eisens vertritt, und eine ähnliche Wirkung, weniger rasch und daher auch weniger kräftig darin hervorbringt, und so setzt sich die Operation und Wirkung des Abschreckens, mit immer abnehmender Geschwindigkeit und immer mehr abnehmendem Erfolg so weit fort, bis die Geschwindigkeit der Wärmeentziehung so geringe ist, dafs nur eine allmählige Abkühlung statt findet, bei welcher die Wirkung ganz aufhört. Wenn die flüssige Eisenmasse, in einen hohlen Cylinder (Kapsel) von Eisen gegossen, die Form eines vollen Cylinders, einer Walze, annimmt, so tritt die Wirkung der Abschreckung, das plötzliche Erstarren auf dessen ganzer Oberfläche, so weit sie von der kalten Kapsel berührt wird, also von allen Seiten ein, setzt sich von dem zuerst erstarrten Ringe aus in immer enger werdenden

Kreisen nach der Axe des Cylinders hin fort, und verleiht dadurch den Strahlen, durch welche sie sich zu erkennen giebt, und der Neigung zur strahlenförmigen Absonderung, die Richtung vom Anfange nach dem Mittelpunkte. Wenn der Halbmesser des flüssigen Cylinders nur so grofs ist, als die Wirkung des ersten Abschreckens reicht, so zeigen sich die damit verbundenen Erscheinungen, wie sie der Abschreckungs-Fähigkeit der geschmolzenen Eisensorte eigenthümlich sind, über die ganze Querbruchfläche verbreitet. Beispiele liefern die bei den Abschreckungs-Versuchen gegossenen 1zölligen Cylinder. Der Grad der Abschreckung war nicht gröfser bei der 8 Zoll dicken, als bei der ½ Zoll dicken Kapsel; woraus der Schlufs zu ziehen, dafs die Dicke von ½ Zoll hinreichend, vielleicht schon überflüssig grofs war, um die aus dem flüssigen 1zölligen Cylinder beim Erstarren entweichende Wärme in sich aufzunehmen, und dafs die über dieses Maafs hinausgehende Dicke der Kapsel, auf die Abschreckung ohne Einflufs war. Dafs die Wirkung der Abschreckung von der ½ Zoll dicken Kapsel sich bei einigen Versuchen sogar noch stärker zeigte, als von der 8zölligen Kapsel, wird sich daraus erklären lassen, dafs das Eisen der Kapsel ein viel besserer Wärmeleiter ist, als der Heerdsand, welcher sie beim Gufs umgiebt, und daher die Wärme, welche aus dem flüssigen Eisen beim Erstarren in die Kapsel übergeht, durch die schwachen Wände der halbzölligen Kapsel rascher hindurch geführt und von dem ohnehin nicht völlig trocknen Heerdsande absorbirt wird, als durch die 16 mal so starken Wände der 8zölligen Kapsel. Im Vorhergehenden habe ich die Ansicht aufgestellt, dafs das plötzliche Erstarren des flüssigen Eisens, welches mit dem die Abschreckung bewirkenden kalten Eisen in Berührung gesetzt wird, nur auf eine gewisse Tiefe von der Berührungsfläche an statt finden kann, und dafs, wenn die abschreckende kalte Eisenmasse eine hinreichende Dicke hat, um die Quantität Wärme in sich aufzunehmen, welche im Augenblicke des Erstarrens in dieselbe übergeht, eine gröfsere Dicke das Abschreckungsvermögen derselben nicht vermehrt. Wenn man die Richtigkeit dieser Ansicht auch unbedingt in dem Falle zugeben kann, wo die Dicke der Masse des abzuschreckenden flüssigen Eisens nur der Tiefe gleich ist, bis zu welcher die plötzliche Erstarrung reicht, so wird doch ein abweichendes Verhalten in allen den Fällen eintreten, wo die Masse des flüssigen Eisens dicker als diese Tiefe ist. In diesen Fällen wird die Wärme des flüssigen Eisens, welches sich unter oder hinter der erstarrenden Schicht befindet, durch diese ihren Weg nach der abschreckenden kältern Eisenmasse suchen, und die Dicke der letztern wird um so viel vermehrt werden müssen, als erforderlich ist, die gröfsere Quantität Wärme eben so schnell zu absorbiren, oder wenn dies nicht geschieht, wird die erstarrende Schicht dünner, und, da die Stärke der Abschreckung mit deren Geschwindigkeit im Verhältnifs steht, jene in dem Maafse geringer sein, als diese verzögert wird. Hieraus folgt, dafs je dicker die Masse des abzuschreckenden flüssigen Eisens ist, um so dicker mufs auch die Masse des abschreckenden Eisens sein, wenn ein gleicher Grad der Abschreckung bewirkt werden soll. Wenn das flüssige Eisen die Gestalt eines von einem hohlen eisernen Cylinder der abschreckenden Kapsel umgebenen vollen Cylinders, des abzuschreckenden Walzenkörpers hat, so wird die Dicke der abschreckenden Masse einer so bedeutenden Vermehrung natürlich nicht bedürfen, als es bei einer dem Halbmesser des Cylinders gleich dicken Masse flüssigen Eisens nöthig sein würde, um einen gleichen Grad der Abschreckung auf deren Oberfläche hervorzubringen. Um zu ermitteln, in welchem Verhältnisse beim Hartwalzengufs die Dicke der Kapsel mit dem Durchmesser des Walzenkörpers zunehmen mufs, damit ein gleich hoher Grad der Abschreckung bewirkt werde, würde es noch vieler Gufsversuche auf Walzen von vielen verschiedenen Durchmessern und zu jeder mit Kapseln von verschiedener Dicke bedürfen; diese Ermittelung würde aber für die Anwendung unfruchtbar sein, da die Haltbarkeit der Kapsel in allen Fällen eine gröfsere Eisendicke bedingt, als der Zweck der Abschreckung erfordert. Da mit der Gröfse der Walze zugleich auch die Forderungen an die Haltbarkeit der Kapsel steigen, so kann man als Schlufs-Resultat dieser Versuche annehmen: dafs bei Hartwalzen von einem und demselben Durchmesser, die Dicke der Kapsel zur Verstärkung der Abschreckung nichts beiträgt; dafs aber, um einen gleichen Grad der Abschreckung, der Härte der Oberfläche, bei Hartwalzen von verschiedenem Durchmesser hervorzubringen, die Dicke der Kapsel mit der Gröfse des Durchmessers verstärkt werden mufs *).

---

*) Bei den zuletzt vorgenommenen Abschreckungs-Versuchen mit Piaseznaer Holzkohlen- und Falvaer Koak-Roheisen sind, aufser den Cylindern von 7 Zoll und von 1 Zoll Durchmesser, auch noch einige von anderm Durchmesser in vorhandenen Kapseln von verschiedener Eisendicke abgegossen. Das Bruchansehen dieser Cylinder war:

bei 5 Zoll, in einer Kapsel von 2½ Zoll, vom Holzkohlen-Roheisen dem 7 zölligen Cylinder aus der 2½ zölligen Kapsel gleich, der weifse Rand ¼ Zoll breiter; vom Koak-Roheisen feiner als in dem 7 zölligen Cylinder aus dieser Kapsel, und am äufsersten Umfange ein sehr feinstrahliger weifser Ring von 1 Linie Breite, der bei jenem fehlte.

Was zweitens die Abschreckungs-Fähigkeit der verschiedenen Sorten Roh- oder Gufseisen betrifft [illegible]

bei 4 Zoll, in einer Kapsel von 2¼ Zoll von dem des 5zölligen beim Holzkohlen-Roheisen darin verschieden, dafs der weifse strahlige Rand noch ¼ Zoll breiter war, sich auch bis in die Mitte hin weifse Stellen von blättrigem Gefüge zeigten; beim Koak-Roheisen der dichtere Rand etwas breiter, als bei dem 5zölligen Cylinder, übrigens gleich.

bei 3 Zoll, in einer Kapsel von 2¼ Zoll; von der ersteren Eisensorte der weifse Rand noch ¼ Zoll breiter, als beim 4zölligen Cylinder, die weifse Farbe und blättrige Textur auf der ganzen Fläche sichtbar, doch mit lichteren Pünktchen bedeckt, und in der Mitte durch einige kleine, dunklere, glänzende, körnige Parthien unterbrochen; bei der andern Eisensorte die dichte Textur bis beinahe zum Mittelpunkte, wo sich noch ein wenig gröberes Korn und mehr Glanz bemerken liefs.

bei 2¼ Zoll, in einer Kapsel von 1½ Zoll, von Holzkohlen-Roheisen durchweg weifs, breitstrahlig, in der Mitte wenige lichtgraue Punkte; von Koak-Roheisen durchweg dicht, lichtegrau, matt, die Neigung zur strahlenförmigen Absonderung bis in den Mittelpunkt; innerhalb des weifsen strahligen Ringes von 1 Linie Breite noch ein weifslicher Schimmer.

bei 1½ Zoll, in einer Kapsel von ¾ Zoll, von ersterer Sorte völlig weifs und strahlig, von letzterer dem 2¼zölligen Cylinder ziemlich gleich.

bei 6½ Zoll, in einer Kapsel von ¾ Zoll, vom Holzkohlen-Roheisen durchweg grau, ziemlich grobkörnig und glänzend, gegen den Umfang zu etwas feiner, die letzten ¾ Zoll sehr fein, ziemlich matt, und die Neigung zur strahlenförmigen Absonderung sichtbar, aber keine Spur von einem weifsen Rande; vom Koak-Roheisen in der Hauptmasse dem der 7zölligen Cylinder gleich, der dichte feine Rand aber nur ¼ Zoll breit.

Diese wenigen Versuche reichen zwar bei weitem nicht hin, um daraus, in Bezug auf die Abschreckung, ein bestimmtes Verhältnifs der Dicke der Kapsel zum Durchmesser der Walze zu entwickeln; sie zeigen indessen doch, dafs die Abtrifft, so können die vorher aufgeführten Versuche auch in dieser Hinsicht nicht Anspruch auf Vollständigkeit machen, und es kann ein allgemeines Prinzip aus deren Erfolgen um so weniger hergeleitet werden, als einestheils die Mannigfaltigkeit der zu den Versuchen angewandten Eisensorten in Bezug auf die Erze woraus sie gewonnen worden, und deren Gattung zum Theil gar nicht bekannt, nicht grofs ist, da man sich mit den Sorten Roheisen hat begnügen müssen, welche vorhanden waren, und als anderntheils diese Versuche sich lediglich auf Roheisen beziehen, welches im Cupoloöfen bei Koaks umgeschmolzen ist. Was den letztern Umstand insbesondere betrifft, so läfst sich im Allgemeinen wohl annehmen, dafs das Eisen, wenn es un-

---

schreckungskraft einer Kapsel mit dem Durchmesser des abzuschreckenden Cylinders im umgekehrten Verhältnisse steht.

Beiläufig wurden von denselben beiden Sorten und von Antonienhütter Roheisen auch kleine Cylinder von ½ Zoll Durchmesser in einer Schale von Schmiedeeisen, wozu man Stücke von einem Flintenlaufe abgeschnitten hatte, gegossen. Die Schale, welche nur ⅛ Zoll dick war, wurde beim Gufs rothglühend; der Bruch des Cylinders war vom Piasesnaer Holzkohlen-Roheisen völlig weifs und breitstrahlig, von den beiden andern Sorten Koak-Roheisen lichtgrau, matt und dicht; von Antonienhütter Koak-Roheisen wurde auch noch ein Cylinder in einen um die Hälfte dickern Theil des Flintenlaufs gegossen; die dickere Schale wurde äusserlich nicht glühend, und der zerschlagene Cylinder hatte am Umfange einen Ring von etwa ⅛ Zoll Breite, dessen auf den Mittelpunkt hingerichtete weifse Strahlen sich in die dichte lichtgraue Masse verliefen. Die Wände des geschmiedeten Flintenlaufs, welche vorher einen zähen Bruch hatten, zeigten nach dem Gusse am innern Umfange die stark glänzenden Facetten des verbrannten Eisens; bei den schwächeren Stücken fast durch die ganze Dicke, bei dem $\frac{1}{16}$ Zoll starken nur auf etwa ⅔ derselben.

mittelbar aus dem Hohofen zum Gufs angewandt wird, zum Hartwalzengufs weniger geeignet sei, als wenn es zuvor noch einmal umgeschmolzen worden, weil es durch das Umschmelzen dichter wird und an Festigkeit gewinnt; und dafs das im Flammenofen umgeschmolzene Eisen dem im Cupoloofen umgeschmolzenen zum Hartwalzengufs vorzuziehen sei, weil letzteres von der Kohle umgeben jene Veränderungen in einem geringern Grade erfährt, als das beim Umschmelzen im Flammenofen der Flamme ausgesetzte Roheisen, welches deshalb auch schon durch diese Operation eine lichtere Farbe annimmt, und geneigter wird durch das Abschrecken in die Veränderungen einzugehen, die beim Hartwalzengufs bezweckt werden. Es würde daher auch angemessener gewesen sein, zu den Abschreckungs-Versuchen das flüssige Eisen nicht aus dem Cupoloofen, sondern aus dem Flammenofen zu nehmen; das war aber bei den lokalen Betriebs-Verhältnissen der Berliner Eisengiefserei nicht möglich, und da es bei diesen Versuchen nicht sowohl auf Ermittelung der absoluten, als vielmehr nur der relativen Abschreckungs-Fähigkeit der verschiedenen disponiblen Roheisensorten ankam, so konnte man sich mit dem Cupoloeisen begnügen.

Wenn man von dem Wiesenerz-Roheisen, welches zum dritten Versuche angewandt worden ist, abstrahirt, weil ihm zum Hartwalzengufs die erforderliche Haltbarkeit fehlt, und dessen Härte und Sprödigkeit durch das Abschrecken mittelst der eisernen Kapsel in einem solchen Grade zunimmt, dafs es schon beim Erkalten zerberstet, so theilen sich die Roheisensorten, mit denen die Abschreckungs-Versuche vorgenommen sind, in zwei Hauptgattungen, welche sich nach den kohligen Substanzen unterscheiden, die zu deren Gewinnung aus Bergerzen angewandt worden waren: dem Koak-Rohdiesen und dem Holzkohlen-Roheisen. Von dem erstern war es schon bekannt, dafs ihm eine geringere Abschreckungs-Fähigkeit als dem letztern beiwohne, und dies Verhältnifs hat sich auch durch die Versuche, deren Erfolge im Vorhergehenden angegeben sind, bestätigt. Bei allen 7zölligen Cylindern, welche aus Koak-Roheisen, wie es beim gewöhnlichen Betriebe des Hohofens erfolgt, gegossen sind, stimmt der Erfolg der Abschreckung, so weit er nach dem Bruchansehen beurtheilt werden kann, dahin überein, dafs die Masse nach der Abschreckungsfläche hin ein feineres Korn und eine Neigung zur strahlenförmigen Absonderung angenommen hat, und die graue Farbe lichter geworden ist; eine Umwandlung des körnigen Bruches in den strahligen hat sich bei keiner der angewandten Sorten Koak-Roheisen gezeigt; ein weifser Rand nur bei der ersten Sorte vom Bytkower Hohofen, welche zum Walzengufs besonders verschrieben, und von feinerem und hellerem Bruchansehen als das Koak-Roheisen sonst in der Regel hat, geliefert worden war, und auch dieser Rand nur von ganz unbedeutender Breite; bei den übrigen Sorten statt dieses Randes nur ein heller Schimmer, strahlenförmig zwischen dem dichten grauen Korn hindurchleuchtend, und auch dieser liefs sich nur bei dem Koak-Roheisen von Bytkow und von der Königshütte bemerken, und fehlte bei dem schlesischen Koak-Roheisen von der Antonienhütte und der Falvahütte und bei dem englischen ganz. Das Koak-Roheisen, welches zu Bytkow beim übersetzten Gange des Hohofens erblasen war, hat zwar ein abweichendes Verhalten gezeigt; der vor dem Umschmelzen weifse, dichte, versteckt blättrige Bruch, ist durch das Umschmelzen in den halbirten, körnigen übergegangen, die 7 zölligen Cylinder haben durch das Abschrecken an den stärkern Kapseln einen weifsen strahligen Rand erhalten; und es würde desgleichen Koak-Roheisen beim Hartwalzengufs den Anforderungen vielleicht hinsichtlich der Härte des Walzenkörpers, aber nicht hinsichtlich der Haltbarkeit, entsprechen. Als Endresultat dieser Abschreckungs-Versuche, in Bezug auf den zweiten Zweck derselben, dürfte hiernach anzunehmen sein: dafs Roheisen, welches mit Holzkohlen, bei einem regelmäfsigen Gange des Hohofens, aus Erzen gewonnen ist, welche ein derbes, festes, haltbares Eisen liefern, nachdem es hiernächst im Flammenofen nochmals umgeschmolzen worden, sich zum Hartwalzengufs am besten eignet.

Ich kehre jetzt von diesen Abschreckungs-Versuchen, welche nicht sämmtlich hinter einander, im Jahre 1830, sondern zum Theil in den beiden folgenden, zum Theil erst im jetzigen Jahre vorgenommen sind, zu den Versuchen mit dem Gusse dreifüfsiger Hartwalzen wieder zurück. Die Kapsel wurde in der Gestalt eines abgestumpften hohlen Kegels von 50 Zoll Höhe, 30 Zoll untern und 21 Zoll obern äufsern Durchmesser, von Antonienhütter Koak-Roheisen aus dem Flammenofen abgegossen; der obere Theil von 15½ Zoll Höhe bildete beim Gufs den verlornen Kopf der Kapsel, und nachdem dieser abgeschnitten worden war, betrug die reine Länge derselben noch 34½ Zoll. Die innere Wand der Kapsel wurde bis auf 16 Zoll Durchmesser ausgebohrt; die Dicke der Wände betrug demnächst am untern Ende 7 Zoll, und verminderte sich gleichmäfsig bis zum obern Ende, wo sie nur noch 4 Zoll betrug, um 3 Zoll. Am äufsern Umfange war ein Knaggen von ½ Zoll Dicke nahe dem Schwerpunkte der Kapsel mit angegossen. Um die Haltbarkeit derselben noch durch Tempern zu vermehren, wurde sie vor dem Ausbohren in einem um dieselbe erbauten Schachtofen, anfänglich mit Torf- *) denn mit Koak-Feuerung umgeben, 6 Tage und Nächte hindurch ausgeglüht, und 5 Tage lang der allmähligen Abkühlung überlassen; nach dem Ausbohren aber noch mit vier 3 Zoll breiten, 1 Zoll starken Ringen von besonders dazu gefertigtem sehr zähem Schmiedeeisen gebunden. Der zweite Ring von unten, welcher sich an den vorerwähnten Knaggen lehnte, bestand aus zwei, an jedem Ende mit einem abstehenden $8\frac{1}{2}$ Zoll langen Arme versehenen Halbringen, welche durch die über je zwei Arme geschobenen und darauf fest gekeilten gegossenen eisernen Muffen unter einander verbunden wurden, damit um letztere die Krahnketten gelegt werden konnten. Am untern Ende der Kapsel wurden vier Bolzenlöcher, zur Verbindung mit dem untern Zapfen-Formkasten, vor Stirn eingebohrt, am obern Ende vier Laschen mit Bolzenlöchern zur Verbindung mit dem obern Zapfenformkasten versehen durch Schrauben am Umfange befestigt. Die so vorgerichtete Kapsel wog nahe an 38 Centner.

Zu den Formen für die beiden Zapfen, für den verlornen Kopf und für den untern Theil des Eingufsrohrs, wurden die zu dem ersten Versuche auf 3 füfsige Hartwalzen angewandten Formkasten wieder benutzt. Statt der Röhren von gebranntem Lehm wurde ein Eingufsrohr von Eisen gegossen; es bestand aus zwei Stücken: dem 80 Zoll langen graden Einfallrohre, an den Enden abgeschrägt, um ihm beim Eindammen die von der senkrechten abweichende Richtung zu geben, und dem kurzen, mit einer sanften Krümmung anfangenden, und mit solcher sich in einer trichterförmigen Erweiterung endigenden Ansatzrohre. Beide Stücke waren der Länge nach in zwei Hälften getheilt, die, durch Laschen- und

*) Tafel II. Fig. 2 stellt diese Kapsel vor.

Schraubenbolzen mit einander verbunden, Röhren von einem Durchmesser von 4¼ Zoll bildeten, der durch ein Lehmfutter bis auf 3¼ Zoll vermindert wurde. Das Futter von Lehm, sowohl in dem Einfallrohre als in dem Ansatzrohre, wurde über ein hölzernes Modell geformt und gebrannt. Das Ansatzrohr wurde in dem untersten (Einguſs-) Formkasten mit Masse umstampft, und diese Masseform mit den übrigen gebrannt; das eine gekrümmt aufsteigende Ende desselben schloſs sich in der Gestalt eines flachen Trichters an die Form des untern Kuppelungs-Zapfens an, das andere war mit dem Einfallrohre durch Kränze und Schraubenbolzen verbunden.

Auch bei der Vorrichtung zur Zuführung des Eisens aus dem Abstiche des Flammenofens nach dem Einfallrohre, wurde noch mehr Vorsicht als bei den bisherigen Versuchen angewandt, um einestheils vorzubeugen, daſs das flüssige Eisen in seinem Laufe weder durch die kalten und feuchten Wände der aus Heerdsand gebildeten Zuleitung abgekühlt werde, noch Theile davon in seinem starken Strome mit sich fortreiſse, anderntheils um Schlacke, Schaum und andere Unreinigkeiten mit gröſserer Sicherheit auf dessen Oberfläche zurückhalten zu können. Der Tümpel, in welchem das aus dem Flammenofen abgestochene Eisen gesammelt werden sollte, wurde mit Charmottsteinen ausgemauert und durch eine mit der nöthigen Oeffnung versehene guſseiserne Platte geschlossen; die Zuleitung aus demselben bis zum Einfallrohre wurde ebenfalls von Guſseisen gebildet. Eine Rinne führte aus dem groſsen Abstich-Tümpel zu einem kleinern, aus diesem eine andere in einen zweiten, und die Verbindung des letztern mit dem Einfallrohre machte eine dritte Rinne, die in einem offenen, unten durchbrochenen Aufsatzkasten über dessen oberen Oeffnung endigte. Alle diese von Eisen gegossenen

Theile würden mit einem Lehmfutter, aus $\frac{3}{4}$ Lehm und $\frac{1}{4}$ Pferdemist bereitet, versehen, das gebrannt wurde. Schützen von Schmiedeeisen waren an dem Abstich-Tümpel vor der Schlufsplatte und hinter den beiden kleinern Tümpeln in der Rinne angebracht; die Hebel, durch welche der Verschlufs und die Oeffnung der Schützen zu reguliren war, waren am kürzern Ende in geschmiedeten, respective an der Tümpelplatte und an den Rinnen angenietheten Rändern, um Bolzen beweglich.

Das Einformen der Walze geschah auf dieselbe Weise, wie ich es bei den früheren Versuchen angegeben habe. Auf dem hölzernen Gestelle in der $34\frac{1}{4}$ Zoll hohen Kapsel, welches beim Einformen der Zapfen die Stelle des Walzenkörper-Modells vertrat, wurde an jedem der beiden Enden eine einen Zoll starke Ergänzungsplatte vom Durchmesser des Walzenkörpers eingezapft, welche, mit Rücksicht auf die Schwindung des Eisens beim Erstarren, die Länge des Walzenkörpers bis auf 36 Zoll ergänzte. Zu den Walzenzapfen, denen man, einschliefslich der einzölligen Verstärkungsscheibe, womit sie sich an den Walzenkörper anschliefsen, eine Länge von 8 Zoll und einen Durchmesser von 10 Zoll geben wollte, wurden die Modelle nur um einen halben Zoll stärker gehalten, den man zum Nachdrehen für hinreichend erachtete; das Modell zum unteren Kuppelungszapfen bildete einen Würfel von 7 Zollen; der obere sollte aus dem vollen Eisen ausgehauen werden, daher das Modell zu dem obern Walzen- und dem damit verbundenen Kuppelungs-Zapfen eine Höhe von 15 Zoll erhielt. An dieses schlofs sich das Modell zu dem verlornen Kopfe von 16 Zoll Höhe dergestalt an, dafs beide zusammen einen Cylinder, oder vielmehr bei der wegen des Ausziehens aus der Form nöthigen Verjüngung, einen abgestumpften Kegel von 30 Zoll Höhe,

10½ Zoll untern und 10¾ Zoll obern Durchmesser bildeten, welcher auf der einen Zoll starken Verstärkungsscheibe, und diese auf der eben so starken Ergänzungsplatte ruhte. Die Masse, worin alle diese Modelle eingeformt wurden, war aus 5 Maafstheilen Lehm und 3 Maafstheilen Mauersand zusammengesetzt; von dem frühern Verhältnisse, halb Lehm und halb Sand, wich man ab, um eine festere Form zu erhalten. Sämmtliche Masseformen wurden, nachdem sie gehörig getrocknet und gedarrt worden, noch warm mit einer aus Lehmwasser, mit einem Zusatz von Kornbrantwein und feinem Kohlenstaube bereiteten sehr dünnen Schwärze mittelst eines Pinsels zweimal benäfst, und dann wieder bis zur Zusammenstellung für den Gufs nach der warmen Darrkammer zurückgebracht, in welche auch die Kapsel schon mehrere Tage vor dem Gufs geschafft wurde, um durchweg eine gleichmäfsige gelinde Wärme anzunehmen.

Bei der Vorrichtung zum Gufs wurde die Form so tief in die Dammgrube eingesenkt, oder vielmehr in derselben aufgebaut, dafs die Oberkante des verlornen Kopfes mit der Hüttensohle und mit der obern Mündung des Einfallrohrs, dessen Lage um beiläufig 15 Grad von der senkrechten abwich, im Niveau stand. Form und Eingufsrohr wurden eingedammt; dabei wurde aber die Kapsel, um sie gegen eine ihrer Haltbarkeit nachtheilige Abkühlung durch den feuchten Heerdsand zu schützen, mit einer starken Lage trocknen Koakkleins umstampft. Der Abstichtümpel und die Zuleitung zur Form wurden vor dem Gufs noch durch glühende Holzkohlen angewärmt *).

Nachdem man auf diese Weise alle erdenkliche Vor-

*) Tafel I. Fig. 1. a und b stellen die ganze Gufsvorrichtung im Profil und im Grundrifs dar.

sicht angewandt zu haben glaubte, um dem Zerspringen der Kapsel vorzubeugen, und das Gelingen des Gusses zu sichern, wurde die zweite dreifüfsige Hartwalze am 15 October 1831 aus dem Flammofen abgegossen, der mit 40 Centnern Reinerzer Holzkohlen-Roheisen besetzt war und mit oberschlesischen Steinkohlen gefeuert wurde. Das Schmelzen ging rasch und gut von statten; das Eisen war gehörig flüfsig und flofs ruhig und mit reiner Oberfläche in das Einfallrohr; gleichwohl bemerkte man, als es von unten hinein in die Kapsel trat, vielen Schaum und Schlackentheilchen auf demselben schwimmend, welche ein Bestreben zeigten, sich den Wänden der Kapsel zu nähern und daran anzulegen, wo sie dann, in so weit das höher steigende Eisen sie nicht mit sich fortrifs, von demselben überströmt wurden und Gruben auf der Oberfläche des Walzenkörpers bilden mufsten. Nachdem die Walze am dritten Tage aus der unversehrt gebliebenen Kapsel herausgehoben worden war, zeigten sich auch wirklich so viele durch jene Unreinigkeiten verursachte fehlerhafte Stellen auf derselben, dafs sie schon aus diesem Grunde nicht für gut gerathen angesprochen werden konnte; aufserdem fand sich aber noch eine starke Hartborste, welche in mehreren Absätzen den Körper der Walze grade da umkreisete, wo sich der mit dem obern Walzenzapfen in Masse gegossene Theil desselben an dem von der Kapsel umfangenen anschlofs.

Jene Fehler waren, da das in das Einfallrohr stürzende Eisen keine Unreinigkeiten auf der Oberfläche mit in die Form geführt hatte, offenbar theils durch den Schaum, welcher sich aus demselben erst im Eingufs und in der Form selbst ausgeschieden hatte, theils durch Massetheilchen entstanden, die durch den Stofs und Druck des flüfsigen Eisens von den innern Wänden der untern

Masseformen abgestoſsen worden wären; die Entstehung der Hartborste aber glaubte man sich daraus erklären zu können, daſs das Eisen in dem von der Kapsel umgebenen Theile des Walzenkörpers an den Wänden derselben früher erstarrt und daher sowohl im Durchmesser, als in der Länge auch früher und stärker durch die Schwindung zusammengezogen worden war, als in dem über die Kapsel hervorragenden, durch die Masseform gebildeten Theile; daſs dieser daher der Schwindung des erstern in die Kapsel hinein nicht habe folgen können, weil er einen Widerstand an den innern obern Kanten derselben gefunden und dadurch abzureiſsen versucht worden sei.

Um diesen Ursachen des Miſsrathens der Walze abzuhelfen, wurde beschlossen, beim nächsten Versuche, die Heftigkeit des Einsturzes des Eisens dadurch zu mäſsigen, daſs man das Einfallrohr weniger steil, in einem Winkel von 45 Graden, legte; in den Zapfenformen alle scharfe Kanten zu vermeiden, indem man der vereinigten Walzen- und Kuppelungs-Zapfenform die Gestalt eines abgestumpften Kegels gab, dessen gröſsere Grundfläche sich auf den Walzenkörper in korrespondirender Gröſse aufsetzte; zu den Zapfenformen eine festere Formmasse anzuwenden, und, um es dem über die obere Ergänzungsplatte geformten Theile des Walzenkörpers möglich zu machen, dem beim Erstarren und Schwinden sich in die Kapsel zurückziehenden Eisen zu folgen, die Ergänzungsplatte schon mit in die kegelförmige Gestalt der obern Form zu ziehen und dadurch der Eisenmasse von da ab, wo sie über die Kapsel hinaustritt, die Verjüngung des Kegels zu geben.

Ehe es noch zur Ausführung dieser Veränderungen kam, hatte der gescheidte Formermeister Erhard mit einer kleinen Walzenform den Versuch gemacht, durch Abänderung der Einmündung des Eingusses in die untere Zapfenform dem Eisen während des Aufsteigens in die Form und Kapsel eine kreisende Bewegung zu geben und durch diese die auf der Oberfläche schwimmenden Unreinigkeiten von den Wänden ab und in die Mitte zu treiben. Der Versuch war ihm, bei einem Walzenkörper von 8 Zoll Länge, vollkommen gelungen; da es aber zweifelhaft war, ob die Kraft, welche das aufsteigende Eisen in die kreisende Bewegung setzt, auch bei dem Drucke einer viel höhern Eisensäule hinreichen würde, dasselbe wenigstens bis über den Walzenkörper hinaus darin zu erhalten, so wurde der Versuch mit einer ähnlichen Vorrichtung in einer gröſsern Walzenform wiederholt, wobei der durch 3 auf einander gesetzte Abschreckungskapseln von 7 Zoll Durchmesser gebildete Walzenkörper, eine Länge von 23 Zoll erhielt und das aufsteigende Eisen vom Punkte der Einmündung in die untere Zapfenform bis zum Ende des verlornen Kopfs eine Höhe von 42 Zoll zu durchlaufen hatte. Auf dieser Höhe dauerte die kreisende Bewegung des Eisens bis zu Ende fort, und führte den sich ausscheidenden Schaum und die von der Formmasse und dem Heerdsande abgestoſsenen Theilchen, im Mittel der Oberfläche in einem Patzen vereinigt, durch die Form hindurch bis in den verlornen Kopf so vollständig fort, daſs sich auf der Oberfläche des Walzenkörpers keine Spuren davon zeigten. Gestützt auf diese Erfahrung, und in Erwägung daſs mit der Höhe der Eisensäule in der Walzenform auch die Höhe des Eingusses, mit dem Widerstande auch die Kraft wächst, wurde es für rathsam gehalten, dieses Mittel bei dem nächsten Gusse einer 3 füſsigen Hartwalze in Anwendung zu bringen, dabei aber die übrigen bereits beschlossenen Vorsichtsmaafsregeln ebenfalls beizubehalten.

Die kreisende Bewegung des in die Form der Walze aufsteigenden flüssigen Eisens hatte der Formermeister Erhard dadurch hervorgebracht, dafs er der Einmündung des Eingufses in die untere Zapfenform, statt der bisherigen Richtung auf den Mittelpunkt derselben, eine tangentirende Richtung gab, wodurch das einströmende Eisen genöthigt wurde, an der Form- und Kapsel-Wand der Kreisform derselben zu folgen, und, indem es am Schlufse des ersten, weitesten, Kreises dem zufliefsenden Strohme begegnete, in gleicher Richtung einen innern Kreis und so fort mit immer zunehmender Geschwindigkeit eine Schneckenlinie und im Mittelpunkte derselben einen Strudel oder Trichter zu bilden, welcher den Schaum und andere Unreinigkeiten, da er sie in die viel dichtere und specifisch schwere Masse des flüfsigen Eisens nicht hineinziehen konnte, über sich concentrirte und im fortwährenden Aufsteigen emportrug. Dabei wurde die Geschwindigkeit des einströmenden Eisens durch Verkleinerung des Querschnitts der Einmündung in die Form und die Geschwindigkeit der kreisenden Bewegung in derselben überdem noch dadurch vermehrt, dafs der Eingufs nicht auf einem Punkte, sondern auf zwei einander gegenüberstehenden Punkten an der Kreiswand in korrespondirender Richtung tangentirend, in die Form des untern Walzenzapfens mündete. Zu diesem Zwecke wurden die Vorrichtungen für den Gufs dreifüfsiger Hartwalzen dahin abgeändert, dafs, statt der bisherigen beiden untern Formkasten, wovon der obere die Form des Walzen- und des Kuppelungs-Zapfens, der unterste das Eingufsrohr enthielt, zwei andere angewendet wurden; der unterste allein für die kubische Form des Kuppelungszapfens; der obere für die Form des mit der Ergänzungsplatte verbundenen Walzenzapfens und für den Einguſs. Die erstere erhielt die Gestalt eines abgestumpften Kegels von respektive 16 und 12 Zoll Durchmesser; mit dem gröſsern Durchmesser schloſs sie sich an die 16 zöllige Kapsel an; mit dem kleinern Durchmesser ruhte sie über dem Kuppelungszapfen auf dem untersten Formkasten, und in dieser untern Fläche der Formmasse des Walzenzapfens wurde der Einguſs ausgeschnitten. Aus dem im 45sten Grade geneigten Einfallrohre von 2¾ Zoll obern, 2½ Zoll untern Durchmesser, welches auf den untern Zapfenformkasten aufsetzte, lief eine in dessen Masse mit eingeformte Verbindungsröhre mit einer Verjüngung von ¼ Zoll bis zu dem Einguſs, welcher sich von diesem Punkte in sanften Beugungen, mit Vermeidung aller scharfen Kanten, (die auch von der Kuppelungszapfenform weggenommen wurden,) nach zwei gegenüberstehenden Seiten der Walzenzapfenform wendete, von 5 Zoll Breite und 1¼ Zoll Tiefe abnehmend bis auf 3½ Zoll Breite und ¼ Zoll Tiefe. Die Form zum obern Walzenzapfen und der damit verbundenen Ergänzungsplatte erhielt die Gestalt eines abgestumpften Kegels von 15½ Zoll unterm, 12 Zoll oberm Durchmesser, auf welchen sich die Form zu dem verlornen Kopf in ähnlicher Gestalt, der Durchmesser von 12 bis auf 10½ Zoll abnehmend, aufsetzte. Die Formmasse zu allen Formen wurde aus einem Gemenge von 5 Massetheilen Lehm, 2 Sand, 1 Kuhmist zusammengesetzt, sorgfältig gemischt, durch ein Sieb geschlagen; die davon fest eingestampften Formen wurden in der Darrkammer bei starker Steinkohlenhitze getrocknet, am Tage vor dem Guſs noch die innern Wände durch Holzflamme gebrannt, dann gleich geschwärzt und während der Nacht in einer gelinden Wärme erhalten. *)

*) Taf. I. Fig. 2. zeigt die Guſsvorrichtung im Profil und

Mit diesen Veränderungen wurde die dritte dreifüfsige Hartwalze am 6 December 1831 aus dem Flammofen von Reinerzer Holzkohlenroheisen abgegossen. Das geschmolzene Eisen war wie beim vorigen Gufs; bei einem Gefälle von 7 Zoll, das man den Zuleitungsrinnen vom Abstichtümpel bis zur Mündung des Einfallrohrs gegeben hatte, war der Zuflufs sehr stark und sehr rasch, so dafs nicht mehr als eine Minute Zeit erforderlich war, die Form von unten bis über das obere Zapfenstück hinaus zu füllen; der übrige Theil des verlornen Kopfes wurde von derselben Eisensorte aus dem Cupoloofen von oben nachgefüllt, weil die Walzenform, um das wegen der flachern Lage ohnehin schon sehr lange Einfallrohr nicht noch mehr verlängern zu dürfen, nur so tief eingedammt war, dafs die letzten 12 Zoll des verlornen Kopfes über der Hüttensohle hervorragten.

Ungeachtet das flüfsige Eisen sehr rein in das Einfallrohr lief, zeigte es sich doch in der untern kubischen Form des Kuppelungszapfens, worin es aus den beiden Eingufsmündungen zuerst fiel, mit Unreinigkeiten bedeckt; so wie es aber diese Form gefüllt hatte, und das Eisen das Niveau der Eingufsmündungen erreichte, begann die kreisende Bewegung desselben mit solcher Heftigkeit, dafs das Auge nicht zu folgen vermochte, dauerte während des Aufsteigens des Eisens, obwohl mit abnehmender Geschwindigkeit fort bis an den verlornen Kopf, und nahm alle sich aus dem flüfsigen Eisen ausscheidenden und auf dessen Oberfläche empor getragenen Unreinigkeiten, im Mittelpunkte zu einem Ballen vereinigt, mit sich hinauf. Die Oberfläche des Walzenkörpers fand sich daher auch, nachdem sie am

---

Figur 5. den tangentirenden Eingufs im Grundrifs, nach gröfserem Maafsstabe.

folgenden Tage von ihrer Hülle befreit war; vollkommen rein und glatt, und es war in dem glücklichen Gedanken des Formermeisters Erhard, beim Hartwalzengufs dem in die Form aufsteigenden Eisen durch tangentirende Eingufsmündungen eine kreisende Bewegung zu geben, das Mittel gefunden, jene Bedingung brauchbarer Hartwalzen, an der alle frühere Versuche gescheitert waren, mit Sicherheit zu erfüllen.

Gleichwohl mufste auch diese dritte grofse Hartwalze verworfen werden, weil sie wieder an der Stelle des Walzenkörpers, wo die Masseform sich dem obern Ende der Kapsel angeschlossen hatte, zwei Hartborsten zeigte, von denen die gröfsere bei $\frac{1}{4}$ Zoll Breite und bis $1\frac{1}{4}$ Tiefe 20 Zoll des Umfangs unmittelbar auf jener Grenze einnahm, die kleinere $\frac{1}{8}$ Zoll unter derselben nur gegen $\frac{1}{8}$ Zoll Breite und etwas über 6 Zoll Länge hatte. Die Masseform, welche die obere Ergänzung des Walzenkörpers, verbunden mit dem Zapfenstücke, in der Raumgestalt eines mit seiner Grundfläche auf die Kapsel aufgesetzten Kegels, bildete, hatte sich nicht absolut dicht an die Stirn der eisernen Kapsel angeschlossen; es war daher hier beim ersten Erstarren ein schwacher Grad entstanden, welcher bei der Schwindung des Walzenkörpers dem Hineinziehen desselben in die Kapsel Widerstand entgegengesetzt und das theilweise Abreifsen von dem obern Kegel verursacht hatte.

Bei dem vierten Gufsversuche, welcher am 16 December 1831, ebenfalls von Reinerzer Holzkohlenroheisen, aus dem Flammofen stattfand, wurde zwar diesem Uebel dadurch vorgebeugt, dafs der untere Durchmesser jenes Kegels um $\frac{1}{8}$ Zoll vermindert und dadurch dem Ergänzungsstücke des Walzenkörpers rund um $\frac{1}{2}$ Zoll

Spielraum gegen die Kapselwände verschafft wurde; dagegen hatte die Walze nun auf der einen Seite, von dem untern, von der Kapsel begrenzten Ende an, bis zu $\frac{3}{4}$ der Höhe hinauf, eine Menge unregelmäſsiger bis $\frac{1}{4}$ Zoll tiefer Längenrisse erhalten, welche sie unbrauchbar machten. Da die Kapsel keine Veranlassung zu diesen Rissen darbot, so glaubte man, den Grund des Uebels in der Beschaffenheit des zum Guſs angewendeten Roheisens suchen zu müssen. Die im Reinerzer Hohofen verblasenen Rotheisensteine sind schwefel- und arsenikhaltig; das Eisen, welches daraus erzeugt wird, besitzt einen sehr bedeutenden Grad von Festigkeit, aber auch groſse Härte; es ist, verglichen mit den andern Sorten schlesischen Holzkohlenroheisens, die aus Braun- und Thon-Eisensteinen gewonnen werden, geneigter aus dem Zustande des grauen Roheisens in den des weiſsen überzugehen; von allen Sorten Holzkohlen-Roheisen, womit die Abschreckungs-Versuche vorgenommen sind, war das Reinerzer die einzige, bei welcher der Uebergang aus der innern grauen Hauptmasse des Cylinders in den weiſsen Rand sich nicht durch ein Lichterwerden der grauen Farbe, sondern durch eine Trennung des grauen von dem weiſsen Eisen, durch das Halbirtwerden, zu erkennen gegeben hatte. Beim Zerschlagen der jetzt gegossenen Walze war der halbirte Zustand des Eisens ebenfalls wieder, sowohl im verlornen Kopfe, als in dem Walzenkörper, zu erkennen, dessen Farbe sehr lichte und matt, und dessen Korn sehr fein war, bis zu dem etwa $\frac{1}{2}$ Zoll breiten strahligen weiſsen Rande, der sich ziemlich scharf absetzte.

Zu dem fünften Versuche am 14ten Januar 1832 wurde daher Malapaner Holzkohlenroheisen angewandt; allein auch diese Walze hatte einen Riſs, der von dem obern von der Kapsel begrenzten Ende, wo er $\frac{1}{4}$ Zoll

Oeffnung und $\frac{1}{4}$ Zoll Tiefe hatte, mit abnehmender Breite und Tiefe in senkrechter Richtung 15 Zoll hinablief. Die unbrauchbare Walze wurde zerschlagen; im verlornen Kopfe fand sich der Bruch grobkörnig und grau, dem des zum Umschmelzen eingesezten Roheisens ziemlich gleich; im Walzenkörper zwar weniger grob und lichter, und einige Zoll vom Umfange bis zu dem äufsersten etwa $\frac{1}{16}$ Zoll breiten weifsen strahligen Rande sehr feinkörnig, licht und matt, aber durchaus nicht halbirt. Dafs der Rifs gleich, nachdem die erste harte Rinde durch das Abschrecken an der Kapsel sich gebildet, entstanden war, liefs sich ganz deutlich daraus erkennen, dafs noch flüfsiges Eisen von innen in die Rifsspalte eingedrungen war. Indem man sich in Vermuthungen über den Grund des Uebels erschöpfte, den man bald in der ungleichen Dicke der Kapsel, bald in einer ungleichmäfsigen Wärme derselben, bald darin, dafs der Gufs nicht rasch genug erfolgt sei, oder in der Nachfüllung des verlornen Kopfes von oben, mit hitzigerm Eisen aus dem Cupoloofen, suchte, blieb man endlich dabei stehen, zum nächsten Versuche Koakroheisen von der Antonienhütte anzuwenden, die ganze Form so tief in die Dammgrube einzusenken, dafs auch der ganze verlorne Kopf durch das von unten aufsteigende Eisen aus dem Flammenofen gefüllt würde, und den Gufs durch einen starken raschen Zuflufs des Eisens möglichst schnell zu vollführen.

Der Abgufs der sechsten 3 füfsigen Hartwalze geschah am 8 Februar 1832. Das sehr hitzige und dünnflüfsige Koakroheisen flofs in einem starken raschen Strohme in den Eingufs, stieg mit schnell kreisender Bewegung bis in den verlornen Kopf empor; die Walze war vollkommen gut und fehlerfrei.

Jetzt hoffte man alle Schwierigkeiten, welche der

Gufs so großer Hartwalzen darbot, überwunden zu haben; aber diese Freude war von kurzer Dauer, da die am 15 Februar abgegossene siebente Hartwalze zwar eine sehr reine Oberfläche, dabei aber wieder einen starken Längenrifs hatte, der, gleichwie bei der 5ten Walze, an deren obern durch die Kapselhöhe begrenzten Ende seinen Anfang genommen hatte und sich senkrecht bis über die Mitte der Länge des Walzenkörpers hin erstreckte. In der Vorrichtung zum Gufs war gegen den 6ten wohlgerathenen Versuch weiter nichts verändert, als: dafs die beiden kleinen Tümpel in der Zuleitungsrinne fortgelassen waren; dies geschah, um den Zuflufs des Eisens zu beschleunigen und konnte zur Entstehung des Rifses nicht beigetragen haben. Es war zum siebenten Versuche dieselbe Sorte Eisen, Antonienhütter Koakroheisen, im Flammenofen umgeschmolzen, wie zum 6ten angewendet; die Behandlung beim Formen, Schmelzen und Giefsen war ganz die vorige; die einzige Verschiedenheit, der man einen Einflufs auf den abweichenden Erfolg beider Versuche zuschreiben konnte, lag in der Flüfsigkeit des Eisens. Zu dem letztern Schmelzen hatte man, da die besseren oberschlesischen Steinkohlen aufgearbeitet waren, schlechtere Steinkohlen aus Niederschlesien, die vielen Anthrazit und Schieferthon mit sich führten, anwenden müssen, und damit nicht den Grad von Hitze und Dünnflüfsigkeit des Eisens erlangen können, wie mit den zu dem sechsten Schmelzen benutzten Steinkohlen aus Oberschlesien. Im Bruch zeigte die zerschlagene Walze ein graues, mattes, feines, von der Mitte nach Aufsen hin immer mehr an Dichtigkeit zunehmendes Korn, umschlossen von einem $\frac{1}{8}$ bis $\frac{1}{16}$ Zoll breiten weifsen Rande; in den Zapfen und dem verlornen Kopfe hatte sich das Bruchansehen des Eisens durch das Umschmelzen nicht verändert.

Außer der vorerwähnten matten Beschaffenheit des geschmolzenen Eisens fehlte es durchaus an allen Ursachen, denen man das Mißlingen des vorigen Versuchs hätte zuschreiben können. Um diese bei dem achten Versuche, am 25 Februar, zu beseitigen, wurden von den Steinkohlen die reinsten Stücke ausgesucht, welches auch den Erfolg hatte, daß das damit im Flammenofen umgeschmolzene Antonienhütter Eisen von einer schönen weißen Farbe, sehr hitzig und dünnflüßig aus dem Abstich ströhmte und die Walzenform recht rasch füllte. Da es möglich schien, daß der bei dem bisherigen Walzengusse starke Druck der 32 Zoll hohen Säule flüßigen Eisens, welche in den Formen der obern Zapfen und des verlornen Kopfs auf dem von der Kapsel eingeschlossenen Walzenkörper stand, zu dem Zerbersten der durch das erste Abschrecken erstarrten Oberfläche desselben beigetragen habe, (obwohl dieser Effect sich beim 6ten Guße nicht ergeben hatte) und da ein Nachsakken des Eisens im verlornen Kopfe, wie es bei den in Masse- oder Lehm-Formen gegossenen großen Walzen erfolgt, bei dem Guß in Kapseln, in Folge der schnellen Zusammenziehung des Eisens in derselben, wenig oder gar nicht vorkommt, man daher den verlornen Kopf für die Dichtigkeit der Hartwalze nicht unumgänglich nöthig hielt, auch der Kuppelungszapfen an der zweiten Walze entbehrt werden konnte; so hatte man jene Druckhöhe durch Weglassung der Form des verlornen Kopfs bei dem 8ten Versuche um 16 Zoll vermindert. Beide Maaßregeln hatten jedoch nicht verhindern können, daß auch diese Walze, deren Oberfläche übrigens sehr rein und schön war, wieder durch einen senkrechten Langriß von demselben Anfangspunkte, wie die 5te und 7te, von 16 Zoll Länge, jedoch nur von ⅛ Zoll Breite und Tiefe, unbrauchbar wurde.

Der Umstand, daſs bei drei Versuchen der Langriſs von dem Ende des Walzenkörpers ausgegangen war, welches beim Guſs von dem schwächern Ende der kegelförmigen eisernen Kapsel umgeben ist, führte nun zu der Vermuthung, daſs die Verschiedenheit der Kapseldicke das Zerbersten des Walzenkörpers bewirke. Obwohl man sich über den Grund dieser Vermuthung keine Rechenschaft zu geben vermochte, und obwohl derselben der Erfolg des 4ten Versuchs, bei dem der Langriſs von unten, am dicksten Ende der Kapsel, ausgegangen war, und des 2ten und 3ten Versuchs entgegensteht, bei denen gar kein Langriſs, sondern nur Querriſse, deren Ursache ermittelt und beseitigt wurde, vorgekommen sind; so ging man doch, in Ermangelung anderer erkennbarer Veranlassungen, auf den Versuch ein, bei dem neunten Guſse einer 3 füſsigen Hartwalze die kegelförmige Kapsel umgekehrt, das 4 Zoll dicke Ende unten, mithin das 7 Zoll dicke Ende oben, zu stellen. Uebrigens wurde an den bisherigen Vorrichtungen und an dem bisherigen Verfahren nichts weiter verändert, als daſs man die Form zum verlornen Kopf zwar aufsetzte, aber das Eisen nur 6 Zoll hoch in diese Form aufsteigen lieſs. Der Guſs geschah am 22 Maerz 1832, wieder von Antoniehütter Koakroheisen; das Eisen war etwas matter, wie beim vorigen Guſs und zeigte sich oben in der Form zu einem baldigen Erstarren; da man hiervon einen nachtheiligen Einfluſs auf die Dichtigkeit und Festigkeit des obern Walzenzapfens besorgte, so wurde der noch leere obere Theil der Form des verlornen Kopfs sogleich mit grobzerstoſsenen Holzkohlen angefüllt, wodurch das Eisen in der Form länger flüſsig erhalten wurde. Der Erfolg davon war ein bedeutendes Nachsakken bis auf 5 bis 6 Zoll Tiefe. Die Walze ging vollkommen rein und ohne Riſs aus der Form hervor; nur eine ganz feine Ritze, von kaum zwei Zoll Länge und der Dicke eines Haars, war am untern Ende bemerkbar, welche indessen der Brauchbarkeit der Walze keinen Abbruch that.

Diese 9te und die 6te dreifüſsige Hartwalze, beide von Antonienhütter Koakroheisen gegossen, sind in der Königl. Eisengiesserei zu Berlin abgedreht und abgeschmirgelt worden und dann nach dem Königl. Messingwerke bei Hegermühle zu ihrer Bestimmung abgegangen. Beim Abdrehen haben die abgeschreckten Walzenkörper eine so groſse Härte, wie das Holzkohlenroheisen durch das Abschrecken annimmt, zwar nicht gezeigt, auch haben sich dabei weichere Stellen zu erkennen gegeben; sie zeichnen sich indessen vor den bis dahin nur in Lehm oder in Masse geformten groſsen Walzen durch eine viel bedeutendere Härte und Dichtigkeit aus, und das ist in der Hinsicht, daſs es die ersten Hartwalzen sind, welche bei den Hüttenwerken im Preuſsischen Staate zur Anwendung kommen, nicht nur hinreichend, sondern auch besser, als wenn sie eine vollkommene Härte besäſsen, bei welcher, da den Walzarbeitern noch die Erfahrung in der Behandlung harter Walzen beim Betriebe fehlt, ein Zersprengen durch unvorsichtige Spannung eher zu besorgen sein wüde. Die Zapfen und der sich daran anschlieſsende Theil des Walzenkörpers, welcher über die Kapsel zu beiden Enden hinaus über die einen Zoll starke Ergänzungsplatte in Masse geformt ist, haben die dem guten Koakroheisen eigne weiche Beschaffenheit behalten und versprechen, bei angemessener Behandlung, die nöthige Haltbarkeit und Dauer.

Durch die neun Versuche mit Anfertigung groſser Hartwalzen ist nun nicht allein der Zweck erreicht, ein Paar solcher Hartwalzen für die Anwendung auf den

Hüttenwerken darzustellen, mit welchen die Bahn zur weitern Vervollkommnung und Verbreitung gebrochen ist, sondern es sind dadurch auch gute Erfahrungen über die Methode des Hartwalzengufses überhaupt gewonnen; vor allen ein sicheres Verfahren, die Fehler zu vermeiden, welche durch die beim Gufs sich aus dem flüfsigen Eisen abscheidenden schaumigen und schlackigen Theile veranlafst werden, und dadurch den Walzen eine solche glätte und schöne Gufsfläche zu geben, wie sie nöthig ist, um sie durch ein möglichst geringes Abdrehen, Schlichten und Poliren zu vollenden und die abgeschreckte harte Rinde, worauf der Vorzug und die Vollkommenheit der Hartwalzen beruht, zu schonen und zu erhalten. Dagegen mufs man gestehen, dafs man durch diese Versuche noch nicht dahin gelangt ist, die Hartborsten auf der Oberfläche der Walzen mit Sicherheit zu vermeiden. Durch den Erfolg des letzten Versuchs, bei dem man das dickere Ende der kegelförmigen Kapsel in der Gufsform nach oben gerichtet und die Erstarrung des flüfsigen Eisens im Walzenkörper durch eine Masse glühender Holzkohlen verzögert hatte, ist man nicht zu dem Schlufse berechtigt, dafs diese beiden Mittel, oder eins von beiden, jene Sicherheit gewähren; denn die ohne deren Anwendung gegossene sechste Walze war auch ohne Hartborste, und so wie man durch die Erfolge des siebenten und achten Versuchs, bei denen von dem beim sechsten beobachteten Verfahren nicht wesentlich abgewichen ist, verhindert wird, dieses Verfahren für das richtige und sichernde anzusehen und vielmehr genöthigt wird, das Nichtentstehen der Hartborsten beim sechsten Gufs, wenn nicht zufälligen, doch mindestens bis jetzt unbekannten, Ursachen beizumessen, so wird man solchen vor der Hand auch das ähnliche Resultat des neunten Gusses zuschreiben müssen. Das längere Flüssigerhalten des Eisens in der eben gegossenen Walze muss, wenn es auch zur Vermeidung der Hartborsten nicht beitragen sollte, doch schon deshalb als nützlich anerkannt werden, weil es das Nachsakken des Eisens befördert und dadurch die Dichtigkeit und Festigkeit der Walze vermehrt. Wenn die veränderte Stellung der kegelförmigen Kapsel dazu beigetragen haben sollte, das Zerbersten von oben hinab zu vermeiden, so wird man diesen Erfolg doch nicht dem Umstande zuschreiben dürfen, dass die Kapsel in diesem Falle oben stärker als unten gewesen ist, sondern eher annehmen können: entweder, dass die geringste Dicke der Kapsel von 4 Zoll, bei dem Durchmesser der Walze von 16 Zoll, überhaupt zu geringe ist und dass diese zu geringe Dicke der Kapsel Veranlassung zum Zerbersten der Walzenoberfläche gebe, wofür auch der vorher bemerkte Umstand spricht, dass sich auf der 9ten Walze am untern, von der geringsten Dicke der Kapsel umgebenen Ende schon die Tendenz zum Zerbersten durch eine ganz feine Ritze gezeigt hat; oder, dass überhaupt die ungleiche Dicke der Kapsel diesen verletzenden Erfolg begünstige. Die Gründe, aus welchen die Kegelgestalt der Kapsel in Vorschlag gekommen war, habe ich im Vorhergehenden angegeben; sie bezogen sich lediglich auf die Haltbarkeit der Kapsel; nur diese war bei der Gestalt der frühern gefährdet gewesen, und in dieser Hinsicht hat sich die kegelförmige bewährt.

Die gegen den Vorschlag erhobenen Bedenken bezogen sich nur auf das Abschreckungsvermögen, und diese werden durch die Abschreckungsversuche gehoben. Das Zerbersten des Walzenkörpers beim ersten Gusse in der tonnenförmigen Kapsel, konnte um so mehr nur dem Zerreissen dieser Kapsel zugeschrieben werden, da die Borste in jenem mit dem Sprunge durch diese korrespondirte, Veranlassung, einen Einflufs der Gestalt der Kapsel auf das Zerbersten des Walzenkörpers zu besorgen, war daher damals nicht vorhanden. Jetzt, wo dieses wirklich statt findet, halte ich es allerdings für besser, der **Kapsel zum Hartwalzengufs** eine gleiche **Dicke**, also eine **cylindrische Gestalt** zu geben. Wenn man lediglich die Haltbarkeit der Kapsel zu berücksichtigen hätte, so würde eine Dicke derselben von 4 Zoll bei einem innern Durchmesser von 16 Zollen hinreichend sein, wenn sie aus gutem festem Eisen gegossen, sorgfältig getempert, und durch starke Ringe von zähem Schmiedeeisen verstärkt ist; da aber nicht ohne Grund anzunehmen ist, dafs diese Dicke zu geringe sei, um ohne Einflufs auf das Zerbersten des Walzenkörpers zu sein, so wird man solche vermehren müssen. Es scheint aber eine Vermehrung der Dicke der Kapsel, für Walzen von 16 Zoll Durchmesser, auch mit Rücksicht auf die Abschreckung vortheilhaft und insbesondere dann nöthig zu sein, wenn man Kosk-Roheisen zum Gufs anwendet, welches einen höhern Grad von Hitze als das Holzkohlen-Roheisen zum Schmelzen erfordert und annimmt, und ich halte es für rathsam, der **Kapsel mindestens ½ des Durchmessers** zur **Dicke** zu geben.

Da indessen im Allgemeinen das Kosk-Roheisen an sich eine viel geringere Abschreckungs-Fähigkeit als das Holzkohlen-Roheisen besitzt, und letzterm, wenn nicht eine gröfsere, mindestens keine geringere Dichtigkeit und Festigkeit, als dem erstern, zugetraut werden kann, so wird das **Holzkohlen-Roheisen zum Hartwalzengufs immer den Vorzug verdienen**, und man wird daher bedacht sein müssen, solches auch zu den **grofsen** Hartwalzen anzuwenden. Die Versuche auf 3füfsige Hartwalzen waren mit schlesischem Holzkohlen-Roheisen begonnen, und man hätte vielleicht besser gethan, damit fortzufahren, als zu dem Koak-Roheisen überzugehen. Das Reinerzer Holzkohlen-Roheisen, wovon die ersten 4 Walzen abgegossen wurden, mufste allerdings, ohne Rücksicht auf die Borsten derselben, schon deshalb aufgegeben werden, weil es, in Folge der natürlichen Beschaffenheit seiner Erze, vielleicht auch eines unregelmäfsigen Hohofenbetriebes, zu viel Neigung zeigte, durch das Umschmelzen in den halbirten und weifsen Zustand überzugehen, und daher die nöthige Haltbarkeit der Walzen aus diesem Eisen nicht erwartet werden durfte; dafs man sich aber von der fernern Anwendung des Malapaner Holzkohlen-Roheisens gleich nach dem ersten Versuche deshalb hat abschrekken lassen, weil die davon gegossene fünfte dreifüfsige Hartwalze ebenfalls einen Langrifs hatte, erscheint jetzt, nachdem bei der 7ten und 8ten, von Koak-Roheisen gegossenen Walze, derselbe Fehler sich eingestellt hat, nicht gerechtfertigt, und es ist sehr die Frage: ob bei Fortsetzung der Versuche mit einer guten Sorte schlesischen Holzkohlen-Roheisens dieser Fehler öfter vorgekommen, oder ob man nicht damit in dieser Hinsicht eben so weit gekommen sein, und dabei besser abgeschreckte Walzen erhalten haben würde, als mit und von dem Koak-Roheisen. Jedenfalls halte ich es für gerathen, bei fernern Hartwalzengüssen zum Holzkohlen-Roheisen zurückzukehren und dabei beharrlich zu verbleiben.

Die Versuche mit dem Gufs dreifüfsiger Hartwalzen waren beendigt, als das Königl. Ober-Bergamt für die Brandenburg-Preufsischen Provinzen von der Vorzeigung der im Gufs misglückten kleinen Hartwalze, in der Versammlung des Vereins zur Beförderung des Gewerbfleifses in Preufsen, Veranlassung nahm, ein Paar kleine Hartwalzen von den in der Preisaufgabe dieses Vereins bestimmten Dimensionen in der Königl. Eisengiefserei anfertigen zu lassen. Es schien damals die Meinung vorzuherrschen, dafs die Schwierigkeit bei Anfertigung der Hartwalzen nicht sowohl im Gufs, als in dem Abdrehen derselben, zu suchen sei; die genannte Behörde hatte aber durch die im Vorhergehenden beschriebenen Versuche bereits die Ueberzeugung gewonnen, dafs hierin ein Irrthum liege. In jener irrthümlichen Voraussetzung war auch die vorgedachte kleine Hartwalze von einem Berliner Mechaniker in der Königl. Eisengiefserei ausdrücklich mit dem Verlangen bestellt worden, solche von dem härtesten weifsen Roheisen in einer eisernen Schale zu giefsen. Diesem Verlangen mufste genügt werden, und es lag in den Bedingungen desselben, dafs die Walze mit einem Hartsprung, welcher sie der ganzen Länge nach zerrissen hatte, aus der Schale hervorging. Aber auch selbst in dem Falle, wenn es möglich gewesen wäre, den Hartsprung zu vermeiden, würde nach jenen Bedingungen doch keine brauchbare, wenigstens keine solche Hartwalze erfolgt sein, wie die Preisaufgabe sie verlangt, da von ganz hartem weifsem Roheisen keine die Probe bestehende Dauerhaftigkeit erwartet werden durfte; auch selbst dann nicht, wenn die Zapfen ohne Verlangen des Bestellers in Masse gegossen worden wären. Bei der selbst ergriffenen Veranlassung, auf die Lösung der Preisaufgabe einzugehen, war man durch keine solche Bedingungen gebunden, und da die Darstellung der Hartwalzen von so kleinen Dimensionen, wie sie die Preisaufgabe mit Rücksicht auf andere gewerbliche Zwecke vorschreibt, viel weniger schwierig ist, als die der 18 und 36zölligen, und da die bei Anfertigung dieser gröfseren Hartwalzen gefundenen Schwierigkeiten, bereits durch vielfache Versuche so weit überwunden waren, wie ich es im Vorhergehenden nachgewiesen habe; so konnte es kaum fehlen und auf kein besonderes Verdienst Anspruch geben, dafs gleich das erste Paar 10 zölliger Hartwalzen von solcher Beschaffenheit ausfiel, dafs es dem Verein zur Prüfung angeboten werden konnte.

Ueber die Vorrichtung zum Gufs dieser Walzen und über das Verfahren beim Formen und Giefsen derselben, werde ich mich kurz fassen können, da Alles dieses im Wesentlichen mit dem bei den Versuchen beschriebenen übereinstimmt, und es daher nur noch darauf ankommt, die durch die abweichenden Maafsverhältnisse veranlafsten Verschiedenheiten anzugeben.

Die Kapsel wurde in der Gestalt eines hohlen 10 Zoll langen Cylinders von gutem, grauem, weichem Koak-Roheisen gegossen, und zu einem Durchmesser von $5\frac{5}{16}$ Zoll ausgebohrt; nach der Vollendung hatte sie $1\frac{3}{8}$ Zoll Eisendicke, an jedem Ende aber auf $1\frac{1}{2}$ Zoll Länge einen Einschnitt von $\frac{1}{4}$ Zoll, um welchen ein $1\frac{1}{2}$ Zoll breiter, $1\frac{7}{8}$ Zoll Zoll starker Ring von zähem Schmiedeeisen gelegt wurde; am obern Ringe waren vier Lappen angeschmiedet, mit durchbohrten Löchern von $\frac{1}{4}$ Zoll Durchmesser, zur Verbindung mit dem obern Formkasten; in den untern Ring wurden vor Stirn 3 Löcher von gleichem Durchmesser 1 Zoll tief eingebohrt, in welche 3, aus der Deckplatte des untern Formkastens emporstehende korrespondirende Stifte pafsten *).

Der obere cylindrische Formkasten von Gufseisen, bestimmt für die vereinigte Form der obern Zapfen und des verlornen Kopfs, hatte 10 Zoll Höhe, 8 Zoll Durchmesser im Lichten und $\frac{1}{2}$ Zoll Eisenstärke; an jedem

*) Tafel III. Fig. 1. zeigt die armirte Kapsel.

Ende war er im Gufs mit einem 3 Zoll breiten, $\frac{5}{8}$ Zoll starken Rande versehen; durch den untern Rand wurden 4 Löcher von $\frac{1}{2}$ Zoll Durchmesser, korrespondirend mit den Löchern des obern Kapselringes, gebohrt. Vier geschmiedete Bolzen machten die Verbindung des Formkastens mit der Kapsel; der $\frac{1}{2}$ Zoll starke Hals der Bolzen pafste genau in die Löcher am Rande des erstern, und über denselben hinaus mit einem Schraubengewinde versehen, wurde er mittelst einer Mutter daran festgeschroben; der untere $\frac{3}{4}$ Zoll starke, mit einem Splintloche versehene Theil der Bolzen wurde, beim Aufsetzen des Formkastens auf die Kapsel, durch die in den Lappen des obern Kapselringes angebrachten Löcher hindurch gelassen, und die Verbindung zwischen Kapsel und Formkasten durch Vorschlagung der Splinte vollendet. Das in diesen Formkasten einzuformende Modell hatte die Gestalt eines abgestumpften Kegels von $4\frac{3}{4}$ Zoll untern, 4 Zoll obern Durchmesser und 10 Zoll Höhe, wovon nach Abzug von $5\frac{1}{2}$ Zoll für den Walzen- und Kuppelungszapfen noch $4\frac{1}{2}$ Zoll für den verlornen Kopf blieben *).

Der untere Formkasten von Gufseisen hatte im Durchschnitt der Höhe die Gestalt eines länglicht viereckigen Rahmens von $20\frac{3}{4}$ Zoll Länge, $15\frac{3}{4}$ Zoll Breite und $\frac{1}{2}$ Zoll Eisenstärke; der Höhe nach getheilt war der für den untern Walzenzapfen und den Eingufs bestimmte obere Theil $2\frac{3}{8}$ Zoll hoch, am obern Rande in der Mitte jeder Seite mit einem Lappen, am untern Rande an jeder langen Seite mit zwei Lappen versehen, durch jeden Lappen ein Loch gebohrt. Eine Deckplatte, welche mittelst 4 Schrauben-Splint-Bolzen auf die vorher bemerkte Weise auf dem obern Formkasten-Theil befe-

*) Taf. III. Fig. 2. stellt den obern Formkasten vor.

stigt wurde, war an der für die Form des Wellzapfens bestimmten Stelle von einer $6\frac{1}{2}$ Zoll weiten runden Oeffnung durchbrochen, um welche im Dreieck 3 hervorstehende Stifte eingeschroben waren, die, wenn die Kapsel aufgesetzt wurde, in die vor deren untern Stirn eingebohrten 3 korrespondirenden Löcher paſsten. Vom Mittelpunkte jener Oeffnung $8\frac{1}{2}$ Zoll entfernt, war der Mittelpunkt einer zweiten kleinern runden Oeffnung von 3 Zoll Durchmesser in der Deckplatte, um die Verbindungsröhre des Einfallrohrs mit dem Einguſs hindurchzulassen. Der untere Theil des Formkastens, 6 Zoll hoch, für den untern Kuppelungszapfen bestimmt, hatte, korrespondirend mit den 4 Lappen am untern Rande des obern Theils, am obern Rande ebenfalls 4 Lappen, durch deren Löcher der Hals von Schrauben-Splint-Bolzen hindurchgelassen und von unten mittelst Schraubenmutter befestigt wurde, während der stärkere Theil des Bolzens über dem Lappen emporstand, um beim Aufsetzen des obern Formenkastentheils durch die erwähnten 4 Lappenlöcher desselben hindurchzureichen, und mittelst vorgeschlagener Splinte beide Formkasten-Theile mit einander zu verbinden. Das Modell zum untern Kuppelungszapfen hatte die Gestalt einer vierseitigen Säule von $2\frac{1}{2}$ Zoll Breite der Seiten und 4 Zoll Höhe, lieſs also von der 6zölligen Höhe des untern Kastentheils noch 2 Zoll für die untere Massedicke der Form; das Modell zu dem untern Wellzapfen die Gestalt eines abgestumpften umgekehrten 3 Zoll hohen Kegels, dessen kleiner Durchmesser $3\frac{1}{2}$, der gröſsere $4\frac{1}{4}$ Zoll, gleich dem zu dem obern Wellzapfen, betrug. Die Formen zu beiden Wellzapfen erhielten also da wo sie sich an die $5\frac{5}{16}$ Zoll weite Kapsel anschlossen, einen um $\frac{9}{16}$ Zoll geringern Durchmesser als letztere, welcher beim Guſs dem Eisen in den Zapfenkegeln einen hinreichenden

Spielraum übrig liefs, um dem in der Kapsel früher und stärker schwindenden Eisen des Walzenkörpers zu folgen *).

Dem Gestelle, welches beim Formen der Zapfen in die Kapsel gestellt wird, war nur gerade die Höhe der letztern gegeben; es wurde also kein Theil des Walzenkörpers, wie bei den gröfsern Hartwalzen, in Masse geformt, weil bei der geringen Länge desselben kein Theil der Abschreckung entzogen werden durfte **).

Die Formmasse wurde aus 5 Maafstheilen Lehm und 3 Maafstheilen etwas grobkörnigen Sandes zusammengesetzt.

Beim Einformen des obern Formkastens wurde wie früher verfahren; zum Einformen des untern wurde zuerst dessen oberer Theil mit der daran befestigten Deckplatte auf die mit dem Gestell versehene Kapsel gelegt, und unter dem Theil, welcher die Oeffnung für die Verbindungsröhre enthält, durch einen Holzklotz von gleicher Höhe mit der Kapsel unterstützt. Die runde Verbindungsröhre von 1¼ Zoll Durchmesser wurde, gleichwie der Kegel zur untern Walzenzapfenform, über ein Holzmodell in Masse eingeformt, und nachdem die Oberfläche der Masse in der Höhe des obern Kastentheils mit dem Streichbrette gerade abgestrichen und mit dem Streichbleche geglättet worden, der untere Kastentheil auf dem obern befestigt, das mit Zäpfchen versehene Holzmodell zu dem Kuppelungs-Zapfen auf die mit korrespondirenden Löchern versehene Stirnfläche des Walzenzapfen-Modells aufgesetzt, beschwert, die Massefläche

*) Taf. III. Fig. 3 a und b, die beiden Theile des untern Formkastens.

**) Taf. III. Fig. 4 das Gestell.

des obern Kastentheils mit trocknem Streusande bestreut, und das Kuppelungszapfen-Modell eingeformt *).

Nach Vollendung dieser Form wurden die beiden Kastentheile von einander genommen, die Holzmodelle mittelst einer starken eisernen Holzschraube, durch sanftes Klopfen vorsichtig gelöst und herausgezogen. Hierauf wurden in der noch feuchten Masse, auf der untern Fläche des obern Kastentheils, von der Verbindungsröhre aus in einer sanften Krümmung nach den beiden entgegengesetzten Seiten der Wellzapfenform, die Kanäle zu den tangentirenden Eingüssen mit einem Messer vorgerissen, ausgeschnitten und sorgfältig geglättet; von einer Breite von 2½ Zoll und Tiefe von 1 Zoll an der Stelle, wo die Verbindungsröhre einmündete, verengten sich diese Kanäle allmählig bis auf 1½ Zoll Breite und ½ Zoll Tiefe, womit sie in die Wellzapfen-Form traten **).

Die fertigen Masseformen wurden zwölf Stunden hindurch in der verschlossenen, durch Steinkohlen- und Torffeuer stark erhitzten Darrkammer vollkommen ausgetrocknet, die Gufsflächen der Masseformen noch warm mit der bei den Versuchen auf dreifüfsige Hartwalzen angegebenen Schwärze überzogen, und verblieben dann bis zur Zusammenstellung der Gufsform in der noch warmen Darrkammer, worin auch die Kapsel handwarm durchwärmt wurde.

Die Gufsform wurde bis zur obern Kante des obern Formkastens in den Formheerd eingesenkt, das aus drei

---

*) Taf. III. Fig. 5. die Holzmodelle a) zu dem obern Zapfen und dem verlornen Kopf, b) zu dem untern Walzenzapfen, c) zu dem untern Kuppelungszapfen und d) zu der Verbindungsröhre.

**) Taf. III. Fig. 6. Grundrifs des tangentirenden Eingusses im vergröfserten Maafsstabe.

in einander geschobenen gebrannten Lehmröhren von 1¼ und 1½ Zoll Durchmesser gebildete Einfallrohr, in einer von der senkrechten um 25 Gr. abweichenden Richtung, auf die Verbindungsröhre gestellt, und beides mit Heerdsand eingedammt. Vor dem Einfallrohre wurde im Heerdsande ein kleiner Tümpel gebildet, dessen Sohle gegen die Mündung des erstern etwas vertieft war, damit das Eisen nicht unmittelbar aus der Pfanne sich in das Rohr ergoſs, sondern erst den Tümpel füllen, und aus demselben in das Rohr überflieſsen muſste, damit das Zurückhalten von Unreinigkeiten erleichtert wurde *).

Zum Guſs der beiden kleinen Probewalzen wurde schlesisches Koak-Roheisen von Bytkow angewendet, von der bei dem achten Abschreckungs-Versuche erwähnten zweiten Sorte, welche, beim übersetzten Gange des Hohofens gewonnen, ein sehr lichtgraues, fast weiſses, dichtes, versteckt blättriges Bruchansehen hatte. Die Wahl muſste deshalb auf diese Sorte Eisen fallen, weil gutes schlesisches Holzkohlen-Roheisen, das sonst vorgezogen worden wäre, nicht vorhanden, und gewöhnliches Koak-Roheisen wegen seiner geringen Abschrekkungs-Fähigkeit nicht anwendbar war.

Das Roheisen konnte wegen der geringen Menge nicht im Flammenofen umgeschmolzen werden; daher wurde es im Cupoloofen bei schlesischen Koaks umgeschmolzen, in eine groſse Gabelpfanne abgestochen, und aus dieser, unter gehörigem Vorhalten mit dem Abkehrholze, erst langsam, bis der Tümpel gefüllt worden und das Eisen in das Einfallrohr übertrat, dann rasch, so daſs der Strom die Mündung desselben ganz ausfüllte, in die Form gegossen. Die durch die kreisende Bewegung im Mittel der flüssigen Säule emporgewirbelten Unreinig-

*) Taf. III. Fig. 7. Profil der Guſsvorrichtung.

keiten wurden, als sie die Höhe des verlornen Kopfes erreicht hatten, abgezogen, und die reine Eisenfläche desselben wurde, mit klein zerstofsenen Holzkohlen bedeckt, der allmähligen Abkühlung überlassen. Der Abgufs jeder von beiden Walzen geschah besonders und an verschiedenen Tagen in den Monaten März und Mai 1832.

Nach dem Erkalten zeigte sich der Walzenkörper vollkommen rein und glatt; er war so viel geschwunden, dafs sich die unbeschädigte Kapsel bequem von demselben abheben liefs; im verlornen Kopfe war eine geringe Nachsackung bemerkbar.

Hiermit wäre die Beschreibung des Verfahrens, welches beim Gufs der der Probe unterworfenen 10zölligen Hartwalzen beobachtet worden ist, beendigt; einer dabei nicht, und auch nicht bei den Versuchgüssen 18 und 36 zölliger Hartwalzen, wohl aber bei späteren Güssen kleiner Hartwalzen vorgekommenen Schwierigkeit und deren Beseitigung will ich aber noch erwähnen. In zweien Fällen war das Eisen des Walzenkörpers da, wo der untere Walzenzapfen sich an demselben anschliefst, eine innige, feste, nicht mechanische, sondern Gufs- oder Schweifs-Verbindung mit dem Eisen der Kapsel eingegangen, so dafs beide ohne gegenseitige Zerstörung nicht von einander getrennt werden konnten. Diese Schweifsung wurde dadurch hervorgebracht, dafs die einen umgekehrten Kegel bildende Form des untern Walzenzapfens, das mit Kraft und Geschwindigkeit durch den engen Eingufs in der Form aufsteigende hitzige Eisen durch ihre Erweiterung nach oben hin gerade und anhaltend auf den untern Theil der Kapsel hinwiefs. Nachdem man die Gestalt des umgekehrten abgestumpften Kegels in eine cylindrische abgeändert, oder vielmehr, indem man den obern Durchmesser der Walzenzapfenform, da wo sie sich an die Kapsel anschlofs, noch um etwas weniges geringer als den untern nahm, der Walzenzapfenform die Gestalt eines graden abgestumpften Kegels gegeben hat, wodurch das in der Kapsel steigende Eisen mehr nach der Mitte hingewiesen wird, ist das Zusammenschweifsen der Walze mit der Kapsel nicht wieder vorgekommen.

Das hier beschriebene Verfahren hat nicht nur in dem vorliegenden Falle seinen Zweck erfüllt, sondern wird auch im Allgemeinen zum Anhalten für den Hartwalzengufs dienen und insbesondere zur Darstellung kleiner Hartwalzen, welche die nächste Veranlassung zu dieser Abhandlung gegeben hat, mit gutem Erfolge angewendet werden, wenn dazu ein festes, haltbares, dabei mit der nöthigen Abschreckungs-Fähigkeit begabtes Roheisen angewandt, rein, gutflüssig und im starken Strome rasch, durch tangentirende Eingüsse von unten auf in die Gufsform geführt wird; wenn die gufseiserne Kapsel eine dem Durchmesser des Walzenkörpers angemessene Eisendicke und eine reine ausgebohrte innere Fläche hat; wenn die Gufsvorrichtungen tüchtig und gut zusammengepafst, die Masseformen sorgfältig bereitet, vollkommen getrocknet, gehörig geschwärzt und in Verbindung mit der Kapsel in der Dammgrube oder dem Formheerde mit Vorsicht zusammengestellt und verfestigt sind.

Es bleibt mir nun noch übrig, etwas über die Vollendung der Hartwalzen zu sagen.

Die Bearbeitung grofser Hartwalzen auf Drehwerken, bei welchen die Walze, durch die Kraft des Wassers oder des Dampfes unmittelbar, mittelst einer Verbindung von Rädern um ihre Axe gedreht wird, übergehe ich; die kleinen Probewalzen, von denen hier die Rede ist, sind in der hiesigen Königl. Eisengiefserei auf einer englischen Drehbank, welche durch eine Dampfmaschine, mittelst Riemen, in Umtrieb gesetzt wird, abgedreht worden.

Die Walze wurde, nachdem auf der Stirnfläche des untern Kuppelungszapfens in der gesuchten Axe der Walze eine kleine Vertiefung eingeschlagen worden, auf der Drehbank zwischen der Cylinder- und Spindel-Docke eingespannt, indem man die Kernspitze der erstern in jene Vertiefung des untern Kuppelungszapfens eingreifen liefs, und den verlornen Kopf gegen die Planscheibe der letztern mittelst der Schraubenstolln und Stellschrauben befestigte. Nachdem man, mit Hülfe der Stellschrauben und des Ableerens, der Walze die Lage gegeben hatte, in welcher deren Axlinie mit der Kernspitze und dem Mittelpunkte der Drehscheibe ganz vollkommen korrespondirt, wurde zuerst der Körper der Walze übergeschruppt, um sich zu überzeugen, dafs unter der Gufshaut keine Fehler verborgen, welche die weitere Vollendung unräthlich gemacht haben würden. Da man diese Ueberzeugung erhielt, und die Oberfläche der Walzen vollkommen rein und dicht fand, so wurde das Abdrehen des Körpers vollendet; dann schritt man zum Abschruppen und Abdrehen des untern Walzenzapfens; hierauf zum Glattschneiden der angränzenden Stirnfläche des Walzenkörpers vom Umfang bis zum Zapfen, und nahm dann dieselbe Operation mit dem oberen Walzen- und dem aus dem vollen Eisen zu drehenden Kuppelungs-Zapfen, so wie mit der zweiten Stirnfläche des Walzenkörpers vor. Beim Abdrehen des Kuppelungs-Zapfens gab man in der Länge so viel vom verlornen Kopfe zu, als zum Abschneiden des letztern erforderlich ist. Demnächst wurden der Walzenkörper und die Zapfen abgeschlichtet, und, nachdem der verlorene Kopf am Kuppelungszapfen so tief eingeschnitten worden war, als nöthig ist, um ihn absprengen zu können, der Walzenkörper abgeschmirgelt und polirt.

Zum Abschruppen und Abdrehen, sowohl der Zapfen als des Walzenkörpers, bediente man sich zweischneidiger Dreheisen von einem schwachen Zoll im Quadrat, jede der im stumpfen Winkel zusammenstoſsenden beiden Schneiden $\frac{5}{8}$ Zoll lang *); zum Schlichten war die einen schwachen Zoll breite Schneide des Schlichteisens ein weniges abgerundet; zum Glattschneiden der Stirnflächen die $\frac{3}{4}$ Zoll breite Schneide des Schneideeisens mit einer sanften Krümmung derselben nach der Seite gebogen, eine sogenannte Hakenschneide, daher auch zu jeder der beiden Stirnflächen ein besonderes Schneideeisen erforderlich war; Schlichteisen und Hakenschneiden waren zu einem Zoll im Querdurchschnitt abgeschmiedet; bei dem Schneideeisen, womit der verlorne Kopf eingeschnitten wurde, stand aber die $\frac{1}{4}$ Zoll breite Abstichschneide $1\frac{1}{4}$ Zoll lang vor.

Die Dreh-, Schlicht- und Schneide-Eisen wurden theils aus englischem, theils aus inländischem Guſsstahl von Carlswerk gefertigt, braunroth abgeschmiedet, die Schneiden angefeilt, bei Holzkohlen dunkelbraunroth geglüht, und durch Ablöschen in lauwarmem Wasser bis zum Erkalten gehärtet, auf Sandstein geschliffen, und auf einen feinen Wetzstein abgezogen. Das Nachschleifen und Abziehen der Schneiden muſste bei der Härte des Walzeneisens fleiſsig wiederholt werden. Insbesondere war dies bei der Bearbeitung der harten Ober-

*) Taf. II. Fig. 7. zeigt die Gestalt der Dreheisen, und zwar: a) das zweischneidige Dreheisen, b) das Schlichteisen, c) die Hakenschneide, d) die Abstichschneide.

fläche des Walzenkörpers, wobei die Schneiden leicht ausbrachen, sehr oft nöthig. Als ein gutes Mittel zur Vorbeugung des Ausbrechens bewährte es sich, die Schneiden nicht erst dann, wenn die Walze die Drehung um ihre Axe bereits begonnen hat, zum Angriff vorzurükken, sondern schon vorher so zu stellen, daſs mit der Bewegung der Walze auch gleich das Schneiden anfängt.

Beim Abdrehen der Zapfen wurde zuerst mit der Spitze des im rechten Winkel auf die Walzenaxe gerichteten Schrupp- oder Dreh-Eisens, bei feststehenden Support und Wagen, ein Einschnitt im Mittel der Länge des Zapfens gemacht, und durch sehr vorsichtiges Vorrücken des Dreheisens bis $\frac{1}{4}$ oder $\frac{1}{2}$ Zoll vertieft; dann wurde der Schlitten mit dem darauf ruhenden Support, bei unveränderter Richtung des Dreheisens, nach einer Seite hin in langsame Bewegung gesetzt, wodurch die nach dieser Seite gerichtete Schneide zum Angriff kam, und nachdem solche stumpf geworden war, dem Schlitten die entgegengesetzte Bewegung gegeben, um die gleiche Wirkung mit der zweiten Schneide hervorzubringen. Wenn beide Schneiden den Angriff versagten, wurde das Eisen durch ein anderes ersetzt, wieder angeschliffen, und auch jedesmal sorgfältig abgezogen. Nachdem der Zapfen bis zur Tiefe des ersten Einschnitts abgedreht war, wurde ein zweiter Einschnitt gemacht, und das Abdrehen mit den Seitenbewegungen des Wagens von neuem vorgenommen; diese Operation wurde so oft wiederholt, bis sich durch Nachmessen mit einem feinen Tasterzirkel ergab, daſs der Zapfen mit Rücksicht auf das folgende Nachschlichten, den verlangten Durchmesser hatte. Anfänglich versuchte man das Nachdrehen der Zapfen bei einer 2 bis $2\frac{1}{2}$ maligen Umdrehung der Walze in der Minute; da das zum Walzenguſs angewendete Roheisen aber an sich schon hart war, diese

Härte sich auch durch das Umschmelzen im Cupoloofen nicht vermindert hatte, und daher beim Abdrehen der Zapfen mit dieser Geschwindigkeit des Umgangs die Dreheisen sehr bald heifs, weich und stumpf wurden, so fand man es vortheilhafter, solche auf eine anderthalbmalige Umdrehung der Walze zu ermäfsigen. Die Härte des Eisens gab auch Veranlassung, den Walzenzapfen zur Vorsicht einen etwas stärkern, als den vorgeschriebenen Durchmesser, nämlich von $3\frac{1}{4}$ Zoll statt $2\frac{3}{4}$ Zoll, zu lassen.

Beim Glattschneiden der Stirnflächen des Walzenkörpers wurde die Bewegung des Wagens gehemmt, und das allmählige Vorrücken der Hakenschneide von der Peripherie nach der Axe hin, durch das Vorschrauben der Supportklaue bewirkt.

Beim Abschruppen der harten Oberfläche des Walzenkörpers wurde die Vorsicht, das Dreheisen nicht zu tief angreifen zu lassen, noch vermehrt; das Abschruppen, oder die Fortschaffung der Gufshaut, wurde daher, und da der Körper überdem durch die Schwindung etwas aus der Zirkelrundung gekommen war, nicht in einmaligem Uebergehen mit dem Dreheisen vollendet, sondern es mufste diese Operation noch einmal wiederholt werden. Dabei wurde durchaus nicht mehr von der harten Oberfläche weggenommen, als nöthig war, dem Walzenkörper überall die gleiche, glatte, reine Rundung zu geben, welches etwa $\frac{1}{16}$ Zoll betrug; dann wurden noch die Kanten an der Stirn ein wenig gebrochen. Die Geschwindigkeit der Walzenumdrehung war beim Abschruppen des Körpers $1\frac{1}{2}$ mal in der Minute. Die Schruppspähne vom Walzenkörper waren feiner und weniger dunkel als die von den Zapfen, obwohl in Folge der Erhitzung und des Anlaufens dunkler, als man es nach der Bruchfarbe des angewandten Roheisens erwarten sollte.

Beim Schlichten der Zapfen und des Walzenkörpers, wobei die Schlichteisen, bei einem gleich langsamen Umgange der Walze sehr oft nachgeschliffen und von neuem abgezogen werden mufsten, fiel anfangs sehr feiner, zuletzt gar kein Spahn, sondern nur ein feiner körniger, pulverartiger Abfall von dunkler Anlauffarbe.

Zu dem Schmirgeln, wodurch die vom Schlichteisen zurückgelassenen feinen Schrammen vollends fortgenommen wurden, bediente man sich des natürlichen Schmirgels, der pulverisirt durch einen feinleinenen Beutel leise auf die mit Oel bestrichene Oberfläche des Walzenkörpers gestaubt wurde, welche man dann, bei einer Geschwindigkeit von 40 und mehreren Umgängen in der Minute, sich in einer Bleikluppe umdrehen liefs, die nur so fest an den Walzenkörper angedrückt wurde, dafs sie sich noch mit einer mäfsigen Kraftanstrengung über denselben der Länge nach hin und her schieben liefs. Die aus dem Schmirgeln spiegelglatt aber noch etwas matt hervorgegangene Walzenoberfläche erhielt die letzte Politur, unter Anwendung der vorher gereinigten Kluppe und bei 60 Walzenumgängen in der Minute, durch eine Mischung von fein pulverisirtem rothem Eisenoxyd (*Crocus martis*) und reinem Zinnoxyd, welche auf den mit Baumöl angeschmierten Walzenkörper aufgetragen wurde.

Zuletzt wurde der verlorne Kopf, welcher an der eingeschnittenen Stelle noch in etwa 2 Zoll Durchmesser mit dem obern Kuppelungs-Zapfen verbunden war, durch Keile abgesprengt, und der untere vierkantig gegossene Kuppelungszapfen auf den Seiten glatt geschliffen. Der obere Kuppelungszapfen blieb, weil er nicht gebraucht wurde, rund; wenn es zweier Kuppelungszapfen an jeder Walze bedurft hätte, würde dem obern rund gedrehten, durch Behauen, Feilen und Schleifen die verlangte Gestalt gegeben worden sein.

Das auf diese Weise vollendete Paar kleiner Hartwalzen, so wie es Taf. III. Fig. 8. dargestellt ist, hat 1 Centner 58 Pfund gewogen; der Verkaufspreis dafür ist auf 70 Thaler pro Centner gestellt, welches für das Paar 106 Thlr. 27 Sgr. 3 Pf., und für das Stück 53 Thlr. 13 Sgr. 8 Pf. beträgt.

Erklärung der Zeichnungen.

A. Zu den Versuchen auf 18zöllige Hartwalzen:

Taf. II. Fig. 3. Die gufseiserne cylindrische Kapsel.
— II. — 4. Das hölzerne Gestell in der Kapsel.
— I. — 5. Die beim ersten Versuche im Jahre 1822 zum Gufs vorgerichtete Form.
— I. — 6. Diese Form mit dem darauf gesetzten obern Formkasten.
— I. — 4. Die bei den Versuchen in den Jahren 1823 und 1824 zum Gufs vorgerichtete Form.
— II. — 5. Eine fertige 18zöllige Hartwalze.

B. Zu den Versuchen auf 36zöllige Hartwalzen:

Taf. II. Fig. 1. Die gufseiserne tonnenförmige Kapsel.
— II. — 2. Die gufseiserne kegelförmige Kapsel.
— I. — 1. Die Gufsvorrichtung bei dem zweiten Versuche:
a. Längen-Durchschnitt.
b. Grundrifs.
— I. — 2. Längendurchschnitt der Gufsvorrichtung bei den folgenden Versuchen.
— I. — 3. Grundrifs des tangentirenden Eingusses.
— II. — 6. Eine fertige 36zöllige Hartwalze.

C. Zum Gufs der 10zölligen Hartwalzen:

Taf. III. Fig. 1. Die gufseiserne cylindrische Kapsel.
— — — 2. Der obere Formkasten.
— — — 3. Der untere Formkasten:
a. Der obere Theil.
b. Der untere Theil.
— — — 4. Das hölzerne Gestell in der Kapsel.
— — — 5. Die hölzernen Formmodelle:
a. Zu dem oberen Zapfen und dem verlornen Kopfe.
b. Zu dem untern Walzenzapfen.
c. Zu dem untern Kuppelungszapfen.
d. Zu der Verbindungsröhre.
— — — 6. Grundrifs des tangentirenden Eingusses.
— — — 7. Längendurchschnitt der Gufsvorrichtung.
— — — 8. Eine fertige 10 zöllige Hartwalze.

Taf. II. Fig. 7. a, b, c, d sind die Dreheisen, deren bereits oben Erwähnung geschehen ist.

2.

Über eine Lagerung oolithischen Kalks in der Nähe von Fritzow bei Cammin in Pommern.

Von

Herrn Klöden.

Bekanntlich sind die geognostischen Verhältnisse der grofsen norddeutschen Ebene noch so wenig erforscht, dafs nur an wenigen Punkten das feste Gestein, welches den ungeheuern losen Massen als Liegendes dient, bekannt ist. Es verdienen aber diese wenigen Punkte um so mehr eine genaue Untersuchung, als bis jetzt nicht einmal feststeht, ob die darüber geschütteten losen Massen zu dem darunter Liegenden nicht in einer noch wichtigeren Beziehung, als allein der des mechanischen Contactes stehen. — Einer dieser Punkte ist das Kalklager bei Fritzow in der Nähe von Cammin, an der Küste der Ostsee; ein Punkt, der wegen seiner unbedeutenden Ausdehnung in jedem Gebirge verschwinden würde, hier aber wie eine vereinzelte Insel im weiten Oceane die Augen auf sich zieht; denn in der That ist er auf weite Strecken von den Gebirgen gleicher Art getrennt. Diese eigenthümlichen Verhältnisse werden die hier gegebene Nachricht nicht ganz unerheblich erscheinen lassen, besonders wenn man noch erwägt, dafs die Zeit gar nicht mehr entfernt ist, wo dieser Hügel völlig abgebaut und verschwunden, und eine vielleicht dann erst durch die Fortschritte der Geognosie wünschenswerth gewordene Untersuchung ganz unmöglich sein wird.

Das hier in Rede stehende Kalklager ist nach seiner Existenz und seinen örtlichen Verhältnissen schon länger bekannt. Unter den Geognosten hat Schultz zuerst eine Anzeige *) und dann eine ziemlich ausführliche Mittheilung davon gegeben, **) und die Lage und Mächtigkeit der Schichten genau beschrieben, wie sie zu seiner Zeit (1822) im Bruche zu Tage lagen. Jetzt ist nur noch der nordöstliche Theil des Hügels vorhanden. Er bestimmte das Gestein des Bruches, blofs auf das Ansehen desselben Rücksicht nehmend, als Roggenstein, und unterscheidet darin kreideartigen, feinkörnigen und blauen Roggenstein. Später besuchte v. Oeynhausen diese Stelle, und gab in seinen Bemerkungen auf einer mineralogischen Reise durch Vor- und Neu-Pommern †) eine kurze Notiz darüber, wobei er sich auf Schulz bezieht. Auch er erkennt ein roggensteinförmiges, von der gewöhnlichen Kreide sehr verschiedenes Gestein darin, ist jedoch zweifelhaft, und hält jedes Urtheil für gewagt, da das Vorkommen des Gesteins noch so wenig bekannt sei. Dennoch neigte er sich dahin, ††) das Gestein als vielleicht der Jurakalk- oder Liasformation angehörig anzuerkennen. Seit dieser Zeit ist das Urtheil

*) Beiträge zur Geognosie und Bergbaukunde. S. V.

**) Grund- und Aufrisse im Gebiete der allgemeinen Bergbaukunde. S. 7 — 9.

†) Karstens Archiv Bd. XV. v. J. 1827. S. 9. 10.

††) A. a. O. S. 46

über dies Vorkommen schwankend geblieben; Keferstein hat die Angaben der beiden oben gedachten Beobachter in seinem Deutschland geognostisch-geologisch dargestellt *) ebenfalls mitgetheilt, ohne dafs es ihm, nicht durch Autopsie geleitet, möglich war, das Gestein anders als zweifelhaft zur Jurakalkformation zu rechnen, und selbst die gelehrten Bearbeiter der geognostischen Karte von Deutschland in 41 Blättern (revidirt 1831) haben diesen Punkt als der Kreide angehörig bezeichnet. Somit ergiebt sich daraus, dafs man hier mit einer Formation zu thun hat, deren Natur noch nicht festgestellt ist.

An sich erscheint das Vorkommen eines oolithischen Gesteins in dieser Gegend nicht gerade unwahrscheinlich. Die Kreide zeigt sich im Westen in einem nach Nordwest gerichteten ziemlich langem Striche, der durch die Inseln Usedom, Rügen und Moen bis Seeland reicht. Warum soll das Liegende dieser Formation nicht in der Nähe auftreten können? — Erwägt man jedoch, dafs in weiter Entfernung ringsum, nirgend oolithischer Kalk auftritt, und die nächsten Lager dieses Gesteins in ein Paar Punkten bei Hannover und Neustadt, also erst in der Entfernung von mehr als fünfzig Meilen auftreten, indem der sogenannte Oolith Gottlands seinen Versteinerungen nach wohl kaum zu dieser Formation gerechnet werden kann, so vermindert sich jene Wahrscheinlichkeit wieder, und die Meinung, dafs diese Lager nur eine abgeänderte Kreide enthalten, gewinnt das Übergewicht.

Indessen hatte ich zufällig einige Versteinerungen aus diesen Brüchen erhalten, die — wenn gleich als Steinkerne, — mich doch überzeugten, dafs sie nicht

*) V. Bd. II. Heft. S. 364.

zur Kreideformation gehörten. Ein noch gröfseres Interesse gewannen sie jedoch für mich durch den Umstand, dafs einige solcher Steinkerne, deren Gestein sich wesentlich von dem sonst unter dem Gerölle so oft auftretenden oolithischen Kalke unterscheidet, sich frei im Diluvium mit anderen aus Rollsteinen herausgefallenen Versteinerungen gefunden hatten. Da ich jedoch nur wenig Species besafs, und namentlich den letzteren Punkt gern weiter ausgeführt hätte, so ward der Wunsch rege, das Lager selber zu besuchen, was bis jetzt jedoch durch Umstände verhindert wurde. Um so mehr Dank bin ich dem Herrn Professor Grafsmann in Stettin schuldig, der mir vor Kurzem nicht allein eine Suite Fritzower Versteinerungen übersandte, sondern auch zugleich eine Beschreibung und Zeichnungen der jetzigen Beschaffenheit des Bruches, welche sich theils auf Autopsie, theils auf die Angabe des Predigers Strecker zu Fritzow gründet, beilegte. Dies setzt mich in den Stand über diesen kleinen und dennoch recht merkwürdigen Punkt Folgendes mitzutheilen.

Localität. Nördlich von dem Dorfe Fritzow, nahe bei Klein Dievenow, etwa ½ Meilen östlich vom Ausflufs der Dievenow in die Ostsee, liegt ein kleiner Fichtenwald, der sich bis unmittelbar an den Strand der Ostsee erstreckt, welche hier keine, oder ganz unbedeutende Dünnen hat. Die Ostsee spült von dem Hügel, welcher ihn trägt, und der etwa 20 Fufs hoch sein mag, jährlich etwas ab, das Erdreich fällt dann nach, die Wurzeln der Bäume werden entblöfst, und hängen oft in einer Länge von 10 bis 20 Fufs über den Abhang hinab, auch stürzen wohl ganze Bäume, von der Ostsee unterspült, auf den eigendlichen Strand nieder. Daher bildet hier die Küste einen senkrechten Abhang von etwa 20 Fufs Höhe, und entblöfst ein deutliches Profil der Schichten, welche weiter unten angegeben werden sollen.

Der Hügel, auf welchem der Fichtenwald liegt, ist eigentlich ein ziemlich ebenes über der Ostsee 20 bis 30 Fuſs erhöhetes Plateau. Etwa 500 Schritte von dem Ufer der Ostsee ragt aus diesem ein kleiner nur wenige Fuſs hoher Hügel, der sogenannte Kaiserstein hervor, und 300 Schritt in südwestlicher Richtung vom Kaiserstein entfernt liegt der eigentliche Kalkberg. Er ist etwas höher, als der Kaiserstein, und hat diesen Namen, weil man schon seit langer Zeit Kalk aus ihm gegraben hat. Nur der nordöstliche Theil ist noch von ihm vorhanden. Am Abhange desselben hat der Prediger Strecker, in der den Hügel bedeckenden Sandschicht, vor einiger Zeit alte Urnen gefunden, und der Pommerschen Gesellschaft für Alterthümer eingesandt. — Die Länge des Hügels beträgt jetzt von Ostsüdost nach Westnordwest etwa 70 Schritte, seine Breite 60 Schritt. Ein groſser Theil des Hügels ist, wie bemerkt, abgetragen, und zum Kalkbrennen verbraucht. Es liegt jetzt ein senkrechter Durchschnitt von Nordost nach Südwest vor Augen.

Lagerung des Kalkes. Unter dem Seesande, der die ganze Oberfläche des Hügels etwa 3 Fuſs hoch bedeckt, liegt eine Schicht festen Kalksteins von ungefähr 1 Fuſs Mächtigkeit. Dann folgt eine Schicht von Kalkmergel, 4 Fuſs mächtig, in welchem hin und wieder Conchylienkerne, zuweilen auch die Schaalen selbst über den Abdrücken liegen. Es folgt hierauf wieder eine Kalksteinschicht von 1 Fuſs Dicke mit Versteinerungen, und unter dieser eine Mergelschicht von 10 Fuſs Mächtigkeit. Dann folgt die dritte Schicht festen versteinerungreichen Kalksteins von 1 Fuſs Dicke, und hier unter die letzte Mergelschicht von 6 Fuſs Mächtigkeit. Die unterste zu Tage stehende Lage bildet ein dichter mit kleinen krystallinischen (oolithischen?) Körnern durchzogener Kalkstein von bläulicher Farbe und 2 Fuſs Mächtigkeit, in seinem Ansehen von dem Kalke der oberen Schichten abweichend. Als Herr Professor Graſsmann den Bruch besuchte, stand die Sohle desselben unter Wasser, und die Lagerung desselben war nicht weiter, als angegeben, zu untersuchen. Nach Angabe des Predigers Strecker soll unter der blauen oolithischen Schicht Sand liegen. Auch Schultz giebt an, daſs die blaue Roggensteinschicht, welche nach ihm klingend fest und auf Klüften gelb ist, auf Thon mit Seesand gemengt, wie er an dem 40 Fuſs hohen Seeufer zu Tage ausgehe, ruhe. Es läſst sich an diesen Aussagen nicht zweifeln, aber gewiſs ist es, daſs dieser Sand oder Thon zu einer anderen Formation gehört, als zum Seesande oder demjenigen Thone, der sich in der Nachbarschaft findet.

Die Schichten scheinen auf der südwestlichen Seite des Hügels zu Tage ausgegangen zu sein. Sie senken sich, wiewohl nicht gleichmäſsig und nur unter einem kleinen Winkel gegen Nordost, also dem Meere zu, auf 4 Fuſs Länge etwa um einen Fuſs. Doch sind die Schichten nicht ganz eben, sondern etwas sattelförmig gebogen.

Vergleicht man diese Beschreibung mit der von Schultz gegebenen, der den Durchschnitt zweier Brüche beschreibt, so ergiebt sich, daſs die Lagerung nicht gleichförmig ist. Unsere Beschreibung ist offenbar von einer anderen Stelle entnommen, als die Schultzische. Nach letzterem sind indessen die Kalksteinschichten zwar stark zerklüftet, aber nicht verworfen. Auch giebt er an, das Streichen sei in der 11ten Stunde, das Fallen 5 bis 6 Grad in Morgen.

Inhalt. Nur von den drei oberen Kalksteinschichten besitze ich Proben, und nur diese vermag ich für jetzt zu characterisiren. Hinsichtlich des Mergels muſs ich auf Schultz verweisen, dessen Beschreibung hierin wohl genügen dürfte.

Der Kalkstein zeigt sich nicht durchgängig gleichförmig. Es lassen sich im Wesentlichen drei Abänderungen unterscheiden, welche wahrscheinlich, wie Schultz dies auch angiebt, verschiedenen Schichten angehören, aber durch Mittelstufen in einander übergehen.

Nr. 1. Die eine Abänderung ist hell röthlich grau, fast weiſs, von beinahe erdigem Bruche, nicht besonders fest, doch nicht abfärbend, und liefert darum stumpfkantige und stumpfeckige Bruchstücke. Sie ist von einer unzähligen Menge von Versteinerungen durchzogen, deren Abdrücke sehr scharf ausgeprägt sind. Das Ansehen auf dem Bruche ist fast blasig, wie es scheint von einer Menge kleiner, sehr verschiedenartiger, jedoch nicht zu bestimmender Versteinerungen herrührend. Oolithische Körner zeigen sich häufig darin. Nach Schultz gehören diese Stücke den oberen Lagern an.

Nr. 2. Ein gröſserer Theil des Kalkes ist graubraun, und gleicht einem erhärtetem Teige von grobem Mehl, völlig durchknetet, mit kleinen länglichen Oolithkörnern von lichterer Farbe, welche in einzelnen Blasenräumen dem Kalke eine sehr rauhe, mit etwas Eisenoxyd leicht belegte Oberfläche, die aber häufig ganz rothbraun wird, gewähren. Er ist sehr spröde und leicht zerspringbar; die Bruchstücke sind fast scharfkantig, der Bruch aber wird durch die Körner sehr uneben. Eine unermeſsliche Masse von Versteinerungen giebt ihm ein sehr conglomeratartiges Ansehen, so daſs die Stücke fast ganz aus ihnen zusammengesetzt erscheinen, und der Kalk nur als das Bindemittel auftritt. Allein beinahe alle Versteinerungen sind blofse Steinkerne; die Substanz der Schaale ist meistens verschwunden und hat nur einen leeren Raum zurück gelassen, dessen Wände den inneren und äufseren Abdruck zeigen. Nur hier und da zeigen sich Schaalenreste. Die Steinkerne sind häufig von einem weifsen kreideartigem Anfluge leicht bedeckt. Dieser Kalk scheint den mittleren Lagen anzugehören.

Nr. 3. Der Kalk hat ein tuffartiges Ansehen, ist lichtgelblich und lichtgrau, zeigt viele Oolithenkörner, welche hier und da grünlich gelb angeflogen sind. Er ist weniger hart als Nr. 2. und zeigt kein Eisenoxyd. Sein Ansehen ist ziemlich erdig. Versteinerungen führt er ebenfalls, doch haben sie in ihm, wie in dem Kalke Nr. 1. nicht so oft Höhlungen und leere Stellen zurückgelassen. Doch sind sie auch hier wie in jenem nur Kerne, und es zeigt sich keine Schaale. Vielleicht gehört dieser Kalk der untersten Schicht an; doch können sie auch wohl aus dem Mergel herrühren.

Wo in dem Kalke Nr. 2. Schaalen vorkommen, geben sie sich auf dem Querbruche als gekrümmte rauchgraue Streifen zu erkennen, und contrastiren gegen den übrigen Kalk durch ihren ebenen Bruch und gänzlichen Mangel an oolithischen Körnern. Mitunter zeigen sich auch dickere Schaalen entblöfst, aber dann stets fragmentarisch und sehr angegriffen. Einige dieser letzteren haben einen volkommen fasrigen Querbruch.

Der Umstand, dafs fast alle Schaalen wie im Muschelkalk verschwunden sind, und man nur mit Steinkernen und Abdrücken zu thun hat, erschwert die Bestimmung derselben gar sehr. Glücklicherweise sind die Abdrücke der Schaalen meistens sehr deutlich, und da ein grofser Theil der Steinkerne festsitzt, so ist es möglich beide in Beziehung auf einander zu betrachten, und das Eine durch das Andere zu erläutern. Mit möglichster Sorgfalt, unterstützt von einer mehrjährigen Uebung, habe ich diese untersucht, und werde mich bemühen, sie hier eben so sorgfältig anzugeben.

1) *Astrea gracilis Münst.* Durch den einfachen Punkt in der Mitte der Sterne mit geschlängelten Streifen ist sie von den ihr nahestehenden wohl unterschieden. Sie findet sich in den vorliegenden Stücken als erster Anfang eines Aufbaues ausgebreitet über ein dikkes Fragment einer Muschelschaale, das sie zum Theile bedeckt. Im Kalk Nr. 3.

2) *Serpula quadrilatera? Goldf.* — Sie liegt auf einer sehr breiten und dicken Muschelschaale, deren Substanz in Faserkalk verwandelt ist, die Fasern stehen rechtwinklig auf der Fläche, und dennoch erscheint die Muschel blättrig. Nur zwei Exemplare sind zum Theil vom Kalke so weit befreit, dafs sie mit ziemlicher Gewifsheit zu bestimmen waren. Im Kalke Nr. 3.

3) *Serpula flaccida Goldf.* — Zeigte sich mehrfach, doch nicht in ausgezeichneten Exemplaren. Im Kalke Nr. 3.

4) *Terebratula orbicularis Schübl.* — Ein einzelnes, freies Exemplar mit erhaltener Schaale, deutlich und schön, 9 Linien im Durchmesser. Wahrscheinlich aus einer Mergelschicht. Terebrateln scheinen in diesem Kalklager sehr selten zu sein.

5) *Ostrea gregarea Sow.* vielleicht auch *Ostrea palmetta Sow.* — Unsere Exemplare, deutliche Fragmente freier Schaalen, welche selbst die Muskulareindrücke sehr schön zeigen, stehen zwischen beiden von Sowerby vielleicht mit Unrecht getrennten Arten in der Mitte. Ihre helle Farbe läfst vermuthen, dafs sie in einer oberen Mergelschicht gelegen haben, oder aus dem Kalke Nr. 1 herausgefallen sind.

6) *Ostrea flabelloides Lam.* — Ein ziemlich dicke[s] stark angegriffenes Fragment der Schaale mit den starken Zickzackfalten, und einem Reste der oberen Fläche. Im Kalke Nr. 1.?

7) *Exogyra?* .... Sie zeigt sich mehrfach mit erhaltener Schaale, doch nicht so vollständig, und von de[r] Kalkmasse entblöfst, dafs eine sichere Bestimmung möglich wäre. — Vielleicht ist es auch eine kleine *Gryphaea*. Sie mifst in der Länge nicht über einen Zoll. — Im Kalke Nr. 2.

8) *Pecten?* .... Vielleicht auch der innere Abdruck einer gröfseren fast glatten Terebratel, mehrfach, aber nicht vollständig genug vorhanden.

9) *Avicula* .... Steinkerne und fragmentarische Abdrücke, welche die Art ungewifs lassen. Die Schaale scheint glatt zu sein, mit feinen Wachsthumsstreifen. Im Kalke Nr. 2.

10) *Gervillia aviculoides Sow.* — Unter den Kalkstücken, welche mir vorliegen, befindet sich zwar keine ganze Schaale dieser grofsen Conchylie, wohl aber eine Menge fragmentarische Abdrücke, und unter diesen mehrere, welche keinen Zweifel über die Richtigkeit der Bestimmung lassen, und das eigenthümliche stark gekerbte Schlofs mit seinen dicken Zähnen, vollkommen übereinstimmend mit Sowerby's Zeichnungen zeigen. v. Ziethens Abbildung scheint eine breitere Varietät, auch zeigt seine Zeichnung dreiseitige Zähne, welche die hier vorkommenden Exemplare so wenig als die Sowerbyschen haben. Unsere Exemplare zeigen auch die in den Abbildungen meist nicht deutlich oder auch gar nicht gezeichnete Vertiefung — auf den Kernen als Erhöhung hervortretend, — welche vielleicht für den Durchgang des Byssus gedient hat. Auch die gröfseren dicken Schaalenreste, auf welchen die oben angegebenen

Versteinerungen, *Astrea* und *Serpula* sich vor den Versteinerung angebaut haben, scheinen hierzu zu gehören wenn sie nicht einer Perna angehört haben. Letzteres scheint bei einem Fragmente einer sehr dicken Schaale, welche aber durchgängig in Faserkalk verwandelt ist, wahrscheinlich. Im Kalke Nr. 2.

11) *Mytilus* . . . . Ein nicht näher zu bestimmender Abdruck im Kalke Nr. 1.

12) *Modiola sulcata Sow.* Steinkerne, in der Form ganz übereinstimmend, so dafs die Bestimmung beinahe als sicher anzunehmen ist. Zeigen sich öfter im Kalke Nr. 2.

13) *Unio* . . . . Sie gehören zu den häufigsten Steinkernen dieses Kalks, sind aber stets ohne Schaale. In ihrer Form weichen sie unter einander ziemlich ab. Die meisten kommen in der Gestalt am besten mit Sowerby's *Unio acutus* und noch mehr mit *U. antiquus* überein, was indessen doch nicht genügt, sie für gleichartig zu halten. Im Kalk Nr. 2; noch mehr aber einzeln, wie es scheint aus dem Mergel. — Diese Steinkerne finden sich, aus demselben Kalk bestehend, auch in dem Diluvium der Mark, und ich habe sie in meinen Versteinerungen der Mark Brandenburg zweifelhaft unter *Unio acutus* und *antiquus* aufgeführt, ohne damals den Ort zu kennen, wo sie anstehen. Ich glaube nur noch ausdrücklich bemerken zu müssen, dafs sie von *Unio constrictus Sow.* zu bedeutend abweichen, als dafs man sie dahin rechnen könnte. Möglich, dafs sie zu einer bis jetzt noch nicht bestimmten Art gehören.

14) *Trigonia clavellata Sow.* Die Steinkerne und Abdrücke dieser Conchylie in gröfseren und kleineren Exemplaren gehören zu den häufigsten Versteinerungen dieses Kalks, insonderheit machen sich die Steinkerne, welche auch einzeln und lose im Mergel mit schwachen

Resten der Schaale vorkommen wie im Kalke Nr. 1 und 2, sehr bemerkbar. — Ich besitze aufser diesen erst kürzlich erhaltenen Kernen ein ziemlich grofses Exemplar, welches im Diluvium von Berlin, aus demselben Gestein wie das Fritzower bestehend, gefunden wurde. Es ist in meinen Versteinerungen der Mark auf Taf. IV. Fig. 2. a. b. in natürlicher Gröfse als blofser Steinkern abgebildet, und durch den nicht ganz vollständigen Abdruck der Theile zwischen den Buckeln, welche die Schlofsbildung nicht erkennen liefsen, wurde ich verleitet, es für den Kern einer Pholadomya zu nehmen, der ich vorläufig, — denn anders kann die Benennung eines unbekannten Steinkerns wohl nicht genommen werden, — den Namen *Pholadomya euglypha* gegeben hatte. Erst die jetzt erhaltenen Exemplare haben mir die vollständigste Gewifsheit darüber gegeben, dafs es ein Kern der obengenannten Conchylie ist, und jener vorläufig gewählte Name mufs somit verschwinden. Ein Irrthum dieser Art wird um so eher Entschuldigung finden, wenn man erwägt, wie sehr verschieden diese Kerne von der eigentlichen Muschel sind, und doch sind jene noch nirgend abgebildet, und auch mir wäre die Bestimmung, wenn nicht um die festsitzenden Kerne die Abdrücke zu finden gewesen wären, nicht möglich gewesen. Unserer Versteinerungskunde wird nicht eher gründlich geholfen werden, ehe nicht von jeder Conchylie eine gute Abbildnng ihrer Schaale und ihres Kerns vorhanden ist. Die Abbildung der inneren Schaalenfläche kann dabei nur zum Theil aushelfen.

15) *Trigonia costata Sow.* Die Abdrücke dieser Muschel zeigen sich sehr häufig; doch ist es mir nicht gelungen, einen noch innerhalb des Abdrucks festsitzenden Steinkern aufzufinden. Es ist mir daher auch nicht möglich, anzugeben, ob und in wiefern die Steinkerne

dieser Conchylie von denen der vorigen verschieden sind. Die Abdrücke finden sich im Kalke Nr. 1 und 2.

16) *Cucullaea oblonga Sow.* Ziemlich grofse Steinkerne in der Breite von 1½ Zollen, die Schnäbel treten hoch hervor, die mit der Richtung der Schlofskante parallel laufenden Zähne des Schlosses liegen den Schnäbeln ziemlich nahe. Es kommt aber auch eine noch kleinere Art häufig vor. Im Kalke Nr. 2.

17) *Hippopodium ponderosum Sow.* Grofse Steinkerne von 4 Zoll Höhe. Der Querschnitt bildet eine sehr regelmäfsige herzförmige Figur, deren Länge gleich der Breite ist. Von der Schaale zeigt sich keine Spur. Die Kerne scheinen nur im Mergel vorzukommen, und nicht häufig zu sein. Fragmente dieser Versteinerung kommen auch unter den Geschieben der Mark im Diluvium, aus demselben Gestein bestehend wie in Fritzow, vor, und ich habe ein ergänztes Fragment dieser Art in meinen Versteinerungen der Mark Brandenburg Taf. III Fig. 8. und Taf. IV. Fig 1. abgebildet und S. 211. beschrieben. Es ist dort zweifelhaft als eine *Isocardia* angegeben, welcher Gattung *Hippopodium* so nahe steht, dafs es ersterer in den neueren Systemen unmittelbar vorhergeht. Die zweifelhafte Bestimmung ist durch ein daneben gesetztes Fragezeichen angedeutet, und nur zur einstweiligen Bezeichnung ist diesen Steinkernen dort der Name *Isocardia? cornuta* gepeben. Obgleich ich keinen Abdruck der Schaale besitze, so läfst mich doch eine genauere Untersuchung jetzt darin den Steinkern der oben genannten Muschel erkennen, die bekanntlich zu den seltensten Versteinerungen gehört, und bis jetzt nur an wenigen Punkten, in Deutschland aber noch gar nicht aufgefunden ist, von welcher man nur eine Art kennt, und von der es nur eine einzige Abbildung, — jedoch keines Steinkernes, — giebt. Die Sowerbysche

Abbildung der inneren Fläche der Muschel ist noch dazu augenscheinlich mangelhaft und mifslungen. Der Kern weicht von der äufseren Form weit weniger ab, als hiernach anzunehmen war, und nur am hinteren Theile am Rande, mit den Buckeln im Dreieck, zeigt der Kern einen hervortretenden Körper, welchen die Muschel äufserlich nicht wiederholt, sondern versteckt. Die Schaale mufs innerlich hier eine bedeutende Vertiefung zeigen, über welcher äufserlich die von Sowerby erwähnte herzförmige Fläche zwischen den Buckeln liegt. Auch zeigt der Kern nicht die runzlichen Falten der Schaale, wie dies jedoch alle Kerne dickschaaliger Muscheln thun. Die jetzige Bestimmung halte ich für vollkommen sicher.

18) *Astarte pumila Sow.* Sehr saubere Abdrücke mit feiner ziemlich enger concentrischer Querstreifung, $\frac{1}{4}$ Zoll im Durchmesser, im Kalke Nr. 1. Es scheinen noch andere Arten vorzukommen.

19) *Lucina?* . . . . . . Diese Conchylie ist im Kalke Nr. 2. in übergrofser Menge, und von verschiedenen Gröfsen enthalten, so dafs sie gegen alle übrigen weit überwiegt, aber nur in Abdrücken der äufseren und inneren Flächen der Schaalen, welche letztere leere Räume zurück gelassen haben von ziemlicher Dicke. Das gröfste Exemplar hat in der Breite beinahe anderthalb Zoll und ist zugleich fast ganz erhalten, so dafs das zweizähnige Schlofs sehr deutlich zu erkennen ist, und nur der eine Muskulareindruck ist zerstört. Die Muschel ist fast rund, ein wenig breit gezogen; der sichtbare Muskulareindruck liegt dem Schlosse ziemlich nahe, ist länglich, und von ihm geht ein ziemlich tiefer Eindruck im Bogen zum zweiten Muskulareindrucke, wie ihn die Lucinen zeigen, wie ihn aber auch die meisten *Astarten* und *Corbis* haben. Von letzteren, namentlich von *Corbis*

laevis unterscheidet sie Form und Schloſs. Dagegen ist der Abdruck des Innern der Schaale manchen *Astarten* sehr ähnlich. Der zwischen der vertieften Falte und dem Schloſsrande belegene Theil der Schaale ist etwas bucklig, der untere innere Rand schmal und eng gezähnt, oder vielmehr gekerbt. Die Abdrücke zeigen, daſs die Schaale äuſserlich concentrische Runzeln gehabt hat, von welchen mehrere nach dem Rande hin sich treppenförmig erheben, und sägeförmig gekerbt sind. Die Zahl dieser gekerbten Runzeln ist nicht gleich, und scheint bei jüngeren Exemplaren höher nach dem Schlosse hinauf zu reichen, als bei älteren; bei letzteren ist auch häufig nur ein Theil der Runzeln nach beiden Seiten hin gekerbt, die Mitte der Runzel aber glatt. Die Schaale ist ziemlich dick gewesen.

20) *Pholadomya producta Sow.* Die schönste und gröſste Conchylie, welche in diesem Lager, und noch überdies sehr häufig vorkommt. Sie findet sich stets frei, als vollständiger Steinkern mit dem Abdrucke der inneren Flächen beider Schaalen, und hat daher stets ein sehr vollständiges Ansehen. Die Kerne bestehen aus dem Kalke Nr. 1 und 3, und scheinen sämmtlich aus den Mergelschichten herzurühren. Er ist so fein, daſs auch die geringsten Undulationen der bekanntlich nur dünnen Schaalen sich sehr sauber zeigen. Die Exemplare haben eine Breite bis zu 4 Zollen, wobei sich der vordere Theil sehr ansehnlich verlängert, und die Muschel ein etwas verändertes Ansehen erhält. Die kleineren Exemplare werden der *Pholadomya aequalis Sow.* sehr ähnlich. Uebrigens ist es mir nicht möglich gewesen, eine Verschiedenheit zwischen Sowerby's *Pholadomya producta* und *Phol. ambigua* zu entdecken, und da schon Sowerby selber fand, daſs sie in einander übergehen, und eine Grenzlinie nicht anzugeben war, so

thäte man wohl am besten, einen von diesen Namen fallen zu lassen. Wahrscheinlich würde man noch mehrere Arten vereinigen können. Sowerby legt Gewicht auf die Anzahl der Rippen oder Falten. Unsere Exemplare aber zeigen, dafs diese innerhalb einer und derselben Art sehr unbeständig ist, und zu einer Unterscheidung der Arten nicht benutzt werden kann.

21) *Pholadomyna* .... Ein grofser Steinkern von 4 Zoll Breite, dem Vorigen in Gröfse, Gestalt und Rippen sehr ähnlich, aber offenbar eine andere vielleicht noch nicht beschriebene Art. Sie unterscheidet sich von der vorigen durch sehr deutliche, stark hervortretende breite Muskulareindrücke. Die beiden vorderen sind am hinteren Rande faltig. Von ihnen aus geht eine ebenfalls faltige Nath erst nach hinten, wendet dann wieder um nach vorn, und läuft von hier in einiger Entfernung parallel mit dem unteren Rande der Muschel, als eine Reihe länglicher unter aufgebogener Knoten, bis zu den hinteren Muskulareindrücken. Natürlich ist dies alles im Innern der Schaale als Vertiefungen vorhanden gewesen. Dies alles zeigt die vorige Art viel weniger deutlich, obgleich es vorhanden, aber bis jetzt nirgend beschrieben ist, und dennoch ist es ein bei Weitem characteristischeres Merkmal der Gattung als die undeutlichen Muskulareindrücke Sowerby's, welche, wie das vorliegende Exemplar beweiset, doch auch recht deutlich werden können. Die Schnäbel sind weiter entfernt von einander, und die Area zwischen denselben ist ziemlich breit (4 Linien), während bei der vorigen nichts davon zu bemerken ist und die Schnäbel sich unmittelbar berühren. Die Zahl der Rippen scheint von der der vorigen Art nicht verschieden zu sein. Sie kommt wahrscheinlich ebenfalls im Mergel vor, und besteht aus Kalk Nr. 3.

22) *Melania striata Sow.* Ein Fragment eines großen Exemplars von mehr als 2 Zoll Länge und 1 Zoll Dicke, mit 2⅔ Windungen, aber oben und unten abgebrochen. Es zeigt sich deutlich die Streifung, welche mit dem Bau der Windungen und der ganzen Form der Conchylie die richtige Bestimmung nicht bezweifeln läſst. Sie findet sich einzeln und frei, und besteht aus Kalk Nr. 1. Enweder rührt sie aus diesem oder dem oberen weiſsen Mergel her.

23) *Trochus reticulatus? Sow.* Ein gewundener glatter Steinkern von einem Zoll Höhe und Breite, und etwa 4 Windungen mit glatten fast ebenen abgeplatteten Wänden, aber nur mit Wahrscheinlichkeit zu bestimmen. Einzeln und frei, wahrscheinlich aus dem Mergel oder oberen Kalke.

24) *Turritella muricata Sow.* Abdrücke dieser Schnecke zeigen sich oft und sehr deutlich im Kalke Nr. 1 und 2. Auſserdem scheint noch eine *Turritella* vorzukommen, welche wie *Turritella incisa Al. Brongn.* aussieht, aber dennoch sehr wahrscheinlich eine andere Art ist. Sie zeigt sich jedoch nicht deutlich genug, um darüber ins Klare zu kommen.

25) *Nerinaea . . . . Defr.* — Ein Abdruck, in der Form eines konischen Loches von etwa 1⅔ Linien Durchmesser. Die Schaale ist verschwunden; seltsamer Weise aber ist der wunderlich gefaltete innere Kanal dieser Schnecke, welcher die Spindel umgiebt, in Form einer Spire, aus der Schaalensubstanz bestehend, vorhanden, und zeigt jene Faltung sowohl auf dem Querbruche, als längs seiner Windungen, obgleich die Spindel ebenfalls verschwunden ist. Da diese Spire schraubenförmig in das Loch hineinsetzt, so deckt sie die Wandungen so sehr, daſs das Ansehen der letzteren

nicht zu untersuchen, oder die Art zu bestimmen ist. Im Kalke Nr. 2.

26) *Ammonites Blagdeni Sow.* Ich besitze nur das Fragment eines Abdrucks in Kalk Nr. 3, in welchem sich anderthalb Windungen deutlich zeigen. Der innerste Theil, oder der Anfang der Windungen, ist beschädigt. Die vorhandenen Windungen haben einen Durchmesser von 3½ Zoll. Spuren am Rande zeigen, dafs mindestens noch eine Windung darauf gefolgt ist. Zahl, Gestalt und Lage der Rippen läfst an der richtigen Bestimmung nicht zweifeln.

Nach brieflichen Mittheilungen kommen dort noch gröfsere Ammoniten vor, als das hier beschriebene Fragment, wovon in der Sammlung des Stettiner Gymnasiums ein Exemplar vorhanden ist. Auch enthält dieselbe Sammlung von daher noch den Kern einer Ammonitenkammer von 3 Zoll Durchmesser, der zu einem noch gröfseren Ammoniten gehört haben mufs. Auch ein kleiner Cidarites ist in dieser Sammlung aus jenem Bruche vorhanden, und ich habe Hoffnung, diese Stücke später bestimmen zu können.

Die hier aufgeführten Versteinerungen sind, wie sich schon aus den letzten Notizen ergiebt, nur ein Theil der bei Fritzow vorkommenden. Unter den mir zu Gebote stehenden Stücken betragen sie jedoch bei Weitem die Mehrzahl der darin enthaltenen Reste, obgleich gar manche undeutliche Ueberbleisel, sowohl von einschaaligen als zweischaaligen Conchylien, zeigen, dafs der dortige Kalk noch weit mehr Versteinerungen führt.

Noch bemerke ich, dafs früher im festen Steine eine lebendige Kröte gefunden ist, worüber das Weitere bei Schultz a. a. O. S. 9 nachzusehen ist.

Formationsbestimmung. Die mit Sicherheit bestimmten Versteinerungen, obgleich sie nur ein Theil der dort vorkommenden sind, reichen dennoch aus, um die Formation des Fritzower Kalks mit Sicherheit als Oolithenkalk erkennen zu lassen. Es ist indessen zu versuchen, ob es nicht möglich ist, daraus sogar näher zu ermitteln, welchem von den englischen Lagern dieser Formation unser Kalk entspricht. Zu dem Ende wollen wir die mit Gewifsheit ermittelten und auch anderwärts vorgekommenen Versteinerungen vergleichend durchgehen.

1) *Astrea gracilis Münst.* findet sich nach Goldfufs im Jurakalk zu Boll im Würtembergischen. Die dortigen Lager gehören entweder dem Lias oder untern Oolithe an.

2) *Serpula quadrilatera? Goldf.* findet sich nach Goldfufs im untern eisenschüssigen Oolithe bei Rabenstein und in der Walkererde zu Buxweiler.

3) *Serpula flaccida Goldf.*, kommt nach Goldfufs im untern eisenschüssigen Oolithe bei Rabenstein, Basel und im Elsafs vor.

4) *Terebratula orbicularis Schübl.* findet sich nach v. Ziethen im Liasmergel von Gamelshausen und Pliensbach.

5) *Ostrea gregarea Sow.* Im Coral Rag von Yorkshire, Wiltshire u. s. w., im Calcar. Grit und Great Oolite? in Yorkschire nach Philipps. Im Coral Rag in Mittel und Süd-England, und im Inferior Oolite von Dundry nach Conybeare. Im Coral Rag und Oxford Clay in der Normandie nach de Caumont; im Oxford Clay und Coral Rag im Norden von Frankreich nach Boblaye; im Kimmeridge Clay von Hâvre nach Philipps; im Coral Rag von Weymouth nach Sedgwick; im Great Oolite von Calvados nach Deslandes *). — Ostrea palmetta kommt im Oxford Clay und Forest Marble vor.

*) De la Beche Geological Manual, third Edition 1833. p. 542.

und steht daher auch in dieser Beziehung der vorigen nahe.

6) *Ostrea flabelloides Lam.* (*Ostracites crista galli Schloth.*, *Ostrea diluvina Park.*, *Ostrea Marshii Sow.*, *Ostrea Brugierii Defr.* und *Ostrea auleum Defr.* sind ident). — Im Kelloway Rock, Cornbrash und Great Oolite in Yorkshire nach Philipps; im Cornbrash und Fullers Earth in Mittel- und Süd-England nach Conybeare; im Oxford Clay, Forest Marble und Inferior Oolite in der Normandie nach de Caumont; im Cornbrash in Wiltshire nach Lonsdale; im Coral Rag von Weymouth nach Sedgwick; im Oxford Clay des nördlichen Frankreichs nach Boblaye; in den sandigen Lagern des untern Oolith am Stuffenberg bei Wasseralfingen, und am nördlichen Abhang der schwäbischen Alp, nach v. Ziethen; bei Babendorf in der Nähe von Basel und in Baireuth.

7) *Gervillia aviculoides Sow.* (*Perna aviculoides Sow.*) Im Coralline Oolite von Yorkschire und im Calcareous Grit von Oxfordshire nach Philipps; im Oxford Clay von Mittel- und Süd-England, und im Inferior Oolite von Dundry Hill nach Conybeare; im Oxford Clay der Normandie nach de la Beche; im Sandstone, Limestone und Shale von Inverbrora in Schottland nach Murchison, im Coral Rag von Weymouth nach Sedgwick; im Lias von Gundershofen nach Voltz; im Calcareous Grit des Bernischen Jura nach Thurmann; im Mergel über dem Liasschiefer bei Boll nach v. Ziethen; zu Gundershofen, Neuhausen bei Germs und Gräfenberg bei Nürnberg.

8) *Modiola cuneata Sow.* Im Oxford Clay, Kelloway Rock? und Cornbrash von Yorkshire nach Philipps; im Inferior Oolite von Mittel- und Süd-England nach Conybeare; im Lias der Normandie nach de Caumont; im Lias der Hebriden; im Sandstone, Limestone und Shale von Inverbrora in Schottland nach Murchison;

bei Hohenstein, im eisenhaltigen Oolith von Bayern nach v. Münster; in den obersten Schichten des Inferior Oolite bei Wasseralfingen in Würtemberg, nach v. Ziethen; im Great Oolite des Bernischen Jura nach Thurmann.

9) *Trigonia clavellata Sow.* Im Coralline Oolite, Kelloway Rock und Cornbrash von Yorkshire nach Philipps; im Portlandstone und Cornbrash von Mittel- und Süd-England, und im Inferior Oolite von Dundry nach Conybeare; im Oxford Clay der Normandie nach de la Beche; im Oxford Clay des nördlichen Frankreichs nach Boblaye; im Kimmeridge Clay? von Angoulême nach Dufrénoy; im Sandstone, Shale u. s. w. von Inverbrora in Schottland nach Murchison; im Coral Rag und Inferior Oolite des Departements Haute Saône nach Thirria; im Coral Rag von Weymouth nach Sedgwick; im Kimmeridge Clay und Calcareous Grit des Bernischen Jura nach Thurmann; in den obersten Schichten des Inferior Oolite (Oxford Clay?) am Stuifenberg; zu Wisgoldingen und im Sandstein von Ehningen.

10) *Trigonia costata Sow.* Im Coralline Oolite, Great Oolite und Inferior Oolite von Yorkshire nach Philipps; im Cornbrash, Forest Marble und Brad. Clay von Mittel- und Süd-England, und im Inferior Oolite von Dundry nach Conybeare; im Oxford Clay, Forest Marble und Inferior Oolite der Normandie nach de Caumont; im Oxford Clay des nördlichen Frankreichs nach Boblaye; im Kimmeridge Clay und Inferior Oolite der Haute Saone nach Thirria; im Inferior Oolite der Gegend von Bath nach Lonsdale; im Coral Rag von Weymouth nach Sedgwick; im Lias von Gundershofen nach Voltz; in den oberen Schichten des Inferior Oolite am Stuifenberg und bei Neuhausen an der Erms im Würtembergischen nach v. Ziethen; bei Hohenstein nach v. Münster und an der Porta Westphalica nach Hoffmann.

11) *Cucullaea oblonga Sow.* Im Coralline Oolite von Yorkshire nach Philipps; im Inferior Oolite von Dundry nach Conybeare; im Inferior Oolite von Bärendorf und Thurnau nach v. Münster, und vielleicht im Inferior Oolite des Stuifenberges im Würtembergischen nach v. Ziethen.

12) *Hippopodium ponderosum Sow.* Im Coralline Oolite und Lias von Yorkshire nach Philipps; im Lias von Mittel- und Süd-England nach Conybeare; im Inferior Oolite des Departements Calvados nach Deslandes.

13) *Astarte pumila Sow.* Im Great Oolite zu Ancliff in Wiltshire nach Cookson; im Rochellekalk nach Dufrénoy.

14) *Pholadomya producta* und *ambigua Sow.* (*Cardita* und *Lutraria Sow.*). Im Great Oolite? in Yorkshire nach Philipps; im Inferior Oolite zu Dundry, im Cornbrash und im Inferior Oolite von Mittel- und Süd-England nach Conybeare; im Cornbrash von Wiltshire und im Lias von Bath nach Lonsdale; im Oxford Clay der Normandie nach de Caumont; im Lias des südlichen Frankreichs nach Dufrénoy; im Lias des Elsafs nach Voltz; im Lias von Solothurn und im Lias von Bahlingen nach v. Buch.

15) *Melania striata Sow.* Im Coralline Oolite und Great Oolite? in Yorkshire nach Philipps; im Coral Rag und Lias in Mittel- und Süd-England nach Conybeare; im Coral Rag des nördlichen Frankreichs nach Boblaye; im Kimmeridge Clay von Havre nach Philipps, und im Coral Rag von Weymouth nach Sedgwick.

16) *Trochus reticulatus? Sow.* Im Inferior Oolite der Normandie nach de Caumont; im Coral Rag von Weymouth nach Sedgwick.

17) *Turritella muricata Sow.* Im Coralline Oolite, Calcareous Grit, Kelloway Rock und Inferior Oolite von

Yorkshire nach Philipps; im Rochelle-Kalkstein nach Dufrénoy; im Shell Limestone und Grit von Portgower u. s. w. in Schottland nach Murchison; im Inferior Oolite von Wasseralfingen in Würtemberg nach v. Ziethen.

18) *Nerinaea Defr.* Dies Geschlecht kommt nur im Oolithenkalke vor, und fehlt in Deutschland und der Schweiz nirgend im Coral Rag *).

19) *Ammonites Blagdeni Sow.* Im Great Oolite von Yorkshire nach Philipps; im Inferior Oolite von Dundry nach Conybeare; im Inferior Oolite der Normandie nach de Caumont; zu Spaichingen und Metzingen in Deutschland.

Soll nun eine Versteinerung gebraucht werden, um den geognostischen Charakter eines Lagers zu bestimmen, so wird sie dazu mehr oder minder geeignet sein, und man ist genöthigt, ihren Werth in dieser Beziehung erst auszumitteln, was bisher nur noch oberflächlich geschehen ist, und auch gewiſs bedeutende Schwierigkeiten hat. Um dahin zu gelangen, wird man etwas genauer verfahren, und einige Begriffe fester bestimmen müssen, als bisher. Mir scheint folgendes Verfahren dazu am besten geeignet.

Eine jede Versteinerung hat einen Verbreitungsbezirk, der von der geographischen Vertheilung der verschiedenen Species über die Erdoberfläche abhängig ist. Je gröſser dieser ist, je öfter in den von einander entferntesten Gegenden dieselbe Versteinerung wieder in derselben Formation erscheint, um so mehr wird sie geeignet sein, dieselbe zu charakterisiren, während sie dazu nur zweifelhaft benutzt werden kann, wenn ihr Vorkommen auf eine wenig ausgedehnte Lokalität

*) Handbuch der Geognosie von de la Bèche, bearbeitet von v. Dechen, S. 397.

beschränkt bleibt, und sie in andern Gegenden in derselben Formation fehlt.

Eine jede Versteinerung hat aber auch einen Auflagerungsbezirk, der von der geognostischen Vertheilung der verschiedenen Species durch die verschiedenen Formationsschichten abhängig ist, d. h. eine jede erscheint in einer gewissen Anzahl dieser Schichten. Je kleiner dieser Bezirk ist, je seltener in von einander entfernten Schichten dieselbe Versteinerung wieder erscheint, je mehr wird sie geeignet sein, die Formationsschicht oder das Lager zu charakterisiren, während sie dazu nur zweifelhaft benutzt werden kann, wenn ihr Vorkommen sich auf eine ausgedehnte Reihenfolge von Schichten verschiedener Art erstreckt.

Der Verbreitungsbezirk dehnt sich in horizontaler Richtung, der Auflagerungsbezirk in vertikaler Richtung aus. Beide verhalten sich in Bezug auf den charakteristischen Werth gerade umgekehrt; indem dieser wächst oder abnimmt, je gröſser der eine und je kleiner zugleich der andere Bezirk ist.

Kommt eine Versteinerung in mehreren Lagern einer Formation vor, so wird sie doch meist in dem einen Lager einen gröſseren Verbreitungsbezirk haben, als in dem anderen. Man kann annehmen, daſs sie während der Periode des Niederschlags dieses Lagers den höchsten Grad ihrer Lebensentwickelung erreicht habe. Für ein solches Lager wird diese Versteinerung relativ bezeichnend oder charakteristisch sein. Sie ist dies aber in demselben Grade weniger, je gröſser ihr Auflagerungsbezirk ist.

Dagegen sind diejenigen Versteinerungen absolut bezeichnend für ein Lager, deren Auflagerungsbezirk so klein als möglich ist, und man wird sie um so sicherer dafür halten können, je gröfser zugleich ihr Verbreitungsbezirk ist.

Letztere Versteinerungnn müssen vor allen Dingen ermittelt werden, damit der Geognost, welcher der Versteinerungen zu seinen Untersuchungen bedarf, nicht genöthigt sei, sich mit dem ganzen immer mehr sich ausdehnenden Gebiete bekannt zu machen, sondern nur mit denjenigen Körpern, welche vorzugsweise dienen, eine Formation zu erkennen.

Bisher ist dies nur zum Theil geschehen, denn nur von wenigen Versteinerungen sind die beiden Bezirke hinreichend bekannt. Am leichtesten ist meist der Auflagerungsbezirk zu bestimmen; schwerer der Verbreitungsbezirk, und man könnte zweifeln, ob er es eher sein würde, als bis die ganze Erde geognostisch bekannt ist. Erwägt man indessen, dafs die meisten Geschöpfe wohl ehemals so gut wie jetzt innerhalb geschlossener geographischer Grenzen gelebt haben werden, so ist nicht zu vermuthen, dafs dieselben Versteinerungen sämmtlich in beiden Hemisphären, oder auch nur in verschiedenen Erdtheilen gelebt haben sollten. Man wird mit der europäischen Fauna der Vorwelt, wie wir sie der Kürze wegen hier nennen wollen, einstweilen zufrieden sein können, wenigstens wird sie für den vorgesteckten Zweck ausreichen.

Indessen sind wir noch weit entfernt davon, Europa geognostisch und petrefaktologisch zu kennen; für jetzt werden wir uns mit dem begnügen müssen, was bekannt ist. Ja wir werden einstweilen die Gröfse des Verbreitungsbezirks nicht sowohl von der geographischen Ausdehnung, als vielmehr davon abhängig machen müssen, ob eine Versteinerung in den verschiedenen Gruppen, in welche die Formation in den europäischen Ländern gesondert ist, mehr oder weniger aufgefunden wurde.

An je mehr verschiedenen Punkten die Versteinerung daher entdeckt ist, um so gröfser wird vorläufig ihr Verbreitungsbezirk angenommen werden dürfen, auch wenn diese Punkte eben nicht weit von einander entlegen wären. Eine Versteinerung, welche z. B. in drei nicht weit von einander entfernten Gruppen des Lias aufgefunden wird, kann für jetzt betrachtet werden, als wenn sie einen gröfseren Verbreitungsbezirk hätte, wie eine solche, welche nur in zwei, aber weit von einander entlegenen Gruppen des Lias aufgefunden ist. Jede einzelne Entdeckung dieser Art ist gewissermafsen eine Zeugenaussage dafür, dafs ein Lager, in welchem dieselbe Versteinerung wieder erscheint, dem Lias angehört, und so wird man dennoch, in Ermangelung vollständigerer Kenntnifs, einstweilen den Verbreitungsbezirk proportional diesen Zeugenaussagen setzen, und durch die Zahl dieser Zeugenaussagen ausdrücken können. Fände sich daher bei einer Versteinerung, dafs sie in einer Gegend im Inferior Oolite, in zwei andern im Great Oolite, in einer im Forest marble, in drei Gegenden im Oxford Clay, in einer im Calcareous Grit; in fünf verschiedenen Gegenden im Coral Rag und in einer im Kimmeridge Clay gefunden ist, so reicht ihr Auflagerungsbezirk vom Inferior Oolite bis zum Kimmeridge Clay, und Einem von den hiervon eingeschlossenen Lagern wird dasjenige angehören, in welchem sie neu aufgefunden ist, und welches durch sie bestimmt werden soll. Sie hat ihren gröfsten Verbreitungsbezirk im Coral Rag, nächstdem im Oxford Clay, aber die Wahrscheinlichkeit, dafs man es mit einem Lager von Coral Rag zu thun hat, verhält sich zu der *), dafs es dem Oxford Clay angehört, wie 5 zu 3, d. h. wie die Zahl der Zeugenaussagen.

---

*) Ohne Berücksichtigung der übrigen Angaben.

Es wäre daher verdienstlich, ein Verzeichnifs der Versteinerungen nach diesem Prinzipe anzulegen, und bei jeder einzelnen durch zwei Zahlen anzugeben, an wie vielen Stellen dieselbe überhaupt, und an wie vielen sie in jedem Lager gefunden sei. Dies würde in Form eines Bruchs geschehen können, dessen Nenner den Verbreitungsbezirk innerhalb des ganzen Auflagerungsbezirkes, dessen Zähler aber den Verbreitungsbezirk innerhalb des einzelnen Lagers angäbe *). Für das vorhin erwähnte Beispiel würde sich die Sache folgendermafsen stellen:

Ostrea gregarea Sow.	Inferior Oolite	$\frac{1}{14}$	$= 0{,}071$
	Great Oolite	$\frac{2}{14}$	$= 0{,}143$
	Forest Marble	$\frac{1}{14}$	$= 0{,}071$
	Oxford Clay	$\frac{3}{14}$	$= 0{,}214$
	Calcareous Grit	$\frac{1}{14}$	$= 0{,}071$
	Coral Rag	$\frac{5}{14}$	$= 0{,}357$
	Kimmeridge Clay	$\frac{1}{14}$	$= 0{,}071$

Diese Zahlen, welche den relativen charakteristischen Werth einer jeden Conchylie für irgend ein Lager bezeichnen, werden sich mit jeder folgenden Beobachtung ändern, aber dadurch auch um so genauer werden. Man ist vermittelst derselben im Stande, in sofern man einstweilen allen Beobachtungen gleichen Werth beilegt, herauszurechnen, mit welchem Grade von Wahrscheinlichkeit irgend ein zweifelhaftes Lager durch die darin enthaltenen Conchylien bestimmt wird, und jedes blofse Dafürhalten wird dadurch beseitigt.

Es ist mir nicht unbekannt, wie Manches sich gegen dies Verfahren sagen läfst, und wie viel noch fehlt, ehe diese Zahlen für genau zu nehmen sind. Allein es scheint mir, als ob gegen das bisher angewandte Verfahren, das

*) Am besten würden sich dazu die Dezimalbrüche eignen.

jeder Methode entbehrte, noch viel mehr einzuwende sei. Es ist immer ein Vortheil, wenn man einen zwei felhaften Gegenstand auf Zahlen bringen, und durch dies ermitteln kann. Eine Beurtheilung nach anderen al arithmetischen Grundsätzen, braucht darum nicht ausge schlossen zu werden, und läfst sich sehr gut damit ver einigen.

In der vorhin gegebenen Uebersicht ist der Verbrei tungsbezirk sowohl als der Auflagerungsbezirk der ein zelnen Versteinerungen sorgfältig, und so weit die bis herigen Untersuchungen dies zulassen, angegeben. Es ergiebt sich daraus, dafs ihr gesammter Auflagerungsbe zirk vom Lias bis zum Portlandstone reicht. Stellen wir sie nun tabellarisch zusammen, und bemerken bei jeder ihren relativen charakteristischen Werth für jedes einzelne Lager, so werden wir endlich im Stande sein, den Werth aller dieser Versteinerungen in Bezug auf jedes Lager anzugeben, und daraus den Grad der Wahrscheinlichkeit zu ermitteln den jede einzelne und die Gesammtheit in Bezug auf das Hauptergebnifs haben. Dies ist in folgender Tabelle geschehen.

	Ostrea gregarea Sow.	Melania striata Sow.	Astarte pumila Sow.	Trochus reticulatus Sow.	Nerinaea Defr.	Trigonia clavellata Sow.	Gervillia aviculoides Sow.	Trigonia costata Sow.	Ostrea flabelloides Lam.	Turritella muricata Sow.	Hippopodium ponderosum S.	Cucullaea oblonga Sow.	Modiola cuneata Sow.	Ammonites Blagdeni Sow.	Pholadomya producta S.	Serpula quadrilatera G.	Serpula flaccida Gldf.	Astrea gracilis Münst.	Terebratula orbicularis S.	Summa
In unserm Kalke No.	1	1	1	1	2	1 2	2	1 2	1 2	2	3	2	2	3	1 3	3	3	3	3	
Portland Oolite . .	—	—	—	—	—	0,06	—	—	—	—	—	—	—	—	—	—	—	—	—	0,06
Kimmeridge Clay .	0,07	0,14	—	—	—	0,12	—	0,06	—	—	—	—	—	—	—	—	—	—	—	0,39
Coral Rag . . .	0,36	0,43	0,50	0,50	1,00	0,12	0,10	0,06	0,08	0,14	—	—	—	—	—	—	—	—	—	3,29
Coralline Oolite . .	—	0,14	—	—	—	0,06	0,10	0,06	—	0,14	0,25	0,25	—	—	—	—	—	—	—	1,00
Calcareous Grit . .	0,07	—	—	—	—	0,06	0,20	—	—	0,14	—	—	—	—	—	—	—	—	—	0,47
Oxford Clay . . .	0,21	—	—	—	—	0,18	0,20	0,24	0,15	—	—	—	0,20	—	0,09	—	—	—	—	1,27
Kelloway Rock . .	—	—	—	—	—	0,06	—	—	0,08	0,14	—	—	0,10	—	—	—	—	—	—	0,38
Cornbrash	—	—	—	—	—	0,12	—	0,06	0,23	—	—	—	0,10	—	0,18	—	—	—	—	0,69
Forest Marble . .	0,07	—	—	—	—	—	—	0,12	0,08	—	—	—	—	—	—	—	—	—	—	0,27
Bath oder Great Oolite	0,14	0,14	0,50	—	—	—	—	0,06	0,15	—	—	—	0,10	0,25	0,09	—	—	—	—	1,43
Inferior Sandstone .	—	—	—	—	—	0,12	0,10	—	0,15	0,14	—	—	0,10	—	—	—	—	—	—	0,61
Inferior Oolite . .	0,07	—	—	0,50	—	0,12	0,10	0,30	0,08	0,29	0,25	0,75	0,20	0,75	0,18	1,00	1,00	0,50	—	6.09
Lias	—	0,14	—	—	—	—	0,20	0,06	—	—	0,50	—	0,20	—	0,45	—	—	0,50	1,00	3,05
Summa	1	1	1	1	1	1	1	1	1	1	1	1	1	1	1	1	1	1	1	19,00

Wir haben hier die Vergleichung in aller Strenge durchgeführt, und die in der letzten vertikalen Spalte aufgeführten Zahlen geben an, wie viel von den 19 aufgeführten Zeugen für jedes einzelne Lager sprechen. Erwägt man jedoch, dafs der Coralline Oolit und Calcareous Grit in Deutschland nicht vorhanden sind, und dafs alle in ihnen vorhandenen Versteinerungen hier im Coral Rag auftreten, so müssen wir die für diese geltenden Werthe dem Coral Rag hinzurechnen *). Die im Lias vorkommenden Versteinerungen werden wir ohne Bedenken dem Inferior Oolite zurechnen können, indem fast alle, mit Ausnahme der noch wenig bekannten Terebr. orbicularis, zugleich in beiden Lagern erscheinen, und weder die übrigen Versteinerungen, noch das oryktognostische Ansehen unseres Kalkes es wahrscheinlich machen, dafs wir mit Lias hier zu thun haben. Aber auch die Versteinerungen des Inferior Sandstone müssen wir zum Inferior Oolite rechnen, da hier der Sandstein fehlt. Der Kelloway Rock ist nur ein untergeordnetes Lager des Oxford Clay, und wir können seine Versteinerungen diesem hinzurechnen. Dann stellt sich der Werth der Aussagen für diese geringere Zahl von Lager folgendermafsen:

Coral Rag	=	5,21
Oxford Clay	=	1,65
Cornbrash	=	0,69
Forest Marble	=	0,27
Great Oolite	=	1,43
Inferior Oolite	=	9,75
		19,00.

*) Und können dies auch mit denen thun, welche im Portland Oolite und Kimmeridge Clay vorkommen, da sie sämmtlich zugleich auch im Coral Rag erscheinen.

Mehr als die Hälfte unserer Versteinerungen spricht demnach dafür, dafs wir es mit Lagern des Inferior Oolite zu thun haben, und zwar sind es besonders die Versteinerungen unsers Kalkes No. 3, welche mit einem bedeutenden Uebergewichte (mit 6,13) darthun, dafs dieser Kalk und seine Lager dahin zu rechnen seien. — Nächstdem spricht mehr als ein Viertel (0,27) der Versteinerungen für Coral Rag; und es sind dies insonderheit die Versteinerungen unseres Kalkes No. 1, welche zu dieser Aussage berechtigen. Um indessen darüber gewifs zu werden, wird es erforderlich, die Versteinerungen beider Lager zu sondern.

Unsere Tabelle zeigt, dafs 8 Versteinerungen aus dem Kalke No. 1 herrühren, wobei jedoch 4 auch in anderen Schichten vorkommen. Addiren wir die relativen Werthe dieser Versteinerungen, so ergiebt sich, dafs davon 2,89 für den Coral Rag und dessen obere Lager sprechen, 2,95 für die mittleren Schichten vom Oxford Clay bis zum Great Oolite, und 2,16 sogar für den Inferior Oolite. Hiernach wird es zweifelhaft, dafs unser Kalk No. 1 zum Coral Rag gehört; es ist vielmehr eine gröfsere Wahrscheinlichkeit da, dafs er den mittleren Schichten des Oolithes angehören dürfte, wobei sich für den Great Oolite 1,08, für den Cornbrash 1,49, und für den Oxford Clay 1,19 ergiebt.

Da schon die oberste Schicht unseres Kalkes auf mittlere Oolithschichten hinweiset, und noch dazu auf eine, welche dem Inferior Oolite so nahe steht, würde es überflüssig sein, unseren Kalk No. 2 von dem No. 3 zu trennen. Wir nehmen deshalb beide zusammen. Es gehören 15 Versteinerungen dazu, wovon 4 aber auch im Kalke No. 1 vorkommen. Von diesen 15 Versteinerungen sprechen die relativen Werthe mit 2,99 für

Coral Rag, mit 2,98 für mittlere Schichten, mit 9,03 für Inferior Oolite.

Man sieht, mit welchem Uebergewichte (9 gegen 6) diese Versteinerungen für Inferior Oolite sprechen, auf den sogar schon die obersten hindeuteten. Von jenen 6 Stimmen sprechen 3 für mittlere Schichten, und 3 für Coral Rag, so dafs sich hieraus nicht ergiebt, wofür man sich entscheiden soll. Indessen hat schon der Kalk No. 1 für mittlere Schichten entschieden, und wir werden daher nicht fehlen, wenn wir uns dadurch bestimmen lassen, auch hier die Stimmen für Coral Rag zu verwerfen, wonach dann der Kalk No. 2 und 3 theils zu mittleren oolithischen Schichten, theils zum Inferior Oolit gehört. Eine gröfsere Zahl von Versteinerungen mit sicherer Angabe, in welchen Schichten sie vorkommen, würde diese Zahlen abgeändert, und dem Ganzen eine noch gröfsere Bestimmtheit gegeben haben. Dazu wird sich vielleicht künftig die Gelegenheit darbieten. Dennoch wird das Hauptresultat ungeändert bleiben, und es ist in der That bewundernswürdig, mit welcher Sicherheit schon jetzt die Versteinerungskunde benützt werden kann, um zweifelhafte geognostische Fragen zu entscheiden, indem selbst die hier angewandte geringe Zahl von Versteinerungen die Ungewifsheit in sehr enge Grenzen eingeschlossen hat. Als Resultat hat sich durch diese Untersuchung Folgendes ergeben.

1) Der Fritzower Kalk gehört, so weit er hier beschrieben ist, entschieden zum Oolithenkalke, und zwar zu den Lagern, welche sich zwischen dem Inferior Oolite und Coral Rag einschliefslich finden.

2) Die unteren Lager desselben gehören entschieden zum Inferior Oolite, und sehr wahrscheinlich gehört das graue oolithische Lager, von welchem ich keine Versteinerungen habe, ebenfalls dazu. Der Sand oder san-

dige Thon, welcher unter diesem Lager vorhanden sein soll, entspricht wahrscheinlich den Lagern sandigen Mergels, eisenhaltigen Sandes mit Thoneisen-Concretionen, und grünlich blauen Sandmergels, welche in England, z. B. in der Nachbarschaft von Bath, unter dem Inferior Oolite liegen, und dort eine Mächtigkeit von 180 Fufs erreichen. Auch in anderen Gegenden ist sandiger Mergel die gewöhnliche Unterlage dieses Ooliths, und bildet den Uebergang zum Lias.

3) Die oberen Lager unseres Ooliths gehören nach den Versteinerungen entweder dem Coral Rag, oder mit einem geringen Uebergewichte noch wahrscheinlicher Schichten an, welche sich zwischen ihm und dem Inferior Oolite finden, wobei die meisten auf den Cornbrash deuten. Dafür spricht aber auch das Uebrige, indem der Kalk sehr arm an Korallen-Versteinerungen ist, welche doch dem Coral Rag sonst nirgend fehlen, und sein zerklüftetes und zertrümmertes Ansehen stellt ihn auch äufserlich dem Cornbrash gleich; so dafs wir diese Lager mit hoher Wahrscheinlichkeit als Cornbrash bezeichnen dürften.

Ungewifs bleibt es, da nicht ermittelt ist, ob der Kalk No. 2 und 3 zu verschiedenen Lagern gehören, und in wiefern die Mergelschichten verschieden sind, ob eine dieser Schichten den Forest Marble oder den Great Oolite repräsentirt. Wahrscheinlich ist es indessen, dafs der Forest Marble ganz fehlt, da die Versteinerungen für sein Vorhandensein einen sehr geringen Werth ergeben. Auch fehlen die für den englischen Forest Marble so charakteristischen eingeschlossenen Knochen, Zähne und Holz hier gänzlich. — Für den Great Oolite ergeben die Versteinerungen zwar einen gröfseren Werth, dennoch ist er nicht grofs genug, um etwas zu entscheiden. Einstweilen mufs die Möglichkeit dahin gestellt bleiben. Jedenfalls ist diese Schicht, wie alle hier vorkommenden Schichten, von geringer Mächtigkeit. Um so interessanter aber ist es zu bemerken, dafs dennoch die oberen Schichten schon petrefaktologisch von den unteren verschieden sind.

Verbreitungsbezirk des Ooliths. Wenn man von dem jetzigen Bruche etwa 1000 Schritt nach Südwesten geht, so trifft man auf eine Mergelgrube, in welcher sich unter dem Mergel ein anstehender grauer Kalkstein zu erkennen giebt. Der Mergel wird zur Verbesserung der Felder ausgefahren; aber man hat nicht weiter, als bis auf den Kalkstein hinunter gearbeitet. Es scheint dies die von Schultz erwähnte Thongrube zu sein; von anstehendem Kalke sagt er nichts, vielleicht weil man ihn damals noch nicht erreicht hatte. Obgleich ich keine Proben von diesem Gestein besitze, so scheint es doch kaum einem Zweifel unterworfen zu sein, dafs beide, der Mergel wie der Kalkstein zu derselben Formation gehören. Die Grube liegt ziemlich in der Richtung des Ausgehenden vom Flötze. Dann aber ist dies Lager, wenn man nicht grofse Verwerfungen annehmen will, nach der Tiefe hin noch von ansehnlicher Mächtigkeit, und die meisten Schichten dürften unter Tage liegen. Es wäre interessant, zu wissen, ob der Kalk der Grube ebenfalls noch die Versteinerungen des Inferior Oolite zeigt.

Etwa 300 Schritte vom Kalkberge in der der vorigen gerade entgegen gesetzten Richtung nach Nordost, liegt die kleine Anhöhe des Kaisersteins. Er besteht aus Kalkmergel mit eingemengten Brocken von Kalkstein. Man hat versucht, den Mergel zu durchgraben, in der Hoffnung, auf ein Kalklager zu stofsen, ist indessen, so weit man grub, im Kalkmergel geblieben, und hat den Versuch wieder aufgegeben. Ich besitze ein

Stück Kalkstein aus diesem Mergel, welcher darin brokkenweise vorkommt. Er hat vollkommen das Ansehen unseres Kalkes Nr. 3, ist sehr oolitisch, sehr reich an Versteinerungskernen, welche jedoch sämmtlich so stark angegriffen sind, dafs sich nur der Kern der Trigonia clavellata erkennen läfst; übrigens ist er unzweifelhaft von gleicher Natur mit dem beschriebenem Kalke. Hier also steht derselbe noch an, und bei fortgesetztem Graben würde man ohne Zweifel eine Kalksteinschicht erreicht haben. Es ist somit das Anstehen dieses Kalkes innerhalb der Richtung von Südwest nach Nordost, d. h. ziemlich in der Richtung seines Fallens, auf etwa 1370 Schritt oder etwas mehr als ⅓ Meile nachgewiesen. Noch weiter nach Südwest liegt die Stadt Cammin. Die Anhöhe, auf welcher sie erbaut ist, besteht nach Schultz auf der Ostseite aus Ziegelthon. Hier scheint also der Kalk zu fehlen.

Etwa 500 Schritt vom Kaiserstein nach Nordosten entfernt, trifft man die Küste, und zwar das schon früher beschriebene schroffe Ufer derselben. Hier zeigt sich von oben nach unten eine Schicht von Seesand, von 1 bis 2 Fufs Mächtigkeit, und unter dieser bis zum Strande hin 20 Fufs tief, so weit die Schicht sichtbar ist, ein blaugrauer Lehm mit Sand und Kalk gemengt. Die Kalklager scheinen sich schon zu tief in den Boden gesenkt zu haben, und würden wahrscheinlich erst in bedeutender Tiefe zu erreichen sein. Da man indessen doch mit Wahrscheinlichkeit annehmen kann, dafs man am Kaisersteine und in der Mergelgrube nicht gerade die Enden dieses Lagers getroffen haben werde, sondern diese noch über jene Punkte hinweg reichen, so wird man schwerlich fehlen, wenn man die Ausdehnung nach der Richtung von Südost nach Nordwest auf ⅛ Meile annimmt.

Wie weit sich das Lager in der Streichungslinie von Südost nach Nordwest erstreckt, ist unermittelt geblieben.

Der Kalk wird jetzt nach Stettin geschickt, und dort gebrannt. Früher ist er in eigenen Kalköfen nahe bei Ost Dievenow gebrannt worden, wozu man jedoch nur die feste blaue Ooolithlage benutzte, die obere weiße aber gar nicht anwandte, weil der daraus erhaltene Kalk beim Einlöschen schäumt und wenig taugt. Aber auch der Kalk aus der unteren Lage nimmt keine reine weiße Farbe an, und ist mager. Dennoch schwindet der Hügel nach und nach immer mehr, nnd dies möge, wenn es der Inhalt dieser Abhandlung nicht selber vermag, meine Ausführlichkeit entschuldigen.

3.

Ueber das Vorkommen des Goldes in der Eder und in ihrer Umgegend.

Von

Herrn Dr. J. Noeggerath.

Die Nachrichten über das Vorkommen des Goldes in der Eder und in dem Gebirgs-Gebiet ihrer Wasserzuflüsse sind sehr alt, und aus mehrfachen Gründen mag ich gerne die folgenden Notizen über diesen Gegenstand mit dem Geschichtlichen beginnen.

Eine gedruckte „Einladung zur Theilnahme an der Hessisch-Waldeckischen Compagnie zur Gewinnung des Goldes aus dem Edderflusse", welche Herr W. L. von Eschwege im Jahre 1832 erliefs, enthält folgende Stelle über das Historische der Sache:

„Seit Jahrhunderten ist bekannt, dafs der im Westphälischen entspringende Flufs, die Edder (oder Eder, wie man im Waldeckischen schreibt) genannt, welcher einen Theil des Grofsherzöglich-Hessischen Gebiets, darauf das Fürstenthum Waldeck durchströmt und sich im Kurhessischen einige Stunden oberhalb Cassel in die Fulda ergiefst, goldführend ist; auch waren seit undenklichen Jahren in diesen Ländern Goldwäscher angestellt, die entweder von ihren Regierungen dafür bezahlt wurden, oder denselben das ausgewaschene Gold zu einem gewissen Preise verkauften. In dem Fürstlich-Waldekkischen Archive findet man Nachrichten über die Gold-Wäschereien, die bis zum Jahre 1308 hinaufreichen, in welchem Jahre eine Verordnung erlassen worden war, wie es mit den Goldwäschereien am Eisenberge (bei Corbach), dessen Gewässer der Edder zuströmen, gehalten werden sollte. In einer andern Nachricht werden der vielen Dukaten gedacht, welche zu der Zeit des Grafen Philipp II. (ums Jahr 1480) aus Eddergold geschlagen wurden, so wie auch in mehrern Rechnungen aus dem Anfange des 17 Jahrhunderts Ankäufe von Eddergold vorkommen. Eobanus Hessus, der Dichter, nennt im 16 Jahrhundert die Edder *fluvium auriflum*. Landgraf Carl von Hessen liefs im Jahr 1677 aus dem Eddergolde Dukaten schlagen, mit der Aufschrift: *Caroli Hassia Landgravii moneta prima Aederae aurifluae*; auch Landgraf Friedrich II. liefs im Jahre 1775 dergleichen prägen mit der Aufschrift: *Sic fulgent litora Adranae aurifluae*. Aus der Statistik des Grofsherzogthums Hessen von Engelhardt geht ebenfalls hervor, dafs man bei Itter im Jahr 1709 Gold gewaschen habe, jedoch nirgends findet man aufgezeichnet, dafs auf eine wissenschaftliche Art dem Ursprunge dieses Goldes nachgeforscht, oder dafs irgend ein Schritt gethan worden sey, um diese Arbeiten mit mehr Nachdruck und auf eine zweckmäfsigere Weise zu betreiben. Es scheint vielmehr, dafs man dieses Geschäft lediglich gemeinen Leuten überliefs, deren Kunst, das Gold zu waschen, sich von jeher auf einer niedern Stufe erhielt, indem sie sich von den Urgrofsvätern auf die Urenkel unverändert, und gewissermaafsen als Familiengeheimnifs forterbte, so dafs es kein Wunder ist, wenn unter dem Scheine einer solchen Geheimnifskrämerei und bei dem Mangel einer bessern Belehrung, die man nicht zu geben vermochte, diese Arbeiten in der gröfsten Unvollkommenheit betrieben wurden, ja selbst denen der armen Neger Brasiliens weit nachstanden und gegenwärtig noch nachstehen, und deshalb bisher die resp. Regierungen schlechterdings keinen Nutzen daraus zogen."

So weit die Mittheilung von **Eschwege's**, an welche sich folgende aus andern schriftstellerischen Nachrichten entnommene Notizen, theils bestätigend, theils ergänzend anschliefsen.

Die älteste gedruckte Nachricht über das Goldvorkommen am Eisenberge bei Corbach ist wohl diejenige, welche wir bei **Agricola** finden; er spricht von Goldgängen bei Corbach *). **Brückmann** **) erwähnt derselben auch und bemerkt dabei, nach Albini's Meifsnischer Berg-Chronika — welche ich zur Vergleichung nicht zur Hand habe: „und ward vorgegeben, dafs das Gold in den Schlichhaufen allezeit sey wieder gewachsen". An einer andern Stelle gedenkt **Brückmann** ***) des dasigen Betriebes vor 1480 nach einer geschriebenen Waldeckschen Chronik von **Prasserus**; hiernach gab Graf Philipp II. in jenem Jahre den Goldgräbern Ordnung und Gesetze und ernannte einen Bergmeister. Nach Mosch †) wurden die Grafen im Jahre 1495 vom Kaiser Maximilian mit dem Bergwerke belehnt. Ebenfalls aus **Prasserus** schöpfte **Brückmann** die Nachricht, dafs unter dem Grafen Wollrad II. im Jahr 1560 noch 27 Mark Gold daselbst gewonnen worden seyen, und

---

*) *De veteribus et novis metallis.* Nach **Lehmann's** Uebersetzung von **Agricola's** Schriften. IV. S. 40.

**) *Magnalia dei in locis subterraneis. I.* S. 100.

***) A. a. O. II. S. 191 und 192.

†) Zur Geschichte des Bergbaues in Deutschland. S. 284.

dafs das Dorf Goldhausen am Eisenberge dem Goldbergwerke seinen Namen verdanke. Zu Brückmann's Zeiten war aber das Bergwerk selbst nur nach seinen alten Pingen und Stollen noch nachweisbar. Nach Cancrin *) ist noch gegen die Mitte des vorigen Jahrhunderts bei Goldhausen am Eisenberge „aus einem Trümmchen und den alten Halden" Gold gewaschen worden; der Betrieb ist aber bald wieder auflässig geworden, weil er die Kosten nicht bezahlte.

Die Nachrichten, welche ich über den Eisenberger Goldbergbau noch anderwärts gefunden haben, z. B. bei Gmelin **) und Klipstein ***) sind den angeführten entnommen.

Die geschichtlichen Notizen über die Gewinnung und Benutzung des Goldes aus der Eder selbst, welche eben nach von Eschwege mitgetheilt worden sind, finden ihre Quelle oder Bestätigung gröfstentheils bei Brückmann †).

Nach Klipstein ††) hat man die goldführenden Bäche Winne oder Wunne und Mombecke, welche bei Hertzhausen in die Edder fallen, gerne für die einzigen Goldbringer der letztern angesehen. Eine bei Hertzhausen im Jahr 1709 eingerichtete, aber 1711 aus Mangel an Vortheil wieder eingegangene Goldwäsche gab zu Schürfen in dieser Gegend, und dadurch sogar zur Wiederaufnahme des alten Kupferbergwerks zu Itter Veranlassung. Keineswegs sind jene Bäche die einzigen, der

*) Beschreib. der vorzüglichsten Bergwerke in Hessen und dem Waldeckischen. Fft. 1767. S. 25.

**) Geschichte des deutschen Bergbaues. 1783.

***) Mineralogischer Briefwechsel. 1781.

†) A. a. O. II. S. 196 — 197.

††) A. a. O. I, S. 73 und 124. Vergl. auch Cancrin a. a. O. S. 25.

Edder Gold zuführenden Wasser, denn bei der höher an der Edder aufwärts liegenden Stadt Frankenberg ist nicht allein ehemals ein bedeutender Betrieb auf Gold gewesen, sondern nach von Eschwege ist auch Gold gefunden worden in den Bächen von Mandern, Wellen und Bergheim, in der Netz bei Offoldern, in dem Bache von Hemfurth, in der Itter, in den Rinnsalen nach Nordenbeck, Corbach und Goldhausen, ferner in der Aar, in dem Grenzbache von Schmiedelothheim, im Gellershäuser Bache u. s. w. *)

Die geschichtlichen Nachrichten über den Frankenberger Goldbergbau hat Ullmann **) am fleifsigsten aus Chroniken gesammelt, und ohne auf die Quellen selbst zurückzugehen, möge nur daraus ausgehoben werden, dafs Carl der Grofse hier das erste Goldbergwerk im Aurer Walde (*Aureae Silvae*) eröffnet haben soll.

Es läfst sich aus den vorhandenen Nachrichten mit vieler Wahrscheinlichkeit annehmen, dafs der hiesige Goldbergbau eine geraume Zeit hindurch mit ansehnlichem Vortheil betrieben worden sey; selbst eine Münze, welche Carl der Grofse in Frankenberg anlegte, dürfte wohl als Folge der Eröffnung der Goldbergwerke zu betrachten seyn. Die Zweifel, welche Gmelin ***) gegen dieses hohe Alter des Frankenberger Goldbergbaues aufstellt, hat Ullmann auch genugsam widerlegt, als dafs es der Mühe lohnen sollte, hier darauf noch näher einzugehen, und so viel bleibt, nach dessen an Ort

*) von Eschwege's Einladung u. s. w. S. 5.

**) Ullmann's mineralogische berg- und hüttenmännische Beobachtungen über die Gebirge, Grubenbaue und Hüttenwerke der Hessen-Kasselschen Landschaft an der Edder. Marb. 1803. S. 34. f.

***) Gmelin a. a. O. S. 39. f.

und Stelle vorgenommenen Untersuchungen, immer gewifs, dafs hier ein bedeutender Bergbau auf Gold getrieben worden ist. Nicht blos sind nach seinen sehr genauen Angaben die unverkennbaren Reste alter verlassener Grubenbaue, in einer Menge kesselförmiger Schachtvertiefungen, mit erhabenen vom Haldensturze herrührenden Einfassungen sichtbar, sondern die noch jetzt zwischen den erwähnten verbrochenen Schächten herunterfliefsenden Waldbäche führen Gold in kleinen Körnern und Blättchen mit sich. „Noch vor wenigen Jahren — sagt Ullmann ferner — wurde hier dies Metall auf Kosten einer Gesellschaft, die von der Fürstlichen Ober-Rentkammer zu Cassel im Jahr 1786 eine temporelle Concession erhielt, durch eine Wäscherei aus dem mit kleinen Geschieben von Grauwacke und Sandsteinbreccie, kleinen zerfressenen Quarzstücken und feinem Quarzsande bedeckten Boden dieser Bäche gewonnen, und nur zum Leidwesen der Gewerken hörten diese Wascharbeiten, durch welche nicht selten Goldkörner von der Gröfse eines Stecknadelkopfes und darüber erhalten wurden, wegen der geringen Menge des in diesen kleinen Bächen befindlichen Sandes, zu früh wieder auf".

Ueber einen goldführenden Punkt, welcher zwar nicht zum Flufsgebiet der Edder selbst gehört, aber doch in demselben Gebirge im Herzogthum Westphalen liegt, welches auch der Eder einen grofsen Theil ihrer Wasser zuschickt, finden wir Nachricht bei Brückmann *). Hiernach hatte der Churfürst von Cöln im Jahre 1729 bei Beringhausen eine Goldgrube; das Goldhaus dabei an der Hopke wurde aber damals zum Kupferschmelzen gebraucht.

---

*) A. a. O. II. S. 232.

Die statt gefundene Goldgewinnung an diesem Punkte lebt noch in der Tradition. In der benachbarten Abtei Bredelar wurde ein Pokal, aus einem Straufsenеy gefertigt, aufbewahrt, welcher reichlich mit Goldarbeit verziert war. Das Gold dazu sollte, der Sage nach, an der Hopke gewonnen worden seyn. Der Becher ist, wie mir der verstorbene Geheime Regierungs Rath Esser in Arnsberg, unter dessen besonderer amtlicher Mitwirkung die Secularisation der Klöster im Herzogthum Westphalen statt fand, versicherte, nach der Aufhebung der Klöster, in das Museum nach Darmstadt gekommen und wird dort noch aufbewahrt.

Die Hessisch-Waldeckische Compagnie zur Gewinnung des Goldes aus der Edder hat im vorigen Jahre ihre, wie es nach den gedruckt erschienenen Berichten scheint, in der Ausbeute lohnenden Arbeiten zu Bergheim an der Edder begonnen. Dieser Punkt ward vorzüglich ausgewählt, weil der Flufs hier ein ziemlich breites Bette hat, und daher reichliches Material zum Verwaschen vorhanden ist. Aus den von dem Herrn Obristen und Ober-Berghauptmann von Eschwege angestellten Versuchen geht hervor, dafs in jedem Cubicfufs Grand durchschnittlich 3,9 Heller Gold enthalten war, welches, mit gewöhnlichen Vorrichtungen gewonnen, einen Ueberschufs von 57 Prozent lieferte, jedoch, wie es scheint, ohne Anrechnung der Generalkosten, welche bei einer sehr ins Grofse getriebenen und verbesserten Aufbereitung nicht sehr bedeutend ausfallen werden. Das Gold aus der Edder hat die Gestalt dünner Blättchen von kaum erkennbarer Gröfse bis $\frac{1}{2}$ Linie Breite und Länge. Gold mit ansitzender Felsart will man niemals erhalten haben. Die schweren metallischen Theilchen, welche immer zuletzt mit dem Golde beim Waschen übrig bleiben, bestehen aus Magneteisenstein,

Brauneisenstein und Rotheisenstein. Der Magnet-Eisenstein machte bei Bergheim etwa ein bis zwei Prozent des schweren metallischen Gehaltes aus, der Brauneisenstein bildete die gröfste Menge und war sehr vorwaltend gegen den Rotheisenstein.

Um die ursprüngliche Lagerstätte des Edder Goldes auszumitteln, schien es vor Allem wichtig, den alten Goldbergbau am Eisenberge im Waldeckischen näher zu untersuchen.

Der Eisenberg, zwei Stunde nordwestlich vom Städtchen Corbach gelegen, bildet in der ausgedehnten, unvermerkt nach Süden abfallenden Ebene, eine beträchtliche Erhöhung, deren Hauptgehänge und Wasserabflufs nach der Edder hin gerichtet ist. Der Berg ist als Fortsetzung des mehr westlich liegenden hohen Süderländischen Uebergangs-Gebirges im Herzogthum Westphalen zu betrachten. Nach Osten und Norden hin vom Eisenberge, ist die Uebergangsformation schon mit dem Kupferschiefer Gebirge überlagert.

Der Eisenberg besteht aus Thonschiefer oder thonschieferartiger feinkörniger Grauwacke, in welcher Abdrücke von *Posidonia Becheri Goldf.* und von *Ellipsolites compressus Sowb.* vorkommen, und aus Kieselschiefer, theils schwarz (lydischer Stein) theils grau und grünlich von Farbe. Die Gebirgsschichten streichen Stunde 6 — 4 und fallen südöstlich ein. Die thonschieferartige Grauwacke bildet vorzüglich das Liegende und der Kieselschiefer das Hangende, obgleich auch zwischen beiden ein mehrmaliger geringmächtiger Wechsel dieser Gesteine vorzukommen scheint. Der ehemalige sehr bedeutende Goldbergbau hat vorzüglich, wenn nicht ausschliefslich, auf der Gebirgsscheide jener beiden Gebirgs Arten statt gefunden. Ein Pingenzug von beiläufig einer Viertelstunde Länge liegt auf dem Streichen dieser

Gebirgs-Scheide. Theilweise hat er das Ansehen, als wäre die Gewinnung steinbruchsartig von Tage nieder bewirkt worden, theilweise besteht er aber auch aus unverkennbaren Schachtpingen. Stollen-Anlagen, wovon die Spuren noch deutlich am nordöstlichen Gehänge des Berges sichtbar sind, zeugen von der Wichtigkeit des Betriebes.

Auf den Halden findet sich nichts als thonschieferartige Grauwacke, diese vorwaltend, und Kieselschiefer, beide meist durcheinander, in kleinen Bruchstücken, zu kleinen Erhöhungen aufgehäuft. Von einem anders gearteten Lagergestein, oder von Gangmassen der Goldlagerstätte, ist keine Spur zu finden, und so scheint es, dafs diese im gewöhnlichen Gebirgsgestein, etwa als Einsprengungen oder als feine Blättchen vorkommend, ihren Sitz hat. Dafs man aber mehr die thonschieferartige Grauwacke, als den Kieselschiefer gewonnen hat, wie sich auch aus dem Ansehen der folgend zu erwähnenden Waschhalden ergiebt, scheint mehr dafür zu sprechen, dafs in jener und nicht in diesem das Gold eingesprengt oder auf Kluftflächen vorkomme; wenn nicht in beiden Gebirgsarten zunächst ihrer Lagerungs-Begrenzung.

Einige Schächte, welche im Hangenden des vorerwähnten Pingenzuges, nicht weit davon entfernt, nächst dem Gipfel des Berges, im ausgebildeten Kieselschiefer liegen, haben wohl auf einem andern Vorkommen gebaut. Die Halden liefern Kupfergrün und Kupferlasur in Graupen und als Anflug auf den Klüften des Kieselschiefers. Dieser besondere Bergbau scheint sehr unbedeutend gewesen zu seyn, und es soll das letzte Abteufen eines Schachts noch in die Erinnerung der jetzigen Generation fallen.

Dafs die Producte des Eisenberger Goldbergbaues an den tiefern wasserreichen Punkten nächst dem Abhange des Berges verwaschen worden sind, ist viel wahrscheinlicher, als dafs man sich hier nur auf das Verwaschen der Dammerde und des darunter liegenden losen Gerölles beschränkt hat. Vielleicht war beides der Fall; ersteres ist aber wohl gewifs, nach den vielen Grauwacken-Bruchstücken, welche sich in den Waschhalden vorfinden, und welche denen aus den bergbaulichen Arbeiten auf dem Eisenberge gleichen. Drei solcher Haupt-Waschstätten sind sichtbar. Eine liegt in einem muldenförmigen Thale, aus welchem nach der Ahr hin ein Seiten-Thal abgeht. Die Verbreitung dieser Arbeiten ist sehr bedeutend, sie nehmen den gröfsten Theil des Thales ein, beide Gehänge sind mit Halden wie besäet. Die ganze Oberfläche scheint hier früher umgearbeitet worden zu seyn, auch mögen wohl einige Halden von Schachtabteufungen dazwischen befindlich seyn. Eine zweite Waschstätte liegt am östlichen Fufse des Eisenbergs in einer Wiese, woselbst zugleich der tiefste Stollen des Eisenbergs mündet. Haufen von Grauwacke-Brocken, welche ich hier fand, schienen geröstet zu seyn, wohl um das Gestein mürber zu machen, und so die Aufbereitung des darin enthaltenen Goldes zu erleichtern. Eine dritte Waschstätte findet sich am Wege von Nordenbeck nach Godelsheim an der Strafse; auch hier sind die Halden aus Grauwacke und Kieselschiefer zusammengesetzt, obgleich sie schon auf dem Kupferschiefer-Gebirge liegen.

Nach all diesem kann es nicht zweifelhaft sein, dafs der Goldbergbau am Eisenberge nicht blos in der Aufbereitung der Alluvionen bestanden hat. Die Goldgänge bei Corbach, wovon Agricola spricht, und worunter nur das Vorkommen des Goldes am benachbarten Eisenberge verstanden sein kann, deuten — wenn auch der Ausdruck „Gänge" nicht ganz passend sein dürfte — doch eher auf ein Vorkommen im festen Gestein, als auf Aufbereitungen der Alluvionen hin. Wenn Brückmann sagt, dafs man vorgegeben habe, das Gold sei in den Schlichhaufen allezeit wieder gewachsen, so kann dieses darin seinen Grund haben, dafs man aus bereits ausgewaschenen Gesteins-Bruchstücken immer wieder Gold gewinnen konnte, wenn dieselben länger in der Verwitterung gelegen und mehr zerfallen waren.

Merkwürdig ist die Uebereinstimmung des Gebirgsverhaltens bei Beringhausen an der Hopke, wovon Brückmann anführt, dafs dort eine Goldgrube gewesen sei, mit dem Eisenberge. Die Stelle, welche noch jetzt die Goldkuhlen genannt wird, liegt etwa eine Viertelstunde oberhalb Beringhausen an der linken Seite der Hopke. Sie befindet sich im Kieselschiefer, und läfst sich nicht mit Bestimmtheit für einen alten Bergbau erkennen; eher noch dürften steinbruchsartige Gewinnungen hier statt gefunden haben. Gleich unterhalb der Goldkuhlen setzen, dem Kieselschiefer untergeordnet und damit wechselnd, Lager einer dünnschieferigen in Thonschiefer übergehenden Grauwacke auf, welche ebenfalls, wie am Eisenberge, Abdrücke von *Posidonia Becheri Goldf.* und *Ellipsolites compressus Sowb.* enthalten. Die Fundamenttrümmer des Goldhauses, welches Brückmann hier erwähnt, sind noch vorhanden, und Schlacken-Reste verkündigen, dafs hier später Kupfer geschmolzen worden ist. Nach neuern Waschversuchen sind auch Goldspuren in der Hopke gefunden worden.

Frankenberg ist wohl der oberste Punkt der Eder, wo man noch Gold in derselben angetroffen hat, und auch der ehemalige Bergbau dieser Gegend, den ich nicht selbst besuchte, hat seinen Sitz im Uebergangs-

Gebirge, wobei Kieselschieferbildungen vorhanden sind, wie genugsam aus der angeführten, nicht sehr deutlichen Beschreibung von Ullmann hervorgeht. In der Entfernung von höchstens ein paar Stunden von Frankenberg, nämlich bei Brinkhausen unweit der Orke, führt auch Ullmann „gestreifte Chamiten, äufserst flach und so dünn wie ein Blatt Papier", im Grauwackenschiefer vorkommend, an, welches wohl die Posidonia Becheri sein mag. *)

Wenn ich auch auf mein auf fremde Mittheilungen gegründetes Urtheil über das Vorkommen des Goldes bei Frankenberg, als einer Gegend die ich nicht selbst besucht habe, ein besonderes Gewicht nicht legen mögte, so geht doch so viel daraus hervor, dafs die Verhältnisse hier, meinen Ansichten über das Vorkommen des Goldes in der Eder Gegend, so wie sie sich aus den Beobachtungen am Eisenberge speciell darstellen, durchaus nicht widersprechen, sondern solche ebenfalls begünstigen.

Die Bäche bei Hertzhausen, welche man ehemals gern für die einzigen Goldbringer der Eder gehalten hat, die Itter, die Ahr, kommen alle aus der Gegend vom Eisenberge herab, und werden hier ihr Gold entweder unmittelbar oder durch Nebenwässer aufgenommen und der Eder zugeführt haben. Die Bäche von Offoldern, Wellen und Mandern, welche Herr v. Eschwege ebenfalls als goldführend bezeichnet, liegen freilich etwas zu sehr östlich, als dafs man annehmen könnte, sie erhielten von demselben Punkte noch ihren Goldgehalt. Indessen können alte Alluvionen das Gold des Eisenbergs oder der Fortsetzung seiner oder verwandter Lagerstätten sehr verbreitet haben, und daher kann die Ursprungs Quelle des Goldes der letztgenann-

*) Ullmann a. a. O. S. 25.

ten Bäche mit der der erstern immer im Wesentlichen dieselbe gewesen sein.

Die sich ebenfalls in die Eder mündende Orke ist von jeher als besonders goldführend anerkannt gewesen. Ich habe sie genau in dieser Hinsicht untersucht. Sie führt bei Medebach im Herzogthum Westphalen noch kein Gold, auch führen ihr die westlich von der Stadt Medebach herabkommenden Wasser und der Medebach selbst, kein Gold zu: aber die sich in dieser Gegend mit ihr vereinigende, aus dem Waldeckischen kommende Ahr ist goldführend, und erst nach der Vereinigung der Ahr mit der Orke, wird die letztere es auch. Die Ahr empfängt aber ihr Gold von mehrern Nebenwassern und Schluchten, welche ihr aus der Gegend des Eisenberges zugehen. Von der Ahr ab, längs des ganzen Südabfalles des Süderländischen Gebirges, welcher zum Flufsgebiet der Edder gehört, habe ich alle Bäche bis nach Berlenburg hin in ihren Betten auf Goldführung untersucht, aber in keinem westlich der Orke und Ahr gelegenen eine Spur davon gefunden. Diese Verhältnisse begünstigen meine Meinung von der Goldzuführung in die Eddar ganz besonders.

Alle vorher erwähnten goldführenden der Edder zufliefsenden Bäche liegen auf der nördlichen oder linken Seite dieses Flusses. Herr von Eschwege nennt aber auch, abgesehen von dem Frankenberger Bergbau und den in dieser Gegend goldführenden und der Edder von der Südseite zuströmenden Wassern, noch andere auf dieser rechten Seite des Flusses, welche Gold enthalten sollen, wie z. B. der Grenzbach von Schmiedelothheim, der Gellershäuser Bach u. s. w., welche natürlich ihr Gold nicht vom Eisenberge erhalten können. Aber es ist nicht unwichtig zu bemerken, dafs im Bereich dieser Bäche wieder Kieselschieferlager in der Grauwacke vorkommen, die ich bei Frebershausen zu beobachten Gelegenheit hatte.

Ich bin zwar weit entfernt anzunehmen, dafs bei jedem Kieselschiefer der Gegend Gold vorkommen müsse, denn der Umstand, dafs ich in allen Bächen, welche westlich von der Orke auf dem Südabhange des Süderländischen Gebirges bis nach Berlenburg hin herabfliefsen, selbst in mehrern dieser Bäche, welche ihr Bett zum Theil im Kieselschiefer selbst haben, kein Gold gefunden habe, spricht unverkennbar gegen eine solche Hypothese. Aber dafs bei gewissen Kieselschieferbildungen, oder ganz in ihrer Nähe in der Grauwakke, das Gold vorhanden ist, ist nach meinen Mittheilungen wohl kaum in Zweifel zu ziehen. Es fehlt nur noch, das eingesprengte Gold in der Felsart selbst zu finden. Besonders bin ich geneigt, die dünnschieferigen Grauwacken oder Thonschiefer mit Abdrücken von *Posidonia Becheri Goldf.* und *Ellipsolites compressus Sowb.*, welche den Kieselschiefer begleiten, für die goldführenden Felsarten zu halten.

Sowohl im Gebiete der Goldzuführungen der Edder als aufserhalb derselben im Süderländischen Gebirge, habe ich mehrere ganz aufgelöste Diorite und Feldspath Porphyre oftmals und sorgfältig verwaschen, hierin aber niemals eine Goldspur angetroffen.

Schliefsen kann ich übrigens diese kurze Mittheilung nicht, ohne vorher mit Dank die gefällige Aufnahme anzuerkennen, welche ich in Bergheim an der Edder bei dem technischen Dirigenten der Hessisch-Waldeckschen Compagnie zur Gewinnung des Goldes, dem Herrn Obristen und Ober-Berghauptmann von Eschwege fand.

Er unterrichtete mich unter andern in der, besondere Uebung erfordernden, aber in dem Resultate höchst sicheren Manipulation beim Waschen des Sandes und der Geschiebe mit der sogenannten Brasilianischen Waschschüssel. Die Schüsseln aus Holz gedrechselt, haben 18 — 19 Zoll im Durchmesser, und eine trichterförmige, im Mittelpunkt 3 Zoll im Lichten tiefe Gestalt. Die Dicke der Schüsselwände ist beiläufig 6 Linien. Eine solche Schüssel wird mit Grand, Sand, Letten u. s. w. gefüllt, und dann damit in stillstehendem oder wenig strömendem Wasser gesetzt. Dabei wird die Schüssel mit beiden Händen angefafst, und werden ihr Anfangs rotirende, nachher aber mehr blos zuckende Bewegungen gegeben, wodurch sich die schweren Theile zum Mittelpunkte setzen, die leichten aber nach und nach abgespühlt und der Fluth überlassen werden. Die Metalltheile im Centrum werden zuletzt streifartig über die innere Wand der Schüssel durch eine zuckende und zugleich ausgiefsende Bewegung verbreitet, wobei alsdann die Goldtheilchen genau, auch ohne Bewaffnung des Auges, unterschieden werden können.

Nachtrag.

Der vorstehende Aufsatz war bereits abgesandt, als mir unerwartet durch die Güte des Dirigenten des Kupferbergwerks zu Thalitter, Herrn Hofkammerrath Klipstein, ausführliche Auszüge aus einem im Jahr 1742 von dem Fürstlich Waldekschen Bergrath Kraus über die Goldbergwerke am Eisenberg bei Corbach erstatteten Berichte nebst verjüngter Copie eines Situationsrisses von diesen Bergwerken, ebenfalls vom Jahr 1742, zugingen.

Obgleich in diesem Berichte auch stets von Goldgängen die Rede ist, so beweifst doch derselbe in seinen nähern Erörterungen mit Zuziehung des Risses, dafs die Lagerstätten des Goldes mit den Schichten parallel sein müssen, und bestätigt von dieser Seite vollkommen meine in dem vorherigen Aufsatz aufgestellte Ansicht. Das Gold scheint diesen nähern Nachrichten zufolge, theils auf einem Lager von Kalkstein und theils in Schichten von aufgelöstem lettenartigem Gestein vorgekommen zu sein. Der Wechsel von Lagern von Kalkstein mit Kiesel- und Grauwacken-Schiefer ist überhaupt in dem Süderländischen Gebirge gewöhnlich, und Herr Bergmeister Buff. in Siegen hat auch jüngsthin zwischen den Gebirgsschichten des Eisenbergs selbst, Lager von plattenförmigem Kalkstein gefunden.

Im Allgemeinen sagt der Berichtserstatter, Bergrath Kraus, „dafs das Gold theils in Kiesen, flammig, körnig, theils in ganzen gediegenen Stufen breche, überhaupt aber gröfstentheils durch das Anquiken zu erhalten sei". Die alten Urkunden, Belehnungen u. s. w. seien gröfstentheils defekt und unvollständig. Aus einem Register von 1499 und aus Handschreiben des Grafen Philipp zu Waldeck gehe hervor, dafs man damals bedeutend Gold gewonnen habe,

Die Grube Anastasia soll einen Gang erbrochen haben, der 7 löthige Golderze geführt. Graf Philipp zu Waldeck bemerkt, dafs die Erze in der Fundgrube 9½ Loth Gold fallen lassen; auch sei bekannt, dafs einstmal ein Grubenarbeiter eine „gewonnene Stufe gediegen gewachsenen Goldes" dem damaligen Eisenbergschen Amtmann Junker v. Dorfeld in dem Schachthute auf das Schlofs gebracht habe, die zu 50 Goldgulden geschätzt worden, und dafs der Landesherr verschiedentlich andern auswärtigen Herrschaften mit Goldstüfchen Präsente gemacht habe u. s. w. „Wegen grundverderbischer Landesbefehdungen, Faustrecht, Krieg und Pest, selbst Gefangenschaft des Grafen" sei der Bergbau ins Stocken gekommen. In dem Gegenbuch von 1559 waren aber wieder 32 Gewerkschaften nach und nach eingeschrieben. Auf dem vorliegenden Risse sind 19 Vermessungen und Gruben nach diesen Angaben von 1559 aufgetragen. Eilf dieser Vermessungen liegen auf einer Streichungslinie. Einige Gewinnungs-Quantitäten von Strasburger Gewerken finden sich notirt. Die Gewerkschaft ging aber durch Streit mit der Regierung wieder ein. Im Jahr 1580 hatte sich eine Gewerkschaft von Magdeburg an die Wiedergewältigung einiger alten Grubengebäude gemacht. Was sie gewonnen ist unbekannt; sie rühmte indefs sowohl die Anbrüche, als den auf den Halden liegenden reichen Seegen. „Die Gewerkschaft gerieth aber wegen gebetener Dienstentsetzung des Bergmeisters, den sie der Unwissenheit und Untreue beschuldigte, in Mifsmuth, da ihr keine Satisfaktion wurde; sie wurde dadurch des Bergbaues müde und hat so zu sagen den Bergbau am Eisenberge zu Grabe getragen".

Nach einem von dem Bergrath Kraus angeführten Aufstande vom Jahr 1581 wird der sogenannte Gang nach seinem Vorkommen in verschiedenen Gruben bald als ½ bald als ¼ Elle mächtig angegeben, und dabei bemerkt, dafs er in Kalkstein „gediegen sichtig Geld" führe. Die drei vorhandenen Fundgruben könnten mit dem 400 Lachter langen Erbstollen trocken halten, auch könne man mit 200 Häuer auf Erz fördern und es sei ein mächtiger Vorrath Erze in den Kästen verstürtzt, u. s. w.

Nach einem Berichte des Markscheiders Eggers von Zellerfeld von 1741 ist vom Bergrath Kraus ein alter Stollen auf der Seite nach Corbach hin geöffnet und damit ein „schieferiger Kupfergang mit einem rothen Letten" angefahren worden, „der, wie die Probe ergeben, in 4 Centner daraus gewaschenen Schlichs 5 Loth Gold hält". Ein anderer Bericht des Geschwornen Bache, auch vom Jahr 1741, giebt diesen „rothbraunen Letten" in seiner Mächtigkeit zu 4 Zoll, mehr oder weniger, an.

Nach Probirscheinen aus dieser Zeit vom Münzmeister Bunsen in Arolsen gab 1) der rothe Letten in 8 Centner Schliech 10 Loth Gold und 4 Loth Silber, 2) schwarzes lettenhaftiges Gebirg in 6 Centner Schliech ¼ Loth Gold; kein Silber, 3) von der Strofse in gleicher Quantität ¼ Loth Gold 1¼ Loth Silber, 4) von der Kiesstrecke ebenfalls in derselben Quantität ¼ Loth Gold, 3¼ Loth Silber, 5) aus schmierigen Kiesen in 4 Centner, 1 Loth Gold, 3 Loth Silber. Ziemlich übereinstimmend damit sind vorhandene Probirscheine vom Münzwardein Schrader zu Zellerfeld, von demselben Jahre, nur wird darin kein Silber angeführt.

Der Betrieb unter dem Bergrath Kraus, der die Haptlagerstätten nicht erreicht zu haben scheint, ist wohl nur sehr kurze Zeit, wahrscheinlich nur ein paar Jahre lang, geführt worden und nicht lohnend gewesen. *) Es dürfte damals an hinreichend unternehmenden Gewerken gefehlt haben.

---

*) Vergl. Cancrin Beschreibung der vorzüglichsten Bergwerke in Hessen, in dem Waldeckschen u. s. w. S. 25.

4.

Ueber den früheren Goldbergbau im Waldeckischen.

Von

Herrn F. Dreves in Arolsen.

In der nordwestlichen Fortsetzung des bei Wildungen sich entwickelnden Grauwacken- und Thonschiefergebirges erhebt sich der Eisenberg, 1 Stunde westl. von Corbach zu einem der höchsten Puncte dieser Gegend. Nach Norden und Süden ziehen sich vom Eisenberge aus in niedrigerem Niveau Berg- oder richtiger Hügel-Rücken, welche ebenfals dem Thonschiefergebiege angehören und die vor ihnen ausgebreitete Kupferformation gleichsam als eine Mauer oder Wand umgeben. Der Kalkstein dieser Formation, — denn das Kupferschieferflötz zeigt sich nur selten, — ist ein konstanter Begleiter des Thonschiefers und bildet auf dessen ganzem Zuge von Wildungen aus über Waldeck, Sachsenhausen, Thalitter, Goddelsheim, von hier an der Ostseite des Eisenbergs vorbei bis Stadtberge, die Scheide zwischen dem Thonschiefer und buntem Sandstein, der die östliche Hälfte des Fürstenthums Waldeck constituirt. In dieser ganzen Ausdehnung zeigt das Kupferschiefer-gebirge vielfache Anomalien. Abgesehen davon, dafs die mannigfaltigen Kalksteinarten, welche den Kupferschiefer des Thüringerwald-Randes bedecken, sich hier abwechslend blos auf Rauhkalk — hin und wieder mit Nestern von Kalkmergel, — Stinkstein und Zechstein beschränken, so wie abgesehen davon, dafs der hiesige Kupferschiefer selbst sich wesentlich von dem obigen unterscheidet, indem, bei geringem Bitumen- und Kohlegehalt, die Schwefelverbindungen des Kupfers fast ganz darin fehlen und sich fast keine Spur eines Silbergehaltes darin zeigt, — ist der Kupferschiefer hier von weit geringerer Ergiebigkeit an Kupfer, dessen er nur höchstens 3 bis 4, gewöhnlich aber 1⅜ Procent enthält und lagert sich unmittelbar auf Thonschiefer oder Grauwacke, da hier das Todtliegende gänzlich fehlt. Was hier dem Kupferschiefer entzogen worden ist, das scheint dem Zechstein des Hangenden zugesetzt worden zu sein; denn dieser ist reich an eingesprengten Partikelchen Kupferglanz.

Der Eisenberg selbst besteht aus einer, an der Ost- und Südost-Seite steil abfallenden, nach den übrigen Richtungen hin mehr terrassenförmig abgestuften Thonschiefermasse mit sanft abgerundetem Gipfel. Im Ganzen genommen nähert sich der Thonschiefer des Eisenbergs bald mehr dem Kiesel-, bald dem Grauwackenschiefer, die tieferen Schichten an der nordöstlichen Seite scheinen, dem Ausgehenden nach, aus reinerem Kieselschiefer zu bestehen. Der Thonschiefer des Eisenbergs streicht zwischen St. 4 und 5, im Durchschnitt St. 4, 4 und fällt gegen Südost unter abwechslendem Winkel. Die Petrefacten beschränken sich auf Posidonia Becheri, die am westlichen Abhange des Gipfels in groſser Menge vorkommt. Hier beurkundet ein mehrere hundert Schritt fortsetzender Pingenzug den frühsten Bergbau.

Der Goldbergbau im Eisenberge scheint nächst dem Eisensteinsbergbau der älteste im Waldeckischen gewesen zu sein, obschon sich über die wahre Zeit seiner Aufnahme keine Nachrichten mehr vorfinden. Wir finden blos erwähnt, dafs im Jahre 1480 Graf Philipp von Waldeck zum Befsten des Eisenberger Goldbergwerks ein Gesetz erliefs, worin den Gewerken und Bergleuten die üblichen Freiheiten und Grechtsame zugesichert wurden; dies Gesetz ward 1559 erweitert und erneuert.

Der Gegenstand der im Eisenberge veranstalteten bergmännischen Unternehmungen waren zwei güldische Kupfererz-Gänge. Der eine derselben, hora 3,4 streichend, war der Hauptgang und führte auch diesen Namen; der andere h. 11 streichend, hiefs der Laurentiusgang. Beide Gänge zertrümmerten sich oft und stark. Wie die Gangart beschaffen gewesen, darüber sagen die vorhandenen Nachrichten nichts. Kann man mit Sicherheit nach den in der Nähe der Pingen zerstreut liegenden Gesteinen urtheilen, so war die Gangart ein weifser, oft eisenschüssiger, splittriger Quarz. Der Besteg bestand in einem bald röthlichen, bald weifslichen Letten. Beide Gänge führten gold- und silberhaltige Kupfererze, bei deren Zugutemachung man jedoch dem Golde mehr Aufmerksamkeit zugewandt zu haben scheint, als den übrigen, in den Erzen enthaltenen Metallen. Ueber das Ausbringen an Golde wurden specielle Rechnungen geführt, die sich zum Theil erhalten haben, während die auf Kupfer und Silber bezüglichen Register verloren gegangen sind und sich die Gröfse dieses Ausbringens nur nach einzelnen, noch vorhandenen Probirzeddeln u. d. g. ermitteln läfst. Der Zehente von dem ausgebrachten Golde wurde unter die verschiedenen gräflich waldeckischen Linien und dem Landgraf von Hessen-Cassel vertheilt.

Zu Ende des 15ten Jahrhunderts waren die Eisenberger Gruben mit 23 Arbeitern belegt, die jährlich bis 10 Mark Gold gewannen. Die Production hob sich oft eben so schnell, als sie abnahm. Im Jahre 1498 betrug die Goldproduction nur 10 Mark; im folgenden Jahre aber schon mit Einschlufs des ersten Quartals von 1500, 31 Mark. Zu dieser Zeit bauten sich die Bergleute am Abhange des Eisenbergs Wohnungen und gründeten das Dorf Goldhausen. Damals brachen auf der Grube Anastasia siebenlöthige Golderze, auch wohl Stuffen gediegenen Goldes. So findet sich in alten Nachrichten die Erzählung, dafs ein Bergmann eine Stuffe gediegenen Goldes von 50 Goldgulden Werth dem Eisenbergischen Amtmann von Dorfeld im Schachthute aus der Grube heraufgebracht habe und dafs die damals auf dem Eisenberg residirenden Grafen von Waldeck ihren Freunden in der Nachbarschaft oft gröfsere oder kleinere Stuffen gediegenen Goldes, das der Eisenberg lieferte, zum Geschenk gemacht haben. — Die vorzüglichste Glanzperiode für das Eisenberger Goldbergwerk war unter der Regierung des Grafen Wolrad von Waldeck, vorzüglich in den Jahren von 1540 bis 1570. Nach einzelnen noch vorhandenen Blättern aus den Hüttenregistern erhielt man 1545 aus einer Beschickung von 80 Centner Erz, 21 Centner Kies und 21 Centner Flufs, durch die verschiedenen metallurgischen Prozesse 8 Centner Gaarkupfer, 4 Mark Silber und 4 Loth Gold. In diesem ganzen Jahre erhielt man an Gold 13 Mark $13\frac{1}{2}$ Loth, welches einem Zugutemachen von 5 bis 6000 Centner Erz und Kies und einem verhältnifsmäfsigen Ausbringen von 240 Mark Silber und 480 Centner Kupfer entspricht. Die Hüttenprocesse, welche man anwendele, lassen sich aus Mangel an Nachrichten nicht mehr nachweisen. Dafs man 1560 Bleierze zugeschlagen habe, finde ich erwähnt. 1559 betrug die Ausbeute an Gold 20 Mark 1 Loth 1 Quent. und 1560 27 Mark. Höher scheint dieselbe nie gewesen zu sein. Während dieser ganzen Zeit trieb man nebenbei Wascharbeiten auf den Halden und gewann dadurch z. B. 1546 gegen 26 Loth, 1563 19 Loth Gold u. s. w. Gegen 1574 kamen die Goldbergwerke aus nicht überlieferten Ursachen zum Erliegen, wurden aber schon 1577 von einer Gesellschaft Magdeburgischer Gewerken oder Bergwerksinteressenten wieder aufgenommen, die 1584 bei dem Dorfe Nieder-Ense ein Pochwerk und eine Hütte baute und den Bergwerksbetrieb mit einer jährlichen Zubufse von etwa 1000 Thlr. bis 1585 fortsetzte und dann wiederum die Gruben ins Freie fallen liefs. Von 1590 bis 1597 bildeten sich wieder neue Gewerkschaften, die sich mit den Halden an der Beksburg, Königsburg, unter der Kanzlei, im tiefen Thale und am Molkenborn belehnen liefsen, ohne weiter einen regelmäfsigen Bergbau zu veranstalten. Als 1661 Graf Heinrich Wolrad eine neue Gewerkschaft zur Wiederaufnahme des Eisenberger Bergbaues errichten wollte, liefs er aus den noch fahrbaren Gruben Erze fördern und dieselben probiren. 7 Centner Erz auf 1 Centner Schlich concentrirt lieferten 3 Loth 2 gr. Gold. Trotz diesem ausnehmend günstigen Resultat wollte es ihm so wenig gelingen, den Grubenbetrieb wiederherzustellen, als nachmals 1698 dem Grafen Christian Ludwig. So ruheten die Gruben fast ein Jahrhundert, bis 1742, wo ein thätiger und einsichtsvoller Mann, der Waldeck. Bergrath Kraus, ein geborner Sachse, sich bemühete, den Bergbau am Eisenberg theils wieder in Betrieb zu setzen, theils auch den Gründen seines mehrmaligen Erliegens nachzuforschen. Ersteres gelang zwar nicht, aber die Bemühungen dieses Mannes hatten doch wenigstens den Erfolg dafs man einige Gruben gewältigte. Auf der Grube St. Thomas fand man noch gute Anbrüche. Es wurden nun mehrere Centner Erze gewonnen und ein Theil derselben zum Probiren an den Probirer Schröder in Zellerfeld, ein anderer Theil aber an den Waldeckischen Münzmeister Bunsen überschickt, die beide ein fast ganz gleiches Resultat erhielten. Der Goldgehalt von 4 Centner Schlich differirte bei Letzterem nach den verschiedenen Erzarten zwischen $\frac{1}{4}$ und 5 Loth und bei Ersterem in 8 Centner Erz (Schlich?) zwischen $\frac{1}{2}$ und 10 Loth mit $\frac{1}{2}$ bis 6 Loth Silber. —

Kraus führt als Gründe des mehrmaligen Erliegens des Eisenberger Bergbaues an, dafs blos äufsere Umstände hinderlich eingewirkt hätten; dahin gehöre die mehrmals grassirende Pest, Uneinigkeit der Gewerken, Krieg, Betrügereien der Officianten u. d. gl. und dafs nicht der Wasserzudrang, wie man glaube, das Haupthindernifs gewesen sei. Letzteres ist allerdings sehr unwahrscheinlich, da der tiefste Stollen des Eisenbergs noch gegen 12 bis 14 Lachter über der Sohle des am Fufs des Eisenbergs ausgebreiteten Thales mündet und man also durch Anlage eines tieferen Stollens leicht hätte die Tiefbaue sichern können. Ein anderer Grund der öfteren Unterbrechungen ist gewifs auch der, dafs die Gewerken nicht speculativ genug waren und sogleich die Zubufsen verweigerten, oder doch nur kurze Zeit zahlten, wenn ergiebige Mittel abgebauet waren und es nun galt, mit Kostenaufwand andere auszurichten und langwierige Versuchsbaue vorzunehmen. Wenigstens ist dies bei den vorzüglich im 16ten Jahrhundert so zahlreichen Bergwerken des Waldeckischen eine der gewöhnlichsten Ursachen zum Erliegen.

Ich enthalte mich, über den Eisenberger Bergbau noch andere Details anzuführen, die nur ein locales Interesse haben. Ueber die Reichhaltigkeit der Erze dachte Bergrath Kraus wohl zu günstig, wenn er sagt, dafs die Eisenberger güldischen Erze goldreicher seyen, als die Kremnitzer.

Mögen immerhin obige Nachrichten, zum Theil in das Dunkel der Vergangenheit gehüllt, gröfstentheils aber amtlichen Quellen entnommen, uns die Verhältnisse des Eisenberger Goldbergwerks in einem zu günstigen Lichte erscheinen lassen, so viel stellt sich doch als gewifs heraus, dafs die Erze des Eisenbergs einen nicht unbedeutenden Goldgehalt besafsen, dafs ferner die Gänge erst in geringer Felderstreckung und bis auf eine unbedeutende Teufe abgebaut sind und dafs jetzt, bei einem fast dreifach höheren Preise des Goldes und der bequemen Lage des Eisenbergs zum Bergwerksbetriebe, es sich vielleicht der Mühe lohne, wenn eine Gesellschaft bergbaulustiger Speculanten, mit den erforderlichen Geldmitteln versehen, einen abermaligen Gewältigungsversuch der nun bald ein Jahrhundert wieder im Freien gelegenen Gruben vornähme. Selbst die alten, der Form nach kaum noch zu erkennenden, aufgelöfsten Halden, sind noch reich an kleinen Goldkörnchen, die durch das Zerfallen des Gesteins, in dem sie eingesprengt waren, in Freiheit versetzt worden sind. Ich beziehe mich in dieser Hinsicht auf die im Frühjahr 1831 vom Herrn Oberst von Eschwege vor dem verstürzten, jetzt noch durch eine Quelle angedeuteten, Mundloche des Goldstollens vorgenommenen Waschversuche.

5.

Beschreibung des Schachtabteufens im schwimmenden Grandgebirge auf der Zeche Ver. Sellerbeck im Mühlheimschen.

Von

Herrn **Baur** in Essen.

Der auf der gewerkschaftlichen Steinkohlenzeche Ver. Sellerbeck im Mühlheimschen Revier, Essen-Werdenschen Bergamtsbezirks, im Frühjahr 1832 abgeteufte Wetterschacht wurde im Lichten der Zimmerung 8 Fuſs lang und weit genommen, welche Dimensionen sich ergaben, wenn man berücksichtigte, daſs, wegen der im Folgenden zu beschreibenden Arbeit im flieſsenden Grandgebirge, der Schacht enger werden würde, und derselbe doch nach Vorrichtung eines Schachtscheiders zur Förderung mit den auf dieser Zeche üblichen 6 Schffl. haltenden deutschen Wagen, hinreichend groſs bleiben müsse. Mit diesen Dimensionen wurde der Schacht $3\frac{1}{2}$ Lachter in der Dammerde und dann in trockenem Grande, pr. Lacht. zu 7 Thlr. ohne Bergeförderung abgeteuft. Die Zimmerung besteht aus Jöchern und Kappen von eichenem 7 und 8″ Holze, deren Zusammenfügung die in Taf. IV. Fig. 1.

beigefügte Zeichnung verdeutlicht. Die Geviere liegen 28″ im lichten auseinander. Damit, wenn das Abdämmen der Wasser nicht gelingen sollte, die Zimmerung leichter und schneller wiedergewonnen werden könne, wurden anfänglich keine Tragstempel, sondern an jedem Stofse 2 Bolzen von 4 und 5″ Stärke, 5—6″ von den Ecken gestellt, an deren Enden 3″ lange und ¼″ starke Blätter befindlich waren, welche mit Nägeln an den Gevieren befestigt wurden.

In 7½ Lachter Teufe erreichte man ein äufserst wasserreiches Grandlager. Dieses Grandlager ist in der ganzen Umgegend auf einen Flächenraum von mehreren Quadratmeilen bekannt, jedoch führt es nicht überall Wasser bei sich, sondern nur da, wo eine Lettenschicht darunter liegt. Etwa 40 Lachter westlich vom jetzigen Schachte, ist ein Schacht ganz trocken abgeteuft. Nach Osten hin, wohin sich die Lettenschicht erstreckt, nehmen die Wasser dagegen zu. Das Wasser ist ganz rein, zu jedem Gebrauche geeignet, und haben sämmtliche Brunnen der Bauerschaft Winkhausen davon ihre Nahrung.

Schon in früheren Zeiten ist es mit mehreren Schächten durchteuft worden, und hat sich die Mächtigkeit desselben verschieden von 4 bis 11 Fufs gezeigt. Es ist ganz unregelmäfsig und wellenförmig gelagert, welches schon daraus hervorgeht, dafs die darunter liegende Lettenschicht in dem jetzigen Schachte an einem Stofse 15″ tiefer als am entgegengesetzten liegt. Der Grand besteht aus Geschieben von reinem Quarz, feinkörnigem und conglomeratartigem Sandstein, und wechselt die Gröfse dieser Geschiebe von der einer Erbse bis zu der eines Eies, auch kommen einige von 4—6—8″ Durchmesser, jedoch nur wenige vor. Die Wassermenge in diesem Grandlager ist so grofs, dafs in einem früheren Schachte, wo sie hinein getreten waren, ein auf den darunter liegenden alten Bau niedergestofsenes 3½" weites Bohrloch sie nicht nur nicht hat durchlassen können, sondern nicht einmal eine Abnahme der Zuflüsse sichtbar gewesen sein soll. Nur etwa 10 Ltr. vom jetzigen steht ein alter im Flötze abgeteufter donnlägiger Schacht; in diesem steht zwar auch eine wasserdichte Zimmerung (wie solche weiter unten beschrieben wird), jedoch ist dieselbe durch einen auf dem Ausgehenden des mit 60 — 70° einfallenden Flötzes entstandenen Tagebruch ganz undicht geworden, so dafs sie viele Wasser in den Bau durchläfst; nichtsdestoweniger war ein Fallen des Wasserspiegels im jetzigen Schachte unbemerkbar. Es mufs diese Wassermenge davon herrühren, dafs die darunter liegende Lettenschicht die eindringenden Tagewasser nicht weiter durchläfst, besonders da unter diesem Letten das Gebirge immer sehr trocken ist, an andere Orten dagegen, wo kein Letten liegt, das Gebirge unter dem Grande weit mehr von Wasser durchdrungen und damit angefüllt ist.

Es war nun die Aufgabe, durch dieses wasserhaltige Grandlager durchzuteufen, ohne die Wasser mit nachzuführen, da dieselben im entgegengesetzten Falle nicht nur das weitere Abteufen hindern, sondern auch, wenn sie dem Grubenbau zu liefen, hierfür gefährlich werden, und endlich die benachbarten Brunnen dadurch trocken gelegt werden konnten. Mit gewöhnlicher Getriebearbeit war dies nicht zu bewerkstelligen, und man wandte deshalb ein Verfahren an, womit schon früher in mehreren Schächten der Zweck erreicht war, und welches ich in Folgendem zu beschreiben mir erlaube.

Sobald man das wasserhaltige Grandlager erteufte, legte man in demselben ein dem früheren ganz gleiches Geviere, so dafs dessen Oberfläche eben über dem Wasserspiegel hervorstand, und schlug zwischen diesem und dem nächst darüber liegenden Bolzen, welche eine Länge von 18″ erhielten. Es wurde jetzt aus 4 Bohlenstücken von 3″ Stärke ein Kasten 1½ Fuſs hoch gemacht, dessen äuſsere Dimensionen denen des Schachts im Lichten der Zimmerung gleich sind, so daſs dieser Kasten grade zwischen die Schachtgeviere paſste. An den Ecken wurden die Bohlen in einander gefugt und unten an der innern Seite 3″ lang angeschärft, wie Fig. 12. Taf. IV. verdeutlicht. Man bediente sich zur Anfertigung dieses Kastens büchener Bohlen, weil diese bedeutend wohlfeiler sind, und dieser Kasten nach Beendigung der Arbeit überflüssig und nur als verlorne Zimmerung zu betrachten ist.

Dieser Kasten wurde nun zwischen das unterste schon im Wasser liegende Geviere hineingedrückt, und zwar mittelst folgender Vorrichtungen. Ueber dem Kasten wurde, etwa 10″ vom Ende, ein Stück eichenes 7″ □ starkes Holz a gelegt (Fig. 2 und 3.), und auf dieses ein gleich starkes Holz mn, von welchem das eine Ende n unter dem Joche d ruhte und das andere m bis zum entgegengesetzten Schachtstoſs reichte, so daſs dies Holz eine geneigte Lage hatte, welche beim Kastensenken immer dadurch erhalten wurde, daſs man zwischen n und d und zwischen n und a Holz legte. Das Ende m wurde nun mit einer darauf gesetzten Winde, welche unter dem Joche e Widerstand fand, niedergedrückt, und so senkte sich allmählig das Holz a und diese Seite des Kastens. Um das Joch e nicht zu beschädigen, wurde der Klotz b darunter gelegt, unter welchen die Winde faſste. Solcher Hölzer wie m n wurden 4 über den Kasten gelegt, und zwar in der Lage wie die beigefügte Zeichnung in Fig. 3 zeigt. Auf jedem stand bei m eine Winde, welche alle zugleich angezogen wurden, damit sich der Kasten an allen Stöſsen gleichmäſsig senke.

Um das Senken des Kastens zu befördern, wurde unter demselben mit verschiedenen Gezähstücken der Grand so viel wie möglich zur Seite gezogen, die gröſseren Stücke entzwei gestoſsen, und so dem Kasten Bahn gemacht. Das Entzweistoſsen geschah mit einem gewöhnlichen Meiſselbohrer (Fig. 4.), welcher an einer 2″ starken hölzernen Stange befestigt war, und das Wegziehen der Stücke, um dem Kasten Bahn zu machen, mit einem an einer gleichen Stange befestigten 6″ langen und ½″ □ starken eisernen Haken (Fig. 5.). Wenn nun der Kasten auf diese Art 2 — 3″ gesenkt war, so wurde der Grand innerhalb desselben herausgenommen, und zwar erst mit einer Stange, an der 3 eiserne Haken befestigt (Fig. 6.), aufgelockert, und dann mit sogenannten Grandbecken, welche aus einem Eisenblech von 10″ Länge und 8″ Breite mit einem 2″ hohen Rande an beiden Seiten bestehen (Fig. 7.), aus dem Wasser geholt, welches besonders bei zunehmender Teufe sehr langsam von Statten ging.

Auf diese Weise wurde der Kasten so tief gesenkt, daſs seine obere Kante mit dem Wasserspiegel ungefähr gleich war. Es wurde nun ein zweiter Kasten, welcher dem ersten ganz gleich war, ausgenommen daſs er unten nicht zugeschärft wurde, auf den ersten gesetzt und zwar dadurch auf demselben befestigt, daſs eiserne 6″ lange und ½″ □ starke Zapfen zur Hälfte in den untern Kasten und mit der andern Hälfte in den obern eingelassen wurden, so daſs beide dicht aufeinander standen. Es wurden jetzt beide zusammen gesenkt, wie es mit dem ersten geschehen war, und ebenso wurde noch ein dritter Kasten aufgesetzt, so daſs die Höhe derselben zusammen 4′ 6″ betrug. Diese wurden so tief gesenkt, daſs die Oberfläche mit der obern Fläche des letzten Geyieres in einer Ebene lag. Als man dies bewerkstelligt hatte, hatte man in der südöstlichen Ecke, so wie an dem ganzen südl. und östlichen Stofs, die unter dem Grandlager liegende Lettenschicht erreicht, und der Kasten stand schon 4—5" in derselben. In der entgegengesetzten Ecke stand der Kasten aber noch im Grandlager und konnte man mit dem Bohrer die Lettenlage erst 10" tiefer fühlen. Den Kasten noch tiefer zu senken, bis er auch hier den Letten erreichte, war nicht räthlich, theils weil es eine zu grofse Kraft erforderte den Kasten am südöstlichen Stofse so tief durch den Letten zu senken, theils auch weil dies hätte gefährlich sein können. Unter dem Letten, welcher in früheren Schächten oft nur wenige Zoll mächtig gefunden war, liegt nämlich eine Schicht grünen Sandes, welcher, sobald Wasser hinzutritt, flüssig wird und nicht mehr zu halten ist. War also hier die Lettenlage nicht sehr mächtig, so würde der Kasten, wenn er so tief gesenkt wurde, bis er in der nordwestlichen Ecke den Letten erreichte, am südlichen und östlichen Stofse durch denselben gehen und im grünen Sande zu stehen kommen; es würden hierdurch die Wasser Zutritt zum Sande erhalten und denselben fliefsend gemacht haben, und die Arbeit wäre vergeblich gewesen, da es zur Erreichung des vorgesetzten Zweckes darauf ankam, durch die Lettenlage die Wasser abzuhalten nicht tiefer zu fallen, welches aber bei einem Durchschneiden derselben in der südöstlichen Ecke der Fall gewesen sein würde. Man mufste deshalb auf ein anderes Mittel sinnen die Lettenlage zu erreichen. Man fand dies auch und es bestand darin, dafs man innerhalb des Kastens, dicht an demselben $5\frac{1}{4}$ Fufs lange und 8—10" breite Bretter, welche unten zugeschärft wurden, aus Eichenholz und $\frac{3}{4}$" stark, dicht neben einander an dem westlichen und nördlichen Stofs durch das Grandlager bis in den Letten hineintrieb, so dafs sie 4 — 5″ in demselben standen. Das obere Ende wurde dann, mit der Oberfläche des Kastens gleich, abgeschnitten und an demselben mit Nägeln befestigt. Da auf diese Art an allen Stöfsen der Zugang des Grandes in den Schacht abgeschnitten war, wurde derselbe bis auf die Lettenlage mit den eben beschriebenen Grandbecken so viel wie möglich rein herausgenommen.

Es wurde jetzt ein zweiter Kasten gemacht, und zwar im Lichten 5′ 7½″ lang und weit, ebenfalls aus 3″ starken Bohlen, so dafs, wenn dieser im ersten stand, rund herum ein Zwischenraum von 8¼″ blieb. Man nahm hierzu Eichenholz, weil derselbe später trocken steht, wo bekanntlich das büchene Holz sehr schnell vermodert. Er wurde ganz so zusammengefügt wie der erste, unten an der innern Seite, ebenfalls 3″ lang zugeschärft, und an der äufsern mit einem 5″ breiten Streifen von ⅛″ starkem Eisenblech umgeben, welcher eingelegt wurde und 2″ unten vorstand, womit man den Kasten besser in das Gebirge einsenken zu können bezweckte. Er wurde aus 4 Stücken zusammengesetzt, welche zusammen eine Höhe von 5′ 10″ ausmachten. Zwischen jede zwei Stücke wurden Streifen von Pappdeckel gelegt und dann sämmtliche Stücke durch 4 Schrauben, von denen in jeder Ecke eine stand, dicht zusammengezogen, damit der Kasten wasserdicht wurde. Zu demselben Zwecke wurden in den Ecken die 3 eckigen Stücke mm (Fig. 8 und 9.) angebracht. Die Stücke des Kastens wurden einzeln in den Schacht hineingelassen und auf 2 Bäumen von 7zölligem Holze, welche auf den Jöchern des vorletzten Gevieres ruhten, zusammengesetzt. Nachdem dies auf die oben beschriebene Art geschehen, wurden die Bäume unter dem Kasten fortgezogen, und derselbe an 4 Ketten, woran die Haken r r hingen, ins Wasser gelassen, so dafs zwischen diesem Kasten und dem äußern (Grandkasten) ein Zwischenraum von $8\frac{1}{4}''$ blieb. Damit beim Senken dieser Zwischenraum immer rund herum gleich blieb, wurden zwischen beiden Kasten 8'' breite Bohlenstücke gestellt, und es geschah nun das Senken ebenso wie beim Grandkasten geschehen war und oben beschrieben ist. Als der Kasten am südl. und östl. Stofse schon mehrere Zoll im Letten stand, versuchte man das Wasser herauszuschöpfen, welches auch gelang, nachdem man an den beiden andern Stöfsen Letten gelegt hatte, welcher das Durchdringen des Wassers unter dem Kasten abhielt. Man untersuchte nun die Mächtigkeit der Lettenlage und fand dieselbe so mächtig, dafs man den Kasten senken konnte, bis er auch in der nordwestl. Ecke im Letten stand, ohne dafs dabei in der südöstlichen die Lettenschicht ganz durchschnitten würde. Dies geschah auch, bis der obere Rand des Kastens noch 6'' höher als der des Grandkastens stand, wo er dann mit seinem untern Ende in der nordwestl. Ecke = 15'' und in der südöstlichen = 5'' tief im Letten stand, welches Senken sich um so besser bewirken liefs, da man das Wasser aus dem Kasten geschöpft hatte und also in denselben treten und ihm Bahn machen konnte. Der Zwischenraum zwischen beiden Kasten wurde hierauf mit gehörig durchgeknetetem Letten, der mit dem beim Brechen des Flachses fallenden Abfall vermengt und zu Kugeln gedreht war, ausgefüllt, indem diese Kugeln mit einem Stampfer, der aus einem an einer hölzernen Stange befestigten, runden, hölzernen Klotz (Fig. 10.) besteht, festgestampft und auf diese Art eine Verbindung mit der Lettenlage unter dem Grandgebirge hervorgebracht wurde.

Es kam jetzt noch hauptsächlich auf das gehörige Legen des ersten Gevieres unter dem Kasten an. Es besteht dieses Geviere nicht wie die übrigen aus 7 und 8''

Holze, sondern es ist weit schwächer und zwar aus dem Grunde, damit man unter dem Kasten nicht zu weit in die Stöſse hineinzugehen braucht, welches so viel wie möglich vermieden werden muſs um das Gebirge in Ruhe zu lassen. Es wurden deshalb Jöcher und Kappen aus 4 und 8" Holze und zwar auf folgende Art vorgerichtet. An der äuſsern Seite wurden sie schräg behauen, so daſs ihre Stärke oben noch 3" blieb; an der innern Seite wurde oben ein Stück 1" breit und 1" tief ausgeschnitten. An Jöchern und Kappen wurden keine Blätter vorgerichtet, sondern an letzteren 2" lange und $1\frac{1}{4}$" starke Zapfen aa (Fig. 11.) Der eine Zapfen wurde in eine gleich groſse Vertiefung des Joches b gelegt und der andere in eine gleiche Vertiefung c des andern Joches, welche sich nach innen auskeilte, damit der Zapfen der Kappe von hier hinein geschoben werden konnte. Dies Geviere, Klefverbund genannt, (von Klef, welches Letten, und Verbund, welches Geviere bedeutet) wurde mit seiner obern Fläche 5" tiefer als das unterste Ende des Kastens gelegt. Es wurde zuerst an zwei Stöſsen so viel vom Letten fortgenommen, daſs man einen Raum für die Jöcher erhielt; alsdann wurde an den beiden andern Stöſsen ebenfalls etwas fortgenommen, so daſs die Kappen eingeschoben werden konnten, worauf der zum Einschieben der Kappen in den Jöchern ausgeschnittene Raum mit einem darin passenden Keil wieder ausgefüllt wurde. Der Raum zwischen dem Kasten und diesem Geviere wurde nun mit 10" langen Brettern verschlagen, an denen ein Ende zugeschärft und an dem ebenso vorgerichteten Ende des Kastens mit Nägeln befestigt wurde. Das andere Ende dieser Bretter wurde an das Geviere genagelt und zwar in dem dafür ausgeschnittenen 1" tiefen und ebenso breiten Raum. Hinter den Brettern wurde der offene Raum mit fest darin gestampften Letten ausgefüllt, und hierauf begann das weitere Abteufen ohne alle Schwierigkeit. 17″ unter dem Klefverbund wurde ein auf gewöhnliche Art vorgerichtetes Geviere gelegt. Der Raum zwischen Beiden wurde zu noch gröfserer Sicherheit wieder mit Letten ausgefüllt, und dann in diesen Letten 17″ lange Bretter hineingedrückt, die nur 1″ hinter der innern Seite der Jöcher und Kappen zurückstanden, und wurden dieselben dadurch in dieser Lage erhalten, dafs unter dem Klefverbund und auf dem letzten Geviere 1″ □ starke Latten davor genagelt wurden. 5″ unter diesem letzten Geviere erreichte man bei weiterem Abteufen den grünen Sand, welcher ganz trocken war, und wurde nun wieder im Gedinge pr. Ltr. zu 6 Thlr. ebenso abgeteuft, wie in der Dammerde geschehen war.

Die Arbeit war fortwährend zu $\frac{4}{3}$ belegt. In jeder Schicht arbeiteten 3 Hauer und 3 Haspelzieher, letztere in 8 stündigen Schichten. Das Vorrichten des Holzes geschah durch besondere Zimmerhauer.

Schliefslich erlaube ich mir noch eine Kostendarstellung dieser Arbeit hinzuzufügen. Die Kosten der Schmiedearbeiten konnte ich nur ungefähr angeben, weil das Gewicht des dabei verbrauchten Eisens nicht genau angeschrieben war.

Kostendarstellung des Abteufens im fliessenden Grandgebirge, überhaupt $1\frac{1}{4}$ Ltr. tief.

1) Arbeitslohn.

	Thlr.	Gr.	Pf.	Thlr.	Gr.	Pf.
a. 214 sechsstündige Hauerschichten à 11 gr.	78	14	—			
b. 141 achtstündige Zieherschichten à 8 gr.	37	18	—			
c. Zimmerlingslohn.	12	—	—			
Summa an Arbeitslohn				128	2	—

	Thlr. Gr. Pf.	Thlr. Gr. Pf.
		128 2 –
2) An Holzmaterialien.		
a. 150 □ Fuſs büchene $\frac{1}{4}$ Bretter pr. 100 □ Fuſs 6 Thlr. . . .	9 – –	
b. 150 □ Fuſs eichene $\frac{1}{4}$ Bretter pr. 100 □ Fuſs 10 Thlr. . . .	15 – –	
c. 150 □ Fuſs eichene $\frac{1}{4}$ Bretter pr. 100 □ Fuſs $3\frac{7}{12}$ Thlr. .	5 6 –	
d. 26 Fuſs eichenes 4 u. 8″ Holz pr. 100 □ Fuſs $5\frac{2}{3}$ Thlr. . .	1 14 1	
e. 36 Fuſs eichenes 7 u. 8″ Holz pr. 100 □ Fuſs 10 Thlr. . .	3 18 –	
Summa an Holzmaterialien		34 8 1
3. Eisenwerk.		
Für 4 Schrauben, 40 Zapfen, 4 Hacken, Nägel, überhaupt.		10 – –
	Thlr. Gr. Pf.	
4) Sonstige Materialien.		
a. 94 Schffl. Letten, pr. Schffl. $2\frac{1}{3}$ gr.	7 10 –	
b. Pappdeckel.	15 –	
Summa		7 25 –
Zusammen also		180 5 1

II.
Notizen

1.

Ueber die Anbringung eines Schlammlöffels bei den gewöhnlichen Bohrgestängen.

Von
dem Herrn Degenhardt.

Die Anbringung eines Setzlöffels bei einen gewöhnlichen Bohrgestänge oberhalb dem Meifselbohrer scheint, in so fern sich die zu durchbohrende Gebirgsart dazu eigent, ein zweckmäfsiges Mittel zu sein um sogleich bei der Bohrarbeit eine Menge Schlamm aufzunehmen, welcher beim ersten Aufholen des Bohrers mit herausgebracht und dadurch zugleich auch der Vortheil erlangt wird, dafs der Schlamm beim Bohren nicht hinderlich wird. Eine solche Vorrichtung, auf welche man durch das chinesische Bohrverfahren geleitet ward, ist bei einem Bohrversuch zu Klein Gorzitz in Oberschlesien, ausgeführt worden. Es ist hierbei zu bemerken, dafs das Bohrloch, welches bereits eine bedeutende Tiefe erlangt hat, immer noch in einem zähen Letten steht.

Der Schlammlöffel ist auf einer eisernen ¾ Z starken Gabel, (man sehe die Zeichnung Taf. V. Fig. rund aufgenietet; die Gabel stehet mit dem oberen S und dem unteren Kreutze in Verbindung. Er hat unt 2 Ventil-Klappen, die sich beim Hereindrücken des Bo rers öffnen, beim Aufheben desselben wieder schlies un so den Schmand auffangen. Auch dann, wenn d Lettenlöffel angeschraubt und damit die unten im Boh loch befindliche zähe, durch den Meifselbohrer lock gemachte Masse, ausgebohrt wird, bleibt der Schlam löffel am Gestänge, und es kommt der feine Schlam der sich während des Drehens mit dem Lettenboh aus den trüben schlammigen Wassern in dem Löffel setzt, mit demselben zu Tage. Holt man das Boh stänge auf, so wird die Stange bis a abgeschraubt, d Bohrer nach unten durchgezogen und der Löffel ge nigt. Auf diese Art wird das Aufholen und Einhäng des Bohrgestänges bei jedesmaligem Schlämmmen, w nigstens 1 bis 2 mal erspart und diese Zeit gewonne

Bei dem zähen Gebirge, wobei der Aufschlag d Bohrers keine so grofse Erschütterung für den angebra ten Schlammlöffel verursacht, ist dieser Versuch se gut gelungen, doch hoffte man, dafs diese Methode au beim Bohren in festerem Gestein anwendbar sein wi wenn der Schlammlöffel stark genug ist und gehörig f gemacht wird.

2.

Ueber die Anwendung des Percussions Schusses beim Schachtabteufen.

Von

Herrn Geschwornen Bolze.

Ein zur Wasserlösung des bis 17 Lachter Teufe in sehr wasserreichem Gebirge niedergebrachten Erdmann-Schachtes (im Schafbreiter Revier des Mannsfeldischen Kupferschieferbergbaus) im Schacht gestofsenes Bohrloch, stand, in 36—37 Ltr. Tiefe unter Tage, ¼ Ltr. neben einem Ueberbrechen an, welches in dem unter 45° Ansteigen, von einem flachen Abteufen aus, im Zechstein und in sehr festem ältern Gips getriebenen, etwa 23 Ltr. langen sogenannten Hilfsorte, ebenfalls zur Lösung des Erdmann-Schachtes, gemacht, aber wegen nicht zu beseitigenden Wettermangels verlassen worden war.

Vom Ueberbrechen aus war, wie sich später zeigte mit Lebensgefahr für die Arbeiter, durch zwei kleine Schüsse, der Durchschlag mit dem Bohrloche nur sehr unvollkommen bewirkt worden. Diese Schüsse hatten nämlich nicht bis ins Bohrloch gehoben, aber doch das Gestein in dem Grade angeschreckt, dafs, als das Loch zum dritten Schufs gebohrt wurde, in Folge des, von der im zu öffnenden Bohrloch stehenden Wassersäule herrührenden Druckes, ein Stück Gestein ausbrach und aus einer kaum ¼ Zoll weiten Spalte die Wasser mit solcher Gewalt ausdrückten, dafs die Arbeiter auf ihrer Flucht kaum noch durch das Knie welches das Hilfsort mit dem flachen Abteufen bildet, entkommen konnten, indem dasselbe zum gröfsten Theil bereits unter Wasser gesetzt war und in wenigen Augenblicken ganz verschlossen wurde. Diese Wasser welche sofort in wenigen Stunden im flachen Abteufen gegen 9 Ltr. seiger aufgingen, ersäuften auch das Tiefste, den Querschlag zur vierten Gezeugstrecke. Als hierauf das Abteufen des Erdmann-Schachtes wieder angefangen war, wurde jene Spalte, durch welche das Bohrloch mit dem Ueberbrechen in Verbindung stand, bald durch den in das Bohrloch gekommenen Grand, Späne von Holz und dergleichen verstopft, und da die Wiedergewältigung des tiefen Querschlages und des flachen Abteufens nur mit einem bedeutenden Zeit- und Geld-Aufwand geschehen konnte, auch wenn solches bewirkt, das nöthige weitere Aufschiefsen des Bohrlochs im Ueberbrechen des Hilfsortes als eine sehr lebensgefährliche Arbeit anzusehen war, indem man durch das erste ungewöhnlich starke Ausdrücken der Wasser aus der Spalte, die Vermuthung von einem Wasserwooge über dem ältern Gyps (dessen Stand sich später zu 4 Lachter Höhe auswies) erhalten hatte, so versuchte man einen genügenden Durchschlag zwischen Bohrloch und Ueberbrechen durch den näher zu beschreibenden Percussions-Schufs zu bewirken.

Die Patronen-Hülse wurde über einem 2″ starken Cylinder gefertigt und bestand aus starkem in Wachs getränktem Papier. Nachdem sie mit zerlassenem Pech überzogen und mit Leinewand umwickelt worden war, erhielt sie über die letztere einen Zweiten, noch stärkern Pechüberzug. Das zum Ueberziehen angewendete flüssige Pech, bestand zu gleichen Theilen aus sogenanntem Schumacher-Pech und aus sogenanntem spröden oder Glas-Pech.

In diese Hülse wurde eine 2′ 3″ lange, runde, ½″ starke eiserne Stange A. (Taf. V. Fig. B.) gestellt, welcher unten eine eiserne ¼″ starke Scheibe (a) von 2″ im

Durchmesser in der sie eingenietet war, zum Fuſs diente. Diese Stange lief oben (bei b) in 5 Spitzen aus, die genau so bearbeitet waren, daſs die Zündhütchen eben so aufpaſsten, wie es bei den Percussions-Gewehren der Fall ist. Um diese eiserne Stange herum wurde das Pulver ($2\frac{1}{4}$ Pfd.) in die Hülse gefüllt und bis zu dem Grade eingerüttelt, daſs ein weiteres Zusammensetzen desselben unmöglich war. Bevor man die Zündhütchen auf die 5 Spitzen aufsetzte, wurde zwischen die Spitzen, die Feder c gelegt, welche an der mittleren Spitze auf die Art befestigt war, daſs diese mittlere Spitze durch ein in der Feder befindliches Loch ging, wodurch jedem Verschieben der Feder vorgebeugt wurde. Nachdem nun nach dem Aufsetzen der Zündhütchen auch Pulver bis zur Oberfläche derselben, eingeschüttet war, wurde auf die Feder c eine $\frac{1}{4}''$ starke eiserne Scheibe d (von 2 Zoll Durchmesser) gelegt, so daſs in Folge der besonderen Biegung oder Gestalt der Feder, die untere Fläche der Scheibe $\frac{1}{12}''$ von den Kupferhütchen (in der Zeichnung weiſs gelassen) entfernt blieb, hierdurch ein holer Raum von dieser Höhe gebildet und zugleich das Abfallen der Kupferhütchen von ihren Spitzen (als etwaige Folge einer zu sehr geneigten Lage der Patrone) unmöglich gemacht wurde. Behutsam wurde nun das Wachspapier der Hülse über der obern Scheibe d zusammengebogen und verpicht, eben so mit der Leinewand verfahren und über diese nochmals doppelte Leinewand gelegt, die 5—6'' an den Seiten der Patrone herunterreichte, welche man auf diese Länge durch Umwickeln mit Bindfaden an die Patrone befestigte und wobei man zugleich auf Bildung eines Henkels e Bedacht nahm, in welchen die Schnur f zum Einhängen der Patrone ins Bohrloch, geknüpft werden sollte. Zuletzt überzog man die Patrone nochmals mit erwärmtem Pech von der angegebenen Art bis zu der Stärke, dafs man die Ueberzeugung hatte, sie sei wasserdicht geworden.

Als nun die auf diese Art gefertigte 2 Fufs 4¼ Zoll lange 2⅝″ starke und gegen 6 Pfd. schwere Patrone, an der Schnur f in das, mit den 4 Lachter hohen Bohrröhren, 25 Lachter tiefe Bohrloch von 3″ Weite eingehängt und bis vor Ort niedergesunken war, wurde das, unten mit einem Stempel B von 3″ Durchmesser versehene, etwa 25 Lachter lange und gegen 900 Pfd. schwere Bohrgestänge bis ¼ Ltr. über die Patrone eingehängt und sodann durch den ¼ Ltr. hohen Fall desselben, der Stofs auf die obere Scheibe d zur Entzündung der Kupferhütchen, hervorgebracht.

Weil man über Tage den Schufs nicht hörte, (im Schachte befand sich Niemand, auch war das, von dem im Schacht aus sehr verschiedenen Höhen zusammenfliefsenden und [auf den im ältern Gips stehenden 4 Ltr. hohen Woog] einfallenden Wasser, herrührende Getöse, stark genug, den jedenfalls nur schwachen Schall des Schusses zu übertönen) war man anfänglich ungewifs, ob der Schufs entzündet worden sei. Jeder Zweifel wurde jedoch beseitigt, als, nach dem Aufholen des Bohrgestänges, der Stempel desselben nach Pulver roch und als nach einiger Zeit der Pulverdampf aus dem Bohrloch aufstieg, auch sehr bald wieder ein starker Wasserzudrang im Tiefbau zu bemerken war. Mit der Schnur zog man nur einen ganz unbedeutenden Theil des Henkels der Patrone zu Tage.

Als man später mit dem Abteufen des Schachtes das mehrerwähnte Ueberbrechen ersank, fand sich dafs der Schufs, welchem aufser dem Druck einer 13 Ltr. hohen Wassersäule, das 900 Pfd. schwere Bohrgestänge zum Besatz diente, vollständig gehoben und einen hinreichenden Durchschlag des Bohrlochs mit dem Ueberbrechen bewirkt hatte.

Es ist beim Füllen einer solchen Percussions-Patrone und namentlich beim Zumachen derselben, Vorsich nöthig; doch droht demjenigen, welcher damit umgeht, wenn er sich nur einigermafsen geschikt und vorsichtig benimmt, keine Gefahr; wenigstens steht dieselbe in keinem Verhältnifs zu derjenigen, welcher man, b eim Aufschiefsen des Bohrlochs in dem Ueberbrechen, die Arbeiter hätte aussetzen müssen.

Mit einiger Abänderung könnte dieses Verfahren, Schüsse durch Kupferhütchen anzuzünden, beim Gesteinsprengen in ansehnlicher Tiefe unter Wasser (in Flüssen und Häfen) eine vortheilhafte Anwendung finden.

3.

Fernere Erfahrungen bei den zu Malapane angestellten Versuchen, die Anlage eines besonderen Schöpfheerdes bei den Eisen Hoh-Oefen betreffend.

Von

Herrn Wachler *)

Die Mittheilung (B. V. 508.) über die Anwendung eines Schöpfheerdes bei dem Hohofen zu Rübeland, vermehrt die zu Malapane angestellten Versuche mit neuen Erfahrungen, und läfst hoffen, dafs die im Allgemeinen

---

*) Vergl. d. Archiv, IV. 419.

gewifs sehr nützliche Anwendung von solchen Schö
heerden, wo die Giefserei nur allein auf das Schöp
aus dem Hohofen beschränkt ist; sich immermehr
vollkommnen werde, wenn gleich durch eigenthümli
Lokalverhältnisse noch mancherlei Schwierigkeiten
beseitigen bleiben werden.

Der Haupteinflufs auf die Dauerhaftigkeit der Sch
heerde, folglich auch auf deren zweckmäfsigen Gebra
wird nicht allein durch die Art der Anlage und d
die dazu angewendeten Zustellungs Materialien, sond
in gleichem Grade auch durch die Beschaffenheit
erblasenen Roheisens und der Schlacke bedingt. Hi
aber dürften alle Hohöfen bei den verschiedenen Schm
materialien welche sie verarbeiten, ebenso von eina
abweichen, als dadurch eine Verschiedenheit in der
lage der Schöpfheerde herbeigeführt werden könnte,
dafs die Anlage der Schöpfheerde bei den verschiede
Hohöfen, ebenso unter einander verschieden sein kön
als es die Zustellungen dieser Oefen selbst sind.

Der Betrieb des Malepaner Hohofens läfst sich
zwei verschiedene Perioden trennen, und zwar in
Betrieb zur Giefserei, und in den zur Roheisenerzeug
für die Frischfeuer. Bei dem Betriebe des Hohofens
Giefserei besteht die Beschickung nur aus mulmi
Brauneisensteinen mit sehr geringer Beimischung v
festem Brauneisenstein; bei dem Betriebe auf Rohei
für die Frischfeuer wendet man leicht schmelzende u
reichhaltige Sphärosiderite an. Der Gehalt der ers
Beschickung ist 20 bis 24 Procent, wogegen der der le
tern 38 bis 45 Procent beträgt. So vorzügliches Roh
sen die letztere Beschickung zur Stabeisenbereitung l
fert, sowenig eignet sie sich zur Giefserei, und um
kehrt.

Das mit Lehm und Sand sehr verunreinigte Brauneisenerz geht im Ofen, obgleich mehr als 25 Procent Kalkzuschlag gegeben werden, sehr strenge, und um das Roheisen zur Giefserei anwendbar zu machen, ist ein mittelgaarer Gang erforderlich bei welchem ein feinschaumiges Eisen dargestellt wird, indem das gaar erblasene Roheisen dickflüssig, und wegen der Absonderung einer grofsen Menge Gaarschaum (Graphit) nicht gebraucht werden kann. Ein bei zu scharfem Gange erblasenes Roheisen würde eine zu geringe Haltbarkeit erhalten, indem die schwächeren Gufswaaren zu spröde ausfallen würden.

„Um den Gang des Ofens so zu leiten dafs stets ein zur Giefserei brauchbares Eisen erfolgt, ist es zwar ein unbedingtes Erfordernifs, dafs der Ofen auf der Gränze eines guten Gaarganges erhalten werde; wenn aber dennoch zuweilen ein zu gaares Eisen erfolgt, so sucht man sich dadurch zu helfen, dafs man eine gewisse Anzahl von schwereren Erzgichten in jeder Schicht setzt, je nachdem der Gang des Ofens, oder die Eigenschaften welche von den darzustellenden Gufswaaren verlangt werden, diese Maafsregel mehr oder weniger nöthig machen. Nur hiedurch ist es möglich, immer ein brauchbares Eisen für die Giefserei zu liefern, und nach Erfordern Monate lang ein Roheisen von gleich bleibender Beschaffenheit zu erblasen.

Daraus wird es einleuchten, warum das Eisen im hiesigen Schöpfheerde ohne alle Schlackendecke, nur mit etwas Lösche überworfen, sich in einem sehr flüfsigen Zustande erhält, und warum eine Ausscheidung von Gaarschaum gar nicht statt findet. Ein so gaar erblasenes Roheisen würde hier nicht aus dem Schöpfheerde geschöpft werden können, indem sich die Communications Oeffnung dabei sehr leicht verstopfen würde. Eine

Schlackendecke hingegen würde bei dem hiesigen Eisen den Nachtheil herbeiführen, dafs sie, fortwährend erkaltend, dem Schöpfen hinderlich sein, und durch ein wiederholtes Abziehen zu einem bedeutenden Eisenverlust Anlafs geben würde. Dies läfst sich durch den Erfolg im Grofsen erweisen, indem seit der Einführung der Schöpfheerde jährlich beinahe um die Hälfte weniger Wascheisen aus der Schlacke gewonnen wird. Die Ursache ist darin zu suchen, dafs der Ofenarbeiter bei dem Betriebe des Ofens auf Roheisen zur Giefserei, seit der Einführung der Schöpfheerde, nicht mehr so oft Schlacke ziehen darf, als früher ohne den Schöpfheerd. Durch das früher nothwendig gewesene Reinigen des Eisens von der zähen Schlackendecke, war an sich schon ein bedeutender Eisenverlust, welcher in der Schlacke nachgewiesen werden mufste, veranlafst worden; aufserdem ward aber dieser Eisenverlust noch dadurch befördert, dafs die Former mit den Handkellen durch die Schlacke über dem Eisen hindurch fahren mufsten, und so eine Kelle voll Eisen und Schlacke hervorlangten, welche letztere nur mit grofsem Verlust an Eisen abgezogen werden konnte. Alle diese Uebel sind aber durch den Schöpfheerd völlig beseitiget, und würden es noch mehr sein, wenn die Schöpfheerde erst den Grad der Vollkommenheit erreicht hätten, den man bemüht ist ihnen zu geben, und welcher sich auf Darstellung einer haltbaren Mittelwand nur noch zu beschränken scheint.

Es ist daher auch ganz den hiesigen Erfahrungen angemessen, wenn die erste Anlage des Rübelander Schöpfheerdes, unter den dort statt findenden Verhältnissen, nicht sehr günstige Resultate lieferte, und erst dann einigen Vortheil gewährte, als die Verbindung mit dem Gestelle um ein Bedeutendes erweitert worden war. Dies war schon wegen der Beschaffenheit des erblasenen

Roheisens nothwendig, welche von der des hiesigen wesentlich abweicht, und es allerdings eines Versuchs lohnen liefs, den Schöpfheerd nur als einen Seitenflügel des Vorheerdes anzusehen, wodurch hier aber der Zweck gänzlich verfehlt worden wäre. Weil die Brust des Ofens, oder auch die Gestell-Oeffnung zwischen dem Wallstein und der Tümpelplatte, hier stets mit Lösche zugehalten wird, und nur dann offen ist, wenn der Arbeiter das Gestell reinigt und Schlacke zieht, so würde die Anbringung von senkrecht hängenden Thüren zur Abhaltung der Hitze hier keine Anwendung finden, indem weder die Former noch die Ofenarbeiter von Hitze belästigt werden.

Nach diesen vorangeschickten allgemeinen Bemerkungen, komme ich auf den im B. IV. S. 429 erwähnten, damals so eben erst begonnenen vierten Versuch zurück. Bei diesem Versuch ward der Schöpfheerd in derselben Art wir früher beibehalten, nur legte man ihn ganz nach vorne hin, um dadurch die Risse in der Mittelwand unschädlicher zu machen, indem bei den vorhergegangenen Versuchen die Erfahrung gemacht worden war, dafs die Masse nach dem Hintergestelle hin sehr angegriffen wurde, und deshalb Nachtheile für die feste Auflage des Tümpeleisens befürchten liefs. Bei dieser Verlegung des Schöpfheerdes wurde die Mittelwand oben am schwächsten Ende 13 Zoll, unten hingegen 16 Zoll stark, hatte folglich die Stärke des gegenüberliegenden Backensteins, und mufste selbst für die längste Dauer einer Hüttereise eine zureichende Stärke besitzen.

Der Holzklotz, welcher die, bis auf eine Breite von 4 Zoll und eine Höhe von 5 Zoll erweiterte, Verbindungs-Oeffnung in der Mittelwand zwischen dem Heerd und dem Schöpfloch bildete, liefs man in dieser Oeffnung stecken, ohne ihn heraus zu ziehen, brachte mehrere

Schaufeln Sand in den Schöpfheerd und stampfte auf diesen schweres Gestübbe, wogegen man die zum Schöpfheerde führende Oeffnung im Gestelle selbst mit einem Lehmpatzen fest verschlofs. Nach diesen Vorkehrungen ward der Ofen in Betrieb gesetzt.

Der übergaare Gang wurde in der ersten Woche absichtlich gerne gesehen, doch gelang es nicht, ihn auch in der zweiten Woche zu erhalten. Der noch kalte Schacht hatte bei zu schnell erhöhetem Erzsatz einen scharfen Gang verursacht, wobei das hitzige aber schnell erstarrende Roheisen in den Schöpfheerd trat. Dieser war zur Aufnahme des unerwartet schnell eintretenden Eisens noch nich gehörig vorbereitet, weshalb das eingetretene Eisen darin erstarrte, ohne jedoch den unten befindlichen Sand zu heben, welcher sich nun mit Eisen überzog und auf dem Boden sitzen blieb. Es liefs sich nichts weiter thun als ein möglichst starkes Kohlenfeuer in dem offnen, durch das erstarrte Eisen vom Untergestell getrennten Schöpfloch zu unterhalten. Der gaare Gang des Ofens fand sich zwar bald wieder ein, doch erst am Ende der dritten Woche erweichte sich die Eisenmaasse im Schöpfheerde in den Grade, dafs man die vierte Woche hindurch aus demselben schöpfen konnte, ohne dafs es aber gelingen wollte, den fest zusammengeschmolzenen Sand am Boden los zu bekommen. Diese zufälligen Stöhrungen mogten wohl die Veranlassung gegeben haben, dafs sich bereits in der fünften Woche abermals ein Sprung in der Mittelwand zeigte, obgleich der Schöpfheerd wegen des zu gaarem Ganges die ganze Woche aufser Gebrauch geblieben war. In der sechsten Betriebswoche waren die im Freien liegenden Kohlen durch sehr stark gefallenen Schnee so nafs geworden, dafs sich der Gang anhaltend scharf zeigte. Das dadurch erhaltene, wenn auch zum schnellen Erkalten geneigte, aber doch hitzige Roheisen, gab Veranlassung den Schöpfheerd von allem angesetzten Eisen und von dem auf dem Boden befindlichen Sand völlig zu reinigen. Von nun an blieb der Schöpfheerd auch im ununterbrochenen Gebrauch. In der siebenten Woche wurde der Sprung in der Mittelwand nicht nur gröfser, sondern die Masse selbst war bereits so ausgeschmolzen, dafs man das alte Uebel im gleichem Grade wiederkehren sah, und wieder zu dem alten Mittel seine Zuflucht nehmen mufste, nämlich die schadhaften Stellen täglich beim Zumachen des Ofens mit schwerem Gestübbe so gut als möglich zu verstampfen. Feuerfeste Thonmasse hatte man zwar ebenfalls anzuwenden versucht, aber davon keinen guten Erfolg erfahren, weil die Masse durch das nach und nach erfolgende Aufsteigen des Eisens im Gestelle jedesmal wieder herausgehoben wurde, wogegen das Gestübbe oft mehrere Tage lang aushielt. Auf solche Weise suchte man die schadhafte Mittelwand zu erhalten, welches bei unausgesetztem Gebrauch des Schöpfheerdes mit grofsem Vortheil bis zur 41sten Betriebswoche, mit welcher diese Hüttenreise beschlossen wurde, vollständig gelang.

Fünfter Versuch. Die Zustellung der zehnten Hüttenreise erfolgte ganz auf dieselbe Weise wie bei der vorhergegangenen neunten. Auch ward die Lage des Schöpfheerdes wie früher beibehalten, jedoch die Abänderung getroffen, den innern Raum des Schöpfheerdes mit einer Thonkapsel auszufuttern. Um diese Kapsel ward der Schöpfheerd, in einer Weite von 14 Zoll oben und von 11 Zoll unten, ausgestampft, so dafs er nach dem Einsetzen der Kapsel wieder die früheren Dimensionen von 12 Zoll oben und von 9 Zoll unten behielt. Durch dies Ausfuttern des Heerdes mit einer Thonkapsel bezweckte man, selbst dann wenn die Mittelwand wieder schadhaft werden sollte, dem Eindringen von Schlacke in den Schöpfheerd vorzubeugen und eine Erweiterung des Heerdes durch den Gebrauch zu verhindern. Es ward bei dieser Zustellung die gröfste Sorgfalt auf die bestmöglichste Darstellung der Mittelwand verwendet, weshalb dazu auch nur alte feingesiebte Masse mit einem geringem Zusatz von feuerbeständigem Thon genommen ward, indem die Erfahrung gezeigt hatte, dafs die gröbere Masse zu leicht abbröckelt und dann an solchen Stellen, ehe die völlige Verglasung eingetreten ist, also in den ersten Betriebswochen, nicht die erforderliche Haltbarkeit gewährt. Die Thonkapseln waren auf der Königshütte (woselbst, wegen der Muffelbereitung zur dortigen Zinkfabrikation, die Einrichtungen zur Anfertigung der Kapseln nicht erst getroffen werden durften) aus feuerfestem Thon angefertigt und in sehr starker Hitze gebrannt worden. Die Aussenfläche dieser oben und unten offnen, also ringförmigen Thonkapsel war rauh gehalten, um ein besseres Anschliefsen an die Masse zu bewirken; inwendig besafs sie aber eine ganz glatte Fläche. Es bedurfte nur noch des Aushauens der 4 Zoll weiten und 5 Zoll hohen Communications Oeffnung, welches mittelst einer feinen Stahlsäge und spitzen Bolzens leicht ausgeführt wurde. Eine 15 Zoll hohe, 14 Zoll mit Einschlufs der Wandstärke oben, und unten 11 Zoll weite, stark gebrannte Kapsel wog etwa 40 Pfund.

Weil die Kapsel zur Zeit der Zustellung noch nicht angelangt war, also auch nicht gleich mit eingestampft werden konnte, so mufste der Schöpfheerd, um die Zustellung nicht aufzuhalten, in derselben Art wie früher, um einen nach den entsprechenden Dimensionen gestalteten Klotz eingestampft, und die Kapsel später eingesetzt werden. Dies geschah denn auch, indem man fein gestofsene und gesiebte, alte, unbrauchbare Ipser Tiegelscherben mit dem dritten Theil feuerfesten Thon zusammen mengte, und die Kapsel auswendig mit diesem Gemenge so stark überzog, dafs sie möglichst stramm und an allen Seiten gut anschliefsend in den Schöpfheerd eingetrieben werden mufste.

Das Anwärmen des Ofens und Schöpfheerdes erfolgte wie früher sehr vorsichtig und dem Zwecke entsprechend. Bevor man zum Anblasen schritt, wurde der Schöpfheerd ohne Sand, ganz mit schwerem Gestübbe vollgestampft, und der Sicherheit wegen noch mit einem Centner Gewicht auf einer Platte stehend, beschwert. Der Holzklotz blieb in der Communications Oeffnung zurück, während die Oeffnung im Gestelle stark mit Lehm zugedämmt wurde. Solchergestalt wurde der Ofen im October 1832 angeblasen.

Während der beiden ersten Betriebswochen war der Gang des Ofens sehr gaar, und erst in der dritten Woche, bei vollem Erzsatz, als das Eisen reiner und der Gang des Ofens bereits gleichartiger sich gestaltete, wurde der Lehm vor der Communications Oeffnung im Gestell weggestofsen, und als der Heerd am folgenden Tage sich mit Eisen angefüllt hatte, auch das Gestübbe welches zur Ausfüllung des Schöpfheerds gedient hatte, ausgetragen, welche Arbeit sich sehr leicht und ohne Hindernifs bewerkstelligen liefs. Sobald der Schöpfheerd dergestalt geleert und gereinigt war, trat schon nach einigen Stunden das Eisen mit voller Stärke in den der Vorsicht wegen mit glühenden Kohlen angefüllten Schöpfheerd. Das zuerst eingetretene Eisen wurde, weil man ein Mattwerden desselben befürchten mufste, sogleich ausgekellt und von jetzt an, nur einige Stunden später als das Eintreten des Roheisens erfolgt war, nur allein aus dem Schöpfheerde gegossen. Es zeigte sich dafs auch das erste Eisen nur sehr wenig matt war, dafs sich die Mittelwand sehr gut erhalten hatte, und dafs die Kapsel im Schöpfheerde in jeder Hinsicht den gehegten Erwartungen vollkommen entsprach. Solchergestalt wurde der Schöpfheerd ohne alle stöhrende Unterbrechung bis zur achten Woche unausgesetzt benutzt; in dieser Woche erhielt die Mittelwand aber wieder einen Sprung, welcher jedoch ohne allen Einflufs auf den Schöpfheerd blieb, indem die sehr angegriffene Mittelwand wie früher mit Gestübbe zugestampft ward und dann sehr gut aushielt.

Durch das zunehmende Schadhaftwerden der Mittelwand wurde aber in der zehnten Woche auch die Kapsel an der untern Fläche schadhaft und gestattete der Schlacke den Eintritt, weshalb man nicht säumte, die alte Kapsel herauszuschlagen, und dieselbe gegen eine neue auszuwechseln, bei welcher Arbeit man gleichzeitig bemüht war, so weit es die Umstände zuliefsen, auch die schadhafte Mittelwand mit Thonpatzen wieder herzustellen.

Die Einwechselung der neuen Kapsel fand so wenig Schwierigkeiten dafs sie gleich am folgenden Tage in Gebrauch genommen werden konnte wobei sie sich als gut bewährte.

Mit so grofser Vorsicht man auch überhaupt, ganz besonders aber bei dieser letzten Zustellung, bemüht gewesen war, die Mittelwand aufzuführen, so wenig hatte man doch, nach nun schon fünfjähriger Erfahrung, derselben die erforderliche Dauerhaftigkeit ertheilen können. Es scheint daher überhaupt wenig Hoffnung zum Gelingen des Zweckes vorhanden zu sein und man wird wahrscheinlich mit der getroffenen Aushülfe, nämlich mit der Anwendung einer Thonkapsel als Futtermauer für den Schöpfheerd, zufrieden sein müssen. Wenn man gleich dadurch des täglichen Ausbesserns der schadhaften Mittelwand nicht überhoben wird, so gewährt die Thonkapsel doch den Vortheil, dafs der Schöpfheerd reinlich und frei von Schlacke bleibt, ohne sich durch den Gebrauch zu sehr zu erweitern.

Bis zur jetzigen 21sten Betriebswoche hat sich die zweite Kapsel, bei unausgesetztem Gebrauch des Schöpfheerdes, sehr gut erhalten, und man würde zum Einsetzen einer dritten Kapsel schreiten, sobald auch jene schadhaft werden sollte.

Bei einer neuen Zustellung soll die Mittelwand aus Steinen und hoffentlich mit einem besserem Erfolge aufgeführt werden, so wie es überhaupt das Bestreben ist, das der Einführung der Schöpfheerde nur allein noch entgegenstehende Hindernifs, nämlich das schnelle Schadhaftwerden der Mittelwand, durch fortgesetzte Versuche zu beseitigen.

4.

Uebersicht der Berg- und Hüttenmännischen Produktion in der Preufsischen Monarchie, im Jahr 1831.

Ueber die Zuverläfsigkeit der Angaben ist Bd. II. S. 200 nachzusehen. Die hier folgenden Produktions-Quantitäten sind ebenfalls nur als die Minima der Produktion zu betrachten.

1) Roheisen und Rohstahleisen.

Ober-Berg-Amts-Districte.	Centn.	Pfund.
a. Brandenburg-Preufsischer	7134	—
b. Schlesischer	446362	70½
c. Niedersächsisch-Thüringischer . . .	15419	—
d. Westphälischer	6616	37
e. Rheinischer	536610	46½
	1012142	44

2) Gufswaaren.

	Centn.	Pfund
a. Brandenburg-Preufsischer	37945	88
b. Schlesischer	61698	36
c. Niedersächsisch-Thüringischer	6615	81
d. Westphälischer	57573	72
e. Rheinischer	100092	44
	263925	101

3) Geschmiedetes Eisen.

	Centn.	Pfund
a. Brandenburg-Preufsischer	45667	27
b. Schlesischer	327229	23
c. Niedersächsisch-Thüringischer	34587	82
d. Westphälischer	9016	17
e. Rheinischer	365543	34
	782043	74

4) Rohstahl.

	Centn.	Pfund
a. Schlesischer	1566	—
b. Niedersächsisch-Thüringischer	2833	—
c. Rheinischer	51142	17
	55542	17

5) Cementstahl.

	Centn.	Pfund
a. Brandenburg-Preufsischer	600	—
b. Schlesischer	1287	—
c. Westphälischer	6	—**)
d. Rheinischer (nicht angegeben)		
	1893	

6) Schwarzes Eisenblech.

	Centn.	Pfund
a. Brandenburg-Preufsischer	5729	—
b. Schlesischer	6279	17
c. Niedersächsisch-Thüringischer	7231	—
d. Westphälischer (nicht angegeben)		
e. Rheinischer	5031	—
	24270	17

*) Aufserdem 137044 Gufswaaren in Stücken, deren Gewich[t] nicht angegeben ist.

**) Aufserdem sind 81 Centner 90 Pfund Gufsstahl angegeben.

7) Blei.	Centn.	Pfund.
Schlesischer	2213	108
Rheinischer	13815	87
	16029	85

8) Glätte.		
Schlesischer	7484	—
Rheinischer	2513	57
	9997	57

9) Alquifoux (Glasurerz)

m Rheinischen District 24171 Centner 92 Pfund.

10) Silber.	Mark.	Grän.
Schlesischer	1146	216
Niedersächsisch-Thüringischer . .	14360	$40\frac{1}{2}$
Rheinischer	3524	$111\frac{1}{2}$
	19031	$80\frac{1}{2}$

11) Kupfer.	Centn.	Pfund.
Schlesischer	443	$69\frac{1}{2}$
Niedersächsisch-Thüringischer . .	14364	1
Rheinischer	534	$47\frac{1}{2}$
	15342	8

12) Zink.		
Schlesischer	109808	$68\frac{1}{2}$
Westphälischer	895	50
Rheinischer	447	—
	111151	$8\frac{1}{2}$

13) Messing.		
Brandenburg-Preufsischer	3568	—*)
Schlesischer	409	—
Westphälischer	1019	10
Rheinischer	10971	$27\frac{1}{2}$
	15967	$37\frac{1}{2}$

*) Aufserdem 157 Stückwaaren, deren Gewicht nicht angegeben.

14) Kobalt (Blaue Farbe).

	Centn. Pf
a. Schlesischer	372
b. Niedersächsisch-Thüringischer	965
c. Westphälischer (nicht angegeben).	
d. Rheinischer	577
	1915

15) Arsenik.

Im Schlesischen District 3337 Centner 55 Pfd. w Arsenikglas, 60 Centn. 27½ Pfd. gelbes Arseni und 68 Centner 62¾ Pfd. weifses Arsenik-Sub

16) Antimon.

Im Niedersächsisch-Thüringischen District 1099 Centn Antimonerze und im Rheinischen District 976 C 10 Pfd. Antimonerze.

17) Schwefel.

Im Schlesischen District 775 Centner 55 Pfd. geläuterter In den andern Ober-Berg-Amts-Districten fa keine Schwefelgewinnung statt.

18) Steinkohlen.

	Tonnen
a. Schlesischer **)	1909417
b. Niedersächsisch-Thüringischer	89
c. Westphälischer	3127
d. Rheinischer	1780
	69077

19) Braunkohlen.

a. Brandenb.-Preufs.	Die Angaben fehlen.
b. Schlesischer	Die Angaben fehlen.
c. Niedersächsisch-Thüringischer	128956
d. Rheinischer	80558
	209513

*) Die Tonne zu 4 Scheffeln Preufsisch, oder zu 7½ Kubik rheinl. gerechnet.

**) Aufserdem 37439 Tonnen Koaks unmittelbar von Gruben.

20) Kochsalz.

	Lasten*)	Tonnen
a. Brandenburg-Preufsischer **)	1430	8 4/10
b. Niedersächsisch-Thüringischer ***)	33128	9
c. Westphälischer	6230	2 3/10
d. Rheinischer †)	2834	6
	43624	5 7/10

21) Alaun ††)

	Centn.	Pfund.
a. Brandenburg-Preufsischer	9148	—
b. Schlesischer	6217	27½
c. Niedersächsisch-Thüringischer	4000	—
d. Westphälischer	754	60
e. Rheinischer	17615	80
	37735	57½

22) Vitriol.

	Eisenvitriol.		Kupfervitriol.		Gemischter Vitriol.		Zinkvitriol.	
	Cnt.	Pfd.	Cnt.	Pfd.	Cnt.	Pfd.	Cnt.	Pfd.
a. Schlesischer	15604	—	155	44¼	918	—	7	82½
b. Nieders.-Thür.	2518	—	1192	68¾	1247	—	—	—
c. Rheinischer	1712	—	5282	—	—	—	—	—
	19824	—	6630	3½	2165	—	7	82½

23) Braunstein.

Im Rheinischen Ober-Berg-Amts-District 1359 Centner 27½ Pfund.

Im Niedersächsisch-Thüringischen District nicht angegeben.

---

*) Die Last zu 10 Tonnen, die Tonne zu 400 Pfund Preufs., folglich die Last zu 4000 Pfund Preufs. gerechnet.

**) Aufserdem 34 Lasten 8 Tonnen graues und schwarzes Salz.

***) Aufserdem 183 Lasten 4 Tonnen gelbes, und 539 Last 7 Tonnen graues und schwarzes Salz, und 35305 Scheffel Düngesalz.

†) Nebst 82 Scheffel Düngesalz.

††) Hierunter ist nur der Alaun zu verstehen, welcher unmittelbar aus den Erzen, und nicht künstlich aus Schwefelsäure und Thonerde u. s. f. bereitet wird.

5.

Uebersicht der Berg- und Hüttenmännischen Production des Königreichs Sachsen in dem Jahre 1831 *).

1) Eisen.

Gufswahren. . . 15271 Centner.

Stabeisen {106836 Waagen (zu 44 Pfund), und 1625 Centner.

Schwarzblech . . 2631 Cnt.

Eisen verschiedener Gattung 5116 — 11 Pfd.

2) Blei.

Auf den Freiberger Schmelzhütten und auf der Antonshütte sind aus den Erzen welche die sämmtlichen Reviere geliefert haben, — mit Ausschlufs des in den Zwischen- und Neben-Produkten noch verbliebenen Bleigehaltes, — 555 Centner 40 Pfund Blei und 5214 Centner Glätte erzeugt worden.

3) Silber.

Auf den Schmelzhütten zur Halsbrücke so wie auf der Mulder- und Antonshütte, und auf dem Amalgamirwerke zur Halsbrücke sind, — mit Einschlufs des Gekrätzes, — 223855$\frac{7}{8}$ Centner 13$\frac{5}{8}$ Pfund Erze verarbeitet worden, und zwar:

149359$\frac{1}{4}$ Cnt. 4$\frac{7}{8}$ Pf. verschmolzen, und

74496$\frac{5}{8}$ — 8$\frac{1}{4}$ — amalgamirt

Das verschmolzene Erz hielt durchschnittlich im Centner

a. Auf den Freiberger Hütten 4 Loth 1,91 Quent. mit Einschlufs, und 6 Loth 0,40 Quent. mit Ausschlufs der Kiese,

*) Jahrbuch für den Berg- und Hüttenmann auf das Jahr 1833. Herausgeg. bei der Königl. Bergacademie zu Freyberg.

b. Auf der Antonshütte 2,327 Loth mit Einschluſs, u. 3,734 Loth mit Ausschluſs der Kiese.

Das amalgamirte Erz hatte einen Durchschnittsehalt von 6 Loth 2,73 Quent. Silber im Centner.

Aus dem erwähnten Erzquanto sind ausgebracht worden:

39024 Mark	11 Loth	1 Quent	2 Pf.	durchs Schmelzen,
30289 —	2 —	3 —	2 —	durchs Amalgamiren.
69313 —	14 —	1 —	— —	
759 —	13 —	2 —	3 —	aus dem Schwarzkupfer auf der Saigerhütte Grünthal dargestellt.
70073 Mark	11 Loth	3 Quent.	2 Pf. *).	

An Materialien sind bei dieser Produktion verbraucht worden:

a) Bei den Schmelzhütten:

362 $\frac{17}{24}$ Schrg. $\frac{6}{4}$ elliges Floſsholz,
1883 Wagen 10 $\frac{1}{2}$ Körbe Holzkohlen,
169337 $\frac{1}{2}$ Scheffel Koaks
9297 Scheffel Steinkohlen
239 Scheffel Braunkohlen
14 Wagen 8 Körbe Torf.

---

*) Zu dieser Silberproduktion hat das Freiberger Revier allein 62796 Mark 2 Loth 1 Quent., das Schneeberger Revier 1829 Mark 10 Loth 3 Quent., das Johann Georgenstädter Revier 512 Mark 13 Loth 1 Quent., das Annaberger Revier 501 M. 2 Loth 3 Quent., das Schwarzenberger Revier 132 M. 13 L., das Marienberger Revier, 415 M. 3 Loth, das Ehrenfriedersdorfer Revier 18 Mark 15 Loth, das Geyersche Revier 11 M. 4 Loth 2 Quent., die Scheibenberger, Hohensteiner und Oberwiesenthaler Reviere 16 Mark 13 Loth beigetragen, und aus der von den Blaufarbenwerken gefallenen Kobaltspeise sind 289 Mark 10 Loth 2 Quent.. Feinsilber gewonnen worden.

b) Bei dem Amalgamirwerk:

33$\frac{5}{8}$ Centner Quecksilber,
6525 — Kochsalz,
85 — Eisenplatten,
25$\frac{1}{2}$ Schrg. $\frac{6}{4}$ elliges Floſsholz,
22141 Scheffel Steinkohlen
443 Scheffel Koaks
153 Wagen Holzkohlen,
76 Wagen Torf.

4) Kupfer.

Aus dem von den Schmelzhütten an die Saigerhütte Grünthal gelieferten Schwarzkupfer sind 510$\frac{1}{2}$ Centner 8$\frac{1}{2}$ Pfund Gaarkupfer dargestellt worden. — Auſserdem sind aber auch Schwarzkupfer von ausländischen Werken angekauft, so daſs die Saigerhütte 861 Cnt. 12 Pfd. Gaarkupfer geliefert hat, ohne das von den Kupferschmieden eingelieferte und umgearbeitete alte Kupfer. — Die zur Saigerhütte gehörigen Kupferhämmer haben 1395$\frac{3}{4}$ Centner 23 Pfund an Kupferwaaren angefertigt.

5) Zinn.

Im Altenberger, Berggieſshübler und Glashütter Revier	2245$\frac{3}{4}$	Cnt.	12	Pfd.
Im Marienberger Revier . . .	119$\frac{3}{8}$	-	5$\frac{1}{2}$	-
Im Geyerschen Revier	149$\frac{7}{8}$	-	6	-
Im Ehrenfriedersdorfer Revier .	123$\frac{1}{2}$	-	6	-
Im Eybenstocker Revier . . .	30$\frac{5}{8}$	-	13$\frac{3}{4}$	-
Im Schneeberger Revier . . .	3$\frac{1}{8}$	-	10	-
Im Annaberger Revier	1$\frac{1}{2}$	-	10	-
	2673$\frac{3}{4}$	Cnt.	63$\frac{1}{4}$	Pfd.

6) Arsenik und Arsenikmehl.

Im Ehrenfriedersdorfer Revier	1095	Centner,
Im Schneeberger Revier	1196	—
Im Geyerschen Revier	545	—
Im Marienberger Revier	87$\frac{1}{8}$	—
	2923$\frac{1}{8}$	Centner.

7) Blaue Farbe (Kobalt).

Auf den Blaufarbenwerken sind producirt worden:

$10349\frac{3}{4}$ Centner Farben, Eschel und Safflore,
$32\frac{1}{4}$ Centner Streublau,
$927\frac{1}{4}$ Pfund Kobaltoxyde und Ultramarin,
$175\frac{1}{4}$ Centner Kobaltspeise.

8) Wismuth.

Im Schneeberger Revier 48 Centner 14 Pfund.
Im Johann Georgenstädter Revier 3 Cnt. $78\frac{3}{4}$ Pfd.
Von den Blaufarbenwerken $616\frac{1}{4}$ Pfund.

9) Eisenvitriol.

Im Schneeberger Revier . .	1614	Centner,
Im Geyerschen Revier . .	$80\frac{5}{8}$	—
Im Johann Georgenstädter Revier	53	—
Im Schwarzenberger Revier .	$78\frac{1}{2}$	—
	$1826\frac{1}{8}$	Centner.

10) Schwefel.

Im Geyerschen Revier 4 Centner, und im Schneeberger Revier ebenfalls 4 Centner.

11) Braunstein.

Im Scheibenberger, Hohensteiner und Oberwiesenthaler Revier	$322\frac{7}{8}$	Centner
Im Eybenstocker Revier	$156\frac{1}{4}$	—
Im Johann Georgenstädter Revier . .	$72\frac{1}{2}$	—
	$551\frac{5}{8}$	Centner

6.

Antimonnickel vom Andreasberg.

Die Herren Hofräthe Stromeyer und Hausmann haben der Königl. Societät der Wissenschaften am 5ten Dec. 1833. mineralogische und chemische Bemerkungen über eine neue Mineralsubstanz übergeben, deren Eigenthümlichkeiten zuerst von einem ihrer eifrigsten Zuhörer, Herrn Karl Volkmar aus Braunschweig, wahrgenommen worden. Das Mineral, welches im Andreasberger Erzgebirge, auf den durch das sogenannte Andreaser Ort überfahrenen Gängen, in Begleitung von Kalkspath, Bleyglanz und Speiskobalt sich gefunden hat, zeigt einige Aehnlichkeit mit Kupfernickel, unterscheidet sich doch aber von diesem schon durch seine Farbe, und besteht aus Nickel und Antimon, daher ihm der Name Antimonnickel gebührt. Es kommt eingewachsen vor in kleinen und dünnen, theils einzelnen, theils zusammengehäuften, oder aneinandergereiheten, sechsseitigen Tafeln, welche Bildung in das Krystalloidisch-Dendritische übergeht; oder auch klein und fein eingesprengt, und dann mit dem Bleiglanz oder Speiskobalt oft innig verbunden, selten in etwas gröfseren, derben Partieen. Die Krystalle scheinen regulärsechseckig zu sein; doch ist bis jetzt eine genaue Winkelmessung nicht möglich gewesen. Ihre Endflächen haben ein sechseckige Reifung, die den Endkanten des Prisma entspricht, und worin sich eine Anlage zur Bildung von Flächen einer pyramidalen Krystallisation, vermuthlich eines Bipyramidaldodekaeders, zu erkennen giebt; sind aber übrigens glatt. Die bis jetzt wahrgenommenen Krystalle messen selten über eine Linie. Versuche, eine Spaltung zu bewirken, sind nicht gelungen; hin und wieder sind aber Zusammensetzungs-Absonderungen bemerkbar, die den Endflächen der Tafeln entsprechen. Der Bruch ist uneben, in das Kleinmuschliche übergehend. Die Endflächen der Krystalle sind stark metallisch glänzend; die Bruchflächen glänzend. Die Farbe ist an frischen Stücken ein lichtes Kupferroth, mit einem starken Stich in das Violette. Dieser bläuliche Anstrich hat Aehnlichkeit mit gewissen angelaufenen Farben, zeigt sich aber auf frischem Bruche eben so als äufserlich. Die Farbe erscheint auf den Krystallflächen, wegen des lebhaften Glanzes derselben, lichter als auf dem Bruche, und wird durch das Anlaufen etwas dunkler. Das Pulver hat eine röthlichbraune Farbe und ist dunkler als der Bruch. Das Erz ist spröde. In der Härte steht es dem Kupfernickel ziemlich nahe, indem es von Feldspath geritzt wird, aber Flufsspath ritzt. Das specifische Gewicht konnte wegen der Kleinheit der bis jetzt erhaltenen Stücke, und wegen ihrer innigen Verbindung mit anderen Körpern, nicht bestimmt werden. Das Mineral hat keine Wirkung auf den Magnet

Vollkommen von eingemengtem Bleiglanz, Speiskobalt und gediegenem Arsenik freie Stücke dieses Erzes gaben beim Glühen und Verblasen vor dem Löthrohr weder einen arsenikalischen Knoblauchgeruch noch einen sulphurischen Geruch aus, und auf der Kohle zeigte sich nur ein Antimon-Anflug. Dabei bewies sich dasselbe sehr strengflüssig und liefs sich nur in ganz kleinen Stücken zum Fliefsen bringen.

In einer Glasröhre geglüht sublimierte sich aus demselben etwas Antimon.

Die einfachen Säuren haben nur eine sehr geringe Einwirkung darauf. Aus bleiglanzhaltigen Stücken scheidet Salpetersäure Schwefel aus. Salpetersalzsäure löst dasselbe aber leicht und vollständig auf. Diese Auflösung mit Weinsteinsäure versetzt, wird, wenn das Erz keinen Bleiglanz eingemengt enthalten hat, durch salzsauren Baryt nicht gefällt, und giebt mit Schwefelwasserstoff vollständig niedergeschlagen einen rein orangefarbenen Niederschlag, der von Kali gänzlich wieder aufgenommen wird, und bei der Reduction durch Wasserstoffgas nur Antimon ausgibt. Die durch Schwefelwasserstoff von Antimon befreite Auflösung giebt mit kohlensaurem Natron einen rein apfelgrünen Niederschlag, der in oxalsaures Nickel umgeändert, sich in Ammoniak vollständig mit rein saphir-blauer Farbe auflöst. Diese an der Luft von selbst zersetzt, hinterliefs eine völlig ungefärbte Flüssigkeit.

Da es nicht möglich war, für eine quantitative Untersuchung eine hinreichende Menge ganz reinen Erzes zu erhalten, so wurden dazu etwas bleiglanzhaltige Stücke angewandt. Diese fanden sich in 100 Theilen zusammengesetzt aus:

	nach Analyse I.	II.
Nickel	28,946	27,054
Antimon	63,734	59,706
Eisen	0,866	0,842
Schwefelblei	6,437	12,357
	99,983	99,959

Wird nun das Schwefelblei und Eisen als nicht zu der Mischung dieses Erzes gehörend abgezogen und aus beiden Analysen ein arithmetisches Mittel genommen, so ergiebt sich daraus die Mischung des Antimon-Nickels in 100 Theilen zu:

Nickel	31,207
Antimon	63,793
	100,000

Die Bestandtheile dieser natürlichen Legierung befinden sich demnach in dem Verhältnifs gleicher Aequivalente mit einander vereinigt, und der Antimon-Nickel ist mithin eine dem Kupfernickel, in dem ebenfalls gleiche Aequivalente Nickel und Arsen zusammen verbunden vorkommen, ganz analoge Verbindung.

Durch Zusammenschmelzen gleicher Aequivalente Nickel und Antimon erhält man eine diesem Erze in der Farbe, dem Glanze, der Härte und der Sprödigkeit völlig ähnliche Legierung, die ebenfalls nicht magnetisch ist, und auch im Feuer und gegen die Säuren ganz dasselbe Verhalten zeigt. In dem Augenblick wo beide Metalle sich mit einander verbinden, findet, wie dieses schon von Gehlen beobachtet worden ist, eine sehr lebhafte Feuererscheinung Statt. Bei einem gröfsern Verhältnifs von Antimon nimmt die Legierung eine weifse Farbe an, und wird schmelzbarer.

7.

Mangan- Bittererde- Alaun und Bittersalz aus Süd-Afrika.

In der Versammlung der Königl. Societät der Wissenschaften am 7. Dec. 1833. theilten die Herrn Hofräthe Stromeyer und Hausmann Bemerkungen über eine neue Alaunart und ein Bittersalz aus Südafrica mit, welche Mineralkörper ihnen vor Kurzem von ihrem ehemaligen sehr geschätzten Zuhörer, Herrn Hertzog, vom Vorgebirge der guten Hoffnung übersandt worden.

Hr. Hofrath Hausmann berichtete zuvörderst nach den von Herrn Hertzog erhaltenen Notizen, über das Vorkommen jener Salze, von denen er zugleich Exemplare vorzeigte, und knüpfte daran Bemerkungen über ihre mineralogischen Beschaffenheiten und ihre muthmafsliche Entstehung. Herr Hertzog fand beide Salze auf einer Reise in die östlichen Gegenden der Cap-Colonie, am Bosjesmans-Flusse, ungefähr unter 30° 30′ südl. Breite, 26° 40′ östlicher Länge von Greenwich, und 20 Engl. Meilen von der Küste in einer etwa 200 Fufs über dem Bette liegenden, 30 Fufs weit und 20 Fufs tief in den Felsen sich erstreckenden, 7 Fufs hohen Grotte, deren horizontalen Boden sie bilden. Die oberste, ungefähr $\frac{1}{2}$ Fuſs starke Lage besteht aus Federalaun von ausgezeichneter Schönheit. Er ist zart- und langfaserig, indem die Länge der senkrecht gegen die Hauptbegränzungsebenen gerichteten Fasern wohl an 6 Pariser Zoll beträgt. Sie sind theils gerade, theils gebogen, zuweilen stark gekrümmt, und dabei oft dünnstänglich abgesondert. Das Faserige geht an einigen Stellen nach einem Ende in das Dichte mit splittrigem Bruche über. Wie der Körper in der faserigen Gestalt groſse Aehnlichkeit mit Fasergyps zeigt, so ist er in der letzteren Abänderung dem dichten Gypse oder sogenannten Alabaster sehr ähnlich. Das Salz ist schneeweiſs; durchscheinend, selbst noch in Stücken von $\frac{3}{4}$ zolliger Stärke. Die faserige Varietät ist auf Flächen die durch Reibung noch nicht gelitten haben, stark seidenartig glänzend. Der Glanz vermindert sich wo das Faserige in das Dichte übergeht, und verschwindet in der vollkommen dichten Abänderung ganz. Lange und dünne Fasern sind stark elastisch biegsam. Der Körper ist ziemlich spröde, und die Enden der Fasern sind stechend. Unmittelbar unter diesem Alaun bildet Bittersalz eine etwa $1\frac{1}{2}$ Zoll starke Lage. Dieses Salz ist theils dünn- theils dickstänglich abgesondert; die abgesonderten Stücke sind meist gleichlaufend, seltner durcheinander laufend. Oft ist eine Anlage zur vierseitig-prismatischen Krystallisation wahrzunehmen. Die Länge der Stängel ist zum Theil der Stärke der Lage des Salzes gleich, indem sie rechtwinklich gegen die Hauptbegränzungsebenen stehen; zum Theil sind sie aber kürzer und durch eine Lage einer lockeren, fremdartigen Masse getrennt, welche hin und wieder auch zwischen den einzelnen abgesonderten Stükken sich befindet. Die stärkeren Stücke des Salzes gestatten vollkommene Spaltungen. Der Bruch ist muschlig. In reinen Stücken ist das Salz weiſs; in dünnen Stücken halbdurchsichtig, in stärkeren durchscheinend; es ist glasartig glänzend, ziemlich spröde.

Die das Bittersalz begleitende Masse hat das Ansehen einer verwitterten Felsart. Sie ist erdig, zerreiblich, zeigt aber noch deutliche Spuren von Schieferung. Sie hat eine grünlich weiſse Farbe ist matt, undurchsichtig, etwas fettig anzufühlen, und schwach an den Lippen hängend. Es werden einzelne zarte, silberweiſse Glimmer- oder Talkschuppen darin bemerkt, die der

Schieferung parallel liegen. Der Geschmack giebt einen Salzgehalt zu erkennen. Nach der von Herrn Hofrath Stromeyer damit vorgenommenen chemischen Prüfung sind darin enthalten: Kiesel- und Alaunerde in bedeutender Menge, sehr wenig Eisen, viel Mangan, und einige Procente Kalk und Talkerde. Durch Wasser wird ausgezogen: viel Kochsalz, Gyps, Bittersalz, schwefelsaures Mangan, und eine Spur von schwefelsaurer Alaunerde.

Das Gestein auf welchem das Bittersalz liegt, ist ein ziemlich lockerer, körniger, schiefrig abgesonderter Quarzfels, von blafs grünlichgrauer Farbe, mit kleinen, silberweifsen Glimmerschuppen. Er ist von salziger Substanz ganz inprägniert, die daraus effloresciert, und theils in Flocken, theils krustenartig an der Oberfläche erscheint. Die flockigen Theile bestehen aus Bittersalz, mit einem kleinen Antheile von Alaun; die krustenartigen aus Alaun, mit einem kleinen Gehalte, von Bittersalz. Das Gestein welches das Bette des Flusses begrenzt, ist ein fester, körniger Quarzfels, von rauchgrauer Farbe, mit einzelnen, kleinen, silberweifsen Glimmerschuppen. Die Decke der Grotte, welche sich hinten bogenförmig schliefst, besteht aus einem rostfarbenen, festen, groben Conglomerate, in welchem hauptsächlich Quarzgeschiebe sich befinden, welche durch Brauneisenstein verkittet sind. Hin und wieder zeigen sich cubische Eindrücke von Schwefelkies, aus dessen Zersetzung vermuthlich das Eisenoxydhydrat hervorging. Nach der Angabe des Herrn Hertzog, kommt auch Braunstein in dem Conglomerate vor.

Die Gegend umher besteht aus Hügeln von 700 bis 800 Fufs Höhe, welche von vielen tiefen Thälern durchschnitten sind. Auf ihren Gipfeln findet sich dichter Kalkstein. Dieser ist im Bruche eben, in das Erdige neigend, mit einzelnen, sehr kleinen Blasenräumen; undurchsichtig, matt, von licht-bräunlichgrauer Farbe, mit einzelnen, schmalen, dunkler gefärbten, wellenförmigen, verwaschenen Streifen. Nach der Untersuchung des Herrn Hofrath Stromeyer enthält er eine geringe Beimischung von kohlensaurer Magnesia und Spuren von Mangan und Eisen. Es kommen zugleich grofse, wohlerhaltene, fossile Austerschalen vor. Aehnliche Muscheln fand Herr Hertzog auf der oberen Fläche der sogenannten Grashügel (Gras-Rugens) zwischen Uitenhage und Enon, in weit ausgedehnten, 2 bis 3 Fuſs tief niedergehenden Ablagerungen. Sie werden in dortiger Gegend zum Kalkbrennen benutzt.

Vermuthlich gehört der beschriebene Kalkstein, nebst den Ostraciten, einer sehr jungen, tertiären Formation an; und ohne Zweifel ist das erwähnte, tiefer liegende Eisenconglomerat, welches in den Gegenden der Cap-Colonie sehr verbreitet zu sein scheint, ebenfalls ein tertiäres Gebilde. Der Quarzfels an dem Boejesmans-Flusse ist dagegen nach aller Wahrscheinlichkeit weit älter, worüber aber freilich für jetzt nichts Näheres anzugeben ist. Ueber die Erstreckung der Lagen des Alauns und Bittersalzes geben die erhaltenen Nachrichten ebenfalls keinen Aufschluſs. Es ist indessen wohl nicht unwahrscheinlich, daſs ihr Vorkommen beschränkt und ganz local ist. Auch dürfte sich Manches für die Vermuthung anführen lassen, daſs jene Salze später als die sie umgebenden Steinmassen entstanden sind. Daſs sie sich nicht aus einer Wasserbedeckung, durch Verdunstung des Lösungsmittels, krystallinisch abgesetzt haben, scheint dadurch bewiesen zu werden, daſs das leichter auflösliche Salz die untere Lage ausmacht. Vielleicht bot die Zersetzung von Schwefelkies im Conglomerat die Schwefelsäure dar, welche sich mit den Basen verband, die sie in der oben beschriebenen, lockeren, zwischen dem Conglomerate und dem Quarzfels befindlichen Masse antraf. Merkwürdig ist es, daſs sich das Bittersalz in einer so scharf von dem Alaun gesonderten Lage ausgebildet hat. Auch ist es auffallend, daſs beide Salze ganz frei von Eisen sind, da doch das in unmittelbarer Berührung damit stehende Conglomerat so reich an Eisenoxydhydrat ist. Das in der oberen, lockeren, Quarzfelslage enthaltene Salz ist ohne Zweifel erst nach der Entstehung der Salzdecke, durch Tagewasser, welche etwas davon auflösten, hineingeführt.

Aus der von dem Herrn Hofrath Stromeyer mit dem Federalaun aus Südafrica angestellten Analyse ergab sich, daſs derselbe eine neue, bisher noch unbekannte, Alaunart bilde, in welcher die schwefelsaure Alaunerde mit schwefelsaurem Manganoxyd und schwefelsaurer Magnesia zu Alaun verbunden vorkommt.

Aus 100 Theilen dieses Alauns wurden nämlich erhalten:

Alaunerde	11,515
Magnesia	3,690
Manganoxyd	2,167
Schwefelsäure	36,770
Wasser	45,739
Chlorkalium	0,205
	100,086

Demnach ist derselbe in 100 Theilen zusammengesetzt, aus:

schwefelsaurer Alaunerde	38,398
schwefelsaurer Magnesia	10,820
schwefelsaurem Mangan	4,597
Wasser	45,739
Chlorkalium	0,205
	99,759

Dieser Analyse zufolge kommen die schwefelsaure Magnesia und das schwefelsaure Mangan in diesem Salze genau in eben dem Verhältnisse mit der schwefelsauren Alaunerde verbunden vor, wie das schwefelsaure Kali, Natron und Ammoniak in dem Kali-Natron und Ammoniak Alaun, und da auch der Gehalt an Krystallwasser in demselben dem der genannten Alaunarten vollkommen entspricht, so kann kein Zweifel darüber obwalten, dafs sich die aufgefundenen Bestandtheile dieses Federalauns im Zustande einer wahren chemischen Verbindung, und nicht in dem einer blofsen Auflösung, mit einander vereinigt befinden, und man wird daher diesen Alaun als einen Mangan-Magnesia-Alaun zu unterscheiden haben.

Das Vorkommen von schwefelsaurem Mangan in diesem Alaun ist für denselben um so ausgezeichneter, weil dieses Salz noch in keiner der bis jetzt untersuchten Alaunarten angetroffen worden ist. Schwefelsaure Magnesia ist zwar schon in einigen Alaunarten gefunden worden, indessen nur in sehr geringer Menge und kommt daher höchst wahrscheinlich in denselben nur in Auflösung vor, so dafs auch dieses Salz in dem Südafricanischen Alaun zuerst als wirklicher Bestandtheil dieses Doppelsalzes beobachtet wird.

Ungeachtet des schwefelsauren Mangangehalts ist dieser Alaun, wie schon bemerkt, durchaus frei von aller Beimischung von schwefelsaurem Eisenoxydul, und die empfindlichsten Reagentien haben in dessen Auflösung nicht die geringste Spur eines Eisengehalts erkennen lassen.

Bei dieser Gelegenheit ist von dem Hofrath Stromeyer auch der in dem Braunkohlenlager bei Tschermig in Böhmen vorkommende Alaun einer neuen Analyse unterworfen worden, weil derselbe nach den ersten Untersuchungen des Professor Ficinus ein Magnesia-Alaun sein sollte. Die mit demselben angestellten Versuche haben indessen nur einige Tausendtheile schwefelsaure Magnesia darin auffinden lassen, und die Resultate der Analysen von Lampadius und Gruner, welchen zufolge dieser Alaun ein Ammoniak-Alaun ist, vollkommen bestätigt.

In 100 Theilen desselben wurden nämlich gefunden:

Alaunerde	11,602
Ammoniak	3,721
Magnesia	0,115
Schwefelsäure	36,065
Wasser	48,390
	99,893

Derselbe besteht mithin aus:

sshwefelsaurer Alaunerde	38,688
schwefelsaurem Ammoniak	12,478
schwefelsaurer Magnesia	0,337
Wasser	48,390
	99,893

Das mit dem Südafrikanischen Alaun vorkommende Bittersalz zeichnet sich in seiner Mischung durch einen namhaften Gehalt an schwefelsaurem Mangan aus. Ist aber ebenfalls vollkommen eisenfrei, und enthält auch nicht die geringste Beimischung von schwefelsaurer Alaunerde, welches wegen der Nähe, in der dieses Salz sich mit dem Alaun findet, gewifs sehr auffallend ist.

Hundert Theile dieses Bittersalzes enthalten:

Magnesia	14,579
Manganoxyd	3,616
Schwefelsäure	32,258
Wasser	49,243
	99,696

Oder bestehen demnach aus:

schwefelsaurer Magnesia	42,654
schwefelsaurem Mangan	7,667
Wasser	49,248
	99,564

Dasselbe enthält also dieser Analyse zufolge auf 7 Aequivalente schwefelsaure Magnesia 1 Aequivalent schwefelsaures Mangan.

Die Untersuchung dieses Bittersalzes hat den Hofrath Stromeyer veranlafst, noch einige andere besonders ausgezeichnete und ihm von Herrn Hofrath Hausmann gütigst mitgetheilte natürliche Bittersalze zu analysiren, deren Mischungsbestimmungen von ihm ebenfalls der Königl. Societät vorgelegt worden sind.

Die noch untersuchten Bittersalze sind:

1. **Das Haarsalz von Idria.**

Dasselbe ist zwar schon von Klaproth einer Analyse unterworfen worden, indessen beschränkt sich dessen Untersuchung nur darauf zu zeigen, dafs es kein Federalaun sei, wofür man es gehalten hatte, sondern ein natürliches Bittersalz.

Nach der mit demselben angestellten Analyse ist dessen Gehalt in 100 Theilen:

Magnesia	16,389
Eisenoxydul	0,226
Schwefelsäure	32,303
Wasser	50,934
	99,852

2. **Das bei Calatayud in Aragonien in ausgezeichnet schönen langen seidenglänzenden Nadeln gefundene Bittersalz.**

Von diesem Bittersalze besitzen wir schon Untersuchungen von Gonzales und Garcia de Theran und von Thomson. Auch ist es nicht unwahrscheinlich, dafs das von Vogel untersuchte und angeblich in Catalonien gefundene Bittersalz mit diesem identisch ist. Da indessen die Resultate dieser Untersuchungen sehr von einander abweichen, und nach Thomson dieses Salz 1,35 Procent schwefelsaures Natron enthalten soll, welches weder nach den Versuchen der Spanischen Chemiker, noch nach denen von Vogel darin vorkommt, so schien eine Wiederholung der Analyse dieses Salzes wünschenswerth zu sein. Durch diese hat sich nun ergeben, dafs dieses Bittersalz weder Glaubersalz enthält, noch sonst eine andere Substanz demselben beigemischt ist, und dafs sich dasselbe mithin von allen übrigen natürlich vorkommenden und bis jetzt untersuchten Bittersalzen durch seine völlige Reinheit sehr auffallend unterscheidet.

Dasselbe fand sich in 100 Theilen zusammengesetzt, aus:

Magnesia	16,495
Schwefelsäure . . .	31,899
Wasser	51,202
	99,596

3. **Das stalactitisch zu Neusohl in Ungarn vorkommende Bittersalz.**

Dasselbe zeichnet sich durch eine blafs rosenrothe Farbe aus, die es, wie schon frühere Versuche nachgewiesen haben, einem geringen Gehalt an schwefelsaurem Kobalt verdankt. Auch kommt darin etwas schwefelsaures Kupfer, Mangan und Eisenoxydul vor. Besonders ist es aber noch dadurch merkwürdig, dafs es einige Procente mechanisch eingeschlossenes Wasser enthält, welches in kleinen darin vorkommenden Höhlen enthalten zu sein scheint. Dieserwegen wird dieses Bittersalz auch beim Zerreiben feucht.

Der mit diesem Bittersalze vorgenommenen Analyse zufolge besteht dasselbe in 100 Theilen aus:

Magnesia	15,314
Kobaltoxyd	0,688
Kupferoxyd	0,382
Manganoxyd . . .	0,343
Eisenoxydul	0,092
Schwefelsäure . .	31,372
Wasser	51,700
	99,891

Oder aus:

schwefelsaurer Magnesia	44,906
schwefelsaurem Kobaltoxyd . . .	1,422
schwefelsaurem Kupferoxyd . .	0,764
schwefelsaurem Manganoxyd . .	0,725
schwefelsaurem Eisenoxydul . .	0,197
Krystallwasser	48,600
Mechanisch eingeschlossenem Wasser	3,100
	99,714

8.

Verhandlungen der geologischen Gesellschaft zu London, für das Jahr 1832—1833 *).

Den 7. Nov. 1832. Ueber die Kreuze von Erzgängen in Cornwall; aus einem Brief von W. J. Henwood an Davies Gilbert.

Der Hauptgegenstand dieser Mittheilung besteht darin, dem Leser einzelne Thatsachen in Beziehung auf die Theorie der Gänge vorzulegen. Der Verf. trägt zuerst die Theorie als Fragen vor und führt alsdann die Thatsachen an. Folgendes sind die vorzüglichsten Sätze.

1. Wenn ein Gang von einem andern verworfen wird, findet sich derselbe auf der Seite des kleineren oder des gröfseren Winkels?

Zu Bulls auf der Herlandgrube werden zwei Gänge von einer Querkluft (Crofs course) verworfen; der eine ward auf der Seite des kleinern Winkels, der andere auf der Seite des gröfseren wiedergefunden.

2. Wenn ein Gang mehrere andern verwirft, liegen diese letzteren nach derselben Seite hin?

Auf der Weethgrube werden zwei Querklüfte von demselben Hauptgange (Ost und West) durchsetzt. Eine derselben ist nach der linken, die andere nach der rechten Seite, aber beide sind nach der Seite des gröfseren Winkels verworfen.

3. Wenn derselbe Gang von mehreren andern verworfen wird, geschieht dies immer nach derselben Seite, entweder des gröfseren oder des kleineren Winkels?

Auf der Grube Huel Friendship wird ein Gang von drei Querklüften verworfen, in allen 3 Fällen nach der linken Seite; aber in zwei Fällen nach der Seite des kleineren Winkels und in einem nach der Seite des gröfseren.

4. Wenn ein Gang von mehreren andern verworfen wird, geschieht dies immer nach derselben Seite, zur rechten oder zur linken Seite, oder theilweise nach einer, theilweise nach der andern Seite?

---

*) Mitgetheilt durch Herrn Ober-Bergrath v. Dechen.

Auf Carharrack Grube wird der Gang von zwei Querklüften verworfen, von beiden nach der Seite des gröfseren Winkels, aber in einem Falle zur linken, im andern zur rechten Seite.

5. Wenn ein Gang von einer Verwerfungskluft (slide) verworfen wird, findet er sich auf der Seite des gröfseren oder des kleineren Winkels?

Auf South Towan Grube wurde der Gang nach der Seite des kleineren Winkels, aber auf Bulls nach der des gröfseren Wiekels verworfen.

6. Wenn ein Gang von verschiedenen Verwerfungsklüften (slides) verworfen wird, geschieht dies von allen nach der Seite des gröfseren Winkels, oder von allen nach der des kleineren Winkels, oder von einigen nach der einen Seite und von anderen nach der entgegengesetzten?

Auf Huel Peever Grube kommen zwei Gänge und zwei Verwerfungsklüfte vor; beide Gänge werden von einer der Verwerfungsklüfte niederwärts gezogen und nach der Seite des gröfseren Winkels geschoben; aber auch beide Gänge kommen zusammen und hier ist der eine nach der Seite des kleineren Winkels verworfen und derselbe (durch den andern verworfene) Gang wird von der zweiten Verwerfungskluft nach der Seite des kleineren Winkels geschoben.

7. Wenn verschiedene Gänge von derselben Verwerfungskluft verrückt werden, sind sie alle aufwärts oder niederwärts gezogen, oder einige aufwärts und andere niederwärts?

Auf Trevaunance Grube sind einige Gänge bei der Berührung mit andern niederwärts gezogen; dagegen ist der Gang (a) durch den Gang (f) in die Höhe geworfen; ebenso der Gang (b) durch den Gang (f) und der Gang (f) ist durch den Gang (e) in die Höhe geworfen.

Nachdem der Verfasser auf diese Weise „die allgemeinen, so häufig besprochenen Regeln mit Thatsachen" verglichen hat, gelangt er zu dem Schlufs: Ungeachtet vieler Ausnahmen kann man annehmen, dafs wenn ein Gang (crofs vein) zwei oder drei andere Gänge nach einer Seite (rechts oder links) verworfen hat, der verworfene Theil eines vierten Ganges wahrscheinlich nach derselben Seite hin auszurichten sein wird; und ferner: dafs man nicht Ursach habe, sich zu wundern, wenn in einem Zinnstein Reviere eine andere Regel vorherrschend gefunden würde als diejenige, welche aus einem Kupfergang-Reviere abgeleitet worden ist. Er geht alsdann dazu über die angenommene Meinung zu widerlegen, daſs alle Unterbrechungen oder Abschnitte (*intersections*) von Erzgängen die Wirkung mechanischer Störungen (*disturbances*) seien, und daſs die Ordnung des Durchschneidens oder Verwerfens der verschiedenen Gänge, ihr relatives Alter bezeichne. Er bemerkt, daſs der einzige Beweiſs für die vorgegangene Bewegung in den Gängen in dem Vorhandensein von Spiegelflächen (Harnischen, *slickensides*) beruhe; aber er zeigt daſs auf Huel-Robert Grube die Spiegelflächen die Gangmasse nach jeder Richtung hin durchsetzen und in beinahe jeder Abänderung von Gestalt; daſs in vielen anderen Fällen auf der glatten Oberfläche beträchtliche Hervorragungen zu bemerken sind, daſs die Streifen nicht allein auf der glatten Fläche, sondern auch auf den erhabenen Theilen vorkommen; daſs die Streifen auf den Saalbändern der Gänge häufig convergiren, und daſs sie in vielen Fällen auf den entgegengesetzten Seiten desselben Ganges nach verschiedenen Richtungen fallen. — Sodann geht er auf die Untersuchung ein, ob die Erscheinungen der Abschnitte (*intersections*) und Verwerfungen (*dislocations*) aus der Annahme von stattgehabter Bewegung erklärt werden können. Er führt an, daſs horizontale Bewegung nicht den Fall erklären könne, daſs ein Gang einen zweiten zur rechten Seite und einen dritten zur linken Seite verwerfe; oder auch beide Gänge nach einer Seite aber um verschiedene Entfernungen. Mit Rücksicht auf schiefe (diagonale) Bewegung bemerkt er, daſs viele Fälle vorkommen, wo ein Gang nach einer Seite hin in einer bestimmten Teufe verworfen wird, und nach der entgegengesetzten in einer andern Teufe; endlich rücksichtlich der lothrechten Bewegung entwickelt er, daſs wenn zwei Gänge, welche nach derselben Richtung fallen, von derselben Querkluft durchsetzt werden, dieselbe nach einer und derselben Seite hin verworfen sein sollten, daſs die Verwerfung aber nach verschiedenen Seiten statt finden müſste, wenn die Gänge nach entgegengesetzten Richtungen hin fallen. Gegen einen solchen nothwendigen Erfolg bemerkt er, daſs auf Huel Trenwith Grube zwei nach verschiedenen Richtungen fallende Gänge von einer und derselben Querkluft durchsetzt, aber nach derselben (der rechten) Seite verworfen werden. *)

Ueber einen untermeerischen Wald in der Bay von Cardigan; von J. Yates. Dieser Wald erstreckt sich längs der Küste von Merionethshire und Cardiganshire und ist durch die Mündung des Flusses Dovey in zwei Theile getheilt, welcher diese beiden

*) Der Gegenstand dieser Abhandlung ist einer der wichtigsten in der Geognosie, weil er in so vielfacher Beziehung zu den Entwicklungen steht, welche die Erhebung der Gebirgmassen erhalten hat und weil er von einer so unmittelbaren Anwendung auf den Bergbau ist. Es ist zwar schwer, nach dem vorliegenden Auszuge ein Urtheil über die Arbeit selbst zu fällen, inzwischen scheint dieselbe hiernach nicht mit derjenigen Gründlichkeit ausgeführt zu sein, welche die Sache erfordert. Der Verfasser bestreitet eine Ansicht, welche so vollkommen mit den Sachverhältnissen übereinstimmt, dafs sie völlig schon durch den Sprachgebrauch mit denselben identificirt worden ist, und für welche Beweise angeführt werden, die auf den zuverläfsigsten Beobachtungen und den bündigsten Schlufsfolgen beruhen. Die Thatsachen, welche gegen diese Ansicht vorgebracht werden, sind nicht so ausführlich dargestellt, dafs sie einer vollständigen Prüfung unterworfen werden können, um mit Sicherheit zu beurtheilen in wiefern sie den Gesetzen unterzuordnen, und nach denselben zu erklären sind, welche hierüber aufgefunden zu haben man vielfach der Meinung gewesen ist. Ich mufs nur darauf aufmerksam machen, dafs mehrere der hier angeführten Beispiele sich vollkommen genügend aus der Annahme der Senkung des im Hangenden des Verwerfers (sei es ein Erzgang, Gesteinsgang oder Lettenkluft) befindlichen Gebirgsstückes, erklären lassen, dafs, wenn überhaupt die Erscheinungen der Verwerfungen (der Gänge und Gebirgsschichten) nicht auf die Annahme stattgefundener Bewegung von Gebirgsstücken zurückführen sollen, der Verf. doch, wenn auch nur entfernt, eine Idee hätte andeuten sollen, welche zu einer bestimmten anderen Ansicht über diese Verhältnisse führen könnte. Bis dahin dafs die von ihm angeführten Thatsachen näher beleuchtet sind, kann man die alten Meinungen über diesen Gegenstand durchaus nicht als erschüttert betrachten und mufs sich bei den Beobachtungen daran halten, bis etwas besseres und vollkommeneres an ihre Stelle gesetzt sein wird. Die Erscheinungen bei den Gängen sind so verwickelt, die Gelegenheit sie genau zu beobachten, ist nur so wenigen Personen dargeboten, dafs der Wissenschaft warlich kein Vortheil daraus erwächst, wenn, auf oberflächlichen Wahrnehmungen gestützt, Ansichten mit einer gewissen Zuversicht vorgetragen werden, welche die bisher mühsam gewonnenen als falsch darstellen.

v. D.

Grafschaften trennt. Auf der Landseite ist derselbe von einem sandigen Strande und einer Geschiebebank begränzt. Jenseits dieser Bank ist ein Sumpf und Marschland von den Gewässern gebildet, welche theilweise einen Abfluſs durch das Durchsiekern durch den Sand und die Geschiebe gewinnen. Der Verfasser schlieſst, daſs, weil die Lage der Geschiebebank veränderlich sei, sie auch wohl denjenigen Theil können eingefaſst haben welcher jetzt unter dem Meere liegt, und daſs es daher nicht nothwendig sei, hier eine durch unterirdische Kräfte bewirkte Senkung anzunehmen. Die Ueberreste des Waldes sind mit einer Torflage bedeckt und zeichnen sich durch eine groſse Menge von Pholas candida und Teredo navalis aus. — Unter den Stämmen, aus welchen der Wald besteht, befindet sich *Pinus sylvestris*, und es wird gezeigt, daſs dieser Baum früher in einigen der nördlichen Grafschaften von England sehr häufig gewesen sei. Die natürliche Ordnung der Coniferen kann auf diese Weise von der Haupt Steinkohlenformation an bis zur Mitte des 17ten Jahrhundertes verfolgt werden, obgleich die Kiefer jetzt nicht mehr einheimisch in England ist. — Die Gegend führt den Welschen Nahmen Cantrew Gwaelod oder „der Bezirk des Niederlandes". Der Verf. führt die Britischen Triaden und andere alte Welsche Zeugnisse an, aus welchen hervorgeht, daſs diese Gegend im Jahre 520 überschwemmt wurde und welche diesen Unfall der Thorheit von Seitheryn dem Trinker zuschreiben, der in seiner Trunkenheit das Meer über den Cantrew Gwaelod kommen lieſs.

Den 21. Nov. Ueber die Geognosie des nordwestlichen Theiles der Grafschaften Mayo und Sligo in Irland; vom Erzdekan Verschoyle, mitgetheilt von Murchison.

Der Verfasser bringt diese Arbeit in zwei Abtheilungen; in der ersten giebt er eine topographische Uebersicht der Gegend; in der zweiten einen ausführlichen Bericht der verschiedenen Formationen aus welchen dieselbe zusammengesetzt ist.

I. Die beschriebene Gegend liegt in dem westlichen Theile der Provinz Connaught und wird in Norden und Westen von dem Atlantischen Meere begränzt. Durch den östlichen Theil streicht eine Urgebirgskette, die Oxberge genannt, mit einer mittleren Höhe von 1300 Fuſs, in der Richtung von Nord Ost nach Süd West. Die

Nordseite ist steil, und endet in einer Reihe von zerrissenen und felsigen Spitzen. Die Abdachung des südlichen Gehänges ist sanfter. Die Haupt Pässe sind Colloony, Lough Talt, und Foxford. Die Formationen aus welchen dieses Gebirge besteht, sind: Glimmer und Hornblendeschiefer und Quarzfels. Der Fuſs desselben ist mit einem Conglomerat bedeckt, welches der Verf. für den Oldred anspricht und darauf ruhen abwechselnde Schichten von Sandstein und Schieferthon, worauf Kohlenkalkstein folgt. Auf der Südseite der Kette erstreckt sich der Kalkstein nach Roscommon und Galway und verbindet sich mit den groſsen Kalkbassins von Irland. Auf der Nordwestseite bildet derselbe eine Ebene welche sich von Sligo nach Erris ausdehnt, wo die Nephinberge sich aus derselben hervorheben und den Anfang des Urgebirges bilden, welches nord- u. westwärts bis an das Meer reicht. Ungeheuere Dämme von abgerundeten Geschieben finden sich in jedem Theile dieses Districtes. Die Küste bildet gröſstentheils kühne und jähe Abstürze von Gneiſs, Glimmerschiefer, Quarzfels und Kohlenkalkstein; aber an einigen Punkten ist dieselbe flach und aus einer Reihenfolge von Sandhügeln zusammengesetzt.

II. Die Beschreibung der in diesem Districte vorkommenden Formationen hat der Verfasser in folgende Abtheilungen gebracht: — Kohlenkalkstein mit Lagern eines oolithischen Kalksteins; Kalkiger Schiefer und Sandstein; *Old red sandstone* oder Conglomerat, Quarzfels, Gneiſs, Glimmerschiefer, Hornblendeschiefer, Granit, Trappgebirgsarten, Pophyr und Basalt.

1. Kohlenkalkstein mit Lagern eines oolithischen Kalksteins. Dies ist das vorherrschende Gestein auf der Nord und Südseite der Oxberge. Benbulben 1700 Fuſs, Knocknodie 1025 Fuſs, Knocknashee 980 Fuſs hoch, bestehen gänzlich daraus. Die tieferen Schichten enthalten schwarze Kieselschiefer (Hornstein) in eckigen Zusammenziehungen und derselbe macht häufig die Masse der Versteinerungen aus. Der Kalkstein wechselt in seiner Textur vom dichten zum krystallinischen und in Farbe vom Grauen zum gräulich braunen. Arragonit, Fluſsspath, Braunspath, Schwefelkies und Quarzkrystalle kommen bisweilen darin vor. Die Erzgänge sind beinahe gänzlich vernachläſsigt, nur einer bei Ballisadere, welcher Bleiglanz und Blende führt, ist gebaut worden. Die Versteinerungen sind sehr zahlreich; zu den zahl-

reichsten Geschlechtern gehören die Caryophyllien, Productus und Spirifer. In dem Skreen Berge kommen in den untern Schichten dünne Lagen von Quarzgeschieben durch ein kalkiges Bindemittel verbunden vor, aber unter denselben enthalten die Schichten keine Geschiebe.

Die oolithischen Schichten kommen nur zwischen Moyne und Rathrea vor und liegen nach der Angabe unter dem Kalksteine. Sie liefern ein dauerhaftes Baumaterial; nehmen eine leidliche Politur an und enthalten zerkleinte Bruchstücken von Meeresproducten und auch (wiewohl selten) verkohlte vegetabile Ueberreste. Nieren von schwarzen Schiefern mit eingeschlossenen Theilen von Pechkohle werden ebenfalls in diesen Schichten gefunden; welche oft durch dünne Streifen von braunem Schiefer getrennt werden.

2. Kalkiger Schiefer und Sandstein. Diese Formation liegt unmittelbar entweder unter dem Kohlenkalksteine oder den oolithischen Schichten, und geht auf ihrer unteren Gränze, wo das Conglomerat fehlt, in Quarzfels über; aber zu Glenlassera liegt der kalkige Sandstein abweichend auf dem Quarzfels. Verschiedene Profile werden angeführt, um zu zeigen in welcher Folge der Schiefer und Sandstein mit einander verbunden sind. Aus einem derselben geht hervor dafs auch Kalkschichten darin vorkommen. Die Schichtungsflächen des Sandsteins zeigen in einem der Steinbrüche die wellenförmige Streifung.

3. *Old red sandstone.* Diese Benennung wird auf das Conglomerat angewendet welches in dem tieferen Theile des nördlichen und südlichen Abhanges der Oxberge vorkommt. Die Geschiebe bestehen aus Quarz und Jaspis, sie sind nicht gröfser als ein Ey und liegen in einem festen eisenschüssigen Thon. Auf der Südseite des Gebirges liegt das Conglomerat auf Quarzfels und soll darin übergehen; auf der Nordseite, wo der Quarzfels fehlt, liegt dasselbe abweichend auf Glimmerschiefer.

4. Quarzfels. Diese Formation kommt in vielen Theilen des Districtes, nämlich auf der Südseite der Oxberge, in dem Nephin- und dem Bireen Covegebirge, in den Vorgebirgen auf beiden Seiten von Broadhaven, auf der Südseite des Carramore Sees, und auf der Südküste zwischen Portarlin und Conoghrea vor. In dem einfachsten Zustande besteht derselbe aus feinkörnigem weifsem Quarzsande. Die Schichten haben eine schie-

frige Structur; aber von einigen Punkten enthält derselbe weifsen Feldspath und Glimmer und geht alsdann in Gneifs über.

5. Hornblende Schiefer, Glimmerschiefer und Gneifs. Ueber den Character dieser Formationen werden keine neuen Details gegeben. Gneifs kommt hauptsächlich in der Halbinsel von Erris, in den Bergen über Coolany, zu Mullinasbie vor; Hornblende und Glimmerschiefer in den Oxbergen und in der Gruppe des Errisgebirges.

6. Granit. Dieser findet sich nur allein in der südlichen Spitze von Erris und dringt in Gängen in den darüber liegenden Glimmerschiefer.

7. Trap. In diesem Abschnitte giebt der Verfasser eine ausführliche Beschreibung von der Zusammensetzung, der Ausdehnung und der Einwirkung von 11 parallelen basaltischen und mandelsteinartigen Gängen, welche den nördlichen Theil des Districtes ziemlich in der Richtung von Ost gegen West durchschneiden und durch alle Formationen vom Gneifs bis zum Kohlenkalkstein hindurchgehen. Einen dieser Gänge verfolgte der Verfasser 12—14 deutsche Meilen weit und schliefst aus mehreren Nachweisungen, welche er erhalten hat, dafs derselbe noch weiter gegen Osten fortsetzt. Die Entfernung zwischen dem nördlichsten und südlichsten Gange beträgt nur 2½ deutsche Meilen. Zwei dieser Gänge sollen von andern durchsetzt werden, welche von Norden gegen Süden streichen. Es folgt hierauf eine genaue Beschreibung eines grofsen Trapplagers, welches den Kohlenkalkstein, Sandstein und den Schiefer auf der Ost und Westseite der Bai von Killala bedeckt. Schliefslich giebt der Verfasser eine Reihe allgemeiner Bemerkungen über die Entstehung der verschiedenen Formationen und die wahrscheinliche Ausdehnung der Trappgänge von Mayo und Sligo nach England.

Ueber einige fossile Muscheln welche auf der Insel Sheppey über dem Londonthon vorkommen; von Sedgwick.

Herr Sedgwick fand bei der Untersuchung einer Reihenfolge von Versteinerungen von der Insel Sheppey einige Exemplare welche sich von den übrigen in ihrem specifischen Charakter und in dem Zustande der Erhaltung unterschieden. Diese Versteinerungen hatte Herr Crow am Warder Cliff, etwa 15 Fufs unter der Oberfläche des Bodens gefunden, wo sie kürzlich durch einen kleinen Erdfall blos gelegt worden waren. Die in Rede stehende Lage ist 8—12 Zoll dick und kann auf eine Länge von 20 Fufs beobachtet werden, obgleich sie sich wohl beträchtlich weiter erstrecken mag. Sie liegt beinahe unmittelbar auf demjenigen Thon, welcher die bekannte Reihenfolge von Schwefelkies Fossilien enthält, an denen die Insel so reich ist, und etwa 140 Fufs über dem Meeresspiegel. Die Exemplare gehören allgemein bekannten Englischen Mollusken an, wie *Ostrea edulis*, *Cardium edule*, *Buccinum undatum*, *Fusus antiquus* und *Turbo littoreus*.

Den 5. Dec. Beobachtungen über die Ueberbleibsel des Iguanodon und anderer fossiler Reptilien aus den Schichten des Tilgate Forest in Sussex; von G. Mantell.

Nachdem der Verfas. auf die verschiedenen Werke und Aufsätze, welche über die organischen Reste der fossilen Reptilien von Sussex erschienen sind, aufmerksam gemacht hat, giebt er eine allgemeine Beschreibung von dem was über diesen Gegenstand bekannt geworden ist und fügt die interssanten Fossilien hinzu, welche durch spätere Entdeckungen ans Licht gebracht worden sind. Er bemerkt, dafs die Schichten von Sussex, mit Ausnahme des Diluviums und der Tertiär Ablagerungen, nur zwei Reihenfolgen von Bildungen angehören; eine dem Meere gehörig und die Kreide mit dem Grünsand einschliefsend; die andere dem süfsen Gewässer gehörig oder die Wealdformation. Jene enthält Fische, Zoophyten und Meer Mollusken; diese grasfressende Saurier, Schildkröten, Landpflanzen, und Süfswasser Mollusken. Er beschreibt sodann die Zähne und anderen Knochen des Krokodils, Megalosaurus, Plesiosaurus, Iguanodon, und Phytosaurus cylindricodon. Der Kopf, die Kinnladen und Zähne dieses letzteren kommen im Keuper in Deutschland und die Zähne in den Tilgateschichten von Sussex vor. Ueber das Iguanodon führt der Verfasser manches neue anatomische Detail an: er bemerkt besonders einen Zehenknochen, ein Schlüsselbein von einer ganz aufserordentlichen Form, und den Ober- so wie beide Unterschenkelknochen desselben Beines, welche ganz ungeheuere Dimensionen haben. Er liefert sodann eine Anzeige der Resultate von einer sorgfältigen Vergleichung des Skelets der jetzt lebenden Jguana und des Jguanodon und weifst nach, dafs dasselbe nach dieser Untersuchung eine Länge von 70 Fufs gehabt zu haben scheint, wovon der Schwanz ungefähr ⅔ ausmacht. Er beschreibt sodann ein neues fossiles Reptil, von dem kürzlich ein beträchtlicher Theil des Skelets entdeckt worden ist. Der Gesteinsblock in welchem die Knochen lagen, war 4½ Fufs lang und 2½ Fufs breit. Er zeigte eine Reihe von 5 Hals und 5 Rückenwirbeln mit den entsprechenden Rippen und 4 andere Wirbelknochen welche abgerissen zerstreut lagen. Die Schulterschnäbel und Schulterblätter beider Seiten waren sichtbar und zeigen eine so eigenthümliche Structur, dafs die Trennung dieses Reptils von allen jetzt lebenden und fossilen Genera dadurch gerechtfertigt erscheint. Mit den Schulterschnäbeln des Lizard, hat es die Schulterblätter des Krokrodils. Eine noch gröfsere Eigenthümlichkeit des Knochengerüstes liegt in einer Reihe von stachlichten, knochigen Apophysen welche in der Länge von 3 bis 17 Zollen wechseln, in der Breite an ihrer Basis von 1½— 7 Zollen, und welche einen gewissen Parallelismus mit der Wirbelsäule halten, als wenn sie in einer Linie auf dem Rücken gestanden hätten. Diese Umstand mit anderen Gründen zusammengenommen, führt den Verfas. auf die Vermuthung dafs, es die Reste, von einem Hautlappen gewesen sein möchten, womit der Rücken besetzt gewesen und welcher, wie bei einigen der noch lebenden Jguanaspecies, zum Schutze des Thieres gedient habe; aber gleichzeitig bemerkt er mehrere anatomische Eigenthümlichkeiten, welche ihn zweifelhaft machen bestimmt auszusprechen, dafs die Knochen solche Anhängsel gehabt hätten. Er geht alsdann auf eine sorgfältige Prüfung der Gründe ein, warum dieselben nicht die Fortsätze von Wirbeln sein können. Viele Rückenlappen, welche dazu dienten die grofsen Schuppen zu tragen wurden von dem Verfasser in dem Stein entdeckt. Er schlägt vor, ein neues Genus für dieses Thier zu bilden, dessen Character auf die Eigenthümlichkeit des Brustknochen Apparates *), und der Stachelfortsätze beruhen würde; der Nahme Hylaeosaurus oder Wald-Lizard würde Bezug auf den Fundort, den Wald

---

*) Soll wohl heifsen: „der Schulterknochen" denn die Brustknochen sind ganz andere Theile, und wie es scheint, nicht bekannt.

Herausgeber.

von Tilgate haben. Am Schlusse des Aufsatzes macht der Verfasser einige Bemerkungen über den Zustand dieser Gegend in der Epoche des Jguanodon. Nach Beschaffenheit der organischen Reste, welche, mit Ausnahme der Mollusken und der Stiele von Equisetum Lyellii, Spuren eines weiten Transports zeigen, behauptet er, daſs der Fluſs, welcher das vormalige Delta, die Wealden der Geognosten gebildet hat, einen weit entfernten Ursprung von den hier gebildeten Schichten gehabt haben müsse, und nach dem Zustande einiger Stükken (wobei er namentlich den Hylaeosaurus anführt) schlieſst er, daſs die Knochen der Reptilien zerbrochen und aus einander gerissen sein müssen, während sie mit Knochen und Haut bedeckt waren, weil sonst die zerbrochenen Theile und die getrennten Knochen nicht die relative Stellung gegeneinander behalten haben würden, worin dieselbe jetzt gefunden werden. Er schlieſst mit einer Lobrede auf den berühmten Naturforscher Cuvier, von dem er viele aus seinem Briefwechsel gezogene Bemerkungen in verschiedenen Theilen des Aufsatzes angeführt hat.

Den 19. Dec. Bericht über die Untersuchung der Oolithenbildung von Gloucestershire; von W. Lonsdale.

Diese Untersuchung wurde bekanntlich nach einem Beschlusse der General-Versammlung von 1832 ausgeführt indem die jährlichen Einkünfte der Wollastonschen Stiftung darauf verwendet wurden.

Der untersuchte District ist auf der Westseite von den Gehängen der Oolith Berge von Toghill 1 Meile nordnordwestlich von Bath bis Meonhill nahe bei Chipping Campden, und auf der Ostseite von dem Fuſse der Coralrag Berge von der Nähe von Chippenham bis Farringdon und von dort durch eine grade Linie, welche von Burford nach Stow-on the Wold und Shipston on Stour gezogen ist, begränzt. Die untersuchten Formationen sind: Marlstone (Mergelstein), unterer Ooolith, Fuller's-earth (Walkerde) Groſser Ooolith; forest marble (Waldmarmor) und Cornbrash.

Den früheren Untersuchungen von Smith, Cumberland, Weaver, W. Conybeare, De la Beche, Murchison und Greenough läſst der Verf. ihr Verdienst erfahren, und erkennt die Vortheile an, welche er aus der, von der Militär Behörde aufgenommenen Charte (Ordnance

Map, Artillerie Charte) gezogen hat, die seinen Untersuchungen zum Grunde liegt.

Marlstone. Diese Formation ist ursprünglich von Smith aufgestellt, und ihre geognostische Stellung als ein Glied der Liasbildung späterhin von Philips in seinem schätzbaren Werke über Yorkshire gezeigt worden. In Gloucestershire besteht diese Bildung aus etwa 150 Fuſs Mergel und Sand, und enthält in dem unteren Theile eine Lage von kalkigem und eisenschüssigem Sandstein der mit organischen Resten angefüllt ist. Der obere Theil ist ein blauer glimmerreicher Mergel, der dem Alaunschiefer von Yorkshire parallel zu stellen ist. Die charakterisirenden Versteinerungen sind Gryphaea gigantea und Pecten aequivalvis. Das Ausgehende des Marlstone fällt mit dem Gehänge zusammen und wird an demselben überall da gefunden, wo die unter dem unterem Oolithe liegenden Schichten entblöſst sind.

Unterer Oolith. In dem südlichen Theile von Gloucestershire besteht diese Bildung aus beinah gleichen Abtheilungen von weichem Oolithe und etwas kalkigen Sandschichten; aber in dem nördlichen Theile der Grafschaft sind diese letzteren gröſstentheils durch einen gelben sandigen Kalkstein ersetzt. Die Lagen von Hausteinen, welche nach ihrer Gesteinsbeschaffenheit nicht von denjenigen unterschieden werden können, welche in dem groſsen Oolith vorkommen, nehmen, ihrer Zahl und Mächtigkeit nach, von der Nachbarschaft von Bath nach den Cotteswolds östlich von Cheltenham zu, wo dieselben das ganze Gehänge bilden. Diese Beschaffenheit erhält sich in dem nördlichen Theile der untersuchten Gegend; aber östlich von dem Thale, welches von Stow-on-the-Wold nach Barrington bei Burford zieht, tritt eine Veränderung ein, sowohl in der Zusammensetzung als auch in der Mächtigkeit der Formation. Die Hausteinschichten werden durch einen nierenförmig abgesonderten, rauhen Oolith ersetzt, welcher sehr zahlreiche Exemplare von Clypeus sinuatus enthält. Der sandige Theil besteht nur aus einer dünnen Lage und die Mächtigkeit der ganzen Formation ist von 150 Fuſs bis auf 50 vermindert. Die charakterischen Versteinerungen, welche der Verfasser aufführt sind: Clypeus sinuatus, Terebratula simbria, Modiola plicata, Pholadomya fidicula, Trigonia costata, Gryphaea columba (Sow.) Lima proboscidea und Ammonites corrugatus. — Diese Formation nimmt in Gloucestershire einen viel gröfseren Flächenraum ein, als derselben bisher angewiesen worden ist. Aufserdem dafs dieselbe den oberen Theil des Gehänges bildet, nimmt sie, südwärts von Cheltenham, die geneigte Fläche ein welche sich zwischen den höchsten Punkten der Hügel bis an die Erhebung der Walkerde und des grofsen Oolithes ausdehnt, und nördlich von dieser Studt bestehen die ganzen Hügel daraus, wenn man zufällige Kuppen des grofsen Ooolithes ausnimmt.

Walkerde. Diese Thon Ablagerung hat in der untersuchten Gegend eine viel geringere Wichtigkeit als in der Umgegend von Bath. Die Substanz, der sie ihre Benennung verdankt, fehlt entweder gänzlich, oder ist so unrein, dafs sie für den technischen Gebrauch unnütz ist. Ihre gröfste Mächtigkeit in Gloucesterschire mag sich auf 50 Fufs erheben; in den Cotteswolds ist sie nicht über 25 Fufs, und nordöstlich einer Linie von Winchomb nach Burford gezogen verliert sich diese Ablagerung gänzlich.

Grofser Oolith. Die dreifache Abtheilung von oberen Rags, von feinem Haustein und unteren Rags, worin diese Formation in der Nähe von Bath zerfällt, hält sich nicht durchgängig in dem untersuchten District. Die oberen Rags, bestehend aus weichem und festem, muschelreichem Oolith, sind bis Cirencester verfolgt worden, aber nordöstlich dieser Stadt werden dieselben durch einen zerklüfteten weifsen, thonigen Kalkstein ersetzt. In der mittleren Abtheilung kommt feiner nutzbarer Haustein hie und da vor, und die Mehrzahl der Schichten besteht aus einem festen oolithischen Kalkstein. Die unteren Rags, bestehend aus groben, muschelreichen Oolithschichten, auf feinkörnigem oder krystallinischem Kalkstein aufliegend, erstrecken sich von Bath nach Wotton Underedge; aber in der Nähe dieser Stadt tritt eine Veränderung ein, und ihre Stelle wird von Schichten eines schiefrigen Kalksteins eingenommen. Diese Schichten sind durch den ganzen nordöstlichen Theil von Gloucestershire und bis in die Nachbarschaft von Burford verfolgt worden. Sie werden in ausgedehnter Weise zu Dachplatten gebrochen, besitzen den Gesteinscharakter der Stonesfieldschiefer, und ihre Spaltbarkeit entwickelt sich besonders durch die Einwirkung der Atmosphäre. Sie enthalten die Trigonia impressa, eine charakteristische

Versteinerung von Stonesfield, und bei einer Vergleichung der Schichten von Burford mit denen, welche bei Stonesfield auf den Schieferschichten aufliegen, findet man eine beinahe völlige Uebereinstimmung des Charakters und der Lagerungs-Folge an beiden Localitäten wieder *) Mit Rücksicht auf die Versteinerungen des grofsen Oolithes bemerkt der Verfasser, dafs wichtige Veränderungen entstehen, wenn die Stonesfieldschiefer von dem Forestmarble getrennt und den tiefsten Schichten des grofsen Oolithes zugezählt werden.

Forest marble. — Der Bradfordthon welcher den grofsen Oolith von dem Forest marble in Wiltshire trennt, ist nur in dem südlichsten Theile von Gloucestershire beobachtet worden. Ueber dem Forest marble selbst hat die Untersuchung nichts neues ergeben. Derselbe besteht aus einer mächtigen Lage von geschichtetem muschelreichem Oolith, welche zwischen Schichten eines sandigen Thons liegt, der Sandsteinstreifen enthält. Von Bath bis in die Nähe von Fairford befindet sich in dieser Ooolithlage zu oberst eine Ablagerung von losem Sand mit grofsen Massen eines kalkigen Sandsteins.

Cornbrash. Diese Bildung besteht fast in ihrer ganzen Erstreckung aus einer wenig mächtigen Ablagerung eines zerklüfteten harten und dichten Kalksteins; aber in der Nähe von Malmsbury ist sie aus dicken Bänken eines krystallinischen Kalksteins zusammenge-

---

*) Die folgende Uebersicht enthält Dr. Fitton's genaue Aufzählung der Schichten von Stonesfield (siehe Zoolog. Journ. Vol. III.) und eine Liste derjenigen, welche in dem Windrush Steinbruche bei Burford vorkommen:

Burford.		Stonesfield.
Zu oberst Zerklüfteter (rubbly) Kalkstein	1 Fufs,	zerklüfteter Kalkstein
bräunlicher Mergelstein	6 —	Thon
zerklüfteter Kalkstein	4 —	Kalkstein
Lichter sandiger Mergel	3 —	blauer Thon
zerklüfteter Mergelstein	½ —	Oolith
hell gefärbter Thon	½ —	blauer Thon
Rag und Haustein	15 —	Rag, oolithischer Kalkstein
Sandiges schiefriges Gestein		Sandige Schichten, welche die Schiefer enthalten.

Der Verfesser führt an, dafs er Herrn Greenough die erste Nachweisung von der Aehnlichkeit der Schiefer von Gloucestershire mit denen von Stonesfield verdanke.

setzt, welche zu unterst mit Sandschichten abwechseln und von einer Lage sandigen Thones bedeckt werden, die Sandsteinstreifen enthalten.

Schliefslich bemerkt der Verfasser vier Verwerfungen, welche alle Schichten vom Lias bis zum Forest marble treffen; sie kommen bei Stow-on-the-Wold; Clapton; Bourton-on-the-Water; Brookhampton und zwischen Tetbury und Cirencester vor.

Den 9. Januar 1833. Bemerkungen über die Steinkohlen; von W. Hutton.

Der Verfasser wurde zu den in diesen Bemerkungen enthaltenen Beobachtungen durch die Methode der mikroskopischen Untersuchungen geführt, welche Herr Witham so erfolgreich angewendet hat. Bei der mikroskopischen Untersuchung eines dünnen Blattes von Kohle, worin Herr Witham kürzlich eine bestimmte vegetabilische Textur entdeckt hat, wurde die Aufmerksamkeit des Verfassers durch das merkwürdige Ansehen verschiedener Zellen in demjenigen Theile der Kohle erregt, wo die ursprüngliche Pflanzen Textur nicht mehr zu unterscheiden war. Um die Untersuchung auszudehnen, verschaffte er sich eine grofse Reihenfolge von Blättern von allen Varietäten von Steinkohlen, die zu Newcastle und in den benachbarten Districten vorkommen. Die Steinkohle von Newcastle wird von dem Verfasser in dreierlei Arten getheilt. Die erste, am häufigsten vorkommende, welche die beste ist, bildet die so sehr geschätzte, stark backende Kohle; die zweite ist die Kennel oder Parrot Kohle (Splent oder Splint Kohle des Bergmannes). Die dritte, die Schieferkohle von Jameson, besteht aus den beiden ersteren, welche in dünnen Lagen mit einander abwechseln und hat daher eine schiefrige Textur. In diesen Varietäten der Steinkohlen, selbst in Stücken die ohne Unterschied genommen wurden, konnte immer mehr oder weniger von der vegetabilischen Textur entdeckt werden. Dies beweifst unwiderlegbar, wenn dergleichen Beweise noch erforderlich wären, den Ursprung der Steinkohle aus Pflanzen.

Jede dieser drei Arten zeigt aufser der feinen, bestimmten, netzförmigen, ursprünglich vegetabilischen Textur, andere Zellen, welche mit einer hell rein gelben Materie, offenbar von bituminöser Natur angefüllt sind und die von so flüchtiger Beschaffenheit ist, dafs sie durch Hitze ausgetrieben wird, ehe noch irgend eine andere Veränderung in der übrigen Zusammensetzung der Kohle erfolgt. Die Menge und das Ansehen ist in jeder dieser Steinkohlen Arten verschieden. In der Backkohle sind nur wenige dieser Zellen vorhanden und sie haben eine sehr verlängerte Gestalt. Der Verf. glaubt, dafs sie ursprünglich eine kugelförmige Gestalt gehabt haben, und er schreibt ihre jetzige Form der Ausdehnung von Gas zu, welches in einer nachgebenden Materie eingeschlossen, und einem starken Drucke unterworfen gewesen ist. In den feinsten Theilen dieser Kohle, wo die krystallinische Structur, welche durch die rhomboidale Gestalt der Bruchstücke angedeutet wird, am meisten entwickelt ist, sind die Zellen völlig verwischt. In diesen Theilen ist die Textur gleichförmig und dicht. Das krystallinische Gefüge zeigt eine vollkommnere Vereinigung der Bestandtheile und eine gänzlichere Zerstörung der ursprünglichen Pflanzen Textur an.

Die Schieferkohle oder die dritte der oben erwähnten Verietäten, enthält zweierlei Arten von Zellen, welche beide mit gelber bituminöser Materie angefüllt sind. Eine Art ist die bereits bei der Backkohle erwähnte; die andere Art von Zellen bildet Gruppen von kleineren Zellen, von einer verlängerten runden Form.

In den unter den Namen Kennel, Parrot und Splentkohl bekannten Arten fehlt die krystallinische, bei der Backkohle so ausgezeichnete Textur gänzlich; die erste Art der Zellen kommt wenig darin vor, und die ganze Oberfläche ist mit einem gleichförmigen Gewebe der zweiten Art von Zellen bedeckt, welche mit bituminöser Materie angefüllt, und durch dünnfasrige Scheidewände getrennt sind.

Nach der Beschreibung dieser Erscheinungen, welche durch Zeichnungen verdeutlicht sind, geht der Verfasser zu einen Raisonement über den Ursprung der Zellen in der Kennelkohle über. Er betrachtet es als sehr wahrscheinlich, dafs sie von der netzförmigen Textur der Pflanzen abstammen, abgerundet und verschmolzen sind durch den ungeheuern Druck, dem die vegetabilische Masse ausgesetzt gewesen ist. Sodann bemerkt er, dafs, wie wohl die krystallinischen oder unkrystallinischen, oder anders ausgedrückt die vollkommen oder unvollkommnen entwickelten Verietäten von Kohle, allgemein in verschiedenen Schichten vorkommen, es doch leicht sei, Stücke zu finden, welche in dem Bereiche eines Quadratzolles beide Varietäten enthalten. Nach dieser Thatsache und auch nach der völligen Gleichheit der Lage welche sie in dem Gebirge einnehmen, werden die Unterschiede der verschiedenen Varietäten von Steinkohle dem ursprünglichen Unterschied der Pflanzen zugeschrieben aus denen dieselben entstanden sind.

Hierauf weifst der Verfasser auf die Entwicklung des brennbaren Gases aus den Steinkohlen hin und führt verschiedene interessante Thatsachen (nach H. Davy und Herrn Buddle) zum Beweise an, dafs brennbares Gas völlig gebildet in der Kohle vorhanden ist, während dieselbe sich in ihrer natürlichen Lage im Gebirge befindet, dafs dasselbe in ungeheueren Quantitäten aus Klüften ausströmt, die eine freie Verbindung mit den Reservoiren haben welche es erfüllt, und dafs dasselbe dort einem sehr grofsen Drucke ausgesetzt sein mufs. Der Verfasser macht es auf eine sinnreiche Weise wahrscheinlich, dafs das Gas in einem so zusammengedrückten Zustande in der Kohle vorhanden sei, dafs es den tropfbar flüssigen Zustand annehme. Eine Betrachtung dieser Umstände veranlafste den Verf., während er mit den mikroskopischen Untersuchungen beschäftigt war, sich nach einer Structur der Kohle umzusehen, welche Gas zu enthalten fähig wäre und es glückte ihm, ein System von Zellen aufzufinden, verschieden von den vorher erwähnten und offenbar hinzu geeignet. Diese, für Gaszellen gehaltenen, werden immer leer gefunden, haben gewöhnlich eine runde Form, kommen in Gruppen vor, die unter einander zusammenhängen und führen in ihrem Mittelpunkte ein Kügelchen von kohliger Materie. Der Verfasser macht einen scharfen Unterschied zwischen diesen Gaszellen und den oben beschriebenen welche mit bituminöser Materie angefüllt sind; denn der Anthrazit von Süd Wales enthält die ersteren, ist aber von den letzteren ganz frei. Er führt auf die Autorität von F. Foster an, dafs dieser Anthrazit brennbares Gas entwickelt, wenn derselbe zuerst der Luft ausgesetzt wird.

Ueber die Ophiura von Child's Hill, nordwestlich von Hampstead; von N. Th. Wetherell.

Nach der Bemerkung, dafs Ophiuren überhaupt sehr selten und bisher in England nur in der Kreide und in der unteren Abtheilung der Oolithengruppe beobachtet worden sind, führt der Verfasser an, dafs er (1829) mehrere Exemplare einer Species von Ophiura in den Septarien (Nieren) im Londonthone von Child's Hill gefunden habe; dafs sie mit einigen der diese Formation am meisten charackterisirenden Versteinerungen vorkommen und dafs er Bruchstücke derselben Ophiura in einem Septuarium von Highgate Archway gefunden habe.

Den 23. Jan. Ueber einen Theil von Dukhun in Ostindien; von W. H. Sykes.

Der Verfasser beschreibt diesen District als begränzt in Westen von der Gebirgskette, welche die Europäer gewöhnlich Gats (Ghauts) nennen (welches auf einer Verwechslung beruht, weil der Ausdruck Ghaut nur einen Pafs bedeutet und der eigentliche Nahme Syhadree ist), in Norden von dem Flusse Mool, in Osten von dem Flusse Seena, und in Süden von einer Linie zwischen den Städten Beejapoor und Meeruj und weiter aufwärts von den Flüssen Krishna und Quina bis zur Bergfeste Wassola in den Gats und umfassend einen Flächenraum von 25000 Englischen Quadratmeilen (nahe an 1300 Geographischen Quadratm.) zwischen 16° 45′ und 29° 27′ nördlicher Breite und zwischen 73° 30′ und 75° 53′ östlicher Länge.

Dieser ganze District, von dem Meeresspiegel an bis zur Höhe von 4500 Fufs, besteht aus deutlich geschichteten horizontalen abwechselnden Lagen von Basalt und Mandelstein, ohne dafs irgend Gebirgsarten einer anderen Formation dazwischen vorkämen. Aehnliche Structur wird von den Malwa und von den Vindhya, Gawelghur und Chandore Bergketten angegeben.

Dukhun (dessen mittlere Erhebung der Thäler und des Tefellandes zu 1800 Fufs über dem Meere angegeben wird) erhebt sich in schnell ansteigenden Terassen von dem Lande an seinem Fufse; gegen Osten sinkt es in Terassen, doch diese sind niedrig und in bedeutenden Entfernungen und fallen daher nicht sehr auf. Auf der Höhe der Gats befinden sich zahlreiche Bergrücken, die sich nach Osten oder Südosten erstrecken. Die Thäler zwischen denselben sind entweder eng, gekrümmt und spaltenähnlich, oder breit und eben; die Enden beider sind von ziemlich gleicher Breite. Ein Flufs läuft durch ein jedes dieser Thäler und hat seinen Ursprung am westlichen Ende. Der Verfasser hält es für unmöglich, dafs die jetzigen Flüsse eines dieser Thäler ausgehöhlt haben können. Die von einem Spalten ähnlichen Character lassen sich auf eine Periode beziehen, wo das Land aus der Tiefe des Meeres hervorgehoben worden ist, wenn jemals ein solches Ereignifs vorgegangen ist; aber diese Erklärung entspricht nicht den breiten flachen Thälern, welche von steilen Bergen eingefafst werden.

Der Verfasser beschreibt das Vorkommen von Säulenbasalt und die zahlreichen Localitäten von Basalt Pflaster aus fünfseitigem Stücken, welche nichts anders als die Endflächen von Basaltsäulen sind. Ferner gedenkt er der sonderbaren vereinzelten Haufen von Felsen und Steinen, deren lose Theile eine Anlage zu geometrischen Formen zeigen. Er beobachtete wiederholt das Vorkommen von Kugelbasalt (basalt en boules) von ungeheuern Abstürzen; von Gängen von grofser Längenerstreckung, die sich einander kreuzen; von Schichten eines eisenschüssigen Thones unter dichtem Basalt, der an einigen Punkten vom Zerreiblichen bis zur Jaspishärte übergeht; das Vorkommen von staubartigem Kalk in Gängen, und von feinkörnigem Kalkstein an der Oberfläche und in den Flufsbetten. Kalkspath wird nur als ein eingeschlossenes Mineral angeführt. Er bemerkte zahlreiche Gänge von Quarz und Chalcedon welche die basaltischen Lagen durchsetzen und den gröfsten Theil der kiesligen Mineralien liefern, die in grofser Menge über das Land ausgestreut sind, wie Agate, Jaspisse, Hornsteine, Heliotrope, Halbopale; ferner Stilbit, Heulandit, Mesotyp, Ichthyophthalm, u. s. w. und erwähnt ferner des Vorkommens von salzsaurem und kohlensaurem Natron, von Eisenerzen aus denen der berühmte Wootzstahl bereiwird und von warmen Quellen. Der Verfas. bemerkte keine Gebirgsformen, welche den Krateren erloschener Vulkane gleichen und fand nirgends Versteinerungen.

Der Aufsatz endet mit einigen allgemeinen Bemerkungen (die bis auf den 25sten Grad nördlicher Breite beschränkt sind) über die bewundrungswürdige Ausdehnung des Trapps, des körnigen Kalksteins, Granites und Gneises auf der Indischen Halbinsel. Aus den geognostischen Arbeiten von Dangerfield, Coulthard, Franklin, Voysey und Calder scheint hervorzugehen dafs die Trappgegend einen Flächenraum von 200000 — 250000 Englischen Quadrat Meilen (10000 — 12000 Geograph. Q. M.) einnimmt, und aus den Beobachtungen von Everest, Royle, Babington, Calder und

Voysey kommt man zu dem Resultat, dafs die letzten Verzweigungen dieser Troppformation sich östlich bis zu dem Rajmahl Hügeln am Ganges und südlich durch Mysore bis zu der Spitze der Halbinsel erstrecken. Rücksichtlich des Alters dieser Bildung bemerkt Franklin, dafs dieselbe in Bundelkund auf einem Sandstein aufliege, den er für ident mit dem bunten Sandstein von Europa hält. Der Trapp würde daher in die mittlere Flötzzeit (Super medial order Conyb.) fallen. Dagegen führt Everest genügende Gründe an und macht diese Ansicht zweifelhaft. Ohne hinreichende Thatsachen ist es vergeblich, die Entscheidung dieser Frage zu versuchen. Der Verfasser deutet auf die Bildung der horizontalen Basalt und Mandelsteinlagen mit ihren parallelen oberen und unteren Flächen, ihren senkrechten Ausgehenden, als einen Gegenstand besonderer und interessanter Speculation hin.

Nach den Beobachtungen von Calder, Everest, Stirling, Davy und des Verf. dehnt sich die tafelförmige Formation auf mehrere hundert Meilen Länge mit wenigen Unterbrechungen an beiden Küsten der Halbinsel, bis nach Ceylon aus. Vollständige Beweise von dem Vorkommen von körnigem und staubförmigem Kalk über Dukhun und Hindostan werden beigebracht. Rücksichtlich des Granites und Gneifses sammelte Voysey Beobachtungen, welche ihn glauben machen, dafs diese Gebirgsarten die Basis der ganzen Halbinsel bilden und nach dieser Ansicht ungefähr einen Flächenraum von 700000 Englischen Quadratmeilen einnehmen müssen.

Der Verfas. kennt keine normalen (Sediment) Gebirgsarten in dem westlichen Theile von Indien südlich von Baroach, mit Ausnahme solcher die aus der Verhärtung verhältnifsmäfsig neuer Alluvial-Absätze hervorgegangen sind. — Endlich schildert er die charackteristischen geognostischen Verhältnisse der Halbinsel als bestehend in der erstaunungswürdigen Ausdehnung des Trapps, in der horizontalen Stellung der Lagen desselben; in der Granitbasis des ganzen Landes, in dem Vorkommen von Trappgängen im Granit; in dem Mangel der regelmäfsigen Reihenfolge der Europäischen Formationen; in den ausgedehnten und eigenthümlichen Kalkstein und Tafel Formationen; dem Vorkommen von staubartigem Kalk in Lagen und dem gänzlichen Fehlen von Versteinerungen. Dieser Aufsatz ist begleitet von einer illuminirten Karte, zwei Durchschnitten des Landes, mehreren Skizzen des Oberflächen Ansehens und einer zahlreichen Sammlung von Felsarten und Mineralien.

Ein Schreiben von J. Trimmer an Buckland, über die Entdeckung von Meeres Mollusken noch lebender Species auf dem linken Ufer der Mersey, über der Fluthmarke.

Herr Trimmer hat kürzlich in der Nähe von Runcorn in einem niedrigen Landstriche an dem Ufer der Mersey, einen Durchschnitt von etwa 20 Fufs Mächtigkeit gefunden, welcher die nachstehende Reihenfolge von Schichten zeigte: zu oberst 1. Gelber grober Sand mit wenigen Geschieben, aber keine Muscheln; 3—6 Fufs mächtig.

2. Eine Lage von verrotteter vegetabilischer Materie, ½ bis 3 Zoll dick

3. Eine Lage 14 Fufs mächtig, bis auf die Fluthmarke reichend; in dem oberen Theile hauptsächlich aus Sand, in dem unteren aus Thon bestehend. Dieselbe enthält wenige Bruchstücke von dem bunten Sandstein der Nachbarschaft und zahlreiche Geschiebe von Granit, Syenit, Grünstein, Kalkstein, Grauwacke, Quarzfels und Sandstein. Diese wechseln in Gröfse von ½ Zoll bis 6 Zoll im Durchmesser; mit ihnen zusammen kommen einige Findlinge vor; einzelne derselben sollen 25 Centner wiegen. In dieser Lage, aber besonders in dem unteren Theile, fand der Verfasser Reste von Meeres Mollusken, die zu den Gattungen Cardium, Turritella, Buccinum gehören; aber er bemerkt dafs sie nur als Fragmente vorkommen und in dem Zustande der Erhaltung mit denjenigen übereinstimmen, welche er bei einer früheren Gelegenheit auf dem Moel Tryfan an dem Gehänge des Snowdon gefunden hat.

Diese Thatsachen beweisen nach dem Verfas. drei verschiedene Operationen:

1. eine Ueberschwemmung des Meeres, welche Fragmente von Meeresmuscheln und von Gebirgsarten mitbrachten, die in der Nachbarschaft nicht anstehend vorkommen.

2. die Ablagerung von etwas Torf und

3. die Anhäufung einer Sandlage, die den oberen Theil des Profiles bildet.

Der Verfasser fand im Verlauf seiner Untersuchungen auf der Höhe des Sandsteinbruches zu Weston, nahe bei der in Rede stehenden Localität und mehr als 100 Fuſs über der Fluthmarke, eine Lage von sandigem Lehm mit ähnlichen Findlingen. Meeresmuscheln darin aufzufinden gelang demselben jedoch nicht.

Den 6. Februar. Notizen zu einer geognostischen Karte des Forest of Dean und der benachbarten Gegend; von Maclauchlan.

Der dargestellte District umfaſst etwa 1000 Engl. Quadrat Meilen; die westliche Gränze bildet eine Linie von Gold Cliff nahe bei Newport nach Preston am Wyeflufse 8 Engl. Meilen nordwestlich von Hereford, und die östliche Gränze eine andere, welche von Didmarton nach Stroud, Gloucester und Hanley Castle 4 Engl. Meilen östlich von Malvern gezogen ist.

Der Verf. beschreibt zuerst den Streifen von Transitions Kalk, welcher sich mit geringen Unterbrechungen von Shucknell Hill, 4½ Engl. Meilen nordöstlich von Hereford nach Flaxley nahe bei Westbury an der Severn erstreckt. Diese Formation besteht aus Kalkstein und Schieferschichten, welche am May Hill auf einem Rücken von Grauwacke aufliegen und auf der westlichen Gränze von altem rothen Sandstein, auf der östlichen aber von diesem, von dem Kohlengebirge von Newent und dem bunten Sandsteine bedeckt werden. In dem Fallen der Schichten kommen groſse Unregelmäſsigkeiten vor.

Alter rother Sandstein. Diese Formation nimmt einen grofsen Theil von Süd-Herefordshire und des an den Forest of Dean stoſsenden Districtes ein. Er besteht aus Schichten von Sandstein, Conglomerat, concretionirtem Kalkstein und Thon. Der Kalkstein kommt in dem unteren Theile der Formation, und das Conglomerat in dem mittleren vor.

Der Kohlenkalkstein umgiebt das Kohlen Revier des Forest of Dean, mit Ausnahme des südöstlichen Muldentheiles, der durch eine groſse Verwerfung abgeschnitten ist. Die unteren Schichten zeigen eine krystallinische Textur, und sind von den oberen, thonigen und sandigen Lagen, durch eine Schicht von Eisenerz getrennt. Von der südlichen Gränze des Kohlenrevieres erstreckt sich der Kalkstein in eine südwestliche Richtung über Chepstow und Caerwent nach Magor.

Kohlenrevier. Die Schichten welche das Kohlenrevier des Forest of Dean zusammensetzen, werden mit Genauigkeit beschrieben; sie bilden zwei Abtheilungen. Die untere zeichnet sich dadurch aus, dafs zwischen den Kohlenflötzen grobe Sandsteine liegen, während sie in der oberen durch Schieferthon getrennt werden. Das Newent Kohlenrevier unterscheidet sich dadurch in seiner geognostischen Stellung von dem des Forest of Dean, dafs es an seiner westlichen und südlichen Gränze auf den Transitionsschichten, an seiner nordwestlichen aber auf altem rothem Sandstein aufliegt und auf der östlichen Gränze von einem Conglomerate bedeckt wird, welches dem bunten Sandsteine angehört. Zwei isolirte Theile des Kohlenrevieres von Forest of Dean kommen am Howl Hill und zu Tidenham Chase vor.

Bunter Sandstein (New redsandstone). Bei der Beschreibung dieser Formation erkennt der Verf. die grofse Schwierigkeit an, welche er in der Unterscheidung derselben von dem alten rothen Sandsteine da gefunden habe, wo beide zusammenstofsen. Er führt an, dafs die einzigen Charaktere auf welche er sich verlassen könne, die Abwesenheit von Conglomeratschichten, von Platten (flagstone) von grauen Thonen mit Nieren von Kornstein (concretionirtem Kalkstein), das Vorkommen von einem Conglomerate welches dem Magnesian Kalkstein angehört, bei Tidenham, und die bisweilen scharf bestimmte Ungleichförmigkeit des Fallens der älteren und neueren Ablagerungen, sei. Ausgedehnte Lagen von Grand kommen an der Oberfläche in der Nähe von Hereford und in dem Wyethale bis nach Ross, vor. Die Begränzungen derselben sind mit Genauigkeit auf der Charte verzeichnet. Das Entwässerungssystem der Gegend um Hereford beruht auf der Oeffnung des Wyethales. Zuletzt folgt eine ausführliche Beschreibung der Verwerfung, welche an dem südöstlichen Ende des Kohlenrevieres von Forest of Dean vorkommt, und eine Erwähnung derjenigen Verwerfung welche das Kohlengebirge im Thale von Lidbrook stört.

Den 15. Febr. Rede gehalten in der geologischen Gesellschaft von R. J. Murchison, bei der Abgabe des Präsidiums.

Fünf und Zwanzig Jahre sind erst seit der Stiftung unserer Gesellschaft durch Greenough und einige eifrige

Naturforscher verflossen. Im Jahre 1826, als wir die Königl. Stiftungs Urkunde erhielten, war die Zahl unserer Mitglieder bereits auf 476 angewachsen und seit dieser Zeit ist die Zunahme noch schneller gewesen, indem wir jetzt 694 Mitglieder zählen. Diese auffallende und stete Vermehrung unserer Kräfte ist der beste Beweis von der Achtung, worin unsere Beschäftigung steht, und zeigt ferner, dafs die Bestrebungen der Geologen nicht länger für rein speculativ gehalten, sondern dafs sie endlich als wesentlich verbunden mit der Entwikkelung der nationalen Hülfsmittel betrachtet werden.

Seit der vorigen Sitzung haben wir den Tod dreier ausgezeichneten Geologen zu betrauern.

Benj. Richardson zu Farley bei Bath, eins der ersten Mitglieder dieser Gesellschaft, war ein Mann von grofser Eigenthümlichkeit des Charakters und Liberalität der Gesinnungen und als ein Pfleger der Wissenschaft ausgezeichnet durch den Umfang seiner Kenntnisse — nicht geschöpft aus Büchern sondern aus einer Beobachtung der Natur in ihren eigenen Werkstätten. In der Geologie war er durch eigene Untersuchungen wohl unterrichtet; aber es gereichte ihm zu einer besonderen Genugthuung anzuerkennen, dafs er W. Smith die ersten klaren Ideen darüber verdanke. Deshalb wurden seine späteren Tage noch durch das Gefühl: dafs die Verdienste seines Freundes von dieser Gesellschaft anerkannt worden sind, freudig belebt. Seiner Freigebigkeit hat nicht allein unser Museum sondern auch viele Anstalten in den Provinzen vieles zu verdanken.

Mit schmerzlichem Gefühl erinnere ich an den Verlust unseres berühmten philosophischen Forschers James Hall. Als vertrauter Freund von Hutton und Playfair eignete er sich die Ansichten dieser berühmten Männer an und überzeugte sich von den Hauptwahrheiten der Huttonischen Theorie durch ausgebreitete und mühsame Untersuchungen der geognostischen Erscheinungen, nicht allein auf den britischen Inseln sondern auch in den Alpen, in Italien und in Sicilien. Die Resultate dieser Beobachtungen wurden in einer Reihe von Memoiren bekannt gemacht, vorgetragen in der Königl. Gesellschaft zu Edinburgh, deren Präsident er viele Jahre hindurch gewesen ist. Dieser Memoiren gedenkend, erinnere ich Sie gleichzeitig, wie wesentlich er zu der vollständigen Beweisführung beitrug, dafs eine gewisse Klasse von

Granitgängen in darüber liegende Ablagerungen nach ihrer Festwerdung gedrungen ist. Er bemühte sich, durch Versuche die Biegungen der Schichten zu erklären und die Art in welcher die Erscheinungen durch hebende Kräfte unter starkem Drucke bewirkt worden sind. Er unterwarf verschiedene Gebirgsarten von feurigem Ursprunge der chemischen Analyse und zeigt die relativen Grade ihrer Schmelzbarkeit. Er gab einen eigenthümlichen und klaren Bericht von der wahren Art der Bildung vulkanischer Kegel und während er zeigte, dafs der Monte Somma nur ein Theil eines ausgedehnten Vulkanes war, aus dessen Seite sich der jetzige Kegel des Vesuvs erhoben hat, machte er aufmerksam auf die nahe Analogie zwischen den älteren Lavagängen und den alten Trappgängen unserer Continente. Wenn er geneigt war, zur Erklärung der Umwälzungen der Erdoberfläche, dem Einflusse einer grofsen Fluth zu viel zuzuschreiben, so müssen wir uns erinnern dafs in dieser Abweichung von Hutton's Grundsätzen, seine Schlufsfolgen auf eine Klasse auffallender Erscheinungen gegründet waren, die er zuerst beobachtet hatte, und dafs die Diluvial Theorie (wiewohl in einem anderen Sinne) noch jetzt von ausgezeichneten Geologen unterstützt wird. Einem Geiste, so gewohnt den gewaltigen Wirkungen vulkanischer Erscheinungen nachzuforschen, war es ein natürlicher Gedanke, dafs die Zerreifsungen und Verwerfungen von Gebirgsstücken durch aufserordentliche Anstrengungen der Natur, nämlich durch mächtige Erderschütterungen und die sie begleitenden Erhebungen, Senkungen und Ausbrüche entstanden seyn müssen. So viel wir aber auch seinen genauen Beobachtungen verdanken, so sind wir ihm doch besonders für die erfolgreiche Anwendung der Chemie auf die Geognosie verpflichtet, ohne welche eine wesentliche Bedingung der Huttonischen Theorie nicht, wie sie jetzt ist, auf einer unverrükbaren Grundlage beruhen würde. Die wichtige Entdeckung der Kohlensäure durch Black, welche so viele dunkle Erscheinungen zu erklären geeignet war, wurde zuerst von der Wernerschen Schule geltend gemacht, um die Theorie einer feurigen Entwickelung der Erdschichten zu untergraben, weil es unmöglich schien die Bildung des krystallinischen Marmors aus erdigem Kalk durch dasselbe Mittel zu erklären, welches den gasförmigen Bestandtheil in jedem Kalkofen verflüchtigt. Dieser Schwierigkeit zu begegnen, stellte der Begründer der neuen Theorie den Satz auf, dafs die Hitze durch welche Gebirgsarten fest geworden sind, unter einem ungeheuren Drucke statt fand und dadurch Wirkungen hervorbrachte, ganz abweichend von denen, welche sich unter dem Drucke der Atmosphäre allein zeigen, indem unter solchen Umständen kohlensaurer Kalk schmelzen konnte ohne seine chemische Beschaffenheit zu verändern. Obgleich Hutton auf diese Weise die wahre Ursache der streitigen Erscheinungen errathen hatte, so stand er doch von der Verfolgung der Versuche ab, welche die Wahrheit seiner Hypothese beweisen mufsten, indem er die Ueberzeugung hegte, dafs die Unbeschränkheit natürlicher Gegenstände weit über das Bereich menschlicher Nachahmung hinausgehe. Es war Hall aufbehalten den Ruhm zu erndten, die Wahrheit der Lehre seines Freundes zu beweisen; — „die Muthmafsungen des Genie's, wie er uns erzählt, hörten endlich auf übertrieben zu scheinen; der Nebel, welcher die Gegenstände verdunkelte zerstreute sich allmählig, sie erschienen in ihrem wahren Lichte und ein Blick in die Ferne öffnete sich auf ungeahndete Gegenstände. Seinem lebhaften Geiste war die Verwirklichung dessen, was in dem tiefsten Abgrunde des Oceans vorgegangen war, auf der Oberfläche der Erde kein hoffnungsloses Streben und er begann eine Reihe von Versuchen, die einen grofsen Theil seines Lebens einnehmen, und welche mit rastloser Beharrlichkeit, so wie mit überraschender Fruchtbarkeit der Erfindung ausgeführt wurden, bis er vollständig die Schmelzung der erdigen kohlensauren Kalke, unter beträchtlichem Drucke, zu einem reinen und krystallinischen Marmor vollendete. Indem er diese Thatsache feststellte, wendete er die Waffen seiner Gegner gegen sie selbst und bahnte seinen Lehren einen Eingang bei allen Naturforschern Europa's

Die allmählige Abnahme bei herannahendem Alter hatte uns gewissermaafsen auf jene Verluste vorbereitet; aber Cuvier wurde uns in der vollen Kraft seines Geistes entrissen. Der Tod dieses Mannes hat die ernste Trauer jedes Landes hervorgerufen, auf dessen Bewohner die Strahlen der Wissenschaft ihr Licht geworfen haben, und die Ehrenreden zu seinem Gedächtnisse sind beinahe in jeder Sprache der civilisirten Erde gehört worden. Wie können wir unser Lob über ihn zurückhalten, dessen umfassender Geist nur der Güte seines Herzens gleich kam, dessen ganzes Leben den unnachlassenden Bemühungen gewidmet war, das Reich der Wissenschaft durch die Verbindung mit der Staats Verwaltung und durch den Einfluſs auf die Grundlagen der Erziehung zu erweitern? Mit einer beinahe unglaublichen Kenntniſs der Structur und der Funktionen jedes Theiles der organischen Natur, besaſs er die Kraft, mehr als jeder andere, sich von den Einzelnheiten loszureiſsen und erhebende Verallgemeinerungen darzulegen, welche er mit dem ganzen Reitz der Beredsamkeit empfahl, so daſs unter seinen Händen zuerst die Naturforschung mit den höchsten Zierden reiner Philosophie geschmückt worden ist. Ihm verdanken wir die wichtigsten Gesetze in der Vertheilung des Thierreiches, durch deren Anwendung wir viele Veränderungen auf der Oberfläche unseres Planeten verstehen gelernt haben. Er war es, der, indem er die Last der Irrthümer und Fehlschlüsse welche Kosmologen aufgehäuft hatten, von der Geologie abstreifte, mehr als ein anderer seines Zeitalters dazu beitrug sie auf den Platz zu erheben, den sie unter den Wissenschaften einnimmt. Nicht mehr wie unsere Vorgänger haben wir bei den Zweifeln und Verlegenheiten zu verweilen, welche die Unkunde der verloren gegangenen Typen der Schöpfung herbeiführte; seinem Geschick verdanken wir die Kenntniſs ihrer Analogien mit den gegenwärtigen Geschlechtern und er war es, der aus zerstreuten Knochen die Skelette der wunderbaren Originale zusammenfand, welche nach einander von der Oberfläche unseres Planeten verschwunden sind. Diejenigen unter uns welche sich des Glückes persönlichen Verkehrs mit diesem groſsen Mann erfreut haben, werden sich immer der Annehmlichkeit seiner Sitten erinnern, — der glänzenden Kraft seiner Rede — kurz der geistigen Vorzüge, welche alle Hörer mit dem Gefühle durchdrangen, daſs jene Abtheilung der Naturwissenschaft im Bereiche seiner mächtigen Auffassung lag. Welchen Nutzen die Englischen Geognosten aus seinem Unterrichte gezogen haben, ergiebt sich aus den Bänden unserer Transactionen. Von allen Vergleichungen welche er in seinen Ossemens fossiles zwischen untergegangenen und lebenden Arten aufstellte, zeigt keine eine gröſsere Schärfe und eine tiefere Kenntniſs mit den Gesetzen thierischer Oekonomie als diejenige in welcher er die nahe Analogie zwischen dem gigantischen Megatherium von Süd Amerika und dem noch lebenden Geschlecht der Faulthiere nachwies. Deshalb mögen die Englischen Geologen stolz sein, daſs die Entdekkung eines anderen Exemplares dieser Art, einen unserer Genossen, ausgezeichnet durch sein Talent für vergleichende Anatomie, in den Stand gesetzt hat, die Ansichten unseres groſsen Meisters in der Zoologie zu bestätigen.

Ich habe Ihnen nun eine Uebersicht der Geognosie in unserem Vaterlande während des verflossenen Jahres vorzulegen. Nicht, wie bei dem letzten Jahresfeste, werde ich die Arbeiten in chronologischer Folge durchgehen, sondern sie der gröſseren Klarheit wegen nach ihrem Inhalte ordnen. Dabei werde ich unsere Fortschritte mit den allgemeinen Bemühungen für diese Wissenschaft auf dem Continent in Verbindung zu setzen suchen und diejenigen Arbeiten ausländischer Gelehrten anführen, welche ich kennen zu lernen Gelegenheit gehabt habe.

Neuere Ablagerungen. In der Klasse historischer Alluvionen hat J. Yates einen theilweise überschwemmten vormaligen Wald nahe an der Mündung dss Flusses Dovey beschrieben, der hauptsächlich aus Pinus sylvestris besteht und welcher muthmaſslich durch die zufällige Zerstörung seines Dammes untergegangen ist. Ein ähnlicher Fall eines überschwemmten Gehölzes ist früher an den Küsten von Hampshire von C. Harris entdeckt worden, welcher bei der Mittheilung der Entdeckung an Lyell eine sehr sinnreiche und wahrscheinliche Erklärung von der Ursache dieser Erscheinungen gegeben hat. Bei dem Bemühen, das Dasein groſser schattiger Wälder an den Stellen zu erklären, wo die Küsten jetzt ganz von Vegetation entblöſst sind, müssen wir die ähnlichen Productionen einschlieſsen, welche so zahlreich sind, daſs sie, fast unter dem Meere, einen Kranz um unsere Insel bilden und daher den Schluſs gestatten, daſs zu einer Zeit wo das ganze Land dicht mit Wald bekleidet war, sich die Gränzen desselben bis zu den äuſsersten flachen Küstenstrecken ausgedehnt haben, wo einzelne Bäume nicht mehr fortkommen wollen.

Im vergangenen Jahre wurden Sie mit dem Vorkommen von Sand, Grand und Thonanhäufungen an verschiedenen Punkten bekannt gemacht, welche noch jetzt lebende Species von Meeres Mollusken enthalten, die in verschiedenen Höhen über dem Meeresspiegel liegen. Ein späterer Aufsatz von Trimmer über einen Theil der Mündung der Mersey, zeigt das Dasein von Muschelfragmenten lebender Species in einer Lage sandigen Thons welche zahlreiche Geschiebe und einige Findlinge ferner Gegend enthält. Ich selbst habe Schichten mit noch lebenden Mollusken in verschiedenen und beträchtlichen Höhen über dem Meeresspiegel, sowohl auf unserer Ost als Westküste, verfolgt, und bin daher geneigt darin genügende Beweise für die Erhebung unserer Küsten in verhältnifsmäfsig neueren Zeiten zu erkennen, wiewohl es schwer sein mag alle solche Ablagerungen auf der Oberfläche aus einer ähnlichen Hypothese zu erklären.

Wenn die Küste Beweise solcher Erhebungen liefert, so werden wir noch mehr darauf hingeleitet, wenn wir dem weit in das Innere der Insel eindringenden Busen folgen. In den meisten derselben bemerken wir Anhäufungen von Rollsteinen und Sand an den Seiten der Thäler, von denen einige in der feinen Schieferung ihrer Schichten eine lang fortgesetzte und ruhige Bildung anzeigen, während andere in dem zerschellten und fragmentaren Zustand ihrer Bestandtheile auf eine unruhigere Art der Zusammenhäufung hindeuten. Die letzteren fallen daher wahrscheinlich mit den Perioden zusammen, wo sich das Land erhob, die Küsten der Inseln aufgeworfen wurden, frühere Busen in noch bestehende Ebenen, umgeben von dem vormaligen Geschiebestrand, verwandelt, und die Flüsse zwischen den weit getrennten Ufern gewendet wurden.

Wenn Erscheinungen dieser Art immer noch nachweisbar sind auf dieser Insel, wo die unterirdischen Kräfte jetzt und seit langen Perioden schlummern; welche Masse werthvoller Belehrung haben wir nicht zu erwarten von guten Baobachtern in solchen Gegenden, wo Vulkane und Erdbeben mit ihren begleitenden Erhebungen und Senkungen noch jetzt in Thätigkeit sind? Sie kennen bereits die Dienste welche Lyell hierin geleistet und wie sehr er die Aufmerksamkeit auf diesen Zweig der Untersuchung gelenkt hat. Ich mögte Sie ferner an die Entdeckungen von Boblaye erinnern, welcher die auf einander folgenden Erhebungen des Landes in ein merkwürdig klares Licht gestellt hat, indem er auf Morea das Vorhandensein von vier oder fünf verschiedenen Reihen vormaliger Küstenränder nachwies, welche an den Kalkstein Abhängen in verschiedenen Höhen durch Spuren von Bohrmuscheln, durch Reihen von Küsten und durch die vom Meere ausgewaschenen Höhlen, als überzeugende Beweise der früheren Thätigkeit der Wellen bezeichnet sind.

Des Herrn Maxwell Beschreibung eines grofsen Granit Findlings, der auf dem Schiefer Gestade von Appin in Argyleshire aufliegt, veranlafst mich zu der Bemerkung, dafs die zahlreichen Felsstücke, Fremdlinge in den Gegenden wo sie über Norddeutschland zerstreut sind, gelegentlich von Hausmann in Göttingen beschrieben worden sind, der in Uebereinstimmung mit Brongniart und Anderen, der Meinung ist, dafs diese Fragmente von den Scandinavischen Gebirgen abstammen.

A. de Luc hat abermals einen Aufsatz über den Grand und anderes Gerölle in dem Genfer Becken bekannt gemacht, als zweiten Theil seines früheren Versuches über denselben Gegenstand. Er giebt die Orte an, wo die Bruchstücke der verschiedenen Felsarten zu Hause sind, und zeigt, dafs einige von Osten, andere von Westen herbeigetrieben und dafs viele derselben wahrscheinlich die Ueberreste derjenigen Kalkberge sind, welche an Ort und Stelle in der Periode der Zerstörung auseinandergesprengt wurden, so dafs sich durch die Fortschaffung ihrer Reste die grofse Aushöhlung bildete, welche jetzt der See einnimmt. Die Ablagerungen auf der Oberfläche des Beckens sollen in ihrer Zusammensetzung sehr verschieden sein, während ihre Schichten sich nach allen Seiten neigen, und dadurch die Wirkungen zahlreicher und zusammenstofsender Wasserströmungen zu erkennen gaben, welche in einigen Fällen grofse Blöcke von primitiven Gebirgsmassen von den höheren Alpen herabstürzten, während sie in anderen feinere Alluvionen von den anliegenden Secundär Formationen aufgehäuft haben. Alle diese Erscheinungen, setzt der Verfasser voraus, sind durch Wasserströmungen während langer Perioden herbeigeführt worden, in denen die benachbarten Berge mit heftiger Gewalt erhoben wurden.

Aus diesen und aus anderen neueren Schriften ziehen wir den Schlufs, dafs genaue Beobachtungen festgestellt haben, wie das Diluvial Gerölle jeder grofsen geographischen Abtheilung von Europa, gröfstentheils auf eine Erhebungsachse im Innern dieser Gegend zurück geführt werden kann; so dafs eine jede grofse Gebirgskette die Ursache des Gerölles gewesen ist, welches die benachbarten Ebenen bedeckt, und dafs wir nicht mehr befugt sind solche Anhäufungen lockerer Massen von einem einzigen Diluvial Strome der eine bestimmte Richtung gehabt hat, abzuleiten. Wie wenig daher auch die Diluvialisten geneigt sein mögen, als eine völlige und genügende Erklärung dieser Erscheinungen die abgeänderte Ansicht der Theorie Huttons von der noch fortdauernden Wirkung, anzunehmen, welche Lyell aufgestellt hat; so mufs doch der vorurtheilsfreie Denker zugeben, dafs der Streit zwischen den Diluvialisten und den Verfechtern der bestehenden Ursachen sich gänzlich in einen solchen über die Gröfse oder Heftigkeit der Kräfte auflöfst. Jede Parthei bezieht sich auf neuere Analogien, indem sie die Veränderungen zwischen dem Niveau des Meeres und des Landes den Hervortreibungen von unten zuschreibt, und der, welcher den nach seiner Meinung von der Natur vorgezeichneten Pfad nicht verlassen will, nimmt nur wiederholte Stöfse von Erdbeben, Erhebungen und Senkungen in Anspruch, denen er einer beschränkten Zahl von ungeheuern Katastrophen, auf welche sein Gegner besteht, den Vorzug giebt.

Tertiär Ablagerungen. Für die Darstellung der tertiären Geologie kann ich Ihnen anzeigen, dafs sich die letzten Bogen des 3ten Theiles der Geologie von Lyell unter der Presse befinden. In diesem Bande, den ich bereits gelesen habe, wendet der Verfasser mit Erfolg auf die Tertiär Formationen diejenigen Grundsätze an, welche er in den beiden ersten Bänden niedergelegt hat. Er theilt diese jüngeren Ablagerungen in vier natürliche Epochen ab, gegründet auf einer Masse geologischer Beweise, unendlich mehr zusammengedrängt und doch deutlicher als in irgend einer andern Schrift, welche uns bisher vorgelegt worden ist. In der chronologischen Behandlung von Alluvial, Süfswasser, Meeres und vulkanischen Erscheinungen, bietet sich ein weites Feld für die Entwicklung seiner ausgedehnten Kenntnisse und Beobachtungen dar, und erlaubt ihm, seinen Vortrag auf Gegenden zu gründen die er selbst gesehen hat, und die Schriftzüge zu erklären, welche die Natur auf den Wänden ihrer geologischen Monumente eingegraben hat, auf eine Weise, wodurch nicht allein ihre alten Sagen erklärt, sondern auch mit der Geschichte unserer jetzigen Geschlechter verbunden werden. Obgleich dieser Band hauptsächlich der Beschreibung der jüngeren Formationen, als genauer mit dem Hauptgegenstande des Verfassers verbunden, gewidmet ist; so sind doch auch die secundären und primitiven Gebirgsarten so weit beleuchtet als erforderlich war um ihre Verbindung mit seiner Theorie zu zeigen, und darzustellen wie gut ihre Structur aus Ursachen erklärt werden kann, welche er als noch immer in völliger und unverminderter Thätigkeit betrachtet. Der grofse Eindruck den die beiden ersten Bände dieses Werkes im Allgemeinen auf das Publicum gemacht haben, wird, wie ich zu sagen wage, in hohem Grade durch den letzten Band vermehrt werden, und selbst die Geologen welche in einigen theoretischen Ansichten nicht mit dem Verfasser übereinstimmen, werden die Bemühungen desselben anerkennen.

Fossile Zoologie. Das letzte Jahr ist fruchtbar an Mittheilungen über fossile Zoologie gewesen. Die herrlichen Stücke des Megatherium u. s. w. welche Woodbine Parish nach unserm Vaterlande brachte, haben uns in den Händen von Clift grofse Belehrung gewährt. Herr. Stanley hat eine lebendige Beschreibung der Höhlen von Cefn in Flintshire geliefert, von denen eine, wie die von Kirkdale, von Hyänen bewohnt gewesen sein soll, während eine andere gröfsere und tiefer an demselben Berge gelegene nur die Reste jetzt lebender Thiere enthält. Von der verschiedenen Beschaffenheit der oberen und unteren Schlammlagen in der unbewohnten Höhle und von der Stellung über und unter den fossilen Knochen, schliefst der Verfasser auf verschiedene Ueberschwemmungs Perioden.

Mantell, dessen Thätigkeit mit jedem Jahre zuzunehmen scheint, ungeachtet des beschränkten Feldes auf welches sich seine Untersuchungen beziehen, hat uns mit einem Bericht über eine noch nicht beschriebene und eigenthümliche Species von Saurier beschenkt, der er den Nahmen von Hylaeo-saurus beilegt. Diese glückliche Ausgrabung hat, ich freue mich es zu sagen, den unternehmenden Jäger von Tilgate Forest ermuntert, dieselbe zu dem Kerne eines neuen und übersichtlichen Werkes zu machen, worin er nicht allein alle Wirbelthiere seiner reichen Domäne, den Wealds von Sussex, beschreiben, sondern sich darin auch über die geognostische Beschaffenheit dieser und der benachbarten Grafschaften verbreiten will. Dies glänzende Beispiel von Mantell ist nicht ohne Nachfolge in anderen Gegenden von England geblieben. Ich nenne Channing Pearce von Bradford und T. Hawkins von Glastonbury. Der erste hat eine grofse Zahl neuer Species organischer Reste seiner Nachbarschaft gesammelt und geordnet; der letzte in der kurzen Zeit von zwei Jahren schöne Exemplare von Saurier ausgegraben, unter denen wir einen so vollständigen Plesiosaurus erkennen, dafs er das Talent von Conybeare verewigt, dessen ausführliche Herstellung eines Skelettes nach einem unvollständigen Exemplare, jetzt durchaus bestätigt ist.

Eine neue Entdeckung von Fräul. Mary Anning, dieser unermüdlichen Sammlerin für das Magazin unserer Wissenschaft, hat dem Herrn T. Hawkins die zerstreuten Fragmente eines Thieres geliefert, welches nach der Zusammenfügung sich als das gröfste Exemplar des Ichthyosaurus platyodon erweifst, welches jetzt an unseren Küsten gefunden worden ist.

Zwei Mitglieder Ihres Rathes, Viscount Cole und Sir Philip Egerton haben sich seit einigen Jahren eifrig auf das Studium der fossilen Zoologie gelegt und eine reiche Erndte sowohl auf dem Continente als in unserm Vaterland gemacht, indem sie mit eigenen Händen einige Knochen Reste ans Tageslicht brachten, die selbst Cuvier unbekannt waren.

Wenn dies die letzten Früchte fossiler Zoologie in England waren, so haben auch unsere Mitarbeiter auf dem Continente in ihren Bemühungen nicht nachgelassen. Ich hatte früher Gelegenheit die Aufmerksamkeit auf das unschätzbare Werk über conchologische Classification von Deshayes zu lenken und ich hätte gleichzeitig ein sehr nützliches und klares Werk desselben Verfassers Coquilles caractéristiques des terrains betitelt, erwähnen sollen. — Die „Mémoires Palaeontologiques" von Boué umfassen Arbeiten von allen Ländern; mögen sie, wie zu hoffen ist, die Lücke ausfüllen, welche, wie jeder praktische Geologe erkennen mufs, durch das Aufhören des so sehr nützlichen Bulletin universel des Sciences entstanden ist. — Pentland hat aus der Untersuchung einer Sammlung fossiler Knochen, die für seinen verstorbenen Freund Cuvier bestimmt war, unsere Kenntniſs mit der Fauna von Australien bereichert durch die Hinzufügung einiger neuen und bisher noch nicht beschriebenen Thierspecies. Die „Palaeologica" von H. v. Meyer aus Frankfurth bringt in einer synoptischen Form den ganzen Vorrath unserer Kenntnisse von erloschenen Wirbelthieren zusammen und darf als Index aller über diesen Gegenstand vorhandenen Werke, in keiner geologischen Bibliothek fehlen.

Unser ausgezeichnetes auswärtiges Mitglied L. von Buch hat so eben eine Arbeit über die Ammoniten vollendet, welche die natürliche Abtheilung dieser dunkeln Klasse fossiler Körper wesentlich vereinfacht. — Eine Lücke in der fossilen Zoologie wird durch das angekündigte Werk von Agassiz zu Neufchatel über „fossile Fische" ausgefüllt werden, welches wir von der Feder Cuvier's noch erwartet hatten. Genaue anatomische Bestimmungen, selbst der geringsten Form der Schuppen, werden so in diesem Werke betrachtet werden, daſs der Verfasser die Anwendung des Systemes seines groſsen Lehrers zu verwirklichen und uns in den Stand zu setzen hofft, aus den Formen der Theile über den specifischen Character des Fisches zu urtheilen, dem sie angehörten. Die kleine Skizze des Verfassers von den Oeninger- und den Liasfischen, führen aus zu einer günstigen Meinung über das angekündigte Unternehmen und zur Hoffnung, daſs die fossile Ichthyologie späterhin uns eben so unterstützen wird, wie die andern Zweige unserer zoologischen Beweise.

F o s s i l e P f l a n z e n. Die früheren Versuche von Hall und Hatchett, erweitert und vervollständigt von Mac Culloch haben wohl beinahe die Ueberzeugung hervorgerufen, daſs alle Varietäten von kohliger Masse, von dem wenig festen Suturbrand, durch jede Stufe der Braunkohle hindurch bis zur reinen Pechkohle; und in unseren ältern Schichten vom Anthracit bis zur Backkohle, aus Vegetabilien entstanden sind. Botaniker haben seitdem die Richtigkeit dieser Ansicht bestätigt, indem sie die Flora der umgebenden Schichten entwickelten. Ein Mitglied unserer Gesellschaft hat uns in den Stand gesetzt, viele dieser Pflanzen ihren natürlichen Familien der jetzigen Schöpfung einzuordnen, indem er polirte Scheiben der Stämme der Untersuchung unterwarf. Herrn W. Hutton war es indeſs vorbehalten, im

Verfolg dieser Untersuchungen, die Lösung der Aufgabe zu vervollständigen, indem er die Pflanzenstructur in der Kohle selbst zeigte. Die Abhandlung von Hutton ist ferner von hohem praktischen Nutzen indem es die Quelle der ungeheuern Gasmassen nachweifst, welche beim Austreten in die Atmosphäre explodirend werden und grofse Unglücksfälle für die Bergleute herbeiführen.

Als einen geringen Beitrag zur Kenntnifs des Zustandes der Erdoberfläche während einer Periode in der Bildung der Oolithgruppe, die durch ihre Vegetation bezeichnet wird, habe ich einige Bemerkungen über die aufrechtstehenden Equiseten in dem Sandsteine der östlichen Moorlands von Yorkshire mitgetheilt. Diese Erscheinung, welche sich über eine grofse Fläche ausdehnt, ist derjenigen analog, welche Dr. Buckland und De la Beche auf der Insel Portland beobachtet haben, von der sie jedoch dadurch abweicht, dafs sie, nach meiner Ansicht, zu ihrer Erklärung eine Austrocknung von Meeres Absätzen erfordert, so dafs ein stehender Sumpf für das Wachsthum dieser Pflanzen blieb, welcher, nachdem dieser Sumpf allmäblig mit Schlamm erfüllt worden war, durch eine neue Ueberschwemmung des Meeres bedeckt wurde, die auf demselben die Ablagerungen des mittleren und oberen Oolithes niederlegte.

Allgemeine Geologie und physicalische Geographie. Die Geologen haben lange gefühlt, dafs eine Zeit kommen werde, wo jeder Geograph eine zureichende Kenntnifs von dem zu erlangen suchen müsse, was man die Antomie seiner Wissenschaft nennen könnte. Es gereicht daher zur Freude, dafs das vorige Jahr sehr reich an Arbeiten gewesen ist, welche die innige Verbindung der Geologie mit der physicalischen Geographie von Grofsbritanien bekunden.

England. Die Aufmunterung welche die Militairbehörde, auf den Rath des Oberst Colby, allen Feldmessern gegeben hat, die bei ihren Aufnahmen eine Nachweisung über die mineralogischen Veränderungen des Bodens und über die damit in Verbindung stehenden Veränderungen in der äufseren Gestaltung des Landes geführt haben, bringt jetzt die glücklichsten Resultate hervor. Herr Wright hat dies durch die Darstellung der Gegend von Ludlow, die ich nach wiederhohlter eigner Untersuchung als ein Muster von Genauigkeit empfehlen kann, auf eine sehr umfassende Weise bewiesen.

Herr Maclauchlan ein anderes unserer Mitglieder, welcher bei der Militär Aufnahme beschäftigt ist, hat mit gleichem Erfolge eine viel gröfsere Fläche der Charte illuminirt, den Forest of Dean und das Innere von Herefordshire. Das Detail über das reiche Kohlen Revier des Forest of Dean ist von besonderem Werthe, weil es auf den Beobachtungen des Herrn Mushett eines erfahrnen Bergmannes, begründet ist.

Unsere Gesellschaft ist ferner dadurch in eine ihr sehr vortheilhafte Verbindung mit der Militair Landes-Vermessung getreten, dafs Herr De la Beche den Auftrag erhalten hat, die Charten von Devonshire, nebst einigen Theilen von Sommersetshire, Dorsetshire und Cornwall geognostisch zu illuminiren. Nach dem was wir von dem Talente dieses Geologen und von seiner langen Erfahrung über die Gegenden wissen, welche er auf der Karte darzustellen übernommen hat, dürfen wir überzeugt sein, dafs er einen auffallenden Beweis über den Werth genau bestimmter Oberflächenverhältnisse für den Geologen welcher das Verhältnifs des gegenwärtigen Umrisses des Landes zu den früheren unterirdischen Bewegungen erklären will, liefern wird.

Die Annahme einer festen Farbentafel von allen Englischen Geologen, gehört noch zu den wesentlichsten Wünschen bei diesem Geschäft und ich freue mich melden zu können, dafs sehr bald eine systematische Anordnung zur Prüfung vorgelegt werden wird. Diese Tafel beruht auf dem Grundsatz, nur solche Farben anzuwenden, die fest bestimmt und von einander verschieden sind; sie ist von unserm schätzbaren Mitgliede Hn. Chantrey entworfen worden.

Nach den früheren Untersuchungen von W. Smith, ist die Oolithengruppe in Unter Abtheilungen gebracht und durch die nachfolgende Annahme derselben von Conybeare, sind die angenommenen Provincial-Benennungen in ganz Europa klassisch geworden und haben dazu gedient den Scharfsinn desjenigen zu verewigen, der uns zuerst lehrte, Schichten nach ihren Versteinerungen zu identificiren.

Bei dem letzten Stiftungsfest vernahmen wir dafs Herr Lonsdale beauftragt worden sei, ein Unternehmen zu beginnen, dessen Verfolgung der Absicht der Stiftung des verewigten Wollaston entspricht. Jetzt hat Herr Lonsdale die Ergebnisse seiner Untersuchungen vorgelegt, indem er auf die Charten der Militär Aufnahme die Gränzen verschiedener Glieder der Oolithengruppe von der Nähe von Bath aus, wo er früher ihr Verhalten aufgeklärt hatte, bis an die südlichen Gränzen von Warwickshire und Oxfordshire aufgetragen hat. Der Erfolg dieses Unternehmens ergiebt sich schon aus den Charten, Profilen und Bemerkungen unseres Curators. Aus diesen sehen wir, dafs der obere Schiefer und Mergelstein des Lias, welche nur als dünne Schichten in der Nachbarschaften von Bath auftreten, sehr rasch in ihrem nordöstlichen Fortstreichen an Mächtigkeit zunehmen und bald denselben Charakter annehmen, den Herr Phillips ihnen in Yorkshire angewiesen hat. Es ergiebt sich daraus ferner mit Ueberzeugung, dafs die gesammte Masse des feinkörnigen weifsen Oolithes an dem Abhange der Cottswoldhills nur eine Anschwellung des unteren Oolithes ist, wiewohl er mineralogisch nicht von dem grofsen Oolith von Bath unterschieden werden kann: Es zeigt sich ferner, dafs die Walkerde (Fuller's earth) nordwärts von Gloucestershire verschwindet, und höchst interssant werden diese Gruppen, weil zum erstenmale die wahre Stellung der Stonesfield schiefer bestimmt wird, indem Herr L. darthut, dafs sie die Unterlage des grofsen Oolithes ausmachen. Auf diese Art werden sie aus dem geognostischen Verhältnifs entfernt, in welches sie früher, nach dem undeutlichen Profil von Stonesfield, gestellt worden waren. Dies sind einige wenige Beweise von dem Vortheile den die Revision dieser Gruppe unserer Formationen, durch einen Geognosten wie Herr Lonsdale, bereits gewährt hat, der mit dem Auge eines untrüglichen Beobachters die seltene Eigenschaft einer genauen Kenntnifs mit den specifischen Unterscheidungen der Versteinerungen vereinigt. Der Werth eines solchen Werkes kann nicht in Rücksicht auf die Geognosie Englands allein gemessen werden; denn, wenn es jetzt ausgemacht ist, dafs die Oolithengruppe aus Gliedern zusammengesetzt ist, welche in einander greifen, indem sie bald zu grofsen Mächtigkeiten sich ausdehnen, bald in dem beschränkten Raume zweier Grafschaften gänzlich verschwinden, so dafs selbst ihre Hauptbildungen nicht einmal bis nach Yorkshire, geschweige nach Brora oder nach den Hebriden, ohne grofse Wechsel in ihren mineralogischen und zoologischen Charakter zu zeigen, verfolgt werden können; so dürfen wir nicht hoffen, jedas untergeordnete Glied in unserem Vaterlande mit den Unterabtheilungen der Gruppe auf dem Continente von Europa zu identificiren. Ich nehme keinen Anstand diese Ansicht auszusprechen wiewohl sie nicht mit demjenigen übereinstimmt was ich im vorigen Jahr über das Alter der lithographischen Schiefer von Sohlenhofen aufzustellen wagte. Jene Vergleichung sollte den Englischen Geologen nur einen allgemeinen Begriff von der Formationsperiode einer Gebirgsart geben, die von einigen unserer Landsleute dem Tertiärgebirge, von anderen dem Grünsande beigezählt worden war; so dafs wenn meine flüchtige Angabe sich als weniger genau erweisen sollte, als die eines berühmten deutschen Naturforschers (L. v. Buch) der die Sohlenhofer Platten dem Coral rag zu rechnet, ich immer die Genugthuung haben werde, dem Englischen Forscher zuerst gezeigt zu haben, dafs sie dem Jura oder Oolithensysteme angehören und dafs nach der allgemeinen Aehnlichkeit vieler ihrer Versteinerungen, wie der Pterodactylen, Crustaceen und einiger Pflanzen, sie wahrscheinlich ein Aequivalent der Stonesfield Schiefer oder eines der mittleren und schiefrigen Glieder dieser zusammengesetzten Gruppe, sein müsse. Im Allgemeinen glaube ich indefs überzeugt sein zu können, dafs eine einfache Abtheilung in eine obere und in eine untere Schichtenfolge die einzige sei, unter der wir die Bildungen dieser Periode auf dem Continente und in Britanien vergleichen können.

Herrn Fitton verdanken wir „Notizen über den Fortschritt der Geologie" in denen die Verdienste der Begründer dieser Wissenschaft in England gut dargestellt sind und eine „geognostische Skizze der Umgegend von Hastings" einen werthvollen Beitrag zu den localen Monographien, welche so sehr zur Verbreitung genauer Kenntnisse einwirken. Ich freue mich sehr, diesen kräftigen Geologen wieder als Schriftsteller auftreten zu sehen, um so mehr als er in seinem letzten nützlichen Werke ankündigt, dafs eine Reihe von Abbildungen, einschliefslich aller unbeschriebenen Species aus der Wealdformation, in dem Theile der Geologischen Verhandlungen, der gegenwärtig unter der Presse ist, gleichzeitig mit einem gedrängten Aufsatz über die Bildungen zwischen der Kreide und den Oolithen, dessen Bekanntmachung so dringend von den auswärtigen und einheimischen Geologen gewünscht worden ist, erscheinen wird.

Die Resultate meiner eigenen Beobachtungen während der beiden letzten Sommer werde ich nächstens in einer ausführlichen Beschreibung der jüngeren versteinerungsführenden Grauwacke und ihrer Verhältnisse zu den darauf liegenden Ablagerungen, und der fremdartigen Gesteine, welche in dieses Gebirge eingedrungen sind, darlegen. Das untersuchte Terrain umfafst die westlichen Theile von Shropshire und Herefordshire, geht gegen Süd West durch Radnor und die wildesten Gegenden von Brecknorshire, und endet an der Mündung des Toweyflusses in Caermarthenshire. Weil grofse Bezirke in diesem Districkt noch nicht in der Militär Charte zur Oeffentlichkeit gelangt sind, so ist es klar, dafs ich ohne die freundliche Unterstützung des Capitain Robe und anderer bei dem Königl. Charten Büreau angestellten Beamten, auch des ausgezeichneten Feldmessers Herrn Budgin, nur geringe Fortschritte in meiner Unternehmung hätte machen können *). Bei der Erklärung dieser illuminirten Charten hoffe ich zu beweisen, dafs der alte rothe Sandstein, mit wenigen Ausnahmen, auf seiner unteren Gränze in die Gebirgsarten übergeht, welche man gewöhnlich „Transitionsbildungen" nennt und dafs er mit diesen gleichförmige Lagerung hat; ferner, dafs der alte rothe Sandstein auf grofse Erstreckungen ebensowohl mit dem darauf ruhenden Kohlenkalkstein, als mit der darunter liegenden Grauwacke gleichförmig gelagert ist. Beim Verfolgen der Störungslinien, welche diese Ablagerungen durchziehen, zeigen sich Krümmungen in einem ungeheuern Maafsstabe, wodurch der alte rothe Sandstein in Erhebungsbecken geworfen worden ist und sich durch ein verkehrtes Einfallen weit gegen Westen in das Bereich der Grauwacke erstreckt. Diese Störungs- und Erhebungslinien sind alsdann beschrieben und es ist ihr Zusammenhang mit dem Her-

*) Dieser Aufsatz verdankt einen beträchtlichen Theil des Abschnitts über Versteinerungen dem Herrn Lewis von Aymestrey. Die Herrn Wingfield, Dugard, Rocke, Jones und Lloyd haben zur Aufklärung der geognostischen Verhältnisse ihrer Nachbarschaft in Schropshire ebenfalls beigetragen. Der letztere ist so glücklich gewesen Trilobiten in dem alten rothen Sandstein zu entdecken.

vorbrechen krystallinischer Gebirgsarten nachgewiesen worden. Welches Verdienst diese Beobachtungen haben mögen, sie können nur einigen Werth durch ihre Verbindung mit den gleichzeitigen Untersuchungen erhalten welche Sedgwick in dem angränzenden District der Grauwacke, des Schiefers und der älteren Felsarten der Waleser Gebirge angestellt hat. Dies wird deutlich werden, wenn dieser Gelehrte die Richtungen der ausgedehnten Sattel und Muldenlinien auseinandersetzen wird, welche er mühsam, ohne eine gute geographische Grundlage zu besitzen, bestimmt hat. Er wird dann zeigen, zu welchen Perioden feurige Wirkungen auf diese älteren Felsarten thätig waren; während es mein Geschäft sein wird, anzudeuten, wie auf diese Ausbrüche, an den östlichen Gränzen des Bezirkes, andere lineare untermeerische Eruptionen folgten, und die Wirkungen zu beschreiben, welche sie auf verschiedene geschichtete Gebirgsarten äufserten. Diese Resultate dürfen wir beide jedoch nur erst als die ersten Versuche betrachten, eine weitläuftige Reihenfolge von alten Ablagerungen auf eine chronologische Ordnung zurückzuführen, worauf bisjetzt in unserm Vaterlande wenig Rücksicht genommen worden ist, theils wegen der oft angeführten Unbestimmtheit ihrer organischen Reste, theils, und vielleicht noch mehr, wegen des umgewandelten Zustandes, den sie den zahlreichen Störungen verdanken, welchen sie unterlegen haben.

Irland. Wir haben zwei Mittheilungen über die geognostische Zusammensetzung von Theilen von Nord Irland erhalten, welche von trefflichen, durch die Verf. angefertigten Charten begleitet werden. In einer von diesen beschreibt A. Bryce von Belfast den nordöstlichen Theil von Antrim, worin er eine viel-gröfsere Ausdehnung von Glimmerschiefer nachweifst, als frühere Beobachter bemerkt hatten. Diese primitiven Gebirgsarten werden in aufsteigender Ordnung bedeckt von rothen Conglomeraten, Gliedern der Kohlengruppe, buntem Sandstein (new red sandstone) Lias, Grünsand und Kreide. Er erwähnt Porphyr nur in Verbindung mit dem älteren rothen Sandstein, und Basalt welcher die Kreide bedeckt, dessen wichtige Eigenthümlichkeiten so trefflich von Conybeare und Buckland auseinandergesetzt worden sind.

Die andere Arbeit über Irland vom Erzdekan Verschoyle, ist zusammengedrängter und beschreibt die Nordwestküste von Sligo. Die begleitende Charte ist von grofsem Werthe; die geographischen Data sind aus der Militär Aufnahme entlehnt, hauptsächlich, wie ich glaube, durch die Vermittelung des Capitän Portlock. Der Verfasser zeigt, dafs der Kern dieser Gegend aus Glimmerschiefer und aus andern primitiven Gebirgsarten besteht; dafs die darüber liegenden Massen aus Conglomeraten, Kohlenkalkstein und einem flötzleeren Kohlensandstein zusammengesetzt sind, von denen der Erstere, wie in einigen Theilen von England, einen unteren Kalksteinschiefer und einen oolithischen Kalkstein enthält. Bei der Beschreibung der Felsarten von anormalem Character hat der Verfasser mit Genauigkeit die Erstrekkung von 11 basaltischen Gängen angegeben, welche einander parallel von Ost nach West laufen und von denen einer sogar 60 — 70 Engl. Meilen weit verfolgt werden kann. Bei solchen Arbeiten können wir versichert sein, bald eine Uebersicht von der Structur der Insel zu erhalten. Dieses nützliche Werk wird ohne Zweifel seine Vollendung durch die Anstrengungen der Mitglieder der neuen Geologischen Gesellschaft von Irland erhalten, welche in der Zwischenzeit ihre Untersuchungen, wie zu hoffen ist, auf Galway und auf solche Gegenden, welche bisher noch nicht von Beobachtern, wie Weaver, Griffith n. s. w. beschrieben sind, ausdehnen werden.

Felsarten feurigen Ursprungs. Zwei unserer auswärtigen Mitglieder haben uns in dem vergangenen Jahre mit Mittheilungen erfreut, die sich beide auf Vulkane beziehen.

Monticelli von Neapel hat in einem der gröfsten und ältesten Ströme des Vesuv's, La Scala genannt, bemerkt, dafs derselbe aufser den Erscheinungen einer regelmäfsigen Schichtung, welche die Lava auch nach Breislac's Beobachtungen darbietet, in dem tiefern Einschnitt eine gekrümmte Absonderung zeigt, welche beweifst dafs diese Massen in concentrischen Lagen um einen elliptischen Kern gebildet wurden. Prof. Necker von Genf hat eine sinnreiche Hypothese von Boué wieder aufgenommen und erweitert, indem er versucht hat, das Verhältnifs der Erzgänge und derjenigen krystallinischen Gebirgsarten welche von der Mehrzahl der neuern Geologen für feurigen Ursprunges gehalten werden, unter ein allgemeines Gesetz zu bringen. Humboldt hat schon die Ansicht ausgesprochen, dafs die Erzgruben am Gehänge des Urals, mit porphyrartigen und granitischen Gesteinen zusammenhängend, aus einer früheren vulkanischen Thätigkeit hervorgegangen sind; und Necker führt noch viele Autoritäten an, ähnliche Juxta-Positionen in anderen Theilen der Erde nachzuweisen. Ob die Annahme der Sublimation, welche der Verf. als die letzte Erklärung dieser Erscheinung aufstellt, sich halten wird, ist sehr zweifelhaft; indem der Fall welcher ihn zuerst auf diese allgemeine Ansichten geführt hat, die Bildung von Eisenglanz in den Klüften einer Vesuvischen Lava, als ein solcher, der sich an der Atmosphäre ereignet hat, Ursachen zugeschrieben werden mufs, die kaum bei submarinen und tief liegenden unterirdischen Erscheinungen bestehen können. Diese Schwierigkeiten dürfen indefs nicht abschrecken sondern müssen vielmehr aufreizen, kräftig die Bahn dieser Untersuchungen zu verfolgen, Thatsachen zu sammeln, welche den Fragen von Necker entsprechen und solche Districte, welche der Anwendung dieser Theorte günstig sind, mit gleicher Treue zu untersuchen, als diejenigen, in welchen noch keine Spur zusammenhängender, massiger Gesteine beobachtet worden ist. Warum sollen wir zweifeln, dafs sich die Natur bei diesen Gegenden, in der Hervorbringung anderer Erscheinungen, nicht auch anderer Mittel bedient habe, wenn es bekannt ist, dafs ein ausgezeichneter Französischer Chemiker (Berthier) dahin gelangt ist einfache Mineralien durch eine unmittelbare Verbindung ihrer Bestandtheile hervorzubringen. Wenn daher der Scharfsinn eines zweiten Hall's die wahre Art und Weise darthun sollte auf welche vulkanische Kräfte unter grofsem Drucke Wirkungen hervorgebracht haben, denen analog welche die Sublimation in unserer Atmosphäre erzeugt, so giebt es noch ein weites Feld für Versuche. Denn wer kann es wagen alle die möglichen Wirkungen derjenigen Veränderungen zu bestimmen, welche nach den Gesetzen des Electro-Magnetismus durch die verschiedene Thätigkeit der Elemente entwickelt worden sind, die durch die Bewegungen des Landes und des Meeres mit einander in Berührung kamen.

Inzwischen gewährt der Versuch von Necker einen besonderen Reiz zu weiteren Untersuchungen, und nach meiner geringen Erfahrung, besonders nach den Beobachtungen die ich im vorigen Sommer in dem westlichen Shropshire gemacht habe, sollte ich meinen, dafs auch England Erscheinungen in Menge darbietet, welche die Ansichten von Humboldt, Boué und Necker bestätigen. Henwood ist seit langer Zeit mit einer Untersuchung beschäftigt gewesen deren Gegenstand nicht genug empfohlen werden kann und Sie sind bereits mit den Resultaten einer beträchtlichen Zahl seiner mühsamen Beobachtungen bekannt geworden. Es scheint hiernach unzweifelhaft, dafs die Erscheinungen der Erzgänge in Cornwall nicht auf jene allgemeinen Gesetze zurückgeführt werden können, denen die einheimischen Bergleute sie unterworfen geglaubt haben. Weil jedoch seine Untersuchungen noch fortgehen, so würde es voreilig sein von den Folgen zu reden, auf welche sie hindeuten, bevor sie gänzlich veröffentlicht sind.

Ich werde hierbei natürlich darauf geführt, über ein Werk des Herrn Boase über die Geologie von Cornwall zu reden; es besteht aus zwei Theilen, der erste enthält sehr viel belehrendes und werthvolles Detail, mit anhaltendem Fleifse gesammelt und ist ein wichtiger Beitrag zu unserer früheren Kenntnifs von jenem Theile unserer Insel. Der zweite Theil, wiewohl mit geschickt vorgetragenen Gründen unterstützt, und auf einen Hauptgegenstand abzielend, ist den Ansichten beinahe aller neueren Geologen grade entgegengesetzt. Boase weicht von früheren Beobachtern, welche gewisse in dem Schiefer aufsetzende Granitgänge als in den ersteren eigedrungen betrachten, darin ab, dafs er annimmt, weil viele dieser Gänge aus denselben Bestandtheilen zusammengesetzt sind wie die umgebenden Schiefer, das Ganze habe einen gemeinsamen und gleichzeitigen Ursprung, indem die Gänge nur krystallinische Ausscheidungen seien. Ohne das Vorhandensein vieler gleichzeitiger und aus dem Nebengestein ausgeschiedener Gänge in Cornwall, wie in anderen Gegenden zu läugnen, kann doch gewifs Niemand bei der grofsen Menge von angesammelten Thatsachen, eine andere Ansicht fassen als die, dafs diese Gänge später eingedrungen sind, dafs sie von gröfseren Granitmassen ausgehen und in dünnen Trümchen in dem darüberliegenden Killas endigen. Wenn jedoch granitische Gänge durch Ausscheidung gebildet worden sind, und wenn die Massen von Schiefer in dem Granitgange nur Theile desselben in einem anderen Entwicklungszustande wären, welchem glücklichen Ungefähr, fragen wir, ist es zu verdanken, dafs die Winkel der Bruchstücke zu einander und zu den Seitenwänden des Nebengesteins passen? Concretionen, mit annähernd regelmäfsigen Formen, mögen sich chemisch von Mineral Massen getrennt haben, denen sie untergeordnet sind; aber keine Art chemischer Thätigkeit kann uns eine verständige Erklärung von den eckigen Killasbruchstücken liefern, die in den Granitgängen von Trewawas Head und auf andern Punkten von Cornwal angetroffen werden. Sie können ihre Erklärung nur in der Annahme mechanischer Störungen finden, welche das Eindringen des Ganges in den vorher gebildeten Schiefer begleiteten. Aber Herr Boase erweitert den Horizont seiner Beobachtungen; er will nicht einmal zugeben, dafs die Porphyr (Elvan) gänge in Cornwall irgend Beweise einer plutonischen Wirkung oder späterer Eindringungen liefern und mit seiner Lieblings Hypothese zum Angriff gegen jede Feuerwirkung gerüstet, gesteht er endlich ein, dafs er den vulkanischen Ursprung aller Trapparten bezweifle. Welches auch der Werth der Beobachtungen für Cornwall sein mag, so mufs derselbe durch eine Art des Raisonements sehr herabgesetzt werden, durch welches sich der Verfasser überredet das Dasein von Erscheinungen zu läugnen die als unumstöfslich bewiesen betrachtet werden können und die jetzt zu festbestehenden Grundsätzen der Wissenschaft gehören. Wenn Cornwall dem Herrn Boase keine genügende Beweise von der plutonischen Bildung seiner Gebirgsarten darbietet, warum sucht er nicht seine theoretischen Beobachtungen durch eine Untersuchung von Gegenden zu bestätigen oder zu widerlegen, wo die Thatsachen deutlicher sprechen? Möge er Schottland besuchen und alle die Erscheinungen des eindringenden Granites betrachten, welche seit so langer Zeit durch das übereinstimmende Zeugnifs von Hutton, Hall, Playfair, Seymour berühmt geworden sind; möge er Macculloch in der Untersuchung der Hebriden folgen und uns dann sagen, ob er seine Ansichten nicht geändert habe. Aber wenn diese Beweise auch noch nicht den erwarteten Erfolg haben möchten, so würde ich ihn auf das südliche Frankreich hinweisen, wo in einem beschränkten District eine Reihenfolge von Epochen vulkanischer Thätigkeiten bemerkt wird, von den ältesten

Trappgebirgsarten bis zu den neuesten basaltischen Laven, zum Beweise dafs sie alle aus einer Reihenfolge von ähnlichen vulkanischen Ursachen hervorgegangen sind. Ungeachtet der widersprechenden Ansichten von Boase und denen anderer Beobachter wiederhole ich, dafs sein Werk, als das Resultat einer lang fortgesetzten Untersuchung, der werthvollen Thatsache wegen die es enthält, des Studiums werth ist.

Inzwischen erlauben Sie mir zu bemerken, in welchem Grade die Beweise früherer vulkanischer Thätigkeiten kürzlich auf den Geist der Beobachter in entfernten Erdstrichen eingewirkt haben. In einem jetzt erschienenen Werke von Jackson und Alger, über die Geologie von Nova Scotia, bekennen die Verfasser, dafs sie beim Anfange ihrer Untersuchung ganz für die Wernersche Theorie eingenommen waren, dafs sie wiederhohlt die Veränderungen normaler Gebirgsarten und die Verkohlung vegetabilischer Reste in der Berührung mit Trapp Gebirgsarten beobachteten, dafs sie gefunden, wie besonders diese letzten, die Charaktere späteren Eindringens zeigen, welche ihnen in Europa zugeschrieben werden, endlich dafs sie sich hiernach von den Mängeln der neptunischen Theorie überzeugt und die vulkanischen Ansichten, welche nur allein diese Erscheinungen genügend erklären, angenommen hätten.

Der Schüler, welcher weitere Belehrung über diesen Gegenstand sucht, wird mit Nutzen das Werk zu Rathe ziehen, welches Leonhardt in Heidelberg bekannt gemacht hat, in welchem viele hinreichend bestätigte Erscheinungen über die Wirkungen vulkanischer Thätigkeit so klar zusammengestellt worden sind, dafs man den Schlufsfolgen nicht entgehen kann, deren Bündigkeit ich zu behaupten bemüht gewesen bin.

Obrist Sykes hat uns nach einem langen Aufenthalte in Hindostan einen umständlichen Bericht über die Structur von Deccan oder der Berggegend östlich von Bombay geliefert. Dieser Strich scheint grofse Aehnlichkeit mit dem andern Ende der grofsen Trapp Masse zu haben, welche Major Franklin beschrieben hat, die ganz aus Trappgebirgsarten von einer gröfsen Mannigfaltigkeit der mineralogischen Zusammensetzung besteht. Dieselben erhalten sich in tafelartigen Formen, von den niedrigen Terassen an der Küste bis in das Innere des Landes, wo sie eine Höhe von 4000 bis 6000 Fufs erreichen.

Die tiefen Klüfte, welche sie durchschneiden, werden von den Flüssen eingenommen und ihre höchsten Hervorragungen bieten die starken natürlichen Vertheidigungspuncte der Eingeborenen dar, welche die Europäer „Bergfesten" (Hill Forts) nennen. In diesem stufenartigen Tafellande finden sich die Reste vulkanischer Ausbrüche von aufeinanderfolgenden Perioden, welche weitere Analogien mit den bekannten vulkanischen Producten in den Gängen von säulenförmigem Basalt darbieten; die senkrecht durch die horizontalen Ströme hindurch gedrungen sind. Nach den Beobachtungen von Sykes und seinen Vorgängern Dangerfield und Voysey, erstrekken sich diese vulkanischen Erscheinungen über 250000 Engl. Quadrat-Meilen, so dafs sich der Geist beinahe in der Anschauung ihrer Gröfse verliert. Leider ist das relative Alter dieser Eruptionen noch nicht bestimmt, da keine Spuren von secundären oder tertiären Formationen innerhalb dieser Region entdeckt worden sind.

Wiewohl der interessante Zug erloschener Vulkane in der Eifel dem Englischen Leser theilweise durch Daubeny und Poulett Scrope bekannt geworden ist, so konnten wir bisher doch nur aus deutschen Schriftstellern eine genügende Kenntnifs desselben schöpfen. Unser gelehrtes Mitglied Hibbert hat uns jetzt eine Beschreibung davon unter dem Titel „History of the extinct volcanoes of the Basin of Neuwied" geliefert, worauf er zwei Jahre verwendet hat. Indem ich dieses Werk empfehle, mufs ich mein Bedauern ausdrücken, dafs der Verfasser nicht zuerst eine klare Ansicht der mineralogischen Zusammensetzung und der physikalischen Umrisse dieser Gegend vorgelegt und daraus seine sinnreichen theoretischen Betrachtungen abgeleitet hat, um so mehr als seine Schlufsfolgen mit Theorieen über die Bildung der Erde verwebt sind, die sowohl in Rücksicht auf den Parallelismus und daraus folgenden Synchronismus der Gebirgsketten, als auch auf ihre Divergenz und nothwendige Altersverschiedenheit, immer noch unter den vorzüglichsten Geologen streitig sind. — Herr Hibbert hat jedoch durch die Topographie und durch Mittheilung der wahren Umrisse dieser verwickelten Gegend, einen wesentlichen Dienst geleistet. Er hat sich eifrigst bemüht, einen Begriff jener lebendigen Bilder aufzustellen, die er sich über den wahren Zustand dieser Gegend in seinem eigenen Geiste gebildet hat, sowohl für die verschiedenen Epochen der vulkanischen Ausbrüche, als auch für die dazwischen liegenden Ruhezeiten, wo Süfswasser-Meerbusen- und Festland-Bildungen vor sich gingen. Indem er Rechenschaft von der Bildung des Trachytes giebt, welcher so innig mit diesen alten Craterseen verbunden ist, bezieht er sich unmittelbar auf die Analogien mit neuern Vulkanen und versucht auch die neueren Ströme basaltischer Lava wieder zu ergänzen, von denen nur sehr unvollständige Beweise vorliegen. Wenn es Hibbert gelungen ist, das relative Alter der Ausbrüche der verschiedenen vulkanischen Producte in der Eifel vom Trachyt bis auf die neuesten Basaltströme festzustellen, so hat er eine Aufgabe gelöfst, an die sich seine Vorgänger nicht gewagt haben. Die grofse Schwierigkeit derselben liegt in dem Mangel oder in der Unerkennbarkeit aller Schichten von secundärem oder tertiärem Alter, welche, wenn sie bestimmte Beweise in ihren organischen Resten enthalten, für wahre historische Denkmale gehalten werden können. In der Auvergne und im Cantal, wo ein solcher Mangel nicht statt findet, wo im Gegentheil die abgesetzten Schichten zu Gebirgsmassen erhoben worden sind, strotzend von Resten organischen Lebens, lassen sich die genauen relativen Perioden, in denen sich die Intensität vulkanischer Thätigkeit erneuerte oder aufhörte, aus den abwechselnden Störungen und regelmäfsigen Bildungen der damit verbundenen Schichten, mit Bestimmtheit nachweisen. Aber in der Eifel, wenn wir die Versteinerungen der alten Grauwacken-Gruppe ausnehmen, sind die Beweise welche aus organischen Resten späterer Epochen gesammelt werden können, leider höchst mangelhaft, indem nur kleine Flecke von Braunkohle und Thon vorkommen, von denen nur wenige mit den vulkanischen Erscheinungen dieses Districtes verbunden sind.

Dafs Braunkohle in Tertiär Ablagerungen von verschiedenem Alter vorkommt, ist allen bekannt, die Deutschland und die Abhänge der Alpen untersucht haben. Der gröfsere Theil dieses Minerals in dem Becken des Nieder Rheins ist einer älteren Periode in der Tertiär Gruppe zugeschrieben worden. Dieser Gegenstand ist kürzlich durch die Beobachtungen unseres würdigen Mitarbeiters, Herrn L. Horner, über die Geologie der Umgebungen von Bonn, in ein helleres Licht gesetzt worden. Aus dieser fleifsigen Untersuchung lernen wir, dafs, ungeachtet der Schwierigkeit dieser Ablagerung wegen des beinahe gänzlichen Mangels an Mollusken Resten, ein bestimmtes geologisches Alter zuzutheilen, doch nach den Fischen, Fröschen und Planzen, welche zwar bestimmt verschiedne doch sehr analog den noch lebenden Species sind, die Braunkohle des Rheins wahrscheinlich von gleichem Alter mit dem Süfswasserkalk von Aix in Provence sein wird. Herr Horner erläutert ferner die Periode der trachytischen und basaltischen Ausbrüche des Siebengebirges, von denen er glaubt dafs sie, wie viele vulkanische Hügel im südlichen Frankreich, sich aus einem vormaligen See erhoben haben, und während er andeutet dafs dieses Gebirge sich nach der Bildung der damit verbundenen Braunkohle erhoben hat, zeigt er, dafs einer der Kratere auf der anderen Rheinseite, der Rodderberg, in einer neueren Periode, wahrscheinlich gleichzeitig mit der Anhäufung des Loes oder des lehmigen Alluviums, entstanden ist.

Wir kommen hier natürlich auf die anregende theoretische Frage über die Erhebungskratere welche jetzt die deutschen und französischen Geologen trennen. In Frankreich vertheidigen Beaumont, Dufrénoy und andere, die Ansichten von Buch und Humboldt, dafs gewisse kesselförmige Vertiefungen nur einer einfachen Ausdehnung der Erdrinde, aus einer Erhebung von innen heraus ihre Entstehung verdanken, während Cordier und Constant Prevost behaupten, dafs alle diese alten Kratere und Kegel in ihrer Structur eine unmittelbare Analogie mit den Producten der jetzigen vulkanischen Thätigkeit nachweisen und auf dieselbe Art und Weise gebildet worden sind.

Constant Prevost beschäftigt sich mit einer Beschreibung seiner letzten Reise nach dem Mittelmeere, durch die er uns zu überzeugen hofft, dafs alle die ältesten geologischen Erscheinungen vulkanischen Ursprunges, nur allein durch ihre Beziehungen auf die jetzigen Vorgänge erklärt werden können. Er stimmt so in seinen speculativen Ansichten mit unserem Landsmanne Lyell überein, der bei der Untersuchung derselben Gegenden früher zu ähnlichen Resultaten gelangt ist und der zu den ersten gehört hat, welche die Anwendung der Theorie der Erhebungs Kratere auf den Cantal und Mont D'or bestritten hat. Ich mufs hier noch einmal auf den dritten Theil des Werkes dieses Verfassers aufmerksam machen, in welchem sich Beschreibungen jener interessanten Gegend der Eiffel und von Olot in Catalonien, so wie eine Menge von treffenden und eigenthümlichen Beobachtungen über die vulkanischen Ausbrüche des Aetna finden, welche bestimmt zeigen, dafs viele unserer ältern Trapp Ströme einen ähnlichen Ursprung gehabt haben müssen.

Zum Beschlufs dieser Uebersicht der Werke über vulkanische Erscheinungen kann ich Ihnen mit Vergnügen anzeigen, dafs unser Secretär Turner, im Verein mit De la Beche, eine Reihe von Versuchen angefangen hat um die Wirkungen der Hitze auf verschiedene Felsarten, theils krystallinische, theils geschichtete, zu erforschen; für jene, um ihre Bildungsweisen, für diese um ihre Umwandlung aufzuhellen. Diese Untersuchung wird sich später auf die Bildung einfacher Mineralien ausdehnen und auch auf die Wiederhohlung einiger Versuche von Sir J. Hall gerichtet sein, sich also auf ein Feld erstrekken welches, nach Hall's glänzender Laufbahn in Grofs-Britanien, fast ganz verlassen worden ist, während Frankreich und Deutschland sich der Entdeckungen von Berthier und Mitscherlich zu rühmen haben.

Nachdem ich diejenigen Werke erwähnt habe, welche bequem unter besondere wissenschaftliche Abschnitte gebracht werden können, will ich jetzt noch kurz einiger Abhandlungen gedenken die sich auf fremde Länder beziehen und, obgleich von allgemeinerem Inhalt, doch mit unseren eignen Verhandlungen in Verbindung stehen.

Spanien und Portugal. Wir haben bis jetzt nur eine beschränkte Kenntnifs von der geognostischen Beschaffenheit von Spanien und Portugal. In Erwartung fernerer Belehrung durch Silvertop, der so eben die südlichen Provinzen wieder besucht hat, und eines versprochenen Memoirs von Capitain Cook, liegt uns jetzt die erste geognostische Uebersicht vor, welche Hausmann in seinem Werke, betitelt „Hispaniae de constitutione geognostica" von der allgemeinen Beschaffenheit der Halbinsel zu geben gesucht hat. Dies Werk ist auf die eigenen Untersuchungen des Verf. gegründet und giebt ein sehr klares Bild von der Einfachheit der Structur, die einen grofsen Theil jener Gegend bezeichnet.

Sharpe hat uns einen Bericht über einige Theile von Portugal vorgelesen. Er lehrt, dafs die Felsarten in den Umgebungen von Oporto aus Granit bestehen, worauf Gneiss und Glimmerschiefer folgen, die von Conglomeraten mit Anthracit und von blauem Thon bedeckt werden. Zwischen Oporto und Lissabon weiset er Trappgebirgsarten nach, einen secundären Sandstein, überlagert von einem Kalkstein der Belemniten führt. Die Mündung des Tagus soll an ihren Küsten tertiäre Schichten enthalten, welche in drei Abtheilungen zerfallen. Die unterste ist ein versteinerungsreicher blauer Thon; die mittlere und ausgedehnteste Gruppe besteht aus sandigem Kalkstein und Sand und ist wahrscheinlich nach ihren Versteinerungen von gleichem Alter mit der Apenninen Formation. Aus der obersten Gruppe sind noch keine organischen Reste beschrieben worden; wiewohl wir zu glauben geneigt sein mögen, dass in einem Lande welches selbst noch in historischen Zeiten, so von Erdbeben heimgesucht worden ist, diese oberflächlichen Sandschichten von demselben Alter sein möchten, wie die jüngsten Muschel Ablagerungen, welche an den Küsten des Mittelmeeres erhoben worden sind.

Britische Colonien. Ich drückte bei einer früheren Gelegenheit die Hoffnung aus, dass unsere Ostindischen Colonien uns bald durch eine Darlegung ihrer geognostischen Verhältnisse interessanter werden möchten, besonders durch Beschreibungen der kohlenführenden und anderer Ablagerungen der Halbinsel. Inzwischen haben wir einen Bericht von der Structur von Pulo Pinang und der benachbarten Inseln erhalten, den Ward, ein geschickter und eifriger Naturforscher, auf Veranlassung des Residenten der Ostindischen Compagnie, Herrn Kenneth Murchison, verfasst hat. Wiewohl wir bedauern mögen, dass der Malayische Archipelagus keine andere als krystallinische Gebirgsarten umfasst, welche hier und da mit den aus ihrer Zestörung hervorgegangenen Materialien bedeckt sind; so müssen wir doch die Bemühungen des Residenten hochschätzen, der alle Mittel anwendet um auf diese Weise unsere Kenntnisse zu vermehren; und es ist klar, dass ein gleicher Eifer von Seiten der höheren Beamten in unseren entfernten Kolonien, unschätzbare Resultate für unsere Wissenschaft herbeiführen werde. Hier möchte ich Ihre Aufmerksamkeit auf die kurzen „Instructionen für angehende Geognosten" richten, die zur Vertheilung in den Colonien bestimmt sind und ich möchte Sie bitten, bei deren

Vertheilung Ihren Westindischen Freunden den Vortheil dringend auseinanderzusetzen den sie der Wissenschaft durch Sendung von Sammlungen leisten, um eine Vergleichung der verkieselten Zoophyten mit den lebenden Corallen jener Meere anstellen zu können.

Schrifsteller des Continents. Der Vortrag des Präsidenten dieser Gesellschaft kann seiner Kürze wegen hauptsächlich nur auf einen Ueberblick der Englischen Schule beschränkt sein, denn die Anzahl der Europäischen Beobachter ist so grofs, dafs ein ganzer Band kaum zur Aufzählung der Werke eines Jahres genügen dürfte. Ich kann daher hier nur diejenigen Schriften erwähnen, welche ihrem Inhalt nach am meisten geeignet sind, Sie am übersichtlichsten mit den neuesten Bestrebungen unserer Mitarbeiter auf dem Continente bekannt zu machen.

Boué in seinen „Considérations générales sur la Nature et l'Origine des terrains de l'Europe, bringt mit Rücksicht auf die Bildung jeder Formation, allgemeine und theoretische Fragen in dem Tone zur Discussion, welcher besonders die jetzige Entwicklung der Wissenschaft auszeichnet. Auf die lichtvollen Berichte der Geologischen Gesellschaft von Frankreich, von demselben gelehrten Verfasser, habe ich bei einer früheren Gelegenheit aufmerksam gemacht; mir bleibt nun übrig jetzt noch des letzten Berichtes über die Fortschritte der Geologie in Frankreich von Desnoyers zu erwähnen, worin die Gegenstände, welche die Geologen beschäftigt haben, in bestimmten Abschnitten abgehandelt werden, wobei die verschiedenen Materien synthetisch zusammengestellt, ihr Zusammenhang klar nachgewiesen und ihre allgemeinen Verhältnisse zur Wissenschaft vortrefflich nachgewiesen sind. Dieser Bericht von Desnoyers ist ein deutlicher Beweis von den Vortheilen, welche die Bildung der Geologischen Gesellschaft von Frankreich schon jetzt gewährt, indem sie eine völlige Uebersicht der praktischen Arbeiten aller Geologen jenes Landes giebt, deren Werke, ohne ein solches Organ der Mittheilung, nicht von der wissenschaftlichen Welt gehörig gekannt oder gewürdigt sein würden.

Der anhaltende Eifer der Untersuchung, welcher die Geologen Preufsens belebt, ist die natürliche Wirkung der Beispiele von Humboldt und Buch. Auf ein überaus nützliches Werk, auf die Uebersetzung des Handbuches von De la Beche durch Herrn v. Dechen, muſs ich Sie ganz besonders aufmerksam machen. Der mit den geognostischen Verhältnissen Englands so genau bekannte deutsche Bearbeiter, hat jenem Werk dadurch einen besonderen Werth gegeben, daſs er den Geist und die gründliche Kenntniſs der deutschen Schule mit den Forschungen der englischen Geognosten so innig zu verweben bemüht gewesen ist.

Es ist sehr zu bedauern, daſs England so schlecht von den Leistungen der Geognosten Italiens unterrichtet ist. Indem ich Ihnen ankündige, daſs wir bald eine Karte von dem südlichen Gehänge der Alpen von drei ausgezeichneten Geologen, Pareto von Genua, Cristoforis von Mailand und Pasini von Schio, zu erwarten haben, muſs ich daran erinnern, daſs das Land, welches die Wiege der Geologie war, immer noch Männer zählt, welche sich mit Scharfsinn und Untersuchungsgeist der Vollendung solcher Aufklärungen widmen, die nothwendig zu dem gegenwärtigen Zustande der Wissenschaft gehören. *)

Vereinigte Staaten. Obgleich ich mich über die Arbeiten und Entdeckungen unserer Zeitgenossen in Deutschland, Italien und Frankreich nicht ausführlich verbreitet habe, so will ich doch einige kurze Bemerkungen über die Forschungen vorlegen, welche wir un-

*) Ich habe bei dieser Gelegenheit ein neueres Memoir von Pasini nicht berühren mögen, worin er die Theorie vom Grafen Marzari Pencati unterstützt, die Ansichten von Buch, Boué, Beaumont über die Erhebung der Flötzgebirgsschichten der Alpen bestreitet, und zugleich gegen eine meiner kleinen Arbeiten „Ueber die Verhältnisse der Tertiär zu den Secundär Felsarten in der Nähe von Bassano (Phil. Mag. and Ann. vol. IV. Juni 1829) auftritt. Bei einer späteren Gelegenheit werde ich darlegen in wiefern Pasini die Thatsachen miſsverstanden hat, welche ich erwähnt habe; wahrscheinlich durch eine zu strenge Auslegung eines schnell entworfenen Profils. Meine unbedeutende Arbeit war nur bestimmt zu zeigen, daſs in einem beschränkten Raume an dem südlichen Gehänge der Alpen, die Tertiärschichten stark geneigt und gleichförmig gelagert mit den Schichten der Scaglia oder Kreide sind, wie dies deutlich in dem Bette der Brenta zu sehen ist. Ueber den Dolomit jener Gegend etwas Besonderes anzuführen, war nicht meine Absicht und ich bedaure daſs die wenigen Worte welche ich über diese unterbrochenen Massen im Engpasse der Brenta angeführt habe, von dem Verfasser für werth gehalten worden sind, so weitläuftig widerlegt zu werden.

seren Mitarbeitern in der westlichen Hemisphäre, die mit uns durch die Gemeinschaft des Ursprunges und der Sprache verbunden sind, zu verdanken haben.

In den Vereinigten Staaten von Amerika erhebt sich die Wissenschaft fortschreitend in der öffentlichen Achtung. Eine Geologische Gesellschaft ist zu Philadelphia gebildet worden, welche mit Eifer Sammlungen anlegt, Profile von allen Theilen von Pensylvanien zusammenbringt und auf diese Weise durch die That bekundet, wie sehr sich wissenschaftliches Streben und die öffentliche Meinung in diesem Staate auf die Gegenstände unseres Wirkens richten, — eine Wirkung die hauptsächlich den Schriften und Vorlesungen unseres eifrigen Genossen Featherstonhaugh zu verdanken ist. — Ein anderes unserer Mitglieder, Herr R. C. Taylor, hat seine Bekanntschaft mit der Geologie Englands auf die Beschreibung eines grofsen Kohlen-Revieres an dem Gehänge der Alleghanis, welches eine grofse Aehnlichkeit mit den Kohlen Districten von Grofsbritanien zu besitzen scheint, angewendet. — Dem Herrn Haerlam, der durch seine Beiträge zu den Werken von Cuvier bekannt ist, verdanken wir mehrere neuere Arbeiten in der fossilen Zoologie. — Ferner hat Hr. Morton, correspondirender Secretär der Academie der Wissenschaften von Philadelphia, welcher die organischen Reste des eisenschüssigen Sandsteins von Pensylvanien beschrieb, dort eine lehrreiche und ausgedehnte Sammlung gebildet, die in Herrn Conrad einen vortrefflichen Beschreiber gefunden hat. Das erste Heft eines Werkes, welches seit lange von jedem Europäischen Geologen gewünscht wird, ist so eben unter dem Titel „Fossil shells of the Tertiary Formations of North Amerika" von diesem Schriftsteller herausgegeben worden. Mit Zuversicht darf ich dies Werk als eine sehr lehrreiche Arbeit empfehlen, deren Fortsetzung uns endlich in den Stend setzen wird, mit Sicherheit Betrachtungen über eine sehr wichtige Klasse von Ablagerungen dieses weitläuftigen Continentes anzustellen. Einige Ungenauigkeiten der Vergleichung scheinen aus der Unbekanntschaft mit denjenigen conchologischen Unterschieden hervorzugehen, welche seit kurzem von Desnoyers, Lyell und Deshayes angewendet worden sind. Ohne auf die Beschaffenheit der grofsen Alluvial und Diluvial Anhäufungen von Nord Amerika einzugehen, die nach einer genauen und sorgfältigen Untersuchung wahrscheinlich dieselben Unterabtheilungen zeigen werden, deren sie in Europa fähig sind; mufs ich doch bemerken dafs der Verfasser bei der dreifachen Eintheilung der Tertiärformationen darin irrt, dafs er die Mollusken des Englischen Crag, die er mit seiner oberen Meeres Bildung gleich stellt, sämmtlich für noch jetzt lebende Species hält, indem es ausgemittelt worden ist, dafs nur 45 Procent derselben damit überein kommen. Eben so wenig kann die mittlere Tertiär Formation des Herrn Conrad mit dem „calcaire grossier" früher identificirt werden, bis wir Listen der relativen Zahlen von den noch lebenden und erloschenen Species erhalten haben werden. Desgleichen ist die untere Tertiär Formation mit dem argyle plastique von Brongniart, blofs wegen des Vorkommens der Braunkohle, keinesweges zusammenzustellen, weil dies Vorkommen nicht ausschliefslich nur eine Tertiär Periode bezeichnet, sondern in Tertiär Gruppen von jedem Alter angetroffen wird. In der That nimmt der plastische Thon nicht mehr eine Stelle in der Liste der Europäischen Formationen ein, indem er nur eine zufällige Unterlage von einigen Tertiär Bassins bildet, und in vielen nicht von der darüber liegenden Thon Masse getrennt werden kann. Diese Irrthümer der Vergleichung und geologischer Klassification sind jedoch sehr zu entschuldigen bei einem Forscher, der bemüht ist seinen Gegenstand nach Mustern zu bearbeiten, die er als klassisch zu betrachten gewohnt ist, die aber unvermeidlich die Fehlgriffe an sich tragen, welche die weitere Generalisirung der früheren Geologen aller Länder bezeichnen. Diese Mängel sind indefs von geringer Bedeutung und ihnen kann bald abgeholfen werden. Die grofsen Verdienste des Herrn Conrad liegen in der genauen Abbildung der organischen Reste und in der treuen Beschreibung der Art und Weise wie die Schichten, welche sie enthalten, aufeinanderfolgen. Aus seiner Beschreibung lernen wir zum erstenmale, dafs die ganze Küstenlinie von Nord Amerika, nach der Schöpfung noch jetzt lebender Mollusken erhoben worden ist, und dafs sich die oberste oder jüngste dieser fossilen Gruppen über einen Landgürtel von 150 Engl. Meilen Breite verbreitet. Nach der in dem ersten Hefte dieses interessanten Werkes vor uns liegenden Belehrung ist zu schliefsen, dafs diese oberen Muschelnführenden Sand und Mergellagen von gleichem Alter mit den neuen erhobenen Gruppen an den Rändern des Mittelmeeres sind, welche, von einigen Geologen Quaternär genannt, von Lyell in die jüngere Pliocen Gruppe gesetzt werden. Ich mufs noch den Wunsch ausdrücken, dafs Herr Conrad so viel Unterstützung finden möge, um nicht allein in Beziehung auf diese jüngeren, tertiären Versteinerungen, sein Werk zu vollenden, sondern sein lobenswerthes Vorhaben auch auf die Versteinerungen der secundären und älteren Formationen von Nord Amerika auszudehnen. Dafs die Geologie auch in den anderen Staaten von Nord Amerika mit Eifer betrieben wird, davon finden wir genügende Beweise in dem Journal des Herrn Silliman. — Herr Hitchcock hat einen gut durchdachten und umständlichen Bericht über die mineralogische Zusammensetzung von Massachusetts mit einer erläuternden Charte bekannt gemacht. Derjenige Theil des Werkes, welcher den Werth einer Kenntnifs der Mineral Massen in ihrer Anwendung auf den Ackerbau und den Handel des Staates zeigt, ist bis jetzt erst herausgekommen, aber die darin gesammelten Materialien bezeugen ein so grofses Geschick und Studium, dafs mit Recht in dem zweiten Theile ein gutes geologisches Raisonement erwartet werden kann. Herr H. möge es mir jedoch verzeihen, wenn ich in Beziehung auf die Identification jene grofsen Massen von rothem Sandstein in Nord Amerika mit dem new red sandstone von England vorsichtig zu sein rathe; weil es klar ist, dafs in Gegenden, wo das Kohlengebirge fehlt, es schwer ist zu einem gewissen Resultate zu gelangen. Wir fangen an zu bemerken, dafs selbst in England Schichten von ähnlichen rothen Färbungen, in Zwischenräumen, durch die ganze ältere Folgereihe wieder erscheinen, von dem Liegenden des Lias an bis zu grofsen Tiefen in dem Grauwackengebirge. Viel weniger ist ein rother Sandstein mit dem New red sandstone nach dem Vorkommen des Steinsalzes zu identificiren, indem es jetzt erwiesen ist, dafs dieses Mineral in Formationen von allen Zeitaltern, von den jüngsten Tertiärbildungen bis zu den ältesten Transitions Schichten, vorkommt.

Britischer Verein zur Beförderung der Wissenschaft. Wir wollen jetzt auf die Betrachtung des allgemeinen Zustandes unserer vaterländischen Geognosie zurückkommen. Bei der Verbindung unserer Fortschritte mit der Entwicklung anderer Zweige der Wissenschaft, bin ich überzeugt dafs Sie sich mit mir über den grofsen Erfolg freuen, welchen die zweite Versammlung des britischen Vereins zu Oxford gehabt hat. Der herzliche Empfang, dessen sich die Mitglieder desselben von jener ausgezeichnete Universität erfreueten, hat die Mittel gegeben, ihre Zwecke bekannt zu machen, ihr Interesse zu befördern und der fernere Erfolg ist durch die Einladung der Schwester Universität gesichert, die nächste Versammlung in Cambridge zu halten. — Ein Werk welches bald heraus kommen wird, die zu Oxford vorgetragenen Original Berichte enthaltend, wird den Ruf ihrer Verfasser bewähren und die Beförderer unserer Wissenschaft werden sich freuen zu sehen, dafs die neuern Fortschritte und der gegenwärtige Zustand der Geologie einen geschickten und beredeten Berichterstatter in unserem Vice Praesidenten Conybeare gefunden hat.

Ich möchte ferner Ihre Aufmerksamkeit auf die zahlreichen und wichtigen Fragen lenken, welche das Geologische Committe jenes Vereins gestellt hat, und die Ihnen zeigen, wie sehr die Zwecke desselben mit unseren eigenen zusammenfallen. Wenn es überhaupt wichtig für unser Fortschreiten ist, uns die eifrige Mitwirkung unserer Freunde in anderen Zweigen der Wissenschaft zu versichern, wo können wir mit gröfserer Hoffnung eines günstigen Erfolgs dasjenige bekannt machen was uns fehlt. Wo können wir besser die Data zur Erweiterung unserer Untersuchungen sammeln, wo eine bessere Lösung unserer Schwierigkeiten finden, als in einem allgemeinen Congrefs, welcher die ausgezeichnetsten Männer aus allen Theilen der Britischen Inseln vereint? Aber es ist unnöthig diese Vortheile weitläuftig auseinandersetzen, denn Sie sind durch Ihre thätige Theilnahme schon bemüht gewesen, den Einflufs des Britischen Vereins zur Beförderung der Wissenschaft aufrecht zu erhalten.

Geologische Wünsche. Der grofse Umfang der geologischen Arbeiten die im letzten Jahr in Grofsbritanien ausgeführt worden sind, bürgt, wie ich hoffe, für die Fortdauer desselben Eifers, wie in den früheren Jahren; aber ungeachtet schon sehr vieles vollbracht worden ist, fühle ich doch dafs mir, ehe ich diesen Platz verlasse, noch die Pflicht übrig bleibt Ihnen einige der Hauptlücken zu bezeichnen die ausgefüllt werden müssen, bevor der Abrifs der geologischen Structur unseres gesammten Vaterlandes vollendet werden kann.

So viel auch über einzelne Theile von Schottland geschrieben worden ist, so besitzen wir doch noch kein übersichtliches Werk in Englischer Sprache, welches dieses ganze Königreich umfafst, wiewohl die Herrn Boué und Necker bereits seit lange ihren Landsleuten die allgemeinen Verhältnisse der dortigen Felsarten auseinandergesetzt haben. Es mufs anerkannt werden, dafs der nördliche Theil von Schottland die Aufmerksamkeit in einem ausgezeichnet hohen Grade auf sich gezogen hat. Denn aufser den ausgezeichneten Geologen aus Hutton's Schule, welche darin die Wahrheit der Theorie ihres Lehrers nachzuweisen suchten, haben die krystallinischen und Trappgebirgsarten jener Gegenden umfassende und geschickte Erklärer in Jameson, Allan, Mackenzie, Hibbert, Mac Culloch und in anderen noch lebenden Schriftstellern gefunden, während die Natur der Sediment-Ablägerung theilweise in Ihren Verhandlungen von Herrn Sedgwick und von mir selbst erläutert worden ist. In den mittlern und südlichen Theilen von Schottland jedoch, besonders in dem Kohlengebirge, fehlen uns noch die Beschreibungen grofser Districte und ein allgemeines Werk welches die ganze Gegend zwischen der Gränze von England und dem südlichen Abhange der Grampians umfafst, welches uns belehrt, ob die eigentlichen Kohlen Reviere auf dem Kohlen (Berg) Kalkstein abgesetzt sind oder ob sie sich, wie es in dem nördlichen Theile von Northumberland und in Berwickshire nachgewiesen ist, in den alten rothen Sandstein hineinerstrekken. — Wie ich erfahre, hat Herr Flemming eine genaue Kenntnifs von dem zusammengesetzten und vielen Störungen unterworfenen Kohlen Reviere von Fifeshire erlangt und seine Untersuchungen bis an den südöstlichen Fufs der Grampians ausgedehnt. Wir können daher mit Sicherheit die Resultate seiner Beobachtungen erwarten, können dabei aber den Wunsch nicht unterdrücken, dafs er auch auf die Verhältnisse des grofsen Trappgebirges der Ochills eingehen möge.

Wenn wir also auch hoffen dürfen eine genaue Uebersicht von dem nördlichen Ende dieses grofsen Thales zu erhalten, so fehlen uns auf eine ganz auffallende Weise nähere Data über den südlichen Theil. Obgleich Nithsdale von Herrn Monteith beschrieben worden ist, so entbehren doch die älteren Ketten der Lead Hills und alle die umgebenden Gruppen des Transitionsgebirges noch einer genauern Untersuchung. Lassen Sie uns daher hoffen, dafs Herr Jameson, der so viel für die massigen und Trappfelsarten geleistet hat, durch eigene oder durch die Untersuchungen seiner Schüler diese Lücken in der Flötz Geologie seines Vaterlandes ausfüllen werde. — Aber nicht allein auf der Nordseite des Tweedflusses ermangeln wir solcher Untersuchung; auch die Englische Seite der Schottischen Gränze erfordert noch genauere Beobachtungen. Wir haben keine gute Beschreibung von dem Porphyrgebirge der Cheviots, wiewohl ich glaube eine solche aus Herrn Culley's Feder erwarten zu dürfen.

In England und Wales sind die Schwierigkeiten, welche die genauere Kenntnifs der ältesten Sediment Formationen verdunkelten, fast gänzlich gehoben; Dank sei es Herrn Sedgwick der sich eifrig mit diesem dunkeln aber unumgänglich nothwendigen Zweige unserer Wissenschaft beschäftigt hat und Ihnen binnen Kurzem die endlichen Resultate einer Arbeit von mehreren Jahren vorlegen wird. Ich habe mich bemüht, in aufsteisteigender Folgereihe die Arbeiten meines Freundes auf die jüngeren versteinerungsreichen Züge an den Gränzen von Wales auszudehnen, die Bildungen, in welche sie getheilt sind, zu ermitteln und diese mit dem alten rothen Sandstein und den darüber liegenden Ablagerungen zu verbinden. Der Beendigung dieser Arbeit sehe ich im nächsten Sommer mit Vergnügen entgegen.

Wenn wir uns von diesen bisher vernachläfsigten westlichen Gegenden fortwenden und die östlichen Küsten betrachten, so zeigt sich sogleich dafs eine vollständige Geschichte des Crag und der jüngeren Ablagerungen uns noch gänzlich abgeht. Die Arbeiten von R. C. Taylor und Anderen, wiewohl sie in ihren Districten vortrefflich sind, gestatten keine allgemeine Anwendung, und so scharfsinnig auch die Ansichten des Herrn Lyell sind, so beruhen sie doch nicht allein auf die Theile der Küste, welche er selbst beobachtet hat. Lassen sie uns daher diese Mängel aus unserem Systeme entfernen und uns bemühen so klare Abschnitte festzustellen wie unsere Mitarbeiter in Frankreich es für die Ablagerungen dieses Alters gethan haben. Dies wird geschehen können durch die Bestimmung des Umfangs des Crags und der Beschaffenheit seiner oberen Gränze, so wie durch die Ermittelung des relativen Alters der Grandlalager mit noch lebenden Muschelspecies und der zahlreichen Süfswasser und Landaubäufungen welche an unserer Ost Küste so häufig von der Nordseite des Humber bis zur Mündung der Themse vorkommen.

Der wichtigste jedoch unter allen wissenschaftlichen Mängeln ist eine vollständige Beschreibung der Kohlen Reviere, denn bei der innigen Verbindung derselben mit dem Fortbestehen Englands als eines industriellen Staates, kann der Aufruf zur Belehrung über diesen Punkt weder zu oft wiederholt, noch seine Wichtigkeit zu dringend eingeschärft werden. — Einigen Zuwachs hat unsere Kenntnifs des Kohlengebirges durch den vortrefflichen Geologen J. Phillips in einer kurzen Abhandlung über das Ganister oder untere Yorkshire Revier erhalten, wovon eine vollstandige Beschreibung bald in dem zweiten Theile der Geologie jener Grafschaft erscheinen wird. *)

Ich hoffe, Ihnen bald eine gedrängte Uebersicht jener unbeschriebenen und kleinen Kohlenfelder in Shropshire liefern zu können, welche in alten Busen abgesetzt worden sind und das Ausgehende der Grauwacke bedecken oder auf dem alten rothen Sandstein und dem Kohlenkalkstein aufliegen. Weil diese Felder sich unter das grofse Becken von Salop und Cheshire einsenken, so können wir mit vollem Recht schliefsen, dafs in Zukunft ein reicher Schatz tief gelagerter Flötze unter dem bunten Sandstein (new red) jener Gegend entdeckt und bearbeitet werden wird. — Aber auf wie viele andere Theile dieser Insel lassen sich nicht ähnliche Betrachtungen anwenden? Wie zahlreich und wie weitläuftig sind nicht diese Kohlen Reviere, mit derem eingentlichen Detail wir gänzlich unbekannt sind?

Wenn ich ganz besonders für diesen Zweig Ihre fortdauernden Bemühungen anrufe, so geschieht es deshalb, weil die Resultate für unsere Nebenmenschen von ganz besonderer Wichtigkeit sind. Daher bin ich auch überzeugt, dafs die Zeit nahe ist, wo das ganze Land,

---

*) Ich höre dafs Herr E. Hall von Manchester einen Beitrag zu unserer Localkenntnifs der Kohlen Reviere durch die Vollendung einer Manuscript Karte von dem Süd Lancashire Reviere geliefert hat.

unsere Arbeiten würdigend, erklären wird „Geologie sei eine Beschäftigung von höchstem nationellem Interesse". Diese Ueberzeugung spricht sich schon durch die Liste unserer Gesellschaft aus, welche mit einigen der ehrenvollsten Nahmen des Landes geziert ist. Der einzige Lohn den wir als Dank für unsere Anstrengungen verlangen, ist der, dafs die Grundbesitzer von England unsere Archive mit Profilen und Erläuterungen über ihre Umgegend bereichern.

Indem ich auf diese Weise auf den praktischen Nutzen der Geologie aufmerksam mache und die Ueberzeugung ausspreche, dafs die Fortschritte der Wissenschaft durch die mühsame Beweisführung aus der fossilen Welt, auf einer sicheren Grundlage ruhen, kann ich freilich auch nicht umhin zu gestehen dafs die Entwicklung hier und dort durch die Aufstellung von hinreifsenden aber unhaltbaren Theorien aufgehalten worden ist. Ueberzeugt dafs kein gebahnter Weg zu den Wahrheiten führt, die wir suchen, müssen wir uns vor übereilt aufgefafsten Speculationen hüten, die keiner leichter anstellen kann, als der welcher am wenigstens in der Wissenschaft gearbeitet hat. Theorieen dürfen nur so weit geduldet werden, als sie mit den Gesetzen der Natur und mit wirklichen Beobachtungen übereinstimmen. — Wir wollen daher nicht aufhören, aus der Schule der Englischen Geologie die Lehrsätze derer zu vertilgen welche die Lösung der Aufgaben unternehmen ehe die wahren Thatsachen vorliegen. Handeln wir nach den Grundsäzen des Urhebers der neueren Philosophie und schreiten wir standhaft von dem Bekannten zu dem Unbekannten vor, so brauchen wir vor der Menge der noch zu besiegenden Schwierigkeiten nicht zurück zu schrecken, sondern ein Jeder von uns wird jährlich die im Schweifse seines Angesichtes geärndteten Früchte in der Ueberzeugung zu diesen Hallen bringen, dafs, wenn die Nachwelt den Geologen unserer Zeit einige Lorbeeren zuerkennt, Der ihrer am würdigsten ist, welcher durch seine Entdeckungen am meisten dazu beigetragen hat die Wissenschaft fest zu begründen.

In einer Wissenschaft wie die unsrige, welche einen beständigen Zuwachs von neuen Entdeckungen erhält, wodurch unsere früheren Schlüsse erweitert oder beschränkt werden, können nothwendig nur wenige Arbeiten, so wie sie zuerst aus der Feder des Verfassers kommen, wie erfahren er auch in seinen Beobachtungen sein mag, ganz vollkommen sein. Das Urtheil, welchem unsere Schriften in dem belebten Wortwechsel unterliegen, den sie hier anregen, muſs daher als die wahre Schutzwache unseres wissenschaftlichen Rufes betrachtet werden. Dieser vortreffliche Gebrauch, durch lange Erfahrung und durch Ihre Beistimmung bewährt, erhöhet nicht allein den Werth unserer Verhandlungen, durch welche die Meinungen erfahrungsreicher Beobachter hervorgerufen und bekannt gemacht werden, sondern er übt auch dadurch einen groſsen Einfluſs aus, daſs er uns zu einen freundlichen Vereine verbindet und unseren Versammlungen den Stempel der Energie und Freundschaft aufdrückt, welcher schon seit langer Zeit das Streben dieser Gesellschaft bezeichnet.

Nun bin ich am Ziel meiner Dienstleistungen; ich nehme Abschied von Ihnen mit herzlichem Dank für die zahllosen Beweise freundlicher Theilnahme, die Sie mir gewährt, und die mich mehr, als ich auszudrücken im Stande bin, an Ihr Interesse und Wohlergehen geknüpft haben. Meine Genugthuung ist heut vollkommen, indem ich auszusprechen habe, daſs unter den zahlreichen Handlungen worauf Sie stolz sein dürfen, keine Ihren Gesinnungen mehr Ehre macht, keine besser berechnet ist die Wohlfahrt unseres Institutes zu sichern, als der letzte Ausdruck Ihres Willens, wodurch Sie das Amt aus meinen Händen in die eines Mannes legen, dessen Leben Ihrer Sache gewidmet und der mit Recht stolz darauf ist, der erste Präsident der Geologischen Gesellschaft von London gewesen zu sein.

Den 27. Februar. Beschreibung einiger Theile von Valencia, Murcia und Granada im Süden von Spanien; vom Capitain Cook.

Der in diesem Aufsatz beschriebene District umfaſst die Gebirgsgegend zwischen der südlichen Begränzung der Ebenen von La Mancha und dem Mittelmeere. Die Formationen, welche denselben zusammensetzen, werden von dem Verfasser in primäre, secundäre, tertiäre und vulkanische mitgetheilt.

Die primären Felsarten bestehen hauptsächlich aus Granit, Glimmerschiefer und Thonschiefer mit untergeordneten Lagern von Kalkstein, Talk, und Chloritschiefer und Serpentin. Diese primären Formationen machen die Bergketten der Sierra Morena, Sierra Nevada, Sierra

Filabres, den Lomo de Vaca und einige unbedeutendere Hügel bei Velez Malaga, am Almazorraflusse und im Thale von Almazarron aus.

Die secundären Ablagerungen bestehen fast gänzlich aus dichtem, dolomitischem Kalkstein, im Allgemeinen ohne Versteinerungen, der auf den primären Schiefern aufliegt. Am Gehänge der Sierra Morena soll jedoch, ebenso wie in der Nachbarschaft von Granada, ein rother Sandstein zwischen den Schiefern und dem Kalkstein vorkommen. Die Hauptdistricte welche aus diesem Kalkstein bestehen, sind die Hügelreihen zwischen den Ebenen von La Mancha und dem Mittelmeere, die Sierra de Gador, berühmt durch ihre Bleigruben, und der Felsen von Gibralter.

Die Tertiär Formationen sollen hauptsächlich aus Conglomeraten, Sand, Mergel mit Gips und Salz und groben, zerreiblichen Kalkstein mit organischen Ueberresten zusammengesetzt sein, niedrige Hügel bilden und die Ebenen und Thäler einnehmen, welche von den Ketten des secundären Kalksteins eingeschlossen sind. Die vorzüglichsten Localitäten, welche von dem Verfas. genannt werden, sind die Ebenen von Valencia, Alicante, Murcia, Carthagena, Aguilas und Granada; die Thäler der Segura, Lorca, Almeira, und des Guadalquivir. Auch die Becken von Baza und Alhama welche der Obrist Silvertop beschrieben hat, werden erwähnt.

Die vulkanischen Felsarten finden sich nur kurz bemerkt; die genannten Localitäten sind Almazarron und Cape de Gata.

Bemerkungen über die Structur und den Ursprung der Diamanten; von D. Brewster. Im Jahr 1820 theilte der Verfasser der Königl. Gesellschaft von Edinburgh ein sonderbares Factum über die Structur der Diamanten mit, begleitet von einigen Gedanken über die Entstehung dieses merkwürdigen Edelsteins. Der vorliegende Versuch ist als eine Fortsetzung und Erweiterung dieser Untersuchung zu betrachten.

Der Verfasser verweist auf die schon von Newton gemachte Bemerkung, dass Bernstein und Diamanten ein dreifach stärkeres Strahlenbrechungsvermögen als verschiedene andere Substanzen besitzen und führt Newtons auf diese Bemerkung gegründete Hypothese an, dass der Diamant wahrscheinlich, ebenso wie Bernstein, eine fettige coagulirte Substanz sei. Zum Beweise des genähesten Zusammenhanges zwischen der Brennbarkeit und der absoluten Strahlenberechnung der Körper, fügt Brewster die Thatsachen hinzu, daſs Schwefel und Phosphor selbst den Diamanten noch an absoluter Stärke der Strahlenbrechung übertreffen und daſs diesen drei Inflammibilien alle übrigen festen und flüssigen Substanzen in ihrer absoluten Einwirkung auf das Licht nachstehen.

Eine andere groſse Analogie zwischen dem Diamanten und dem Bernstein, unabhängig von ihrer gleichen Localität und kohligen Natur, wurde von dem Verfasser in ihrer polarisirenden Structur nachgewisen. Diese beiden Mineralien enthalten in ihrer Substanz kleine Zellen oder Höhlungen die mit Luft angefüllt sind und deren Expansivkraft denjenigen Theilen, welche sich in unmittelbarer Berührung mit der Luft befinden, eine polarisirende Structur ertheilt hat. Die Beschreibung dieser Structur, welche sich durch Sectoren von polarisirtem Lichte, das Luftbläschen umgebend, zeigt, ist durch Zeichnungen verdeutlicht. Der Verfasser behauptet, daſs die eigenthümliche Polarisationskraft um die Höhlungen herum, im Bernstein sowohl wie im Diamanten, durch die Expansivkraft der eingeschlossenen Substanz bewirkt worden sein muſs, die er als gasförmig voraussetzt; indem dadurch die Seitenwände der Zellen zusammengedrückt wurden, während die Substanz der Mineralien sich in einem weichen und nachgebenden Zustande befunden hat. Eine ähnliche Structur läſst sich im Glase oder in gallertartigen Massen durch einen Druck hervorbringen, der sich zirkelförmig um einen Punkt verbreitet.

Nachdem der Verfasser auf diese Weise gezeigt hat, daſs sich der Diamant einst in einem weichen, oder bildsamen Zustande befunden habe, folgert er weiter, daſs dieser Zustand nicht durch Schmelzung hervorgebracht worden sei. Denn bei seiner mühsamen Untersuchung der Höhlungen in Krystallen, sowohl in den natürlichen als künstlichen, wie im Topas, Quarz, Amethyst, Chrysoberyll u. s. w. und in den Salzen, hat er den Zustand von vielen tausend Höhlungen beobachtet; aber niemals, weder in Krystallen die durch feuerige Schmelzung noch durch wässrige Lösung erhalten worden waren, eine einzige Höhlung gefunden, in der die darin enthaltene expansible Flüssigkeit den Wänden eine polarisirende Structur verliehen hätte, wie dies um die Höhlungen in dem Diamanten der Fall ist. Er glaubt daher, daſs die Weichheit mit der eines halb erhärteten Gummi Aehnlichkeit gehabt haben muſs und daſs der Diamant durch die Zersetzung vegetabiler Materien entstanden ist, wie es beim Bernstein angenommen wird. Der krystallisirte Zustand des Diamanten kann nicht als entscheidend gegen diesen Schluſs angesehen werden, da der Honigstein in bestimmt ausgebildeten Krystallen vorkommt, während seine Zusammensetzung und die Art des Vorkommens den vegetabilischen Ursprung nachweisen.

Ueber das Vorkommen von Thierknochen in einer Kohlengrube in Steiermark; von Anker. (Professor am Johanneum in Grätz)

Die bezüglichen Knochen sind in einer Hügelreihe nahe bei Grätz in Steiermark gefunden worden, welche sich in südlicher Richtung vom Fuſse des Schwamberges nach Scheineck an der Weiſs ausdehnt. Diese Hügel bestehen aus Molasse, welche Braunkohllager von 2 — 2½ Fuſs Mächtigkeit enthält. Die Braunkohlen sind der Schwarzkohle äuſserlich sehr ähnlich und unterscheiden sich von denselben nur durch ihre geognostische Stellung und durch das zufällige Auftreten der Holztextur. In der Kohle kommen Schichten von bituminösem Schiefer, und von einem grauen, bituminösen, merglichen, schiefrigen Sandstein vor, in welchem sich hier und dort Geschiebe von primären Felsarten eingestreut finden. — Die Knochen sind in der Kohle selbst in Lagen von 2 bis 2½ Zoll Mächtigkeit gefunden worden. Sie sind zum gröſsten Theile so beschädigt, daſs die Gattung, der sie angehören, nicht erkannt werden konnte; aber nach ihrer groſsen Zahl scheinen sie von vielen verschiedenen Thieren herzurühren. Nach vielem Suchen wurde eine Kinnlade mit Zähnen gefunden. Dieses Stück wird im Johanneum aufbewahrt. Nach der Zeichnung welche diese Notiz begleitet, ist Herr Clift der Meinung, daſs der Knochen von einer Hyäne herrühre. — Die Knochen wurden in dieser Grube zuerst im Jahre 1826 im Joseph Stollen, 50 Klafter vom Mundloche, gefunden und sind seit dieser Zeit öfter darin vorgekommen. Im J. 1831. fand man sie auch auf dem 3 Klafter weiter gegen Süd liegenden Carolinen Stollen. Unter denselben befand sich ein Zahn, dem eines Hayfisches ähnlich, zusammen mit den Fragmenten von Knochen, die mit denen vom Joseph Stollen übereinstimmen; vorzüglich kommen sie aber in dem Nebengestein der Kohlen vor.

Den 13. May. Geologie der Umgegend von Bonn; von Horner.

Der beschriebene District liegt auf beiden Seiten des Rheins. Das Siebengebirge bildet den Hauptcharacterzug, dessen höchster Punkt der Oelberg 1369 Engl. Fuſs hoch ist. Es ist deshalb interessant, weil es für England der nächste Punkt ist, wo sich vulkanische Erscheinungen finden, die den gegenwärtigen analog sind.

Das älteste geschichtete Gestein ist Grauwacke, welche sich den neueren Abtheilungen dieser Gebirgsarten, theilweise sogar dem alten rothen Sandstein nähert; es kommt kein Kalkstein mit demselben vor. Die Schichtenstellung ist meistens steil, aber unter allen Winkeln; weder im Streichen noch im Fallen herrscht Gleichförmigkeit; ersteres ist gewöhnlich von Süd West gegen Nord Ost; letzteres mehr gegen Süd, als gegen Nord. In der unmittelbaren Nachbarschaft des Siebengebirges sind die Schichten nach allen Richtungen durch die Ausbrüche der vulkanischen Materie geworfen. *) Die ganze Flötzfolge fehlt und die Grauwacke wird von Tertiärschichten bedeckt, von Sand, Sandstein, Thonen und Braunkohle, welche zusammen das Braunkohlengebirge bilden. Dies wird von einer ausgedehnten Geröllablagerung bedeckt, und darüber kommt noch ein locker zusammenhängender sandiger Lehm vor, der im Rheinthale Loeſs genannt wird. Von unterhalb der Grauwacke sind massige Gebirgsarten hervorgebrochen, Trachyt, Trachyt Tuff, Basalt und andere Abänderungen von Trapp. Die Hauptmasse des Siebengebirges besteht aus diesen vulkanischen Felsarten.

Es giebt viele Varietäten von Trachyt, von einer ganz krystallinischen Gebirgsart mit einzelnen Feldspath Krystallen von ansehnlicher Gröſse, einem groſskörnigen Granite ähnlich, bis zu einem dichten Gesteine von

*) Dieser Schluſs ist höchst übereilt und ich glaube demselben nach vielfältigen Beobachtungen gradezu widersprechen zu müssen. Die vulkanischen Ausbrüche scheinen gar keine Einwirkung auf die Schichtenstellung des Grauwackengebirges, weder im Siebengebirge noch in der Eifel ausgeübt zu haben, denn in der ganzen Ausdehnung desselben finden überall ganz gleiche Schichtungs Verhältnisse statt.

v. D.

gleichförmiger Structur wie dichter Feldspath oder Klingstein. Der Trachyttuff nimmt auch ein verschiedenartiges Ansehen an, von dem eines groben Conglomerates bis zu dem einer weifsen, erdigen Masse, die auf den ersten Blick der Kreide ähnlich sieht. Es giebt keine Beweise, dafs der Trachyt wie ein Strom geflossen sei, und der Verfasser sah ihn nur an einem Punkte in einem Gange. Es giebt hier verschiedene Varietäten von Trapp, aber der gewöhnlichste ist ein dichter schwarzer Basalt, an mehreren Punkten in vollkommenen Säulen. Derselbe bildet viele Gänge. Ein merkwürdiger Ausbruch von Trapptuff, der von basaltischen Gängen durchsetzt wird, kommt bei Siegburg vor, wo drei Kegel von etwa 200 Fufs Höhe sich plötzlich aus einer Alluvial Ebene erheben, die mit dem Rheine in einem Niveau liegt.

Der Verfas. macht auf die Verwandtschaft aufmerksam, welche nach L. v. Buch in der mineralogischen Zusammensetzung aller massigen Gebirgsarten besteht und wie eine Reihe von unmerklichen Uebergängen durch den Trachyt und die Trappfamilie, vom Granit bis zur jetzigen Lava gebildet werden kann. Er zeigt, wie man eine Suite von Handstufen aus dem Siebengebirge zusammenlegen kann, welche unmerklich vom weifsen grofskörnigen Trachyt bis in den schwarzen dichten Basalt übergeht; so wie dafs sich hier viele interessante Facta finden, welche die von Herrn Rose ausgesprochene Ansicht über die Identität der Hornblende und des Augites, bestätigen. Ungeachtet dieser Verbindung zwischen den verschiedenen vulkanischen Gebirgsarten, zeigt der Verf. bestimmte Beweise verschiedener Formations Epochen unter denselben. Er ist der Ansicht, dafs zuerst die gröfsere Masse des Trachyt Tuffes ausgebrochen ist, dafs dies Ereignifs ähnlich den Schlacken und Aschenregen war, welche häufig den Ausbrüchen von Lavaströmen vorausgehen, und dafs diese Gebirgsart nicht, wie verschiedene frühere Schriftsteller vorausgesetzt haben, als ein regenerirtes, aus der Zerstörung schon vorhandenen Trachytes hervorgegangnes Gestein betrachtet werden könne. Er sah an einer Stelle im Trachyt Tuff einen Trachytgang aufsetzen und aufserdem viele Kugeln, wie vulkanische Bomben, aus mannigfaltigen Abänderungen von Trachyt bestehend, der sich von dem anstehenden Trachyt ganz unterscheidet, in dem Tuff liegen. Derselbe wird von vielen Trappgängen durchsetzt und da diese letzteren auch den festen Trachyt durchsetzen, so ist das spätere Hervorbrechen des Trapps bewiesen. Es ward kein Punkt aufgefunden wo Trachyt wieder hervorgekommen wäre, nachdem die Bildung des Trapps begonnen hatte. Auf dem linken Rheinufer, dem Siebengebirge gegenüber, findet sich ein, verhältnifsmäfsig neuer, erloschener Vulkan, der Rodderberg, der aus Zindern und verschlackten Gesteinen besteht. Der Krater hat einen Durchmesser von ¼ Engl. Meile und eine Tiefe von 100 Fufs; in demselben liegt ein Gehöft, von Kornfeldern umgeben.

Die Braunkohlenbildung besteht aus Schichten von losem Sand, Sandstein, dichtem kiesligen Conglomerat, welches, seiner mineralogischen Beschaffenheit nach, häufig nicht von einigen Varietäten der Grauwacke unterschieden werden kann, — von Thon mit Nieren und Lagen von thonigem Sphärosiderit, und endlich aus Schichten von mannigfaltigen Abänderungen der Braunkohle, von dem Zustand einer hellbraunen Erde bis zu dem einer schwarzen, dichten, glänzenden Masse, wie Gagat. Sie kommen in mächtigen Lagen vor und es geht ein lebhafter Bergbau darauf um. Sie enthalten zahlreiche Abdrücke von Blättern und Baumstämmen. Mit Ausnahme der Abdrücke von Lymnaeen und Planorben, in einem weifsen Hornstein von geringer Ausdehnung (bei Muffendorf), sind weder Süfswasser noch Meeres Mollusken, noch Reste von Vierfüfslern, oder Vögel in irgend einem Theile dieser Formation gefunden worden; dagegen sind aber in einigen Braunkohlenlagen die Abdrücke von Süfswasserfischen, Leuciscus papyraceus, Agassiz, sehr häufig, und auch erloschene Species von Fröschen, Salamandern, Tritonen kommen zusammen mit Insecten vor, welche nach Goldfufs zu den Geschlechtern Lucanus, Cerambyx, Anthrax, Cantharis und noch 8 anderen gehören.

Der Verf. hat viele Blätterabdrücke zur Untersuchung dem Herrn Lindley übergeben. Die meisten sind zu unvollkommen um genau bestimmt zu werden; im Allgemeinen gehören sie Dicotyledonen an; zwei Species beweisen mit grofser Wahrscheinlichkeit das warme Klima während der Bildung dieser Species, nämlich Cinnamomum dulce, Podocarpus macrophylla; aufserdem gehören sie ganz bestimmt Palmen Arten an. Es ist merkwürdig, dafs, nach einer neueren Untersuchung der Herrn Noeggerath und Cotta in Heidelberg, unter einer grofsen Sammlung von der in dieser Bildung vorkommenden Hölzern auch kein einziges angetroffen ward, welches einer Monocotyledone angehört. Ein grofses Geröllager, hauptsächlich aus Quarzgeschieben bestehend, worunter aber auch Basalt, Trachyt, Uebergangskalkstein, bunter Sandstein, bedeckt die Braunkohlenformation, bisweilen nur in einer dünnen Lage, an andern Punkten bis 125 Fufs mächtig. Das Gerölle unterscheidet sich wesentlich von demjenigen des Rheinthales und ist älter als einige vulkanische Eruptionen, denn eine Stelle desselben wird an dem Rande des Kraters vom Rodderberge durch vulkanische Asche bedeckt.

Der Verfasser geht alsdann zur Bestimmung des relativen Alters der Braunkohlenformation über; einer sehr schwierigen Aufgabe, weil beinahe alle Muscheln darin fehlen und weil es sehr unsicher ist eine Formation nach Pflanzen-Abdrücken allein zu bestimmen. Von früheren Schriftstellern ist dieselbe dem plastischen Thone des Pariser Beckens parallel gestellt worden; es scheint aber, dafs sie hiermit keine weitere Aehnlichkeit hat, als das Vorkommen einiger Thon Lager und der Braunkohle, welche rücksichtlich der Alters Verhältnisse nicht abeweisen können. Die Reste der Amphibien sind denen von Oeningen ähnlich, aber die Mollusken und Pflanzen sind mit einigen von denen gleich die in den älteren Süfswasserschichten von Aix im südlichen Frankreich vorkommen. Es scheint ganz deutlich eine Bildung in einem Landsee gewesen zu sein, und nach den organischen Resten zu urtheilen, welche bei der Bestimmung des Alters nur ganz allein ein zuverlässiges Anhalten geben können, wenn keine Ueberlagerung mit anderen Schichten vorhanden ist, dürfte diese Bildung neuerer Entstehung sein, als der plastische Thon. Der Verfasser führt zwar die Ansicht von Noeggerath an, dafs diese Braunkohlenbildung selbst älter als Kreide sei; setzt aber hinzu, dafs sich aus den beobachteten Erscheinungen nichts ableiten lasse, was an secundäre Schichten erinnere, obgleich er die Meinungen dieses erfahrenen Beobachters sehr hoch schätze. — Inzwischen ist die Bestimmung des Alters dieser Braunkohlenbildung von der gröfsten Wichtigkeit, indem hierdurch die Perioden der vulkanischen Ausbrüche am Nieder Rhein fixirt werden. Der Verfasser zeigt nämlich, dafs der Trachyttuff dieselben Blätter Abdrücke enthält, wie der Thon und die Sandsteine, dafs ausgedehnte Lagen von Trachyt-Tuff mit den Schichten dieser Bildung an vielen Punkten abwechseln, und dafs an einer Stelle eine 30 Fufs starke Basaltmasse auf einem 13 Fufs mächtigen Kohlenlager aufliegt. Die Schlüsse, zu denen man hiernach berechtigt ist, sind: das Vorhandensein eines grofsen Süfswassersees, in welchem die Braunkohlenschichten abgesetzt worden sind, dafs während dieses Absatzes Vulkane auf dem Boden dieses Sees ausbrachen, wie noch jetzt auf dem Meeresgrunde, und dafs eine Fortdauer der vulkanischen Thätigkeit oder der Erhebungskraft, das Siebengebirge in die Höhe steigen liefs, nachdem die Ablagerung aufgehört hatte, — vielleicht zu derselben Zeit als die Basalt oder Trapp Eruptionen statt fanden, indem an dem Fufse des Mendenberges, eines Kegels von Säulenbasalt, ein kleiner Fleck von Braunkohlenschichten sich 900 Fufs über dem Rheinspiegel befindet.

Die letzte grofse Bildung, wenn man sie so nennen kann, dieses Districtes, welche auf dem Grande liegt, in welchen der Rhein sein jetziges Bett gegraben hat, ist der Löfs, ein zerreiblicher sandiger Lehm voll von noch lebenden Landschnecken, ohne Flufsmuscheln und Pflanzen, aber mit Knochen von Elephas primigenius, Rhinoceros ticborinus. Er kommt in einzelnen Massen von grofser Mächtigkeit, ohne Spuren von Schichtung, bisweilen 600 Fufs über dem Rheinspiegel vor, und kann, mit wenigen Unterbrechungen, von Bonn bis Basel, auf eine Länge von 250 Engl. Meilen, verfolgt werden. Der Verf. glaubt dafs er seinen Ursprung dem plötzlichen Durchbruche eines Sees zwischen Basel und Constanz verdanke und dafs spätere Entblöfsungen die ungeheure Masse von abgesetztem Schlamm wieder fortgeführt und nur einzelne abgerissene Theile als Denkmale des mächtigen Stromes stehen gelassen haben.

Den 27. März. **Ueber die geschichteten Gebirgsarten, welche den westlichen Theil von Shropshire und Herefordshire einehmen und von Nord Ost gegen Süd West durch Radnor, Brecknock und Caermarthenshire fortsetzen;** nebst Beschreibung der begleitenden Gesteine von abnormem oder feurigem Charakter; erster Theil; von R. J. Murchison.

Der Mangel einer genauen Kenntnifs der Folgeordnung und der Versteinerungen der grofsen Ablagerungen, welche dem alten rothen Sandstein vorausgegangen sind und welche gewöhnlich Uebergangsgebirge genannt werden (versteinerungsführende Grauwacke, De la Beche) wird hervorgehoben und von dem Verf. angeführt, dafs ihm die Idee: dieselben in bestimmte Formationen zu sondern, zuerst durch die sehr klare und vollkommene Entwicklung in der in Rede stehenden Gegend eingeflöfst worden sei.

Diese Arbeit hat den Verf. gröfstentheils während der beiden letzten Sommer beschäftigt; sie ist auf die Militär Aufnahme Charten gegründet, die er geognostisch illuminirt hat. Den Beamten dieser Aufnahme fühlt sich der Verfasser für die Mittheilung genauer geographischer Details sehr verpflichtet; er macht auf die älteren aber nicht bekannt gemachten Beobachtungen von Arthur Aikin in dem nordöstlichen Theile der beschriebenen Gegend aufmerksam und sagt den Personen, die an Ort und Stelle seine Beobachtungen unterstützten, seinen Dank. Die Abhandlung zerfällt in drei Abtheilungen. Die erste berichtet über die aufliegenden Bildungen, den new red Sandstone, den Kohlensandstein, den Kohlenkalkstein, den alten rothen Sandstein, von denen jede mit dem Uebergangsgebirge (Grauwackengruppe) in Berührung kommt. Die zweite und ausgedehnteste erläutert die Unterabtheilungen und Verhältnisse der Grauwackengruppe in der Gegend welche sich vom Wrekin bei Shrewsbury gegen Nord Ost, und von der Mündung des Toweyflusses bei Caermarthen gegen Süd West ausdehnt. Die dritte Abtheilung endlich ist hauptsächlich der Betrachtung der abnormen oder plutonischen Gebirgsarten und ihrer Einwirkung auf die damit in Berührung kommenden Schichten, gewidmet.

1. Abtheilung. Ueber den new red sandstone, Kohlensandstein, Kohlenkalkstein, und alten rothen Sandstein.

1. New red sandstone. Die jüngste Flötzbildung, welche mit den Uebergangsgesteinen in Berührung kommt, zeigt sich auf beiden Seiten der Severn, bei Shrewsbury, theils dem Kohlengebirge, theils verschiedenen Gliedern der Grauwackengruppe und den Trappgebirgsarten von verschiedenem Charackter, allen ohne irgend eine Störung, aufgelagert. Die ältesten Schichten

dieser Bildung werden mit dem Rothliegenden in Deutschland verglichen, oder mit dem älteren new red im nördlichen England. Sie bilden das Liegende eines dolomitischen Conglomerates bei Alberbury und Cardeston. Die oberen Glieder auf der Nordseite der Severn bestehen aus feinkörnigen, meistentheils rothen Sandsteinen. Bei Grinshill, 7 Engl. Meilen nordöstlich von Shrewsbury, liefern sie einen weissen vortrefflichen Haustein. Kleine Massen von Kupfer- und Kobalderzen kommen bei Grinshill und Hawkstone vor, Schwerspath und Schwefelkiese sind häufig. Versteinerungen bisher noch gar nicht aufgefunden.

2. Kohlen Reviere. a. Kohlen Revier von Coalbrookdale. Dasselbe liegt bei Steeraways und bei Little Wenlock auf einem dünnen Kalklager, welches nach seinen Versteinerungen wahrer Kohlenkalkstein ist; während dasselbe in seiner übrigen Ausdehnung verschiedene Glieder der Grauwackengruppe ungleichförmig überlagert und mit einem derselben, dem Uebergangskalk von Wenbeck Edge, in gleichförmige Berührung bei Lincoln Hill an der Severn tritt. Die zusammengesetzten Verhältnisse der Schichten in diesem kleinen und sehr gestörten Districte östlich vom Wrekin werden aus den Ausbrüchen des Basaltes und Grünsteins erklärt, welche hier und da die Schichten in steilen Winkeln erheben und an andern Punkten die Verwerfungsklüfte ausfüllen.

b. Kohlen Reviere in der unmittelbaren Nachbarschaft von Shrewsbury. Von diesen bildet ein krummlinigtes Band, welches sich von dem nordöstlichen Gehänge der Brythin Hills nach Wellbatch bei Shrewsbury zieht, den wichtigsten Theil. Das Kohlengebirge ruht auf den Schichtenköpfen des Grauwackengebirges und fällt einem gemeinsamen, unter buntem Sandstein versteckt liegenden Mittelpunkte zu. Abgerissene Theile desselben Bandes finden sich bei Sutton und Uffington wieder und folgen auch dem buchtigen Umrisse der Grauwacke auf dem nördlichen Gehänge des Longmynd und Caer Caradoc. Bei Pitchford ist die ganze Kohlengruppe in eine kohlige Breccie von wenigen Fufsen Mächtigkeit zusammengedrängt. Drei dünne Kohlenflötze sind gröfstentheils sichtbar und die Ablagerung ist durch ein eingeschlossenes Kalksteinlager ausgezeichnet, welches in seiner mineralogischen Beschaffenheit den Süfswasserkalksteinen des südlichen Frankreichs ähnlich ist und kleine Süfswassermuscheln enthält. Die Pflanzenabdrücke im Schieferthon sind gröfstentheils denen anderer Reviere ähnlich; aber die von Le Botwood sind reich an der neuen Species Neuropteris cordata, während der Schiefer von Pontesbury ein schönes Exemplar von Pecopteris blechnoides mit Saamen geliefert hat. Der industrielle Werth dieser dünnen Ablagerungen ist sehr unbedeutend. Dagegen stellt der Verfasser Betrachtungen über die wahrscheinliche Wichtigkeit der äufseren Zone oder des Revieres von Pontesbury an, von dem er voraussetzt, dafs es eine grofse Mächtigkeit unter dem bunten Sandstein im nördlichen Shropshire und in Cheshire annimmt.

c. Kohlen Reviere der Clee Hills. Diese Reviere sind zu beträchtlichen Höhe über die umgebende Gegend des alten rothen Sandsteins erhoben, sowohl in dem Brown Clee als in den Titterstone Clee Hills; und das Kohlengebirge ist gröfstentheils mit Basalt bedeckt. Der Brown Clee zeichnet sich durch zwei tafelförmige Erhebungen von schwarzem Basalt (Judenstein) aus, von denen die höchste 1806 Fufs Meereshöhe erreicht. Das Liegende des Kohlengebirges ist fester Sandstein, der hie und da conglomeratartig wird und den Millstonegrit repräsentirt. Auf drei Seiten des Berges liegen die sehr dünnen und armen Kohlenlagen auf dem alten rothen Sandstein auf, welcher gegen West in ein grobes Conglomerat übergeht; aber auf der vierten oder südöstlichen Seite liegt zwischen dem alten rothen Sandstein und dem unteren Kohlensandstein ein wenig mächtiges Kalklager, welches der Verf. für Kohlenkalkstein anspricht. Verschiedene Verwerfungen werden erwähnt, welche dieses Kohlen Revier von Süd West gegen Nord Ost durchsetzen; aus einer dieser Spalten scheint ein grofser Basalt Ausbruch erfolgt zu sein. Dann wird der Titterstone Clee Hill beschrieben, und näheres Detail über die Theile beigebracht, welche in Herrn Wright's Arbeit unbeachtet gelassen worden waren. Das wichtigste bezieht sich auf das Revier von Knowlbury welches der Verfasser ein parasitisches Becken nennt, weil es dem gröfseren Reviere von Coalbrook nahe gelegen ist. Dies Becken enthält 5 Kohlenflötze und einige Lager Eisenstein. Die Schichten haben am Rande dieses Beckens ein ziemlich steiles Fallen, welches nach dem gemeinsamen Mittelpunkte hin abnimmt. Verwerfungen sind häufig und gehen nach den höheren Theilen des Berges immer ins Hangende, wo die Basaltmasse einen Ausgang gefunden hat. Die Kohle zwischen zwei solchen Verwerfungen ist beträchtlich mächtiger als gewöhnlich und in dem Zustande von Kennelkohle. — Viele Pflanzenabdrücke neuer Species von den Knowlbury und Gutter Gruben sind von Lindley beschrieben worden. Neuere Untersuchungen von Lewis werden erwähnt, welche das Dasein eines inneren Basaltganges oder Trichters beweisen und die frühere Ansicht von Bakewell bestätigen. Ein vollständiges Profil dieser Berge zeigt, dafs einige Theile des Kohlengebirges auf den Gipfel des Basaltes gebracht worden sind, und dafs an anderen Punkten derselbe seitwärts ausgeflossen ist, so dafs er das Kohlengebirge bedeckt. Wiewohl dieses Kohlengebirge, dem gröfseren Theile seines Umfanges nach, auf altem rothen Sandstein aufliegt, so wird doch auch das Dasein einer Lage von wahrem Kohlenkalkstein nachgewiesen, welches bei Bennetts end nur wenige Fufse mächtig ist, unter einem Theile vom Cornbrook Reviere bis 60 Fufs Mächtigkeit anschwillt, untergeordnete Schichten eines feinkörnigen Oolithes, Mergel von verschiedenen Farben und eine grofse Menge charakteristischer Versteinerungen enthält, dabei sehr unregelmäfsig gelagert und durch viele Verwerfungen in seiner Lagerung gestört ist. — Bei Orelton, nahe an dem nordöstlichen Ende dieser Reihe, und so dieselbe mit den weiter gegen Osten gelegenen Kohlen Revieren verbindend, kommt oolitischer Kohlenkalkstein in verwirrter Lagerung vor, der auf altem rothem Sandstein aufliegt, einige aufserordentliche Zerreifsungen und Verwerfungen zeigt, und dann den flötzleeren oder unteren Kohlensandstein unterteuft.

3. Alter rother Sandstein. Unter dieser Benennung begreift der Verfasser alle die rothen oder grünen Mergel, Conglomerate, Sandsteine, Kalksteine und Platten (Flagstones) deren jüngsten oder obersten Glieder unmittelbar unter dem Kohlenkalkstein folgen und deren tiefsten die oberen Glieder der Grauwackengruppe bedecken und darin übergehen. Der Verfasser giebt eine geographische Uebersicht von der westlichen Seite der grofsen Mulde, worin diese Bildung in Shropshire, Herefordshire und Brecknockshire abgesetzt ist; deren Hauptstreichen von Nord-Ost gegen Süd West geht, und de-

ren Fallen gegen Süd Ost gerichtet ist. Die oberen Schichten in der Nähe des Brown Clee und theilweise der Titterstone Clee Hills zeigen eine wenig mächtige Lage von Conglomerat; darauf folgt, in absteigender Ordnung, grüner und rother Mergel mit zwei oder mehreren Lagen unreinen Kalksteins, der Cornstone genannt wird. Darunter folgen glimmrige Platten, dünngeschichtete Bausteine mit anderen Schichten von Mergeln und Cornstone. Massige Varietäten eines Concretionen haltenden Kalksteins, welche Ball-stones (Kugelsteine) genannt werden, finden sich am westlichen Fuſse des Brown Clee. Dieselben sind bisweilen 18—20 Fuſs mächtig und in Beschaffenheit und Ansehen sehr verschieden von den schmalen und conglomeratartigen Schichten dieser Gebirgsart. Abwechslungen von rothen und grünen Mergeln folgen wieder unter den Cornstones. Die untere Abtheilung der ganzen Bildung, besonders auf dem Striche von Kington nach Caermarthenshire, wird durch sehr glimmerreiche grünliche und röthliche Dachplatten (tilestones) bezeichnet, die mit Mergeln verbunden sind. Dick geschichtete, feinkörnige Bausteine von vortrefflicher Beschaffenheit, werden nahe bei Hay in Herefordshire gebrochen, welche diese untere Abtheilung bedekken. Ein bauwürdiges Kohlenflötz ist bisjetzt in dem alten rothen Sandstein nicht gefunden worden. Herr Lloyd hat kürzlich, bei Leominster und Ludlow, in den mittleren und kalkigen Sandsteinen Versteinerungen gefunden, die noch nicht beschriebenen Species der Trilobiten Familie anzugehören scheinen, und mit denselben zusammen einige wenige Fragmente von Pflanzen, wahrscheinlich von Landpflanzen. — Eine sehr groſsartige Anschwellung wird in dem alten rothen Sandstein nachgewiesen, der sich in einer schmalen Zunge über den ganzen Wald von Mynidd Eppint ausdehnt, auf dessen westlicher Seite er gleichförmig und mit steilem Fallen auf den obersten Schichten der Grauwacke an ihrem Hauptgehänge aufliegt. Mehrere Querprofile, von der Grauwackenformation bis zu dem Rande des Kohlengebirges von Glamorganshire, zeigen die vollkommen gleichförmige Lagerung der oberen Schichten des alten rothen Sandsteins und der unteren des Kohlenkalkstein, so wie auch den allmähligen Uebergang aus dem alten rothen Sandstein in die Grauwacke. Dennoch behauptet der Verfasser, daſs es nicht zwei andere Formationen in England giebt, die schärfer von einander getrennt sind als der alte rothe Sandstein und die Grauwacke; der erstere ist eben so arm an Versteinerungen, wie die letztere daran reich ist; während auch die Farben und die mineralogische Beschaffenheit beider sehr verschieden sind. Das Maximum der Mächtigkeit ist zwar nicht leicht mit Genauigkeit zu bestimmen, aber der Verfas. steht nicht an, dasselbe über 4000 Fufs zu setzen. — In den Querlinien von Llandovery und Llandilo steht die ganze Formation sehr auf dem Kopfe; daher ihre geringe Breiten Ausdehnung, während die geringe Neigung der Schichten und die wellenförmige Lagerung in Hereford und Brecknockshire, die weite Oberflächen Ausdehnung in diesen Grafschaften erklären. Abgerissene Parthien, von dieser Formation bedeckt, kommen weit innerhalb des Gebietes der Grauwacke vor und werden als wahre Erhebungsbecken betrachtet, die auf den Westseiten gewisser Sattellinien gebildet worden sind, wo die unteren Gebirgsschichten ein entgegengesetztes Fallen haben.

Den 17. April. II. Abtheilung des vorhergehenden Memoirs.

In diesem Theil sondert der Verf. die oberen Glieder der weitläuftigen Schichtenfolge, welche bisher nur allein unter den gemeinsamen Bezeichnungen von Uebergangsgebirgsarten und Grauwacke bekannt gewesen sind, nach ihren Versteinerungen und ihrer Reihenfolge in bestimmte Formationen. Er beginnt von der Basis des alten rothen Sandsteins und beschreibt die darunterliegenden Glieder in ihrer Reihenfolge in Shropshire und Herefordshire.

1. Oberes Gestein von Ludlow — Aequivalent: Grauwackensandstein von Tortworth.

Diese Gruppe, auf welcher das Schloß von Ludlow gebaut, zeichnet sich durch ihren Reichthum an Versteinerungen aus. Die oberen Schichten werden besonders durch zwei Species von Leptaena, eine Orbicula, eine gestreifte Terebratel bezeichnet, welche bisher noch nicht beschrieben sind. Die mittleren Schichten enthalten viele Species von Orthoceren, Serpulae? von besonderer Gröfse. Die unteren Schichten sind mit vielen Terebrateln überladen, die eine den Gryphiten ähnliche Gestalt haben. Trilobiten aus den Geschlechtern Homonolotus und Calymene kommen vor. Die gröfste Mächtigkeit der Gruppe mag 1000 Fufs erreichen; sie besteht gröfstentheils aus dünngeschichtetem Sandstein, oft sehr kalkreich, an anderen Punkten thonig und bildet in Shropshire bisweilen hohe Rücken zwischen dem alten rothen Sandstein und dem unteren Kalkstein.

2. Wenlock Kalkstein — Aequivalent: Dudleykalkstein, Transitions (Uebergangs) Kalkstein.

An der Severn bei Wenlock und an dem Berge Wenlock Edge ist diese Gruppe besonders mit Korallen und Enkriniten angefüllt, deren Species beinahe sämmtlich in dem bekannten Kalksteine von Dudley vorkommen, dessen genaue Stellung in der Folgereihe der Schichten, die bisher zweifelhaft war, hierdurch bestimmt wird.

Die oberen Schichten sind schiefrig; die unteren in Wenlock Edge enthalten viele Concretionen von ausgezeichneter Gröfse und krystallinischem Gefüge. In der Erstreckung zwischen den Flüssen Oney und Lug ist dieser Kalkstein durch das häufige Vorkommen einer Species von Eentamerus ausgezeichnet und enthält diese, so wie viele andere Versteinerungen zu Aymestrey. *) Die Mächtigkeit mag etwa 100 Fufs betragen.

3 Unteres Gestein von Ludlow. Aequivalent: Todte Erde (Die Earth)

Diese Gruppe besteht hauptsächlich aus unzusammenhängendem grünlichem, thonigem Schiefer, der selten glimmerreich ist. Die oberen Schichten enthalten an einigen Punkten neue Orthoceratiten Species, Lituiten, Asaphus cordatus. Andere Schichten zeichnen sich auf eine locale Weise durch Concretionen von thonigem Kalkstein aus, die um Corallen, oder um andere Versteinerungen gebildet sind. In ihrem unteren Theile kommt in Shropshire eine Kalkablagerung vor, welche den Pentamerus laevis und eine neue Species dieser Bivalve enthält, welche beide aber von denjenigen Species verschieden sind die in der Gruppe 2. vorkommen. Die Mächtigkeit soll 2000 Fufs übersteigen. — Die Verwerfungen an der Severn werden beschrieben wodurch dieser Schiefer oder „todte Erde" an einem Punkte mit dem Kohlengebirge in eine ungleichförmige Berührung, an einem anderen in gleichförmige Lagerung gebracht wird, bei Madeley und Brosely.

---

*) Diese Versteinerungen hat Herr Lewis in Aymestrey sehr fleifsig gesammelt.

4. Muschelsandsteine. — Aequivalent, — ?

Rothe und grüne Färbung herrschen in diesen Sandsteinen; wiewohl sie auch häufig braun und weifs erscheinen. Durch diese Charactere sowohl als auch durch die Beschaffenheit des Gesteins und die specifischen Unterschiede der Versteinerungen, unterscheidet sich diese Bildung deutlich von irgend einer anderen der darauf liegenden. Verbunden mit den sandigen Schichten sind Kalklagen, die beinahe nur aus Producten (Leptaenae) und Spirifer mit Encriniten Resten bestehen, deren Species sich sämmtlich von den oberen Ablagerungen unterscheiden. In Shropshire erhebt sich diese Formation mit geringer Steigung aus den Thälern des unteren Ludlow Gesteins und bildet abgesonderte Rücken auf der Süd Ostseite des Wrekin und des Caer Caradoc. Nach einer flüchtigen Schätzung möchten 1500 — 1800 Fufs für die Mächtigkeit derselben anzunehmen sein.

5. Schwarze Trilobiten Platten (Flagstone) — Aequivalent. — ?

Der vorherrschende Trilobit dieser Formation ist der grofse Asaphus Buchii, der niemals mit den anderen Species zusammen in den oberen Gruppen vorkommt. In dem Long my nd Berge bestehen diese Platten aus einem schwarzen Schiefer, aus festem und dunkel gefärbtem Grauwackensandstein, in welchem bisjetzt noch keine Trilobiten gefunden worden sind, wiewohl sie sehr häufig in der Verlängerung derselben Zone durch Radnor, Brecknock und Caermarthenshire vorkommen und im schwarzen Kalkstein, plattenförmigen Kalkstein und im Sandstein angetroffen werden. Die Mächtigkeit dieser Formation übertrifft wahrscheinlich die einer jeden der vorher aufgeführten Gruppen.

6. Rothes Conglomerat, Sandstein und Thonschiefer.

Dies ist eine ausgedehnte Ablagerung, mehrere tausend Fufs mächtig, aus sehr groben quarzigen Conglomeraten bestehend, welche mit einigen schiefrigen Schichten und braunrothen Sandsteinen (compound sandstone von Townson) abwechseln. Die Lagerung ist in Haughmond, Pulverbatch, Linley Hills in Shropshire sehr steil oder seiger, mit den vorhergehenden Formationen gleichförmig. Bisjetzt sind keine Versteinerungen darin gefunden worden. Dadurch und durch die mineralogische Beschaffenheit unterscheidet sich diese Formation sehr scharf von den vorhergehenden Gruppen.

Die angeführten sechs Ablagerungen zeigen sich sämmtlich in Shropshire, mit einem Hauptstreichen von Nord Ost gegen Süd West und nehmen getrennte Bergrücken und Thäler ein. In ihrer weiteren Fortsetzung gegen Süd West ist das obere Ludlow Gestein sehr aushaltend. Schichten von übereinstimmendem mineralogischem Charakter und dieselben Versteinerungen enthaltend, kommen überall in den Grafschaften von Hereford, Radnor, Brecknock und Caermarthen unter dem alten rothen Sandstein hervor; bisweilen mit einer flachen Schichtenneigung, bisweilen, wie in den Vorgebirgen von Ludlow und Brecon, mit sattelförmiger Biegung und an der südwestlichen Gränze von Brecknock und Caermarthenshires sind sie seiger oder stark gestürzt.

Die zweite Ablagerung oder der Wenlock (Dudley) Kalkstein, spitzt sich etwas Südwestlich von Aymestrey aus. Die Gruppen 1 und 3 bilden zusammen das hohe Gehänge auf ihrer Erstreckung durch Süd Wales. Daher ist der Ausdruck Ludlow formation, von der das obere und untere Ludlow Gestein untergeordnete Glieder bilden, auf alle die oberen Theile dieser Reihenfolge anwendbar, welche in Salop und Hereford in drei Theile zerfällt, indem der Wenlock und Aymestrey Kalkstein sich dazwischen einfindet.

Die Ablagerungen 4 5 und 6 sind drei getrennte Formationen, gänzlich von einander und von der Ludlow Formation verschieden, sowohl in ihrem mineralogischen und Versteinerungs Charakteren als in der Bestimmtheit ihrer physicalischen Begränzungen. Sie lassen sich jedoch nicht zusammenhängend auf dem Striche von Shropshire nach Caermarthenshire verfolgen, sondern treten in Zwischenräumen in dieser Streichungslinie auf, indem sie ihre relative Stelle in der Reihenfolge beibehalten.

In den Districten, wo parallele Ketten aller dieser Formationen in einer schmalen Zone vorkommen, finden sich gewöhnlich Trapp. oder abnorme Gebirgsarten in der Nähe, wie am Wrekin, Caer Caradoc in Shropshire; und, nach einem weiten Zwischenraume, in den Umgebungen von Old Radnor, Builth und Llandegley. In den dazwischenliegenden und wenig ausgezeichneten Gegenden der Wälder von Clun Knuckless und Radnor, wo diese eingedrungenen Gebirgsarten fehlen, ist die Ludlowformation allein in wellenförmigen Massen ausgebreitet und auf ihrer Oberfläche finden sich vereinzelte und erhobene Becken von altem rothem Sandstein.

Die Meereshöhen der verschiedenen Gruppen wechseln von 500 — 2000 Fuſs.

Der Verfasser behält sich für den dritten Theil der Abhandlung, welchen er später vorlegen wird, die Beschreibung der zahlreichen Trapp und porphyrartigen Gebirgsarten vor, welche diese Grauwacken Ablagerungen durchdringen, und ihren Gesteinscharacter so wie ihre Structur verändern. Dabei soll die Frage über den Parallelismus dieser schichtenweisen Gruppen mit Rücksicht auf die Richtung der Ausbrüche der abnormen Masse erwogen werden. Der Quarzfels am Gehänge des Wrekin und des Caer Caradoc so wie die sonderbaren Kämme der Stiper Stones werden unter der Abtheilung „Veränderte Gebirgsarten" beschrieben werden. Die Verhältnisse der Formationen auf der Ostseite von Herefordshire werden ebenfalls beschrieben und es wird dabei berücksichtigt werden, in wiefern Ablagerungen von demselben Alter und Character sich unter dem alten rothen Sandstein an dem Gehänge der Malvern Hills hervorerheben, ein Verhalten welches auf der entgegengesetzten Seite der damit ausgefüllten groſse Mulde bereits nachgewiesen worden ist.

Den 1. Mai. Ueber eine Maschine zur Regulirung hoher Temperaturen; erfunden von dem verstorbenen James Hall, beschrieben vom Capitän Basil Hall.

James Hall fand bei seinen Versuchen über die Schmelzbarkeit des Granites und anderer Felsarten und über die Wirkungen, welche durch eine allmählige Abkühlung hervorgebracht werden, daſs der Experimentator die Temperatur sehr in seiner Gewalt haben muſs, um die Natur am besten nachahmen zu können. Zu diesem Zwecke erfand er die vom Basil Hall beschriebene Vorrichtung.

Das Princip derselben besteht darin, daſs, wenn eine Temperaturveränderung in dem Theile des Ofens erfolgt, worin sich die Proben befinden, eine entsprechende Veränderung in dem Luftzüge bewirkt wird, nach welchem sich die Hitze richtet. Der Ofen ist etwa 3 Fuſs lang, 18 Zoll weit, $2\frac{1}{2}$ Fuſs tief. Die Muffel reicht von einem Ende bis zum anderen. Das eine Ende der Muffel ward mit einem Pflock geschlossen worin sich eine kleine

Glimmerscheibe befand, durch welche die Probe gesehen werden konnte; an dem anderen Ende befand sich die Maschine.

Diese besteht aus einer Spiralfeder, die in einer verticalen Ebene aufgewunden ist und gegen die Muffel gekehrt. Die Feder ist nach dem Principe von Harrison's Unruhe in den Chronometern, aus zwei Metallen von ungleicher Ausdehnsamkeit gemacht, so dafs sie sich auf oder abwickelt, je nachdem die Hitze steigt oder nachläfst. Das äufsere Ende der Feder ist befestigt, das innere mit einer Achse verbunden, welche sich dreht je nachdem sich die Feder auf oder entwickelt, oder je nachdem die aus der Muffel ausstrahlende Hitze sich erhöht oder herabsinkt. An dem Ende der Achse befindet sich ein Rad, auf dem ein Faden mit einem kleinen Gewicht aufgewickelt ist und welches nach den Bewegungen der Feder sinkt oder steigt. Unter dem Gewichte ist eine Schaale angebracht, die das eine Ende eines Hebels bildet, an dessen anderem Ende eine Metallscheibe aufgehängt ist, unmittelbar über einer etwas kleineren Oeffnung und nahe an dem Ende einer langen eisernen Röhre, durch welche allein die Luft dem Ofen zugeführt wird. Grade unter dieser Oeffnung befindet sich eine zweite von gleicher Gröfse, und eine Scheibe die mit der ersteren durch eine Stange verbunden wird, welche eben so lang ist, wie die Entfernungen beider Oeffnungen von einander. Der Zweck der beiden Oeffnungen ist: einen gleichen Luftzug von unten und von oben zu haben. Wenn nur eine Oeffnung mit einer Scheibe zum Verschliefsen vorhanden wäre, so würde die einströmende Luft dieselbe niederdrücken und festhalten, aber so wird das Gleichgewicht zwischen beiden Scheiben, der der oberen und der unteren, erhalten. Um die Berührungs Punkte vollkommen zu machen und zu verhindern dafs Schmutz dazwischen kommt, so ruhen die Scheiben, wenn sie geschlossen sind, auf runden Schneiden. — Aufser dem Rade um welches der Faden geschlungen ist, der das kleine Gewicht trägt, ist dieselbe Achse mit einem langen Zeiger, wie bei einer Uhr versehen, der bis auf einen in Grade getheilten Kreis reicht, welcher sich aufserhalb, aber in gleicher Ebene mit dem Rade befindet. Dieser Zeiger kann an das Rad befestigt werden und zeigt alsdann den Temperatur Wechsel mit grofser Geschwindigkeit.

Um die Gleichförmigkeit der Temperatur zu erhalten ist die Spiralfeder, und soviel als möglich auch der ganze Apparat, in einer verzinnten Blechkapsel eingeschlossen, welche mit siedendem Wasser angefüllt gehalten wird, so dafs die einzige Temperaturveränderung der Feder von der strahlenden Wärme der Muffel ausgeht.

Die Wirkung des Instrumentes ist folgende. Wenn die Hitze des Ofens den gehörigen Grad erreicht hat, so bewirkt eine Veränderung der strahlenden Wärme der Muffel eine Veränderung in dem Zustand der Feder und der Faden mit dem Gewicht hebt sich oder sinkt. Wenn die strahlende Wärme höher steigt, so hebt sich das Gewicht, entfernt sich von der Schaale; die Scheiben fallen zu; der Luftzug wird gehemmt, und die Hitze im Ofen vermindert. Wenn im Gegentheil die strahlende Wärme sich vermindert, so erfolgt die Wirkung umgekehrt, der Luftzug wird vermehrt, und die Hitze im Ofen verstärkt.

Vorgetragen ward noch ein Schreiben von Herrn Telfair an Herrn Johnstone, Vice Präsidenten der Asiatischen Gesellschaft, mit welchem ein Stück eines neuen Conglomerates mit Fragmenten von Stofs- und Backenzähnen des Hippopotamus, von der Insel Madagascar, durch Herrn Murchison mitgetheilt wird.

Den 15. Mai. Bemerkungen über den Meeresstrand in der Nähe von Harwich, im December 1832. Von J. Mitchell

Der Hauptgegenstand dieser Mittheilung ist eine genaue Beschreibung der Schichten des Londonthones, wie sie sich an dem Strande zu Harwich zeigten, als der Verfasser diese Gegend besuchte. Nachdem derselbe das Ansehen dieser Küstenstrecke beschrieben hat, die Wirkungen, welche das Meer auf den Strand hervorbringt, und die Mittel, welche zur Beschützung desselben angewendet werden, zählt er die Schichten auf, welche sich an dem Strand 300 Yard südlich von dem Leuchthurme zeigen und über eine Meile weit fortsetzen. Die Höhe des Absturzes beträgt 35 Fufs und zeigt an der untersuchten Stelle folgende Schichten: Dammerde

Thon, mit vielen Feuersteinen und abgerundeten Geschieben, 1 Fufs.

Rother Thon, mit weifsen oder grünen Streifen in Schichten gesondert, 20 Fufs.

Cementmergel oder verhärteter Mergel, zwei Schichten durch eine Thonlage getrennt, 2 Fufs.
Cementstein, 10 Zoll.
Blauer Thon, in zwei Schichten durch einen weifsen Streifen getheilt 7 Fufs.

Die Schichten sind nicht horizontal, sondern bilden einen flachen Sattel. In der südlichen Fortsetzung dieses Randes zeigen sich nur mächtige Schichten. In der Nähe von Harwich sollen zwei Schichten von Cementstein vorkommen, die durch eine Masse von 20 Fufs Thon von einander getrennt sind; und der Verfasser führt an, dafs beim Brunnengraben in der Stadt, die Kreide in 60 Fufs Tiefe gefunden worden sei. — Schwefelkies kommt in grofser Menge, fossiles Holz nur sparsam am Fufse des Strandes vor. Versteinerungen finden sich besonders im Cementsteine und eine Species von Venus am häufigsten.

Ueber das Thal der Medway und die umliegende Gegend, von R. Dadd, mitgetheilt von J. Mitchell.

Die von dem Verfasser beschriebene Gegend liegt in der unmittelbaren Nähe von Chatham und Rochester und zeichnet sich bei dem Durchbruch des Flusses Medway durch eine enge Schlucht von Kreidehügel eingefafst, aus. Dieselbe zeigt 6 Formationen,

1. Untere Kreide.
2. Obere Kreide.
3. Plastischer Thon.
4. Londonthon.
5. Diluvium.
6. Alluvium.

1. Auf dem rechten Ufer der Medway ist die untere Kreide nur wenig entblöfst und erscheint hauptsächlich bei Burham wo sie in grofsen Steinbrüchen gewonnen wird, in einer niedrigen Hügelkette, an vielen Punkten mit Diluvium bedeckt. An dem linken Ufer ist sie ausgedehnter, bildet höhere Hügel und reicht von dem Anfange der Schlucht bis zu Whornes Place mit einer zwischen 1 und ½ Meile wechselnden Breite. Die Versteinerungen sind zahlreich, aber nicht mannigfaltig und bestehen hauptsächlich aus Ammoniten, Terebrateln, Inoceramen, Pectiniten, Resten von Fischen und Sauriern.

2. Die obere Kreide mit Feuersteinen ist auf beiden Seiten des Flusses ausgedehnt, und bildet die hohe Ebene des Districtes, und die Grundlage, auf welcher die neu-

eren Bildungen ruhen. In diese Schichten gehen alle die tiefen Brunnen nieder. In ihrem mineralogischen und fossilen Character ist sie den oberen Kreideschichten anderer Localitäten ähnlich. Ihre Oberfläche ist ausgefurcht und uneben und häufig mit Diluvial Massen, selbst bis zu beträchtlichen Erhebungen bedeckt.

3. Der Plastische Thon und der damit verbundene Sand scheinen in einer früheren Periode den ganzen District bedeckt zu haben; denn Ueberreste davon finden sich in jedem Thale und auf jedem Hügel, ungestört von den Erscheinungen, welche die Erhebung dieser letzteren begleiteten. Diese Formation erstreckt sich vom Cuxtonthale durch Strood bis auf den Friendsbury Hügel; eben so wie von Whitehall Creck über und hinter dem Barrowhügel durch Upnor an den Ufern des Flusses entlang bis nahe an Cockham Wood Fort. Die Ziegelthon Gräbereien an dem letzten Punkte haben ein interessantes Profil gebildet. Versteinerungen, hauptsächlich Ostreen, Cyclas, Cerythium kommen in einer bestimmten Lage, die Thon und Muschelschicht genannt, vor; welche aus einem bläulich schwarzen zähen Thon besteht, der mürbe und kreideartige Conchilien einschliefst.

4. Der Londonthon ist in dem beschriebenen Districte von sehr geringer Ausdehnung, besitzt dieselben Charaktere wie auf dem Shooter'shügel. Er bedeckt nur den Hügel unterhalb Upnor und erstreckt sich bis Hoo in einer Breite von kaum $\frac{1}{4}$ Meile und in einer Länge von $2\frac{1}{2}$ Meilen.

5. Das Diluvium trifft man sowohl an den Abhän- und auf den Gipfeln der Hügel, als in den Thälern; in den letzteren ist die Mächtigkeit gewöhnlich 6 Fufs; sie erreicht an einigen Punkten auch wohl 20 Fufs. Auf den Hügeln wechselt die Dicke desselben 1 bis 20 Fufs und beträgt gewöhnlich nur 2 Fufs. An solchen Punkten, wo dasselbe der Wirkung von fliefsendem Wasser nicht ausgesetzt ist, besteht es zu unterst aus abgeriebenen Kreidestücken mit zerbrochenen aber nicht abgerundeten Feuersteinen, die häufig so mürbe sind, dafs sie zerfallen, wenn man sie angreift. Darüber liegt ein Gemenge von einem steifen rothen Thon mit Feuersteinen, hie und da mit Sandstreifen. Von fossilen Ueberresten finden sich in dieser Ablagerung die Knochen und Zähne von Elephanten, Hirschen, Rhinoceros und von einem unbekannten Thiere.

6. Das Alluvium, welches das jetzt fliefsende Wasser absetzt, besteht aus Granit und Geschieben, bedeckt von einem dunkeln blauen Thon und vegetabilischen Resten, und erreicht eine Mächtigkeit von 10 Fufs oder noch mehr. Seine Ausdehnung auf beiden Seiten des Flufses beweifst, dafs die Medway früher eine viel gröfsere Breite, als jetzt einnahm, und die grofsen Brüche unterhalb Chatham beweisen die Neigung zum Anhäufen. In der That behauptet man, dafs die Tiefe des Flusses seit 40 Jahren abgenommen hat.

Ueber ein fossiles Thier in dem Bristoler Museum, welches in dem Lias zu Lyme Regis gefunden worden ist, vom Dr. Riley, mitgetheilt von Ch. Stokes.

Nach Anführung der verschiedenen Meinungen mehrerer Naturforscher, welche das Thier gesehen haben, und welche ungenau zu sein scheinen, sagt der Verfas., dafs er dasselbe für die Ueberreste eines Knorpelfisches angesehen, welcher einige Aehnlichkeit mit den Rochen habe, in mehreren wesentlichen Characteren aber davon abweiche. Er giebt alsdann eine genaue anatomische Beschreibung des Exemplares und beginnt mit dem Kopfe. Die Kinnladen sind sehr lang gezogen; in den oberen hat er keine Spuren von Respirations Canälen oder Oeffnungen entdeckt, welche in eine mittlere Grube in den unteren Kinnladen passen; Zeichen von Hölungen für die Aufnahme der Zähne sind nicht vorhanden, aber neben den Kinnladen liegen viele Stacheln mit strahlenförmiger Basis, ähnlich den Stacheln der Rochen und anderer Knorpelfische. Die Augenhöhlen sind von ungewöhnlicher Gröfse, mit einem erhabenen Rande umgeben und der Raum zwischen diesen Erhebungen und dem Stirnbeine entsprechend ist flach und eingedrückt, wie bei den Sauriern; der Verfasser glaubt jedoch dafs diese Einbiegung besser dadurch erklärt werde, dafs dieser Theil des Schädels nur aus einer dünnen Membrane wie bei einigen Chondropterygiis bestanden habe. Die Wirbelsäule ist weniger als die übrigen Theile des Skelettes beschädigt. Die Fortsätze sind verschwunden, aber die Hauptstücken der Wirbel sind vollständig; sie sind rund und sehr zahlreich, ihre Zahl steigt auf 260; 28 gehören dem Halse, 143 dem Rücken, 90 dem Schwanze an. Nach der kleinen Grube für die Aufnahme des Flossen Markes und der getrennten Lage der Halswirbel, ist der

Verfasser geneigt, die Flossen denen des Squalus für ähnlicher zu halten als denen irgend eines anderen Knorpelfisches. Die übrigen Theile des Skelettes sind sehr beschädigt; aber ihre Charactere liefern ebenfalls Beweise, dafs sie einem Knorpelfische angehört haben. Der Verfasser glaubt sich hiernach berechtigt, dieses Thier für den Typus eines neuen Genus anzusehen und giebt demselben den Nahmen Squalo-raia Dolichognathos.

Den 29. Mai. Ueber die Oolithformation und ihre Versteinerungen in dem Steinbruch von Bearfield bei Bradford, Wilts; von J. Chaning Pearce.

Den Hauptgegenstand dieser Mittheilung bilden die Versteinerungen, welche in einem Steinbruche auf dem Gipfel eines Hügels nordwestlich von Bradford in Wilts gefunden werden, welcher in derselben Nähe wie Tarleigh Down bei Bath liegt. Die Schichten folgen von oben nach unten in nachstehender Ordnung aufeinander:

A. Thon über dem Oolith, 10 Fufs.
B. Trümmer von Versteinerungen, 6 Zoll
C. Firestone, 15 Fufs.
D. Rag, 30 Fufs.
E. Gelber Thon, 1 Fufs.
F. Weicher Freestone, 12 Fufs.
G. Rubbly Freestone, 12 Fufs.

Die Versteinerungen finden sich hauptsächlich in den Schichten B, welche auf der Oberfläche des Oolithes aufliegen und in der Thonschicht E, welche von dem Oolith eingeschlossen wird. Die Versteinerungen der Schicht B sind Aviculae in Menge, zahlreiche Species von Terebrateln und Ostreae, mit verschiedenen anderen Species von zwei und einschaaligen Mollusken, Corallen, Asterien, Echiniten, Wirbel und Zähne von Fischen, Crustaceen, Pentacrinus vulgaris, Eugeniacrinites pyriformis (Goldf.) und drei Species von Apiocrinites, nämlich A. globosus, A. intermedius und A. elongatus. Der Verf. bemerkt, dafs da wo die Unebenheiten des Oolithes sich über das Niveau eines halben Fufses erheben, die Trümmer der Muscheln fehlen; er zeigt ferner, dafs die Apiocriniten niemals aufrecht stehend gefunden werden, sondern in ihre jetzige horizontale Lage durch das darauf liegende Gewicht des Thones in dem Augenblicke seiner Ablagerung geworfen worden zu sein scheinen. Er unterstützt diese Meinung durch die Thatsache, dafs die

Stämme, wiewohl im Allgemeinen von den Wurzeln getrennt, ihre Endigungen denselben beständig zu kehren,— eine Lage, welche nach seiner Ansicht nicht hätte eintreten können, wenn sie von ihren Ansätzen durch eine starke Strömung abgerissen und fortgeführt worden wären.

Die Versteinerungen in der Schicht E. sind Terebratelo, Ostreae, Echiniten, Gaumenstücke, kleine Corallen, und die drei oben erwähnten Species von Apiocriniten. Diese Reste sind häufig; aber hier wie in der Schicht B. ist der Apiocrinites elongatus am seltensten.

Ueber einige Tertiärbildungen von Granada und einem Theile von Sevilla, sowie an der Küste zwischen Malaga und Carthagena; vom Obristen Ch. Silvertop.

Die Provinz Granada ist auf der Südseite vom Mittelmeere, auf der Nordseite von der Sierra Morena begränzt und nimmt eine Breite von etwa 120 engl. Meilen ein. Die Entfernung von Malaga bis Carthagena beträgt ungefähr 250 Engl. Meilen. Dem Mittelmeere parallel und nicht sehr entfernt von der Küste, wird diese Gegend von einer Bergkette durchschnitten, welche der Verf. Sierra Nevada nennt, obgleich eigentlich diese Benennung nur dem höchsten Theile dieses Gebirges zukommt.

Nach einer kurzen Erwähnung der Ur- und Uebergangsformationen, welche die Centralketten der Sierras zusammensetzen, der secundären Sand und Kalksteine an ihren Gehängen, der vulkanischen oder Trappgebirgsarten, welche an verschiedenen Punkten der untersuchten Gegend erscheinen, geht der Verf. zu einer detaillirten Beschreibung der Tertiärformationen über. Diese Ablagerungen bilden zwei sehr bestimmt getrennte Abtheilungen; eine an der Küste des Mittelmeeres, zwischen diesem und dem südlichen Fufse der Sierra Nevada, und die andere zwischen dieser Bergkette und dem südlichen Rande der Sierra Morena.

Die tertiären Schichten, welche sich an der Küste von Malaga nach Carthagena mit zufälligen Unterbrechungen erstrecken, bestehen aus Thon, Sand, rauhem Sandstein Conglomerat, sandigem Lehm und Mergel, und mürbem Kalkstein, mit verschiedenen Mollusken und Corallen. In der Nähe von Malaga sind diese Schichten in zwei Gruppen getheilt, welche sich durch ihre Versteinerungen unterscheiden. Die Höhen, welche diese Schichten erreichen sind sehr verschieden; an einigen Punkten liegen sie an der Meeresküste; an andern in einem 1000 Fuſs höheren Niveau. Diese Verschiedenheit glaubt der Verf. durch das Heraufdringen vulkanischer Gesteine entstanden, welche da in Menge vorkommen, wo die Erhebung am gröſsten ist.

Die Tertiär Formationen zwischen der Sierra Nevada und der S. Morena zerfallen in drei Districte, welche der Verf. nach den in ihnen gelegenen Hauptstädten Albama, Antequera und Alcada la Real nennt. Die Schichten bestehen hauptsächlich aus kalkigem Sandstein und zerreiblichem Kalkstein und enthalten zahlreiche Ueberreste von Corallen und Mollusken. Die Versteinerungen weichen von denjenigen ab, welche sich in den Schichten der Küstengegend finden und charakterisiren sich als der mittleren oder Miocen Periode von Lyell angehörig. Die Schichten erreichen sehr verschiedene Niveaus; sie wechseln von 1000 bis 1500 Fuſs über dem Meere und haben an einzelnen Stellen ein sehr starkes Fallen.

Auſser diesen drei Hauptablagerungen werden noch mehrere von geringerer Ausdehnung in der Provinz Sevilla erwähnt und am Schlusse des Aufsatzes zeigt der Verf. auf die Beweise hin, welche diese weit verbreiteten Reste von Tertiär Formationen, von der groſsen Ausdehnung eines früheren Meeres in dem südlichen Theile der Halbinsel geben und von der Heftigkeit, mit welcher feurige und wässrige Einwirkungen auf diese Ablagerungen thätig gewesen sind.

Den 12. Juni. Ueber einige Varietäten des Kohlenschiefers von Kulkeagh und des darunter liegenden Kalksteins in der Grafsch. Fermanagh; von Ph. de Malpas Grey Egerton.

Nach einer empfehlenden Erwähnung des Berichtes von Hn. Griffith über das Kohlen-Revier von Connaught, geht der Verf. zu dem Hauptgegenstand der Notiz: einigen Versteinerungen über, welche er mit Lord Cole in den Schieferthonschichten der untersten Abtheilung dieses Gebirges gefunden hat. Diese Schieferthon Schichten erreichen eine Mächtigkeit von 600 Fuſs; sie sind mit 70 Fuſs Sandstein bedeckt und in dem nördlichen Theile des Revieres von dem unterliegenden Kalksteine durch ein anderes 40 Fuſs mächtiges System von Sandsteinschichten getrennt. Dieselben bestehen aus vielen Schieferschichten von gröſserer oder geringerer Festigkeit und thonigem Sphärosiderit. In dem oberen Theile kommen einige Schichten von schwarzem thonigem Kalkstein und eine dünne Lage von glimmerigem Sandstein vor; in dem unteren eine Lage von feinkörnigem eisenschüssigem Sandstein. Der Schiefer selbst unterscheidet sich, im Ansehen, Farbe und Gefüge, in den oberen und unteren Theilen der Ablagerung; die verschiedenen Charactere gehen aber durch unmerkliche Uebergänge in einander über. Diese ganze Schichtenfolge ist mit Versteinerungen erfüllt, welche sich von denen des darunter liegenden Kalksteins unterscheiden. In den oberen Schichten sind die vorherrschenden Versteinerungen Ammoniten, Orthoceratiten, verbunden mit einer geringeren Anzahl von Productae und Calamites (?) und in den unteren, Reste von Radiarien und Corallen aus dem Genus Calamopora. Der Verf. beschreibt alsdann den unteren Sandstein; die Erscheinungen von Gewässern, welche der Kalkstein verschluckt und endlich eine Schieferthonlage, welche unter dem Kalksteine vorkommt und eigenthümliche Versteinerungen enthält.

Ueber die Knochenhöhle von Santo Ciro, 2 Meilen südöstlich von Palermo; von S. Peace Pratt. Der Verf. beschreibt zuerst die Umstände, welche zur Entdeckung der Knochen führten, dann die Lage der Höhle und die Erscheinungen, welche sie darbietet. Er giebt an, daſs dieselbe etwas mehr als eine Meile von dem Meere entfernt liegt, in einem vorspringenden Hügel, der einen Theil des secundären Kalksteins bildet, welcher den nördlichen Theil von Siclien durchsetzt und ungefähr 50 Fuſs über dem Fuſse des Vorgebirges. Eine wenig geneigte Ebene erstreckt sich von der Basis der steilen Wand bis zum Strande und besteht aus beinahe horizontalen Kalksteinschichten und Sand, worin Mollusken, den jetzt im Mittelmeere lebenden ähnlich, vorkommen. Bei der Entdeckung war die Höhle bis zu dem Niveau des Einganges mit Knochen, mehr oder weniger abgerieben, erfüllt, und in verschiedenen Zuständen der Erhaltung, aber durch Kalksinter zusammen verbunden. Mit denselben, aber in geringer Menge, fanden sich Geschiebe und Bruchstücke von Kalkstein. Die Knochen gehören besonders Hippopotamus an, aber auch Stoſs und Backzähne der Elephanten, so wie die eines groſsen Fleischfressers haben sich darunter gefunden. Eine Knochenbreccie erstreckt sich um den Eingang der Höhle herum auf mehrere Yards Entfernung, und unterscheidet sich von der darinliegenden durch gröſsere Menge der

Kalksteinbruchstücke und der Geschiebe u. durch gröfsere Abreibung der Knochen. Die Höhle ist bis zur Tiefe von 20 Fuſs ausgegraben worden und ihre unregelmäſsigen Wände scheinen durch Wasser in abgeschliffenen Höhlen benagt zu sein, und von Bohrmuscheln angegriffen. Spuren von der Wirkung des Wassers, wiewohl zu einer geringeren Ausdehnung, sind viel höher sichtbar als der Eingang der Höhle, aber die Arbeiten der Bohrmuscheln scheinen auf das Niveau desselben beschränkt zu sein. Der Boden der Höhle ist mit zerbrochenen Muschelschaalen bedeckt, unter denen sich zahlreiche gut erhaltene Stücke befinden. Vier andere Höhlen kommen in höherem Niveau in der Wand des Hügels vor. In denselben sind keine Knochen gefunden worden, wiewohl sie dieselben Beweise von der Wirkung des Wassers darbieten. Zum Schlusse zeigt der Verf. aus den Beweisen welche die Höhlen darbieten, und aus der bekannten Gewohnheit der Bohrmuscheln, daſs dieser Theil der Küste von Sicilien allmählig zu seinem gegenwärtigen Niveau erhoben worden ist, nachdem das Mittelmeer von den jetzt lebenden Mollusken bewohnt war und stellt Betrachtungen über die Veränderungen an, welche die Oberfläche jener Gegend gleichzeitig erlitten haben muſs.

Mittheilung vom Capitän Colquhoun an R. J. Murchison, über Meteoreisen Massen in Mexico und Potosi. Hauptsächlich wird die Eisenmasse beschrieben, welche früher in der Straſse von St. Domingo zu Zacatecas in Mexico gelegen hat. Sie war ungefähr $4\frac{1}{2}$ Fuſs lang und $1\frac{1}{2}$ Fuſs breit. Auf einer Seite waren tiefe Einschnitte. Die anderen Massen wurden zu Charcas und Pablazon bei Catorce gefunden.

Ueber die relative Stellung von Land u. Wasser auf der Erde, mit Rücksicht auf die Antipoden; von Gardner.

Diese Notiz ist von einer Erdkarte begleitet, auf welcher die Antipoden des jetzigen Festlandes mit Farben aufgetragen sind; der Verf. bemerkt, daſs nur $\frac{1}{27}$ der jetzigen Continente u. Inseln gegenüber festes Land liege, daſs die Antipoden der östlichen Halbkugel, auf Süd America (mit Ausnahme von etwa $\frac{1}{200}$) beschränkt sind, welches vorzüglich auf Neu Seeland fallt; und daſs umgekehrt die Antipoden der westlichen Halbkugel auf einen Theil von China und des östlichen Archipelagus fallen.

Archiv

für

Mineralogie, Geognosie, Bergbau und Hüttenkunde.

Siebenten Bandes

Zweites Heft.

I.
Abhandlungen.

1.

Geognostische Bemerkungen auf einer Reise von Warschau durch einen Theil Lithauens und Wolhyniens nach Podolien.

Von

Herrn Adolph Schneider.

Zwischen der Weichsel und der Narew, nach deren Vereinigung mit dem Bug, ist die Gegend eben, zum Theil flachhüglich und sandig; ebenso treten auch längs der Narew einzelne Sandhügel als flach gewölbte, lang gezogene Bergrücken häufig auf, welche aber weiter nördlich verschwinden, so daſs nach Golomyn zu, eine ganz flache meist sandige Ebene folgt, die mit einer groſsen Anzahl Granitgeschieben bedeckt ist. Kurz vor Golomyn endigt der sandige Boden, das Terrain erhebt sich etwas und zugleich erscheint ein schwarzer lettiger Boden, mit wenigen aber meist groſsen Granit- und Hornblende-Blöcken. — In der Umgegend von Opionogóra bei Ciechanów tritt in der Thalsohle eine mergliche Sandlage auf, mit einer Menge abgerundeter Geschiebe, vorwaltend aus weifsen Quarz- jedoch auch aus Granit- und Hornblende-Stücken bestehend; nur mehrere Consistenz fehlt und es würde diese Lage, deren Mächtigkeit nicht bekannt, ein ausgezeichnetes Conglomerat formiren, täuschend ähnlich dem des Uebergangsgebirges. Höher im Thale hinauf folgt ein grünlichgrauer merglicher Thon, theilweise durch Eisenoxyd gelblichbraun gefärbt, mit einzelnen Parthien eines weifsen Kalkmergels, so wie überhaupt der Mergelgehalt zum Theil vorherrschend wird, und dadurch ein gelblichweifser Thonmergel entsteht. Letzterer zeigt sich vorzüglich auf der Anhöhe nach den Windmühlen zu, unmittelbar unter der schwarzen fetten Dammerde, welche hier eine Mächtigkeit von 1 bis 5 Fufs besitzt; in Westen der Windmühlen selbst folgt unter der Dammerde ein gelblichbrauner lettiger feinkörniger Sand, sodann der weifse Thonmergel, auf einem sandigen gelblichbraunen Letten liegend, unter welchem ein fetter gelblichbrauner Lehm vorkommt. —

Obwohl nun das Terrain überhaupt nur sehr flachhüglich dem ebenen sich nähernd ist, so erheben sich doch mehrere Anhöhen mit ziemlich steilen Gehängen an einigen Punkten. Dergleichen finden sich im Garten von Opionogóra, worauf das schöne im gothischen Style erbaute neue Schlofs liegt, von dessen hohem spitzem Thurm man eine schöne Ansicht der Umgegend geniefst; ferner die Anhöhe worauf der Edelhof selbst, und der weiter südlich liegende Hügel, welcher mit einer runden Kapelle, zugleich der Ortskirche, geziert ist. Alle diese Anhöhen bestehen zu unterst aus einem gelblichweifsen feinkörnigen Sande, über welchem grobkörniger Sand mit einer Menge Geschiebe und Blöcke von Granit und Hornblendegesteinen, weifsen Quarzgeschieben, verschiedenartigen Kalksteinstücken, zum Theil mit undeutlichen Conchylienfragmenten, einzelnen Stücken Mergelkalkstein als auch weifsem Thon liegt. — Ganz ähnliche Lagerungsverhältnisse zeigen sich an 3 Anhöhen in der Nähe des Dorfes Kolanki, eine Meile westlich von Opionogóra. Unter der wenig mächtigen Dammerde folgt ein grober etwas lettiger, bräunlichgelber Sand mit Granitblöcken und Geschieben, Hornblendegesteinen, ausgezeichnet weifsen Quarzfelsstücken, Kalksteingeschieben und einzelnen Nieren von braunem Thoneisenstein. Diese Geröllage von zwei bis zehn Fufs Mächtigkeit liegt auf einem grobkörnigen gelblichweifsen Sand mit wenig Geschieben, und unter diesem ein feinkörniger mehr weifser Sand, zuweilen mit weifsen Thonmergeladern durchsetzt. Der von hier nördlich am Ende des Dorfes gelegene Hügel enthält in seinen obern Schichten so häufige Kalksteingeschiebe, dafs dieselben ausgehalten, und zum Kalkbrennen benutzt werden können, wie dies auch an andern Punkten der Umgegend erfolgt.

Thierische und vegetabilische Ueberreste scheinen in diesem Diluvial und Alluvial Gebilde ganz zu fehlen, wenigstens konnte ich keine Spur bemerken.

Von Opionogóra verbreitet sich der schwarze lettige Boden bis etwa eine Meile weiter nördlich, worauf ein mehr gelblichbrauner Lettenboden, und zunächst Makow Sand folgt, unter welchem jedoch ein fetter braungelber, zur Ziegelfabrikation sehr geeigneter Lehm vorkommt. — Nach Rozan zu ist die Gegend meist eben, und der Boden abwechselnd bald lettig, bald sandig; hinter Rozan bis Ostrolenka wird gelblichweifser feinkörniger Sand vorherrschend und formirt Sandhügel, die sich etwa 20 bis 50 Fufs hoch erheben, und zuweilen in halbrunder Richtung sich erstreckend, kleine flache Kesselthäler bilden.

Sowohl bei Makow als auch bei Ostrolenka wird häufig Bernstein gewonnen; derselbe kommt, nach Aussage der damit beschäftigten Leute, theils in einer bläulichgrauen Lettenlage theils aber auch im Sande selbst vor; als steter Begleiter wurde eine schmale Lage schwarzer Erde bezeichnet, welcher man nachgeht, und dann bald unter dem Rasen, bald in Fufs bis mehreren Ellen Teufe den Bernstein in einzelnen Stücken von verschiedener Gröfse und Güte antrifft; höchst mannigfaltige Insekten kommen ziemlich häufig im Bernstein vor. — Nach Herrn Pusch *) gehört derselbe der Formation des plastischen Thones mit Ligniten an, welche theils auf oolitischem Jurakalk, theils auf Kreidemergel ruht.

Zwischen Ostrolenka und Lomza meist gelblichweifser Sand, so wie sich die Granitgeschiebe und Blöcke fortwährend zeigen, aber wohl nach Verlauf einiger Jahre verschwinden werden, indem sie das Material zu dem Chaufsée-Bau abgeben. — Die Strafse von Lomza nach Tykoczyn führt über mehrere Hügel mit ziemlich steilen Gehängen, die durch flache, nördlich nach der Narew geneigte Thäler von einander getrennt sind. — Bei Pniów, 2 Meilen von Lomza, nimmt die Gegend den Charakter einer Gebirgslandschaft an; das Dorf liegt in einem Kesselthale, die umgebenden 30 bis 60 Fufs ziemlich steil sich erhebenden Anhöhen, bestehen lediglich aus fein und grobkörnigem, meist scharfkantigem Sand, der seine Entstehung gröfstentheils zersetztem Granit zu verdanken hat. Kleine oft ganz durchsichtige oder auch halbdurchsichtige, dann gelblich und milchweifse, seltener rosenrothe und grünliche, theils scharfkantige, theils abgerundete Quarzkörner sind vorwaltend; — blafs ziegelrother und dunkelrother Feldspath zeigt sich theils in abgerundeten Körnern, theils in scharfkantigen Brocken in

*) S. Archiv I. Band, S. 40 und 41.

mehr oder weniger frischem Zustande; schwarze kleine Glimmerblättchen sind selten; aufserdem kommen kleine Kalksteinbrocken, zum Theil wohl Conchylien Ueberreste, so wie Feuersteinstücken vor. — Zu unterst in der Thalsohle ist der Sand am feinkörnigsten und von mehr weifser Farbe, wegen der vorwaltenden Quarzkörner; er ist fast horizontal, nur wenig wellenförmig geschichtet und enthält einzelne schwache Lagen, worin Granitgeschiebe, Feuerstein, Belemniten (in schwarzen Feuerstein umgewandelt) Hornblende, Quarzgeschiebe u. s. w. auftreten. Höher hinauf wird der Sand mehr gelblich durch beigemengte Lettentheile, an einzelnen Stellen ist er auch rothbraun gefärbt, und hier ist dessen Entstehung aus Granit sehr deutlich zu erkennen, indem die Umrisse der Granitblöcke und Geschiebe noch genau ersichtlich; bei Berührung zerfallen dieselben in Sand, der durch den Feldspath die röthliche Färbung erhält. — Nach oben finden sich gröfsere Granitblöcke ein, welche unregelmäfsig im Sande zerstreut liegen.

Oestlich Pniow ziehen sich die Sandhügel auf der südlichen Seite der Strafse nach Tykoczyn noch fort; die nördliche Seite bildet, nach der Narew zu, ein sumpfiges Terrain, bedeckt mit unzähligen Granitblöcken *). Von Meczenin aus bis Tykoziyn verlieren sich die Sandhügel, dagegen zeigen sich fortwährend die Granitblöcke. — Jenseits der Narew tritt eine sandige, und moorig sumpfige Niederung auf, jedoch erhebt sich das Terrain häufig zu kleinen Hügelreihen, aus gelblichweifsem Sand und braunrothen Lehmlagen bestehend. — Fast in allen den sumpfigen Niederungen zwischen den Sandhügeln findet sich **Sumpferz**, wovon auch mehrere Orte den Namen Ruda führen.

*) Bei Meczenin fand sich unter denselben ein weifser feinkörniger Quarzblock mit schönem pistaziengrünem Tremolit.

Die Gegend um Bialystok, Brzest, Ratno bis Kowel, ist eine moorig sumpfige Niederung, theilweise umschlossen durch sandige Hügelreihen; kurz vor Turyak tritt weifser Kreidemergel auf, welcher bis in die Nähe von Wlodzimierz fortsetzt, dann aber unter der mächtigen Bedeckung des fruchtbaren Bodens Wolhyniens, der eine ausgezeichnet wellenförmig-flachhügliche Gegend bildet, bedeckt wird. — Bei Warkowice kommt ein gelblich und röthlichgrauer dichter Kalkstein vor, dessen Lagerungsverhältnisse ich jedoch nicht näher untersuchen konnte; ebenso zeigt sich bei Ostrog ein grobkörniger conglomeratartiger Sandstein, aus dem das alte Schlofs gröfstentheils erbaut ist. Nähere Beobachtungen über die Lagerungsverhältnisse dieses Sandsteins, so wie überhaupt der Gebirgsbildungen in diesen Gegenden anzustellen, erlaubte mir die Schnelligkeit nicht, mit welcher die Reise Tag und Nacht über Zaslaw, Stary Konstantinow, Proskurow, Jarmolince nach Dunajowce fortgesetzt wurde. — Der Hauptzweck der Reise selbst war, zu ermitteln, ob in der Gegend von Dunajowce *) nutzbare Fossilien vorkommen, zu welchem Behufe vorzüglich die mit vielen Naturschönheiten so reich begabten Thäler der Tarnawa und Studzienica begangen wurden, wobei sich nachstehende Resultate über die Lagerungsverhästnisse dieses Theils Podoliens ergaben, welche auf der Charte Taf. VI. bildlich dargestellt sind.

1. Lagerungs Verhältnisse der Gebirgsarten im Thale der Studzienica.

Die steilen Gehänge des Dniesters bei dem Städtchen Studzienica bestehen zu unterst aus einem 60 bis

*) Eigenthum des Herrn Grafen General Vinc: Krasinski, auf dessen Veranlassung und Kosten die Reise geschah, dem ich für die viele Güte und Unterstützung bei Erforschung

90 Fuſs über die Thalsohle sich erhebenden Schichtensystem von gelblich grünem und graulich schwarzem Thonschiefer, mit einzelnen festern meist grünlich gefärbten Grauwackenschieferlagen, von mehreren Zoll bis 2 Fuſs Stärke; nach oben treten Kalksteinlager auf, die ebenfalls mehrere Zoll bis 5 Fuſs Mächtigkeit besitzen und stets von dunkelgrauer Farbe und dicht sind; theilweise nur zeigt sich der Kalkstein von bituminöser Beschaffenheit und ist dann gewöhnlich feinschiefrig. Versteinerungen kommen hier selten und undeutlich vor, doch lieſsen sich die dem Uebergangs-Kalkstein eigenthümlichen Productus und Terebratel Arten erkennen. — Auf diesem fast horizontal mit geringer westlicher Neigung abgelagerten Schichtensystem liegt grüner loser Sand mit Hornstein; letzterer theils in einzelnen Knauern, theils in Zoll bis Fuſs starken Bänken, zusammen mit einer Mächtigkeit von 30 bis 40 Fuſs; hierauf folgt ein bräunlich und graulichschwarzer Feuerstein 20 bis 30 Fuſs mächtig. Denselben überlagert ein weiſser etwas kalkiger Sand und auf diesem ruhen mannigfaltige, stets versteinerungsreiche, Zoll bis mehrere Fuſs starke Bänke von tertiaeren Kalksteinen und Mergeln, mit einer Mächtigkeit von zusammen 60 bis 100 Fuſs, welche wieder von einem merglichen gelben Letten und der fruchtbaren schwarzen Dammerde bedeckt sind.

Die fast horizontale Schichtung aller dieser Gebirgslagen wird weder durch die Schluchten, noch durch das breite Dniesterthal gestört, so, daſs man die Fortsetzung einer und derselben Schicht oft auf auf sehr groſse Distancen deutlich verfolgen kann.

---

der geognostischen Lagerungsverhältnisse jenes Theils Podoliens, öffentlich meinen aufrichtigsten Dank zu sagen, mich verpflichtet fühle.

Oberhalb Studzienica zeigt sich namentlich ein grünlich grauer Grauwackenschiefer, auf den Schichtungsflächen mit vielen kleinen silberweifsen Glimmerschuppen und bräunlich grau gefärbten rundlichen Flekken, auf welchem dunkelgraue Kalksteinbänke von Fufs bis 3 Fufs Mächtigkeit liegen; höher folgt der Grünsand mit Hornstein, Feuerstein und das tertiäre Gebilde. — Mit dem nach und nach ansteigenden Thal-Niveau verringert sich auch allmählig die Stärke des Uebergangsgebirges über der Thalsohle, wogegen aber die tertiären Kalkstraten an Mächtigkeit zunehmen. — Bei Patriniec ist der Thonschiefer höchst feinschiefrig, auf ihm liegt ein weifser feinkörniger, durch besondere Leichtigkeit eigenthümlich characterisirter Sandstein, dessen im weitern Verfolg nähere Erwähnung geschehen wird. In der Gegend der Wychwadniower Mühle erhebt sich der Thonschiefer mit Kalksteinstraten noch circa 60 bis 70 Fufs über die Thalsohle. — Die steilen Gehänge des Thales, namentlich in der Nähe der Kruszanowicer Mühle, sind häufig mit mauer- und thurmförmigen Felsenwänden des tertiären Kalksteins gekrönt, mit Laubholz bewachsen und gewähren sehr malerische Ansichten. — Nach der Nefedowicer Mühle zu verliert sich der Uebergangs-Kalkstein, so wie sich auch der grünlich graue Thonschiefer mit Grauwackenschieferlagen nur noch 30 bis 40 Fufs über der Thalsohle erhebt.

Am rechten Thalgehänge, oberhalb der Nefedowicer Mühle, steht ein feinkörniger, glänzender, röthlich und graulich weifser, quarziger Sandstein an, der auf Grauwackenschiefer aufliegt, sehr viele Conchylien, namentlich Productus, Atripa und andere undeutliche Conchylien enthält, deren Schaalen meist bräunlich roth gefärbt sind und einen eigenthümlichen Seidenglanz besitzen. — Ein ähnlicher Sandstein tritt bei der Quelle Kiczyrowa unterhalb Jackowiec auf; er ist hier von gelblich grauer, graulich weifser bis grünlich grauer Farbe, feinkörnig und sehr quarzig, mit geringem thonigem Bindemittel, und kommt mit einer Mächtigkeit von etwa 10 Fufs, in Fufs bis 3 Fufs mächtigen Bänken in horizontaler Lagerung vor. Die in selbigem sich findenden Conchylien sind: Productus, Cyrrus und mehrere andere unbestimmbare. Wenn auch hier die Auflagerung dieses Sandsteins auf dem Grauwackenschiefer nicht unmittelbar beobachtet werden kann, so unterliegt selbige jedoch keinem Zweifel, indem an andern, nicht weit abliegenden Punkten des Thals, der Grauwackenschiefer von einem ähnlichen Sandstein bedeckt auftritt. So zeigt sich am Abhange des Berges Kalatorne ein sehr dünnschiefriger grünlich grauer Thonschiefer, häufige Glimmerblättchen auf den Schichtungsflächen enthaltend; einzelne mit demselben wechsellagernde Bänke von Zoll bis Fufs Stärke, von festerer Consistenz, bestehen aus einem grünlich und gelblich grauen dichten sandigen Kalkstein mit unebenem ins flachmuschlige übergehendem Bruch; silberweifse Glimmerblättchen sind dem Gesteine häufig eingemengt, treten aber vorzüglich auf den Schichtungsflächen deutlich auf, welche überdies meist grünlich braun gefärbt sind. Dieser Grauwackenschiefer setzt an beiden Thalgehängen längs dem Dorfe Jackowiec fort, woselbst er unweit dem Stege über die Studiennica, so wie oberhalb der Mühle, in kahlen Felsenwänden von 20 bis 35 Fufs über den Wasserspiegel sich erhebend, ansteht. Ferner zeigt sich derselbe in den Schluchten Stertop, Tinnica, Popow und Fataczyna am rechten Thalgehänge, als auch in den Schluchten Zamczysko und Slakow. Das letzte nördliche Auftreten des Grauwackenschiefers findet sich bei dem Dorfe Raczynce.

An allen Punkten seines Vorkommens besitzt der Grauwackenschiefer grünlich graue Farben, ist stets sehr dünnschiefrig und stark zerklüftet; vorwaltend ist eine Hauptklüftung in hor. 11 zu bemerken; übrigens ist derselbe fast horizontal mit einer kaum merklichen westlichen Neigung abgelagert, und zeichnet sich besonders durch seine Quellenführung aus, welche meist aus den obern Schichten in grofser Anzahl und Stärke zu Tage treten.

Ueber demselben liegt in der Schlucht Slërtop, so wie weiter oberhalb am rechten Thalgehänge der Studziennica, im Osten des Dorfes Jackowiec, ein eisenschüssiger, feinkörniger, gelblich und graulich weifser oder auch grünlich grauer Sandstein mit 3 bis 4 Fufs Mächtigkeit, der ziemlich häufig Conchylien, und zwar Productus, Cyrrus, Trilobites und Zoophyten enthält. Er wird durch eine fufsstarke Schicht grünen zähen Lettens mit Hornsteinknauern bedeckt, dem weifser feinkörniger Sandstein mit etwa 10 Fufs Mächtigkeit folgt. — Am linken Thalgehänge tritt der grüne Sandstein in der Schlucht Zamczysko, theilweise durch Eisenoxyd gelblich und röthlich braun gefärbt, etwa 4 Fufs stark, zwischen Thonschiefer und weifsen Sandstein, mit grofsen Cyrrus-Arten auf; ferner wurde derselbe unter ähnlichen Lagerungs-Verhältnissen am untern Ende des im Süden von Jackowiec sich steil erhebenden, mit Felsen gekrönten Thalabhanges angetroffen; er ist hier von gelblich weifser, grüner, gelblich- und röthlich-brauner Farbe, grobkörnig, und auch nur 4 Fufs mächtig.

Der diesen Sandstein bedeckende weifse Sandstein ist stets sehr feinkörnig und geht sogar durch ein dichtes kiesliges Fossil in ausgezeichneten Feuerstein über, der sich auch in einzelnen Knauern von meist schwarzer und graulich schwarzer Farbe und muschlig splittrigem Bruch ausscheidet, oder auch, wiewohl selten, bis fufsstarke Lagen im Sandstein bildet; ganz eigenthümlich zeichnet sich dieser Kieselsandstein durch seine Leichtigkeit aus; er ist völlig ungeschichtet, dagegen stark zerklüftet und ohne besondere Festigkeit; die Klufiflächen sind häufig durch Eisenoxyd, welches sich auch als braunrother Eisenocker in den Klüften vorfindet, röthlich braun gefärbt. Ebenso kommt zuweilen, als Ausfüllungsmasse der Klüfte, ein gelblich und röthlich braunes, graues und bräunlich schwarzes, talkiges, krummschiefriges Fossil vor; namentlich ist dies der Fall an den Abhängen im Westen des Dorfes, so wie in der Schlucht Zamczysko unterhalb Jackowiec, woselbst das Fossil von fast schwarzer Farbe, matt glänzend und etwas bituminös angetroffen wurde. Von Conchylien fand ich sehr gut erhaltene Exemplare der *Gryphaea auricularis*, und einige unbestimmbare Venus und Venericardien, auch Pecten-Arten (vielleicht *Venus incrassata Brocc.* und *Venericardia intermedia Bast.*). Die Mächtigkeit dieses Kieselsandsteins beträgt 10 bis 30 Fuſs; was seine Verbreitung anbetrifft, so wird er an allen Gehängen und Schluchten bei Jackowiec, so wie auch unterhalb dieses Dorfes bis in die Nähe von Studzienica angetroffen; oberhalb Jackowiec aber scheint derselbe nicht weit fortzusetzen, indem zu Raczynce und weiter aufwärts nicht die geringste Spur davon aufgefunden wurde.

Ueber dem weiſsen Kieselsandstein, oder wo dieser fehlt unmittelbar über dem Grauwacken- und Thonschiefer, liegt ein Schichtensystem, in welchem grüner Sand vorwaltet, der mit Hornstein und hornsteinartigem Sandstein wechsellagert.

Der Grünsand besteht aus sehr kleinen, gelblich, grünlich und grau gefärbten Quarzkörnern, sehr feinen grünen und schwarzen Körnern und wenigen silberweiſsen Glimmerschüppchen; auch einige Kalktheile sind dem Sande beigemengt, welche sich bei Behandlung mit Säuren durch Brausen zu erkennen geben; einzelne Lagen sind durch ein eisenschüssig thoniges Bindemittel lose zu einem feinkörnigen Sandstein verbunden, der selten einige Consistenz erhält, und dann mehr eine pistaziengrüne bis grünlich braune Farbe besitzt; gewöhnlich finden sich zugleich Concretionen eines sandigen braunen und rothen Thoneisensteins. Seltener nimmt der Thongehalt zu, wodurch, wie z. B. in der Schlucht Timnica bei Jackowiec, Lagen eines grünlich und bräunlich gelben Lettens entstehen, in denen sich Feuersteingeschiebe, so wie gelblich und röthlich brauner, ochriger oder auch sandiger Thoneisenstein, in zollstarken, aber nicht aushaltenden Lagen findet.

Der Hornstein ist von gelblich grauer, grünlich und graulich weifser Farbe, dicht, mit uneben splittrigem ins muschlige übergehenden Bruch, an den Kanten durchscheinend, mit graulich schwarzen Adern durchzogen, und enthält kleine schwarze Punkte, so wie feine silberweifse Glimmerschuppen. Durch Aufnahme einzelner graulich-, grünlich-, gelblich- und röthlich-weifser, theils halb durchsichtiger oder auch ganz durchsichtiger Quarzkörner, so wie kleiner pistaziengrüner und schwarzer Körner und häufigeren silberweifsen Glimmerschuppen, geht das Gestein in hornsteinartigen Sandstein, und dieser wieder in Grünsand über. — Einzelne Bänke bestehen aus einem grünlich grauen und graulich weifsen Quarz, mit unebenem splittrigem Bruch, in welchem einzelne gröfsere Körner von grünem, rothem, grauem und gelblich weifsem Quarz, so wie Brocken eines blafsrothen, thonigen Kalksteins eingemengt sind, wodurch das Gestein ein conglomeratartiges Ansehn erhält; dergleichen Bänke von 6 bis 10 Zoll Stärke werden namentlich in der Gegend von Jackowiec häufig angetroffen. Theilweise auch geht der Hornstein in schwärzlich grauen Feuerstein über, stets aber finden sich in selbigem noch die kleinen pistaziengrünen und schwarzen Körner beigemengt, welche diese Gebirgsgruppe besonders characterisiren. — Aufser dem in Bänken und Blöcken vorkommenden Hornstein, findet sich derselbe noch im losen grünen Sande als eigenthümlich geformte, spitz kegelförmige Concretionen, die wahrscheinlich organischen Ursprungs sein dürften.

Die speciellen Lagerungsverhältnisse dieser Gebirgsbildung sind durch einige Schurfarbeiten in der weifsen Schlucht (Biały jar) bei Jackówiec, so wie am Thalabhange in Süden des Dorfes, deutlich entblöfst worden, und zwar zeigten sich vom Liegenden nach dem Hangenden nachstehende Schichten:

1.	Grauwackenschiefer, theils als Thon-, theils als Kalkschiefer, über der Thalsohle, etwa	40′
2.	Gelblich weifser, röthlich und gelblich brauner grobkörniger Quarzsandstein	4′
3.	Weifser, feinkörniger, ins Dichte übergehender Kieselsandstein, mit schwarzem Feuerstein	26′
4.	Grüner loser Sand mit Feuerstein	4′
5.	Grüner loser Sand	1′ 6″
6.	Hornstein	— 6″
7.	Grüner Sand	1′
8.	Hornstein	— 6″
9.	Grünsand mit Hornsteinknauern	3′ 6″
10.	Hornstein und hornsteinartiger Sandstein	2′
11.	Mürber grünlich weifser Sandstein mit einzelnen Hornsteinknauern	6′
12.	Hornstein in Grünsandstein übergehend	1′
13.	Mürber grüner Sandstein, feinkörnig, mit vielen kleinen schwarzen Punkten und einzelnen röhren- und kegelförmigen Hornstein-Concretionen	8′
14.	Hornstein in einzelnen Blöcken im grünlich weifsen Sande	5′
	Latus	103′

	Transport . . .	103′
15.	Grüner sehr feiner loser Sand	2′
16.	Hornstein in Blöcken im grünen losen Sande	4′
17.	Grüner Sand	2′
18.	Grünlich grauer feinkörniger Sandstein mit vielen feinen schwarzen Punkten und ganz kleinen silberweifsen Glimmerschuppen; enthält einzelne dichte Hornsteinknauern mit splittrigem Bruch	4′
19.	Grüner Sand	3′
20.	Hornstein	1′
21.	Grüner etwas lettiger Sand, theilweise bräunlich gefärbt	9′
22.	Hornstein	— 6″
23.	Pistaziengrüner Sand	1′
24.	Hornstein	— 3″
25.	Grüner Sand und Sandstein von pistaziengrüner Farbe, leicht zerreiblich, enthält einzelne Adern braunrothen Thoneisensteins	6′ 3″
	Zusammen . . .	136′

Hierauf folgt Feuerstein von mannigfaltigen Farben, in Blöcken zwischen Letten und weifsem Kalkmergel liegend, von 36 bis 80 Fufs Mächtigkeit, so wie dann die tertiären Gebilde, deren specielle Lagerungs-Verhältnisse im weitern Verfolg näher angeführt werden.

An Versteinerungen ist der Grünsand im Studziennica-Thale arm; sie finden sich nur selten, wie bei Raczynce einige *Gryphaea auricularis*.

Unter den angeführten Lagerungsverhältnissen zeigt sich diese Gebirgsgruppe an beiden Gehängen des Studziennica-Thales, so wie in den aus demselben ablaufenden Schluchten von Studziennica — über Jackowiec, Raczynce, Żamlynowki, Slolozubince, Antoniowka, Muskotynce bis in die Nähe von Demiankowice, woselbst das Terrain bereits bis zum Niveau des Grünsandes angestiegen ist, und selbst der bedeckende Feuerstein nur noch wenig über die Thalsohle sich erhebt.

In den oberen Lagen des Grünsandgebildes finden sich zuweilen statt des Hornsteins Blöcke von Feuerstein ein, welche dann ganz vorherrschend werden und den grünen Sand völlig verdrängen. Dieser Feuerstein kommt in Stücken und Blöcken von sehr mannigfaltiger Gröfse vor, zwischen denen gewöhnlich ein gelber oder grünlich weifser, so wie in den oberen Lagen ein merglicher weifser Letten liegt, durch welchen die Feuersteinstücke lose mit einander verbunden sind; ebenso kommt derselbe in den verschiedenartigsten Nuancen der schwarzen, grauen, gelben, rothen und blauen Farbe vor; häufig geht er in den ausgezeichnetsten Chalzedon über, und ist oft durchscheinend, bis halb durchsichtig. — An fremdartigen Fossilien ist dies Feuersteinstratum ganz entblöfst, indem nur in den oberen Lagen an einigen Punkten, z. B. am linken Thalgehänge bei Raczynce, ein reiner weifser Thon in kleinen Brokken zwischen den Feuersteinstücken angetroffen wird; ebenso wurde keine Spur von Versteinerungen aufgefunden.

Die Mächtigkeit dieses Feuersteinstratums beträgt 30 bis 80 Fufs.

Demselben folgt an mehreren Punkten, z. B. in der Schlucht Kiczyrowa bei Jackowiec, ein grünlich gelber, grünlich grauer oder gelblich brauner, meist dünnblättriger Letten, der jedoch wegen seiner geringen Mächtigkeit nur selten bemerkt wird, und meist durch die aufliegenden tertiären Gebilde bedeckt ist.

Sowohl in der Weifsen Schlucht bei Jackowiec, als auch in dem von Raczynce östlich sich abziehenden Seitenthal (Zielony Jar, grüne Schlucht) und auf der Anhöhe am rechten Thalgehänge bei Slolozubince wird das

Feuersteinstratum durch eine 20 bis 30 Fufs mächtige Schicht eines blendend weifsen und gelblich weifsen, sehr fein- und gleichkörnigen Quarzsandes bedeckt; derselbe ist theilweise lettig und führt, namentlich in den oberen Lagen, einzelne Concretionen eines kalkigen grobkörnigen Sandsteins. — Ganz vorzüglich ausgezeichnet ist dieser Sand durch die Menge meist sehr schön erhaltener Conchylien, welche in ihm, in steter Begleitung von kleinen abgerundeten schwarzen und graulich schwarzen Feuersteinbrocken, vorkommen. Namentlich wurden durch Abteufung eines Schachts auf der Holozubincer Anhöhe angetroffen: *Marginella eburnea**, *) *Buccinum semicostatum Brocc.*, *Buccinum baccatum Bast.*, *Buccinum dissitum Eichw.*, *Nassa Zberszewsci** *Andrych.*, *Nassa laevigata**, *Nassa asperula** *Bast.*, *Pleurodoma costellata** *Bast.*, *Fusus intortus** *Lam.*, *Fusus subulatus**, *Fusus harpula Brocc.*, *Cancellaria macrostoma du Bois*, *Cerithium pictum**, *Cerithium plicatum Brug.*, *Cerithium coruchatum**, *Cerithium baccatum Defr.*, *Cerithium lima Brug.*, *Turritella piccarinata**, *Turritella Archimedis Brong.*, *Trochus patulus*, *Trochus turgidulus*, ein neuer noch unbestimmter Trochus*, *Monotonda araonis**, *Natica glaucina Lin.*, *Natica epiglottina Lam.*, *Natica hellicina Brocc.*, *Neritina picta Eichw.*, *Melania Ropii du Bois*, *Melania laevigata Desh.*, *Melania pupa du Bois*, *Melania spiralissima du Bois*, *Melania reticulata du Bois*, einige unbestimmte Melanien*, *Cyclostoma planatum du Bois*, *Cyclostoma Bialozurkense du Bois*, *Bulla ovulata Brocc.*, *Bulla spirata Brocc.* — *Panopoea Faugasii Menard.*, *Tellina*

*) Herr Bergrath Pusch hatte die Güte, den gröfsten Theil der Conchylien zu bestimmen. — Die mit einem * bezeichneten Conchylien sind von Herrn du Bois in seiner *Conchyologie fossile* nicht angeführt.

pellucida Brocc. vel *Erycina apellina Pusch**, *Lucina columbella Bast.*, *Squama?** *Citherea unidens**, *Arca diluvii Lam.*, *Arca antiquata**, *Pectunculus variabilis**, *Pectunculus pulvinatus Lam.*, *Pectunculus nummiformis Lam.*, *Pecten pulchellinus du Bois*, *Calyptrea? du Bois*, *Ostrea digitalina Eichw.*, *Ostrea laevirostris du Bois*; ovalrunde Schaalendeckel, kleine Schaalendeckel von Austern. — Aufserdem fanden sich 3 bis 4 Zoll lange Ribbenknochen, einige kleine Extremitäten-Knochen, das Bruchstück einer Hirnschaale und ein kleiner Zahn.

Diesem Sande oder oben erwähnten Letten, oder auch unmittelbar dem Feuerstein, folgt nun an allen Orten ein Schichtensystem von abwechselnden Lagen sehr verschiedenartiger Kalk- und Mergelgesteine, Sand und Letten, deren specielle Lagerungsverhältnisse gleichfalls in der Weifsen Schlucht durch eine in dieser Absicht unternommene Schurfarbeit, mittelst deren alle Schichten entblöfst und wie nachstehend ermittelt wurden:

Ueber dem oben S. 323 bemerkten Grauwackenschiefer, Kieselsandstein, Grünstein mit Hornstein und Feuerstein von zusammen 136 Fufs Mächtigkeit, liegt:

a. gelblich weifser Sand, nach oben lettig, führt einzelne Bänke und Knollen eines sandigen, dichten, ins grobkörnige übergehenden Kalksteins mit kleinen graulich schwarzen Feuerstein- und Quarz-Brocken, undeutliche Pecten, *Pectunculus nummiformis*, *Trochus quadristriatus* und andere undeutliche Conchylien enthaltend . . . . . . 7′

b. Gelblich grauer körniger Kalkstein, mit *Turbo rugosus*, kleinen Pectunkeln und vielen zertrümmerten Conchylien-Schaalen . 3′

c. Merglicher weifser Sand, mit Conchylien-Fragmenten . . . . 1′

d. Röthlich grauer dichter merglicher Kalk-

Latus . . 11′

Transport . . 11′

stein, mit *Turbo rugosus*, *Trochus turgidulus*, Pecten, Pectunculus-Arten und einer Menge mikroskopisch kleiner Conchylien und Muschel-Fragmenten . . . . . 3′

e. Grünlich grauer Kalkmergel, mit *Cerithium plicatum*, *Trochus patulus*, *Trochus turgidulus*, *Trochus podolicus*, Melanien, *Pecten malvinae* und andere Pecten, Pectunkeln, Melanien — ovalrunde Schaalendeckel und viele Muschel-Fragmente . . . 5′

f. Grünlich grauer Kalkmergel, mit gelblich weißen dichten Kalksteinbrocken — *Turbo rugosus* und kleine Pectunkeln enthaltend . . . . 1′ 6″

g. Gelblich und grünlich grauer mürber Kalkmergel, mit einzelnen festeren Lagen — *Cerithium plicatum*, *Trochus turgidulus*, *Monotonda mamilla**, *Melania laevigata*, *Melania spiralissima* und kleine Pectunkeln 4′

h. Gelblich grauer dichter fester Kalkstein, mit *Cyclostoma rotundatum*, Pectunkeln, kleinen mikroskopischen Conchylien und vielen zertrümmerten Muschelschaalen . 1′ 6″

i. Gelblich grauer mürber Kalkmergel, mit *Turbo rugosus*, *Trochus turgidulus*, *Cyclostoma rotundatum*, *Melania Ropii* und ovalen Deckelschaalen . . . . 1′ 6″

k. Röthlich und schwärzlich grau gefleckter fester Kalkmergel, mit *Cerithium plicatum*, *Turbo rugosus*, *Trochus turgidulus*, *Cyclostoma planatum et rotundatum*, *Melania Ropii*, kleinen Pectunkeln und ovalen Deckelschaalen . . . . 2′

Latus . . 29′ 6″

Transport . . 29′ 6″

l.	Röthlich grauer Kalkmergel, mit *Trochus turgidulus*, *Cerithium plicatum*, *Melania laevigata* und *Ropii*.	4′ 6″
m.	Desgleichen, mit *Trochus turgidulus*, *Trochus Buchii* und *Melania spiralissima*.	
n.	Graulich weifser poröser Kalkmergel, ohne Conchylien	— 6″
o.	Gelblich weifser mürber Kalkmergel, ohne Conchylien	1′
p.	Gelblich grauer mürber Kalkmergel, mit *Trochus turgidulus*, *Melania spiralissima*, *laevigata* und *Ropii*	2′
q.	Graulich weifser und gelblich weifser dichter Kalkstein, wird häufig von Klüften durchsetzt, welche mit schönem gelblich weifsem und bräunlich gelbem fasrigem Kalksinter, so wie mit Kalkspathkrystallen bekleidet sind, führt *Conus antidiluvianus Brug.*, *Trochus patulus* und *turgidulus*, einen sehr schönen unbestimmten Trochus * (ähnlich dem *Trochus Buchii du Bois*, nur ist die Spira sehr spitz und deren unterer Theil völlig übereinstimmend mit *Trochus patulus*), *Melania Ropii*, *Melania spiralissima*, *Pecten transfertus*, *Pecten angustiecostatus*, *Pecten flavus* und andere unvollständige Pectiniten und Pectunkeln	3′
r.	Gelblich weifser mürber Kalkmergel, mit Cerithien, *Melania Ropii*, *Melania spiralissima*	3′
s.	Fester gelblich grauer Kalkstein, mit *Trochus patulus*, *Monotonda mamilla* * und verschiedenen Pecten.	5′

Latus. . . 48′ 6″

Transport . . 48′ 6″

t. Sandiger Kalkstein, in dünnen Platten mit *Melania Ropii* und *Erycina apellina vel Tellina pellucida.* . . . . 4′

u. Bräunlichgrauer fester dichter ins körnige übergehender Kalkstein, mit häufigen *Melania Ropii. Melania laevigata. Erycina apellina.* . . . . 2′ 6″

v. Gelblichgrauer mürber Thonmergel, mit *Fusus subulatus* und kleinen Solarien. . 6″

w. Fester graulich und röthlichbrauner splittriger dichter Kalkstein, mit *Fusus, Trochus turgidulus,* Cerithien, Melanien, kleinen Pectunkeln und andern undeutlichen Conchylien. . . . . 3′

x. Weifser feinkörniger mürber Kalkstein, mit *Cerithium rubiginosum, Citherea unidens* und Pectenarten. . . . . 1′ 6″

α. Röthlich und bräunlichgrauer auch graulichweifser, fester, in dünnen Platten geschichteter Kalkstein, mit *Cerithium rubiginosum. Trochus turgidulus, Melania Ropii et laevigata, Venus modesta,* kleinen Pectunkeln. . . . . 2′

β. Feinkörniger bräunlichgrauer Oolit, mit *Cerithium rubiginosum, Melania Ropii, Cytherea polita,* kleinen Pectunkeln. . . 6′

γ. Gelblich und grünlichweifser dichter, zum Theil ins feinkörnige übergehender mürber Kalkmergel, sehr dünnschiefrig geschichtet, mit kleinen Paludinen wahrscheinlich *elongata** und häufigen *Cardium lithopodolicum, Citherea polita.* . . . . 10′

δ. Fester gelblichgrauer und graulichweifser

Latus. . . 78′ —

Transport . . 78′

dichter Kalkstein, in 3 bis 6 zölligen Bänken geschichtet, theilweise sandig ins oolitische übergehend, ausgezeichnet durch eine außerordentliche Menge von *Cardium lithopodolicum*, aus denen einzelne Bänke ganz zusammengesetzt, außerdem finden sich noch häufige *Citherea polita* beigesellt. 8′

86′

Ueber diesem Kalkstein liegt ein meist aufgelöster merglicher Kalkstein mit einzelnen Blöcken eines festeren graulichweißen Kalksteins, worauf ein gelblichgrauer und graulichweißer, meist poroeser dichter fester Kalkstein folgt; derselbe ist völlig ungeschichtet, häufig von Klüften, die zum Theil mehrere Fuſs mächtig, durchsetzt; er bildet an dem obern Theile der Thalgehänge mächtige Felsenwände, worin sich zuweilen, wie z. B. in Süden von Jackowiec, Höhlen befinden von 12 Fuſs Durchmesser und 2 bis 5 Fuſs Höhe; es fanden sich in denselben eine Menge Knochen und Zähne, die aber durch Füchse und Wölfe dahin gebracht sind. — An Versteinerungen ist dieser Felsenkalk, so wie der unterliegende Mergelkalkstein, welche zusammen eine Mächtigkeit von 20 bis 30 Fuſs besitzen, sehr reich, namentlich fanden sich darin sehr häufig: *Turbo rugosus* so wie *Modiola lithophaga;* außerdem aber *Conus diluvii*, *Conus turricula*, Cerithien, *Modiola faba*, *Mactra triangula*, *Nucula*, *Pecten flavus*, *Petten pulchellinus* und andern Pecten, Ostrea; Mollusken, vielleicht Gastrogna, Dentaliten und eine Menge undeutlicher Conchylien.

Die gesammte Mächtigkeit des tertiären Gebildes in der Jackowiecer Gegend beträgt demnach 100 bis 130 Fuſs.

In einem auf dem Berge Czernitsza in Süden von Jackowiec abgeteuften Schurfe liegt unter der schwarzen Dammerde der gelblichweiſse Mergelkalkstein, übereinstimmend mit litt: y der weiſsen Schlucht, mit den häufigen *Cardium lithopodolicum* und schönen dendritischen Zeichnungen; darunter folgt oolitischer Kalkstein von röthlichgrauer Farbe, mit Klüften, die mehrere Lachter fast seiger niedersetzen, welche mit schönem fasrigem Kalksinter bekleidet sind.

Auſserdem kommt in der Zamczysker Schlucht, wo dieselben Lagerungsverhältnisse wie in der weiſsen Schlucht zu beobachten, in dem oolitischen sehr zerklüfteten Kalkstein, ein röthlich und schwärzlich grauer Oolit mit Cerithien, Buccinen, Melanien, Erycinen und Pectunkeln vor, der beim Reiben einen ausgezeichneten Schwefelgeruch von sich giebt. Ferner wurde daselbst in einem der Schicht litt: s. analogen, doch etwas festern körnig blättrigen Kalkstein, Panopaea Faujasii in jungen Exemplaren von 2½ Zoll Länge und 1½ Zoll Breite angetroffen. Dieselbe Panopaea fand ich auch am rechten Thalgehänge der Studziennica in der Schlucht Hertop in gelblich grauem körnig blättrigem sehr festem Kalkstein, in Begleitung von *Cardium echinatum Lin.*, Venericardien und Venusarten.

Bei Raczynce sind in den Schluchten, am rechten Ufer der Studziennica, die unmittelbar über dem Feuerstein auftretenden tertiaeren Schichten meist durch Gerölle, Letten und Dammerde bedeckt; bei der Brücke in der Hauptschlucht tritt

1. ein sehr grobkörniger, gelblich und röthlichbrauner Oolit, mit vielen *Erycina apellina* auf; die Oolitkörner umschlieſsen häufig ganz kleine *Melania Ropii.* Ueber selbigem liegt:

2. ein dichter röthlich grauer poroeser Kalkstein, mit unebenem splittrigem ins muschlige übergehendem

Bruch; die bräunlichgelb beschlagenen Poren verdanken ihre Entstehung offenbar der Verwitterung von Conchylien, unter denen *Melania Ropii* zu bemerken. Demselben folgt.

3. Ein bräunlichgelber dichter ins oolitische übergehender Kalkstein, mit einzelnen Brocken eines gelben dichten Kalksteins und kleinen graulich schwarzen Körnern von blättriger Textur, welche sich in Säuren ohne Rückstand auflösen und nur die Säure schwarz färben; die wenigen Conchylien sind undeutlich. Am obern Ende der Schlucht tritt

4. bei der Quelle, der gelblichweifse Mergelkalk, (litt y der weifsen Schlucht) mit einer Menge *Cardium lithopodolicum* und *Citherea polita* auf; er ist dicht mit unebenem Bruch, kommt in Zoll bis Fufs starken Bänken vor und ist häufig dendritisch gezeichnet.

In der Zamlynöwker Schlucht am rechten Ufer der Studziennica geht zu oberst

1. ein bräunlichgrauer dichter splittriger, theilweise poröser Kalkstein mit 3 Fufs Mächtigkeit zu Tage aus; seine unteren Lagen haben eine Tendenz zum oolitischen; in ihm finden sich einschaalige undeutliche Conchylien. Unter ihm zeigt sich

2. ein porphyrartiger Kalkstein; in der dichten röthlich weifsen Grundmasse liegt eine Menge gelblich brauner, schwarzer und grauer rundlicher Körner, so wie einzelne Brocken eines dichten grauen merglichen Kalksteins; die rundlichen Körner gehören wahrscheinlich Conchylien an; in der Mitte derselben finden sich zuweilen ganz kleine Kalkspathdrusen; nehmen die Körner an Menge zu, so entsteht ein grobkörniger Oolit; seine Mächtigkeit beträgt 6 Fufs. Unter selbigem folgt

3. Der gewöhnliche grobkörnige Oolit. Die rundlichen Körner von Hirsegröfse besitzen eine röthlichgraue

ins Braune ziehende Farbe, und haben in der Mitte einen ganz kleinen weifsen Kern; die einzelnen Körner sind theils scharf von einander geschieden, aber dennoch durch kalkiges Bindemittel fest mit einander verbunden, theilweise aber verlaufen sich die Conturen der Oolitkörner in einander; seine Mächtigkeit beträgt etwa 5 Fufs.

4. Gelblichgrauer theils dichter, theils oolitischer Kalkstein, mit *Melania laevigata*, *Cyclas triangularis*, *Pectunculus nummiformis* und andern undeutlichen meist 2 schaaligen Conchylien; aufserdem zeigen sich noch kleine schwarze Körner in dem 3 Fufs starken Gestein.

5. Gelblichgrauer etwas oolitischer und poroeser Kalkstein, mit undeutlichen Conchylien, 2 Fufs mächtig.

6. Dichter bräunlichgrauer Kalkstein, mit unebenem ins splittrige übergehendem Bruch, und vielen schwarzen Körnern; enthält *Melania Ropii* so wie *Erycina apellina* und ist 2 Fufs stark.

7. Gelblichgrauer Kalkstein, mit unebenem erdigem ins Körnige übergehendem Bruch; eine Menge meist zertrümmerter Conchylienschaalen geben dem 2 Fufs mächtigen Gestein ein geflektes Ansehen; enthält *Erycina apellina* — *Melania Ropii* und *Melania laevigata*.

Die unter selbigem liegenden Gesteine sind, wegen der Gerölle Bedeckung, nicht zu erkennen; die Mächtigkeit derselben wird 30 bis 36 Fufs betragen, sie liegen auf Feuerstein von etwa 30 Fufs Mächtigkeit.

Aehnliche Lagerungsverhältnisse zeigen sich in der von Holozubince nach Szczerowka zu ziehenden Schlucht. — An der Anhöhe in Westen von Holozubince am Eingang der eben erwähnten Schlucht findet nachstehendes Lagerungsverhältnifs statt:

1. Grünsand mit Hornstein, über der Thalsohle etwa . . . . 20′
2. Feuersteinstratum . . . . 40′

zusammen 60′

3. Der gelbe und weifse feinkörnige Quarzsand, mit den weiter oben S. 326 angeführten Conchylien, Knochen und schwarzen kleinen Feuersteinen, mit einer Mächtigkeit von etwa . . . . 28′
4. mürber gelblichweifser dichter etwas sandiger Kalkstein, mit verschiedenen Pecten, Pectunkeln, Melanien, Trochus und andern undeutlichen Conchylien. . . . . 1′
5. Schwarze Dammerde, mit mannigfaltigen kleinen Knochen, Rückenwirbelstücken, fischgrätenähnlichen Röhren, Gliedern von Krebsen und dergleichen. . . . . — 2″
6. Gelblichweifser poroeser sandiger Kalkstein, mit *Cerithien*, *Trochus*, *Melania Ropii* und anderen undeutlichen Conchylien. 3′
7. Gelblichgrauer dichter körnig blättriger Kalkstein, theilweise sandig (conform mit dem in der Schlucht Hertop bei Jackowiec) mit *Melanien*, *Panopaea Faujasii*, verschiedenen *Pecten* und *Ostrea*. . . . . . . 3′
8. Gelblichgrauer dichter Kalkstein, mit gelben Flecken und mikroskopisch kleinen undeutlichen Conchylien. . . . . 2′
9. Eine Bank voll von *Erycina apellina* mit wenigen *Bulla spirata* und *terebellata*. *Nassa laevigata*. *Fusus intortus*, *Cerithium lima*. *Trochus quadristriatus*, ein unbestimmter *Trochus*, *Melania Ropii*. *Melania laevigata*. *Melania spiralissima* und einige unbestimmte Melanien, Pektun-

keln, durch sandigen Mergel leicht verbunden. . . . . 1' 6''

10. Schwarze Dammerde, ähnlich der No. 5. mit *Cerithium pictum*, *Natica glaucina*, *Buccinum dissitum*, *Trochus patulus*, Helix und denselben kleinen Knochen wie in No. 5. . . . . 1'

Höher an der Anhöhe folgt der Muschelbank N. 9.:

11. fester röthlichbrauner dichter Kalkstein, theilweise oolitisch mit *Paludina inflata*, *Melania Ropii* und *Erycina apellina*. . 1' 4''

12. Fester brauner Oolit, mit Paludinen, Melanien, Erycinen und kleinen Pektunkeln abwechselnd in dünnen Lagen mit

13. mürbem gelblichbraunem dichtem Kalkstein, dieselben Conchylien enthaltend: . . 2'

14. Porphyrartiger Kalkstein, gelblichweifs, dicht mit schwarzen und braunen Körnern und gelblichgrauen bis grauen dichten etwas poroesen Kalksteinbrocken, undeutliche Melanien und *Erycina apellina* umschliefsend. 4'

Die hierauf folgenden Schichten sind durch gelben Letten und Dammerde bedeckt.

In der Schlucht bei dem Holozubincer Hofe am Wege nach Zwanczyk zeigt sich:

1. Grünsand mit Hornstein über der Thalsohle, etwa . . . . 21'
2. Feuerstein. . . . . 36'

57'

Hierauf:

3. weifser und gelblichweifser Sand und verschiedene Kalkstein und Mergellagen, welche meist verdeckt, etwa . . . 30'

4. Gräulichweifser dichter Kalkstein, mit vielen undeutlichen Conchylien. . . . 3′

5. Mürber dichter ins oolitische übergehender Kalkmergel, mit undeutlichen Melanien, Venus und Pectunkeln. . . . . 6′

6. Fester röthlichgrauer etwas oolitischer Kalkstein, mit *Mactra*, *Erycina*, Pektunkeln und Melanien. . . . . 3′

7. Graulichweifser Kalkmergel, mit *Melania Ropii* und *Erycina apellina*. . . . . . 3′ 6″

8. Oolit, in dichten graulich braunen Kalkstein übergehend, mit undeutlichen Conchylien. . . . . 3′ 6″

9. Grobkörniger röthlichgrauer Oolit, in Fufs bis 3 Fufs starken Bänken geschichtet und stark zerklüftet . . . . 12′

Dammerde entzieht die höher folgenden Schichten.

Die Gehänge der Schlucht, welche aus dem Thale der Studziennica nach Vincentowka abläuft, bestehen wie gewöhnlich aus Grünsand mit Hornstein, dem Feuerstein, und tertiaere Gebilde folgen; die Schluchtausfüllung selbst bildet Kalktuff, in den mannigfaltigsten Formen, Erd- und Süfswasser Schnecken, so wie Blätterabdrücke, Wurzeln und Aeste enthaltend. Derselbe verdankt seine Entstehung den unterhalb Vincentowka aus den obern Lagen des tertiaeren Gebildes entspringenden Quellwassern, welche sich bald in der Sohle des Thales verlieren, unterirdisch der Studziennica zufliefsen und zugleich ihre kalkigen Theile niederschlagen.

Im Thale der Studziennica selbst zeigt sich überall zu unterst der Grünsand, theilweise mit ganz ausgezeichneter pistaziengrüner Farbe; höher der Feuerstein und dann das tertiaere Gebilde. Deutlich kann man die Grenzscheide der verschiedenen Formationen an den Thalgehängen erkennen, indem der untere Theil der Abhänge, so weit als der Grünsand reicht, wenig steil sich erhebt, dann aber unter starkem Winkel bis zum oberen Niveau des Feuersteins ansteigt, und nun auf mehrere Lachter fast horizontal oder doch nur wenig ansteigend fortsetzt, bis die oberen Lagen des tertiaeren Gebirges, namentlich der Oolit, wieder fast senkrecht, oft 10 bis 20 Fuſs emporsteigen.

Bei der Brennerei von Antoniowka kommt Tuffkalk, theils in schroffen Felsenwänden vor, theils überlagert derselbe den Grünsand und Feuerstein unter einem Winkel von etwa 35 Grad; durch Ausgrabung des grünen Sandes, zur Benutzung bei Bauten, sind ziemlich ansehnliche Grotten entstanden, so wie auch im Kalktuff selbst einzelne Höhlen nicht selten sind *). Dieser Kalktuff zieht sich noch weiter an der Höhe des Gehänges bis in die nach Dunajowce zu ziehende Schlucht, an deren nördlichem Gehänge nur Feuerstein, namentlich von chalzedonartiger Beschaffenheit, zu bemerken, wogegen am südlichen Gehänge, unter der Dammerde

---

*) Ohnweit der Brennerei wurde am Thalabhang ein etwa 6 Kub. Fuſs haltender Block des graulichschwarzen Kalksteins (wie er in der Schlucht Zamczysko bei Jackowiec vorkommt) der beim Reiben den eigenthümlichen Schwefelgeruch von sich giebt, angetroffen, der nur in der Mitte seine graue Farbe besaſs und den Schwefelgeruch zeigte, dagegen von auſsen auf etwa einen Fuſs weiſs und in halbgebranntem Zustande war; der diesen Block umgebende gelbe Letten war ebenfalls durch Einwirkung von Hitze ziegelroth, so wie die Dammerde schwarzbraun gebrannt: — jedoch erstreckte sich diese Umänderung nur auf wenige Zolle Entfernung vom Blocke selbst; auf der einen Seite desselben fand sich eine kleine spaltenähnliche Oeffnung, die mehrere Fuſs niedersetzte, deren Wände ebenfalls umgewandelt. — Es läſst sich dies Phaenomen wohl nicht anders erklären, als daſs diese Umwandlung durch Blitz veranlaſst worden.

nachstehende Gebirgslagen, durch theilweise unterirdische Steinbrüche entblöfst worden:

1. Grobkörniger braunlichgrauer Oolit; fast jedes Korn umschliefst eine kleine einschaalige Muschel, meist Melanien und Paludinen; er ist von häufigen Klüften durchzogen, die mit Kalksinter und Kalkspathkrystallen bekleidet; Mächtigkeit. . . . . 5′
2. Feinkörniger gelblich und röthlichgrauer Oolit, die Conchylien Embryonen sind mit blofsem Auge kaum erkennbar. . . . . 2′
3. Feinkörniger röthlichgrauer Oolit, mit Melanien, Paludinen und *Erycina apellina*. . . 3′
4. Dichter splittriger bränlichgrauer Kalkstein, mit undeutlichen Conchylien. . . . . . 2′

Darunter liegt ein gelblichweifser sandiger Kalkmergel oder eigentlich Kalksand, dessen Mächtigkeit nicht bekannt.

Dieselben Lagerungsverhältnisse zeigen sich fortwährend im Thale der Studziennica unterhalb Muskotynce bis zur Kaskade, woselbst abermals der Tuffkalk in 40 Fufs hohen Felsen den Grünsand und Feuerstein bedeckt, (oder vielmehr demselben angelagert ist) über welche das in einem Teich gefafste Wasser herabstürzt und durch neue Niederschläge den Felsen vergröfsert. *) Bei der Muskotyncer Mühle endigt der Tuffkalk und hier beträgt die Mächtigkeit des Grünsandes 20′, des Feuersteins 22′, der tertiaeren Gebilde 23′.

Nach Demiankowice zu, nimmt die Höhe der Gehänge allmählig ab, so dafs der Grünsand, wie oben angeführt, ganz in der Thalsohle verschwindet und nur

*) Das von Natur schon so reizende Thal wird durch diese Kaskade, so wie durch einen Springbrunnen, aus welchem der Wasserstrahl grade da, wo der Wassersturz endigt, emporsteigt, und durch andere Gartenanlagen noch mehr verschönert.

Feuerstein und die tertiaeren Gebilde vorhanden, aber meist durch Dammerde bedeckt sind; in einer westlich unterhalb Demiankowice ablaufenden Seitenschlucht findet sich abermals am südlichen Gehänge Tuffkalk. — Die oberen, namentlich die oolitischen und mergelartigen tertiaeren Gebilde setzen noch etwa eine Meile im Thale aufwärts, über Gorczyce bis oberhalb Wiechrowka fort, und verlieren sich dann unter dem mächtigen gelben Letten und der schwarzen Dammerde.

2. Lagerungsverhältnisse der Gebirgsarten im Thale der Tarnawa.

Zwischen Stanislawowka und Adamowka in Nord West von Dunajowce zeigen sich, am linken Gehänge des flachen, mit schwarzer Moorerde erfüllten Thales der Tarnawa, unter der Dammerde, Schichten eines leichten weifsen Mergelkalks, meist in völlig aufgelöfstem Zustande; unter selbigem steht ein gelblichgrauer Kalkstein 2 Fufs mächtig an, welcher *Cerithium rubiginosum*, *Bulla terebellata*, verschiedene Melanien, worunter *Ropii*, *Erycina apellina* und kleine Pectunkeln, unter denen *Pectunculus nummiformis* zu bemerken, enthält. *) Dieser Kalkstein liegt auf einem röthlichgrauen und grünlichweifsen dichten merglichen festen Kalkstein von 3 Fufs Mächtigkeit, mit *Neritina picta*, Solarien und andern undeutlichen Conchylien; als Liegendes tritt ein gelblichweifser zersetzter Mergelkalk von unbekannter Mächtigkeit auf.

Bei Dunajowce zieht sich die Tarnawa in fast halbrunder Richtung um eine Anhöhe, auf welcher die Stadt liegt; am steilen nördlichen Abhange, in der Nähe

---

*) Diese Schicht gleicht der Schicht a der weifsen Schlucht zu Jackowiec.

des jüdischen Badehauses bemerkt man, in einem Wasserrifs, nachstehende Lagerungsfolge der Gebirgsarten.

1. Schwarze Dammerde. . . . . . . 7′
2. Schwarzer und rothbrauner Letten. . . . 2′
3. Gelblichweifser Kalkstein, aus mikroskopisch kleinen Muschelfragmenten zusammengesetzt, wodurch das Gestein ein körniges, sandsteinartiges Ansehen erhält; theilweise treten einzelne derselben deutlich, aber immer unbestimmbar vor; er bricht in 6″ bis 2′ starken Bänken, welche von Klüften, die sich einander fast rechtwinklich durchschneiden, durchsetzt sind. Frisch gebrochen läfst sich dieser Kalkstein mit dem Messer schaben, ja selbst mit der Säge leicht in Zoll starke Platten leicht zerschneiden und mit dem Hobel ganz glatt ebenen; durch Einwirkung der Atmosphäre aber erhärtet derselbe in wenig Tagen sehr bedeutend; seine Mächtigkeit beträgt 6 bis . . . . 10′
4. Verschieden gefärbte Thon und Lettenlagen, meist gelblichgrün und bränlichgelb, mit Mergelgehalt. 8 bis . . . . 10′
5. Weifser, sehr feinkörniger Quarzsand. . — 3″
6. Grünlichweifser Mergelletten. . . . 1′
7. Graulichweifser dichter Mergel in dünnen Bänken. . . . . 1′ 9″
8. Gelblichweifser, sehr mürber, ins feinkörnige übergehender, aus feinen Muschelfragmenten zusammengesetzter Mergelkalk, mit *Cytherea polita*, *Erycina apellina*, Pektunkeln, einigen Melanien und röhrenförmigen Versteinerungen. . . . . 1′ 6″
9. Grünlichweifser dichter Mergelkalk; einzelne Lagen sind grünlichweifs und fest,

wogegen die unteren Lagen oft zu einem weifsen Mergelthon aufgelöſst, der zum Weifsen der Häuser benutzt wird. Er führt häufige Conchylien, namentlich: *Trochus quadristriatus*, *Melania Ropli*, *Cardium lithopodolicum*, *Cytherea polita*, *Erycina apellina* und *Dentalites* *). . . . . . . 2′ 6″
Allem Anscheine folgt nun, aber schon unter der Thalsohle, der grobkörnige Oolit.

Am südlichen Gehänge der Stadt stellen sich dieselben Lagerungsverhältnisse etwas mehr entwickelt dar, indem nämlich über dem Kalkstein Nr. 3. abermals ein Schichtensystem von abwechselnden grauen, grünen, weifsen, gelben und braunen Mergellettenschichten, von zusammen 20 bis 30′ Mächtigkeit liegt; nach oben finden sich in demselben einzelne schwarze Lettenlagen ein, die sich theilweise verstärken, theilweise auch wieder ganz auskeilen. Die Schichten Nr. 3. bis Nr. 9. treten auch hier auf; unter der Mergelbank N. 9. liegt noch eine Schicht von 2 Fufs Stärke, ähnlich dem Mergelkalk Nr. 8., nur ist das Gestein fester; übrigens aber, so wie jenes, aus Conchylienfragmenten zusammengesetzt, worin dieselben Versteinerungen bemerkt wurden. — Unter selbigem kommt nun der grobkörnige, meist bräunlichgraue, jedoch auch gelblichrothe, gelblichgraue und gräulichweifse bis schwärzlichgraue Oolit mit einer Mächtigkeit von 18 bis 20 Fufs, in Zoll bis 6 Fufs starken Bänken vor. Die der Einwirkung der äufsern Atmosphäre ausgesetzten Felsenwände besitzen

*) Dieses Gestein correspondirt den Schichten γ und δ der weifsen Schlucht zu Jackowiec, so wie überhaupt den an andern Orten bemerkten Kalksteinen und Mergeln, welche sich durch häufige Cardienführung charakterisiren und stets über dem Oolit vorkommen.

eine groſse Festigkeit, und selbst die einzelnen Bänke sind fest mit einander verbunden, so daſs ihre Gewinnung nur mittelst Sprengarbeit erfolgen kann, wogegen weiter im Innern das Gestein von geringerem Zusammenhalt und die Bänke sich leicht von einander ablösen. — Klüfte die einander in einer mehr oder weniger rechtwinklichen Richtung durchschneiden, durchsetzen den Oolit *) in seiner ganzen Mächtigkeit. Die oolitischen Körner sind theils vollkommen rund, theils länglich, dem ovalen sich nähernd, oder auch nur rundlich, und enthalten im Innern mikroskopisch kleine Melanien und Paludinen; theilweise bestehen die Körner aus

*) Dieser Oolit wird als Baustein benutzt und zwar erfolgt die Gewinnung desselben, namentlich am südlichen Abhange von Dunajowce, während der Wintermonate, unterirdisch. Zwischen zwei Hauptklüften, welche gewöhnlich ein bis drei Lachter von einander entfernt, wird in den untern milden Lagen ein Schram von 1½ bis 1 Lachter Teufe geführt und sodann die einzelnen Bänke firstenweise mittelst eingetriebener Keile und mit Brechstangen gewonnen. Hat nun ein solches Ort 3 bis 4 Lachter Länge erreicht, so wird seitwärts auf dieselbe Weise eingebrochen und mit einem zweiten, von Tage eingetriebenen Ort in Verbindung gesetzt, so daſs die zwischen den Klüften befindlichen Pfeiler als Unterstützung stehen bleiben. Das unmittelbare Hangende besteht hier aus einem sehr festen gelben Letten mit Kalksteinstücken, welcher längere Zeit, ohne Brüche zu verursachen, steht; nach Verlauf einiger Jahre bricht jedoch derselbe in die ausgehauenen Räume zusammen, worauf die einzelnen stehen gebliebenen Pfeiler noch nachträglich gewonnen werden. Da aber das Deckengebirge gegenwärtig schon mehrere Lachter stark, die Abräumung um die Pfeiler viel Unkosten verursacht, auch immer ein groſser Theil derselben verloren geht; so sollten die oberen Bänke nicht angegriffen, auf zweckmäſsige Stehenlassung von Sicherungspfeilern sorgsame Rücksicht genommen, und der Bau ganz unterirdisch fortgeführt werden.

dichtem braunem Kalkstein; außerdem finden sich beigemengt undeutliche Trochus und sehr häufige *Erycina apellina.* Namentlich kommen letztere in den unteren Lagen außerordentlich häufig in Begleitung von *Cardium lithopodolicum* und *Melania Ropii* vor; diese Lagen sind 3 bis 6 Zoll stark, besitzen schwärzlich- und röthlich-braune Farbe und werden durch eine schwarzbraune etwas thonige fette Erde von einander getrennt. Im Liegenden tritt dann weißer Kalksand, oder vielmehr ein aufgelößter Oolit auf.

In der unterhalb Dunajowce nach Mohilowki abziehenden Schlucht erscheint der oolitische Kalkstein, unterhalb des Kirchhofes, in einzelnen Felsenwänden in Bänken von 3 bis 5 Fuß Mächtigkeit; einzelne Bänke enthalten einen mehr dichten gelblichgrauen Kalkstein, mit häufigen Melanien und Erycinen. Am nördlichen Gehänge soll unter dem daselbst befindlichen gelben Letten, in welchem große Blöcke und Felsenwände des oolitischen Kalksteins liegen, ein weißer Kalksand vorkommen, der mit dem im Liegenden des Dunajowcer Oolites übereinstimmen wird; die im Letten liegenden Felsenblöcke selbst, dürften nur von den höher vorkommenden Kalksteinbänken losgerissen sein.

Auch an der Straße, kurz vor Szczeczynce, steht ein weißer sandiger Kalkmergel an, unter welchem wieder ein gelber sehr sandiger Mergelkalkstein mit Quarzbrocken, in 2 bis 3 Fuß mächtigen Bänken liegt, der häufige Cerithien, worunter *rubiginosum*, *Trochus turgidulus*, Melanien, *Erycina apellina* und Pectunkeln, enthält; aus demselben entspringen mehrere Quellen.

Am Gehänge in Süden von Szczeczynce, woselbst ebenfalls, jedoch unbedeutende unterirdische Steinbrüche im Betriebe, liegt unter der schwarzen Damerde:

1. ein gelblichgrauer oolitischer Kalkstein, mit einzelnen Brocken eines graulichschwarzen bitumi-

nösen dichten Kalksteins; er ist in Bänken von ein bis 3 Fuſs Stärke deutlich geschichtet. In den zahlreichen Klüften findet sich theils zelliger Kalkstein, dessen Zellen mit einem bituminösen, schwarzbraunen, zähen Thon angefüllt, theils stänglicher und fasriger Kalksinter, so wie auch Kalkspathdrusen. Er führt Cerithien, Melanien, *Bulla terebellata*, *Erycina apellina* und andere undeutliche Conchylien; seine Mächtigkeit beträgt. . . . . 6′

2. Weiſser fast erdiger Mergelkalkstein, mit Cerithien und undeutlichen Conchylien. 1′ 6″
3. Gelblichweiſser sehr milder Kalkstein, mit vielen Melanien, *Erycina apellina* und andern undeutlichen Conchylien. . . . . . 1′ 3″
4. Graulich und gelblichweiſser fester dichter Kalkstein, mit weiſsen Parthien; auf den Klüften desselben kommt ein röthlichgrauer bis röthlichschwarzer, dichter, etwas bituminöser Kalkstein vor, analog dem S. 332 und 338 erwähnten Gestein, das beim Reiben Schwefelgeruch von sich giebt; derselbe enthält *Trochus turgidulus*, *Melania Ropii*, *Erycina apellina* und andere undeutliche Conchylien. . . . . 1′ 9″
5. Sehr feinkörniger, gelblichgrauer Oolit mit Cerithien, *Neritina picta*, Melanien und *Erycina apellina*. . . . . 3′ 6″

Darunter folgt der gelblichweiſse oolitische Kalksand.

In der aus dem Hauptthale vom Szczeezincer Mühlenteich westlich abziehenden Seitenschlucht, kommt bei der Brücke ein feinkörniger Oolit vor; auf selbigem liegt ein sehr fester, röthlich weiſser, dichter, ins oolitische übergehender Kalkstein mit Cerithien und *Erycina apellina*; höher folgt der grobkörnige Oolit.

Oberhalb der Panasowker Mühle befinden sich am rechten Thalgehänge Steinbrüche auf Oolit, der die gröfste Mannigfaltigkeit hinsichtlich der Gröfse des Korns und der Farbe besitzt, häufig mit einem festen, dichten, splittrigen, gelblich und röthlichgrauen, so wie mit gelblichweifsem dichtem fast erdigem mildem Kalkstein wechselt, oder auch nach und nach in diese Gesteine übergeht; andere Lagen sind porös und von röthlichgrauer Farbe. Die specielle Lagerungsfolge der einzelnen Schichten liefs sich hier nicht ermitteln, weil die Brüche selbst verschüttet, und die Abhänge mit Letten und Gerölle bedeckt sind. Die vorkommenden Conchylien sind Cerithien, Melanien, *Mytilus plebejus*, *Erycina apellina* und andere undeutliche.

In einem Wasserrifs, ohnweit der genannten Mühle, tritt nun im Thale der Tarnawa der Feuerstein zuerst auf, von einer 6 Zoll bis Fufs starken Schicht braunem, sandigem, schiefrigem Letten bedeckt, über welchem ein fester dichter bräunlichgrauer Kalkstein mit verschiedenen undeutlichen Conchylien liegt, dem höher der oben angeführte Oolit folgt; doch sind die Zwischenschichten verdeckt.

Von Panasowki über Worobiowki bis Krzywczyk ist nichts besonderes zu bemerken; eben so wie im Thale der Studziennica zeigt sich über der Thalsohle der grüne Sand mit Hornsteinlagen, theilweise, wie bei Krzywczyk, nach oben weifsen Mergel in dünnen Lagen und Adern enthaltend; — hierauf folgen der Feuerstein und die tertiaeren Gebilde.

Unterhalb Krzywczyk erscheint wieder am rechten Thalgehänge Tuffkalk in senkrechten Felsenwänden, über welchen das Wasser Kaskaden formirend herabstürzt. Der Tuffkalk zeigt die mannigfaltigste Struktur; es haben sich bei Niederschlagung desselben Höhlen und Grotten von mehreren Lachtern Länge gebildet, die theilweise wieder mit Kalksinter angefüllt worden. Die Bildung dieser Höhlen ist sehr einfach; das Wasser setzt seine Kalktheile an die Grashalme und Wurzeln, welche über den schon gebildeten Felsenrissen herabhängen, und stürzt dann in einem mehr oder weniger grofsen Bogen herab; die durch die incrustirten Vegetabilien gebildeten Zapfen und Röhren nehmen an Gröfse allmählig zu, bis sie einen hervorspringenden Theil der unteren Felsen erreichen, und so ist die Höhle oder Grotte gebildet, welche dann durch das einsickernde Wasser noch mehr verdichtet wird.

Weiter abwärts, nach den Michalowker und Suprankowicer Mühlen zu, sind die Abhänge mit Wald bewachsen und nur selten zeigt sich die obere Gruppe des tertiären Gebildes in Felsenwänden am oberen Rande der Thalgehänge. — Nach Kitaygrod zu, tritt nun unter dem Grünsand abermals der weifse Kieselsandstein auf, welcher hier unmittelbar auf grauem Uebergangskalkstein ruht. — In Westen von Kitaygrod befinden sich, auf der Anhöhe des steilen Gehänges, Steinbrüche zur Gewinnung eines eigenthümlichen Kalksteins; derselbe ist im frischen Zustande milde, von gelblich und grünlichweifser Farbe, wird aber durch Einwirkung der Atmosphäre nicht nur ganz weifs, sondern erhält auch einen bedeutenden Grad von Festigkeit; er besteht aus lauter mikroskopisch kleinen Lamellen von Muschelfragmenten, braufst stark mit Säuren, und obwohl sandig anzufühlen hinterläfst derselbe in Säuren aufgelöfst, nicht den geringsten Rückstand. — Es ist dies dasselbe Gestein, was am nördlichen Abhange von Dunajowce vorkommt; ob aber nicht auch der von Herrn du Bois *) angeführte kalkige Sand-

*) *Conchiologie fossile et aperçu géognostique des formations du Plateau Wolhyni-Podolien; par du Bois de Montpéreux. Berlin* 1831. *pag.* 14.

stein von Makow identisch mit diesem Kitaygroder Kalkstein sein dürfte, wage ich nicht zu entscheiden, weil ich dies Vorkommen nicht selbst sah; jedoch läfst sich dies vermuthen.

Die zwei bis 3 Fufs starken Bänke dieses Gesteins sind durch Klüfte in längliche, mehr oder weniger rechtwinkliche Quadern zertheilt; sie werden ohne grofse Mühe mit Brechstangen und Hebebäumen abgelöfst, und dann zu verschiedenen Hausteinen, als: Fenster- und Thür-Rähmen, Grabsteinen, Kreuzen, selbst Statuen u. s. w. verarbeitet. Die Mächtigkeit des zu Steinmetzerarbeiten tauglichen Kalksteins beträgt 5 bis 8 Fufs. Ueber demselben liegt ein conglomeratartiger Kalkstein aus groben Muschelfragmenten, meist zerbrochenen Austerschaalen, und eckigen Kalksteinkörnern bestehend, die durch ein kalkiges Bindemittel mit einander verbunden sind. Diese 3 bis 6 Fufs mächtige Bank wird nicht benutzt und Dzik (Wildes Gestein) genannt; höher folgen weifse und graue Mergel und Lettenschichten. Das Liegende ist ein gelblichweifser Kalkmergel mit einer Anzahl zerbrochener Austerschaalen. — Tiefer unten scheinen diese Kalksteine sich zu wiederholen, indem an 2 Orten früher Hausteine, aber von geringerer Güte gebrochen wurden.

Ueber der Thalsohle selbst erhebt sich der graue dichte Kalkstein in Bänken geschichtet, bis zu einer Höhe von 60 bis 70 Fufs.

Kitaygrod selbst liegt in dem Winkel, welchen die Tarnawa mit dem von Pieczary kommenden Bache bildet, theils auf den grauen Kalksteinfelsen, theils auf den oberen tertiaeren Mergellagen, welche in den Wasserrissen am Wege nach Pieczary und Wychwadniow entblöfst sind und mit den oberen Dunajowcer Schichten übereinstimmen.

Bei Pieczary, in Osten von Kitaygrod, entspringt eine sehr starke Quelle aus einer Felsengrotte; das Gestein derselben ist ein poröser, gelblich und graulichweifser, theils merglicher, theils etwas sandiger Kalkstein, mit schwarzen Feuersteinbrocken. Es führt namentlich sehr schön erhaltene Pecten malvinae, du Bois, so wie auch undeutliche *Trochus patulus*, verschiedene Pecten, Pectunkeln und andere undeutliche Conchylien darin vorkommen; es bricht in Fufs bis 3 Fufs mächtigen, mit Klüften stark durchsetzten Bänken.

Weiter unterhalb in der engen Schlucht zeigt sich der Grünsand mit wenigen Hornsteinlagen von etwa 40 Fufs Mächtigkeit; in den untern Lagen findet sich *Gryphaea columba Knorr.* sehr schön erhalten in grofser Menge. Unter demselben liegt der weifse Kieselsandstein, dessen obern 7 Fufs mächtige Lage theilweise durch Eisenoxyd rothbraun gefärbt, darunter folgt eine 3 bis 6 zöllige schwarze Feuersteinlage, dann 3′ Sandstein, meist gelblichbraun gefärbt, und eine zweite ein bis zweizöllige Feuersteinlage, unter welcher wieder etwa 10 Fufs weifser Kieselsandstein; so dafs die gesammte Mächtigkeit dieses Gebildes hier 20 bis 24 Fufs beträgt.

Das unmittelbare Liegende desselben ist ein Kalkstein von röthlichgrauer und graulich schwarzer Farbe, dicht, theils mit muschlig splittrigem, theils mit unebenem Bruch, und enthält in letzterm Falle gewöhnlich einzelne röthlichgrau gefärbte Kalkspathparthien, wodurch das Gestein ein glänzendes dolomitisches Ansehn erhält; zuweilen kommt auf den Kluftflächen, so wie auch eingesprengt, Schwefelkies in Würfeln oder auch in rundlichen Parthien vor. Er ist deutlich, fast horizontal mit geringer hor. 7 gegen West geneigter Richtung, in Zoll bis mehrere Fufs starken Bänken deutlich geschichtet und von Klüften, in theils mit dem

Streichen und Fallen paralleler, theils auch fast diagonaler Richtung durchsetzt, wodurch grofse Tafeln von theils oblonger, theils quadratischer Form von verschiedener Stärke gebildet werden. In der Nähe der Kitaygroder Brennerei finden sich dünne Kalkschiefer so wie Thonschieferschichten ein, welche die einzelnen Kalksteinbänke von einander trennen. Die Thonschieferschichten, von meist grünlich grauer Farbe, nehmen an Anzahl mit zunehmender Teufe gleichfalls zu, sind aber stets von geringer Mächtigkeit, so dafs sie dem Kalkstein nur untergeordnet erscheinen.

An Conchylien wurden im Kalksteine aufgefunden, schöne Spirifer und Productus häufig, seltener Orthoceratiten und *Tentaculites annulatus* so wie ein Asaphus.

Zwischen Kitaygrod und Marianowki setzt der graue Kalkstein mit seinen Thonschieferschichten, an den Gehängen des Tarnawa Thales 60 bis 70 Fufs hohe steile Felsenwände bildend, stets fort, in denen die festeren Kalksteinbänke deutlich hervortreten. Die unmittelbar den Kalkstein bedeckenden Schichten des weifsen Kieselsandsteins und des Grünsandes treten hier selten entblöfst auf, und sind gewöhnlich mit Wald und Strauchwerk bewachsen; eben so auch die unteren Lagen der Tertiaer Formation, wogegen die höheren Straten derselben am obern Rande der Abhänge in 20 bis 30 Fufs mächtigen senkrechten Felsenwänden häufig vorkommen; vorzüglich ist dies der Fall an den rechten oder westlichen Gehängen.

Unterhalb Marianowka, ohnweit des Einflusses der Tarnawa in den Dniester, stellt sich an den steilen Gehängen des Dniesterthales nachstehendes Schichtenprofil dar.

1. Der graue Kalkstein, mit Thon- und Kalkschiefern etwa . . . . 70 bis 80′
2. Weifser Kieselsandstein. . . . . . 15′
3. Grünsand mit Hornsteinlagen; das unterste Glied ist eine 15 bis 24 Zoll starke Lage eines Hornsteins, der in Feuerstein, Chalzedon und Karniol übergeht, mit einer Menge *Gryphaea columba*. (Diese Bank wird gebrochen und zu Mühlsteinen von vorzüglicher Güte verarbeitet). . . . . 26′
4. Feuerstein, etwa . . . . 22′
5. Tertiaerer Kalkstein, zusammen etwa. . . 43′

186′

und zwar bestehen diese tertiaeren Schichten aus

a. Conglomerat von Muschelfragmenten, meist Austerschaalen und Zoophyten. . . 3′ 6″
b. Porösem sandigem bränlichgelbem Mergelkalk mit Austerschaalen. . . . . 2′
c. Porösem gelblichweifsem Kalkstein mit vielen grofsen Pectunkeln (wahrscheinlich *pulvinatus*) so wie *Trochus patulus*. . . 1′ 6″
d. Conglomerat von Muschelfragmenten, wie a, nur sind die Fragmente kleiner und mehr abgerundet. . . . . 6′
e. Dem oberen dichten festen Felsenkalk etwa. 30′

Nach Demszyn zu steigt das Terrain noch mehr an, so dafs die Schichtensysteme des Grünsandes und der Tertiaer Formation mehr Mächtigkeit erlangen, wie dies an den steilen felsigen Gehängen des Dniesterthales, so wie namentlich in der unterhalb des Dorfes befindlichen Schlucht, zu beobachten.

In der Nähe des Lusthauses Zalescie bei Demszyn, auf der Höhe des mit Weinstöcken bepflanzten Dniestergehänges, kommt derselbe Kalkstein wie in Westen von Kitaygrod vor. Er bricht hier von gelblich weifser Farbe, aber von feinerem Korn als am genannten Orte, und enthält bisweilen kleine deutliche Muschelfragmente. Klüfte durchsetzen und theilen denselben gleichfalls in mehr oder weniger regelmäfsige Quadern, weshalb derselbe auch Ciosowe Kamien (Quaderstein) genannt wird; seine Mächtigkeit beträgt 8 bis 10 Fufs. Unter demselben liegt ein merglicher Kalkstein, über demselben folgt:

1. Ein Conglomerat von Muschelfragmenten, meist Austerschaalen, die durch kalkiges Cement mit einander verbunden sind (der Dzik) . . . . . 4′
2. Brauner Talk . . . . — 1″
3. Grüner Talk . . . . — 3″
4. Röthlich grauer dichter fester Kalkstein . — 4″
5. Gelblich grauer milder Mergel mit *Erycina apellina* und andern undeutlichen Conchylien . . . . 2′
6. Milder, leicht zerfallender weifser Mergelkalk, in dünnen Lagen mit *Cardium lithopodolicum*, *Erycina apellina* und *Cytherea polita* . . . . 7′

Höher der dichte Felsenkalk.

Am unteren Ende der oben erwähnten Schlucht, unterhalb Demszyn, steigt der graue dichte Kalkstein mit seinen Thon- und Kalkschiefern terassenförmig, in wenig Zoll bis 10 Fufs hohen senkrechten Absätzen, mehrere Kaskaden bildend, bis zu einer Höhe von . . . . 80—100′
über dem Dniesterthale, und besitzt ganz dieselben Strukturverhältnisse wie zwischen Kitaygrod und Pieczary. Auf dem linken oder östlichen Schluchtgehänge kommt Tuffkalk vor; es ist jedoch zweifelhaft, ob derselbe am Orte seiner Entstehung sich befindet, oder nicht

Latus . . . 80—100′

Transport . . 80—100′

vielleicht durch die Gewalt des Wassers aus dem obern Theile der Schlucht, woselbst der Tuffkalk in mächtigen Felsen ansteht, hieher versetzt worden ist. — Dem grauen Kalkstein folgt:

1. Weifser Kieselsandstein mit einer Mächtigkeit von etwa . . . . 20′

2. Der grüne Sand mit Hornsteinlagen. Die unteren, etwa 15 Fufs mächtigen Straten sind mit *Gryphaea columba* erfüllt; der Sand besitzt zuweilen eine rothbraune Farbe, so wie auch das Innere der Gryphäen theilweise mit braunem Eisenocker ausgefüllt ist; die oberen etwa 40 Fufs mächtigen Schichten bestehen vorzugsweise aus grünem losem Sande, dem 5 bis 6 Hornsteinlagen von mehreren Zoll bis Fufs Stärke untergeordnet sind. — In einzelnen Schichten des Grünsandes finden sich etwas gröfsere Quarzkörner von rother, grüner, gelber und weifser Farbe, oft ganz durchsichtig und wasserhell, so wie kleine schwarze und grüne Körner; höchst selten erhält der Grünsand durch etwas thoniges Bindemittel geringe Consistenz. . . 55′

Ueber demselben liegt

3. Der meist schwarze Feuerstein, wie gewöhnlich in Blöcken von verschiedener Gröfse, zwischen denen sich wenig gelber merglicher Letten befindet, mit einer Mächtigkeit von etwa . . . . 20—25′

200′

Dem Feuerstein folgt das tertiäre Gebilde und zwar:

1. Bläulich grauer, dichter, theilweise poröser Kalkstein, mit vielen Cerithien, *Trochus turgidulus*, *Venus senilis Brocc.* und andern Conchylien . 3′

Latus . . . 3′

Transport . . 3′

2. Gelblich weifser und gelblich grauer, dichter, poröser ins oolitische übergehender Kalkstein, meist aus zerriebenen Muschelfragmenten zusammengesetzt, in Bänken von Fufs bis 3 Fufs Stärke . . . . 8′

3. Bläulich grauer, fester, dichter, theilweise poröser Kalkstein, mit unebenem Bruch und undeutlichen Muschelfragmenten . . . . 4′

4. Mürber weifser und gelblich weifser Mergelkalkstein, durch Eisenoxyd häufig gelblich braun gefärbt, sehr dünnschiefrig geschichtet, leicht zerfallend, einzelne festere Lagen umschliefsend, welche dem Kitaygroder und Zalescier Quaderkalkstein vollkommen gleich sind, etwa . . . . 35′

5. Gelblich grauer und gelblich weifser dichter fester Mergelkalkstein, etwas porös, mit *Pecten malvinae du Bois* . . . . 2′

6. Grünlich gelber Talk, oder Walkererde, mit Kalkmergelstücken . . . . 2′

7. Weifser Mergelkalk . . . . 2′

8. Grünlich gelbe Walkererde, mit gelbem Letten und weifsem Thon . . . . 2′

9. Weifser dichter Mergelkalk . . . . 3′

10. Gelblich grauer Letten, mit Walkererde, eine zollstarke Lage weifsen körnigen Alabaster, so wie Nieren eines röthlich weifsen und braunen Kalkeisensteins umschliefsend . . . . . 2′

11. Gelblich grauer und gelblich weifser Mergel . 10′

I. Höher hinauf folgt fester dichter, gelblich grauer, bräunlich grauer und graulich weifser, theilweise poröser Kalkstein, ausgezeichnet durch seine stete Felsenbildung; so namentlich tritt derselbe an der Latna . . . . . 73′

Transport . . . 73'

Slobodzer Territorialgrenze am Dniestergehänge, den Felsen Holda bildend, mit etwa . . . . . . 30 + 47' Mächtigkeit auf, — *Turbo obtusus, Mytilus plebejus, Cardium lithopodolicum,* Zoophyten, Serpulen, deren Röhrchen in allen möglichen Richtungen das Gestein durchziehen, und andere thierische Ueberreste enthaltend.

Die gesammte Mächtigkeit des tertiären Gebildes am Dniester, in der Gegend von Demszyn, beträgt demnach . . . . 120'.

Da wo die oben angeführte Schlucht kurz vor dem Dorfe sich theilt, steht der Tuffkalk in Felsen an, welche aber hier, wahrscheinlich durch Einwirkung der Wasser, zum Theil abgerissen und in grofsen Felsenblöcken, die Thalsohle bedecken.

3. Lagerungs-Verhältnisse der Gebirgsschichten im Uszica-Thale bei Maliowce und Mrozow.

Thonschiefer von grünen und grauen Farben in verschiedenen Nüancen, sehr dünnschiefrig geschichtet und stark zerklüftet, tritt an den Gehängen des Uszica-Thales unterhalb Maliowce und Mrozow 20 bis 40 Fufs mächtig, über der Thalsohle auf. Höchst merkwürdig sind die in selbigem vorkommenden fast kugelrunden Sphärosideritkugeln von der Gröfse einer Flintenkugel bis zu einem Fufs Durchmesser; nur da, wo die Kugeln aufliegen, bemerkt man eine kleine Fläche. Dieselben finden sich sehr häufig, aber ohne alle Ordnung, in dem Thonschiefer zerstreut, und bestehen aus graulich weifsem, röthlich bis schwärzlich grauem Sphärosiderit, mit ausgezeichnet strahlenförmiger Structur, so dafs die Kugeln beim Zerschlagen theils Halbkugeln, theils keilförmige Kugelsegmente bilden; der innere Kern besteht meist aus schwärzlich braunem Spatheisenstein, zuweilen mit rothem Eisenocker beschlagen, oder auch aus stark glänzendem graulich und röthlich weifsem Kalkspath. Von Kalksteinlagen ist im Thonschiefer keine Spur zu bemerken.

Ueber dem Thonschiefer liegt der gewöhnliche Grünsand mit Hornsteinlagen 10 bis 20 Fufs mächtig, sodann ein 15 bis 20 Fufs starkes Stratum Feuerstein; hierauf folgt eine 2 bis 8 Fufs mächtige Schicht bläulich, grünlich und gelblich grauen, theilweise etwas merglichen Töpferthons; sodann ein sandiger merglicher Kalkstein mit 5 Fufs Mächtigkeit, und auf diesem ein sehr ausgezeichneter fein- und fast gleichkörniger Oolit, eine Menge Cerithien, Melanien, Cardien, Mytilus und andere Conchylien führend. — Seine Mächtigkeit beträgt 20 bis 40 Fufs, und zwar ist derselbe in Bänken von mehreren Zoll bis 6 Fufs Stärke geschichtet, so wie ebenfalls von häufigen Klüften durchsetzt; er läfst sich sehr leicht zu allerhand Steinmetzarbeiten verarbeiten, — so ist unter andern das schöne Schlofs des Grafen Orlowski ganz aus diesem Oolit aufgeführt.

Diese Oolitbänke bekränzen die Gehänge der Thäler in Felsenmauern, so namentlich bei Mrozow, wo diese Felsen auf eine bedeutende Erstreckung, zum Theil in den mannigfaltigsten Formen auftreten; die Bänke einzelner dieser Felsen stehen fast senkrecht, was aber nur dadurch entstanden, dafs dieselben aus ihrer frühern horizontalen Lage durch grofse Gewalt abgerissen und umgestürzt sind.

Eine Menge wasserreicher Quellen entspringen aus den untern Lagen des Oolits und setzen wie gewöhnlich Tuffkalk ab, der sowohl in dem romantischen Thale bei Maliowce, als auch in dem Thale bei Mrozow, in steilen Felsenriffen, mit Grotten an den Thalgehängen, vorkommt.

Ueber dem Oolit lagert ein gelblich weifser und weifser, dichter, kreideartiger Mergel, sehr dünnschiefrig geschichtet, dessen Mächtigkeit unbekannt; derselbe löst sich theilweise durch Einwirkung der Atmosphäre zu einem weifsem merglichem Letten auf.

Rückblick.

Als unterstes Glied der Gebirgsbildungen in dem untersuchten Theil Podoliens erscheint der dünnschiefrige, mannigfaltig, aber doch meist grünlich und grau gefärbte Thonschiefer, der einerseits in Grauwackenschiefer, andrerseits in Kalkschiefer übergeht, so wie in den oberen Straten einzelne untergeordnete, meist thonige dunkelgraue Kalksteinschichten auftreten. Herr du Bois führt den Thonschiefer und Grauwacke nur an den Ufern des Dniesters bei Mohilew, so wie bei Ladawa, Kurilowce und Werbowcze an *); er kommt aber ebenfalls bei Lentinowce, so wie im Thale der Uszica bis in die Gegend von Maliowce, im Studziennica-Thale von Studziennica bis Raczynce vor. Den Thonschiefer überlagert ein dichter dunkelgrauer oder auch röthlich grauer Kalkstein, der in 80 bis 100 Fufs mächtigen Felsenwänden an den steilen Gehängen des Dniesterthales, von Kalusz über Uszica, Studzienica, Kitaygrod, bis zum Vereinigungspunkte des Zbrucz mit dem Dniester, so wie auch weiter aufwärts in Gallizien **) und in den nördlich auslaufenden Nebenthälern der Studzienica ***), der Tarnawa, Moksza, Smotricz, Zwanczyk

*) du Bois *loco citato pag.* 6 *et* 7.

**) Pusch in Karsten's Archiv, neue Folge Bd. I. Heft 1. pag. 54.

***) du Bois *loco citato pag.* 7. Auf der dem Werke beigefügten Karte ist die Verbreitung dieses Kalksteins im Thale und des Zbrucz u. s. w. angetroffen wird. An Versteinerungen führt dieser Kalkstein die dem Uebergangsgebirge eigenthümlichen Productus- und Spirifer-Arten, Orthoceratiten, Tentaculites annulatus und andere undeutliche Conchylien.

Wo dieser Uebergangskalkstein fehlt, tritt theilweise über dem Grauwackenschiefer ein grauwackenartiger, theils fein-, theils grobkörniger, meist grünlich und gelblich, aber auch — wie oberhalb der Nefedowicer Mühle — röthlich gefärbter Sandstein mit einer geringen Mächtigkeit von 4 bis 10 Fuſs auf, der, wie die in ihm vorkommenden Conchylien (Productus, Atripa, Trilobites, Cyrrus und Zoophyten), so wie sein genaues Anschlieſsen an die Grauwacken- und Thon-Schieferschichten bezeugen, nur als ein zum Uebergangsgebirge gehöriges Gestein angesehen werden kann. Hieher ist nach allem Anschein auch der vom Hrn. Bergrath Pusch*) angeführte schiefrige rothe und glimmerreiche Sandstein zu rechnen, welchen derselbe mit dem englischen Old red sandstone vergleicht; so wie der feinkörnige gelbe Sandstein, den Hr. Eichwald**) als bunten Sandstein anzusprechen geneigt ist.

Diese sämmtlichen Uebergangsgebilde sind fast horizontal, mit einer sehr geringen westlichen Neigung in hor. 7 deutlich geschichtet, stark von Klüften, die mit

---

der Studzienica bis in die Nähe von Demiankowice angegeben, obgleich derselbe nur in geringen Massen bis in die Gegend der Wychwadniower Mühle sich erstreckt; höher hinauf treten, wie zu Jackowiec, nur ganz schwache untergeordnete Kalkstraten im Grauwackenschiefer auf. Eben so reicht der Uebergangskalkstein im Thale der Tarnawa nicht bis Dunajowce, sondern nur bis in die Gegend oberhalb Kitaygrod.

*) Karsten's Archiv Bd. I. Heft 1. Seite 54.

**) Karsten's Archiv Bd. II. Heft 1. Seite 116.

dem Streichen und Fallen parallel oder auch mehr und weniger diagonal, durchsetzt, und scheinen, aufser den Sphärosideritkugeln im Thonschiefer des obern Uszica-Thales und dem Schwefelkiese im Kalkstein bei Kitaygrod, ganz arm an fremdartigen nutzbaren Lagerstätten zu sein; von Gängen wurde ebenfalls keine Spur bemerkt. — Sowohl der Kalkstein, als auch der Thon- und Grauwacken-Schiefer Podoliens zeigen, in oryctognostischer und petrefactologischer Hinsicht, sehr viel Uebereinstimmendes mit dem etwa 60 Meilen weiter nordwestlich auftretenden Uebergangsgebilde der Sandomierer Gegend; nur dafs hier der Grauwackensandstein deutlicher entwickelt, Quarzfels in mächtigen Bergzügen zugleich auftritt, die Lagerung der Schichten nicht horizontal, sondern dem Senkrechten mehr oder weniger genähert, — was wohl aber offenbar durch Erhebung der Gebirgszüge entstanden ist; — wogegen in Podolien das Uebergangsgebirge mit dem unterliegenden Granit noch in seiner ursprünglichen Lagerung angetroffen wird.

An mehreren Punkten, namentlich im Thale der Studzienica bei Jackowiec, und im Thale der Tarnawa bei Kitaygrod, folgt dem Uebergangsgebirge in gleichmäfsiger Lagerung ein weifser, feinkörniger, ins dichte übergehender Kieselsandstein, besonders characterisirt durch seine Leichtigkeit, welcher theilweise in schwarzen Feuerstein übergeht, so wie auch selbst letzterer in einzelnen wenig mächtigen Lagen im Sandstein vorkommt. Derselbe führt auf Klüften, so wie auch in dünnen, nicht weit aushaltenden Schichten, ein gelblich braunes bis graulich schwarzes talkiges Fossil; an Versteinerungen ist dies Gestein arm, doch wurden sehr schöne *Gryphaea auricularis*, so wie undeutliche Venus- und Venericardien-Arten bei Jackowiec aufgefunden. — Auf diesem Kieselsandstein, der eine Mächtigkeit von 10 bis

26 Fuſs erreicht, oder wo derselbe fehlt, unmittelbar auf dem Uebergangsgebilde, liegt ein Schichtensystem von abwechselnden Straten eines Grünsandes, der theilweise in einen milden Sandstein übergeht, und eines meist grau gefärbten Hornsteins, der theils in Feuerstein, theils in Sandstein, theils in ein feinkörniges Conglomerat übergeht. Grünsand ist aber stets vorwaltend und besonders characterisirt durch die in selbigem vorkommenden kleinen grünen und schwarzen Körner. Die oberen Lagen, von ausgezeichnet pistaziengrüner Farbe, nehmen Thontheile auf und sind dann häufig eisenschüssig, so wie sich auch selbst rothbrauner, meist sandiger Thoneisenstein in dünnen Lagen oder nesterweise ausscheidet. — Namentlich die untern Schichten enthalten, wie z. B. am Dniestergehänge zwischen Marianowka und Demszyn, eine groſse Anzahl der *Gryphaea columba*, welche zum Theil durch eine hornstein-, chalzedon- und karneolartige Kieselsubstanz zu einem schönen Muschel-Conglomerate verbunden sind; auſserdem kommen, wiewohl selten, *Gryphaea auricularis*, so wie sehr häufige zoophytenartige Hornstein-Concretionen vor. Die Mächtigkeit dieser Gebirgsbildung beträgt 60 bis 70 Fuſs.

Feuerstein, in einzelnen mehr oder weniger scharfkantigen Stücken und Felsblöcken dicht an einander gefügt, oder doch nur durch wenig meist gelblichen mergeligen Letten oder auch weiſsen Thon von einander getrennt, überlagert an allen Punkten die Gruppe des Grünsandes mit einer Mächtigkeit von 20 bis 80 Fuſs; von Versteinerungen wurde in den untersuchten Gegenden nichts angetroffen.

Die im Vorstehenden angeführten Gebirgsbildungen sind die einzigen Glieder der Flötzzeit, welche in dem untersuchten Bezirk auftreten, und dürfte der weiſse Kieselsandstein, nebst dem denselben bedeckenden mächtigen Grünsand- und Sandstein-Gebilde, mit seinen untergeordneten Hornsteinlagern, der Green-Sand-Formation (namentlich dem Inferior Green-Sand Englands) entsprechen. Das untere Glied, der weifse Kieselsandstein, ist weder von Herrn du Bois, noch von Herrn Eichwald bemerkt worden, so wie auch nur ersterer des Grünsandes mit Gryphyten am Ufer des Dniesters bei Demszyn (loco cit. pag. 9) erwähnt, obgleich dies Gebilde an den Abhängen der Thäler der Tarnawa, Studzienica und Uszyca sehr allgemein verbreitet und deutlich auftritt. — Das den Grünsand bedeckende mächtige Feuersteinstratum repräsentirt allem Anschein nach die fehlende Kreide *), welche an andern Punkten Podoliens und Wolhyniens nach Herrn du Bois und Herrn Eichwald so allgemein und characteristisch vorkommt. — Aufserdem beschreibt letzterer **) als Flötzgebilde einen versteinerungsleeren Kalkstein bei Satanow, in welchem bei Czernokoszynce am Sbrucz mächtige Gipslager in Begleitung von mineralischen Holzkohlen, Fasergyps und Mergelschieferschichten vorkommen. Dieselben Gypslager finden sich auch bei Zwaniec am Einflufs der Zwanczyk in den Dniester, und es dürfte nicht unwahrscheinlich sein, dafs auch das Alabaster-Vorkommen bei Demszyn hieher zu rechnen sei, wonach also wohl die Kalksteine und Gypse der tertiären Formation angehören dürften, was aber noch genauer zu ermitteln bleibt.

Es zeigen sich daher die Flötzgebirgs-Bildungen in Podolien nur wenig entwickelt, indem weder

*) Sehr merkwürdig würde das Vorkommen von Steinkohlen sein, welches nach Herrn du Bois (*loco citato pag.* 8) durch Herrn Sobkiewicz in der Kreide? aufgefunden worden.

**) Karsten's Archiv Bd. 2. Heft 1. S. 116. 117.

von dem alten rothen Sandstein und Steinkohlengebirge, noch von dem Zechstein-, Muschelkalkstein-, Keuper- und Lias-Gebilde die geringste Spur angetroffen, und das von Herrn Eichwald erwähnte Vorkommen des bunten Sandsteins, so wie des Jurakalks noch problematisch; dagegen tritt die Tertiär-Formation ungemein verbreitet und in mannigfaltigen Gliedern auf, ausgezeichnet durch die Menge meist schön erhaltener Conchylien.

Das untere Glied derselben ist ein bläulich, grünlich und gelblich grauer bis brauner, theilweise merglicher oder auch sandiger, zum Theil schiefriger Töpferthon, ohne thierische Ueberreste, in welchem sich nach Hrn. Eichwald's Beobachtungen *) Braunkohlenlager mit Cerithien-Abdrücken befinden, abwechselnd mit Sandlagen, und nach oben in gemeinen Thon übergehend. Die Mächtigkeit des Töpferthons in dem von mir untersuchten Bezirk beträgt 2 bis 8 Fuſs, mag wohl aber an andern Punkten bedeutender sein.

Auf dem Töpferthon, oder wo er fehlt, unmittelbar über der Kreide, oder dem ihr entsprechenden Feuerstein, ist ein blendend weiſser oder auch graulich und gelblich weiſser sehr feinkörniger Sand mit abgerundeten kleinen schwarzen Feuersteingeschieben abgesetzt, der im Thale der Studzienica 20 bis 28′ mächtig, in den mehr nordwestlichen Gegenden aber, bei Zukowce und Szuskowce, in viel bedeutender Mächtigkeit auftritt **). Herr du Bois beschrieb aus dem Sande von Szuskowce 92 Conchylien. Viele davon fehlten im Holozubincer Sande, wogegen noch angetroffen wurden: *Marginella eburnea, Buccinum baccatum, Nassa Zborszewei, Nassa laevigata, Nassa asperula, Pleurodoma costellata, Fu-*

*) Karsten's Archiv Bd. 2. Heft 1. S. 119. 120.

**) du Bois l. c. pag. 12.

sus intortus, *Fusus subulatus*, *Cerithium coruchatum*, *Turritella piccarinata*, ein noch unbestimmter Trochus, *Monotonda araonis*, *Neritina picta*, *Melania Ropii*, einige unbestimmte Melanien, *Tellina pellucida Brocc.* vel *Erycina apellina Pusch*, zwei Squamen, *Citherea unidens*, *Arca antiquata* und *Pectunculus variabilis*; ferner 3 bis 4 Zoll lange Rippenknochen, kleine Extremitäten-Knochen, ein Bruchstück einer Hirnschaale und ein kleiner Zahn. Am häufigsten zeigten sich hier Cerithien, *Trochus patulus* und Pectunkeln; häufig Buccinum, Fusus, Nassa und Natica; selten *Panopaea Faujasii*, *Monotonda araonis*, *Pleurotoma costellata* u. s. w. — Gewöhnlich bestehen die obern Lagen des Sandes aus einem kalkigen Sandstein mit denselben schwarzen Feuerstein-Geschieben, vielen meist zweischaaligen Conchylien, wenigen Trochus, Melanien u. s. w. — Ganz eigenthümlich ist die Bedeckung des letztern bei Holozubince durch eine zweizöllige, schwarze, etwas bituminöse Erdschicht, ganz erfüllt mit kleinen Knöchelchen, Rückenwirbeln, Fischgräten ähnlichen Röhren, Nagelgliedern von Krebsen und dergl., welche auch schon Hr. Eichwald im Sande bei Bilka und Zukowce aufgefunden *). Möglich, daſs diese bituminöse Erdschicht den Ligniten, welche die Herren du Bois und Eichwald bei Bialozurka und an andern Orten antrafen, entspricht.

Nach den Beobachtungen in der weiſsen Schlucht bei Jackowiec folgen dem weiſsen Sande zunächst:

1. abwechselnde Straten von Kalk und Thonmergeln und Kalksteinen, mit einer Mächtigkeit von etwa 37 Fuſs, in denen aber Kalkmergel vorherrschen. Der gröſste Theil dieser, einige Zoll bis 5 Fuſs starken Schichten führt eine Menge Conchylien, unter

*) l. c. pag. 121.

denen *Turbo rugosus*, *Trochus turgidulus*, so wie kleine Pectunkeln in gröfster Anzahl sich vorfinden; weniger häufig *Monotonda mamilla*, Cerithien, Melanien und verschiedene Pecten; seltener *Trochus patulus*, *Trochus podolicus*, *Trochus Buchii*, ein neuer Trochus, *Cyclostoma rotundatum et planatum*, *Conus diluvianus*; aufserdem sind noch eine Unzahl zertrümmerter Conchylien-Schaalen zu bemerken.

Wenig abweichende Lagerungs-Verhältnisse zeigen sich im ganzen Studzienica-Thale, doch fehlt auch an einigen Orten diese untere Thon- und Kalkmergel-Gruppe ganz, so z.B. bei Holozubince; im Thale der Tarnawa und obern Uszica scheinen dieselben ebenfalls nicht aufzutreten.

Demnächst zeigen sich in der weifsen Schlucht:

2. Graulich weifse, gelblich-, röthlich- und bräunlich-graue, meist feste, dichte Kalksteinbänke, theilweise sandig und dann in dünnen Platten brechend, theilweise auch von körnig blättriger Textur mit häufigen *Melania Ropii*, *Melania laevigata*, *Trochus turgidulus*; wenigen *Cerithium rubiginosum*, *Panopaea Faujasii*, *Erycina apellina*, *Cytherea unidens*, Venus, Pecten und Pectunkeln, und seltenen *Monotonda mamilla*, *Trochus patulus*, *Fusus subulatus*, kleine Solarien. — Namentlich die oberen Bänke besitzen eine Tendenz zum oolitischen. — Diese Gruppe des tertiären Gebildes, von 12 bis 20 Fufs Stärke, wird nicht nur im Studzienica-, sondern auch im Tarnawa-Thale überall angetroffen. Für die obern Lagen sind *Melania laevigata*, so wie *Erycina apellina* characteristisch; bei Holozubince besteht eine 1′ 6″ mächtige Bank fast nur aus letzteren, begleitet von *Bulla spirata*, *Bulla terebellata*, *Nassa laevigata*, *Fusus intortus*, *Cerithium lima*, *Trochus quadristriatus*, *Melania Ropii*, *Melania laevigata*, *Melania spiralissima*, kleinen Pectunkeln. — Bei Demszyn

fehlt sowohl die untere Kalk- und Mergelgruppe, so wie auch diese zweite wenig deutlich und in geringer Mächtigkeit mit der nächst folgenden verbunden auftritt. Dieselbe besteht:

3. Aus ausgezeichnetem gelblich- und graulich-weifsen bis bräunlich grauen, fein bis grobkörnigen Oolit, dessen einzelne Bänke theilweise wieder in dichten bräunlichgrauen bis graulichweifsen Kalkstein übergehen, oder auch durch Aufnahme von Kalksteinbrocken, so wie von schwarzen und braunen Körnern, ein porphyrartiges Ansehn erhält, Die Oolitkörner variiren von der Gröfse des feinsten Mohnsaamens bis zu der des Hirses oder auch etwas gröfser, und ist dieser Ooolit schon zur Genüge durch die Herrn Lill, Pusch, Eichwald, Leop. v. Buch und du Bois beschrieben worden. — Am häufigsten fand ich in demselben *Cerithium rubiginosum*, *Melania Ropii*, *Cytherea polita* und verschiedene kleine Pectunkeln. Die untern Lagen zeichnen sich in den Dunajowcer Steinbrüchen durch ihre schwärzlich und röthlichbraune Farbe, mit sehr häufigen *Erycina apellina*, aus; sie werden durch eine thonige, etwas fette schwärzlichbraune Erde von einander getrennt, und ruhen auf einem aufgelöfsten Oolit, oder einem Kalksande, dessen Mächtigkeit nicht bekannt. — Bei Maliowce ist das unmittelbare Liegende des Oolits ein sandiger merglicher Kalkstein, welcher auf Töpferthon und Feuerstein aufliegt.

Sehr allgemein ist derselbe im Thale der Studziennica und Tarnawa verbreitet, woselbst er stets in Felsenmassen an den obern Thalgehängen auftritt; auch im Uszyca Thale und den auslaufenden Nebenschluchten kommt derselbe, so wie in den westlichen Gegenden bei Krzemienna, Bialozurka, Krzemienic u. s. w., als auch in Gallizien, in bedeutenden Massen vor; weniger deutlich zeigt er sich in den südlichen Gegenden an den Dniestergehängen. Seine Mächtigkeit beträgt 6 bis 40 Fuſs.

Dem Oolit folgt in der Jackowiecer weiſsen Schlucht:

4. Gelblich und grünlichweiſser, dichter, zum Theil ins feinkörnige übergehender mürber dünnschiefriger Kalkmergel, mit häufigen *Cardium lithopodolicum*, *Cytherea polita* und seltenen Paludinen; bedeckt durch festen gelblichgrauen und graulichweiſsen dichten Kalkstein, mit einer Anzahl *Cardium lithopodolicum* und einigen *Cytherea polita*, zusammen 15 bis 18 Fuſs mächtig, dem abermals Kalk, Mergel und Thonschichten folgen. Mehr Zusammensetzung zeigt diese Gruppe im Thale der Tarnawa bei Dunajowce, Kitaygród, so wie auch am Dniester bei Demszyn. Als unterstes Glied erscheint der Cardien führende Kalkstein und Mergelkalk, der bei Dunajowce auſserdem: *Trochus quadristriatus*, *Melania Ropii*, Pektunkeln, *Erycina apellina*, Serpulen und röhrenförmige Versteinerungen enthält; darauf liegt graulichweiſser dichter Mergel, grünlichweiſser dichter Mergel und Mergelletten, weiſser feinkörniger Quarzsand, verschieden gefärbte Thon und Lettenlagen, ein Conglomerat von Austerschaalen, feinkörniger, aus den feinsten mit bloſsem Auge kaum ersichtlichen Conchylien Lamellen zusammengesetzter (Quader) Kalkstein, abermals durch ein Austern-Conglomerat bedeckt, dem verschieden gefärbter Letten und Mergelkalk (mit Pecten malvinae) folgt, untergeordnete grüne und braune Walkererde- und Alabaster-Schichten enthaltend. — Die gesammte Mächtigkeit dieser Gebirgsbildung beträgt etwa 50 bis 60 Fuſs. Als jüngste Bildung erscheinen:

5. Conglomerate von Muschelfragmenten, meist Austerschaalen, poröser gelblichweiſser Kalkstein und Kalkmergel, zum Theil mit vielen Pectunkeln und einigen *Trochus patulus*, so wie endlich ein gelblich-

grauer und graulichweifser, meist poröser, dichter, fester Kalkstein, der an den obern Thalrändern, namentlich im untern Studzienica und Tarnawa Thal, so wie an den Gehängen des Dniesters zwischen Kitaygrod und Studzienica, in mächtigen kahlen Felsenklippen ansteht, welche sich, nach Herrn du Bois Beobachtungen, in fast südwestlicher Richtung, über Szatawa, Dumanow, Smotryca bis südwestlich Sawadynce und Lysowoda, nur durch die steil eingeschnittenen Thäler der Mokaza und Smotryca gewaltsam unterbrochen, fortziehen, so wie weiterhin in vier isolirten Felsenpyramiden auftreten.

Häufig finden sich in und unter diesem Kalkstein Grotten und Höhlen, von denen ich aber nur Gelegenheit hatte die geringeren von Jackowiec, so wie von Pieczary bei Kitaygrod zu besichtigen. — An Conchylien enthält derselbe, namentlich zu Jackowiec, eine grofse Menge *Modiola lithophaga* und *Turbo rugosus*; seltener sind *Conus diluvii*, *Conus turricula*, Cerithien, *Turbo rugosus*, *Modiola faba*, *Mactra triangula*, *Nucula*, Cardien, verschiedene Pecten, Ostreaen, Mollusken, Serpulen und andere undeutliche Conchylien. — Am Felsen Holda bei Demszyn finden sich in den obern Bänken *Turbo obtusus*, *Mytilus plebejus*, Cardien, Zoophyten und sehr häufige Serpulen.

Fassen wir nun endlich die Resultate sämmtlicher Beobachtungen zusammen, so ergeben sich nachstehende Lagerungs-Verhältnisse der Gebirgsbildungen im untersuchten Theile Podoliens:

I. Uebergangsgebilde.

1. Thonschiefer und Grauwackenschiefer, theilweise Kalksteinstraten aufnehmend, überlagert durch einen Grauwacken-Sandstein mit Productus etc. (wahrscheinlich auf dem nördlich und westlich am Bog vorkommenden Granit ruhend.)

2. Uebergangs-Kalkstein mit Spirifer, Productus etc. zum Theil abwechselnd mit Thonschiefer und Kalkschiefer.

II. Flötzgebilde.

1. Grünsand Formation, als weifser Kieselsandstein, Grünsand mit Hornsteinlagen; führt häufig *Gryphaea columba*; Mächtigkeit . . 50 — 100′
2. Feuerstein, die Stelle der an andern Orten, Punkten mächtig verbreiteten Kreide repraesentirend. . . . . . . 20 — 80′

70 — 180′

III. Tertiaere Gebilde.

1. Töpferthon. . . . . 2 — 8′
2. Meeres-Sand, mit schwarzen Feuersteingeschieben; eine Menge Conchylien und kleine Knochen u. s. w. enthaltend. . 20 — 28′
3. Mergelkalk mit untergeordneten Kalksteinstraten. . . . . 30 — 37′
4. Dichter Kalkstein. . . . . 12 — 20′
5. Oolit. . . . . 6 — 40′
6. Mergelkalk, mit einer Anzahl *Cardium lithopodolicum*, und untergeordneter (Quader) Kalkstein, Walkererde und Alabaster-Schichten, vielleicht auch Gyps. . 50 — 60′
7. Der obere Felsenkalk mit Serpulen (du Bois quaternaerer Kalkstein). . . . . 30 — 47′

Die Mächtigkeit der tertiaeren Gebirgsbildungen beträgt demnach etwa. . . . . 150 — 240′

Als jüngste, sich noch gegenwärtig fort erzeugende Bildung, ist schlüfslich noch der Tuffkalk zu erwähnen, der übergreifend die untern tertiaeren Schichten, den Feuerstein, Grünsand und selbst die Uebergangsgebirgsarten überlagert, oder auch nur angelagert erscheint.

2.

Ueber die Gebirgsbildungen des karpathischen Gebirges in der Gegend von Skole, und den daselbst umgehenden Eisensteins-Bergbau.

Von

Herrn Adolph Schneider.

Eine im Herbst des Jahres 1830 unternommene Reise in die südöstlichen Gegenden Galliziens, führte mich von Opatow über Staszow, Stobnica, Nowemiasto, Korczyn, Igolomya nach Krakau, und von da über Sworzowice, Wieliczka, Bochnia, Tarnow, Jaslo, Dukla, Sanok, Dobromil, Sambor, Drohobycz, Stry nach Skole, einem Städtchen, 14 Meilen südlich von Lemberg, unweit der ungarischen Grenze liegend, und von hier zurück über Stry, Lemberg, Przemysl, Rzeszczow, Tarnow u. s. w. Wenn auch die sehr beschränkte Zeit, als auch die höchst ungünstige Witterung, mir die Anstellung genauer Beobachtungen über die näheren Lagerungsverhältnisse des zwischen Wieliczka und Skole befindlichen Gebirges, ausgezeichnet durch das Vorkommen der mächtigen Salzlager von Wieliczka und Bochnia, so wie der weiter südwestlich auf einer Streichungslinie liegenden Salzkokturen von Tyrawa Solna, Huczek und Lacko bei Dobromil, und von Starasol, Drohobicz, Modricz, Solec und Stebnik, zwischen Sambor und Stry, nicht gestattete: so hatte ich doch Gelegenheit, durch specielle Begehung des Opor-Thales und der aus selbigem ablaufenden Seitenthäler und Schluchten, die Structur- und Lagerungs-Verhältnisse der nördlichen Karpathengebirgskette näher kennen zu lernen, so wie auch einige Bemerkungen über das Vorkommen des salzführenden Gebirges zwischen Dobromyl und Stry zu machen.

In der flachhüglichen Gegend zwischen Lemberg und Stry bemerkte ich nur aufgeschwemmte Gebirgslagen, so wie mergliche Sandstein-, Kalkstein- und Mergelschichten, häufig Conchylien-Ueberreste, namentlich Cerithien, umschliefsend, welche den tertiären Gebilden angehören, die sich aus Podolien und Wolhynien längs dem Abhange der Karpathen fort bis in die südöstlichen Gegenden Polens erstrecken, und einen grofsen Theil der Ausfüllung der Mulde zwischen dem podolischen Ur- und Uebergangsgebirge, dem Sandomierschen Uebergangsgebirge und den Karpathen formiren.

Erst in der Gegend von Lubienic, südlich Stry, erhebt sich das Terrain ziemlich steil zu ansehnlichen Höhen und bildet eine Gebirgskette, welche sich weiter südlich dem Haupthöhenzuge des karpathischen Gebirges längs der ungarischen Grenze anschliefst. Am nördlichen Abhange dieses Gebirgszuges liegen die Salzkokturen von Starasol, Drohobicz, Modricz, Solec und Stebnik, so wie von Lisowiec, Bolechow, Dolina, Rozniatow, Kalusz u. s. w. bis Tkaschika in der Bukowina. Sämmtliche diese Salinen erhalten ihre Speise aus einem Steinsalzgebilde, bestehend aus wiederholt mit einander abwechselnden Schichten von gelblich und graulich weissem feinkörnigem Sandstein, mit theils thonigem, theils mehr oder weniger merglichem Bindemittel, wodurch Sandsteinmergel, so wie selbst schwache mergliche Kalksteinschichten gebildet werden; ferner blauer und grauer, oft bituminöser schiefriger Letten, in schwärzlich grauen Schieferthon übergehend; seltener sind gelb und braun gefärbte Schichten; als untergeordnete Lager führt dieser Schieferthon gelblich grauen merglichen Thoneisenstein; als eigentlichen Begleiter des Steinsalzes selbst, das in verschiedenen Flötzlagen vorkommen soll, ist Salzthon mit Gyps anzusehen; das bis jetzt erreichte Tiefste besteht aus einem rothen Schieferthon und Schieferletten; nicht selten treten Bergölquellen auf, wahrscheinlich den bituminösen Schieferletten-Schichten angehörend *).

*) Nach Hrn. v. Schindler's geognostischen Beobachtungen über das Karpathengebirge in dem Königreich Gallizien und Lodomerien (pag. 16—20) besteht das Salzgebirge:

a) in der Gegend von Tkaschika in der Moldau aus Verschichtungen (Schichtensystem oder Schichtenfolge) von blaugrünem Salzthon, grauem Sandmergel und blaugrauem Mergel; weiter im Hangenden tritt bei Massanajeschtie ein quarziger Sandstein mit grünen Körnern auf.

b) Im Stryer Kreise kommen bei Lisowice, Bolechow u. a. O. Salzquellen aus Salzthonablagerungen vor, welche von blauem Thon, gelbem Schieferthon, Sandstein, Thon und Eisenmergel und rothem Schieferthon begleitet werden, denen hinter Bolechow ein dem Massanajeschtier analoger grüner Sandstein folgt.

c) Im Samborer Kreise treten zu Stebnik, Solec, Modrycz und Drohobycz Salzquellen aus den dem Stryer Salzgebilde ähnlichen Verschichtungen.

d) Im Sanoker Kreise wechseln, namentlich bei Huczek, Lagerungen von Sandstein, rothem Schieferthon, Salzthon mit Gyps, blaugrauem Schiefertbon, Thon, Brandschie-

Dies Steinsalzgebilde streicht in hor. 9 bis hor. 11 aus Südost in Nordwest mit deutlichem südwestlichem Einfallen der Schichten, und setzt in nordwestlicher Richtung von Stara Sol über Dobromil bis in das San-Thal fort; am linken Ufer dieses Flusses scheint dasselbe bald unter den aufgeschwemmten Gebirgslagen zu verschwinden, und zeigt sich auch weiter nordwestlich weder in dem Thale der Wisloka, noch in dem flachen Weichselthale; erst jenseits der Weichsel treten auf der verlängerten Streichungslinie in der Gegend von Wislica, Czarkow, Szczerbakow, Busko u. s. w. Salzspuren als geringhaltige Salzquellen, in Begleitung von Kalkmergeln und Gyps mit gediegenem Schwefel auf, welche jedoch einen ganz verschiedenen Character besitzen und einer wahrscheinlich viel jüngeren Bildung angehören.

So wie sich nun bei Lubieniec das Terrain, wie oben angeführt, erhebt, verengt sich auch zugleich das Thal der Stry und ist an beiden Gehängen nicht selten mit Felsen bekleidet; so fallen unter andern schon von Weitem die weifsen Felsen am rechten Thalgehänge bei Rozhurce in die Augen. Dieselben bestehen aus einem weifsem und gelblich weifsem, fein- bis grobkörnigem Sandstein, in mächtigen Bänken fast horizontal abgesetzt, und erinnern unwillkührlich an die Quadersandsteinfelsen von Adersbach in Böhmen, bei Pirna u. s. w. Der Sandstein selbst ist ziemlich mürbe und leicht zu bearbeiten, so dafs mehrere gewölbartige Grotten, als Vergnügungs-Aufenthalt im Sommer, in selbigem ausgehauen werden konnten. — Ob nun dieser Sandstein zum

fer, Alaunthon, Hornstein, Feuerstein, Eisenstein und Kalkmergel mehreremale in beträchtlichen Breiten hinter einander ab. — Weiter südwestlich kommt dichter Kalkstein vor, so wie nordwestlich der Sandstein mit den characteristischen grünen Körnern.

Karpathen-Sandstein zu rechnen, oder jüngeren Gebirgsbildungen angehöre, wage ich nicht zu entscheiden, und mufs dies durch genaue Beobachtung der Lagerungsverhältnisse desselben und der zunächst im Liegenden und Hangenden vorkommenden Gebirgsarten ermittelt werden, was mir unmöglich, weil bei meinem Besuch dieser Gegend, zu Anfang des Monats December, die Gehänge der Berge mit Schnee bedeckt waren.

Von Rozhurce bis zu dem Vereinigigungspunkte des Opor mit dem Stry-Flusse bei Synowucko, erscheint meist nur quarziger Sandstein, theilweise viele kleine grüne Körner führend, welche dem Gesteine eine eigenthümliche grüne Färbung verleihen, das identisch sein dürfte mit dem ähnlichen, bei Massanajetschie, Bolechow u. a. O. von Herrn Schindler beobachteten Vorkommen. — Das Thal wendet sich nun fast rechtwinklich über Korczyn nach Kruszelnice, Dolhe u. s. w. in Nordwest, dem Streichen der Höhenzüge als auch der Gebirgsschichten selbst fast parallel, wogegen das Opor-Thal die letzteren in fast querschlägiger Richtung durchschneidet, und daher den besten Aufschlufs über die geognostischen Lagerungs- und Structurverhältnisse der daselbst vorkommenden Gebirgsarten gestattet. — Dieser bei Oporzec, Chaszowanie und Rozankawyzsza, am nördlichen Abhange des längs der ungarischen Grenze sich erstreckenden Höhenzuges entspringende Opor- oder Opier-Flufs, nimmt bei Tuchla den von Huitar und Tucholka kommenden Holowiecko-Bach auf, wird unterhalb Korostow durch die Orawa (Oriawa) bedeutend verstärkt, und dient sowohl zum Betriebe mehrerer Eisenhüttenwerke, Brettmühlen u. s. w., als auch bei ansehnlichem Wasserstande zur Verflöfsung von verschiedenen Gattungen Holz. — Häufig sind die steilen Gehänge sämmtlicher Thäler und Schluchten mit Felsenwänden besetzt, und so wie die Betten der stark abfallenden Gewässer mit einer Unzahl von Geröllen und mächtigen Felsblöcken bedeckt; nicht selten sind die Wasserbetten gewaltsam durch die, gemeiniglich die Thäler quer durchsetzenden, Gebirgsschichten gebrochen, und bieten letztere, der Einwirkung des Wassers und der Atmosphäre seit Jahrtausenden kräftigen Widerstand leistend, treffliche Gelegenheit zur genauen Abnahme der Streichungslinie der Gebirgsarten.

Kurz vor Skole, oberhalb des nach Synowucko gehörigen Eisenwerks, tritt an der Kaiserstrafse ein sehr quarziger gelblich weifser fester Sandstein auf, welcher sich einerseits südlich Truchanow, ferner nach Brzaza u. s. w. erstreckt; andererseits im Süden von Korczyn und Kruszelnice vorbei, nach Podhorodce u. s. w. verfolgt werden kann. Weiter im Liegenden desselben kommen zwischen Jamelnice und Orow, so wie zwischen Pobuk, Truchanow und Kamionka Eisensteinlager vor, welche ich jedoch nicht Gelegenheit hatte näher kennen zu lernen; nach den darüber eingezogenen Nachrichten aber sind dieselben, sowohl hinsichtlich der Lagerungsverhältnisse, als der Beschaffenheit des Eisensteins selbst, mit denen weiter im Hangenden vorkommenden Kalkeisensteinlagern völlig übereinstimmend *).

Auf der Anhöhe des rechten Opor-Gehänges unterhalb Skole, nach Kamionka zu, findet sich Eisensteinbergbau, Kaminiec genannt, der sich mit Abbau zweier nur 2 bis 4 Zoll mächtigen Eisensteinlager **) zwischen grünlich grauem Schieferthon, Quarzschiefer und rothem Schieferletten liegend, beschäftigte, seit einigen

*) Höchst wahrscheinlich kommen auch in der nicht speciell untersuchten Gegend zwischen Lubienic und Skole aufserdem noch die ebenfalls weiter im Hangenden häufig auftretenden Thonmergeleisensteinlager vor.

**) Auf der Karte Taf. VII. ist dies Eisensteinlager mit a. bezeichnet.

Jahren aber verlassen ist, weil das Feld ganz abgebaut sein soll, was aber nicht wahrscheinlich. Ohne Zweifel stehen in dem verhauenen Grubenfelde noch ansehnliche Pfeiler an, so wie sich dies Eisensteinlager auf der nordwestlichen Streichungslinie, nach dem Opor-Gehänge zu, als auch am jenseitigen linken Gehänge, nach Korczyn zu, ausschürfen ließe. Einige in dieser Absicht angestellte Versucharbeiten ergaben zwar kein günstiges Resultat, aber allem Anschein nach nur aus dem Grunde, weil dieselben an den Abhängen der Berge angestellt wurden, woselbst die Gebirgsschichten sehr zerrüttet und die Versuch-Strecken, so wie Duckeln, weder hinlängliche Erlängung noch Teufe erhielten. — Im weitern nordwestlichen Fortstreichen wird dasselbe Eisensteinlager oberhalb Korczyn bebaut, so wie sich Spuren desselben im Kruszelnicer Thale zeigen, als auch bei Sopot und Dolhe, für die Hochöfen zu Sopot und Maydan, im Betriebe steht. Bei Sopot liegt der Eisenstein auf einem gelblich braunen und gelblich grauen feinkörnigen Sandstein mit rothbraunen Streifen und feinen silberweißen Glimmerschuppen; unter demselben folgt grünlich grauer feinkörniger Sandstein mit häufigen Glimmerblättchen, so wie meist grünlich grau gefärbte Schieferthonschichten, mit rothen Lettenlagen und mehr quarzigen Sandsteinschichten abwechselnd; ähnliche Gesteine treten auch im Hangenden auf. — Das Streichen dieses Eisensteinlagers ist hor. 9 bis hor. 11 aus Südost in Nordwest mit südwestlichem Einschießen unter 45 bis 60 Grad; zuweilen wird jedoch das Erzlager in fast horizontaler Lagerung angetroffen, aber dies scheint nur an solchen Orten statt zu finden, wo bedeutende Erzlagerstücken an den steilen Abhängen der Berge in die Thalsohle niedergerutscht. — Dasselbe Eisensteinlager setzt bei Dolhe durch das Stry-Thal und wird in der Gegend von Smolna zur Versorgung des dortigen Hochofens abgebaut.

Weiter im Hangenden dieses Eisensteinlagers tritt abermals Sandstein, so wie grüne und graue Schiefer mit schmalen rothen Lettenschichten und einer schwachen wenig aushaltenden Eisensteinlage auf, welche versuchsweise unterhalb Skole unter dem Namen Granatka (litt. b.) im Baue stand, aber wegen der geringen Mächtigkeit von 2, höchstens 3 Zoll wieder verlassen wurde; nach dem Ausgehenden zu nimmt der bläulich graue dichte Eisenstein eine rothe Färbung an und ist sehr milde.

Hierauf folgt abermals gelblich grauer Sandstein und demnächst das Eisensteinlager (litt. c.), welches hinsichtlich der Anzahl und Mächtigkeit der einzelnen Erzlager, zu den vorzüglichsten Eisenstein-Vorkommnissen der Skoler Gegend gerechnet wird. Am rechten Opor-Ufer streicht dasselbe an den Gehängen des Berges Klywa hor. 9 mit südwestlichem Fallen unter einem Winkel von 5 bis 10 Grad zu Tage aus, und ist durch vielfachen Strecken-Betrieb auf der Grube Zawode aufgeschlossen. Das unmittelbare Liegende des Eisensteinlagers bildet ein graulich schwarzer Schieferthon, unter welchem Sandstein liegt; die untere Erzlage führt 3 Zoll mächtigen graulich weifsen, dichten Thonmergeleisenstein, mit deutlichen verkohlten Pflanzenstengeln; hierauf folgt 3 Fufs thoniger Kalkschiefer von dunkelgrauer Farbe, demnächst 3 Zoll Eisenstein, etwas dunkler als die erste Lage gefärbt, mit sehr vielen Pflanzenstengeln und einer Neigung zum Dünnschiefrigen; sodann 6 Zoll schiefriger Kalkmergel, worauf die dritte 12 bis 14 Zoll mächtige Erzlage folgt, über welcher gleichfalls ein graulich weifser merglicher Schieferthon abgesetzt ist.

Weiter im Hangenden zeigt sich eine sehr charakteristische Gebirgsgruppe von schwarzen bituminösen, so wie auch grauen, sehr dünnschiefrigen Thon- und Kalkmergeln; Schieferthon und Schieferletten von grauen bis schwarzen Farben; schwarzen und bräunlich grauen Mergelschiefern und Brandschiefern mit schwachen Steinkohlenspuren *); dichten splittrigen, theilweise bituminösen Kalksteinen, von graulich brauner bis leberbrauner Farbe, mit ausgezeichnet flachmuschligem Bruch; so wie endlich Horn- und Feuerstein-Lagen von gelblich brauner bis schwarzer Farbe. Sämmtliche diese Gebirgsarten sind deutlich geschichtet und wechseln mit meist geringer Mächtigkeit zu wiederholten Malen mit einander ab; nur die vorwaltenden bituminösen Mergel- und Brandschiefer erreichen eine Mächtigkeit von 10 bis 30 Lachtern, und sind etwas alaunhaltig**). Die gesammte Stärke dieser, stets im Hangenden der weifslich grauen Thonmergeleisenstein-Lager vorkommenden Gebirgsgruppe, beträgt 30 bis über 100 Lachter, und mit kathegorischer Gewifsheit ist an allen Punkten, wo dieselbe auftritt, das Thonmergeleisenstein-Lager weiter im Liegenden anzutreffen. So wird auch im weitern südöstli-

---

*) Nach Herrn Schindler S. 18. 19. 21. führt der schwarze Brandschiefer bei Zalokiec am Bache Bystrica schwache Lagen einer guten Schieferkohle, so wie weiter nordwestlich zu Rosochy der Brandschiefer mit schwachen Steinkohlenlagen, als auch zwischen Lerina und Spass, und bei Oportno im Sanoker Kreise derselbe Brandschiefer auftritt.

Höchst wahrscheinlich liegen diese Brandschiefer auf dem weiteren nordwestlichen Fortstreichen der hangenden Gebirgsschichten des Skoler Thonmergeleisenstein-Lagers.

**) Bei Mizun, gegen die Lutta hin, tritt graulich blauer Mergel mit sichtbarer Alaunausscheidung mächtig hervor; so wie auch in den, die Eisensteinlager begleitenden, merglichen Sandsteinschichten daselbst, ziemlich häufig gelber und grüner Bernstein vorkommt. — Schindler S. 17 u. 30.

chen Fortstreichen von der weiter oben angeführten Grube Zawode, dies Eisensteinslager unterhalb Brzaza, als auch in den Thälern der Mizunia und Swica, zur Versorgung der Hochöfen von Mizun und Ludwikowka bei Weldzicz in Abbau genommen.

Ferner steht das Erzlager am linken Oporgehänge in der Nähe von Skole auf den Gruben Cegelniany, Thoustki, Ostaszowska und Romanowska, so wie an den Gehängen des Thales Ryteczka Korczynska auf Wołoczanska, oberhalb Korczyn im Baue; von wo sich dasselbe, südlich Kruszelnice vorbei nach Sopot, und von da weit über Smolna hinaus erstreckt, gegenwärtig aber nur an wenigen Orten bebaut wird.

Auf den Skoler Gruben erscheint als unmittelbares Liegendes des Eisensteinslagers ein schwärzlichgrauer und grünlichgrauer sehr feinschiefriger Schieferthon, der zwar in der Grube ziemlich fest, an der freien Luft aber sehr schnell zerfällt; auf diesem Schieferthon, der gewöhnlich 1 bis 2 Fuſs beim Ortsbetriebe nachgerissen wird, liegt die erste Erzlage, von 3 bis 4 Zoll Mächtigkeit, worauf wieder ein ähnlicher Schieferthon von 12 bis 15 Zoll Stärke folgt, über welchem eine 8 bis 10 Zoll starke Eisensteinslage abgesetzt ist, die abermals durch eine 18 Zoll starke Schierthonlage von der Dritten oder hangenden 3 bis 5 Zoll mächtigen Erzlage getrennt ist; über welcher ein sehr zerklüfteter, schwärzlichgrauer Schieferthon ansteht, so daſs die gesammte Mächtigkeit der drei Eisensteinslagen überhaupt 14 bis 19 Zoll beträgt; im mittleren Durchschnitt aber nur zu 16 Zoll angenommen werden kann. Der Eisenstein selbst ist graulichweiſs, gelblich, grünlich, und schwärzlichgrau, dicht, zum Theil feinschiefrig und enthält bisweilen auf den Schichtungsflächen kleine glänzende Glimmerblättchen, welche in dem begleitenden Schieferthon häufiger auftreten. Merkwürdig sind längliche durcheinander laufende Stengel von graulich schwarzer oder grünlichbrauner Farbe, von meist etwas festerer Consistenz als der Eisenstein selbst, welche wahrscheinlich vegetabilischen Ursprungs sind, so wie sich auch in den Schieferthonschichten zuweilen, jedoch undeutliche Pflanzenstengel befinden. — Auf den Gruben Ostaszowska und Romanowka, welche am äufsersten Ausgehenden auf der Höhe des zwischen Skole und Korczyn gelegenen Berges bauen, kommt der Eisenstein nieren- und platten-förmig vor; der Kern ist dann von gelblichgrauer oder graulichweifser Farbe mit dichtem erdigem Gefüge; die denselben umschliefsenden äufseren dünnen Schaalen dagegen sind gelblich- und roth-braun gefärbt, und lösen sich bei Einwirkung der Atmosphäre zu einem gelblichbraunen, wenig eisenschüssigen Letten leicht auf.

In 1½ Lachter seigerer Teufe unter diesem Erzlager befindet sich ein zweites, die sogenannten spodni Ganki (liegende Gänge) *), welches jedoch nur auf den Gruben Cegelniany und Thoustki theilweise abgebaut worden ist. Dasselbe besteht aus 3 Erzlagen, wovon die untere 2 Zoll, die obere 2½ Zoll mächtig, durch graulichweifsen und grünlichschwarzen, 5 bis 6 Fufs starken Schieferthon von einander getrennt sind. Das unmittelbare Hangende der obern Erzlage bildet ein röthlichweifser und gelblichbrauner feinkörniger fast dichter Sandstein, mit feinen grünen und schwarzen Punkten; auf den Schichtungsflächen der schwachen Bänke zeigen sich zuweilen kleine Brocken glänzender Pech-

---

*) Man nennt hier die Eisensteinlager überhaupt Gänge, was aber ganz unrichtig, indem sämmtliche Eisensteinlagen stets ein mit den begleitenden Gebirgsarten übereinstimmendes Streichen und Fallen auf viele Meilen weite Erstreckung beibehalten, also wahre Lager in dem Karpathensandsteingebirge bilden.

kohle; die hellgefärbten Sandsteine besitzen einen matten Glanz.

Das Streichen des Erzlagers ist auf den unteren Gruben Cegielniany und Thoustki in hor 11 bis 12 aus Süd in Nord, mit westlichem Fallen unter 15 bis 20 Grad, wogegen auf der Grube Ostaszowska die Streichungslinie in hor 9 bis 10 gerichtet, mit südwestlichem flachem Fallen unter 5 bis 10 Grad. — So regelmäfsig auch im Allgemeinen die Lagerungsverhältnisse der hiesigen Erzlager sind, so finden sich doch im Einzelnen mancherlei Störungen. An einigen Punkten, namentlich an den sehr steilen Gehängen der Thäler und Schluchten, sind die Erzlager, wie bereits bemerkt, mit einem Theil der sie umgebenden Gebirgsschichten abgerutscht, so dass dieselben sehr zertrümmert, oder doch nur auf geringe Länge anhalten. Dies scheint vorzüglich der Fall auf der Grube Cegielniany bei Skole, die nur auf einem solchen mehrere Lachter niedergerutschten Stück des Erzlagers gebaut haben dürfte. Ebenso werden die Erzlager auch da, wo sie im festen Gestein anstehen, durch Sprünge verworfen, jedoch beträgt die Sprunghöhe selten mehr als ein bis 2 Lachter, so dafs die Wiederausrichtung ohne Schwierigkeit leicht zu bewerkstelligen ist. Endlich verschmälert sich die Mächtigkeit der Erzlagen sehr häufig, so wie sich auch die Qualitaet des Eisensteins durch Aufnahme vieler Thon und Mergeltheile so verringert, dafs derselbe beim Hochofenbetrieb mit Nutzen nicht mehr angewendet werden kann.

Oberhalb Skole gehen an den steilen Gehängen des Opor Thales, bis in die Nähe des Einflusses der Orawa in den Opor bei dem Frischfeuer Swientoslaw, meist nur sehr quarzige Sandsteinschichten, in mehreren Zollen bis 5 Fufs und darüber starken Bänken zu Tage aus, hor 9 bis hor 11 streichend und 40 bis 60 Grad südwestlich einschiefsend. Dies Terrain ist aber noch nicht ganz speciell, hinsichtlich des Vorkommens von Eisensteins Niederlagen, bergmännisch untersucht, jedoch hat man ohnweit der Skoler Hochofenanlage, am linken Thalgehänge in der Schlucht Sumiacz, das Ausgehende eines Eisensteinslagers (litt. d) erschürft und mittelst Treibung einiger kurzen Strecken das Resultat erhalten, dafs dasselbe zwar einen sehr tauglichen Eisenstein führt, aber nur wenige Zoll mächtig, und mit dem festen Nebengestein, hornsteinartigem Sandstein und festen grünlichgrauen Schieferlagen, so innig verwachsen, dafs eine Scheidung sehr beschwerlich und fast unmöglich ist. Dasselbe Erzlager wurde am rechten Thalgehänge, etwas weiter oberhalb, unter dem Namen Lentinowske Ruda ausgeschürft, und unter ähnlichen Verhältnissen angetroffen, weshalb der fernere Bau auf diesem Erzlager ausgesetzt wurde. — In der Berücksichtigung aber, dafs diese beiden Punkte ganz in der Nähe der Skoler Hochofenanlage befindlich, also die Erzabfuhre, welche von allen übrigen Gewinnungspunkten höchst beschwerlich und köstspielig, leicht zu bewerkstelligen, verdiente dies Eisensteinslager einer genauern Untersuchung durch Treibung von streichenden Strecken, denen aber eine gröfsere Erlängung, als bei den seitherigen Versuchen, zu geben wäre. — Würde nun überdies der Eisenstein auf der Grube selbst geröstet, wozu das an Ort und Stelle in genugsamer Menge vorhandene, zur Verkohlung untaugliche Holz, anzuwenden, und demnächst der Einwirkung der Atmosphäre längere Zeit ausgesetzt; so unterliegt es keinem Zweifel, dafs der Eisenstein dann sich von selbst ablösen wird, oder doch mit leichter Mühe von dem Nebengestein getrennt werden kann.

Ohnweit des Frischfeuers Swientoslaw streichen, sowohl an den Gehängen des Opor als auch des Orawa Thales, gelblichweifse, zum Theil auch grünlich gefärbte quarzige Sandsteine, in mehr oder minder starken Bänken, zu Tage aus; denselben folgen grüne, rothe, braune und graue meist sehr dünne Schieferletten-Schichten, in steter Wechsellagerung mit einigen Zoll bis Fuſs starken Bänken gelblich und röthlich braunem feinkörnigem Sandstein, mit sparsam eingemengten silberweiſsen Glimmerblättchen und kleinen grünen kalkigen Parthien; so wie mit grünlichgrauem feinkörnigem fast dichtem Sandsteinschiefer. Letzterer ist besonders charakterisirt durch länglichrunde, nach beiden Enden sich zuspitzenden Erhabenheiten auf den Ablösungs- und Schichtungs-Flächen. Diese Schieferletten-Sandstein- und Sandsteinschiefer-Schichten umschlieſsen abermals ein Kalkeisensteinlager (litt. e) das an mehreren Punkten, sowohl aus dem Opor- als auch aus dem Orawa Thale in Angriff genommen worden, aber, wegen der geringen Mächtigkeit von 3 bis 4 Zollen, so wie namentlich weil auch hier der Eisenstein mit dem festen Nebengestein innig verwachsen, wieder verlassen wurde. — Im weitern nordwestlichen Fortstreichen fand, auf der Höhe des in Osten von Korostow gelegenen Gebirgszuges, so wie weiter nach Maydan zu, auf diesem Erzlager ein Bau für den Skoler Hochofen statt, und zeigte sich dasselbe nicht nur mächtiger, sondern löſste sich auch leicht von dem Nebengestein; wegen der beschwerlichen Abfuhr der Erze aber sind diese Baue gegenwärtig nicht belegt. — Ferner wird dasselbe im Thale des Rybnik Baches bei Maydan, so wie in der Gegend von Smolna zur Versorgung der dortigen Hochöfen gebaut, und führt einen grünlichgrauen und graulichweiſsen dichten Kalkeisenstein, mit braunem Beschlage, ähnlich dem von Sopot bei Podhorodce. — Auch dieses Erzlager findet sich viele Lachter an den Gehängen der Berge, oft in bedeutender Ausdehnung, abgerutscht, so wie wirkliche Sprünge dasselbe häufig verwerfen.

In ohngefähr 200 Lachter Entfernung nach dem Hangenden tritt abermals ein Eisensteinslager auf, welches unter dem Namen der Korostower Spodni Ganki (litt. f.) am westlichen Abhange des Berges Tetczin Czertisz, so wie nahe am Gipfel des Berges Ploscza, auf der Grabe Chochria Zlob, in Osten und Nord Osten des Dorfes Korostow im Bau begriffen ist. Die stets sehr schmalen 1 bis 5 Zoll starken Erzlagen, drei bis vier an der Zahl, sind durch grüne, sehr zerklüftete Schieferthone, in dünnen oft kaum Zoll starken Schichten, so wie durch einzelne gelblichgraue, sehr feste Sandsteinlagen von einander getrennt. Das Liegende besteht aus einem gelblich grauen, sehr feinkörnigen Sandstein, auf welchem gemeiniglich eine ganz schwache, wenig aushaltende Erzlage abgesetzt ist. In früherer Zeit wurde dies Erzlager auch auf Tokarniany, zwischen Swientoslaw und Hrebenow am linken Opor Gehänge, so wie an den Abhängen der Berge Jertias und Zaplayczyk in Osten von Hrebenow, am rechten Opor Gehänge, unter ähnlichen Verhältnissen abgebaut. Der auf selbigem vorkommende Eisenstein ist ein graulich weifser dichter Kalkmergeleisenstein, theilweise braun beschlagen. Das Streichen des Erzlagers aber ist auf den verschiedenen Gewinnungspunkten etwas abweichend, indem dasselbe bei Hrebenow und Tokarniany hor 10 mit südwestlichem Einfallen, auf Tetczyn Czertisz hor 11 und zu Chochrowy Zlob hor 12 mit westlichem Einfallen steicht; eben so variirt der Neigungswinkel der Schichten gleichfalls zwischen 30 bis 60 Grad.

Im Hangenden desselben kommt grünlich und schwärzlich grauer Schieferthon, so wie Sandstein in dünnen Schichten vor, zusammen $1\frac{1}{2}$ bis 2 Lachter mächtig, sodann folgt ein Thonmergeleisensteinlager aus 3 bis 4, zwei bis sechs Zoll mächtigen Erzlagen von derselben Beschaffenheit, wie der Skoler Eisenstein von Thoustky u. s. w. und wird auch von einer ganz ähnlichen Verschichtung von Brand- und Mergel-Schiefern, Schieferthon, Letten, Thon- und Kalk-Mergeln, Kalkstein, Sandstein, Hornstein und Feuerstein bedeckt. Auf der Grube Tokarniany fand sich etwas Schwefelkies den Erzlagen beigemengt, und wurde deshalb nur wenig am äufsersten Ausgehenden in Angriff genommen; dagegen steht dies Erzlager (litt. f.) bei Maydan im Gliny Potok in Bau, woselbst aber die oben angeführten Korostower spodni Ganki zur Zeit nicht angegriffen.

Die bituminösen Mergelschieferschichten treten im Hangenden des Erzlagers unterhalb Maydan, bei Krientiela, so wie auch oberhalb Korostow, im Thale des Butywlia Baches stark hervor, und scheinen an beiden Punkten alaunhaltig zu sein.

Oberhalb Hrebenow nach Tuchla zu, durchsetzen das Opor Thal grünlich und gelblich graue, feinkörnige, fast dichte quarzige Sandsteine und Sandsteinschiefer, mit vielen silberweifsen Glimmerblättchen und zuweilen kleine schwarzbraune Parthien enthaltend; so wie oftmals mit weifsen Kalkspathadern durchzogen. Das Streichen der in Bänken von Zoll bis 2 Fufs Stärke deutlich geschichteten Gesteine ist in hor 8 mit südlichem sehr steilem Einschiefsen.

Höher hinauf treten abermals die hangenden Schichten der Thonmergel-Eisensteinlager auf, denen sodann grüne Quarzsandsteine mit grünen, grauen und rothen Schieferletten abwechselnd folgen, und kann daher auf das Vorhandensein der Kalk- und Thonmergel-Eisensteinlager in dieser Gegend geschlossen werden. Im weitern südwestlichen Fortstreichen ist auch wirklich, in Süden von Libochora und in Osten von Tuchla, zwischen zwei einen Sattel formirenden Gebirgskuppen, das Ausgehende eines Thonmergel-Eisensteinlagers (litt. h.) ausgeschürft, durch einigen streichenden Streckenbetrieb untersucht, aber in der Berücksichtigung, daſs man dem Skoler Hochofen näher gelegene Eisensteinniederlagen derselben Qualitaet besitzt, kein weiterer Bau eröffnet worden. Es fanden sich übrigens hier 2 Erzlagen, von denen die obere 4 Zoll, die untere 3 Zoll mächtig, welche durch 4 Fuſs starke, graue Schieferthonlagen von einander getrennt, in hor 11 mit westlichem Einfallen streichen. — Ebenso steht in circa 150 Lachter querschlägiger Entfernung am südlichen Abhange des Berges Mszade ein Kalkeisensteinlager (litt. g.) in Abbau, das zwischen hor 10 und hor 11 aus Süd in Nord steicht, und etwa 30 Grad in West einfällt. Das Hangende des Erzlagers ist ein gelblich grauer sehr feinkörniger Sandstein, mit kleinen weiſsen, grünen und braunen Punkten; unter demselben liegt ein grünlichgrau gefärbter Sandsteinschiefer, mit feinen silberweiſsen Glimmerschuppen; sodann folgt $1\frac{1}{2}$ bis 2 Zoll Erz; hierauf grünlich grauer, 24 Zoll mächtiger, kalkiger Schiefer, so wie grünlich graue und gelblich oder röthlich braune feinkörnige Sandsteine, in meist sehr dünnen Lagen mit einander abwechselnd. Dieser Sandstein enthält silberweiſse Glimmerschuppen, so wie einzelne grünlich graue hornsteinartige Parthien von mattem Glanze und flachmuschligem Bruche; theilweise sind auch diese Sandsteinlagen conglomeratartig. Ueber den Schiefern und Sandsteinen liegt ein gelblich weiſser, sehr leicht zerreiblicher Sandstein, der zuweilen völlig zu Sand aufgelöſst, worunter 1 bis 2 Zoll gelber Letten sich befindet, der die untern 3 bis 4 Zoll starke Erzlage bedeckt. Der hier brechende dichte Kalkeisenstein ist von grünlich, schwärzlich oder auch perlgrauer Farbe, mit flachmuschligem Bruch. Sowohl auf den Schichtungs als auf den Kluftflächen ist derselbe $\frac{1}{4}$ bis $\frac{1}{2}$ Zoll röthlich-gelblich- oder auch grünlich braun gefärbt. Zunächst im Hangenden folgen dünne Schichten eines grünlich grauen oder auch gelblich weifsen feinkörnigen Sandsteins mit feinen Glimmerblättchen und zuweilen schwarze Punkte enthaltend, in steter Wechsellagerung mit meist röthlich braun gefärbtem Schieferletten. — So wie nun die abwechselnden bituminösen Mergelschiefer-Kalkstein-Hornstein u. s. w. Schichten stets das Hangende der Thonmergel-Eisensteinlager bezeichnen, so findet sich auch immer der Kalkeisenstein in Begleitung der rothen, sehr charakteristischen Lettenschichten, welche daher bei der Ausschürfung des letzteren zum Anhalten dienen.

Auf dem Mazader Eisensteinlager ist noch kein bedeutender Bau geführt, und nur in oberer Teufe am Ausgehenden durch den sehr unregelmäfsigen und unzweckmäfsigen Bergbau verhauen *); es läfst sich aber

*) Der Eisensteinbergbau im gallisischen Karpathengebirge zur Versorgung der Eisenhüttenwerke zu Smolna, Maydan, Orow, Sopot bei Podhorodce, Zutin bei Synowucko, Demuca bei Skole, Mizun, Rözniatow, Weldzicz u. s. w. hat mit mancherlei Schwierigkeiten zu kämpfen, indem die Mächtigkeit der Erzlagen, wie angegeben, sehr unbedeutend und dieselben oft an kaum zugänglichen Orten vorkommen, so dafs sowohl der Abbau, als auch die Abfuhr der Erze nicht nur mühvoll und beschwerlich, sondern auch sehr kostspielig wird. Hierzu tritt noch der Mangel an tüchtigen Bergleuten, welche in der hiesigen Gegend auch nicht füglich aufkommen können, da der Verdienst, bei vielen Beschwerden, nur sehr gering ist. — Dagegen liefse sich bei der ungemeinen Regelmäfsigkeit, mit welcher die Eisenerzlager sowohl im Streichen als auch nach dem Einfallen aushalten, so wie bei der Leichtigkeit, dieselben durch Treibung von streichenden Strecken an den Gehängen der Berge anzugreifen, als auch durch Ansetzung von Stollen aus den tief eingeschnittenen Thälern, zur Abführung der, meist unbedeutenden Grubenwasser, im

daselbst, so wie auf dem weitern südwestlichen und nordwestlichen Fortstreichen, ein anhaltender Bau sehr

---

tiefern Sohlen zu lösen, — ein sehr regelmäſsiger und nach haushälterischen Grundsätzen eingerichteter Grubenbetrieb erwarten, was aber im Allgemeinen nicht der Fall ist.

Der Angriff der Eisensteinlager im frischen Felde erfolgt mittelst Treibung söhliger oder doch nur schwach ansteigender Strecken, welche, je nachdem es die Lokal Verhältnisse erfordern, entweder unmittelbar auf dem Ausstreichen der Erzlager an den Gehängen der Thäler angesetzt, und nach dem Streichenden erlängt werden; — oder man treibt kurze Querschläge durch das Liegende oder Hangende bis man das Erzlager erreicht hat, und fährt demnächst streichend, nach beiden Weltgegenden auf. — Auf den steil einfallenden oder stehenden Erzlagern werden die Strecken (hier Stolln genannt) mit 6 bis 7 Fuſs Höhe so breit genommen, daſs sämmtliche Erzlagen in gemeinschaftlichen Abbau kommen, (also 4 bis 7 Fuſs), in gewöhnliche Thürstockzimmerung gesetzt und je nachdem es die Gebrächigkeit des Nebengesteins erfordert, sowohl in der Firste als auf beiden Stöſsen mit Halbholz verzogen. Da, wo das Liegende fest, wird auch nur der hangende Stoſs und die Firste verbaut, und die Kappe entweder ins Liegende eingebühnt oder auf einen kurzen Fuſspfahl aufgesetzt. Zur Auszimmerung eines Ortsbetriebs werden 2 Fuhren Holz gerechnet, wofür im Sommer ein Zugtag, im Winter 1½ Zugtag in Rechnung gesetzt wird. Zur Verzimmerung selbst wird an einigen Orten ein Fuſstag den Bergleuten zu Hülfe gegeben.

Selten werden diese streichenden Strecken über 30 Lachter ins Feld getrieben, oft sogar nur so weit als die Bergleute ohne Licht zu arbeiten im Stande sind; — an dieser sehr willkürlichen Feldesgrenze wird etwa 6 Fuſs in die Höhe gebrochen, und der über der Strecke unmittelbar anstehende Pfeiler mit dieser Höhe nach rückwärts zu weggenommen; aber auch dies geschieht nur auf wenigen Gruben. Gewöhnlich wird diese Strecke verlassen, und eine zweite über oder unter derselben nach Willkühr in beliebiger Entfernung angesetzt. — Bei dieser Einrichtung ist es natürlich nicht zu vermeiden, daſs das Ausgehende der Erzlager völlig verhauen wird und daſs zuweilen sehr bedeutende Pfeiler zwischen den einzelnen Strecken stehen bleiben, deren Abbau nicht nur leicht einrichten. — Von großer Wichtigkeit aber für die Skoler Hochofenanlage wäre es, dies Eisensteinlager

---

mühsam, sondern auch nie vollkommen ausgeführt werden kann; — auch werden die Gewinnungskosten des Erzes stets dadurch unnöthigerweise vertheuert, indem die Erzlagen nicht überall zu Tage ausgehen, und daher die streichenden Strekken mehrere Lachter durch schottriges Gebirge im Lachtergedinge getrieben werden müssen. Streicht das Lager nicht zu Tage aus, so werden die Querschläge nach demselben ebenfalls ohne Ordnung in beliebigen Entfernungen über und nebeneinander angesetzt, und so das ganze Feld aufs zweckwidrigste verhauen.

Auf den flachfallenden Lagern werden die Strecken 8 bis 10 Fuſs breit mit 4 bis 6 Fuſs Höhe aufgefahren, demnächst schwebend ein 6 Fuſs breites Ort aufgehauen, und dieser Pfeiler nach rückwärts zu weggenommen, wobei die Berge in den ausgehauenen Raum versetzt werden.

Die Belegung eines jeden Orts besteht aus einer Kameradschaft von 3 Mann, wovon 2 vor Ort arbeiten und der dritte mit Ausförderung der Erze, mittelst Karren, oder auch dem Versetzen der Berge im ausgehauenen Felde beschäftigt wird. — Für einen Kübel Erz, welcher 2 Korzeos enthält, erhalten die Bergleute 6 sgr. 8 pf. bis 12 sgr. 6 pf.; das Lachter Ortsbetrieb durch taubes Gestein wird mit etwa 15 sgr. bezahlt; hierbei müssen sich die Bergleute das Geleuchte selbst besorgen, erhalten aber das erforderliche Gezähe, dessen Reparatur auf herschaftliche Kosten erfolgt.

Durch die obenangeführte Abbaumethode sind die Erzlager am Ausgehenden fast ganz verhauen, so daſs man sich jetzt, wenigstens auf den, dem Skoler Hochofen zunächst gelegenen Gruben, nur auf die Aufsuchung und Abbau der früher stehen gelassenen Pfeiler beschränkt sieht, was aber auch nicht lange anhalten wird, und man daher die benöthigten Erzquantitäten bereits von sehr entlegenen und schwer zugänglichen Punkten beziehen muſs. — Dasselbe Verfahren beobachtet man fast auf allen Privatgruben, und wird das Erliegen mehrerer Eisenhüttenwerke zur unausbleiblichen Folge haben. Auf den aerarialischen Gruben werden die streichenden Strecken auf gröſsere Distancen ins Feld getrieben, auch erfolgen die Ansetzung derselben so wie der Pfeilerabbau mit etwas mehr Ordnung.

im Thale der Orawa, durch welches die Kaiserstrafse führt, auszuschürfen, was bei dem so regelmäfsigen Fortstreichen und Aushalten der Erzlager im hiesigen Gebirge, mit Gewifsheit zu erwarten, und werde ich auf diesen Gegenstand wieder zurückkommen, nachdem vorher die weiter im Hangenden vorliegenden Gebirgslagen und Erzlager in nähere Betrachtung gezogen worden.

Am Wege von Tuchla nach Slawsko tritt am rechten Opor-Gehänge Sandstein auf, in hor. 10 mit südwestlichem Einschiefsen streichend; derselbe ist in Bänken von Fufs bis 4 Fufs Stärke stratificirt, von bräunlich gelber, gelblich- und bräunlich-grauer und graulichweifser Farbe, feinkörnig, mit theils kiesligem, theils kalkigem Bindemittel; er enthält viele silberweifse Glimmerblättchen, parallel den Schichtungsflächen liegend; die Kluftflächen sind häufig mit weifsem Kalkspath beschlagen. Nimmt der Glimmergehalt zu, so entsteht ein dünnschiefriger Sandsteinschiefer, von theils gelblichgrauer, theils graulichweifser Farbe, so wie auch oftmals beide Farben vereinigt vorkommen, indem das Innere der Schichten graulichweifs, und die äufsere Rinde gelblich braun gefärbt ist.

Höher im Thale hinauf, da wo der Opor nach Slawsko zu fast rechtwinklich sich wendet, ist auf der Höhe des linken Gehänges ein Thonmergeleisensteinlager (litt. k.) ausgeschürft, bestehend aus 3 Erzlagen, von denen die untere 2 Zoll, die mittlere 4 Zoll und die obere 5 Zoll mächtig, durch Schiefer und Sandsteinlagen von einander getrennt, worauf abermals die gewöhnlichen begleitenden Gebirgs Schichten folgen. Weiter im Hangenden streichen sehr feinkörnige Sandsteinlagen aus, theils von graulichweifser und gelblichgrauer Farbe, mit vielen kleinen schwarzen und grünen Punkten und einzelnen silberweifsen Glimmerblättchen, theils von gelblich weifser Farbe mit wenigem Glimmer, kleinen grünen Körnern, so wie einzelnen graulichweifsen glänzenden Quarzkörnern.

Gegenüber dem Vereinigungspunkte des von Rozanka kommenden Wassers mit dem Opor, ist an dem linken Thalgehänge durch einen Wasserrifs das Ausgehende eines Kalkeisensteinlagers (litt. I.) und der dasselbe begleitenden Gebirgs Schichten entblöfst worden; das Streichen der Gebirgslagen ist hor 10 mit südwestlichem Einschiefsen unter 30 bis 40 Grad, und befinden sich sowohl im Liegenden als auch im Hangenden des Erzlagers:

grünlich grauer und gelblich grauer, quarziger, dichter Hornstein mit splittrigem unebenem bis flachmuschligem Bruch, matt glänzend, an den Kanten durchscheinend, mit kleinen glänzenden schwarzen Körnern und sehr wenigen silberweifsen Glimmerblättchen; zuweilen ist das Gestein mit schwachen weifsen Kalkspathschnüren durchsetzt, so wie auch auf den Kluftflächen mit Kalkspath beschlagen; auf den Schichtungs-Ablösungsflächen der meist dünnen Bänke finden sich nicht selten Erhabenheiten von mannigfaltigen Formen; ferner grünlich graue feinkörnige Sandsteine und Sandsteinschiefer: so wie grünlich graue, schwärzlich graue und rothe Schieferletten und Schieferthone.

In etwa 2 Lachter Teufe unter dem Erzlager kommt ein 10 bis 12 Zoll mächtiges Lager eines gelblichgrauen oder auch graulichweifsen dichten, splittrigen Kalksteins, häufig mit weifsen Kalkspathadern durchzogen, vor; ebenso auch unter selbigem ein sehr grobkörniges, 8 bis 10 Zoll starkes Conglomeratlager, bestehend aus weifsen, halb durchsichtigen, rauchgrauen, gelblich und grünlich weifsen Quarzkörnern; aus grünen talkigen, thonigen oder auch hornsteinartigen Körnern; gelblich weifsen Kalkspathkörnern; schwarzen Schieferbrocken und sparsam eingemengtem Glimmer, durch ein kiesliges und kalkiges Cement verbunden.

Kurz vor Slawsko, so wie namentlich am Wege nach Grabowiec zu, treten abermals schwarze bituminöse Mergelschiefer, so wie überhaupt die charakteristische Gebirgsgruppe der Schichten im Hangenden der Thonmergel Eisensteinlager auf, und bekunden das Vorhandensein des Erzlagers, was aber in dieser Gegend noch nicht ausgeschürft ist. Sehr schön lassen sich die speciellen Lagerungsverhältnisse der mannigfaltigen Gesteine dieser Gebirgsgruppe, sowohl nach dem Streichen als nach dem Fallen, an den steilen Gehängen des Opor Thales, so wie in den auslaufenden Nebenschluchten beobachten. — Im Hangenden derselben folgt ein sehr mächtiger, graulich schwarzer und schwarzer bituminöser Mergelschiefer, der im Dorfe Slawsko selbst an vielen Punkten zu Tage ausstreicht.

Zwischen Slawsko und Wolosianka dürfte abermals ein Kalkeisenstein und ein Thonmergeleisenstein-Lager (litt. n und o) vorkommen, indem die begleitenden Gebirgsschichten, sowohl die grünen und rothen Schieferletten und Sandsteine, so wie die bituminösen Mergelschiefer, mit Kalkstein-, Hornstein- u.s.w. Lagern daselbst auftreten. Unterhalb Wolosianka sind die linken Thalgehängen mit mächtigen Felsenwänden bekleidet, bestehend aus einem sehr dünnschiefrigem, feinkörnigem Sandsteinschiefer von schwärzlichgrauer Farbe; derselbe enthält viele weifse Glimmerblättchen und röthlichgraue kalkige Parthien; weifser Kalkspath durchzieht das Gestein sehr häufig und findet sich auch auf den Kluftflächen, welche zuweilen mit schönen Kalkspathkrystallen besetzt sind; auf den Schichtungs-Ablagerungs-Flächen zeigen sich ebenfalls oft Erhöhungen, welche langen rundlichen

Stengeln mit kleinen Knotenansätzen gleichen, und manchen vegetabilischen Abdrücken aus dem Steinkohlengebirge sehr ähnlich sind. Die Längenrichtung der Stengel ist parallel mit der Einfallungsebene der Gebirgs Schichten, doch liegen auch zuweilen einzelne Stengel in diagonaler Richtung über die untern hinweg. Die Schichten, welche dergleichen Erhabenheiten führen, besitzen gemeiniglich eine mehr gelblich graue Farbe, und es ist zu vermuthen, dafs diese eigenthümlichen Formen durch Ausscheidungen und demnächstige Verhärtung eisenschüssiger Thon- oder auch Kalktheile herrühren. — Das Streichen dieses Gesteins, das oft sehr ähnlich dem Grauwackenschiefer, aber nur als ein kalkiger sehr glimmerreicher Quarzschiefer angesprochen werden kann, ist hor 10 mit südwestlichem fast seigerem Einschiefsen; dasselbe ist in Bänken von 3 Zoll bis 2 Fufs Mächtigkeit, deutlich, oft wellenförmig geschichtet, und zeigt dann concentrisch schaalige Absonderung.

Oberhalb Wolosianka, und namentlich bei der Kirche zu Chaszczowanie streichen abermals schwarze bituminöse Schiefer mit einzelnen quarzigen Sandsteinbänken zu Tage aus, welche zwar gleichfalls aus Süd Ost in Nord West streichen, aber nordöstliches sehr steiles Einschiefsen besitzen, also dem seither beobachteten Einfallen der Gebirgsarten entgegengesetzt. — Auf der Höhe des Gebirgsrückens selbst, dem Bliszcza Gora, findet sich ein gelblichbrauner, feinkörniger, mit sehr vielen weifsen Glimmerblättchen versehener Sandsteinschiefer, der ungemein viel Aehnlichkeit mit Grauwackenschiefer besitzt. — Die Aussicht von dem Gipfel dieses, auf der Grenzscheide zwischen Gallizien und Ungarn liegenden Bergrückens, ist herlich, namentlich nach Süden auf die Gebirgskette der Beskiden, deren Gipfel bereits in Schnee eingehüllt waren.

Dafs die diese Gebirgskette constituirenden Gebirgsarten, conformes Streichen mit den gallizischen Gebirgsbildungen besitzen, läfst sich schon aus der Ferne warnehmen, indem sich von dem Haupthöhenzuge unter einander parallele, muldenförmige Einschnitte in der Hauptstreichungslinie hor. 9 bis hor. 11 abziehen, wie dies auch an den Gebirgskämmen in der Umgegend von Skole, vorzüglich aber am Höhenzuge im Süden des Dorfes Libochora zu bemerken ist.

Bei Verfolgung des von Tuchla in südwestlicher Richtung aus dem Opor-Thale nach Holowiecko zu ablaufenden Thales, findet man zunächst einen feinkörnigen, gelblich weifsen, schimmernden Sandstein, mit feinen Glimmerblättchen und ganz kleinen graulich schwarzen und auch weifsen kalkigen Körnern; er ist in Zoll bis mehrere Fufs starken Bänken geschichtet. — In der aus dem Hauptthale nach Grabowiec zu ziehenden Schlucht, fand, unweit des unteren Endes am östlichen Gehänge, Bau auf einem Kalksteinlager statt, das weiter nördlich nach Holowiecko zu gegenwärtig noch in Abbau begriffen. Weiter aufwärts wurde ebenfalls am Ausgehenden eines Kalkeisensteinlagers gebaut, das etwa 60 Lachter weiter im Hangenden des eben angeführten vorkommt; wie gewöhnlich von meist grünlich grau gefärbten hornsteinartigen Sandsteinen und Sandsteinschiefern, mit grünlich grauem und rothem Schieferletten wechsellagernd, begleitet wird, und in hor. 9,4 mit einem Einfallen von 50 Grad in West, aus Südost in Nordwest streicht. — Das oben angeführte Eisensteinlager am Eingange der Grabowiecer Schlucht (Litt. l.) setzt am rechten Thalgehänge des Holowiecko-Thales fort, und ist an mehreren Orten angegriffen, wegen verschiedener Unruhen der Unterthanen aber verlassen worden. Näher nach Holowiecko zu übersetzt dasselbe das Thal, und wird am linken Gehänge auf der Grube Granica gebaut.

Der Eisenstein kommt hier in 2 Lagen vor, ist von grünlich grauer, perlgrauer bis graulich weifser Farbe, dicht, splittrig, mit unebenem, theilweise ins muschlige übergehendem Bruch, und sehr fest; auf den Kluftflächen findet sich häufig ein feiner pistaziengrüner Ueberzug, so wie weifser Kalkspath, der auch den Eisenstein selbst in dünnen Adern durchzieht. Die untere, 2 bis 3 Zoll mächtige Erzlage, ist gewöhnlich fest mit dem Nebengestein verwachsen; die Kalkspathadern setzen sowohl durch den Eisenstein als auch durch das Nebengestein ununterbrochen fort, nur sind sie in letzterem etwas stärker. Auf den Schichtungs- und Kluftflächen zeigt sich die gewöhnliche braune Färbung; auch ist theilweise das Nebengestein gelblich braun gefärbt, und dann wird dasselbe zu einem grobkörnigen Sandstein zersetzt. Die etwa 4 Fufs über der unteren liegende zweite Lage, ist 3 bis 4 Zoll mächtig, und theils von derselben Beschaffenheit, theils besitzt dieselbe eine braunrothe und röthlich graue, ins bläulich graue verlaufende Farbe, ist dicht, mit flachmuschlig-splittrigem Bruch, und führt auf den Kluftflächen einen dünnen grünlich weifsen Kalkspathüberzug, oder ist auch mit gelblich braunem Eisenocker beschlagen. — Sowohl nach dem Ausgehenden, als auch beim zu Tage Ausstreichen dieses Erzlagers, kommt, statt des Eisensteins, ein schwärzlich-, grünlich-, oder auch röthlich-grauer, dichter Kalkstein vor, mit ausgezeichnet flachmuschlig-splittrigem Bruch, enthält weifse Kalkspathadern und besitzt, wie die ansehnliche Schwere und die Färbung verrathen, einigen Eisengehalt. Dies Eisensteinlager (litt. l.) streicht in hor. 9 bis 10; nach dem Ausgehenden zu ist das Einfallen etwa 60 Grad südwestlich, in tieferer Sohle aber ist eine entgegengesetzte nordwestliche Richtung unter einem Winkel von 80 Grad zu bemerken; oft verschmälern sich hier die Eisensteinlagen oder keilen sich auf mehrere Lachter Länge ganz aus, und werden durch Sprünge verworfen.

Die zwischen den Erzlagen, so wie unmittelbar im Hangenden und Liegenden vorkommenden Gebirgsarten bestehen aus zoll- bis fufsstarken Bänken eines grünlich grauen und bläulich grauen, sehr festen quarzigen Sandsteins, theils dicht, mit unebenem ins muschlige übergehendem Bruch, schwach schimmernd, mit feinen Kalkspathadern durchzogen, und auf den Kluftflächen mit weifsem Kalkspath beschlagen; theils ist derselbe sehr feinkörnig, mit starkem Fettglanze und ausgezeichnet flachmuschlig splittrigem Bruch; er enthält einzelne gröfsere silberweifse Glimmerblättchen, ist an den Kanten durchscheinend mit grüner Farbe, und führt auf den Kluftflächen zuweilen in ganz kleinen Parthien ein grünes, dem Uranglimmer ähnliches Fossil; einzelne weifse Kalkspathtrümmer durchziehen das Gestein in mit den Schichtungsflächen rechtwinklicher Richtung. Diese Quarzsandsteine und Hornsteine werden durch rothe, grüne und graue Schieferletten- und Schieferthon-Schichten von Linien bis Zoll Stärke von einander getrennt.

Auch dieses Eisensteinlager ist nur wenig bis jetzt angegriffen; es läfst sich daher hier auf einen anhaltenden Bau rechnen, sobald der Grubenbetrieb mit mehr Ordnung als seither eingeleitet wird; eben so unterliegt es keinem Zweifel, dafs dies Erzlager mit dem zwischen Slawsko und Tuchla angetroffenen identisch sei.

Weiter im Hangenden nach Holowiecko zu, so wie namentlich in der nach Koziowa ablaufenden Nebenschlucht, geht ein schwarzer, sehr bituminöser merglicher Schiefer mit schwachen rothen Schieferletten-Schichten zu Tage aus. — Unweit der Kirche von Holowiecko befand sich ein mehr als 32 Lachter tiefer Schacht, aus welchem eine ziemlich starke Salzsoole abflofs, und von den Bewohnern der Umgegend zum Salzen, als auch zum Tränken des Viehes angewendet wurde; gegenwärtig aber ist dieser Schacht, so wie ein anderer, etwa 3 Lachter von demselben entfernter, schon vor längerer Zeit zusammengegangener Schacht, auf Befehl der k. k. Salinen-Administration, mit Letten völlig ausgefüllt und fest verspündet worden. Dem ungeachtet dringt die Salzsoole durch, und zeigt sich auch weiter südwestlich im Dorfe selbst, an mehreren Punkten, jedoch hier sehr eisenhaltig. Auf den Schachtshalden findet sich nur ein bräunlich schwarzer bituminöser Mergelschiefer, aus dem also, allem Anschein nach, die Salzsoole ihren Ursdrung nimmt.

Im Thale, aufwärts nach Rykow zu, streicht am nördlichen Abhange, unweit der Mühle, ein Thonmergeleisensteinlager (litt. m) zu Tage aus; es kommen hier 3 Erzlagen von 2 bis 3 Zoll Stärke vor, zwischen grauen Schieferthon- und schwachen Sandsteinbänken von schwärzlich grauer und gelblich brauner Farbe, mit feinen Glimmerblättchen, theils feinkörnig und merglich, theils als compactes Quarzgestein liegend. Der Eisenstein selbst ist ganz von derselben Beschaffenheit, wie der von der Ostaszowska-Grube bei Skole, und wird von der gewöhnlichen Verschichtung bedeckt. Das Streichen, in hor. 10 mit südwestlichem starkem Einfallen, weist auf den Zusammenhang mit dem in dieser Richtung, nördlich von Grabowiec, so wie unterhalb Slawsko vorkommenden hangenden Schichten des Thonmergeleisensteinlagers hin.

Aehnliche Verhältnisse zeigen sich auch bei Verfolgung des Orawa-Thales, und der aus selbigem ablaufenden Seitenthäler und Schluchten, im Hangenden der weiter oben erwähnten Eisensteinsniederlagen bei Korostow. Zwischen hier und dem Frischfeuer Isabellowka sind die steilen Thalgehänge mit Sandstein-, Sandsteinschiefer- und Quarzschiefer-Felsen bekleidet, welche Gesteine wiederholt mit einander wechsellagern. Der Sandstein ist feinkörnig, graulich weifs und gelblich grau und enthält viele silberweifse Glimmerschuppen, so wie kleine graulich schwarze Punkte; das Bindemittel ist theils kalkig, theils thonig; häufig kommen Sandsteinbänke vor, bestehend aus einer grünlich weifsen, ins bläuliche spielenden, matt glänzenden, feinkörnigen, fast dichten Quarzmasse; kleine schwarze Körner und sparsam eingemengte Glimmerblättchen, mit kleinen kohligen Parthien vermengt, enthaltend: die Kluftflächen sind oft mit weifsem Kalkspath beschlagen, so wie überhaupt das Bindemittel des feinkörnigen fast dichten Gesteins, kalkig ist. Tritt dagegen das Bindemittel zurück, so bildet das Gestein eine dichte compacte Quarzmasse, welche mehr oder weniger feinschiefrigen und flachmuschlig-schiefrigen Bruch besitzt; nicht selten kommen auch krummschiefrige Straten vor; Glimmer von silberweifser Farbe, theils frisch, theils aufgelöst, findet sich sehr häufig, aber nur auf den Schichtungs-Absonderungsflächen, zuweilen gemengt mit schwärzlich grauen kohligen Parthien; weifse Kalkspathtrümer durchsetzen diesen Quarzschiefer häufig, so wie auch die Kluftflächen damit bekleidet sind; die Farbe des Gesteins ist bläulich und schwärzlich grau; gewöhnlich kommen die Quarzschiefer in Begleitung von meist grauem, mildem Schieferletten vor.

Unterhalb dem Frischfeuer Isabellowka streichen grüne quarzige Sandsteinschichten zu Tage aus, mit grünen, grauen und rothen Schieferletten-Lagen wechsellagernd, so wie bei dem gedachten Frischfeuer selbst auf einem Thonmergel-Eisenstein-Lager gebaut wurde, worauf sodann die gewöhnliche characteristische Verschichtung folgt. Das Streichen dieses Erzlagers (litt. h) ist hor. 10 mit südwestlichem Einschiessen; es dürfte dasselbe mit dem in Süden von Libochera befindlichen zusammentreffen, und demnach das Maza der Kalkeisensteinlager (litt. g) zwischen den weiter im Liegenden vorkommenden grünen Sandsteinen und Schieferletten aufzufinden sein.

Weiter im Hangenden folgen feinkörnige, röthlich und gelblich weisse, röthlich gelbe und gelblich braune Sandsteine, zum Theil kleine grüne Körner und wenig silberweisse Glimmerschuppen enthaltend.

Ganz dieselben Lagerungsverhältnisse wie im Orawa-Thale zwischen Korostow und Isabellowka, finden sich auch in dem rauhen Thale der Butyvlia, zwischen Korostow und Tyssowiec, so wie auch die Spuren des Kalkeisenstein- und Thonmergeleisenstein-Lagers (litt. g und h) unterhalb des Czarna hora (schwarze Berg) ausstreichen. — Im weitern nordwestlichen Fortstreichen treten diese beiden Erzlager oberhalb Maydan auf, woselbst auf dem Gipfel des Berges Lipowate, so wie im Zloty Potok, das Kalkeisensteinlager, in hor. 10 streichend, für den Maydaner Hochofen in Abbau steht.

Zwischen dem Frischfeuer Isabellowka und dem Dorfe Koziowa treten noch zweimal die das Kalk- und Thonmergel-Eisensteinlager begleitenden Gebirgsschichten auf, welche ebenfalls bei Nissay, so wie zwischen Nissay und Bachnowate, auf ärarialischem Territorio ausgeschürft worden sind, und in der Gegend von Isaie durch das Thal der Stry, mit stetem nordwestlichem Fortstreichen, übersetzen. — Das untere Kalkeisensteinlager (litt. i) streicht auch im Thale der Glashütte (nach Skole gehörig) aus, scheint aber im Opor-Thale, wo es sich unterhalb Tuchla zeigen sollte, nicht aufzutreten; dagegen wird das untere Thonmergel-Eisensteinlager (k), welches im Orawa-Thale, unweit des Potok Chomineza wyzna ansteht, dasselbe sein, was oberhalb Tuchla zu Tage ausstreicht. Eben so dürften die mehr nach dem Hangenden in Südwest von Nissay auftretenden Kalk- und Mergel-Eisensteinlager (litt. l und m) identisch sein mit dem Kalkeisensteinlager von Granica, in der Grabowiecer Schlucht und unterhalb Slawsko, so wie mit dem Thonmergel-Eisensteinlager bei der Koziower und Holowiecker Mühle.

Alle diese Erzlager streichen in der Gegend oberhalb Maydan hor. 9—10; im Orawa-Thale aber findet ein sehr veränderliches Streichen der Gebirgsschichten zwischen hor. 7 bis hor. 11 statt, mit südlichem und südwestlichem sehr steilem Einschiefsen.

Unterhalb Koziowa treten zwischen dem oberen Thonmergel- und Kalk-Eisensteinlager, an den Gehängen des Orawa-Thales, vorzüglich mächtige Straten eines graulich weifsen, grünlich grauen und röthlich braunen feinkörnigen Sandsteins und Sandsteinschiefers auf, wenig feine silberweifse Glimmerschuppen enthaltend. Im Hangenden des Thonmergel-Eisensteinlagers, das bei der Koziower Mühle durch kurzen Streckenbetrieb untersucht worden, folgen zunächst die auch bei Holowiecko beobachteten Mergelschieferschichten; bei den oberen Häusern von Koziowa selbst streicht gelblich grauer, feinkörniger sehr mürber Sandstein mit vielen silberweifsen Glimmerblättchen zu Tage aus, denen sodann oberhalb Koziowa bis Orawa sehr dünnschiefriger Quarzschiefer folgt. Derselbe besitzt graulich weifse, bläulich graue und gelblich weifse Farbe, ist feinkörnig, fast dicht, mit kalkigem Bindemittel, und enthält viele feine Glimmerschuppen, so wie auch häufige weifse Kalkspathadern; die sehr zahlreichen Klüfte, welche das Gestein nach allen Richtungen durchziehen, sind gleichfalls mit schönem, oft zwei Zoll starkem Kalkspath bekleidet; auf den Absonderungs-Schichtungsflächen finden sich auch hier die eigenthümlichen länglich runden Erhabenheiten, wie sie bei den Quarzschiefern unterhalb Wolosianka beobachtet wurden. Die Streichungslinie des Gesteins ist zwischen hor. 9 und 11, deren Beobachtung zum Theil schwierig, weil dasselbe oft wegen der wellenförmigen Lagerung sehr krummschiefrig; das südwestliche Einfallen ist stets sehr stark, dem seigern mehr oder weniger sich nähernd.

Kurz vor Orawa sollten eigentlich nochmals die Kalk- und Thonmergel-Eisensteinlager (litt. n und o), welche nordwestlich zwischen Bachnowate und Rykow vorkommen, und deren Spuren sich zwischen Slawsko und Wolosianka zeigen, durchsetzen, jedoch gelang es mir nicht, dieselben aufzufinden. — Oberhalb Orawa bis Tucholka steht ein quarziger feinkörniger Sandstein an, von bräunlich gelber und bläulich grauer Farbe; in den festeren, meist bläulich grauen Sandsteinbänken findet sich silberweifser Glimmer nur sparsam eingemengt, welcher dagegen in dem bräunlich gelben, mürben, durch Eisenoxyd zersetzten Sandstein sehr häufig ist. — Die Zeit gestattete mir nicht, die weiter nach der ungarischen Grenze zu gelegenen Gebirgslagerungen, so wie die Conglomerate und kalkartigen schwarzgrauen Eisensteine bei Iwaszkowice *), welche bereits das entgegengesetzte nordöstliche Einschiefsen besitzen, näher kennen zu lernen **).

---

*) Schindler S. 19.

**) Diese Gebirgsbildung besteht, nach Herrn v. Schindler S. 32 u. f., aus Conglomerat, aus Quarz-, Thonschiefer-, Kalkspath-, Jaspis- und Sandsteinstücken mit gelben Körnern; rothem, schwarzem und grünem Schieferthon und Schieferletten; schwarzen Thonschiefern; Brandschiefern; Salzthon; schwarzgrauem Kalkstein; glimmerreichem Thon; schwarzgrauem Kieselgestein, das in eine Art kiesligen Kalkstein übergeht; gelbem thonig-glimmrigem Gesteine mit kleinen eingestreuten Bergkrystallen; bläulich grauem, weifsglimmrigem Schiefer-

Aufser den im Vorstehenden angeführten Eisen- [st]einslagern kommen an vielen Punkten zum Theil [se]r beträchtliche Niederlagen eines gelblich braunen er- [dig]en Eisenockers vor, der seine Entstehung den [aus] den Eisensteinslagern entspringenden Wassern ver- [dan]kt, welche an geeigneten Stellen ihren Eisengehalt [nie]derschlagen. Dergleichen Eisenocker findet sich am [sü]dwestlichen Abhange des Berges Klywa bei Skole, [im] Potok Pawlowy (litt. p.), im Gnily Potok bei Ro- [zu]nka (litt. q.), und überhaupt fast an allen Abhängen [un]d in den Schluchten der mit Eisensteinslagern durch- [zo]genen Höhenzüge.

---

thon, in Sandsteinschiefer übergehend; gelbem Thon und Ocker mit Kalkspathtrümmern; Eisenmergel; Hornstein in Thonstein übergehend. — Bei Przeluki am Oslawa-Bache tritt aus dieser Lagerungsabtheilung eine ziemlich starke Salzquelle auf.

Alle diese Schichten verflächen gegen Nordost und nehmen eine Breite von $1\frac{1}{2}$ bis 2 Meilen ein.

Weiter in Südwest, im Liegenden, folgen, mit einer Mächtigkeit von beinahe 3 Meilen, nachstehende Lagerungen, gleichfalls mit nordöstlichem Einschiefsen der Schichten, als:

Rother Schieferthon, bläulich grauer Schieferthon; Quarz und Hornstein, die in Thongestein übergehen; Sandstein mit gelben Punkten, glimmerloser Sandstein, Letten, glimmriger Schieferthon; fein- und grobkörniger Sandstein mit weifsem Glimmer; grobschiefriger Sandmergel; Conglomerat aus Quarzkörnern, Thonschiefer- und Glimmerschiefer-Bruchstücken; Lager von Mergel-Eisenstein (so wie auch die Salzkörper von Bochnia und Wieliczka der vorstehenden Gebirgsgruppe, und zwar an deren nordwestlichen Begrenzung vorkommen dürften).

Noch weiter südwestlich dieser nordöstlich einfallenden Lagerungsabtheilung treten, mit einer Breite von einer Meile, namentlich zwischen Neu Sandec und Myslenice, folgende Verschichtungen mit abermaligem südwestlichem Einschiefsen auf:

Weifsgraue Thonmergel; Kalkmergel, zum Theil

Von anderen fremdartigen Lagerstätten oder metallischen Vorkommnissen ist mir nur ein Schwefelkieslager (litt. r.) in dem Thale oberhalb Kruszelnice zu Gesichte gekommen, bestehend aus einem dichten, gelblich grauen Mergelkalkstein, mit häufig eingesprengten kleinen Schwefelkieswürfeln. — Aufserdem führt Herr v. Schindler (l. c. S. 23) das Vorkommen von Schwefelkieskugeln zu Bezmichowa bei Lisko in grünlich grauem Thonmergel an, so wie auch bei Monasterzec, unweit Sanok, Kupferspuren von Malachit und gediegenem Kupfer entdeckt wurden.

Die Haupt-Resultate dieses Querdurchschnittes der Gegend zwischen Stry und der ungarischen Grenze bei Chaszowanie u. s. f., mit Berücksichtigung der Lagerungs- und Structurverhältnisse im weitern Fortstreichen der Gebirgsarten, ergeben: „dafs hier zwei Gebirgsbil-

---

kieslig oder auch sandig; Schieferthon; Brandschiefer; Eisenmergel; schwarzer bituminöser Schieferletten; Conglomerat, bestehend aus kleinen Pechkohlenstücken in Thonmergelmasse; glimmriger Schieferthon in Sandstein übergehend; Sandstein, theilweise thonig; Hornstein mit eingemengten Quarzkörnern; thoniges Kieselgestein mit weifsem Glimmer und grünen Körnern; gelber und grauer Thon; blaugrüner Schieferletten und rother Schieferthon.

Besonders wird diese Gebirgsgruppe charakterisirt durch das Vorkommen häufiger mineralischer Brunnen.

Auf der südwestlichen Begrenzungslinie dieser Schichtung folgen abermals:

Hornschieferartige Gesteine mit weifsem Glimmer; bläulich und gelblich grüner Hornstein mit eingemengten Quarzkörnern, der theils in Sandstein, theils in Thongestein, theils in Thonschiefer überzugehen scheint, — welche Gesteine nordöstliches Einschiefsen besitzen.

„dungen auftreten, unter einander verschieden, sowohl „durch das äufsere Oberflächen-Ansehn, als auch hin„sichtlich der, jeder dieser Gebirgsbildungen vorzugsweise „eigenthümlichen, fremdartigen Lagerstätten; überein„stimmend dagegen in Hinsicht der Lagerungsverhält„nisse, indem bei beiden die Hauptstreichungslinie in „hor. 9 bis hor. 11, aus Südost in Nordwest, und das „Einfallen der Schichten nach Südwest, gerichtet ist."

Als untere Gebirgsbildung erscheint ein Salzgebirge, in einer flachhüglichen, mit sanften Thälern durchschnittenen Gegend, eine Breite von etwa 1½ Meilen einnehmend *), das sich einerseits bis in das San-Thal bei Dobromil in fast ununterbrochener Lagerung erstreckt, andererseits aber bis in die Bukowina und nach Siebenbürgen fortzieht.

Dies Steinsalzgebilde besteht aus mannigfaltig mit einander wechsellagernden Schichten von Letten, Schieferthon, Sandstein, Kalkstein, Gips, Salzthon, rothem Schieferthon und Schieferletten, und ist vorzüglich ausgezeichnet durch das Vorkommen von Steinsalzniederlagen, sehr häufigen Salzquellen, so wie auch Bergölquellen.

Die obere, zunächst im Hangenden folgende Gebirgsbildung, constituirt ansehnliche Höhenzüge, einen Theil des mächtigen Karpathen-Gebirges bildend, in denen das Ausgehende der Gebirgsschichten mehrere tausend Fufs über der unteren Gebirgsbildung vorragt, und besteht vorherrschend aus Sandstein, der mit Sandsteinschiefern, quarzigen Hornsteinen,

*) Im weitern südöstlichen Fortstreichen nimmt die Breite des salzführenden Gebirges zu, und dürfte in der Gegend zwischen Kalusz und Dolina 3 Meilen, so wie in der Gegend von Kolomaea noch beträchtlicher sein; ein gleiches findet auch auf der nordwestlichen Erstreckung, namentlich in der Gegend von Dobromil, statt.

Conglomerat-, Kalkstein-, Kalkmergel-, Thonmergel-, Schieferletten-, Schieferthon-, Brandschiefer-, Mergelschiefer-, Hornstein- und Feuerstein-Schichten mannigfaltig wechsellagert, und untergeordnete Lager von Kalkeisenstein und Thonmergeleisenstein führt. Auch Salzquellen *) sind diesem Gebilde nicht fremd, und treten an mehreren Punkten auf, z. B. bei Maydan, welche mit der weiter nordwestlich, bei Tyrawa Solna, unweit Sanok **), vorkommenden Salzquelle in einer Streichungslinie liegen, und nach Herrn v. Schindler aus dem ununterbrochenen Zuge einer und derselben Lagerung hervortreten sollen; ferner bei Holowiecko, Jasien und andern Orten mehr.

Die nördliche Begrenzungslinie dieser südöstlich, mit geringen lokalen Abweichungen, einschiefsenden Gebirgsbildung, läuft aus der Bukowina, in stets nordwestlicher Richtung, über Kuty, südlich Jablonna, Delatyn, Maniawa, Dolina und Bolechow vorbei, über Synowucko, Orow—Stare Miasto, südlich Dobromil, nördlich Sanok, Jaslo und Tarnow vorbei, und verliert sich in den Niederungen des Dunaja- und Weichsel-Thales. Die südliche Begrenzung zieht von Jablonica in der Bukowina, längs des Höhenzuges der Ungarn von Gallizien scheidet, bis in die Gegend von Ustrzyki Gorne, und von da über Bystre, Dukla, Szmiegrode bis in die Gegenden

*) Auf der Karte sind die Salzquellen mit einem dunkelblauen △ bezeichnet.

**) Zu Tirawa Solna treten Sandstein, Sandmergel, Salzthon, blaugrauer Schieferthon, Eisenmergel und Thonmergel mit Salzquellen auf; eben so kommen bei Mrzyglod bituminöse salzige Sandsteine, Sandmergel, bituminöser schwarzer Schieferthon vor; auch weiter südöstlich von Tyrawa Solna wurde derselbe Schichtenwechsel, mit Bergölquellen, angetroffen. Siehe v. Schindler S. 22.

südlich von Jaslo und Tarnow, wogegen der Haupthöhenzug von Dukla eine mehr westliche Richtung annimmt*). — So wie sich diese Gebirgsbildung mehr von dem Haupthöhenzuge entfernt, so nehmen auch die Berge in den Gegenden von Sanok, Jaslo und Tarnow an Höhe ab, als auch die rauhen Thäler und Schluchten, wie sie in der Skoler Umgegend auftreten, allmählig verschwinden und sich in breite Thäler umwandeln, durch einzelne Höhenzüge, vorzugsweise aus Sandstein bestehend, von einander getrennt.

Bei näherer Betrachtung der Structurverhältnisse dieser Gebirgsbildung unterscheidet man drei Lagerungs-Abtheilungen oder Schichtungsgruppen, welche wiederholt mit einander abwechseln, und zwar führt die vorwaltende Gruppe Sandstein und Sandsteinschiefer von mannigfaltigen Abänderungen der Farbe und des Gefüges; die zweite Gruppe besteht aus Sandsteinschiefer, Hornstein, Schieferletten, so wie untergeordneten Lagern Conglomerat, Kalkstein und Kalkeisenstein; Versteinerungen scheinen ganz zu fehlen. Die dritte Gebirgsgruppe ist zusammengesetzt aus vorherrschendem, meist bituminösem Mergelschiefer, aus Schieferthon, Schieferletten, Kalk- und Thonmergel, und führt untergeordnete Sandstein-, Quarzschiefer-, Hornstein-, Feuerstein-, Kalkstein- und Thonmergeleisenstein-Lager; so wie auch, obwohl selten, vegetabilische Ueberreste und Bernstein vorkommen, als auch einige Bergöl- und Salzquellen diesen Verschichtungen anzugehören scheinen.

*) Eine vorzügliche Ansicht der nördlichen Karpathengebirgskette gewährt ein steiler Berg im Süden von Dukla, dessen kegelförmige Gestalt von Weitem in die Augen fällt.

Als unterstes Glied der ganzen Gebirgsbildung ist ein quarziger fast dichter Sandstein zu betrachten, der wegen häufig eingemengten kleinen, grünen, dichten Körnern, eine sehr charakteristische Färbung besitzt. Derselbe folgt dem Salzgebilde von Tkatschika bei Massanajetschie *) in der Moldau, tritt unter ähnlichen Verhältnissen südlich Bolechow auf **), durchsetzt das Thal der Stry unterhalb Synowucko und zeigt sich nordwestlich in dem Dniester Thale zwischen Staremiasto und Spass ***), jedoch finden sich auch die eigenthümlichen grünen Körner, zum Theil in Begleitung von schwarzen Körnern, mitten in dem Sandsteingebilde; z. B. im quarzigen Sandstein im Liegenden des Kalkeisensteinlagers oberhalb des Frischfeuers Swientoslaw am rechten Orawa Gehänge; im röthlichweissen feinkörnigen Sandstein in einer Schlucht ohnweit der Försterwohnung zu Hutta; zwischen Tuchla und Slawsko, im Liegenden des dortigen Kalkeisensteinstein-Lagers und zwar zugleich in Begleitung von schwarzen Körnern; ferner im Liegenden der Granica Grube zwischen Holowiecko und Tuchla in einem gelblichweissen Sandstein, und andern Orten.

Die Hauptmasse des Sandsteins der ersten Gruppe ist von meist lichten Farben, theils graulich-gelblich-röthlich- oder grünlich-weiss; theils bläulich-gelblich- oder röthlich-grau, selten röthlich- und gelblich-braun. Das Gestein ist stets sehr fein und gleichkörnig, ja selbst fast dicht, in Quarzfels oder auch in Hornstein übergehend; die feinen Quarzkörner besitzen zuweilen einen matten Glanz. Der Sandstein

*) v. Schindler S. 16.

**) Desgleichen S. 17.

***) Desgleichen S. 21.

kommt meist von bedeutender Festigkeit vor, selten nur treten milde, zerreibliche und dann stets schwache, gelblichweifs gefärbte Bänke auf; bisweilen wird das kalkige Bindemittel so vorherrschend, dafs die Gesteine mit Säuren lebhaft aufbrausen, so wie sich auch der Kalkgehalt in dünnen das Gestein durchziehenden Adern konzentrirt, oder auf den Kluftflächen als weifser Kalkspath, zuweilen krystallisirt, ausscheidet. Glimmer von silberweifser Farbe findet sich in kleinen Schuppen theilweise sehr häufig, theilweise nur sparsam eingemengt, fehlt aber oft ganz. Des Vorkommens der kleinen grünen und schwarzen Körner ist schon weiter oben gedacht worden; aufserdem finden sich noch bisweilen kleine Brocken stark glänzender Pechkohle, namentlich auf den Schichtungsflächen. — Stets ist der Sandstein in mehr oder minder mächtigen Bänken deutlich stratificirt, und oftmals sehr zerklüftet. Der Schichtenfall vorwaltend stark, in der Regel südwestlich gerichtet, wovon nur lokale, durch specielle Gebirgsstörungen veranlafste Ausnahmen zu bemerken sind.

Durch häufige Glimmerbeimengung geht der Sandstein in einen Sandsteinschiefer über, von gelblichgrünlich-bläulich- und schwärzlich-grauer bis gelblichbrauner Farbe, die Glimmerblättchen sind stets silberweifs, selten aufgelöfst und oft so häufig, dafs das Gestein sehr dünnschiefrig, und manchem Grauwackenschiefer, ja selbst dem Glimmerschiefer sehr ähnlich wird, wenn das thonige Bindemittel vorherrscht.

Ist das Gestein mehr dicht und quarzig, so entsteht ein Quarzschiefer von flach muschlig splittrigem Querbruch; die feinen silberweifsen Glimmerschuppen zeigen sich dann nur auf den Schichtungs-Ablösungsflächen, welche oftmals mit verschieden geformten Erhabenheiten besetzt sind. — Sowohl die Sandsteinschiefer als auch die Quarzschiefer werden häufig von Kalkspathadern durchzogen, so wie auch die Kluftflächen mit schönem weifsem Kalkspath, oftmals Zoll stark bekleidet sind.

Die grünlichgrauen quarzigen Hornsteine der zweiten Gruppe kommen stets in der Nähe der Kalkeisenstein Lager, sowohl im Liegenden, als auch im Hangenden vor; sind dicht, mit splittrigem, unebenem bis flach muschligem Bruch; matt glänzend, an den Kanten bisweilen durchscheinend, und führen theilweise Glimmerblättchen, so wie auch kleine schwarze Körner; schwache Kalkspathschnüre durchziehen dieselben, gleich wie Kalkspath auf den Kluftflächen hervortritt. Durch Einwirkung von Eisenoxyd wird die grünliche Farbe in eine braungelbe verwandelt und zugleich das sonst dichte Gestein feinkörnig.

Charakteristisch für die zweite Gruppe sind die sehr dünnschiefrigen Schieferletten von grünen, grauen, schwarzen und rothen Farben in verschiedenen Nüancirungen, jedoch ist die grünlichgraue Färbung vorwaltend; sie bilden schwache Schichten, trennen die Hornstein, Quarzsandstein, Conglomerat und Kalksteinstraten von einander und lösen sich leicht zu Letten und Thon auf; die roth gefärbten Schieferletten kommen stets in der Nähe der Kalkeisenstein-Lager vor, und sind deren stete Begleiter.

Von den untergeordneten Lagern zeichnen sich namentlich die Eisensteinlager aus, welche einen dichten Kalkeisenstein führen, und mit der gröfsten Regelmäfsigkeit fast ununterbrochen in dem ganzen Bezirk, welchen diese Bildung einnimmt fortziehen, und an vielen Punkten zur Versorgung der gallizischen Eisenhüttenwerke in Abbau stehen, oder durch Schürfungen und geognostische Begehungen ziemlich genau auf ihrer ganzen Erstreckung aus der Moldau bis in die Sandecer Gegend bekannt, aber im Allgemeinen noch wenig benutzt sind. —

Das Streichen dieser Eisensteinlager ist vollkommen übereinstimmend mit dem der ganzen Gebirgs Bildung aus Süd Ost in Nord West zwischen hor 9 bis hor 11, und einem Verflächen von 30 bis 80 Grad, wovon nur örtliche Ausnahmen statt finden, indem die Erzlager, theils durch Sprünge aus ihrer Streichungslinie verworfen werden, theils (weil bedeutende Erzlagerstücken an den steilen Abhängen der Berge abgerutscht sind) oftmals eine mehr flache Neigung besitzen. Uebrigens finden sich die Erzlager sowohl auf den höchsten Bergrücken, als auch in den tiefen Thälern und Schluchten, und setzen auf unbekannte Teufe nieder; nur scheint an vielen Punkten die Festigkeit des Eisensteins, so wie die der begleitenden Gebirgsarten mehr nach dem Innern der Berge sehr zu zunehmen, und die Gewinnung des Eisensteins zu erschweren. — Gewöhnlich führt ein Eisensteinlager mehrere Eisensteinlagen, die durch Schieferletten, Hornstein, und quarzige Sandstein-Bänke von einander getrennt sind; die Mächtigkeit der einzelnen Eisensteinlagen ist nur gering und beträgt 3 bis höchstens 8 Zoll, aber auch dies ist sehr veränderlich, indem dieselben sowohl im Streichen, als auch nach dem Einfallen abwechselnd sich verstärken und verschmälern, zuweilen auch auf geringe Erstreckung ganz verdrückt werden. Diese dichten Kalkeisensteine sind von perlgrauer, grünlichgrauer, grünlichweißer, selten grünlichbrauner oder rothbrauner Farbe, und auf den Kluft- und Schichtungs-Flächen stets mit einer röthlich, gelblich oder auch grünlichbraunen bis schwarzen Schaale umgeben; feine weiße oder auch grünlich gefärbte Kalkspathadern durchziehen denselben; der Bruch ist flaschmuschlig splittrig. — An Roheisen wird aus diesen Kalkeisensteinen, welche, zum Unterschied von dem in der dritten Lagerungsgruppe vorkommenden gelblichweifsen Thonmergeleisenstein, schwarze Eisensteine genannt werden, 20 höchstens 24 Prozent ausgebracht.

Dergleichen Kalkeisensteinlager treten, in der Gegend zwischen Skole und der ungarischen Grenze, Sechs bis Sieben auf, jedoch werden noch weiter im Liegenden, zwischen Skolé und Synowucko mehrere Eisensteinlager dieser Gattung durch das Opor Thal setzen, namentlich diejenigen, welche bei Orow, Jamelnice u. s. w. im Baue stehen.

Conglomeratlager kommen nur selten und mit einer geringen Mächtigkeit von 2 bis 5 Fufs im Liegenden dieser Eisensteinslager vor, und bestehen aus weifsen, glänzenden, halbdurchsichtigen, oder auch rauchgrauen, und gelblich weifsen Quarzkörnern, schwarzen Thonschieferbrocken und gelblichweifsen oder weifsen Kalkspath- und Kalksteinkörnern, welche durch meist kalkiges Cement verbunden sind.

Eben so gehören die untergeordneten Kalksteinlager, welche einen gelblich grauen dichten Kalkstein mit flach muschligem Bruch, und mit weifsen Kalkspathadern durchzogen, führen, zu den seltensten Vorkommnifsen und besitzen eine Mächtigkeit von 1 bis 2 Fufs.

In der dritten Lagerungsabtheilung ist ein dunkelrauchgrauer bis schwarzer, meist sehr dünnschiefriger, weicher, bituminöser Mergelschiefer vorherrschend. Der Bitumengehalt, der sich beim Reiben oder Zerschlagen durch deutlichen Stinksteingeruch zu erkennen giebt, ist oft so bedeutend, dafs die Schiefer im Feuer brennen, und den Brandschiefern im Steinkohlengebirge völlig gleichkommen; selbst ganz schwache

Lagen von Pechkohle finden sich zuweilen. So treten z. B. bei Zalokiec und zu Rosochy *) wenig mächtige Steinkohlenlagen in mächtigem, schwarzem Brandschiefer auf. An einigen Orten z. B. bei Mizun, Skole, Korostow, Maydan u. s. w. ist dieser Mergelschiefer alaunhaltig. Das Gestein verwittert leicht an der Luft, und zerfällt in dünne schiefrige Brocken, wobei die dunkle Farbe sich in eine hellgraue verwandelt. Wahrscheinlich gehören auch die Bergölquellen von Tyrawa Solna, Uherec, Kolowapienie im Sanoker, von Boryslaw und Popiel im Samborer Kreise und dergleichen mehr, den bituminösen Mergelschiefern an.

Tritt der Bitumengehalt zurück, so bildet sich entweder Kalk- oder Thon-Mergel, die in stärkern Bänken als der Mergelschiefer vorkommen und lichte graue Farbe besitzen, zuweilen aber auch durch Eisenoxyd gelb oder braun gefärbt sind.

Bei vorwaltendem Thongehalt tritt graulichweifser, gelblich-grünlich oder schwärzlich-grauer, zuweilen auch rother, theils dünn-, theils grob-schiefriger Schieferthon auf, nicht selten kommt derselbe gebändert vor; er ist dicht, mit erdigem Querbruch, besitzt stets sowohl Kalk- als auch einigen Eisen-Gehalt, und geht dann in Thon- und Eisen-Mergel über; kleine glänzende weifse Glimmerblättchen, so wie schwarze kohlige Punkte finden sich zuweilen auf den Schichtungsflächen; in der Grube ist der Schieferthon ziemlich fest, zerfällt aber bei Einwirkung der Atmosphäre sehr schnell. Vegetabilische Ueberreste, meist undeutliche Pflanzenstengel, kommen selten vor.

Der Schieferthon geht in Schieferletten über, so wie sich auch häufig graulichweifse, schwärzlichgraue

*) v. Schindler, S. 18 u. 21.

oder grünlichgraue Letten- und Thonlager zeigen, wahrscheinlich durch Auflösung der Schieferletten entstanden.

Zwischen den vorstehenden Gebirgsarten kommen häufige Kalksteinlager vor, von geringer Mächtigkeit, meist kaum 1 Fuſs stark. Der Kalkstein selbst ist dicht, von Farbe graulich- oder röthlich-braun, leberbraun bis schwärzlichbraun; splittrig mit ausgezeichnet flachmuschligem Bruch, theilweise dünnschiefrig und bituminös; von Versteinerungen ward keine Spur bemerkt.

In der Nachbarschaft der Kalksteinlager treten gleichfalls schwache Bänke von gelblichbraunem, bräunlichschwarzem bis schwarzem sehr splittrigem Feuerstein und Hornstein auf, ebenso auch gelblichweiſse, graulichweiſse und röthlichgelbe oder gelblichbraune feinkörnige Sandsteinschichten; die feinen Körner zum Theil matt glänzend, mit wenigen, theilweise aufgelösten Glimmerblättchen und feinen Kalkspathschnüren; zuweilen mit vielen rundlichen ockergelben Flecken, oder auch mit feinen grünen und schwarzen Punkten; das Bindemittel ist meist merglich, nicht selten auch eisenschüssig; auf den Schichtungsflächen zeigen sich manchmal kleine Stücken glänzender Pechkohle. In diesem Sandsteine, welcher in schwachen sich oft wiederholenden Bänken vorkommt, liegen bisweilen Concretionen von bräunlichgrauem, quarzigem, dichtem Hornstein, so wie auch in der Nähe der Erzlager gelblich- und bräunlichgraue feinkörnige fast dichte Quarzschiefer auftreten, viele kleine glänzende, silberweiſse Glimmerblättchen enthaltend, und auf den Schichtungsabsonderungsflächen gleichfalls mit den eigenthümlichen, mannigfaltig geformten Erhabenheiten besetzt sind.

Die in dieser Gruppe vorkommenden Eisensteinlager bestehen aus Thonmergel-Eisenstein von graulichweifser gelblich-grünlich- und schwärzlich-grauer Farbe; zum Theil auch schwärzlich- und röthlich-grau gestreift; nur in der Nähe des Ausgehenden ist derselbe mit einer gelblichbraunen oder rothbraunen Schaale umgeben; er ist dicht und erdig, zum Theil feinschiefrig und enthält auf den Schichtungsflächen bisweilen kleine glänzende Glimmerblättchen; vegetabilische Ueberreste kommen in demselbem, jedoch selten vor. — Die Mächtigkeit der einzelnen Erzlagen, deren gewöhnlich 2 bis 4, in einer Entfernung von 4 bis 6 Fufs vorkommen, beträgt 2 bis 12 Zoll; die trennenden Gebirgsschichten bestehen aus meist merglichem Schieferthon, Letten, Sandstein und Quarzschiefer, welche auch nur wenige Zoll bis 2 Fufs Mächtigkeit besitzen. Der Eisengehalt ist sehr veränderlich und beträgt 15 bis 20 Procent; die minderhältigen Erze werden nicht zu Gute gemacht. — Uebrigens kommen diese Thonmergeleisensteinlager ganz unter denselben Lagerungsverhältnissen wie die Kalkeisensteinlager vor, und zwar befinden sich dieselben stets in einer Entfernung von 200 bis 300 Lachtern im Hangenden der letztern; diese Entfernung bleibt auch im weiteren Fortstreichen, selbst auf mehrere Meilen, ziemlich gleich. Zwischen Skole und der ungarischen Grenze kennt man 6 dergleichen Thonmergel-Eisenstein-Lager, von denen aber das untere, oder das Skoler, die mächtigsten Eisensteinslagen führt.

Von andern Metallen oder sonstigen fremdartigen Lagerstätten ist, aufser dem Schefelkies im Kalkmergel zu Kruszelnice, so wie dem Bernstein bei Mizun, nichts bekannt; die Salzquellen dagegen scheinen an der Grenze beider Gebirgsgruppen, theils aus dem schwarzen bituminösen Mergelschier, theils aus dem rothen Schieferthon und Schieferletten aufzutreten.

Auf der Begrenzungslinie des Einfallens gegen Südwesten wird das vorstehend charakterisirte Gebilde, nach Herrn v. Schindlers geognostischen Bemerkungen, von einer ähnlichen Gebirgsbildung begleitet, in denen die bezeichnenden Kalk- und Mergel-Eisenstein-Lager häufig auftreten, so wie auch Salzspuren, z. B. die Salzquelle zu Przelaki, aufzufinden sind. Sämmtliche Schichten dieser Gebirgsbildung, welche die v. Schindlersche Charte als Lagerungsabtheilung c und d bezeichnet, fallen gegen Nord Ost ein, also grade entgegengesetzt der Neigung der Schichten des Sandsteingebildes in den Skoler u. s. f. Gegenden. Dies widersinnige Einfallen scheint auf eine muldenförmige Lagerung der Gebilde zu deuten, was durch genaue Begehung der nordöstlich einfallenden Gebirgsablagerung wohl ermittelt werden könnte, wobei namentlich das Vorkommen der charakteristischen Eisensteinlager zum Hauptanhalten dienen würde. — Noch weiter in Süd West folgen Verschichtungen, in denen mergliche und thonige meist bituminöse Gebirgslagen, mit sandigen und kieslichen Schichten abwechseln, und wiederum südwestliches Einschiefsen besitzen, welche abermals durch eine ähnliche Gebirgsgruppe, deren Schichten nordwestlich einschiefsen, begrenzt wird.

Wenn früher der Karpathen Sandstein von v. Oeynhausen *) als Grauwacke, von Beudant**) als Steinkohlengebirge, von Becker***)

---

*) v. Oeynhausen geognostische Beschreibung von Ober-Schlesien §. 59.

**) Beudants mineralogische Reise durch Ungarn.

***) Becker über die Flötzgebilde im südlichen Polen §. 18.

als bunter Sandstein, von Pusch *) als Stellvertreter der Liasformation angesprochen wurde, so ergaben die wiederholten Forschungen der Herrn Boué, Keferstein und Pusch in den letzt vergangenen Jahren das Resultat: daſs der, dem Wiener- oder Flysch-Sandstein analoge Karpathensandstein mit seinen ihn begleitenden Kalk- und Mergel-Schichten einer noch jüngern Periode angereiht werden müsse, und zwischen Jura Kalk (dem Krakauer Kalkstein) und Kreide liegend, zur Grünsandformation gehöre. — Ueber das geognostische Alter des salzführenden Gebirges am Fuſse der Karpathen, sind aber die Ansichten noch immer getheilt; indem die Herrn Boué und Keferstein der Meinung des Herrn Beudant beipflichten, wonach das Wieliczker Steinsalzgebilde mit seinen ihm zunächst im Hangenden folgenden Thon- Mergel- und Sandstein-Schichten, mit Schwefel und Gypslagern, von dem Karpathen Sandstein zu trennen, und als eine sehr neue, der Molasse entsprechende Bildungs Epoche, oder überhaupt als ein Glied der tertiaeren Formation zu betrachten sei. Herr Pusch dagegen hält diese Trennung für unstatthaft, und rechnet das Steinsalzgebirge mit dem Karpathen Sandstein zu einer und derselben Formation.

Das wichtigste Phaenomen bei Betrachtung des Salzgebildes ist: daſs sämmtliche Verschichtungen desselben von Dobromil bis in die Bukowina stets südwestliches Einschieſsen zeigen, also nicht nur völlig übereinstimmendes Streichen und Fallen mit dem vorliegenden Sandsteingebilde besitzen, sondern dasselbe

*) Pusch über die geognostische Constitution der Karpathen u. s. w. Karstens Archiv Bd. I. H. 1. S. 47. u. f.

auch deutlich untertaufen; ferner treten auf diesem Zuge sowohl Sandstein- als auch Mergel-Schichten u. d. gl. mit untergeordneten Eisensteinslagern auf, welche denen weiter im Hangenden vollkommen gleichen. — Ein sehr bezeichnendes und wohl noch zu wenig beachtetes Glied des Gallizischen Steinsalzgebildes, in der oben angeführten Gegend, ist der rothe Schieferthon und Schieferletten, welche nach Herrn v. Schindler die Salzquellen und Salzthonschichten stets begleiten und ihre Unterlage bilden. So namentlich tritt der rothe Schieferletten bei Lisowice, zwischen Stry und Kalusz, deutlich im Liegenden des Salzgebirges auf. — Aehnliche Lagerungsverhältnisse zeigen sich bei dem Salzgebilde im südlichen Deutschland, Lothringen u. a. O. woselbst gleichfalls die liegenden Schichten aus rothem schiefrigem Thon bestehen, welcher auf rothem (buntem) Sandstein abgesetzt ist. Dies Grundgebirge ist aber bis jetzt noch nicht unmittelbar in Gallizien aufgefunden worden, so wie überhaupt die im Liegenden des Salzgebildes vorkommenden Gebirgsarten gänzlich unbekannt sind, weil die nördlich des rothen Schieferlettens gelegene Gegend mit tertiaeren und aufgeschwemmten Erzeugnissen bedeckt ist, und auch keine bergmännischen Arbeiten in und unter dem rothen Schieferletten statt fanden. — Weiter nordöstlich dagegen erscheint das Granit und Uebergangsgebirge der Ukraine und Podoliens, theilweise unmittelbar durch ausgezeichnete Glieder der Grünsand-Formation (mit vielen Gryphaea columba und einigen Gryphaea auricularis) *), theilweise, nach den Beobachtungen des Herrn v. Lill, durch einen rothen

*) z. B. am Dniestergehänge, zwischen Kitaygrod und Studzienica, so wie in den Thälern der Studzienica und Tarnawa.

Sandstein, in den aus dem Dniester nördlich ablaufenden Nebenthälern, bedeckt; so wie nordwestlich, bei Sandomierz, der von Herrn Pusch als Mittelpolnisches Uebergangsgebirge bezeichnete Höhenzug auftritt. — Obgleich nun ein unmittelbarer Zusammenhang zwischen beiden älteren Gebirgen, wegen der hohen Bedeckung mit Kreide, tertiaeren und aufgeschwemmten Gebirgsbildungen, sich nicht nachweisen läfst, so deutet doch hierauf der völlig übereinstimmende Gesteinscharakter, als auch der Umstand, dafs beide auf einer Streichungslinie liegen. — Augenscheinlich verdankt das Sandomierer Gebirge sein Auftreten lediglich der Einwirkung unterirrdischer Kräfte, welche dasselbe bis nahe an 2000 Fufs über die Meeresfläche erhoben, aber nur bis an die Weichsel Ufer bei Sandomierz *) sich thätig zeigten, wogegen das Uebergangs- und Ur-Gebilde der östlichen Gegend nicht zur Erhebung gelangten. **).

Meiner Ansicht nach dürfte nun dies ältere Gebirge zur allgemeinen Grundlage dienen, und sich dadurch das Haupteinfallen sämmtlicher Verschichtungen des Karpathensandstein-Gebildes nach Süd-West und Süd genügend erklären lassen. In den mehr westlichen Gegenden wird das Sandomierer Gebirge durch Muschelkalk und Jurakalk überlagert, wodurch

---

*) Es ist eine sehr merkwürdige Erscheinung, dafs grade da, wo die Weichsel ihren nordöstlichen Lauf in einen nördlichen wendet, die letzten Spuren des Sandomierer Uebergangsgebirges, als charakteristischer Thonschiefer mit steilem südlichem Einfallen der Schichten, sich zeigen — und dagegen in der verlängerten Richtung des Weichsel Thales in Süden, die letzten Spuren das aus der Bukowina bis in das San Thal sich erstreckenden Salzzuges ohnweit Sanok auftreten.

**) S. Karstens Archiv B. I. S. 53,

auch die Streichungslinie des Karpathischen Gebildes eine mehr westliche Richtung anzunehmen gezwungen wurde, und dieserhalb auch in der Wieliczker u. s. w. Gegend südliches Fallen annehmen mufste.

Aus dieser Darstellung geht hervor, dafs grade das Salzgebirge Galliziens die unteren Schichten des Karpathensandsteins bilde, und unmöglich für tertiaere Erzeugnisse gehalten werden könne, wenn auch in selbigem einige Conchylien vorkommen, welche sonst dem tertiaeren Gebilde eigen sind.

Nicht unwahrscheinlich ist es, dafs der von Dobromil bis in die Bukowina sich erstreckende Salzzug älter*) als die Salzlager von Bochnia und von Wieliczka sei, indem die verlängerte Streichungslinie der Verschichtungen des Karpathen Sandsteingebildes zwischen Lubienic bis zur ungarischen Grenze bei Chaszczowanie, wohl weiter nördlich von Bochnia, also ins Liegende fallen dürfte; und auch in der That sind zwischen dem San Flusse, nördlich Sanok, bis Bochnia, nicht die geringsten Spuren des noch weiter im Liegenden befindlichen Salzgebirges zu bemerken, so wie in dem Schichtenbau beider Salzzüge nicht die geringste Uebereinstimmung angetroffen wird. Die bei Nenkanowice, ohnweit Nowe Brzesko, am nördlichen Ufer der Weichsel ausgehenden

*) Ob nicht sogar die unteren ältesten Gebilde des Karpathengebildes, wie die rothen Schieferletten anzudeuten scheinen, zur Keuperformation zu rechnen, kann erst nach Erforschung der im Liegenden, so wie weiter östlich, unmittelbar im Hangenden vorkommenden Gebirgs Schichten ermittelt werden, und es würde in diesem Falle die Karpathen-Sandstein oder vielmehr die Grünsand-Formation des Karpathengebildes erst mit dem Auftreten des Sandsteinzuges beginnen, der sich durch die eingemengten grünen Körner, charakteristisch als Grünsand bekundet.

Sandstein und schiefrigen Thonschichten halte ich für das äufserste nordwestliche Vorkommen der in vorstehender Abhandlung beschriebenen Lagerungs Abtheilung des Karpathen Sandsteins, im Hangenden des Dobromil-Kaluszer u. s. w. Salzzuges, und für das Liegende der Bochnia-Wieliczker Steinsalzlager, weshalb auch wohl alle Bemühungen zur Erforschung derselben im Gebiet des Königreichs Polen, ganz ohne Erfolg geblieben und auch wohl bleiben werden. *)

Selbst Wieliczka und Bochnia dürften vielleicht aus denselben Gründen nicht auf einem und demselben Salzlager bauen, indem auch Wieliczka weiter im Hangenden liegt, und die speciellen Lagerungsverhältnisse an beiden Orten sehr abweichen. **)

Endlich spricht auch gegen das tertiaere Alter der gallizischen Salzbildungen das Vorkommen von Salzquellen mitten in dem Sandsteingebirge, in Begleitung von rothen Schieferletten und bituminösen Mergelschiefern, welche sogar aus weit fortsetzenden Lagern ihren Ursprung nehmen ***), und sich in paralleler Richtung mit dem Hauptsalzvorkommen am Fufse des Gebirges vorfinden z. B. die Salzquellen von Maydan, Zubrica und Tyrawa Solna; so wie die Salzquelle von Holowiecko über 1000 Fufs höher als die Gegend um Stry liegen wird und fast mit der Soolquelle zu Przeluki am Oslawa Bache, in einer Streichungslinie auftritt. Gewifs ist die Anzahl der Soolquellen mitten im Karpathensandsteingebilde noch viel bedeutender; aber da dieselben, wegen des ohnedies

---

*) Ueber diesen Gegenstand werde ich an einem anderen Orte ein Mehreres anführen.

**) Auch Herr Becker hält die Bochnier. Steinsalzbildung für älter als die Wieliczker §. 14.

***) v. Schindler. S. 22.

übergroßen Reichthums an starken Soolen, nicht zu benutzen sind, und auch nicht benutzt werden dürfen; so werden dieselben auch nicht aufgesucht.

Alle diese Thatsachen dürften nun veranlassen, das gallizische Steinsalzgebirge, mit dem Eisensteinlager und Salzquellen führenden Karpathensandstein-Gebilde, als zu einer Bildungs Epoche gehörig zu betrachten, obgleich die bedeutende Niveau Verschiedenheit der Ausgehenden beider Gebilde dagegen sprechen könnte. Allein wenn man erwägt, daſs die Gebirgsarten, welche das Steinsalzgebilde formiren, meistentheils sehr mild sind, so läſst sich wohl annehmen, daſs dasselbe früher ein *höheres* Niveau behauptete, aber durch Einwirkung der Gewässer bedeutend an Höhe verlohren habe; so wie auch die Kräfte, welche das Emporheben des Karpathen-Sandsteins bewirkten, weniger thätig auf das untere Salzgebirge sich äuſsern mogten.

Wünschenswerth bleibt eine sorgfältige Untersuchung der Lagerungsverhältnisse in den östlichen Gegenden Galliziens, der Moldau und Bessarabiens, namentlich im Thale des Pruth, und der aus selbigem ablaufenden Seitenthäler, wodurch man eine genaue Kenntniſs der dem Uebergangsgebirge Podoliens folgenden Gebirgs-Schichten, und deren Verhalten zu dem Steinsalzgebilde Galliziens erlangen würde.

3.

Geognostische Darstellung der Insel Island.

Von

Herrn C. Krug v. Nidda.

Erste Abtheilung.

Allgemeine Verhältnisse.

Meinen Aufenthalt in Island während der Sommermonate des Jahres 1833 benutzte ich, diese Insel so weit zu bereisen, als zur wesentlichen Kenntnifs ihrer geognostischen Beschaffenheit und der beiden Gebirgsformationen, woraus das Land zusammengesetzt ist, erforderlich war. In den wenigen Monaten des kurzen Sommers ist es nicht möglich, das grofse Land nach seinem ganzen Umfange zu durcheilen; meine Reise konnte daher vorzüglich nur auf diejenigen Theile gerichtet sein, die mir von wesentlichem Interesse und zur Erlangung eines übersichtlichen Blickes vom ganzen Bau der Insel am geeignetsten schienen.

Von der nordöstlichen Küste meine Reise beginnend, untersuchte ich zunächst das Trappgebirge der

Ostküste und bestrebte mich seine Grenzen gegen den Trachyt aufzusuchen und zu verfolgen.

Ich reiste sodann längs der Südküste, um nach dem Westen der Insel zu gelangen. Die Gebirge die sich an der Südküste zu der ansehnlichen Höhe von durchschnittlich 4500 — 5000 Fuſs erheben, sind der Formation des Trachytes angehörig; dieselben Gebirge sind es auch, welche den groſsen Sammelplatz der ausgedehnten Eismassen im Süden der Insel bilden. Die Höhe, die zusammenhängende und ununterbrochene Masse dieses Trachytgebirges, so wie die sanfte gleichförmige Neigung seiner Abhänge gegen Süden, wodurch eine stärkere Einwirkung der Sonnenstrahlen und ein dadurch veranlaſstes theilweises Schmelzen oder Zusammensintern der Schneebedeckung hervorgebracht wird; mögen die Hauptursachen sein, welche die Bildung und Anhäufung dieser furchtbaren Eismassen begünstigt haben. Nirgends auf Island findet man die Jökul's — so heiſsen diese Eisgebirge — gröſser, als gerade im südlichen Theile, wo man ein günstigeres Clima erwarten sollte. Sie erstrekken sich vom nordöstlichen Theile der Insel bis zum Oester-Jökul an der Südküste, in ununterbrochener Längenausdehnung von mehr als 40 Meilen.

Unter dieser gewaltigen Eishülle liegen die groſsen Vulkane der Südküste verborgen, die gröſstentheils nur durch ihre furchtbare Thätigkeit und durch die Verheerungen bekannt geworden sind, mit denen ihre Eruptionen verbunden waren. Ich nenne den groſsen Ausbruch des Scaptar-Jökul im Jahre 1783. Die deckenden Eismassen, welche den unterirdischen Schlund verbargen, unterlagen der ausbrechenden Feuerglut. Unermeſsliche Wasserfluthen stürzten nach der Niederung herab; was von ihnen verschont blieb, wurde den nachfolgenden Feuerströmen der Lava zum Raub. Man kannte früher nicht den Vulkan; man kennt auch jetzt blos die Thäler, in welchen sich die Wassermassen und die Lava hinabwälzten; man kennt aber ihren Ursprung, den Feuerschlund nicht, von dem diese grofsen Verheerungen ausgingen.

Die aufserordentlich geringe Bevölkerung längs des Randes der Eisberge an der Südküste, aber vorzüglich die grofse Anzahl der reifsenden Jökulströme, die mit fürchterlicher Gewalt aus den Eisbergen hervorbrechen, machen das Reisen in dieser Gegend sehr mühevoll und gefährlich; denn bei Mangel aller Brücken und Fähren müssen die Ströme zu Pferde durchsetzt werden, wobei man sich häufig der Geschicklichkeit im Schwimmen dieser Thiere anzuvertrauen hat.

Vom Südwesten der Insel richtete ich meine Reise nach der trachytischen Landzunge des Sneefield-Syssels, die sich von der Westseite der Insel weit in das Meer erstreckte; ich kehrte dann nach Island's Hauptstadt Reikewig zurück, um mich von da wieder nach Europa einzuschiffen.

Der bewohnte Theil bildet einen mehr oder weniger breiten Streifen längs der Küste, rund um die Insel herum; von diesem Umkreise habe ich auf meiner Reise ohngefähr ⅘ durcheilt.

Bei dem folgenden Vortrage nehme ich auf die Karte Taf. VIII. und auf die derselben beigefügten Profile Taf. IX., Bezug.

Der ganze Flächenraum der Insel, der gegen 1800 Q. M. einnimmt, enthält nur zwei von einander verschiedene Gebirgs-Formationen. Die eine, welche den Meeresgrund jenes nordischen Oceans zu bilden scheint, woraus Island und die Färöer hervortauchen — denn beide Inseln bestehen aus derselben, — ist die höchst merkwürdige Trappformation; die andere, welche den Kern von Island bildet und als Ursache des Vorhandenseins dieser grofsen Insel betrachtet werden mufs, ist der Trachyt mit seinen mächtigen Anhäufungen von vulkanischen Tuffen und Conglomeraten und seinen Strömen von Lava. Nur eines merkwürdigen, durch vulkanische Einwirkung stark umgeänderten Gebirges ist hier noch Erwähnung zu thun, welches man da, wo das Trappgebirge tief genug entblöst ist, unter ihm verbreitet findet. Deutliche Schichtung und viele andere Merkmale lassen dasselbe als ein normales neptunisches Gebirge erkennen; es ähnelt seinem Aeufsern nach den Thon- und Lettenschichten des bunten Sandsteines oder der Keuper- und Lias-Formation; die Thone sind aber in Thonsteine, in hartgebrannte klingende Massen verändert. Es ist älter als Trapp und ist nur unter demselben zu finden. Da sein Vorkommen nur mit dem Trapp verbunden ist; so begreifen wir es für jetzt mit dem letztern.

Aufser diesen Bildungen findet sich keine Spur, auch nicht ein Geschiebe eines andern Gebirges, oder ein Auswürfling aus den Vulkanen, welcher auf ein anderes Gestein als Trachyt hinwiese.

Die gegenseitige Lagerung der Trappgebirge und Trachytformation, überhaupt also der ganze geognostische Bau der Insel, ist im höchsten Grade einfach und leicht zu überblicken. Der Grund davon liegt weniger in der geringen Zahl der verschiedenen Formationen, mit denen wir es hier zu thun haben, als vielmehr in dem schönen Gesetz, welches das Aufbrechen des Trachytes befolgt hat, nämlich in seiner geraden ununterbrochnen Längenerstreckung, die ihm so characteristisch ist, und die genau mit seinem Emporsteigen aus der Tiefe zusammenhängt. Der Trachyt ist aber der Grund und die Ursache, dafs die ganze Insel über die Meeresfläche erhoben wurde; ist daher seine Lagerung einfach und gesetzmäfsig, so wird es auch die Lagerung der anderen Formation sein, die von ihm abhängig ist. Der Trapp würde den Meeresgrund, wo er gebildet ist, nicht verlassen haben, wenn er dem aufsteigenden Trachyt nicht hätte folgen müssen.

Die Trappmasse nämlich war auf dem Grunde des Meeres ausgebreitet und bildete eine starke mächtige Decke über dem empordrängenden Trachyt; sie verschlofs dem letztern lange genug dem Ausgang nach oben, bis sie endlich von der stets wachsenden Kraft überwältigt wurde. Die spröde Masse des Trappes konnte der Kraft von unten nicht nachgeben, ohne in eine furchtbare Spalte zu zersprengen, deren Gröfse und Weite mit der Mächtigkeit des Widerstandes, also auch mit der Kraft des empordrängenden Trachytes in Verhältnifs steht. In der gebildeten Spalte fand nun zwar der Trachyt seinen Ausweg nach oben; aber auch jetzt war noch nicht der Widerstand völlig beseitigt, den selbst die zersprengte Trappdecke noch leistete; die furchtbare Spalte war dennoch zu eng für die Trachytmasse, welche nun auf einmal gewaltsam hervordringen wollte, und die sich nur dadurch Platz machen konnte, dafs sie an beiden Rändern der Spalte die Trappmasse ergriff und theilweis mit in die Höhe rifs.

Was früher die furchtbare Spalte war, bezeichnet ein breiter Streifen Trachyt, der sich in der Richtung von Südwest nach Nordost mitten durch die Insel erstreckt. Auf seinen beiden Rändern, im südöstlichen sowohl, wie im nordwestlichen Theile von Island finden wir das Trappgebirge, durch welches er sich seinen gewaltsamen Weg bahnte, ganz so zerrissen und zerbrochen, wie es bei den erlittenen Einwirkungen nicht anders der Fall sein kann.

Um diesen Trachytstreifen zu bezeichnen, bedürfen wir blos zwei Linien; und diese beiden Linien sind zugleich hinreichend, den höchst einfachen Bau der Insel klar und deutlich vor Augen zu legen.

Die eine Linie ist im Osten der Insel vom Ausflufs des Langerfliot längs des Fufses des Smörfield, von da über den Sniofell und über die Klota-Jökul's gezogen. Die zweite Linie ist im Westen der Insel und läuft von der Umgegend von Reikewig über Moafell, westlich vom Vulkan Skialdbreid, den Eiriks-Bald-Jökul und dem Hofs-Jökul vorüber in nordöstlicher Richtung nach dem Anfang des Oefiord.

Der von beiden Linien eingeschlossene Streifen ist, wie schon erwähnt, nur aus Trachyt bestehend; in ihm ist auch der Sitz der vielen, theilweis gewaltigen Vulkane, woran Island so ungemein reich ist. Auch auf Island ist es nur der Trachyt, wo die noch thätigen Verbindungskanäle des Innern der Erde mit der äufsern Atmosphäre sich vorfinden.

Auf beiden Seiten dieses Trachytstreifens ist das, was aufserhalb der Linien liegt, mit wenigen bald anzugebenden Ausnahmen, der Formation des Trappes angehörig. Im Osten die ganze Küste vom Ausflufs des Langar-Fliot bis an die Klota-Jökuls; also fast die ganzen Mule-Syssel. Auf der andern Seite des Trachytes ist die ganze Nordküste vom Oefiord bis an die Landenge, welche die nordwestliche Halbinsel der West-Fiorde mit dem festen Lande verbindet, aus Trapp gebildet. Die Küsten dieser Halbinsel selbst, bis tief in ihre Mitte hinein, sind ebenfalls nur Trapp; es steht aber mit vieler Gewifsheit zu vermuthen, dafs diese sonderbar geformte und zerrissene Halbinsel einen Kern von Trachyt in ihrer Mitte besitzt, der für diese abgesonderte Halbinsel ganz dasselbe ist, was der breite Trachytstreifen für die ganze Insel.

Gehen wir aber weiter an der Westküste von Island fort, so stofsen wir zunächst auf die lange, weit in das Meer sich streckende Landzunge, die sich in ihrer äufsere Spitze im Sneefield-Jökul endigt, dem höchsten und ansehnlichsten Berge dieser Zunge, die von ihm auch ihren Namen Snaefield-Syssel erhalten hat. Diese Landzunge ist von ihrer Wurzel an bis zu ihrem Endpunkte, dem prachtvollen Snaefield-Jökul, nur trachytischen Ursprunges; sie bildet eine Reihe vulkanischer Eruptionskegel, die gröfstentheils ansehnliche Lavaströme ausgegossen haben. Selbst in ihrer Verlängerung rückwerts nach dem Lande zu, finden sich einzelne Eruptionskegel und selbst Trachytberge mitten im Trapp isolirt, welche eine Verbindung mit dem mächtigen breiten Trachytstreifen des Innern Insel darthun. Die Landzunge ist also nichts anderes als ein Nebenarm der sich von der grofsen Trachytmasse abgezweigt hat.

Was endlich an den Bongar- und Hvall-Fiord angrenzt und von beiden eingeschlossen wird, ist nur der Trappformation angehörig.

Sind die Grenzen der beiden Gebirgsformationen bestimmt, so ist auch nichts leichteres als die orographische Beschaffenheit des Landes klar vor Augen zu stellen; denn sie hängt auf eine höchst überraschende Weise nur von den beiden Gebirgsformationen und deren geognostischen Stellung gegen einander ab. Die Oberflächenbeschaffenheit, die Form und Gestaltung der Gebirge welche zur Trappformation gehören, ist so ausgezeichnet, dafs ihre Verschiedenheit beim ersten Anblick, gegen die Formen der Trachytgebirge betrachtet, in die Augen fällt; und dieser auszeichnende Character ist so constant, dafs er an der Ostküste von Island eben so deutlich hervortritt wie an der Nord- und Westküste; obgleich dazwischen der breite Trachytstreifen liegt, der beide Trappmassen auf mehr als 20 Meilen voneinander trennt.

Ein blofser Blick auf die Landkarte ist schon hinreichend, das Eigenthümliche in der Gebirgsgestaltung des Trappes leicht zu erkennen; das sind nämlich die engen spaltenförmigen Fiorde (Meerbusen) welche von dem äufsern Rande der Küste tief in das Land hinein sich erstrecken. Auf der Ostseite von Island reihen sich der Lodmunder, Seidis, Miö, Nord-, Röde, Faskrud, Beru, Hammar-Fiord u. s. w. auf einander. Und dazwischen befindet sich noch eine grofse Zahl von langen tiefen Spaltenthälern, die parallel mit den aufgezählten Fiorden laufen.

Man braucht nur einen einzigen dieser Fiorde oder dieser Thäler gesehen zu haben, um das was sie auszeichnet, sogleich zu erkennen; das Bild des einen pafst genau auf alle andere. Diese Fiorde und diese Thäler sind nichts anderes als furchtbare Spalten im Trappgebirge. Letzteres ist durchgängig sehr mächtig und hoch über den Meeresspiegel erhoben. An der Ostküste erreicht es an mehreren Punkten eine Meereshöhe von mehr als 4000 Fufs. Man denke sich eine solche Gebirgsmasse von einer ganzen Reihe dicht aufeinander folgenden Spalten seiner ganzen Höhe nach bis unter den Meeresspiegel zerrissen. Die Fiorde, welche häufig kaum die Breite von ½ Meile haben, greifen 5 — 7 Meilen weit in das Gebirge hinein. Auf beiden Seiten sind sie von schroffen, senkrechten Felsenmauern eingeschlossen, die zu einer erschreckenden Höhe sich aufthürmen. Die obere Hälfte der Felsenmauern mit ewigem Schnee bedeckt und meist in schwere Nebelwolken gehüllt. Alles erscheint rund um todt und keine Spur von Leben sichtbar. Der Mensch und was er schafft verschwindet neben den Felsenmassen, welche die Natur hier angehäuft hat. Waldungen und Vegetation höherer Art fehlen ganz; überall nur kahle Felsenmassen, die zu steil sind, um selbst kurze Weiden- und Birkengestrippe Wurzel fassen zu lassen; es ist als wenn die Natur ihren Riesenbau durch nichts verdecken, oder das schreckenhafte Wilde in etwas vermildern wollte.

Kein Geräusch zu hören, als die Brandung des Meeres an den steilen Felsen; keine Bewegung zu sehen, als die Sturzbäche, die vom Schnee der Gipfel genährt, an den steilen Felsenwänden als weifse Bänder sich herablassen.

Das ganze Trappgebirge auf Island ist Bruchstück der grofsen Trappmasse, die wohl noch in der Meerestiefe ausgebreitet liegen mag. Der aufsteigende Trachyt rifs diese Scherben von ihrem Ganzen los. Das Gewaltsame des Herganges erzeugte die vielen neben einander liegenden Spalten. Letztere sind um so beachtungswerther, als eine bestimmte Regelmäfsigkeit in ihrer Richtung nicht zu verkennen ist; sie laufen alle ziemlich parallel mit einander und stehen durchgängig rechtwinklig auf der Grenzlinie des Trachytes.

Die Veränderung im Niveau, welche die Trappmasse erlitten hat, ist ungemein beträchtlich. An der Ostküste finden wir die steilen Felsenmauern häufig zu einer Meereshöhe von 4000 Fufs sich erheben. Scheint diese Höhe auch das Maximum zu sein, das sich nur an der Ostküste am Röde- und Bern-Fiord und zwischen beiden findet; so ist doch das Mittel der Meereshöhe, welches man an der Ostküste, wie an der Nord- und Westküste zu 2500 — 3000 Fufs rechnen kann, noch sehr ansehnlich. Das ganze Trappgebirge, bis zu seiner obersten Schicht, ist aber nirgends anders gebildet, als unter der Meeresfläche, wovon man mannigfache Beweise im Gebirge auffinden kann; sogar ist anzunehmen, dafs die Bildung unter dem Drucke einer mächtigen Wassersäule, also in einer grofsen Meerestiefe, vor sich gegangen ist. Um die Niveauveränderung genau zu kennen, müfste man zur jetzigen Meereshöhe des Gebirges, die Tiefe des frühern Meeresgrundes hinzufügen, wo die Bildung vor sich ging. So viel ist gewifs, dafs wir es mit einer Erhebung zu thun haben, welche stellenweise die senkrechte Höhe von 4000 Fuſs ohne Zweifel weit übersteigt. Die geringste Verschiedenheit der einwirkenden Kraft, selbst auf nahe gelegene Punkte, muſste, bei einer so beträchtlichen Erhebung, ein gewaltsames Zerreiſsen oder Zerspalten der ganzen Masse hervorbringen.

Das Trappgebirge an der Ostküste zeigt eine Erhebung, die von beiden Endpunkten im Norden und Süden, nach ihrer Mitte zu ansteigt. Im Norden in der Umgegend des Borgar-Fiord, so wie im Süden am Horne-Fiord erheben sich die Trappwände zu einer Höhe, die selten mehr als 2000′ beträgt; diese Höhe steigt aber immer mehr, je weiter man von Norden der Mitte des Trapps nach Süden zu, und ebenso vom Süden des Trapps seiner Mitte nach Norden zu, sich nähert. Die gröſste Höhe erreicht das Trappgebirge in der Gegend zwischen Beru- und Röde-Fiord, wo die steilen Gebirgswände, wie schon angegeben, zu der Höhe über 4000′ sich erheben. Das Ganze läſst sich also einem vertikal stehenden Kreisabschnitt, oder vielmehr der Oberfläche eines Gewölbes mit horizontaler Sehne vergleichen. Die Erhebung der Trappmasse war demnach von der Art, daſs die frühere horizontale Oberfläche eine nach oben gebogene Form erhielt; um aber dies möglich zu machen, — denn die Oberfläche nahm nun eine gröſsere Ausdehnung an, — muſste die spröde Masse in viele nebeneinander liegende Spalten zersprengen. Diese Spalten sind die vielen, engen, tiefen Fiorde und Thäler, die so deutlich ihren Entstehungscharacter tragen, daſs gleich beim ersten Anblick kein Zweifel darüber aufkommen kann; und, wie gesagt, in einer Richtung aufgerissen sind, die rechtwinklig auf der Grenzlinie des Trachytes steht.

Eben so steil wie die Seitenwände der Fiorde, steigt auch der äuſsere Rand der Küste in die Höhe; die Gebirgsmauern welche sich zwischen zwei Fiorden oder Querthälern nach der Küste erstrecken, bilden an ihrem Ende schroffe Vorgebirge, häufig so senkrecht, dafs von 1000 Fufs hohen Felsen man einen Stein in das Meer werfen kann. Der äufsere Küstenrand läuft ziemlich parallel mit der Grenzlinie des Trachytes und zeigt dadurch deutlich genug, dafs hier die Linie ist, wo sich die Trappmasse gewaltsam von ihrem Ganzen abtrennte, um dem aufsteigenden Trachyt zu folgen; während das was jenseits lag, in der Tiefe zurückblieb. . . . .

Die Schichtung des Trappgebirges, in mancher Beziehung lehrreich und ein wichtiges Licht auf dessen Bildungsweise werfend, wird dadurch noch interessanter, dafs wir sie auf Island durchgängig horizontal oder nur wenig von der horizontalen Lage abweichend treffen; im Gegensatz gegen die gewaltigen Veränderungen, die sie in ihrer Lage erlitten haben. Die Neigung der Schichten des Trappgebirges ist dieselbe geblieben, welche sie bei ihrer Entstehung auf dem Meeresgrunde erhielten, obgleich sie in ihr jetziges Niveauverhältnifs gegen ihr früheres um mehrere tausend Fufs senkrechter Höhe verrückt sind. Wo aber eine Neigung wahrzunehmen ist, — sie beträgt selten mehr als 5° — da ist sie doch regelmäfsig nach dem Innern der Insel, nach dem Trachyte zu, gerichtet, niemals umgekehrt. Die Streichungslinie dieser Schichten ist demnach mit dem äufsern Rande der Küste parallel; die Richtung des Fallens mit den Fiorden und Spaltenthälern. Am äufsern Rande der Küste sehen wir daher die Schichtenköpfe in horizontaler Erstreckung zu Tage auskommen; in den Fiorden und Spaltenthälern können wir die Schichten in ihrem Fall verfolgen. Eine auffallende Erscheinung, — so häufig da, wo geschichtete Gebirgsarten von später emporgestiegenen vulkanischen aufgerissen sind, beobachtet, — nämlich die Neigung der Schichten des älteren Gebirges gegen das jüngere emporgestiegene. Man sollte im Gegentheil vermuthen, dafs die Schichten nach dem Trachyte zu sich erheben müfsten, weil letzterer doch die Ursache ist, dafs die Trappmasse über das Meer gehoben wurde, also auch in seiner Nähe die gröfste Wirkung der Kraft zu suchen seyn sollte. Die Erscheinung, dafs gerade umgekehrt die Neigung nach dem durchbrechenden Gebirge zu gerichtet ist, beruht auf einer Senkung des ältern durchbrochenen nach der geöffneten Spalte zu. Interessant ist es aber, die Wirkung der Schichtensenkungen in so weiter Ferne vom durchbrechenden Gebirge zu bemerken; denn die Trappschichten an den Küsten von Island, in Entfernungen von 10 bis 15 Meilen von der Trachytgrenze, lassen sie warnehmen.

Wie die Schichten, eben so haben auch die hohen steilen Felsenmauern, die den einen Fiord vom andern trennen, einen entsprechenden sanften Abfall vom Rande der Küste nach dem Lande zu; und in Folge davon findet man die höchsten Punkte der Felsenmauern in ihren äufsersten Vorgebirgen, die sich unmittelbar in die See stürzen.

Aufser der grofsen Zahl von Querthälern, die wir oben betrachtet haben, findet sich in dem Trappgebirge des Ostlandes ein ausgezeichnetes Längenthal, das mit der Grenze des Trachytes parallel läuft; das Langar-Fliot Thal. Auf seiner rechten Seite wird es von einem langen Gebirgskamm begrenzt, der vom Hofs- und Thrande Jökul nach Norden sich erstreckt, und die Wasserscheide zwischen Langar-Fliot und den Gewässern, die nach der Küste zu fliefsen, bildet. Da wo die Fiorde und Spaltenthäler der Küste sich enden, steigt man in einer engen Schlucht, der Verlängerung dieser Spalten, nach dem Kamme empor und gelangt: durch einen Gebirgspafs, der den Kamm durchschneidet nach dem jenseitigen Langar-Fliot-Thal. Solcher Gebirgspässe giebt es in diesem Felsenkamm eine grofse Anzahl; denn jeder Fiord und alle Spaltenthäler der Küste treffen in ihrer Verlängerung auf einen solchen Pafs, der den Gebirgskamm zertrennt. Der Einschnitt, welchen diese Pässe in dem Kamme verursachen, ist von verschiedener Tiefe, zuweilen von 400 — 500 Fufs, aber auch nur von 100 — 200. Es ist dieses nach der Gröfse der Querthäler und der Höhe des Gebirges verschieden.

Diese Pässe sind von geognostischem Interesse, weil sie dieselben Spalten der Querthäler sind, die so weit aufgerissen sind, dafs sie selbst den zusammenhängenden Gebirgskamm noch zertrennten.

Diese Pässe dienen dazu, das Gebirge zu überschreiten; denn man findet jenseits desselben allemal eine ähnliche entsprechende Gebirgsschlucht die nach dem Langar-Fliot hinabführt, wie die, in welcher man von dem Fiorde aufstieg.

Von dem Kamme laufen die vielen Gebirgsmauern aus, welche immer je zwei Fiorde oder Querthäler von einander scheiden; sie sind durchgängig viel zu steil und hoch, um passirt werden zu können; und um daher von einem Fiord zum andern gelangen zu können, ist man genöthigt über den Gebirgspafs in das jenseitige Langar-Fliot Thal zu gehen, und von da durch einen andern Gebirgspafs nach dem zweiten Fiord vorzudringen. Auf diese Weise mufs man häufig, um an nahe gelegene Orte die aber in verschiedenen Querthälern liegen, zu kommen, Umwege von mehr als 10 Meilen machen.

Das Thal des Langarfliot ist in seiner Gestalt ganz verschieden von den Querthälern der Küste; es trägt nicht den Character einer engen Gebirgsspalte, sondern ist im Verhältniſs der Breite gegen die Höhe seiner Seitenwände einer flachen Furche zu vergleichen. Diesen Character hat das Thal wenigstens seiner gröſsten Länge nach, vom Skredkloustar bis zu seinem Ausgange; vom Skredkloustar aber bis zu seinem Ursprunge am Snioſell ist es gleichfalls eine Gebirgsspalte, eben so steil und eng, wie die Querthäler der Küste.

Zwischen dem Langarfliot und der Jökuls aae a Bru liegt eine Bergzunge, welche, wegen ihrer schmalen, niedrigen nach vorn sich zu spitzenden Gestalt, diesen Namen oder isländisch Tunga erhalten hat. Sie besteht noch aus deutlichem Trapp, aber jenseits der Jökulsaae stellt sich der Uebergang in den Trachyt ein. Die Grenze zwischen Trachyt und Trapp ist nicht von der Art, daſs sie mit der strengsten Bestimmtheit gezogen werden kann; man kann nicht sagen: hier hört der Trapp auf und hier beginnt der Trachyt. Der mineralogische Uebergang beider Formationen, obgleich sie in ihren Extremen so sehr verschieden sind, ist doch so unbemerkbar, und ihre gegenseitige Grenze ist so verwischt, daſs man häufig auf weiten Flächenräumen nicht mit Sicherheit bestimmen kann, welcher von beiden Formationen die Gesteinarten angehören, die man eben vor sich hat; beide Gesteinarten sind bei der Berührung gleichsam in einander verschmolzen, wobei die Schichtung des Trappes völlig verloren geht. Erst auf den Höhen des Smörfield finden wir den deutlichen Trachyt, die reine Feldspathmasse mit prophyrartig vorkommenden Feldspathkrystallen.

Das Thal des Langarfliot hat ganz das Ansehen, als wenn esdie Scheidelinie hätte werden sollen, über der sich der Trachyt erheben wollte. Die Tunga ist zu schmal und niedrig, um im Vergleich mit dem hohen Trappkamm auf der einen Seite und dem trachytischen Smörfield auf der andern, nur einigermaſsen in

Betracht zu kommen. Vorn an ihrer Spitze verläfst sie sich ganz in die Ebene; weiter rückwerts erreicht sie eine Höhe, welche nach und nach zu 500 — 700 Fufs zunimmt. Erst in der Gegend von Skrødkloustar, wo sie bedeutend an Breite zunimmt, wächst sie zu gröfserer Höhe an und erhält die Form eines Plateau's, das mit dem Trapp jenseits des Thales eine gleiche Höhe von etwa 2400′ besitzt. Hier hat aber auch das Langarfliot Thal ganz seine frühere Gestalt verloren und stellt nun eine tiefe enge Gebirgsspalte dar.

Der Gebirgskamm des Trappes, der sich steil und schroff von einer Höhe von 3000 Fufs in das weite Thal des Langarfliot abstürzt, und die Masse des Smörfield von 5400′ Höhe stehen einander gegenüber. Der Contrast in ihrer Gestaltung ist in der That überraschend. Wir segelten in der Mitte des Juni vor dem Thale des Langarfliot vorüber; ein herrlicher heiterer Tag, wie er in diesen nordischen Gegenden kaum schöner sein kann, gestattete uns, tief in dies merkwürdige Thal zu blikken; später passirte ich es noch zweimal bei meiner Reise durch das Ostland.

Die Trappfelsen auf der Ostseite des Thales erheben sich zu steilen Mauern, stürzen eben so steil wieder in tiefe Schluchten ein, häufig die seltsamsten zickzackförmigen Gestalten bildend. Ihre regelmäfsige horizontale Schichtung kann durch die ganze Masse verfolgt werden. Man erkennt sie schon in Entfernungen von 3 — 4 Meilen; denn sie ist durch den Schnee, welcher das ganze Jahr hindurch die Gipfel nicht verläfst, sehr deutlich hervorgehoben, indem auf den horizontalen Schichtungsflächen der Schnee sicheren Ruhepunkt findet und darauf liegen bleibt, so dafs die vertikalen Flächen durch ihre dunkle schwarze Farbe stark dagegen abstechen. Dadurch erhält der steile Abhang ein gebändertes schwarz und weifs gestreiftes Ansehen; eine Regelmäfsigkeit die im Contrast mit den wilden jähen Formen der Bergmassen einen überraschenden Effect hervorruft. Und es ist wirklich, als wenn man nur senkrechter und horizontaler Linien bedürfte, um ein Bild der Trappberge zu entwerfen, denn senkrecht sind ihre Abstürze, horizontal ihre Schichten.

Auf der andern Seite der Trachyt des Smörfield; ganz anderer Character der Bergformen. Keine Absonderung in Schichten; die ganze Masse nur ein Zusammenhängendes. Wir bemerken hier die Gestalt von Plateaux mit sanft ansteigenden Abhängen, ganz der Form eines Gewölbes ähnlich.

Der Smörfield erreicht eine Höhe von 5400 Fufs, welche die der gegen überliegenden Trappfelsen um vieles überragt.

Die Form der Berge steht ohne Zweifel im innigen Zusammenhange mit ihrer Entstehungs- und Emporhebungsweise. Der Trachyt stieg als weiche biegsame Masse empor, er nahm eine Gestalt an, welche diesem Zustande entsprach, d. h. er bildete Gewölbe und Kuppeln über die eingeschlossenen expansiven Kräfte, die ihn aufblähten. Der Trapp ist als spröde, erhärtete Masse emporgerissen worden, und hat dabei die gewaltsamsten Zerstörungen erlitten.

Das trachytische Plateau erstreckt sich wahrscheinlich vom Smörfield in südwestlicher Richtung durch das Innere der Insel und verbindet sich dann mit den hohen Eisgebirgen der Südküste. Gleich südlich vom Smörfield beginnen die ungeheuern Eismassen, die ein weiteres Vordringen und eine genauere Kenntnifs der Gebirgszüge unmöglich machen.

Wir gehen noch einmal auf das Langarfliot-Thal zurück und zwar auf den spaltenförmigen Theil, der oberhalb Skredkloustar beginnt. Es ist im Trappe eingerissen und gleicht in seiner Form ganz den Querthälern der Küste. An seinem Ende erhebt sich der eisbedeckte Sniofell in seiner majestätischen Gestalt. Seine schöne regelmäfsige Glockenform würde schon hinreichend sein, um unter seiner Eisdecke den Trachyt zu vermuthen; zumal da in der Nähe die Gebirgsgrenze zu suchen ist und da vorzüglich in dem Trappgebirge niemals eine solche sanftgebogene Form auftritt. Aufserdem fand ich unter den Geschieben des Langarfliot, der aus dem Eise des Sniofell seinen Ursprung nimmt, Bruchstücke in grofser Zahl, welche nur für trachytische Gesteine anzusehen sind.

Dieses Spaltenthal im Trapp, mit der Trachytglocke in seiner Mitte, scheint vorzüglicher Aufmerksamkeit werth zu sein, weil es den Hergang bei dem Einreifsen der Thäler und dem Emporsteigen der Gebirgsmassen auf das deutlichste darthut. Es ist das Bild im Kleinen von dem, was der Bau von ganz Island zeigt; nämlich eine Spalte im Trapp, aus welcher der Trachyt aufgestiegen ist. Erst mufste die tiefe Spalte die ganze Trappdecke zerreifsen, ehe sich der Trachyt seinen Weg bahnen konnte, aber nichts anders erzeugte die Spalte, als der empordrängende Trachyt selbst, seine Decke zersprengte. Es ist sehr zu bedauern, dafs auch hier die angehäuften Eismassen eine genauere Untersuchung der Umgegend verhindern; die näheren Verhältnisse müfsten von hohem Interesse sein; denn vielleicht nirgends könnte man sich ein klareres und sprechenderes Bild von der Entstehung der Spaltenthäler erwerben, als gerade hier.

Wenden wir uns nun zu dem andern Trapptheil der Insel, der auf der Westseite des Trachytstreifens liegt. Zunächst werden wir durch die gleichförmige Wiederholung aller derselben Erscheinungen des Trappgebirges, wie wir sie an der Ostküste beobachteten, überrascht. Wieder das was am meisten in die Augen fällt und selbst auf der Karte als Unterscheidendes vom Trachyt sich ausdrückt, sind die vielen spaltenförmigen Fiorde und Querthäler. Die Nordküste übertrifft in der Gröfse dieser Spalten noch bei weitem die Ostküste, denn Spalten von solcher Länge wie der Oe-fiord und auch der Skagafiord finden wir nirgends weiter auf der Insel. Der Oefiord hat eine Länge von 7 Meilen bei einer Breite von ½ — 1 Meile, die Fortsetzung dieser Spalte ist das Thal der Oefiordaae. Dieses Thal und der Oefiord ihrer Länge nach zusammengerechnet, bilden eine Spalte von mehr als 15 Meilen Erstreckung. Ebenso der Skagu-Fiord mit dem Thale der Hieridsvatnir-Aae, die mitten aus der Insel hervorkommt, wo sie ihre Quellen von den Eismassen des trachytischen Hofsjökul erhält. So folgen noch viele Spaltenthäler aufeinander, welche sämmtlich tief in das Innere der Insel sich erstrecken und an der Gebirgsgrenze wo sich die trachytischen Plateaux erheben, ihr Ende nehmen.

Besonders erwähnungswerth ist noch der Mid-Fiord mit dem verbundenen Thale der Midfiordsaae, wegen der ausnehmend schönen Geradlinigkeit, die selbst bei einer Länge von 7 Meilen nicht durch die geringste Biegung unterbrochen ist; man kann dieses Thal seiner ganzen Länge nach wie eine gerade gezogene Furche von einem Ende bis zum andern überblicken. Nicht weniger merkwürdig in dieser Beziehung ist der nebenliegende Hrute-Fiord.

Was wir an der Ostküste in Bezug auf die Richtung der Fiorde und Spaltenthäler beobachteten, nämlich das Gesetz, dafs sie alle rechtwinklig auf der Gebirgsgrenze stehen, wiederholt sich an der Nordküste auf das bestimmteste und regelmäfsigste. Die Trachytgrenze läuft nach O. N. O., die Spaltenthäler rechtwinklig darauf nach W. N. W.

Die nordwestliche Halbinsel, die Westfiorde genannt, steht fast isolirt von dem Haupttheile Islands, da sie mit demselben nur durch die schmale Landzunge von 1½ Meilen Breite verbunden ist. Das grofse Trachyt-Gebirge im Innern von Island hat keinen Einflufs auf die fern und isolirt liegende Halbinsel haben können; diese verdankt einem eigenen trachytischen Kern, der sich in ihrer Mitte höchst wahrscheinlich vorfinden mag, ihre Erhebung über dem Meeresspiegel. Die steilen Küstengebirge dieser Halbinsel, welche auf ähnliche Weise wie die übrigen Trapp-Küsten von Island, nur in weit gröfserer Zahl von Fiorden zerrissen und zerspalten sind, bestehen aus Trapp. Die Richtung der Fiorde dieser Halbinsel und das früher bestimmte Gesetz, rechtwinklig auf der Trachytgrenze zu stehen, führt uns auf die begründete Vermuthung, ein trachytisches Gebirge in der Mitte der Halbinsel anzunehmen, das sich vom Dranga-Jökul nach Süden erstreckt, an der Spitze des Jise-Fiord sich bogenförmig nach Westen umschlägt und sich in dem Glaama-Jökul endigt.

Die Höhe der Vorgebirge dieser Halbinsel schwankt zwischen 2000 — 2500 Fufs; die beiden Eisberge aber, der Dranga- und Glaama-Jökul überschreiten diese Höhen bei weitem. Für die trachytische Natur beider Jökuls spricht schon der Umstand, dafs sie Jökul's d. h. Eisberge sind. Die Formen der Trappberge sind für die Grundlage einer Eisdecke sehr ungünstig; der Trapp ist zu steil und zu sehr in Thäler und Spalten zerrissen, als dafs er einen Haltpunkt für die aufhäufenden Eismassen liefern könnte. Dagegen sind die sanften, flachgebogenen kuppelförmigen Plateaux des Trachytes im höchsten Grade für eine Ablagerung des Eises günstig;

überall wo der Trachyt zum Vorschein kommt, mag es auch in einzelnen isolirten Kuppeln sein, finden wir ihn mit einer starken Eishülle bedeckt.

Von Olafsen — in seiner Reise durch Island — wird erwähnt, dafs die Jökulflüsse, die vom Dranga- und Glaama-Jökul herabkommen, häufig Bimstein und Erdschlacken mit sich führen; die demnach ebenfalls auf die trachytische Natur dieser Berge hinwiesen.

Das Trappgebirge der Westküste von Island ist, wie erwähnt, durch die lange Zunge des Sneefield-Syssels unterbrochen, welche trachytischen Ursprunges ist. Eine Linie von Hvams-Fiord quer über die Landzunge nach Städehraun gezogen, dürfte ohngefähr die Grenze zwischen Trachyt und Trapp sein; sie kann nicht mit Strenge und Bestimmtheit gezogen werden, weil der Uebergang beider Formationen die Grenze sehr verwischt; und hier um so weniger, da vulkanische Eruptionskegel und einzelne Trachytberge noch in der Verlängerung rückwärts, nach dem Innern des Landes zu, mitten im Trapp aufgebrochen sind.

Das Thal der Nordur-Aae nördlich von der Hvit-Aae, ist von dem deutlichsten, unverkennbaren Trapp, der das Thal auf beiden Seiten in schönen geschichteten Wänden begrenzt, umgeben. Nach den Umgebungen sollte man hier nichts weniger als vulkanische Eruptionskratere vermuthen. Dennoch findet man am nördlichen Rande des Thales einen kleinen niedern Eruptionskegel von kaum 300 Fufs Höhe, der einen gewaltigen Lavastrom ausgegossen hat. Auf der Seite, wo die Lava ihren Ausflufs aus dem Krater gefunden hat, sieht man den Kegel bis auf seine Sohle von dem Strome ausgearbeitet. Nirgends habe ich den Ausflufs der Lava aus dem Krater schöner gesehen als hier. Meistentheils, so am Hekla und an vielen andern Eruptionskegeln, verliert sich der Lavastrom unter einer Decke von rothen Schlacken; den Krater selbst findet man ganz frei von der geflossenen Lava, die daraus ihren Ursprung genommen hat; man sieht nur die rothen Schlacken und ausgeworfenen losen Lavabruchstücke. Denn nachdem der feurige Strom aufgehört hat aus dem Schlunde hervorzuquellen, hat die Thätigkeit des Berges noch kräftig fortgewirkt; losgerissene Lavastücke und rothe Schlacken sind zu Ende der Eruption ausgeschleudert worden und haben sich in und um den Krater abgelagert; was von dem Lavastrom, der eben dem Krater entflossen war, in demselben so wie im Schlunde zurückgeblieben war, wurde gewaltsam herausgeworfen. Den Anfang der Lavaströme bemerkt man erst in einiger Entfernung vom Krater, am Abhange des Berges, wo sie aus der Decke der ausgeschleuderten Schlacken und Bruchstücke hervorkommen und von da sich den Berg hinab erstrecken.

Die Lava, die sich aus dem Eruptionskegel im Norduraae-Thale ergossen und auf weite Strecken dieses schöne grafsreiche Thal zugedeckt hat, ist ganz von derselben Beschaffenheit, wie alle übrigen Laven von Island, die aus Trachyt hervorgebrochen sind; sie ist ebenfalls trachytischer Natur; Feldspath-Lava mit glasigen Feldspathkrystallen und Olivin-Einschlüssen; aber keine Spur von Augit darin. Gerade über dem Eruptionskegel im Thale, scheint ein zweiter, auf der Höhe der steilen Trappwand vorhanden zu sein; wenigstens machte sich ein kleiner Hügel durch die hochrothe Farbe, welche den Schlacken der Eruptionskegel so characteristisch ist, erkennbar.

Aus allem dem steht denn zu erwarten, dafs der Trachyt gar nicht tief unter der Decke von Trapp vorhanden sein werde; und da man schon längst auf den nahe gelegenen Bäulaberg aufmerksam geworden ist, so wird man auch nicht mehr überrascht, den Bäula aus deutlichem Trachyt bestehend zu sehen.

Der Bäula, ein ausgezeichnet schöner Kegelberg mit starker Neigung seiner Abhänge, ist schon in weiter Entfernung sichtbar und durch seine regelmäfsige Kegelgestalt in die Augen fallend. Man bemerkt ihn schon auf den Höhen der östlichen Skardsheide; er erhebt sich in seiner blendend weifsen Farbe über die dunkeln Berge des Trappes, auf der nördlichen Seite der Norduraae. Das Gestein, das sich so sehr von allen umgebenden unterscheidet, hat die Aufmerksamkeit der Reisenden in früherer Zeit erregt. Olafsen hält den Bäula für ein Erzeugnifs heifser Quellen, eine seltsame Ansicht, die mit den Wirkungen der letztern und mit der Gröfse des Berges in keinem Verhältnifs steht. Das Gestein des Bäula ist nichts anderes als ein Trachytgestein, eine hellgelbe Feldspathmasse mit einzelnen weifsen durchscheinenden Feldspathnadeln. Das Gestein enthält nach den Untersuchungen des Prof. Forchhammer zu Copenhagen, einen Gehalt an Schwefelsäure und nähert sich dadurch dem Alaunstein. Der ganze Berg ist aus wunderschönen Säulen von verschiedenen Dimensionen zusammengesetzt; eine bestimmte Regelmäfsigkeit in ihrer Lagerung und Richtung ist nicht warzunehmen.

Der Fufs des Kegels ist ganz bedeckt von einer unglaublichen Menge solcher Säulen, die von der Spitze und den steilen Abhängen herabgestürzt sind. Die Abhänge des Berges steigen unter einem Winkel von ohngefähr 40° an. Der Kegel erscheint wie dem Trappe aufgesetzt. Die Spitze des Bäula mag eine Höhe von etwa 3000 Fufs haben. Die Hälfte dieser Höhe nimmt der Trapp-Bergrücken ein, auf welchem der Kegel aufgesetzt erscheint; auf der nördlichen Seite steigt eine schmale Trappwand mit dem Kegel fast bis zu seiner Spitze empor. Am Trapp ist nichts zu bemerken, was auf eine Störung seiner Lagerung hinwiese. Sowohl die Unterlage des Kegels, als jene steile Trappwand, die sich an seiner Seite in die Höhe zieht, zeigt die vollkommenste horizontale Schichtung. Es findet hier kein Uebergang beider Gesteine statt; jene steile Trappwand schneidet scharf am Bäula-Kegel ab.

Die Längenerstreckung der Norduraae ist von Ost nach West. Weiter nach Süden folgen in geringer Entfernung, durch Bergrücken von 500 — 600 Fufs Höhe geschieden, mehrere parallele Thäler; zunächst das Thal der Thuer-Aae, dann das weite schöne Thal der Hvit-Aae, ferner des Reikholtsdalr. Der Parallelismus dieser Thäler stimmt mit der Erstreckung der trachytischen Landzunge überein; sie mögen auch ihre Entstehung der letztern verdanken. Besonders bemerkenswerth ist die grofse Zahl heifser Quellen, welche aus der Tiefe dieser Thäler hervorsprudeln. Wie jener Eruptionskegel im Norduraae-Thale, scheinen sie ebenfalls die Thätigkeit der vulkanischen Kräfte, die hier in geringer Tiefe unter dem Trapp noch Statt finden mag, zu beweisen. Sind auch heifse Quellen dem Gebiete des Trappes nicht fremd, so sind sie doch durchschnittlich von keiner grofsen Stärke und gar nicht mit jenen mächtigen Wassereruptionen zu vergleichen, welche im vulkanischen trachytischen Gebiete zu finden sind. Diese Trappthäler machen die einzige Ausnahme; in ihnen finden sich Thermen von ansehnlicher Gröfse. Vorzüglich ist das Reikholtsdalr ausgezeichnet; hier steigt eine Rauchsäule neben der andern in die Höhe. Ist die Luft mit Wasserdünsten schon bis auf's Höchste angefüllt, so dafs sie die Dämpfe, welche von den Quellen in reicher Masse aufsteigen, nicht aufzunehmen vermag, so findet man häufig das ganze Thal in Wasser-Dämpfen wie in einem dichten Nebel eingehüllt. Im Grunde des Thales dehnt sich auf eine Erstreckung von 2 Meilen eine lange Reihe von heifsen Quellen dahin. Ein Bach schlängelt sich mit vielen Windungen durch den Thalgrund, und durchschneidet die Reihe der Thermen an mehreren Punkten. An einer Stelle des Durchschnittes hat es sich getroffen, dafs eine der gröfseren Quellen, mit mehreren kleinern sie umgebenden, mitten im Bette des kalten Flusses ihren Aufsteigungskanal gefunden hat. Es ist interessant zu sehen, wie die heifsen Dämpfe durch das kalte Wasser durchzudringen vermögen, ohne sich zu condensiren, indem die mechanische Gewalt, mit der sie hervorbrechen, das Wasser aus ihrer nächsten Umgebung wegzuschleudern und sich einen offenen Kanal durch das umgebende kalte Wasser zu bahnen vermögen. Die gröfsere Quelle hat den Rand ihres Schlundes durch Kiesel-Absätze erhöht, so dafs sie nun über dem Spiegel des kalten Flusses hervorragt. Merkwürdige Beobachtungen in Bezug auf die intermittirenden Eruptionen der Quellen, und der erzeugten Wasserdämpfe, lassen sich in diesem Thale vielfach anstellen.

Im Süden der Hvit-Aae erhebt sich das steile schroffe Gebirge der östlichen Scardsheide, das sich wie die Hvit-Aae selbst, von West nach Ost erstreckt. Es besteht aus Trapp, der seine seltsamen Gebirgsformen in der ganzen Kühnheit und Wildheit, die ihm eigen ist, gepaart mit der schönen Regelmäfsigkeit der Schichtung, wiederholt; hier stehen steile Felsenwände in die Höhe, auf allen Seiten von senkrechten Abstürzen umgeben; die horizontale Schichtung macht sie häufig

Mauern ähnlich, die durch Kunst aufgeführt sind; die alten Sagen des Landes halten sie für Werke der Riesen, die an so kolossalem Werke ihre Kräfte erprobten. Die Scardsheide erhebt sich zu einer Höhe von wenigstens 3000 Fuſs. Von ihrer Spitze hat man eine weite angenehme Aussicht; im Norden begrenzen der südliche Rand des trachytischen Gebirges im Sneefield-Syssel, und die Höhen jenseits der Norduraae, unter denen besonders der Bäula in die Augen fällt, den Horizont. Zwischen ihnen und der Skardsheide liegt das vielfach von parallelen Thälern durchschnittene Terrain; die Höhen, welche die einzelnen Thäler von einander trennen, sind nicht ansehnlich und nur einige hundert Fuſs hoch; das Ganze gleicht daher einer niederen Fläche, die von mehreren parallelen Furchen durchzogen ist.

Die Skardsheide, nachdem sie das nördliche Ende des Hvallfiord begrenzt hat, schlieſst sich dem Gebirgsplateau an, welches sich vom Vulkan Skialdbreid nach dem Baldjökul erstreckt. Der Trapp geht dabei unbemerkt in den Trachyt über.

Im Süden der Skardsheide breitet sich zu ihrem Fuſse eine weite meist sumpfige doch fruchtbare Ebene zwischen dem Hvallfiord und Borgarfiord aus, aus der sich am Eingang des Hvallfiord der isolirte Akkre-Field erhebt. Derselbe besteht ebenfalls aus Trapp, wie die Skardsheide, und ist eben so in regelmäſsige horizontale Schichten abgetheilt; seine Höhe beträgt wenig über 2000 Fuſs. An der westlichen Spitze ist er am steilsten und höchsten, von da senkt er sich in der nordöstlichen Richtung seiner Längenerstreckung nach der Ebene hinab, bis er völlig verschwindet; in derselben Richtung ist eine schwache Schichtenneigung von 5° zu beobachten.

Auf der Ostseite des Hvallfiord steht dem Akkrefield der Essian gegenüber. Dieses Gebirge, ebenfalls nach Süden mit seinem senkrechten Felsenabsturz gerichtet, übertrifft den Akkrefield an Höhe; denn es erhebt sich zu 2700 Fuſs. Dieselbe schöne Schichtung läſst den Trapp, woraus der Berg besteht, von fern erkennen. Nach Osten schlieſst sich das Essian-Gebirge dem trachytischen Plateau an.

Ueberall, wo wir die Küsten von Island aus Trapp gebildet fanden, beobachteten wir die tiefen spaltenförmigen Fiorde. Auch dieses Dreieck, welches im Norden von der Trachytzunge des Sneefield-Syssel, im Südost von der Grenze der groſsen Trachytmasse, im Südwest von der Meeresküste eingeschlossen ist, besitzt zwei Fiorde, welche an Gröſse den Fiorden der anderen Küsten gleich stehen. Alle Erscheinungen, die wir dabei an den übrigen Küsten beobachtet haben, wiederholen sich hier auf das Bestimmteste, und beweisen dadurch die groſse Gesetzmäſsigkeit.

Die Richtung der Fiorde haben wir stets rechtwinklig auf der Trachytgrenze gefunden. Beim Borgar- und Hall-Fiord haben zwei Wirkungslinien ihren Einfluſs geltend gemacht; die trachytische Landzunge des Sneefield-Syssel und die ausgedehnte Trachytmasse des Innern der Insel. Die beiden Fiorden haben dadurch eine Richtung erhalten, welche eine mittlere zwischen beiden Wirkungslinien ist. Aber noch mehr: der Borgar-Fiord, der der Wirkungslinie des trachytischen Sneefield-Syssels näher liegt, muſste auch dem stärkern Einflusse derselben ausgesetzt sein; seine Richtung wendet sich daher mehr von der mittlern ab, um sich der Rechtwinkligen auf dieser Wirkungslinie zu nähern. Der Hvall-Fiord dagegen hat mehr dem Einfluſs der andern Wirkungslinie unterlegen, weicht ebenfalls von der mittleren Richtung ab und nähert sich der Rechtwinkligen auf letzterer.

Das Streichen der Trappschichten ist längs des äufsern Küstenrandes, also längs der Linie, welche vom Essian nach dem Akkrefiold gezogen wird; nach aufsen zeigen sich die Schichten also völlig horizontal; die Falllinie ist nach dem Innern des Landes gerichtet und stimmt ganz genau mit der Längenerstreckung der Fiorde überein. Die Felsenwände des Trappes sind steil und senkrecht; als solche stürzen sie sich an dem äufsern Küstenrande in unersteiglichen Vorgebirgen in die See; als solche Mauern begrenzen sie auf beiden Seiten die Fiorde. Die höchsten Punkte finden sich in den äufsersten Vorgebirgen; nach dem Innern des Landes sieht man, der Schichtenneigung entsprechend, das Gebirge sich nach und nach absenken, bis es sich mit dem trachytischen Plateau verbindet, das sich wieder zu gröfserer Höhe erhebt; in der Mitte bemerkt man eine sehr flache Muldung, von der das Trachytplateau beginnt und in der die Gebirgsgrenze zu ziehen ist.

Den trachytischen Theil von Island haben wir zwischen zwei Parallellinien eingeschlossen und dadurch einen breiten Streifen bezeichnet, der sich in einer Richtung von Südwest nach Nordost mitten durch die Insel erstreckt. Dieser Theil ist bis jetzt nur sehr wenig gekannt; denn die Natur setzt sehr grofse Hindernisse entgegen, welche ein Vordringen in das Innere der Insel höchst schwierig, wenn nicht völlig unmöglich machen.

Unter den hauptsächlichsten Naturhindernissen sind die ausgebreiteten Eisberge zu nennen. Gerade der trachytische Theil Islands ist es, der als Sammelplatz dieser unermefslichen Eismassen zu betrachten ist. Der Trapp-Theil ist frei von Jökul's; erst durch späteres Anwachsen haben sich dann und wann einzelne Gletscher von den Trachytplateaux in die benachbarten tiefen engen Spalten des Trappes herabgezogen.

Mehrere Gründe vereinigen sich, die Anhäufung des Eises auf den Trachytplateaux besonders zu begünstigen:

Die hohen Trachytplateaux steigen weit über die Schneegrenze, welche in dieser nördlichen Breite nur sehr tief liegt. Die Nähe des Meeres, welches die Insel umfliefst, schwängert die Winde aller Weltgegenden mit Wasserdünsten; sie stofsen auf die hohen kalten Gebirge und condensiren einen grofsen Theil ihres aufgelösten Wassers. Während des langen Winters fällt eine unglaubliche Menge Schnee auf die Gebirge, den die Wärme des kurzen folgenden Sommers nicht zu schmelzen vermag. Durch die Einwirkung der Sonnenstrahlen wird nur ein theilweises Zusammensintern des Schnees zu festerer Masse bewirkt; das gebildete Wasser durchdringt den unterliegenden Schnee, wird darin wieder fest und bewirkt ein Zusammenbacken der ganzen Masse zu Eis. Auf das Eis übt aber die Sonne noch weniger Einflufs als auf den Schnee ein; denn seine Masse ist dichter und seine hellblaue durchscheinende Farbe verursacht wie die des Wassers keine Zerlegung der Sonnenstrahlen. Wo sich einmal das Eis angehäuft hat, da scheint der Temperaturwechsel der Jahreszeiten keine Wirkung auf seine Zerstörung mehr auszuüben; wie es scheint, so nimmt es sogar in fortschreitendem Wachsthum von Jahr zu Jahr zu.

Die Neigung und Form der unterliegenden Gebirge kann mehr oder weniger günstig zur Auflagerung des Eises sein. An einer steilen senkrechten Felsenwand findet das Eis so wenig und noch weniger seine Unterstützung, als der Schnee. Daher rührt es denn auch, dafs das Trappgebirge, in welchem fortwährend ein steiler Felsenabhang und ein Spaltenthal auf das andere folgt, so frei vom Eise ist. Und sollte wirklich an einer oder der andern Stelle eine passende Unterlage für das Eis sich finden, so wird es sich doch nicht ansammeln können, weil es isolirt und ohne Zusammenhang ist.

Dagegen sind die sanft und gleichmäſsig geneigten Seitenabhänge der trachytischen Plateaux ganz so beschaffen, um eine sichere Grundlage für das anwachsende Eis zu bilden. Auf den Plateaux beginnt die Bildung, sie schreitet nach den Abhängen zu, und läuft an denselben bis zum Fuſse des Berges herab. Die Abhänge sind sanft genug, damit das Eis darauf ruhen kann; wenn sie etwas steiler sind, so bewirken sie wohl ein allmähliges langsames Herabgleiten der Eisdecke nach der Tiefe, wo sie dann ihren Ruhe- und Sammelpunkt findet, aber nicht ein gewaltsames Herabstürzen, das mit Zerschmetterung verbunden sein würde. Gerade dies langsame Herabgleiten der Eisdecke am Abhange verursacht, daſs das Fortschreiten des Eises nach der Tiefe viel schneller vor sich geht.

Jetzt findet man die groſsen Plateaux des breiten Trachytstreifens, der Island mitten durchzieht, von unzerstörbaren Eishüllen eingedeckt. Der bedeutendste Jökulzug dehnt sich vom Smörfield im Osten der Insel nach dem Sniofell; breitet sich von da über einen Theil des Trappes aus, den Thrande- und den Hofs-Jökul bildend, die sich in den Spaltenthälern des Alfta- und Horne-Fiord bis in die Nähe der Küste herabziehen. Nach Süden folgen dann die Klofa Jökul, von unübersehbarer Ausdehnung und Gröſse. Sie sind besonders merkwürdig wegen ihres starken Vordrängens nach der Küste. Der schmale Sandstreifen, der zwischen letzterer und dem Jökul liegt und häufig nur $\frac{1}{4}$ Meile breit ist, verengt sich von Jahr zu Jahr durch das Vorschreiten des hohen Eisgebirges; so daſs zu befürchten steht, es werde mit der Zeit auch dieser einzige, schon jetzt gefahrvolle und beschwerliche Verbindungsweg zwischen Ost- und Süd-Island abgeschnitten.

Mit den Klofa-Jökul's verbinden sich nach Westen zu die Skeideraae-, Sida-, Skaptar-, Torfa-, Myrdals- und Oester-Jökul; ein einziges zusammenhängendes Eisplateau bildend, das an den verschiedenen Stellen mit diesen Local-Namen bezeichnet wird. Dieser gewaltige Jökul-Zug, der sich von dem Smörfield bis zum Osten-Jökul erstreckt, mifst in seiner Länge 45 Meilen.

Ein zweiter Jökul-Zug läuft mit dem ersteren parallel, steht demselben aber an Länge und Flächenausdehnung bei weitem nach. Er beginnt am Skialdbreid-Vulkan nördlich über Tingvalla; bildet dann das grofse Eisplateau, welches unter den Localnamen des Bald-, Eriks-, Geitlands-Jökul den Isländern bekannt ist; weiter nach Nordost folgt sodann der grofse Hofs-Jökul, ein Eisberg von 15 Meilen Länge; die Oefiordsaae nimmt von ihm ihren Ursprung und bildet sein nordöstliches Ende. Die Länge dieses Jökul-Zuges beträgt 26 Meilen. Zwischen beiden Parallel-Zügen scheint sich eine flache Niederung von Südwest nach Nordost zu erstrecken; dieselbe mag grofsentheils frei von Eisbedekkung sein; denn ein gangbarer, doch jetzt wenig besuchter Weg führt aus dem Süden der Insel über Skalholt längs des südlichen Randes des Bald- und Hofs-Jökul nach dem Oefiord.

Aufser diesen beiden grofsen Jökul-Zügen, welche den gröfsten Theil des Trachytstreifen bedecken, sind noch folgende isolirte Eisberge zu erwähnen. Nämlich die beiden Jökul's auf der nordwestlichen Halbinsel der Glaama- und Dranga-Jökul und der alte prachtvolle Vulkan an der Spitze des Snaefieldsyssel's der Snaefield-

Jökul. Beide erstern haben sehr wahrscheinlich, der letztere unbezweifelt, den Trachyt zur Grundlage.

Die Eisberge können sich bilden, sie mögen dem Meere nahe oder fern liegen; der gröfsere Theil des erstern Jökul-Zuges erstreckt sich dicht an der Südküste entlang; und die drei genannten isolirten Eisberge stehen ganz wie Inseln vom Meere umgeben. Die Verschiedenheit der Temperatur im Innern des Landes und an der Küste ist durchaus ohne Einflufs.

Da wo sich die Jökuls über weite Flächenräume, wie über den gröfsten Theil des Trachytstreifens, ausgebreitet haben, ist ein Vordringen über diese Eisflächen nicht denkbar. Zuerst müfste man des einzigen und in Island unentbehrlichen Transportmittels, der Pferde entsagen; und wollte man einen Versuch machen zu Fufse vorzuschreiten, so wird man bald auf weite, unübersehbar tiefe Eisspalten stofsen, welche der Reise ein unüberschreitbares Ziel vorstecken. Ich kenne, welche Schwierigkeiten und Gefahren diese Eisspalten entgegensetzen, da ich einigemal gezwungen war, die Eisberge zu besteigen, um die reifsenden Jökulströme zu umgehen, welche daraus hervorbrechen und häufig zu gefahrvoll waren, um mich trotz der Geschicklichkeit der Pferde in sie wagen zu dürfen.

Die Reisenden, welche einen Jökul besteigen wollen, müssen mit langen Eisstacheln versehen sein, um bei jedem Schritt die Stelle zu untersuchen, wo man den Fufs hinsetzen will. Denn viele Spalten sind noch gefährlicher, weil sie mit einer Schneekruste verdeckt sind; man vermuthet auf feste Eismasse zu treten, und kann in einen Abgrund versinken. Zur gröfseren Vorsicht ist es daher auch nöthig, dafs sich die Reisenden durch ein gemeinschaftliches Seil, was ein jeder um den linken Arm knüpft, — während sie die Eis-Stachel in der Rechten führen, — verbinden, um sich gegenseitig Hülfe zu leisten, wenn etwa einer von ihnen das Unglück hätte, in eine Spalte einzubrechen. Und selbst wenn man den Eisberg nicht betritt, wenn man nur längs seines Randes vorzudringen gedenkt, so stöfst man wieder auf die gewaltigen und reifsenden Jökulströme, welche in grofser Zahl hervorbrechen und häufig mit noch mehr Gefahr zu übersetzen sind; man zieht es dann sogar häufig vor, den Strom da wo er hervorbricht, auf seiner natürlichen Brücke, dem Eisgebirge, zu überschreiten.

Island ist überhaupt schwach bevölkert, am schwächsten aber der trachytische Theil. Die weiten Eisflächen desselben sind nicht der einzige Grund; die Beschäftigungsart und ihr Unterhalt, so wie die leichtere Verbindung mit dem Auslande, von dem die Einwohner ihre nöthigsten Bedürfnisse ziehen, würden sie schon allein nöthigen, auf die Bebauung der Küsten sich zu beschränken, selbst wenn der innere Theil ihres Landes frei von den ausgebreiteten Eisfeldern wäre. Fischfang und Viehzucht sind die Erwerbsquellen der Einwohner; beide müssen verbunden werden, um ihre Existenz möglich zu machen. Nähe des Meeres, in dessen Tiefe sie den einen Erwerbszweig finden, ist erforderlich, aber in der Nähe des Meeres müssen sich auch zugleich grasreiche Weiden finden, um die Viehzucht möglich zu machen. Die Gegenden, wo sich beide Bedingungen passend vereinigt finden, sind zur Anbauung am geeignetsten und der Isländer sucht sie zu seinem Wohnsitz auf. Die Trappküsten haben die vielen tief eingreifenden Fiorden, welche den trachytischen ganz und gar fehlen. Diese Fiorde gleichen Kanälen, durch welche aus dem Innern des Landes eine Verbindung nach dem Meere hergestellt ist. Der grofse Vortheil, welcher dadurch für den Handel mit dem Ausland und für die

Communication von einem Punkte zum andern auf dem Wasser hergestellt ist, leuchtet ein. Die Handelsschiffe können tief in das Land einlaufen und finden überall sichere gute Häfen, von der Natur schon angelegt. Der Einwohner hat kürzere Wege, um zum Handelsschiffe zu gelangen, wo er seine Producte gegen ausländische umtauscht; er braucht nicht mehr vom Innern des Landes bis zum äufsern Rand der Küste zu reisen; das Handelsschiff ist ihm 5 — 7 Meilen entgegengekommen; er hat ferner den leichten Transport zu Wasser auf seinen Böten zu Gunsten; in Vergleich gegen die Beschwerlichkeiten der Landreise und den Transporten auf Pferden; mit geringer Mühe und wenigen Kosten bringt er auf seinem Bote die Producte herbei, während er zu Lande vielleicht 30 und mehrere Pferde nöthig hätte.

Diese Fiorde sind ferner die schönsten Stationen für die Fischer. Der Dorsch, auf den der vorzüglichste Fang geführt wird, hält sich gern darin auf. Der Fischfang ist bequem und gefahrlos, weil das Meer ruhig und geschützt gegen Stürme ist. Und dabei sind die Weiden in den Thälern des Trappes die fruchtbarsten und grafsreichsten; sie nähren zahlreiche Heerden von Schafen, Rindern und Pferden. Fischfang und Viehzucht werden bequem verbunden, weil sie in dichter Nachbarschaft betrieben werden können.

Die Küsten der Fiorde und die damit verbundenen Thäler sind durchgängig recht gut bewohnt.

Von dem äufsern Rand der Küste gerechnet, erstreckt sich das bebaute Land, da wo die Fiorde vorhanden sind, sehr weit nach dem Innern hinein; alle genannte Vortheile fallen aber gröfstentheils weg, wo die Fiorde fehlen und das bewohnte Land bildet da nur einen schmalen Streifen längs der Küste.

So ergiebt sich denn auch die auffallende Verschiedenheit der Trapp- und Trachyt-Formation durch die stärkere und schwächere Bebauung — was freilich mit dem Vorhandensein der Fiorde vorzüglich zusammenhängt — leicht zu erkennen. Ohne den Grund davon, der in der Beschaffenheit des Gebirges liegt, zu kennen, wissen die Isländer recht wohl, welche Theile die schönsten ihres Vaterlandes sind: die Trapp-Küsten im Ostlande so wie im Nord- und Westlande sind die fruchtbarsten und bebautesten; dagegen die nordöstliche Küste und vorzüglich die Südküste die traurigste von allen.

Alles vereinigt sich demnach, eine genauere Untersuchung des trachytischen Theiles von Island zu erschweren und gröfstentheils unmöglich zu machen. Die Eisflächen, die Wüsten des Innern lassen an kein Vordringen denken; selbst die Küsten sind wegen der grofsen Jökulsaaer und der aufserordentlich geringen Bevölkerung mit Schwierigkeiten zu bereisen. Demnach kann es auch nur wenig sein, was ich über die orographische Beschaffenheit dieses Landstriches zu sagen vermag.

Es sind zwei Jökul-Züge genannt, welche mit einander parallel durch das Innere des Landes sich erstrekken. Sie sind nichts anderes als die Eisdecken zweier entsprechenden Höhenzüge, welche dieselbe Richtung von Südwest nach Nordost verfolgen. Der östliche dieser Höhenzüge beginnt im Süden mit dem Oester- oder Eyafiäll-Jokul, erstreckt sich über den Torfa- und Katlegiaa-Jokul, von da über den Scaptar-, Sida-, Klofa-Jokul, dann längs der bezeichneten Gebirgsgrenze am Sniofell vorüber nach dem Smörfield zu.

Der zweite Gebirgszug beginnt im Süden mit dem Skialdbreid, läuft dann über den Bald- und Hofs-Jökul.

Zwischen beiden Höhenzügen liegt eine muldenförmige Niederung. Ihr Ausgang im Süden ist die Ebene, die zwischen dem Tingvalla-Oer und dem Oester-Jökul ausgebreitet liegt; ihr anderer Ausgang im Norden ist die Umgebung des Myvatn.

Die Richtung beider Höhenzüge, so wie der eingeschlossenen Mulde ist die nordöstliche; dieselbe, welche die Grenzlinien des Trappes befolgen; sie ist die bezeichnende für den trachytischen Theil Islands; alle Gebirgszüge; alle reihenförmigen Erstreckungen vulkanischer Essen sind ihr unterworfen; sie übt das herrschende Gesetz bis auf die geringsten Züge des Bildes aus.

Der Trachyt ist aus der weiten Spalte, die er sich im Trappe geöffnet hat, hervorgestiegen. Es scheint, als wenn er sich zu einem einzigen gewaltigen Gewölbe von einem Rande des Trappes zum andern hätte aufblähen wollen; die Weitung oder Spannung war aber zu groſs, um dem Gewölbe in der Mitte Haltung zu geben; es senkte sich hier wieder ein, und bildet nun die lange Furche oder Mulde, die sich zwischen den beiden stehen gebliebnen Rändern des Gewölbes befindet.

Die Form der beiden trachytischen Gebirgszüge ist, so wie sie schon im Ganzen bezeichnet ist, die von lang gezogenen Plateaux und glockenförmigen Kuppeln mit sanft geneigten Seitenabhängen. Um dies Bild aber wahr und treu zu erhalten, muſs man die Gebirge mehr aus der Ferne betrachten; denn der untere Theil der Trachytgebirge ist meistens von mächtigen Tuff- und vulkanischen Conglomerat-Bildungen umlagert, welche ein rauhes, vielfach zerstörtes Ansehen haben, wo senkrechte und überhängende Felsenabhänge mit tiefen

Schluchten wechseln. In der Nähe des Trachytgebirges fallen diese zunächst in die Augen; sie rauben die Aussicht auf die sanften Formen der Kuppeln und Plateaux und verleiten durch ihr rauhes Aeufsere leicht zu einem falschen Bilde des Ganzen. So z. B. erscheint der Oester-Jökul dem Beobachter an seinem Fufse als eine kolossale, ungeformte Bergmasse; weil ebenfalls mächtige Conglomerat-Felsen den Berg umlagern; betrachtet man ihn aber aus einer Entfernung von einigen Meilen von den Westmannöer, so erscheint er als eine glockenförmige Kuppel, von der gröfsten Schönheit und Regelmäfsigkeit, die zum Staunen anregt.

Auf dem östlichen Gebirgszuge sind nur 3 Punkte ihrer Meereshöhe nach gemessen worden. Der südwestliche Endpunkt der Oester oder Eyafiäll-Jökul ist nach trigonometrischen Messungen der Herrn Ohlsen, Vetlesen und Frisack zu 5334 Pariser Fufs Höhe gefunden worden. Der Oräfa-Jökul, welcher vom Gebirgszuge aus einen Vorsprung von einigen Meilen nach Süden bildet, ist durch das Barometer von dem Herrn Paulsen zu 5561 P. F. bestimmt, und der Snör-Field durch die Herrn Ohlsen und Vetlesen zu 5400. Gegen die Höhe des Oester-Jökuls scheinen die Torfa-, Scaptar-, Side-, Skeiderase-Jökul's wenig zurück zu bleiben. Der Snio-fell am Ursprunge des Langerfliotes ist in einer Entfernung von 20 Meilen von der See aus sichtbar; mufs demnach eine Höhe besitzen, welche über 5000 Fufs beträgt.

Hält man die angegebenen Höhen fest im Auge und vergleicht man bei dem Ueberblick des Gebirges von fern den höchsten Rand desselben gegen die gegebenen festen Punkte, so wird man finden, dafs die mittlere Höhe des ganzen Gebirgszuges ziemlich sicher zu 5000 Fufs angenommen werden kann. Das Plateau ist sehr eben und gleichförmig, sein oberer Rand erscheint von fern im blendenden Weifs seines Eises als eine lange gerade horizontale Linie, die nur einzelne Umbiegungen durch kuppelförmige Erhöhungen erhält.

Ueber die Meereserhebung des zweiten Gebirgszuges läfst sich noch viel weniger sagen, hier ist bis jetzt noch keine einzige Höhe bestimmt worden. So wenig wie es möglich ist, auf der Höhe des Skaptar-Jökuls eine Beobachtung zu machen, weil noch Niemand dahin gelangen konnte; eben so wenig kann man auf den Eismassen des Bald- und Hofs-Jökul zur Spitze vordringen. Mehreren Vergleichungen zufolge nach dem Augenmaafse, die freilich auf keinen hohen Grad von Sicherheit Anspruch machen können, scheint dieser Gebirgszug dem erstern an Höhe nichts nachzugeben; also auch im Durchschnitt 5000 Fufs zu erreichen. Der Standpunkt auf der Spitze des Hekla ist zu dergleichen Vergleichungen am geeignetsten; denn seine isolirte Lage gewährt eine freie Aussicht über einen grofsen Theil der beiden Gebirgszüge, da er zwischen ihnen in der Mitte aus der eingeschlossenen Niederung sich erhebt.

Wenn das mittlere Meeresniveau des Trappes auf 3000 Fufs festzusetzen ist; so übertreffen demnach die beiden trachytischen Gebirgszüge jene Höhe um 2000 Fufs.

Mit den beiden trachytischen Höhenzügen fällt die reihenartige Erstreckung der ansehnlichsten vulkanischen Essen, welche in Island erbrochen sind, zusammen.

Der prachtvolle glockenförmige Oester oder Eyafiäll-Jökul, ist eine vulkanische Esse, welche noch im Jahre 1822 eine Eruption zeigte, er hat niemals Lava geliefert, immer nur Aschenauswürfe. Ihm zunächst nur 5 Meilen entfernt folgt der Katlegiaa, der seine letzte Thätigkeit im Jahre 1755 zeigte. Die Verheerungen, welche das geschmolzene Eis des Jökuls und die ausgeschleuderte Asche verursachten, waren für das Land sehr betrübend; Lava ist niemals von ihm geliefert. Dafs unter der Eisdecke des Scaptar-Jökul's ein furchtbarer Vulkan verborgen liege, erfuhr man erst im Jahre 1783, wo einer der gröfsten Lavaströme vom Gebirge herabkam und die Niederung verheerte; wie zu vermuthen steht, rührt dieser grofse Lavastrom aus mehreren kleineren Eruptionskegeln am Fufse des Gebirges her, nicht von dem Gipfel; der Scaptar-Jökul scheint vielmehr keine dauernde vulkanische Esse zu sein. Der Sida-Jökul hatte im Jahre 1753 seinen letzten Ausbruch, wobei hohe Feuer- und Aschensäulen aus dem Gipfel sich erhoben, die in weiter Ferne sichtbar waren, er scheint ebenfalls keine oder höchst wenig Lava ergossen zu haben. Der Oräfa-Jökul, der höchste Berg von Island, ist ebenfalls eine dauernde Esse, deren Feuer- und Wasserausbrüche schon seit den ältesten Zeiten her bekannt sind; die gröfsten und verheerendsten waren die von den Jahren 1362 und 1727, seine Eruptionen waren niemals mit Lava-Ergiefsungen verbunden, er hat nur Asche und Bimsstein geliefert.

Hier verläfst der Gebirgszug die Südküste und läuft hinter das Trappgebirge der Ostküste; er ist auf dieser Strecke bis zum Smörfield unbekannt. Es kann ein oder der andere Vulkan hier seine Stelle noch haben, ohne dafs die geringste Nachricht davon kund geworden ist. Der Sniofell, welcher ganz die Form einer vulkanischen Esse hat, vielleicht eine noch schönere Glocke als der Oester-Jökul bildet, hat noch nie eine innere Thätigkeit gezeigt, eben so wenig auch der Smörfield.

Die aufgezählten vulkanischen Essen liegen in gerader Linie reihenförmig nach Nordost; sie sind, mit Ausnahme des Oeräfa auf dem grofsen trachytischen Gebiggsange ausgebrochen, wie aus einer Spalte, welche den letztern seiner Länge nach in der Mitte zertheilt. Verlängert man die Linie dieser vulkanischen Essen jenseits des Oesterjökuls nach Südwest, so trifft sie die Reihe der Westmann-Inseln, eine Reihe von kleinen Eilanden, deren Lage gesetzmäfsig die Richtung dieser Linie befolgt. Die gröfste von ihnen hat einen Eruptionskegel, welcher einen bedeutenden Theil der Insel mit Lava überschwemmt hat.

Auf dem Rücken des Hofs- und Bald-Jökul's sind zwar keine gröfseren dauernden Essen bekannt; obgleich weite Lavastrecken den Fufs dieser Berge umgeben. Auf der Nordseite des Hofs-Jökul wo der Weg nach dem Oefiord vorüber führt, liegt eine weite Lavastrecke, Lambe-hraun genannt; sie leitet ihren Ursprung aus mehreren kleinen Eruptionskegeln, welche am Fufse des Jökuls sichtbar sind. Der Bald-Jökul ist rundum von Lavafeldern umgeben. Auf seiner Nordseite brechen die Quellen von Hvereyalle, wegen ihres weit ertönenden Geräusches die brüllenden Quellen genannt, in der Nähe eines ausgedehnten Lavafeldes hervor. Ein anderer Lavastrom ist vom Baldjökul gekommen und hat sich bis an den Blaafell, dem südlichen Ende des Gebirges erstreckt. Auf der Nordostseite desselben, dem Theile, welcher der Geitlandsjökul heifst, findet sich die Surtshellir (schwarze Höhle) in einem mächtigen Lavastrome, welcher sich vom Geitlandsjökul nach Norden ergossen hat.

Nachdem die obere Kruste der Lava schon erhärtet war, besafs der innere Theil noch vollkommene Flüssigkeit und strömte unter der Kruste der Neigung seiner Grundfläche folgend weiter fort; der zurückgelassene hohle Raum bildete die grofse Höhle, deren Länge ohngefähr 5000 Fufs beträgt; sie ist wegen ihrer Ausdehnung und wegen mancher Volkssage, die sich an sie knüpft, im ganzen Lande bekannt und berühmt.

Ueber dem südlichen Ende des Gebirgszuges erhebt sich der Skialdbreid ausgezeichnet als ein früherer Centralvulkan; seine schöne sanft geneigte Kuppelform, welche einem alten nordischen Schilde gleicht, hat ihm den treffenden Namen gegeben. An seinem Fuſse finden sich zahlreiche niedere Eruptionskegel, welche bedeutende Lavaströme ergossen haben. Die groſsen Lavafelder, welche im Süden die weite Niederung um Tingvalla ausfüllen, rühren gröſstentheils von ihnen her. Die Höhe des schildförmigen Berges über seiner Grundfläche scheint ohngefähr 2000 Fuſs zu betragen; das Plateau selbst aber, über dem er sich erhebt, hat wenigstens eine Höhe von 1500 Fuſs.

Nicht weit vom Skialdbreid nach Süden endet sich der zweite trachytische Gebirgszug in einem steilen Felsenabhang, der aus vulkanischen Tuff u. Conglomeraten besteht und sich in west-östlicher Richtung erstreckt. Alle Lavaströme, welche diesem zweiten Gebirgszuge angehören, sind sehr alt und vor Bewohnung der Insel geflossen. Seit historischen Zeiten hat hier nicht eine einzige Eruption statt gehabt.

Auf der Südseite des Tingvalla-See's erhebt sich das vulkanische Conglomerat von Neuem und bildet ein steiles zerrissenes Gebirge, welches sich von da durch den ganzen Guldbringe-Syssel bis an das äuſserste Vorgebirge Kap Reikianaes erstreckt; es muſs als Fortsetzung des zweiten trachytischen Gebirgszuges betrachtet werden, von dem es nur durch die Niederung des Tingvalla-See's getrennt ist; in der Richtung stimmt es mit jenem hinreichend überein. Das Gebirge des Guldbringe-S. erhebt sich zu einer durchschnittlichen Höhe von etwa 2500 Fuſs, der Trachyt ist darin als anstebendes Gestein fast gar nicht aufzufinden; seiner ganzen Ausdehnung nach von Tingvalla-See bis Kap Reikiannes besteht es aus übereinander gehäuften Tuffen und Conglomoraten in den steilsten und schreckbarsten Gebirgsformen. Eine unzählbare Menge kleiner Eruptionskegel sind über das ganze Gebirge und seinen Fuſs zerstreut; Lavaströme, wie sie Island nicht gröſser aufzuweisen hat, liegen über den ganzen Landstrich ausgebreitet. Der ganze Guldbringesyssel ist ein ödes wüstes Lavafeld. Einzelne Lavaergüsse sind in historischen Zeiten noch erfolgt.

Als Beweis der reihenartigen Erstreckung vulkanischer Ausbruchsöffnungen auch jenseits des Landes in das Meer hinein gelten die vulkanischen Inseln, welche in der Verlängerung jener Reihen aus dem Meere hervorgehoben sind. Das Verhältniſs der Westmanns-Inseln zum erstern trachytischen Gebirgszug wiederholt sich ganz jenseits des Kap Reikiannes. Die Vogelscheeren sind eine Reihe vulkanischer Inseln und Klippen, welche mehrere Meilen weit in das Meer sich erstrekken; sie befolgen in ihrer Lage die südwestliche Richtung. Mehreremahle haben sie vulkanische Eruptionen gezeigt; im 13ten Jahrhundert über 5 mahl, wobei die Inseln selbst bedeutende Veränderungen erlitten haben, indem alte untergegangen und neue zum Vorschein gekommen sind. In den Jahren 1422 und 1583 zeigten sich hier wieder vulkanische Thätigkeiten; das letztere mahl wurden weit in der See Flammen gesehen. Gegen 5 Monate vor der furchtbaren Eruption des Skaptar-Jökuls im Jahre 1783 bemerkte man wieder Flammen, welche ohngefähr 3 Meilen südwestlich von Reikiannes im Meere zum Vorschein kamen; es erzeugte sich, da wo jetzt die blinden Vogelscheeren liegen, eine kleine Insel, die aber bald wieder verschwand.

Die muldenförmige Niederung, welche von bei
trachytischen Gebirgszügen eingeschlossen, die Mitte v
Island in nordöstlicher Richtung durchzieht, ist weg
der Mannigfaltigkeit der vulkanischen Erscheinung
von hohem Interesse. Eine genauere Kenntnifs von di
ser Mulde besitzt man nur an ihren beiden Ausgang
punkten im Südwest und Nordost der Insel.

Die weite Ebene, welche sich zwischen Tingvall
See und dem Markarfliot ausbreitet, ist nur wenig üb
dem Meere erhaben und wird durch viele breite un
gefahrvolle Flüsse in allen Richtungen durchschnitte
sie ist ausgezeichnet durch die zahlreichen vulkanisch
Eruptionen, die seit jeher hier sich wieder halten und
deren verheerende Wirkung noch in ausgedehnten Lav
feldern zu erkennen ist; sie ist ferner ausgezeichn
durch die grofse Zahl fortdauernd thätiger Thermen
unter denen der Geiser alle Erscheinungen ähnlich
Art, die sich auf der Erde finden, unendlich übertrifft
Das ganze Terrain ist einer siebartig durchlöcherte
Fläche zu vergleichen, welche aus den Oeffnungen i
abgebrochnen Zeiträumen Ströme feuriger Lava hervor
steigen sieht, oder mit fortdauernder unverminderte
Thätigkeit heifse Wasser- und Dampfquellen. Beide
die Ausbrüche häufiger Lavaströme und grofsartige
Thermen auf ein und dieselbe Gegend beschränkt, be
ruhen auf gemeinsamen Grund; ihr nachbarliches Bei
sammensein beweist die gröfsere Energie der vulkani
schen Thätigkeiten in der Tiefe daselbst; oder auch de
geringern Wiederstand der innern Kräfte nach oben.

Ohne die vielen Ausbrüche von Lava in diese
Gegend näher zu betrachten, erwähnen wir nur de
Heckla's, welcher als isolirter Kegelberg aus dieser Ebene
sich erhebt. Seine zahlreichen Eruptionen und die gro
fsen Lavafelder, die um seinen Fufs in einem Umkreis

von 3¾ Meilen sich ausbreiten, geben ihm, wenigstens in fremden Ländern, eine besondere Auszeichnung vor allen übrigen Vulkanen Islands. Die meisten Reisenden hatten blos den Heckla gesehen und bestiegen, weil er von der Hauptstadt Reikiavik ohne alle Schwierigkeit besucht und sein Gipfel ohne Hindernisse erreicht werden kann; während ihnen die andern meist größeren und ansehnlicheren Vulkane von Island mehr oder weniger mehr oder weniger unbekannt blieben.

Der Heckla obgleich einer der Hauptvulkane Islands weicht in seiner Gestalt von den übrigen ab; er ist keine trachytische Glocke wie diese, sondern ein Kegel, von Materien gebildet, welche durch wiederholte Ausbrüche geschmolzen und aufgehäuft wurden. An seinem Abhange hat es Schwierigkeit, festen anstehenden Trachyt zu finden; der ganze Berg besteht aus Lava- und Schlakkenbruchstücken mit Bimssteinstaub und Asche vermischt. Was man am Abhange findet, leitet seinen Ursprung aus dem Krater, der Kegel gleicht einer gewaltigen Halde von Bruchstücken um einen innern Schacht herum aufgestürzt. Außer dem Krater in der Spitze des Berges finden sich mehrere andere dicht am Fuße; sogar am Abhange in der Mitte der Höhe sah ich einen schön geformten Trichter, aus welchem ein ansehnlicher Lavastrom den Berg hinab sich ergossen hat. Der Krater in der Spitze hat die wenigste Lava geliefert; vielmehr ist sie aus den Oeffnungen am Fuße geflossen. Einen schreckbaren Anblick gewährt das weite Lavafeld, welches im Süden des Heckla bis zum Tindfield ausgebreitet liegt. Eine überaus große Zahl einzelner kleiner Eruptionskegel, welche kaum einige hundert Fuß über ihre Grundfläche sich erheben, ist über dieses schwarze Feld wie gesäet, man erkennt sie an der hochrothen Farbe ihrer Kratere und Spitzen. Alle diese Hügel haben zusammengewirkt, um dies unermeſsliche Meer von geschmolzenen Erden zu liefern. Was aus dem obersten Schlunde des Vulkanes selbst geflossen, ist unbedeutend gegen die Masse, welche aus den vielen kleinen Kanälen, wie aus einem Siebe hervorgedrungen ist.

Die Höhe des Heckla beträgt nach den trigonometrischen Messungen der Herrn Ohlsen, Vetlesen und Frisack 4795 paris. Fuſs. Die Seitenwände des ziemlich regelmäſsigen Kegels steigen mit einer Neigung von 35° gegen den Horizont an.

Der Heckla liegt allerdings frei und isolirt in der groſsen Niederung; aber auf die Verbindung, in welcher er in der Tiefe stehen mag, weiſst die Reihe vulkanischer Berge, welche unter dem Namen Tindfield bekannt sind, recht deutlich hin. Der Tindfield liegt auf einer trachytischen Höhe, die sich am nördlichen Ufer des Markar-fliot's nach der Richtung dieses Flusses von S. W. nach N. O. ausdehnt. Jenseits des Flusses liegt die kolossale Glocke des Oester-Jökul's. Das Thal des Markarfliotes ist hier von beiden Seiten steil und tief; es hat durchaus nicht das Ansehen, als wenn es vom Strome eingegraben wäre, sondern im Gegentheile war das Thal früher und hat dem Strome seinen Lauf vorgezeichnet; es bildet den westlichen Rand des groſsen trachytischen Gebirgszuges, und befolgt wie dieser die nordöstliche Richtung. Die Reihenberge des Tind-field sind alte Eruptionskegel gewesen, wie man sich aus der Beschaffenheit der losen Schlacken- und Lava-Bruchstücke überzeugen kann, welche den ganzen Bergabhang wie beim Heckla zusammensetzen; obgleich jetzt wenige oder nur sehr undeutliche Spuren von vormahligen Krateren zu sehen sind. Die Höhe, zu welcher sich die Spitzen des Tindfeldes erheben, mögen 3000′ betragen. Das erste, was am Tindfield sogleich auffällt, ist seine

Längenrichtung rechtwinklig sowohl auf der Längenaxe des kleinen trachytischen Rückens auf dem er steht, als auch rechtwinklig auf der Längenerstreckung des Markarfliot-Thales, im Ganzen also rechtwinklig auf der nordöstlichen Streichungslinie des grofsen trachytischen Gebirgszuges. Ferner: verlängert man die Reihe des Findfield nach beiden Richtungen, so trifft die Linie nach Süden genau die Mitte des Oester-Jökul's, nach Norden nichts weniger genau den Kegel des Heckla. Der Heckla wie der Oester-Jökul liegen in gleicher Entfernung vom Findfield; letzterer ist das verbindende Mittelglied zwischen beiden.

Bei Skalholt beginnt eine niedere aus Tuffen und Conglomeraten bestehende Hügelreihe, die sich zwischen der Thiens-Aae und Hvit-Aae der verwaltenden Richtung gemäfs nach N. O. erstreckt. Sie begrenzt auf der Südostseite das Haukadalr, in welchem die Quellen der Hvit-Aae entspringen. Die grofsartigste Erscheinung der Geiser hat in diesem Thale seine Ausbruchsöffnungen gefunden, aus denen er seine Wasser- und Dampfsäulen zu unglaublicher Höhe aufschleudert. Der Geiser zeigt zwei verschiedene Wassereruptionen.

Die gröfsere wiederholt sich meistens in dem Zeitzwischenraume von 24 — 30 Stunden; starke Bebungen und Erschütterungen des Bodens verbunden mit donnerartigen Schüssen in der Tiefe geben das Signal, sogleich darauf brechen gewaltige Dampfmassen aus dem weiten Schlunde hervor, und das Wasser wird in einer Säule, welche häufig die Höhe von 100 Fufs übertrifft und sich oben pinienartig ausbreitet, emporgeschleudert. Aufser den gröfsern Eruptionen finden alle zwei Stunden kleinere statt, wobei das Wasser 10 — 12 Fufs hoch sprudelt.

Die regelmäfsigen Zeiträume von einem Ausbruch zum andern machen das Spiel des Geisers einer künstlichen Maschine ähnlich, obgleich an Vorrichtungen von Ventile nicht gedacht werden kann. Dafs die entwickelten Wasserdämpfe das Agens sind, kann nicht bezweifelt werden. Jedenfalls müssen Höhlenräume mit dem Schlunde des Geisers in Verbindung stehend gedacht werden. Die erzeugten Wasserdämpfe füllen den obern Raum und drücken das Wasser nieder. So lange die Dämpfe noch verschlossen sind, wird die Wassersäule im Schlunde nur suspendirt erhalten; nimmt aber die Entwickelung der Dämpfe fortwährend zu, so steigt in demselben Maafse ihre Expansivkraft; sie drängen die Wasserfläche in ihrem Raume immer tiefer herab, bis sie sich endlich den Verbindungskanal nach dem Schlunde eröffnen, und nun mit Gewalt durchbrechend im Schlunde heraufströmen und das Wasser darin mit sich aufreifsen. Ist eine grofse Menge der Dämpfe entwichen, und ist die Expansivkraft der zurückgebliebenen dadurch geschwächt, so verschliefst das Wasser den Verbindungskanal; es gehört nun ein Zeitraum dazu, ehe sich Dämpfe genug wieder angesammelt haben, welche ein neues Spiel hervorbringen. Es müssen wohl zwei solche Höhlenräume mit dem Schlunde in Verbindung stehen. Eine kleinere füllt sich schneller mit Dämpfen und leert sich daher öfter aus; die kleinern Eruptionen, welche alle zwei Stunden erfolgen, rühren von ihr her; eine andere ist weit gröfser, sie kann mehr Dämpfe in sich sammeln, es währt längere Zeit, ehe sie sich anfüllt und gewaltsam sich wieder leert. Die gröfseren Eruptionen, welche in Zwischenräumen von 24 — 30 Stunden erfolgen, sind ihr zuzuschreiben.

Mehrere Thermen finden sich in der Nähe von Skalholt und am Alpta-Vatn. Südlich von Tingvalla

See an der Kirche Reikes sind einige heifse Springquellen, von denen die eine, ebenfalls Geiser genannt, ihr Wasser gegen 30 Fufs hoch wirft. Unter den heifsen Quellen im Guldbringe-Syssel sind die von Kaisevig zu erwähnen; sie sind stark mit Schwefelwasserstoff geschwängert und veranlassen von Zeit zu Zeit eine Gewinnung des abgesetzten Schwefels. Am Kap Reikiänaes brechen zahlreiche Thermen hervor.

Von gleichem Interesse ist der andere Endpunkt der grofsen Mulde im Nordost der Insel. Die Thätigkeit der vulkanischen Agentien, fortdauernd in den heifsen Quellen und intermittirend in den Ausbrüchen von Laven sich kund thuend, sind den Erscheinungen am südwestlichen Ende an der Seite zu stellen. Die Natur scheint ihre äufsersten Kräfte angewendet zu haben, um den Zuschauer in Erstaunen zu setzen.

Der Mittelpunkt der vulkanischen Erscheinungen dieser Gegend ist der Myvatn; in einem Halbkreis um ihn herum liegen die vulkanischen Essen, welche durch ihre häufigeren Ausbrüche berühmt sind. Im Nordost liegt der Heir-hnukur und der Krabla, letzterer um ½ Meile vom ersteren entfernt. Sie wären von 1724 — 1730 in vorzüglicher Thätigkeit. Ein Lavastrom vom Krabla, die Steenaas genannt, überschwemmte in viele Arme getheilt die umliegende Gegend, er ergofs sich in den Myvatn, den er gröfstentheils ausfüllte. Der gröfsere Arm besitzt bei einer durchschnittlichen Breite von ½ Meile eine Länge von 3 Meilen; die Ausbrüche lieferten vielen Bimsstein. Beide Berge sind Hauptessen, um welche zahlreiche Eruptionskegel zerstreut liegen. Am Krabla liegt der Rafntinnufiell (Obsidianberg), welcher auf der obersten Spitze drei Lagen Obsidian mit steiniger Lava abwechselnd zeigt. Im Süden von Myvatn liegen Härdebreed und Trölddyngr, zwei bekannte und verschiedene Berge, die in den alten Zeiten starke Eruptionen gehabt haben, die aber wegen ihrer Lage in der Wüste und ihrer Entfernung von den Wohnplätzen nicht schadeten. Die weitläuftige Strecke von geschmolzener Lava, welche Udäde-Hraun heifst, rührt vornehmlich von ihnen her. Der Härdebreed ist von beiden der östlichere; er ist hoch und in weiter Ferne sichtbar; der Trölddyngr dagegen ist nur ein niedriger Berg.

Auf der Nordostseite des Myvatn vor dem Leirhnukur und Krabla finden sich sehr zahlreiche mit Schwefelwasserstoff geschwängerte Quellen, welche über einen Flächenraum von 1 Meile Länge und ½ Meile Breite aus unzählig vielen Oeffnungen theils als heifse Wasser-, theils als heifse Dämpfe hervorbrechen. Der Absatz des Schwefels an den Rändern der Quellen macht eine nicht unbedeutende Gewinnung möglich. Diese Quellen sind viel ergiebiger als die am Südwest-Ende Islands bei Krisevig. Eine andere Stelle, einige Meilen nach Osten von Myvatn ist ebenfalls wegen ausgebreiteter hydrothionhaltiger Quellen und der Schwefelgewinnung bekannt. Auch einige Meilen gegen Norden finden sich dergleichen Quellen, doch von weit geringerer Ausdehnung und Bedeutung.

Das vulkanische Gebirge des Sneefield-Syssel.

Der Hauptvulkan des Sneefield-Syssel ist der Sneefield- oder Wester-Jökul am äufsersten Ende der Landzunge. An seiner Form erkennt man den alten Vulkan im Trachyt, der zwar seit historischen Zeiten noch keine Thätigkeit wieder gezeigt hat; dessen Fufs aber mit zahlreichen Lavaströmen umlagert ist, welche vor der

Bewohnung der Insel geflossen sind. Der Sneefieldjökul ist der einzige Hauptvulkan der grossen Landzunge, als solchen sind alle Lavaausbrüche auf ihn zurückzuführen. Genaue Messungen des Sneefield-Jökuls besitzt man noch nicht; nach trigonometrischen Aufnahmen fanden Olafsen und Paulsen (Reise durch Island) die Höhe zu 6862 Fuſs, dagegen Mackenzie nur zur 4558'. Das erstere Resultat scheint sehr unrichtig und viel zu groſs zu sein, letzteres scheint der Wahrheit näher zu liegen, jedenfalls aber wieder zu gering zu sein; die Höhe des Berges kann ohne groſse Fehler zu 5000 Fuſs angenommen werden. Die Form des Berges ist, wie der meisten Hauptvulkane Islands, welche im Trachyte aufgebrochen sind, die sanftgebogene Kuppel, welche meistens da, wo sie sich geöffnet hat, um den eingeschlossenen expansiven Kräften den Ausgang zu gestatten, in einer groſsen Spalte zerrissen ist; auf der Spitze des Sneefield-Jökul bezeichnen zwei groſse Hörner, welche eine sattelförmige Vertiefung einschlieſsen, diese Spalte.

Der Name Jökul deutet an, daſs der Berg mit Eis bedeckt ist; er ist unstreitig der schönste in Island; und wegen seiner freien Lage kann er nach allen Richtungen sehr weit gesehen werden. Von Reikavig aus 15 Meilen Entfernung gewährt er an heiteren Abenden, wann die Sonne hinter ihm zu stehen kommt, die prachtvollste Ansicht; man sieht die beiden gewaltigen Hörner aus den Meereswogen hervortauchen, ein goldener Rand zeichnet die Umrisse um das blendende Weiſs des Eises.

Der Fuſs des Sneefield ist auf der Süd-, West-, Nordseite ganz mit Lavafeldern umlagert; die wenigsten oder gar keine dieser Ströme sind von der Spitze des Berges herabgekommen; er stimmt darin mit den groſsen Trachytglocken des Eyafiell-, Katligiaa-, Oröfa-Jökul, Skialdbreid u. s. w. überein, welche niemals aus ihrer Spitze Lava ergossen haben; deren Thätigkeit nur mit Auswürfen von Asche, Bimsstein und Bruchstükken verbunden war.

Nach Osten vom Sneefield erstreckt sich der vulkanische Gebirgsrücken, welcher den mittleren Theil der Landzunge einnimmt; und fast gänzlich aus vulkanischen Tuffen und Conglomeraten besteht; längs dieses Gebirgsrückens haben sich zahlreiche Eruptionskratere geöffnet, aus denen Lavaströme theils nach der nördlichen, theils nach der südlichen Seite sich ergossen haben. Die geognostische Beschaffenheit des Sneefield-Syssel hat Aehnlichkeit mit dem Guldbringe-Syssel. Beide erstrecken sich als Landzungen weit in die See hinaus; beide schliefsen in ihrer Mitte ein vulkanisches Tuff- und Conglomeratgebirge ein, aus welchem die zahlreichen Lavaströme ihre Ausbruchsöffnungen gefunden haben. Die reihenartige Erstreckung dieser Ausbrüche im Sneefield-Syssel finden ihren Stützpunkt in der Trachytglocke des Sneefield; auf ihn lassen sie sich sämmtlich als ihren Hauptvulkan zurückleiten. Dieselbe Bedeutung hat der trachytische Skialdbreid; der jedenfalls als der Stützpunkt und als der Hauptvulkan aller der Eruptionen, welche im Tuff und Conglomeratgebirge des Guldbringe-Syssel statt gefunden haben, zu betrachten ist; denn der Guldbringe-Syssel hat keine trachytische Hauptesse.

Man könnte die Ausbrüche von Lava, welche in reihenförmiger Erstreckung hintereinander liegen, die Wirkungslinie des Hauptvulkanes nennen. Demnach läuft die Wirkungslinie des Sneefieldjökul längs des Gebirgsrückens der Landzunge bis zum östlichsten Lavaausbruche im Norduraa-Thale in der Nähe des Baula; sie besitzt eine Länge von 14 Meilen. Die Wirkungslinie des Skieldbreid läuft nach S. W. über das Gebirge des Guldbringe-Syssel nach Kap Reikianaes und noch jenseits desselben über die Vogelscheeren bis zu der entfernten blinden Vogelscheere, wo mehrere mahl vulkanische Eruptionen im Meere sich gezeigt haben. Die Länge dieser Linie beträgt 22 Meilen.

Der Oester- oder Eyafiell-Jökul besitzt zwei Wirkungslinien, welche von ihm ausgehend unter sich einen rechten Winkel bilden. Zu der einen gehören die Westmann-Inseln mit ihren umliegenden Scheeren und Klippen; diese läuft nach S. S. W.; zur andern gehört der Tindfield und der Heckla; sie läuft nach N. N. W. Der Heckla ist keine trachytische Glocke; er ist ganz aus Materien aufgebaut, welche durch wiederholte Ausbrüche sich aufgehäuft haben; in seinem Bau gleicht er vollkommen den Eruptionskegeln; nur übertrifft er sie alle bei weitem an Gröfse.

Die beigefügte Karte ist nach den genauesten astronomischen und geographischen Aufnahmen der Herrn Ohlsen, Frisack und Wetlesen gezeichnet worden. Obgleich Seekarte und als solche brauchte sie hauptsächlich nur die Küsten umfassen, erstreckt sich ihre Zeichnung doch ziemlich weit nach dem Innern hinein, fast immer so weit nur das Land bewohnt ist. Da aber das bewohnte Land nur einen Streifen längs der Küste rund um die Insel bildet, so kann und wird immer für Island diese Seekarte recht gut zugleich als Landkarte gebraucht werden können. Die beiden trachytischen Gebirgszüge und die eingeschlossene Mulde habe ich nach ihrer wahrscheinlichen Lage noch besonders hervorgehoben. Die beiden Gebirgsgrenzen sind durch roth kolorirte Linien angegeben.

Von den Zeichnungen stellt die erste einen Gebirgsdurchschnitt durch ganz Island von West nach Ost dar. Das geschichtete Trappgebirge erhebt sich aus der Brede-Bugt in den Felsen, welche den Hvamsfiord im Norden begrenzen, zu einer Höhe von ohngefähr 2500 Fuſs. Bei a) berührt die Durchschnittslinie das Ende des Hvamsfiord. Die Felsen stürzen sich an der einen Seite senkrecht herab und erheben sich auf der andern Seite eben so steil zu der frühern Höhe. Die Durchschnittslinie läuft auf eine weite Strecke durch das Trappgebirge der Nordküste; die zahlreichen Spaltenthäler, welche im Trapp sich finden, geben sich im Gebirgsprofil, welches fast senkrecht auf der Richtung derselben steht, deutlich zu erkennen. b) ist das Spaltenthal des Hrute-Fiord, ihr folgt c) die Spalte des Midfiord; dann d und e) die Spalten des Widedals; f und g) die Spalten des Watnsdal; h) die Blondu-Aae. i) die Svart-Aae; ferner k, l, m, n) die Maelefields-, Vester-Jökuls-, Hofs-, und Oester Jökuls-Aae. Auf den Trapp folgt nun der Trachyt, der sich zunächst in dem sanft geformten eisbedeckten Hofsjökul erhebt, und jenseits der Mulde A, welche Island von S. W. nach N. O. in seiner Mitte durchzieht, der groſse trachytische Höhenzug B, welcher vom Smörfield nach S. W. sich erstreckt. Am östlichen Abhange dieses Gebirgszuges B stellt sich der Uebergang in den Trapp wieder ein, denn das Thal des Langarfliotes ist auf beiden Seiten vom Trapp umschlossen. Auf der Ostseite des Thales steigt das hohe steile Trappgebirge der Ostküste empor, welches durch zahlreiche Spaltenthäler wie die Nordküste zerrissen ist, die sich aber hier nicht darstellen, weil die Durchschnittslinie mit ihnen parallel läuft. Der Durchschnitt ist von Interesse, weil er den Bau von Island recht deutlich darthut; in der Mitte der breite Trachytstreifen mit den beiden Höhenzügen und der eingeschlossenen Mulde; auf beiden Rändern die Trappmassen.

Die 5te Zeichnung ist ein Profil durch die ganze Insel von Nord nach Süd. Man sieht zunächst den 15 Meilen breiten Trappstreifen der Nordküste mit seiner schwachen Schichtenneigung gegen den Trachyt, sodann folgen die beiden trachytischen Höhenzüge mit der eingeschlossenen Mulde.

Diese beiden Profile haben zum Längenmaafsstab denselben welchen die Karte hat; der Höhenmaafsstab dagegen mufste, um die Gebirge nur einigermaafsen hervorzuheben, 10fach vergröfsert werden.

Die zweite Zeichnung stellt einen Gebirgsdurchschnitt der Ostküste über den Smörfield, das Langarfliot-Thal und das Trappgebirge an Röde-Fiord dar. Höhenmaafsstab = 4fach des Längenmaafsstabes.

Die 3te Zeichnung stellt den spaltenförmigen Theil des Langarfliot-Thales oberhalb Skredkloustar dar mit der schönen Trachytglocke des Sniofell, welche sich am Ende des Thales mitten aus der Spalte hervorhebt.

Die vierte Zeichnung stellt eine Ansicht der grofsen tiefen Spaltenthäler des Trappgebirgs an der Ostküste dar, wie sie von der See aus betrachtet ohngefähr erscheinen.

Die 6te Zeichnung giebt eine Ansicht des Langarfliot-Thales von der See. Sie zeigt den grofsen Contrast zwischen den Formen des geschichteten Trappgebirges und denen des Trachytes.

Die 7te Zeichnung ein Profil des trachytischen Bäula.

Zweite Abtheilung.

Die Trapp-Formation auf Island.

Es sind vorzüglich zwei Gesichtspunkte, aus welchen die großen Gebirgsmassen der Erdoberfläche betrachtet werden müssen; sie beruhen auf der verschiedenen Entstehungs- und Bildungsweise der steinigten Massen, die, so weit unsere Erfahrungen und Betrachtungen reichen, nur durch die beiden großen Agentien der Natur, das Wasser oder Feuer hervorgebracht sein können. Diese Gesichtspunkte sind nämlich die Lagerungsverhältnisse der verschiedenen Gebirge gegen einander und die Beschaffenheit der Gesteine. Denn was seinen Ursprung vulkanischen Kräften des Erdinnern verdankt, ist auf anderem Wege zu Tage gekommen und muſs in seiner innern Beschaffenheit verschieden sein von dem, was mechanisch oder chemisch im Wasser enthalten war, und auf den Boden sich absetzte.

Die Lagerstätte der neptunischen Gebirgsarten characterisirt die Schichtung; die Lagerstätte der vulkanischen dagegen die Ausfüllung von Spaltenräumen. Die vorwaltenden Gesteine der groſsen Reihe der Flötzgebirge sind die Kalksteine, abwechselnd mit Sandsteinen und Conglomeraten mit thonigem oder kalkigem Bindemittel und eingeschlossenen Bruchstücken zerstörter früherer Gesteine. Die vorwaltenden Gemengtheile der vulkanischen Gebirgsgesteine sind die kieselsauern Verbindungen: Feldspath, Quarz, Glimmer, Hornblende, Augit.

Schichtung einer Gebirgsmasse muſs in den meisten Fällen als Beweis der Ablagerung aus bedeckenden Gewässern gelten; sie entstand dann aus den verschiedenen in der Zeit getrennten Niederschlägen der in der Flüssigkeit aufgelösten oder suspendirten Massen, welche dem Gesetze der Schwere folgend von oben nach unten sich niedersenkten. Die Gebirgsarten dagegen, welche im Innern der Erde durch Einwirkung vulkanischer Mächte sich erzeugten, brachen ihren Weg durch die deckende Erdrinde. Eine Ausbreitung einzelner aufeinander ruhender Lagen oder Schichten über weit ausgedehnte mehr oder weniger horizontale Flächenräume dürfte nur neptunischen Gebirgen eigen sein; den Wasserflächen entsprechend, aus denen die aufeinander liegenden Niederschläge nach und nach erfolgten. Die vulkanischen Gebilde von ihren Ursprung herleitend, müssen die Räume erfüllen, die sie sich erbrachen, um daraus empor zu steigen; ihre Lagerstätte wird von der horizontalen der neptunischen abweichen und vorzüglich die vertikalen Spaltenräume einnehmen, nur wo sie an der Oberfläche ausflossen und sich stromartig ausbreiteten, können sie zuweilen mit den horizontalen Lagerstätten der Schichten Aehnlichkeit erhalten.

Unbezweifelt giebt es aber Gebirge, auf welche beide grofsen Agentien, Wasser wie Feuer ihren Einflufs ausübten, und dadurch Bildungen hervorbrachten, welche die Eigenschaften beider Entstehungsweisen in sich vereinigen und das Verschiedenste verbunden zeigen. Die Vermuthung ist nicht unbegründet, dafs der Gneus durch vulkanische Umänderung das, was er jetzt ist, erst später geworden. Während seine Gemengtheile die des vulkanischen Granites sind, ist die Schichtung dieselbe wie des neptunischen Thon- und Grauwackenschiefers geblieben. Und in Island, wo ich Gebirge zu finden glaubte die nur unter dem Einflufs vulkanischer Kräfte gebildet und durch deren Gewalt massig und unregelmäfsig angehäuft sein könnten, war ich nicht wenig erstaunt, das Trappgebirge, die Hälfte von Islands

Flächenraum einnehmend, in der schönsten Gleichförmigkeit und mit der regelmäfsigsten Schichtenabtheilung zu erblicken. Man sieht bei der ersten Aushauung recht gut ein, dafs das Trappgebirge nicht so hätte werden können, wenn einzig und allein nur die regellose Gewalt vulkanischer Ursachen dies Gebirge erzeugt hätte. Der Ocean, unter dessen Bedeckung die Bildung des Trappgebirges vor sich ging, und der noch jetzt die Ränder der Insel bespült, hat seinen mächtigen Einflufs ausgeübt.

Der Trapp von Island hat darin Aehnlichkeit mit dem Gneufse, dafs sie beide in Betreff der Schichtung mit neptunischen Gebirgen übereinstimmen; während die Beschaffenheit des Gesteines auf vulkanischen Ursprung hinführt; beide sind jedoch darin unterschieden; dafs das Aufsteigen des feurigflüssigen Trappes aus den unteren Räumen gleichzeitig mit seiner Ausbreitung in Schichten geschah; dagegen ist der Gneus ein Niederschlag der Gewässer, der erst später, vielleicht lange Zeit nach seiner Ablagerung der vulkanischen Umänderungen beim Durchbrechen des Granites ausgesetzt wurde. Der Gneus ist also ein geschichtetes Gebirge, später vulkanisch umgeändert; der Trapp dagegen ein vulkanisches Gebirge, das geschichtet ist.

Eine oberflächige Anschauung der Trappgebirge, wo zunächst die schönen meilenweit sich erstreckenden und in grofser Zahl über einander gereihten Schichten in die Augen fallen, macht wirklich die rein neptunische Ansicht der Trappbildung verzeihlich; denn in der That, was auf neptunischen Ursprung deutet, die schöne Schichtung ist grofsartiger und mehr hervorgehoben, als die Gänge, die Kanäle, aus denen die feurig flüssige Masse von unten zu Tage aufstieg und als die anderen

Merkmale, welche den vulkanischen Ursprung der Masse beweisen.

Der Streit der rein neptunischen und rein vulkanischen Ansichten über die Bildung eines Gebirges, wie das des Trappes, konnte nicht so leicht zu Gunsten der einen oder der anderen Ansicht entschieden werden, viele wichtige Bedenken erhoben sich von der einen wie von der anderen Seite; nur durch ein glückliches Entgegenkommen und Vereinen beider Ansichten ist die Erklärung von der Entstehung eines Gebirges, die so viele Streitigkeiten veranlafst hat, möglich. Und es ist nicht wunderbar, dafs das Trappgebirge Schottlands, obgleich es Erscheinungen genug und von überzeugender Deutlichkeit aufweisen mag, worauf das plutonische System Huttons gegründet ist, dennoch wieder Erscheinungen zeigte, auf welche sich die neptunische Theorie mit vieler Hartnäckigkeit berufen konnte; ein und dieselbe Gegend, ein und derselbe Berg diente beiden streitenden Partheien, um ihre vollkommen entgegengesetzten Behauptungen zu rechtfertigen und um darauf ihre Beweise zu gründen.

Man gab früher der Chemie nicht das entscheidende Gewicht bei zweifelhaften Gegenständen der Geognosie, wo es auf Entscheidung der Frage ankam, ob vulkanisch geschmolzenes Gestein oder ein Absatz aus Gewässern; man sorgte nicht sehr für Beweise aus dieser Wissenschaft, ob es wirklich möglich wäre, dafs die Bestandtheile des Basaltes und Trappes in den Gewässern lösbar sein könnten; man hielt sich nur an die Lagerung des Gesteines, an seine Schichtung, die als der sicherste Beweis des Absatzes aus bedeckenden Gewässern von oben nach unten galt. Die Gänge angefüllt mit Basalten und Trappen hielt man für Spalten durch das Austrocknen des Gebirges entstanden und von demselben Wasserabsatz, der auf der Oberfläche ausgebreitet liegt, angefüllt.

Die Ansichten haben sich geändert. Man ist jetzt der vulkanischen Theorie zugethan, die auch in der That die Erscheinungen erklärt, welche bei der Ansicht einer neptunischen Genese als räthselhaft sich zeigen. Die Stoffe, welche die Basalte und Trappe bilden, sind nicht durch Niederschlag aus den Gewässer abgesetzt; denn woher hätte das Meer die verschiedenen Substanzen nehmen sollen, welche in den Trappen verbunden sind. Die vulkanischen Thätigkeiten haben die Urstoffe des Trappes im Erdinnern erzeugt und chemisch vereinigt, dieselben Thätigkeiten haben den neugebildeten Massen durch mechanische Kräfte die Wege gebahnt, auf denen sie zur Oberfläche gelangen konnten. Die Gänge, die Spalten, die wir mit den Trappen angefüllt sehen, sind die Verbindungskanäle des Innern der Erde mit der Oberfläche; sie sind von unten nach oben aufgerissen worden; ebenso das füllende Gestein von unten nach oben, nicht umgekehrt, wie es die neptunische Theorie lehrt, eingedrungen.

Bei neptunischen Gebirgen versteht man unter Schichtung die aufeinander folgenden, in der Zeit von einander getrennten Absätze oder Niederschläge aus den bedeckenden Gewässern; man bezeichnet also mit dem Ausdruck nicht allein den Begriff der Lage und Ausdehnung der Schicht, überhaupt das Verhältnifs im Raum, sondern zugleich auch die Art der Entstehung. Wenn aber von **Schichtung des Trappgebirges** die Rede ist, so bedarf es kaum der Erwähnung, dafs nur damit der erste Begriff allein, nur das Raumverhältnifs bezeichnet werden soll, nicht aber die Entstehungsweise, die ganz von der neptunischen abweicht.

Das Trappgebirge Islands ist auf das regelmäſsigste durch seine ganze Masse geschichtet; es möchte schwer halten, den gleichmäſsigen Parallelismus der ganzen Schichtung so schön und in so groſsartigem Maaſsstabe in einem anderen Gebirge wiederzufinden. Man sieht die steilen Felsenmauern des Trappes, welche meistens zu einer Höhe von 2500 Fuſs, an der Ostküste von Island am Benu- und Röde-Fiord sogar zu 4000′ ansteigen, in horizontale, vollkommen parallele Schichten oder Lagen abgetheilt, die man, so weit das Auge nur reicht, über groſse Längenerstreckungen verfolgen kann. Einem kunstvollen Mauerwerk ähnlich, reihen sich häufig mehr als 100 solcher horizontalen Lagen immer eine auf die andere auf; und die unterste Schicht ist nicht weniger parallel mit der obersten, wie mit der, welche unmittelbar ihr folgt. Die Phantasie der Isländischen Dichter, die sich in den alten Sagen des Landes ausspricht, hält diese seltsamen regelvollen Massen der Natur für das kunstreiche Werk der vorzeitigen Riesen, die ihre gigantischen Kräfte an solchem gewaltigen Bau verschwendeten. Und man trifft auch wirklich noch Isländer, welche ihren Sagen vollen Glauben schenken, und sich nicht überzeugen können, daſs dieser wunderbare Bau das Werk des Zufalles sei, wie sie sich ausdrücken.

Durch den zerstörenden Einfluſs der Luft und des Wassers auf die vorstehenden Schichtenköpfe geschieht es, daſs die nächst höheren Schichten immer gegen die unterliegenden etwas zurücktreten; es wechseln dann horizontale Vorsprünge mit vertikalen Flächen; die steile Felsenwand erhält dadurch eine Art Dessirung in gebrochener treppenförmiger Linie. Diese Felsentreppen, welche ungemein häufig im Trappgebirge vorkommen, verbunden mit dem wunderschönen Schichtenbau, geben den Gegenden einen groſsen Reiz der Sonderbarkeit, weil überall, wo das Auge hinblickt, sich Felsenmassen unter den mannigfaltigsten Gestalten zeigen, denen die Phantasie eine Aehnlichkeit mit menschlichen Kunstwerken andichtet. Der Schnee, welcher wenigstens die höheren Theile des Gebirges das ganze Jahr hindurch nicht verläfst, dient noch besonders dazu, die Schichtung recht deutlich hervorzuheben, so dafs sie selbst aus nicht unbeträchtlichen Entfernungen von der See aus an dem hohen steilen Küstengebirge erkannt wird. Auf den horizontalen Treppenflächen bleibt der Schnee liegen und zeichnet weifse Bänder auf dem schwarzen Grunde des Trappes, der regelmäfsige Schichtenbau der ungeheuern Felsenmauern gewinnt dadurch noch einen höhern Grad von Schönheit för das Auge; und es ist nicht zu leugnen, dafs die Wildheit und Jähheit der grofsen Bergmassen, ihr Zerrissenes und gewaltsam Zerstörtes, gepaart mit der auffallenden Regelmäfsigkeit der horizontalen Schichtenabtheilung, einen überraschenden Effect hervorruft; es scheint, als bedürfte man nur senkrechter und horizontaler Linien, um das characteristische Bild der Trappfelsen zu entwerfen; denn senkrecht sind die Felsenabstürze, horizontal die Schichten.

Auf diese Weise ist die ganze Masse des Trappes, welcher von dem Flächenraume Islands fast die Hälfte einnimmt, durchgängig in horizontale Lagen abgetheilt. In dem vorhergehenden Abschnitte über die allgemeinen geognostischen Verhältnisse Islands habe ich zu zeigen gesucht, wie die Erhebung der ganzen Insel über den Meeresspiegel durch den Trachyt geschehen ist, der sich als breiter Streifen von S. W. nach N. O. mitten durch die Insel erstreckt; wie dieser Trachytstreifen eine weite mächtige Spalte bezeichnet, die im Trappgebirge aufgebrochen ist und die dem Trachyte zum Auswege diente, um daraus hervorzusteigen; wie ferner auf beiden Rändern der grofsen Spalte die Trappmasse mit in die Höhe gerissen wurde und dadurch die gewaltsamen Zerspaltungen erlitt, die man an allen Trappküsten in den tiefen langen Fiorden und Querthälern erkennt. Ungeachtet der gewaltsamen Zerstörungen sieht man doch nirgends, dafs die schöne horizontale Ausbreitung der Schichten dadurch gelitten hätte; es finden sich nicht die Verwerfungen und Verstürzungen, die sich durch eine vielfach geänderte meist starke Neigung der Schichten gegen den Horizont zu erkennen geben, wie bei anderen Gebirgen, welche spätere Erhebungen und Senkungen erfahren haben. Die Lage gegen den Horizont, welche die Schichten des Trappes bei ihrer Bildung auf dem Meeresgrunde erhielten, besitzen sie noch jetzt, ungeachtet der so beträchtlichen Niveauveränderung.

Aber wir nennen das Trappgebirge geschichtet; haben denn auch die Schichten die Eigenschaften, welche zu dieser Benuung berechtigen, oder ist das, was wir Schichtung nennen, mehr eine plattenförmige horizontale Absonderung, welche der Schichtung im äufseren Ansehen sich nähert.

Von einer Schicht verlangt man, dafs sie ein und dasselbe Gestein bleibt, ohne alle oder ohne bedeutende Veränderung in der Ausdehnung ihres Streichens und Fallens, ferner dafs das Hangende oder Liegende sich mehr oder weniger von ihr unterscheidet und absondert. Denn jede Schicht bezeichnet eine in sich abgeschlossene Periode in der Bildungszeit des ganzen Gebirges, die gleichzeitige Entstehung des Gesteines, welches in derselben Schicht eingeschlossen ist; zwischen der beendigten Bildung der einen Schicht und der beginnenden der darauf folgenden liegt immer eine Ruheperiode, mit welcher gewöhnlich eine Veränderung in der Bildung selbst vorgeht.

Der Charakter des isländischen Trappgebirges ist grofsartig genug, auch Gegenstände von dieser Art, das Gleichförmige, nämlich in ein und derselben Schicht und ihr Abweichendes von dem Hangenden und Liegenden schon aus meilenweiter Entfernung zu bemerken. Jede Schicht hat ihre besondere Auszeichnung, welche sie von den über- und unterliegenden scharf unterscheidbar macht, und woran man sie, so weit nur das Auge reicht, immer wieder erkennt. Die eine Schicht ist vielleicht durch die säulenförmige Absonderung ausgezeichnet, die andere durch ihre bedeutende Mächtigkeit, noch andere durch ihre verschiedenen Farben; alles Merkmale, die in weiter Entfernung schon sichtbar sind. Und nähert man sich dem Gebirge und unterwirft man die einzelnen Schichten einer genaueren Betrachtung, so findet man die deutlichsten Unterschiedskennzeichen in hinreichender Zahl, welche eine jede Schicht, so weit man sie nur verfolgen kann, auf das Bestimmteste characterisiren. Die eine ist ein feinkörniges doleritisches Gemenge, die andere ein porphyrartiges; in der einen ist dieser Bestandtheil vorherrschend, in der anderen jener; die eine enthält in ihren Blasenräumen diese bestimmten Mineralien, die andere jene u. s. w. Selbst wo die ganze Reihenfolge durch eine tiefe Spalte bis unter dem Meeresspiegel durchschnitten ist, hält es nicht schwer, die zusammengehörigen Enden derselben Schichten auf beiden Seiten wieder aufzufinden.

Bei einer plattenförmigen Absonderung, die allerdings der Schichtung häufig ähnlich werden kann, wird von einer solchen ausdauernden und bestimmten Verschiedenheit der einzelnen aufeinander folgenden Lagen nicht die Rede sein; man würde vielmehr eine gröfsere Gleichförmigkeit durch die ganze Masse zu erwarten haben, eine gleiche Beschaffenheit des Hangenden und Liegenden und der Schicht ähnlichen Lage selbst; und wo eine Verschiedenheit sich zeigt zwischen dem obern und unteren Theil einer solchen Masse, so wird doch dazwischen ein sehr allmähliger Uebergang zu bemerken sein, die Verschiedenheit wird aber nicht plötzlich gleichsam sprungweis über einer Schichtungskluft erfolgen, wie es bei der Schichtung der Fall zu sein pflegt.

Wir haben erwähnt, daſs wir unter dem Ausdruck Schichtung beim Trappgebirge blos das Verhältniſs im Raum bezeichnen wollen, also die Aufeinanderfolge verschiedener nach Länge und Breite ausgedehnter Lagen von verhältniſsmäſsig geringer Dicke; nicht aber den Begriff der Entstehung durch Absatz aus deckenden Gewässern. Letzterer Begriff läſst sich, mit der Entstehung des Trappes als vulkanisches Erzeugniſs aus der Tiefe gekommen, nicht vereinigen. Allein es giebt doch im Trappgebirge Islands einzelne Schichten eingeschlossen, die nur durch Absatz aus bedeckenden Gewässern der Schwere nach von oben nach unten entstanden sein können, die also auch den Begriff der neptunischen Entstehung im Ausdruck der Schichtung vereinigen. Es sind dies nämlich mancherlei Thonschichten, feinkörnige Conglomerate und Sandsteine mit sehr vorwaltendem Thonbindemittel, meist von hellen Farben oder auch von Eisenoxyd blutroth gefärbt. Alle diese Thonschichten, welche häufig ziemlich zahlreich zum Vorschein kommen, sind mechanische Absätze aus den bedeckenden Gewässern des Oceans, in dessen Tiefe die Bildung des ganzen Trappgebirges vor sich gegangen ist. Den Character als solche tragen sie zu deutlich, um auch nur für einen Augenblick für etwas anderes gehalten zu werden, etwa für Producte der unterirdischen vulkanischen Wirkungen, welche des Trappes krystallinisch verbundenes Gemenge von Augit, Feldspath und Magnateisen hervorbrachten; aber nicht Thone mit Sandkörnern untermischt, wie wir sie noch jetzt aus den Gewässern sich absetzen sehen. Und wollte man wirklich noch im Zweifel bleiben, so müssen die Lagen des Surturbrandes, des bituminösen Holzes, die in diesen Thonschichten eingehüllt sich finden, die volle Ueberzeugung hervorrufen. Ich werde später Gelegenheit finden, über den Surturbrand von Island Näheres mitzutheilen.

Beweisen aber diese neptunischen Lagen und ihre eingeschlossenen vegetabilischen Reste die Abwesenheit und die frühere Bedeckung durch eine grofse Wasserfläche, — und welche andere könnte es sein als der Ocean, der noch jetzt die Ränder der Insel bespült, und in dessen Tiefe der gröfsere Theil der Trappmasse noch verborgen sein mag, von dem wir auf Island nur abgerissene Bruchstücke sehen — so mufs es von hohem Interesse sein, die Verhältnisse dieser submarinischen vulkanischen Bildung zu verfolgen.

Die schöne regelmäfsige Schichtung des Trappes mag wohl ihren Grund in einer mechanischen Einwirkung der bedeckenden Wassermasse finden. Der Ocean übt auf alles, was sich in seiner Tiefe bildet, seinen mächtigen Einflufs aus; er breitet alles in horizontalen Flächenräumen aus, gleichsam als wolle er seine Grundfläche der Oberfläche seines Spiegels gleichformen. Den Trappgebirgen Islands kann man die Schichtung nicht absprechen, wie man es in andern Gegenden den Basalten und den meisten vulkanisch erzeugten Felsarten thut. Islands Trappe beweisen, dafs aufgestiegene feurigflüssige Massen Schichtung annehmen können, da wo sie sich an der Oberfläche ausbreiteten, aber ohne Zweifel mufs der statische Druck einer hohen darüber befindlichen Wassermasse erforderlich sein, um das Feurig-Flüssige zu zwingen, sich nach der Seite in horizontaler Richtung auszubreiten und eine Anhäufung an einzelnen Punkten, zumal an den Ausbruchsöffnungen zu verhindern; und eine solche hohe Wassermasse, welche den Trapp in horizontale Lagen ausbreitete und dazwischen Thonschichten mit Sandkörnern und Einschlüssen vegetabilischer Reste absetzte, mag nicht überall, nur an wenigen Orten über dem emporgestiegenen Basalt oder Trapp gelegen haben.

Die Kanäle, durch welche die feurig-flüssige Masse des Trappes aus dem Innern zur Oberfläche der Erde gestiegen, sind die zahlreichen Spalten oder Gänge, welche sowohl das Grundgebirge des Trappes als auch theilweise die Masse des letzteren selbst durchschnitten haben. Diese Spalten finden wir von Trapp angefüllt in den verschiedensten Abänderungen, eben so mannigfaltig, wie die Gesteine selbst, die in Schichten gelagert sind; jeder Gang scheint von dem anderen eben so verschieden zu sein, wie eine Schicht von der anderen. Wichtig ist es aber, die Gänge in verschiedene Formationen zu theilen, d. h. in solche, welche gleichzeitig aufgerissen und gleichzeitig also auch mit ein und derselben aufgestiegenen Trappmasse angefüllt sind. Der Umstand nämlich, dafs die Ausfüllungsmasse der Gänge vollkommen mit den Gesteinen der Schichten übereinstimmt; so dafs trotz der unglaublichen Zahl von verschiedenen Abänderungen der Gesteine, immer Gänge und Schichten aufgefunden werden können, die mit einander übereinstimmen; läfst vermuthen, dafs auch wirklich ein räumlicher Zusammenhang zwischen Schicht und Gang statt findet. Und es verhält sich in der That so; denn man sieht häufig deutlich Gänge an einer Felsenwand hinauflaufen, die unteren Schichten durchschneiden, aber plötzlich in einer der zahlreichen Schichten sich endigen. Untersucht man das Gestein des Ganges und vergleicht es mit dem der Schicht, in welcher er endet, so wird man eine auffallende Gleichheit wahrnehmen. Man kann selbst stellenweise sehen, wie die flüssige Masse, welche im Gange aufgestiegen ist, nach der Seite ausgeflossen, um die Schicht zu bilden; so dafs also der Zusammenhang zwischen Gang und Schicht und der Ursprung der letzteren aus dem Gange recht deutlich vor Augen liegt. Man trifft zuweilen wohl zwei, drei oder mehrere Gänge, die sich auf diese Weise in ein und derselben Schicht enden, oder sich darin gleichsam ausgiefsen; könnte man immer die Schwierigkeiten, welche die steilen Felsenabhänge der specielleren Untersuchung entgegensetzen, überwinden, man würde bestimmt eine gröfsere Zahl von Gängen auffinden, die ein und derselben Schicht angehören, oder von gleicher Formation sind. Gänge von gleicher Formation erkennt man an gleichem Gestein ihrer Ausfüllung, an ein und derselben Schicht, in der sie enden; Gänge aber von verschiedener Formation werden auch in der Regel von verschiedenem Gestein sein, so wie es ihre angehörigen Schichten sind, sie werden in verschiedenen Schichten sich enden, und allemahl der jüngere Gang die Schicht des älteren durchschneiden.

Die Schichten des Trappes sind nichts anderes, als die feurig flüssigen Massen, welche dem Erdinnern durch die Spalten oder Gänge entstiegen und an der Oberfläche stromartig in horizontaler Verbreitung sich ergossen. Die Schichten sind meistens mächtig, häufig 50 — 60' und über Flächenräume von vielen Quadratmeilen ausgebreitet; man kann die Gröfse des Volumens überschlagen, welche in dem kurzen Zeitraume, den eine Schicht in der Bildungszeit des ganzen Gebirges einnimmt, dem Erdinnern entquoll; und man wird leicht begreifen, dafs eine einzige Spalte, ein einziger Trappgang nicht hinreichen konnte, den unermefslichen Strom zu ergiefsen. Wie hätte sich derselbe auf Flächenräume von vielen Quadratmeilen verbreiten, wie hätte sich sein flüssiger Aggregatzustand dabei so lange erhalten können, der doch blos auf der erhöhten Temperatur beruhte, die aber mit jedem Schritte der weiteren Ausbreitung sinken mufste; bei Strömen von Lava aus jetzigen Feuerbergen finden wir nichts, was mit der weiten Ausdehnung der Trappschichten zu vergleichen sei. Es ist wohl gewifs, dafs zu ein und derselben Schicht viele, sehr viele Kanäle zusammengewirkt haben. Die Erdrinde zerrifs an vielen Stellen; aus den Spalten, die nahe und weit von einander entfernt lagen, wurde die feurig flüssige Masse zur Oberfläche gebracht; sie verbreitete sich von der Spalte aus auf dem Meeresgrund und vereinigte sich mit der gleichen Masse, die aus einer der anderen Spalten entflossen, ihr entgegenkam.

Wir haben die Gänge oder Spalten, welche auf diese Weise zur Erzeugung ein und derselben Schicht zusammenwirkten, von gleicher Eormation genannt; es ist einleuchtend, dafs dergleichen Gänge im Raume weit von einander getrennt sein können, obgleich sie der Zeit nach völlig mit einander gleich sind; Gänge, die meilenweit von einander entfernt liegen, haben dennoch das Material zu derselben Schicht geliefert.

Schon zu jeder Schicht allein gehört eine gröfsere Zahl von Gängen; welche unzählbare Menge von solchen Kanälen aber mufste das ganze Trappgebirge von einer durchschnittlichen Mächtigkeit von 2500 — 3000 Fuſs und aus mehr als 100 solcher Schichten zusammengesetzt, erfordern, um das Material zu dem gewaltigen Bau zu liefern. Und in der That ist auch die Zahl der Gänge nicht zu gering, um in Miſsverhältniſs zu stehen zu der Masse, die aus ihnen hervorgegangen ist; häufig genug ist der Raum, den die Gänge an den Felsenwänden einnehmen, nicht unbeträchtlicher, als der, welchen die Schichten. Alle Gänge kommen fast senkrecht aus der Tiefe emporgestiegen, einige enden sich sehr bald in den unteren Schichten, während andere bandförmig an den steilen Schichtenmauern bis zu den höchsten Spitzen emporsteigen oder andere auch in der Mitte verschwinden. Wo die Schichten durch spätere Zerstörungen weggeführt sind, die Ausfüllung der Gänge aber stehen geblieben, da erhält man eine lehrreiche Anschauung der unzählbaren Kanäle des Erdinnern. Bei der Handelsstadt Diupavoog am Berufiord auf der Ostküste von Island glaubt man in den Ruinen einer weiten groſsen Stadt zu sein. Die Gänge stehen frei über die Oberfläche als Kämme und Wände hervor, künstlichen Mauern auf das Täuschendste ähnlich. Häufig sind diese Gangmauern, wie man sie nennen mochte, über 100 Fuſs über der Oberfläche hoch, und dabei kaum 3 — 4 Fuſs stark; sie sind sogar häufig nach einer Seite überhängend, so daſs man sich wundern muſs, die schwachen Mauern nicht jeden Augenblick zusammenstürzen zu sehen, diese Gangmauern laufen theilweis parallel neben einander oder schaaren sich auch unter den verschiedensten Winkeln; man sieht da lange Gassen zwischen zwei solche Mauern eingeschlossen oder auch zellenförmige Räume.

Da aber die Spalten oder Gänge von so verschiedener Mächtigkeit sind; — denn man sieht bald Gänge von 100 Fuſs, bald wieder andere von kaum 2—3 Fuſs Stärke, — da also auch die feurig-flüssige Masse ein und derselben Schicht aus den verschiedensten Weitungen aufgestiegen ist, so sollte man glauben, daſs eine sehr ungleiche Verbreitung des Flüssigen auf der Oberfläche erfolgen muſste; der mächtige Gang lieferte ja mehr Masse als der schwache; die Schicht sollte daher wohl stärker werden, da wo ein oder mehrere mächtige Gänge ihre Füllung ausgegossen haben, während das Umgekehrte in der Nähe der schwachen Gänge sein sollte. Aber wir sehen nichts destoweniger die Schicht ein und dieselbe unveränderte Mächtigkeit behalten, sie mag über weite oder schmale Zuführungskanäle hinweglaufen; nicht die geringste Spur von Aufthuen oder Verdrücken derselben. Die Oberfläche einer jeden Schicht ist eine gerade horizontale Fläche.

Der Aggregatzustand einer Flüssigkeit beruht in der Verschiebbarkeit aller einzelnen Theile, so daſs die veränderte oder aus der horizontalen Lage gebrachte Oberfläche schon durch die Einwirkung der Schwerkraft nach einiger Zeit sich wieder in ihrer früheren horizontalen Ausbreitung herstellt. Der schwer- und leichtflüssige Zustand unterscheidet sich durch die schwerere oder leichtere Verschiebbarkeit aller einzelnen Theile. Die Schwerkraft kann bei einer dicken Flüssigkeit die Wiederherstellung der horizontalen Oberfläche nicht mit derselben Leichtigkeit, nicht in derselben Zeit bewirken, wie bei der dünnflüssigen Masse, es müſste denn die Schwerkraft erhöht, oder durch Hinzufügung einer anderen Kraft, die in derselben Richtung wirkt, vermehrt werden. Der Druck einer Wassermasse auf die dickflüssige Substanz würde dies z. B. bewirken.

Wenden wir dies auf unseren Gegenstand an. Die Trappmasse häufte sich allerdings anfänglich um die Ausflufsöffnungen der Spalten, vorzüglich derjenigen, die eine besonders ansehnliche Mächtigkeit besafsen. Die Schwerkraft und der Druck der Atmosphäre wären allein nicht vermögend gewesen, die ungleiche Oberfläche der dickflüssigen Trappmasse auszugleichen; wir sehen es an neueren Lavaströmen, die in der Regel eine sehr unebene Oberfläche zeigen, wo wellenförmige Anhöhen mit entsprechenden Mulden wechseln, wo die flüssige Masse, da wo es die Umstände begünstigten, zu Hügeln ansteigen konnte, ohne in die umgebende Niederung herabzufliefsen. Die geschmolzenen Steinmassen bilden einen schwerflüssigen, dicken zähen Teig, der einen bedeutenden Druck erforderte, um eine horizontale Oberfläche schnell anzunehmen, ehe er erstarrte. Diesen Druck übte die mächtige Wassermasse des Oceans aus, auf dessen Grunde die Bildung vor sich ging.

Ich glaube kaum erwähnen zu dürfen, dafs die Schichten des isländischen Trappes ganz anders entstanden sind, als jene Zwischenlager von Basalt oder Dolerit oder anderer abnormen Felsarten, welche man in einigen Gegenden in Schichten normaler Felsarten eingeschlossen findet. Eine solche schichtenförmige Wechsellagerung vulkanischer und normaler Felsarten mag in vielen Fällen als Folge einer Aufspaltung der normalen Felsart nach ihren Schichtungsflächen und des mechanischen Eindringens der im Gange aufgestiegenen vulkanischen Felsart zu betrachten sein. Aber oft mögen solche Lager auch gleichzeitig während der Bildung des normalen Gebirges entstanden sein, wie es auf Island der Fall ist. Die Entscheidung, ob das eine oder das andere Statt findet, mufs häufig im Massenverhältnifs der normalen Felsart gegen die abnorme gesucht werden. Ist das normale Gebirge mächtig und verbreitet, und finden sich darin einzelne Zwischenlager des abnormen Gesteines, die sich von ihrem Gange aus zweigförmig abtrennen, so ist allerdings zu vermuthen, daſs hier ein mechanisches Eindringen des abnormen Lagers Statt gefunden hat; aber umgekehrt liegen, wie auf Island, mehr als 100 Trappschichten eine auf der andern, besitzt die ganze Masse eine Mächtigkeit von 2500 — 3000 Fuſs und finden sich dazwischen einzelne Zwischenlager neptunischer Entstehung; wer wollte an ein späteres Eindringen des vulkanischen Felsgesteines zwischen die Schichten des neptunischen denken; wer wollte die einzelnen schwachen Thonschichten, die durch mächtige Trappmassen weit von einander geschieden sind, als ein früheres Ganzes betrachten, worin die gröſsere Masse des Trappes nur unwesentlich und untergeordnet erscheinen, worin sie nur durch späteres mechanisches Eindringen gekommen sind. Die Gleichzeitigkeit der neptunischen und vulkanischen Bildungen des Trappgebirges auf Island kann keinem Zweifel unterliegen; jene Thonschichten sind Absätze aus den deckenden Gewässern in den Perioden erfolgt, wo die vulkanischen Eruptionen ruhten, und das Aufquellen der geschmolzenen Massen aus den Spalten temporär nachlieſs.

Die groſse Mannigfaltigkeit der Gesteine aus der isländischen Trappformation ist in der That zu bewundern. In der groſsen Reihe von mehr als 100 übereinander liegenden Schichten ist immer eine jede mehr oder weniger von der anderen unterschieden. Nicht allein die vielfachen Combinationen, in welchen die 3 Gemengtheile, der Feldspath (Labrador), Augit und Magneteisen (Titaneisen) zusammen treten können, bedingen diese groſse Reihe mannigfaltiger Gesteine, sondern auch die Gröſse der einzelnen Gemengkörner, das Gefüge, die porphyrartige Structur u. s. w. Dazu kommt auch, daſs die zahlreichen Mandelstein-Einschlüsse immer Veränderungen in der äuſseren Beschaffenheit der Hauptmasse selbst bedingen; da sich zeolitische Substanzen mit dem einschlieſsenden Teige häufig vermengen und in einander verlaufen.

Es kann aber in diesen wenigen Blättern durchaus nicht der Zweck sein, eine detaillirte Beschreibung aller einzelnen Abänderungen zu geben; sie sollen vielmehr nur ein übersichtliches Bild des ganzen Gebirges gewähren.

Setzen wir daher einstweilen alle Trennungen in fein- oder grobkörnige Dolerite, in wackenartige Gesteine u. s. w. auſser Acht, und betrachten wir das Isländische Trappgebirge aus gröſseren Gesichtspunkten so ist es zunächst erforderlich, seine ganze Masse in zwei groſse Hälften, nach ihrer Lage in eine obere und eine untere Abtheilung zu trennen.

Es kann nicht fehlen, daſs die unteren Schichten der mächtigen Formation in so Manchem streng und bestimmt verschieden sein müssen von den oberen, da ohne Zweifel die Verhältnisse, unter denen die vulkanischen Agentien zur Erzeugung der Massen einwirkten, in dem groſsen Bildungszeitraum eines gegen 3000 Fuſs mächtigen Gebirges manche wesentliche Veränderungen erfahren muſsten. Die Trennung des Isländischen Trappes in eine untere und obere Abtheilung ist daher gewiſs ganz naturgemäſs; und sie wird durch einen unverkennbaren Typus einer jeden gerechtfertigt. Das Unterscheidende könnte man füglich am besten bezeichnen, wenn man die Gesteine der unteren Abtheilung, den Basalten, die der oberen, den Trachyten, vergleichen wollte.

Die untere Abtheilung.

Das characterisirende herrschende Gestein der untern Abtheilung ist ein krystallinischer, sehr feinkörniger Dolorit Der Augit waltet darin sehr vor und drängt den Feldspath (Labrador) mehr oder weniger zurück. Diese Dolerite sind von einer sehr dunkeln schwarzen, etwas in das Grüne übergehenden Farbe; das Auge erkennt darin nur den Augit, der sich als kleine schwarz glänzende krystallinische Blättchen hervorhebt. Der Feldspath aber und das Magneteisen sind durch die dunkle Farbe des Gesteins für das Auge ganz verborgen. Die meisten dieser Dolerite erhalten durch die herrschenden glänzenden Augitblättchen ein äufseres Ansehen, welches manchen feinkörnigen Anthrakoniten sehr ähnlich wird. Der Feldspath wird für das Auge erst dann erkennbar, wenn man das Gestein eine Zeit lang der Zersetzung durch Salzsäure Preis gegeben hat. Der beträchtliche Magneteisengehalt (Titaneisen) giebt sich aber sehr leicht durch die starke attractorische Einwirkung, welche alle diese Dolerite auf die Magnetnadel ausüben, zu erkennen, und durch Pulvern und Schlämmen des Gesteins kann man das enthaltene Magneteisen selbst recht leicht rein und als metallisch glänzende Körnchen erhalten. Die dichten Basalte, in denen die Gemengtheile so innig verbunden sind, dafs das Ganze als ein gleichartiges Gestein erscheint, finden sich auf Island an keiner Stelle; wenn der Augit (was den isländischen Doleriten besonders eigenthümlich ist) sich auch niemals in gröfseren ausgebildeten Krystallen auszuscheiden vermag, so bleiben doch seine krystallinischen Blättchen immer noch grofs genug, um dem Auge vorzüglich durch ihren dunkeln Glanz erkennbar zu sein, und dem Gestein ein körniges Gefüge zu geben. Aber nicht immer bleibt der Feldspath hinter dem Augite so ganz verborgen, man sieht ihn deutlicher, doch immer dunkel gefärbt, hervortreten, und wesentlichen Antheil an der Zusammensetzung des Gesteins nehmen; das Gefüge wird aber doch selten grobkörnig, immer herrschen diejenigen Dolerite vor, bei denen Feldspath- und Augitkörner gerade so grofs sind, dafs man sie eben durch das Auge unterscheiden kann, ohne jedoch die Grenzen zwischen beiden streng wahrnehmen zu können. Die Dolerite werden zuweilen auch porphyrartig; aus der feinkörnigen Grundmasse scheiden sich vollkommen auskrystallisirte Feldspathe, häufig von ½ Zoll Länge, wie aber bereits erwähnt, niemals Augitkrystalle.

Mit den mannigfaltigen Doleriten wechseln die verschiedensten Abänderungen von wackenartigen Gesteinen, in denen die 3 Gemengtheile für das Auge meistens ganz verschwinden; sie sind von erdiger Beschaffenheit und staubigem Bruch, von verschiedenen Färbungen. Die Mehrzahl von ihnen sind durch Eisenoxyd stark gefärbt; sie sind braun, den braunen Thoneisensteinen ähnlich, sie sind aber auch sehr häufig durch zersetzten Augit (Grünerde) grün gefärbt. Ein grofser Theil der Dolerite, vorzüglich aber die Wacken, sind ausgezeichnet durch die zahlreichen Einschlüsse der schönen Mineralien aus der Zeolith- und Quarzgattung in ihren Blasen und Klüften.

Die neptunischen Zwischenlager von Thonen und thonreichen Sandsteinen in der Isländischen Trappformation, deren wir schon oben Erwähnung gethan haben, sind nur auf die untere Abtheilung, die sich durch die schwarzen Dolerite mit vorwaltendem Augit auszeichnet, beschränkt. Sie erscheinen durch das Entgegengesetzte ihrer Bildung in der Reihe der

Dolerit- und Mandelsteinschichten als unwesentlich und untergeordnet, sie können fehlen oder vorhanden sein, ohne auf den Character des ganzen Gebirges einen ändernden Einfluſs auszuüben. Man sieht wohl häufig 3 oder 4 solcher neptunischen Schichten zwischen die Dolerite und Mandelsteine eingeschlossen; einzelne derselben selbst von einer Mächtigkeit von 20—30 Fuſs, aber sie sind in ihrer Erstreckung nicht ausdauernd, sie verschwinden stellenweise ganz und gar, ohne wieder zum Vorschein zu kommen, oder sie verdrücken sich zu schwachen Bestegen und thun sich dann wohl wieder mit gröſserer Mächtigkeit auf; bald sieht man mehrere dieser untergeordneten Lager, bald aber nur ein einziges, und häufig selbst dieses fehlend. Mögen diese untergeordneten Lager aber noch so zahlreich und mächtig auftreten, sie bleiben doch nur unbedeutend gegen die groſsen Massen, welche die umschlieſsenden Dolerit- und Mandelsteinschichten einnehmen, sie verlieren nie das Untergeordnete ihrer Stellung. Es ist schon angeführt, wie das geringe Massenverhältniſs der Thonlager gegen die umschlieſsenden Dolerit- und Mandelsteine die Vermuthung nicht aufkommen läſst, als könnten diese Thonlager, welche jetzt auf mehrere hundert Fuſs von einander geschieden sind, die Reste eines früheren Ganzen sein, das gewaltsam durch die feurig flüssigen Trappmassen, die in den Gängen aufstiegen und sich zwischen die Schichten eindrängten, getrennt sei. Gegen eine solche Vermuthung streiten noch mehrere andere wichtige Gründe; denn es lieſse sich nicht einsehen, wie die Trappmasse, welche zwischen die Schichten des neptunischen Gebirges sich eingedrängt haben sollte, wieder in verschiedene Dolerit- und Mandelsteinschichten abgetheilt sein könnte, wie es doch der Fall ist. Auch müſste die Veränderung, welche die Thone durch die

Hitze erlitten haben, bei Weitem stärker sein, als wir sie wirklich beobachten; denn sie sind nur gehärtet und getrocknet, ohne im Geringsten eine Spur von Schmelzung oder Sinterung wahrnehmen zu lassen; sie saugen das Wasser ein und hängen etwas an der Zunge. In der Regel sind sie von heller gelblicher Farbe, aber man sieht sie auch zuweilen durch einen nicht unbeträchtlichen Gehalt an Eisenoxyd dunkelroth gefärbt (die Felsenreihe zwischen Beru- und Hammar-Fiord). Die sparsam eingeschlossenen Sandkörner sind selten gröfser als eine Erbse, und bestehen, so weit man sie erkennen kann, aus Bruchstücken der umgebenden schwarzen Dolerite.

Man sieht leicht ein, dafs der umändernde Einflufs des vulkanischen Gesteins auf das eingeschlossene neptunische Zwischenlager nicht sehr stark sein konnte, wenn die Hitze nur von der deckenden Trappschicht, dem Feuerstrom, der darüber wegflofs, ausging, nicht aber zugleich von der unterliegenden Schicht. Letztere war aber bereits erkaltet und erhärtet, als die Ablagerung der Thonschicht aus den deckenden Gewässern erfolgte.

Daher erklärt sich auch der unveränderte Zustand des bituminösen Holzes, des Isländischen Surturbrandes, dessen Lagerstätte diese Thonschichten bilden. Häufig genug beträgt die ganze Mächtigkeit des Thonlagers nicht mehr als 6 Zoll, darin ist ein schmaler Streifen bituminösen Holzes von 1—1½ Zoll Stärke eingeschlossen, und dennoch ist die schwache Thonhülle von 3—4 Zoll Stärke hinreichend, das Holz gegen Verkohlung zu schützen.

Die Zwischenschichten von Thonen und thonreichen Sandsteinen finden sich fast überall in der untern Abtheilung des Trappes, sowohl auf der Ostküste, als auf der West- und Nordküste; aber nicht immer ist damit auch das Vorkommen des bituminösen Holzes als Einschlüsse verbunden. Auf der Ostküste von Island ist aufser am Vapna-Fiord kaum ein anderer Fundort bekannt, obschon man daselbst das Thonlager recht mächtig und zahlreich findet; dagegen ist in den Trappgebirgen, welche auf der nordwestlichen Seite des grofsen Trachytstreifens liegen und die Nord- und Westküste Islands bilden, das Vorkommen des Surturbrandes eine sehr gewöhnliche Erscheinung. Unter allen Gegenden zeichnet sich die grofse Halbinsel der West-Fiorde, welche im Nordwesten mit Island verbunden ist, ganz besonders aus. Die untergeordneten Thonlager mit den Einschlüssen vegetabilischer Reste behaupten daselbst eine grofse Ausdauer und Beständigkeit in ihrer Verbreitung; fast in allen Fiorden und Spaltenthälern, wenn sie nur tief genug eingerissen sind, sieht man die Surturbrandlager zum Vorschein kommen. In Folge der horizontalen Schichtung trifft man diese Lager immer in einem und demselben Niveau, welches im Ganzen nur wenige Schwankungen erleidet; denn gewöhnlich trifft man sie nur einige hundert Fufs über dem Meeresspiegel erhaben. Man würde jedenfalls die Lagen des Surturbrandes an viel mehr Stellen auffinden können, wenn nicht die mächtigen Halden und Anhäufungen von Felsenblöcken, die von der Höhe herabgestürzt sind, den Fufs der steilen Felsenwände regelmäfsig verdeckten; man ist daher auf einzelne Schluchten und Wasserrisse beschränkt, die frei sind von herabgestürzten Bruchstükken, um die tieferen Schichten des Trappes und die Lagerstätte des bituminösen Holzes aufzufinden.

Ziemlich regelmäfsig findet man auf jener nordwestlichen Halbinsel drei getrennte Lagen von Surturbrand über einander; die oberste ist meistens gegen 600 Fufs, die mittlere gegen 150 und die unterste nur wenige Fuſs über den Meeresspiegel erhaben. Die mittlere Lage ist die beste und mächtigste; denn sie ist gewöhnlich 3 — 4 Fuſs stark, während die oberste und unterste viel unregelmäſsiger, schwächer und von schlechterer Beschaffenheit des bituminösen Holzes sind.

Auch an der Nordküste, in den Gebirgsschluchten des Skaga- und Oefiord's sind die Surturbrandlager nicht seltene Erscheinungen.

Durch eigene Ansicht sind mir alle diese Punkte nicht bekannt. In der Reise von Olafsen und Pauelsen sind aber alle Fundörter mit groſser Genauigkeit angeführt; und diese Angaben müssen in so fern von Wichtigkeit sein, als sie den sichersten Leitfaden zur Bestimmung der Gebirgsformationen geben; denn der Surturbrand kommt als untergeordnetes Lager nur in der geschichteten Trappformation vor, nicht in den Trachyten und den vulkanischen Tuffen und Conglomeraten; wo also der Surturbrand gefunden wird, da muſs auch die Trappformation vorhanden sein.

Durch eigene Ansicht lernte ich die Lagerungsweise des Surturbrandes in den Thälern der Hvit-Aae, Thuer Aae und Nordur-Aae kennen, wohin ich noch kurz vorher, ehe ich Island verlieſs, von Reikewig eine Reise unternahm. Die niederen Felsenreihen, welche diese Flüsse von einander scheiden, bestehen aus den schwarzen augitreichen Doleriten und Mandelsteinen der unteren Abtheilung. Man findet darin häufig genug neptunische Zwischenlager von Thon, unter denen einige auch schmale Streifen des bituminösen Holzes enthalten. Der ausgezeichnetste Punkt, den ich sah, befindet sich einige hundert Schritt nördlich von Stafholt, dicht an der Norduraar. Ein niederer Felsen aus mehreren horizontalen Schichten der Trappformation zusammengesetzt, enthält ein Lager eines gelblichen Thones mit einzelnen eingeschlossenen Bruchstücken von Dolerit, eines sehr thonreichen Conglomerates. Die gröfste Mächtigkeit dieses Thonlagers beträgt ohngefähr 4 Lachter; nach beiden Seiten aber sieht man es sich verschwächen und endlich auskeilen, so dafs seine ganze Länge nicht vielmehr als 20 Lachter beträgt. In der Mitte desselben sieht man den Surturbrand als einen schmalen Streifen von 4 — 5 Zoll Mächtigkeit eingeschlossen; dieser Kohlenstreifen verdrückt sich stellenweise noch mehr, so dafs häufig nur ein Besteig von 1 Zoll Stärke zurückbleibt. Die Kohle ist durchgängig fest und dicht, sie zeigt die vollkommen erhaltene Holzstructur; viele Stücke sind dem frischen, unveränderten Holze auf das täuschendste ähnlich. Alle Holzstücke, welche man aus dem Thone herausbrechen kann, deuten auf grofse, starke Stämme hin, welche zuweilen mit Astringen von 5 — 6 Zoll Durchmesser versehen sind; die fufsstarken Stämme sind durch die Last der darüber ruhenden Felsenmassen breit zusammengedrückt und in sehr schmale Streifen eingezwängt. Von zarteren vegetabilischen Resten, von Blättern und Früchten konnte ich hier keine Spur auffinden.

Das Thonlager sieht man durch mehrere senkrechte Doleritgänge von ¾ — 1 Lachter Mächtigkeit durchschnitten. Der Kohlenstreifen ist aber zu schmal, um den ändernden Einflufs wahrnehmen zu lassen, welchen die Hitze der feurig flüssigen Gangmasse auf durchsetzte Kohlenschichten auszuüben pflegt; um so weniger, da man den Kohlenstreifen nicht bis dicht an das Saalband des Doleritganges verfolgen kann.

Das bituminöse Holz von Island zeigt zwei Varietäten am häufigsten. Die eine ist von brauner matter

Farbe und ähnlich dem frischen unveränderten Holze auf das Täuschendste; sehr häufig ist es so wohl erhalten, daſs es mit Schneideinstrumenten bearbeitet werden kann, und von den Isländern häufig zu Tischplatten und Dachverschaalungen gebraucht wird. Die andere Abänderung ist pechschwarz und glänzend, sie ähnelt der Pechkohle; besitzt in der Regel ebenfalls deutliche Holzstructur, und ist mit der vorigen Varietät so innig verbunden, daſs man nicht selten Stücke findet, an denen beide vereinigt sind. Nur selten ist die Kohle von erdiger zerreiblicher Beschaffenheit.

An einigen Punkten soll nach den Zeugnissen von Olafsen und Pauelsen so wie nach Hendersen im Bardestrandsyssel auf der nordwestlichen Halbinsel mit den Surturbrandlagern ein schwarzer Schieferthon, der häufig sogar in Brandschiefer übergeht, verbunden sein; in welchem man zahlreiche und wohl erhaltene Abdrücke von Blättern wahrnimmt, die denen von Pappeln, Weiden, Birken und Eichen sehr ähnlich sind.

Es ist nicht zu leugnen, daſs die Bildungsweise des Surturbrandes manches Räthselhaftes enthält; denn sie fand, wie die Bildung des ganzen Trappgebirges, auf dem Grunde eines weiten ausgedehnten Oceans statt, in groſser Entfernung von jeder Küste und jedem Continent. Woher stammen also die vegetabilischen Reste, die wir in der Tiefe des mächtigen Trappgebirges eingeschlossen finden und wie sind sie in das weite Meer gekommen, aus dem sich jetzt Islands Trappgebirge erheben. Die Trappfelsen Islands sind nur einzelne durch den Trachyt emporgerissene Bruchstücke der groſsen Trappfläche, welche noch jetzt den Meeresgrund jenes nordischen Oceans bilden mag, über dessen Spiegel Island und die Färöer sich erheben; denn die letzteren bestehen aus der nämlichen geschichteten Trappformation, die unter ganz denselben Verhältnissen Lagen von bituminösem Holz einschliefsen.

An eine Küstenbildung, wie es die Steinkohlen- und Braunkohlenformationen mit ihren grofsen Anhäufungen vegetabilischer Substanzen sein mögen, ist nicht zu denken. Also müssen die Holzstämme, welche das Material zum Surturbrand lieferten, aus weiter Entfernung von Continenten durch die herrschenden Winde und Strömungen des Meeres herbeigeführt worden sein, wie noch jetzt das Treibholz, welches häufig und zahlreich an den Küsten von Island strandet. Aber dabei bleibt doch noch unerklärbar, wie die zarten und leicht zerstörbaren Theile der Pflanzen, die Blätter, bei einer so grofsen Wanderung sich unversehrt erhalten konnten. Die Stellen, wo diese wohlerhaltenen Blattabdrücke die Lager von bituminösem Holz begleiten, gehören auf Island allerdings zu den Seltenheiten; denn in den meisten Surturbrandlagern ist von ihnen keine Spur wahrzunehmen; die Stämme, welche man aus ihrer Lagerstätte herausnehmen kann, sind in der Regel zersplittert und aller Aeste beraubt, ganz auf ähnliche Weise wie die Stämme der Treibhölzer.

Vorübergehend ist noch zu bemerken, dafs die Eisenkiese, welche in den Steinkohlen und Braunkohlen anderer Gegenden so häufig vorkommen, in den bituminösen Hölzern Islands durchgängig fehlen.

Ungeachtet des grofsen Mangels an Brennmaterial auf Island können die Bewohner den Surturbrand nur wenig benutzen; da die Schwierigkeiten seiner Gewinnung, verbunden mit seiner geringen Mächtigkeit, wenigen Gewinn erwarten lassen. An keiner Stelle von

Island wird eine Art Bergbau darauf getrieben. Nur an einzelnen Punkten, an steilen Felsenwänden und in Wasserrissen, wo durch Regengüsse und Sturzbäche die Lagerstätte mit jedem Jahre von neuem entblöfst wird, sammelt man die herabgefallenen Stücke und arbeitet, so viel man mit den einfachsten Instrumenten, mit Brechstangen, bekommen kann, aus der Lagerstätte heraus. Man verkohlt dann in kleinen Gruben, die mit Erde zugedeckt werden, den Surturbrand und benutzt ihn in den Schmieden.

Die obere Abtheilung der Trappformation.

Die obere Abtheilung der Trappformation zeichnet sich durch das Vorwalten des Feldspathes und das Zurücktreten des Augites aus. Der Magneteisengehalt ist eben so beträchtlich wie in der untern Abtheilung; die Gesteine haben dadurch ein viel höheres Gewicht, als man es bei reinen Feldspathgesteinen zu treffen pflegt. Die kleinen eingesprengten eisenschwarzen Pünktchen treten auch auf der hellen Feldspathmasse viel deutlicher hervor, als auf den dunkeln augitreichen Doleriten der unteren Abtheilung. Man trifft zahlreiche Gesteine, welche ein sehr feinkörniges, doch erkennbares Gemenge von Feldspath und Magneteisen sind; sie sind von hellgrauer Farbe und schwach schimmerndem Ansehen. Der Augit ist wirklich stellenweise gar nicht wahrzunehmen, oder höchstens hat eine augitische Beimischung dem Gestein eine hellgrüne Färbung gegeben. Wo aber der Augit wieder in unterscheidbaren krystallinischen Blättchen zum Vorschein kommt, da beginnt die grofse Reihe mannigfacher Dolerite, welche nach und nach in die augitreichen der untern Abtheilung übergehen.

Die obere Abtheilung der Trappformation ist durch die porphyrartige Structur der Gesteine ausgezeichnet. In dem sehr feinkörnigen Gemenge von Feldspath und Magneteisen sondern sich gröſsere Krystalle eines rissigen glasigen Feldspathes aus; auch die Dolerite, welche sich der obern Abtheilung anschlieſsen und durch einen geringern Augitgehalt sich hervorthuen, besitzen gewöhnlich porphyrartige Feldspathkrystalle; der Augit aber scheidet sich hier eben so wenig wie in der unteren Abtheilung als gröſsere Krystalle aus.

Wenn auch die Mandelsteine in der oberen Abtheilung nicht ganz fehlen, so sind sie doch bei weitem weniger häufig als in der unteren; denn mit den augitreichen Doleriten verschwinden auch jene Wacken und eisenreiche Thonsteine, welche den reichsten Sammelplatz der quarz- und zeolith-artigen Mineralien enthalten. Was von diesen spätern Ausfüllungen in der oberen Abtheilung sich findet, beschränkt sich fast blos auf die Chabasite, und sie kommen weniger als Ausfüllung von Blasen vor, sondern vielmehr in den Klüften und Rissen des Gesteines.

Die porphyrartigen Gesteine der oberen Abtheilung werden den Trachyten sehr ähnlich; wäre ihre Lagerungsweise nicht so sehr verschieden, so würde man einen groſsen Theil dieser Gesteine auch für nichts anderes halten als Trachyte; so aber besitzen sie dieselbe schöne horizontale Schichtung wie die untere Abtheilung und sind auch auf dieselbe Weise durch den stromartigen Erguſs aus den Gang und Spaltenräumen entstanden.

Während der Bildungsperiode der groſsen mächtigen Trappformation ist augenscheinlich eine bedeutende Veränderung in den Erzeugnissen der vulkanischen Thätigkeiten vorgegangen, was im Anfange der Bildung zu

Tage gebracht wurde, wären die augitreichen Dolerite, die sich so sehr weit von den Trachyten unterscheiden; aber es scheint, als hätten die mächtigen Agentien des Erdinnern sich nach und nach wollen vorbereiten auf die grofse Trachytformation, welche dem Trappe bald nachfolgen sollte. Die ersten Spuren des neuen Gesteines kamen auf demselben Wege zu Tage, wie die augitreichen Dolerite, nämlich durch Gangspalten, aus denen sie in feurigem Flusse aufquellen; sie bildeten die feldspathreichen porphyrartigen Gesteine, welche wir in der oberen Abtheilung der Trappformation zusammengefafst haben. Aber die Masse des Trachytes häufte sich immer mehr im Schoofse der Erde, sie fand ihren Ausgang nicht mehr durch die engen Gangräume wie früher, sie drängte mit steigender Gewalt gegen die Decke und zersprengte auch endlich die mächtige Trappformation in einer weiten Spalte, aus der die neue Bildung sich nun erhob. Diese mächtige weite Spalte bezeichnet der breite Trachytstreifen, der sich von Südwest nach Nordost mitten durch die Insel erstreckt; auf den beiden Rändern liegt das geschichtete Trappgebirge von Island, welches durch den aufsteigenden Trachyt gewaltsam mit in die Höhe gerissen wurde, während der gröfste Theil der ausgebreiteten Trappformation in der Tiefe des Meeres zurückblieb. Nur in den Färöern erkennen wir eine zweite Gruppe von emporgerissenen Bruchstücken derselben Trappformation.

Die Grenze zwischen Trachyt und Trapp ist sehr verwischt und undeutlich; durch die obere Abtheilung des Trappes wird der unbemerkbarste Uebergang vermittelt; und selbst die Schichtung, welche stets als Auszeichnung der Trappformation zu betrachten ist, geht in der Nähe des Trachytes verloren; man befindet sich auf der Scheidelinie beider Formationen, ehe man es vermuthet, und die Gesteine welche man daselbst trifft sind von so zweifelhafter Art, dafs man nicht weifs, ob man sie der einen oder der andern Formation zuzählen soll.

Von den Beimengungen der Trappformation.

So reich die Isländische Trappformation an Mandelstein-Einschlüssen ist, so arm ist sie dagegen an Mineralien, welche mit dem Teige der Gesteinmassen selbst verbunden sind.

Von den 3 Gemengtheilen Augit, Magneteisen und Feldspath ist es nur der Feldspath, welcher in ausgebildeten und gröfseren Krystallen porphyrartig aus der Masse des Gesteines sich auszuscheiden vermag; der Augit zeigt sich dagegen niemals in gröfseren Körnern oder Krystallen; überall, selbst wo er vorwaltend ist, erscheint er nur als kleine schwarzglänzende Blättchen. Das Magneteisen ist meistens nur in sehr kleinen Körnern als eisenschwarze Pünktchen, im Gesteine eingeschlossen.

In der unteren Abtheilung der Trappformation, in den augitreichen Doleriten ist der **Bronzit** eine sehr gewöhnliche Erscheinung, er ist ziemlich zahlreich, wie ein Gemengtheil durch das ganze Gestein verbreitet. Der Olivin dagegen fehlt der Isländischen Trappformation durchgängig; eben so wenig findet sich die geringste Spur von Hornblende und Glimmer. Eisenkies kommt auch nur selten als eingesprengte Körner vor.

Die feldspathreichen Gesteine der oberen Abtheilung enthalten stellenweis kleine Nieren von **Opal**.

Ueber die Mandelstein-Einschlüsse.

Die Ausfüllungen der blasigen Höhlenräume mit den mannigfaltigen schönen Mineralien der Quarz- und Zeolithgattungen gehören zu den besondern Auszeichnungen der augitischen Trappformation, wodurch sie sich von den Trachyten und den vulkanischen Producten neuerer Zeit unterscheidet. Nach den Beobachtungen, die ich im Trappgebirge Islands machte, sind die Mandelsteine vorzüglich in der unteren Abtheilung derselben häufig, wo der Augit der herrschende Gemengtheil, und die dunkeln schwarzen Gesteine vorwalten; in der oberen Abtheilung dagegen, werden sie immer seltner, je mehr der Feldspath das Uebergewicht erhält; und obgleich auch hier häufig genug thonige, wackenartige Gesteine vorkommen, welche ganz durchlöchert sind von Blasenräumen, so findet man letztere meistens doch ganz entblöfst von einer Ausfüllung. Es scheint daher, als wenn der Augit und der damit verbundene Labradorfeldspath vorzugsweise erforderlich waren, damit die mannigfachen gewässerten kieselsauern Verbindungen der Zeolithe zusammentreten konnten. In der oberen Abtheilung aber, wo der Augit mehr zurücktritt, da scheint auch der Labrador zu verschwinden und statt seiner der gewöhnlich kalihaltige Feldspath und der porphyrartig eingesprengte glasige Feldsath als Gemengtheil vorzutreten.

Die Räume, in welchen die Mineralien der Quarz- und Zeolithgattung sich ausgeschieden haben, sind theilweis die Blasenräume, welche expansive Gasarten in den Trappgesteinen, während sie im Zustande der Schmelzung sich befanden, ausweiteten, theilweis aber auch Klüfte und Risse, welche beim Erhärten der geschmolzenen Gesteine in grofser Zahl entstehen mufsten. Die Blasenräume sind von der verschiedensten Gröfse, sie sind so klein, dafs sie das Auge kaum wahrnehmen kann, aber werden auch stellenweis zu wirklichen Höhlen, von ganz ansehnlicher Ausdehnung.

Viele Quarz- und Zeolithnieren in weichen zerbröcklichen wackenartigen Thonen scheinen sich erst bei ihrer Bildung den nöthigen Raum verschafft zu haben, indem sie die weiche Masse des Muttergesteines verdrängten.

Die beiden Mineralienfamilien, die der Quarze und die der Zeolithe sind als Ausfüllungen der Blasen- und Klüftenräume in der Regel recht streng von einander geschieden, so dafs die Anwesenheit der einen Familie die andere gewöhnlich ausschliefst; man findet sehr selten, dafs ein und dieselbe Druse zugleich mit Quarz und Zeolithen besetzt wäre; und wo es der Fall ist, da scheint doch der Quarz allemahl das Uebergewicht zu haben; er bildet die äufsersten concentrischen Ringe auf denen zu Innerst nur einzelne wenige Krystalle der Zeolithe angeschossen sind.

Die Chalzedone, Quarze und Achate kommen meistentheils auf grofsen sehr unregelmafsigen Höhlen- und Klüftenräumen, die theilweise zusammengebrochen und wieder durch dieselbe Quarzausfüllung zusammengekittet sind, in dunkelbraunen eisenreichen Wacken vor.

Nach den verschiedenen Flüssigkeitsgraden, welche die in die Höhlenräume eingedrungenen Kieselauflösungen besafsen, hat sich die Art und Weise, wie die Räume damit angefüllt sind, geändert. Die Chalzedone scheinen eine gallertartige Masse gewesen zu sein; wenn sie am flüfsigsten war, so breitete sie sich in Lagen auf dem Boden der Höhlen aus. Man sieht viele Räume, die mit abwechselnden horizontalen Schnüren von Chalzedon- und Kacholongsubstanz angefüllt sind; die verschiedenen Chalzedonlagen unterscheiden sich durch Farbe und Glanz; jede dieser Lagen wird nach oben durch eine schwache Rinde von Kacholong begrenzt; an die sich wieder eine neue Lage Chalzedon anschliefst; alle in vollkommen paralleler wagerechter Ausbreitung. Nach oben werden die Chalzedonschnüre immer schmäler und die Scheidungen durch Kacholongsubstanz immer häufiger; die oberste Fläche ist dann auch allemahl wieder eine horizontale Kacholonglage. Nach den Kacholonglagen ergiebt sich die Anzahl der erfolgten Absätze von Chalzedonsubstanz; denn erstere scheinen nichts anderes als die leichtere schwimmende Masse des Chalzedons gewesen zu sein.

In anderen Fällen ist die gallertartige Chalzedonmasse an den innern Wänden der Höhlen herabgeflossen; oder sie bildet Stalactiten, die sich auf dem Boden sowohl, wo sie auftropfte; als an der Decke, von wo sie herabtropfte, ansetzte. Entweder bilden nun diese Stalactiten lange dünne traubenförmige Zapfen oder gekrümmte Flächen mit halbkugelförmigen Erhöhungen. In diesen getropften Chalzedonen fehlt der Kacholong. Nach Innen ist der Chalzedon gewöhnlich noch mit auskrystallisirtem stänglichen Amethyst bekleidet; niemals kommt aber Amethyst zwischen zwei Chalzedonlagen eingeschlossen vor; er bildet den jüngsten Absatz der Quarzdrusen.

Die Chalzedone und Quarze bekleiden nur die Wände gröfserer Höhlenräume; in den kleinen Blasenräumen der Dolorite kommen sie niemals vor. Diese findet man nur mit Zeolithen und hauptsächlish mit kleinen Rhomboedern des Chabasites bekleidet. Der Chabasit ist ungemein häufig im Trappgebirge Islands; er füllt vorzüglich die Blasenräume der frischen augitreichen Gesteine; aufserdem kommt er auch sehr oft auf

Klüftenwänden vor. Man sieht mächtige Trappschichten, die ganz durchdrungen sind von Chabasiten; jedoch sind sie immer sehr klein und selten gröſser als eine Erbse.

In den kleinen Mandelräumen der frischen Augitgesteine kommt nächst dem Chabasit der Mesotyp in concentrisch-strahligen halbkügeligen Ueberzügen der Wände recht oft vor; meistens sitzen die kleinen Chabasitrhomboeder auf einer solchen Mesotyprinde; aber zuweilen bildet der Mesotyp auch recht niedliche haarförmige Nadeln im Innern der Mandeln. Der Mesotyp kommt aber von vorzüglicher Schönheit in weichen bröcklichen Wackenthonen vor, aus denen man mit einiger Vorsicht vollkommen krystallisirte Nadeln, von einigen Zoll Länge, die sich strahlförmig in einem Punkte vereinigen, herausnehmen kann. Diese bröcklichen Thone, meistens von einer Färbung, die durch Grünerde verursacht ist, sind die Hauptsammelplätze der schönsten Zeolithe; in ihnen findet man die ausgezeichnetesten Stilbite, Epistilbite und Heulandite von sehr ansehnlicher Gröſse; sie kommen da weniger als Ausfüllungen von Blasenräumen vor, sondern häufig in kopfgroſsen Nieren, wie Concretionen in dem weichen Thone eingehüllt. Krystalle von Heulandit findet man daselbst, die um und um ausgebildet sind, die keine Fläche, keinen Punkt wahrnehmen lassen, mit dem sie angewachsen gewesen wären; alle Flächen sind von gleichem äuſseren Glanz und Glätte; solche Krystalle sind in dem bröcklichen Thone stellenweise so häufig, daſs sie wie eingesäet erscheinen. Der ausgezeichneteste Fundort ist am Berufiord an der Ostküste von Island.

Der Analzim kommt sehr selten und nur in den Blasenräumen der schwarzen Dolerite in der Form des Leuzitoeders von der Gröſse eines Stecknadelkopfes vor.

Der Apophyllit ist noch seltner; am Berufiord fand ich aber eine Druse von ausgezeichneter Schönheit in einem feinkörnigen Dolerite. Sehr kleine Quarzkrystalle bekleiden die innere Fläche der Höhle; auf diesen sitzen in ganz unregelmäfsiger Lage zahlreiche wasserhelle Apophyllite, von denen mehrere 1½ Zoll lang und ½ Zoll stark sind; die Enden mit den gewöhnlichen 4 Pyramidenflächen, die auf den Kanten der Säule aufgesetzt sind, ausgebildet.

Der Kalkspath ist in den Blasenräumen des isländischen Trappgebirges eine sehr grofse Seltenheit; gröfsere Mandeln sind niemals damit angefüllt, höchstens nur Blasen von der Gröfse einer Erbse.

Das Vorkommen des berühmten isländischen Doppelspathes findet daher auch nicht als Ausfüllung von Mandelräumen, wie man wohl vermuthet hat, sondern in einer Spalte statt. Am nördlichen Ufer des Rödefiordes auf der Ostküste von Island in ohngefähr 1000 Fufs Höhe über dem Meeresspiegel ist der reiche Fundort dieses schönen interessanten Minerals.

Man wird schon durch zahlreiche Bruchstücke, welche am Fufse des Berges zerstreut liegen, aufmerksam gemacht, ein kleiner Gebirgsbach arbeitet fortwährend gröfsere und kleinere Stücke los, und führt sie zum Felsen herab. Dieser Bach dient als Führer, um die anstehende Kalkspathmasse aufzufinden. Man gelangt mit einiger Schwierigkeit am steilen Felsen hinauf und steht endlich voller Staunen an dem reichen Fundorte; freilich sieht man aber zugleich mit Bedauern, welche Zerstörungen der kleine Gebirgsbach in dem schönen Mineral, worüber er hinwegfliefst, anrichtet. Es ist eine Spalte in einem feinkörnigen augitreichen Dolerite von 2½ — 3 Fufs Breite und 20 — 25 Fufs Länge, die völlig mit dem reinen Kalkspath angefüllt ist; nach beiden Seiten keilt sie sich allmählig aus. Bis jetzt ist noch kein Versuch gemacht worden, in die Tiefe einzudringen, um zu sehen, wie weit der Kalkspath nach unten aushalten würde. An der Oberfläche aber ist der Kalkspath sehr zerstört durch den kleinen Gebirgsbach, der gerade unter den unglücklichsten Verhältnissen den Gang seiner Länge nach überfliefst. Das Wasser drängt sich in die feinsten Spalten und Risse und zersprengt, zumal wenn es gefriert, die Stücke auseinander. Die gewaltige Masse von Kalkspath, die in dieser Spalte angehäuft ist, bestand ursprünglich durchgängig aus dem reinen wasserhellen Doppelspath, und dennoch hält es jetzt schwer, nur ein reines durchsichtiges Stück von einiger Gröfse zu gewinnen. Durch unzählig viele Risse ist der Kalkspath milchig und trübe geworden; man kann die durchsichtigen Stücke nur an wenigen Stellen finden, die einigermaafsen gegen das Wasser des Baches geschützt waren. Ich habe aber die Ueberzeugung, wenn man Mühe, Zeit und Kosten nicht scheuen wollte, dafs man durch einen kleinen Schurf, den man in die Tiefe des Ganges hinein arbeitete, einen unglaublichen Vorrath dieses gesuchten Minerals finden würde. Von fremden Reisenden, denen bei so kurzem Sommer unendlich an Ersparung von Zeit gelegen sein mufs, kann ein solches Unternehmen nicht gefordert werden, und die Isländer selbst besitzen viel zu wenig speculativen Geist, um aus ihren Kalkspathen einen Handelsartikel zu machen; dabei wäre nun freilich wohl zu achten, dafs der Preis einer solchen Waare bedeutend herabsinken würde, wenn davon eine gröfsere Masse in Umlauf käme.

Der Kalkspath dieser Spalte ist durchaus nicht krystallisirt; es ist kein Raum für eine Druse zur Ausbildung eines Krystalles gewesen; die ganze Kalkspathmasse besteht aus unzähligen verschiedenen Individuen, die sich aber gegenseitig in der Ausbildung ihrer Formen gehindert haben; sie sind in ganz unbestimmten Flächen, unter denen sie sich gerade berührten, verwachsen, ganz auf dieselbe Weise, nur in weit gröfserem Maafsstabe, wie die einzelnen krystallinischen Theile eines grobkörnigen Urkalksteins mit einander verbunden sind. Ein sicherer Beweis, dafs keine Krystalle zu erwarten sind, liefern die Stilbite, welche da, wo sie einen Raum gefunden haben, sich auf den Kalkspath aufgesetzt haben; die Kalkspathflächen aber, welche man auf diese Weise mit recht schönen Stilbit-Krystallen bekleidet sieht, sind allemal die Hauptdurchgänge des primitiven Rhomboeders; letzteres kommt aber bekanntlich niemals als ausgebildete Krystallform vor. Jene Räume, welche die Stilbite ausfüllen, haben sich wahrscheinlich erst durch später erfolgte Zerspaltungen des Kalkspathes geöffnet; ursprünglich war aber der Gang ganz und gar vom Spathe angefüllt, so dafs nicht der geringste leere Raum übrig blieb.

Diese Spalte ist der einzige Fundort von Kalkspath auf Island.

Es ist nicht leicht, sich eine Vorstellung von der Bildungsweise dieser grofsen reinen Kalkspathmasse zu machen. Am wahrscheinlichsten bleibt es aber wohl, dafs die feurigen Doleritströme, als sie durch zahlreiche Spalten aus der Tiefe aufstiegen, tiefere Kalkschichten durchbrochen, und ein einzelnes Bruchstück, in ihrem Teige eingehüllt, mit in die Höhe geführt haben. Am Ende dieses Aufsatzes wird von einem neptunischen geschichteten Gebirge die Rede sein, welches man regelmäfsig da, wo das Trappgebirge hoch genug über dem Meeresspiegel erhoben ist, als Grundgebirge zum

Vorschein kommen sieht. Es besteht aus feingeschichteten gebrannten Thonsteinen; und soweit die stark geänderten Massen eine Vergleichung gestatten können, sieht es einer Thon- oder Lettenbildung der bunten Sandstein- oder Keuperformation nicht ganz unähnlich. Kalkschichten habe ich nun zwar nicht darin auffinden können; aber es ist nicht einzusehen, warum sie ganz fehlen sollten, da sie in jedem Flötzgebirge nebst den Thonen und Sandsteinen die herrschenden Glieder bilden.

Gerade am Rödefiord, dem Fundorte des Doppelspathes, kommen diese gebrannten Thonschichten besonders mächtig zum Vorschein; sie steigen selbst zu 500 — 600 Fuſs Höhe über den Meeresspiegel auf, und der Kalkspathgang selbst liegt nur einige hundert Fuſs höher; zahlreiche Trappgänge sieht man das Thonsteingebirge durchbrechen.

Daſs ein Bruchstück einer Kalksteinschicht, in dem feurigflüssigen Teige der Dolerite eingehüllt, zu dem klaren reinen Kalkspath umgewandelt werden konnte, ist keine zu gewagte Vermuthung. Die Umwandelungen mannigfaltiger Kalksteine der Flötzzeit zu krystallinisch-körnigem Marmor, dem ältesten Urkalkstein ähnlich, in der Nähe durchsetzender Basaltgänge und die in den Laven neuerer Vulkane eingehüllten Kalksteine, die ebenfalls ihr früheres Gefüge so ganz verloren und krystallinisch körnig geworden, geben Analogien genug, um in anderen Fällen wieder das Einwirken vulkanischer Mächte bis zur Bildung rein krystallinischer Kalkspathe gesteigert zu denken. Die Kalkspathmasse Islands, abgesehen von ihrer Reinheit, ist ja nichts anderes als ein im höchsten Grade krystallinischer Kalkstein; eben so, wie im körnigen Urkalkstein, sind unzählige Kalkspathindividuen an einander verwachsen, und der

Unterschied liegt nur darin, dafs die einzelnen Individuen beim isländischen Doppelspath weit gröfser sind, als man sie selbst beim grobkörnigsten Urkalkstein zu sehen gewohnt ist. An eine Ausbildung der einzelnen Individuen zu Krystallen ist daher beim Doppelspath so wenig zu denken, wie bei einem Urkalkstein.

Wäre die Isländische Kalkspathmasse durch Infiltration entstanden, — abgesehen davon, dafs kein überliegendes Kalksteingebirge vorhanden ist, von wo aus die aufgelösten Kalktheile durch Wasser herabgeführt werden konnten, — so müfste man doch wohl jedenfalls in der Mitte des Raumes eine drusenartige Höhlung zu erwarten haben, die mit Krystallen bekleidet wäre. Als Bildung durch spätere Infiltration können nur die Stilbite betrachtet werden, welche zufällige Klüfte im Kalkspathe ausfüllen; aber der Kalkspath selbst nicht.

Wir kommen auf die Gänge des Trappgebirges, auf die Kanäle, durch welche die feurigflüssigen Ströme zur Oberfläche aufstiegen, noch einmal zurück.

Es ist eine allgemein wiederholte Erfahrung, dafs die Gänge des Trappes, abweichend von den Erzgängen, durchaus keine Verwerfung und Störung der durchschnittenen Schichten wahrnehmen lassen. Die Schicht, die man bis an das Liegende Saalband des Ganges verfolgt hat, findet man im Hangenden des Ganges in derselben Lage und in unverändertem Niveau wieder; so dafs selbst die unglaubliche Anzahl von Trappgängen nicht die geringste Störung in dem schönen horizontalen Schichtenbau des Gebirges verursacht hat.

Die Entstehung der Spaltenräume, durch welche die feurigflüssigen Trappmassen hervorgestiegen sind, müssen manches Räthselhaftes enthalten. Denn der feurigflüssige Trapp mag wohl schwerlich sich dadurch seinen

Weg nach oben gebahnt haben, dafs er die Massen, welche seinem Aufdringen Widerstand entgegensetzten, einschmolz und so aufwärts steigend alles, was er nach oben berührte, in sich auflöfste, bis er endlich seinen Ausgang an der Oberfläche fand; auf ähnliche Weise also, wie eine starke Säure im Stande ist, ein Loch oder eine Ritze durch eine Metallplatte zu arbeiten. Die Gangräume, welche wir jetzt mit Trapp gefüllt sehen, waren vielmehr jedenfalls einst leere Spalten durch mechanische Kräfte aufgerissen. Die Trappmasse fand die Spalten schon vorhanden, mögen sie auch, wie es wahrscheinlich ist, durch dieselben Kräfte aufgerissen sein, welche im Erdinnern die Bestandtheile des Trappes im feurigen Flusse vereinigten.

Es ist aber nicht gut einzusehen, wie die Trennung des Gebirges durch eine Gangspalte von verhältnifsmäfsig geringer Mächtigkeit gegen ihre Ausdehnung im Streichen und Fallen anders entstanden sein könne, als durch gewaltsame Verschiebung des einen oder des andern getrennten Gebirgstheiles. Eine solche Verschiebung hat bei den erzführenden Gangspalten nach der Richtung der Schwere statt gefunden; mag nun der Gebirgstheil im Hangenden des Ganges gesunken sein, oder der andere Gebirgstheil im Liegenden von unten nach oben gehoben.

Eine vertikale Verschiebung ist nun allerdings bei den Trappgängen nicht zu beobachten; aber dagegen finden sich an den Isländischen Trappgängen Erscheinungen, welche eine Verschiebung nach horizontaler Richtung in hohem Grade wahrscheinlich machen.

Als ich Islands Trappgebirge auf der Ostküste zum erstenmahl betrat, wurde mir die Wichtigkeit, welche die zahlreichen Gänge in der Bildungsweise des Trappgebirges behaupten, sogleich klar; ich sah ein, dafs in ihrer Untersuchung der Schlüssel zur Erklärung des ganzen Gebirges gefunden werden müſste; nur eine Erscheinung an diesen Gängen blieb mir lange Zeit räthselhaft, bis ich sie, nachdem ich das Trappgebirge genauer kennen gelernt hatte, stets und regelmäſsig wiederholt fand.

Ganz auf ähnliche Weise nämlich, wie man an Erzgängen Frictions- oder Spiegelflächen findet, sind da, wo beide getrennte Gebirgstheile bei ihrer vertikalen Verschiebung sich berührt haben, auch fast an allen Trappgängen auf Island; die Frictionsflächen sind noch weit deutlicher und die eingegrabenen Furchen viel tiefer und weiter. Die Streifung der Frictionsflächen ist aber nicht mit der Falllinie des Ganges übereinstimmend; sie läuft stets ganz horizontal, mit der Streichungslinie parallel. So sieht man unzählig oft längs des Ausgehenden der Trappgänge lange tiefe Furchen, die nur allein durch Reibung hervorgebracht sein können, sich erstrekken. Anfänglich fiel ich auf die Vermuthung, daſs vielleicht mächtige Wasserfluthen mit groſsen Felsblöcken sich über die Oberfläche des Gebirges gewälzt und die tiefen Reibungsfurchen ausgegraben hätten; aber bald bemerkte ich, daſs diese Erscheinungen nur auf die Ausfüllungen der Gänge beschränkt und durchaus nicht auf der Oberfläche der Trappschichten zu finden seien; ich beobachtete dann später an sehr vielen Gangmassen, welche als freie entblöſste Kämme hervorstehen, dieselben horizontalen Furchen längs der Streichungslinie; ich sah sie häufig an den Seitenwänden der Spaltenräume, deren Ausfüllung durch spätere Zerstörungen fortgeschaffen war. Hätte ich diese horizontalen Frictionsfurchen nur an einem einzigen Punkt, an einem einzigen Gange beobachtet, so würde ich sie ungeachtet ihrer auffallenden Sonderbarkeit, nicht weiter erwähnt haben; so aber kann diese merkwürdige Erscheinung, da sie an unzähligen Gängen des Trappes schön und deutlich zu beobachten ist, nicht stark genug hervorgehoben werden. Mag die Vorstellung, dafs beide durch eine Spalte getrennten Gebirgstheile sich in horizontaler Richtung an einander verschoben hätten, manches Schwierige haben, so kann ich doch keine andere Erklärung für die Entstehung der gewaltigen horizontalen Frictionsfurchen auffinden.

Sind aber in der That die Gangspalten des Trappes durch eine horizontale Verschiebung der getrennten Gebirgstheile, im Gegensatze zur vertikalen der Erzgänge, aufgerissen worden, so kann an den horizontalen Schichten des Trappes durchaus keine Verwerfung bemerkt werden, eben so wenig wie an einem seigern Erzgange, der durch einen andern seigern durchschnitten wird.

Die Ausfüllungen der Gänge sind sehr häufig in Säulen abgesondert. Die Säulen von verschiedener Seitenzahl stehen senkrecht auf den Saalbändern. Jeder Gang ist aber in zwei Reihen von Säulen getheilt, welche von beiden Saalbändern nach dem Innern zu laufen, sich in der Mitte endigen, so dafs sie dort mit ihren Köpfen zusammenstofsen. Wo die Verwitterung das Gestein angegriffen hat, da tritt dies Verhältnifs am deutlichsten hervor; gewöhnlich befindet sich dann zwischen den beiden Reihen der Säulenköpfe eine leere Spalte. Die Stellung der Säulen ist in der Regel so, dafs der Säulenkopf der einen Seite in die Vertiefung zwischen je 3 Säulenköpfe der anderen Seite pafst.

Die säulenförmige Absonderung ist durch Zusammenziehung der feurigflüssigen Masse bei ihrem Erkalten erfolgt.

Die Erhärtung der flüssigen Gangausfüllung begann von ihren beiden Berührungsflächen mit dem Nebengestein, von ihren beiden Saalbändern; auf diesen Flächen entstanden die ersten Sprünge und Risse, die nothwendigerweise auf ihm senkrecht stehen mufsten; mit den Abkühlungsflächen parallele Spalten konnten anfänglich nicht entstehen, weil im Innern noch flüssige Masse genug vorhanden war, welche der Contractionskraft nachgeben konnte. Die Abkühlung und Erhärtung schritt aber immer tiefer nach dem Inneren zu; die senkrechten Risse und Sprünge mufsten auch tiefer laufen; war endlich die Consolidation von beiden Seiten bis in die Mitte des Raumes vorgedrungen, so wirkte die Contractionskraft eben so gut in der Richtung senkrecht auf den Abkühlungsflächen, wie vorher nur parallel; es entstand daher in der Mitte der Gangmasse eine Spalte, die mit den Abkühlungsflächen oder Saalbändern parallel läuft und beide Säulenreihen von einander trennt.

An vielen Gängen des isländischen Trappes wiederholen sich die häufigen Beobachtungen, dafs der innere Theil gewöhnlich ein mehr krystallinisches Gefüge besitzt, während in der Nähe der Saalbänder das Gestein dichter und gleichartiger wird. Mackenzie hat dies Verhältnifs an den Trappgängen der kleinen Insel Vidöe vor Reikewig, am Essian und Akkrefield sehr richtig beobachtet; die Erscheinung wiederholt sich ebenfalls an vielen Trappgängen der Ost- und Westküste, die ich zu untersuchen Gelegenheit hätte. Am äufsersten Saalbande sieht man häufig eine schmale $\frac{1}{4}$ — 1 Zoll breite Lage eines sehr dichten Gesteines von glasartiger Beschaffenheit; die Masse ist spröde und von schwarz glänzender Farbe, dem äufseren Ansehen einer Glanzkohle nicht unähnlich; daran schliefst sich nach der

Mitte zu in allmähligem Uebergange eine zweite Lage, welche grofse Aehnlichkeit mit manchem dichten Basalt hat; das Gestein ist blaulich schwarz und mattglänzend; nach und nach wird aber das Gestein immer mehr krystallinisch, bis man in der Mitte des Ganges den gewöhnlichen deutlichen Dolerit mit vorwaltendem Augit erkennt.

Bei den Saalbändern ähnlichen Erscheinungen habe ich des Vorkommens eines eigenen Eisenkiesels Erwähnung zu thun. An der nördlichen Seite des Rödefiordes an denselben Felsen, welche den Bewohnern durch die schönen Chalzedon- und Quarzdrusen bekannt sind, fällt ein hervorstehender Doleritgang, welcher an der steilen Felsenwand wie ein schwarzes Band hinaufläuft, sogleich in die Augen. Nur mit einigen Schwierigkeiten kann man an ihm in die Höhe steigen. Auf beiden Seiten des Ganges, der aus einem gewöhnlichen augitreichen Dolerit besteht, liegen Saalbänder eines rothbraunen, jaspisartigen Eisenkiesels, der bandförmig gestreift und mit einzelnen kleinen Höhlenräumen versehen ist, deren Wände mit kleinen mikroscopischen Quarzkrystallen bekleidet sind; beide Saalbänder von Eisenkiesel haben eine Mächtigkeit von 9 — 12 Zoll. Das Nebengestein sind die ganz gewöhnlichen durchbrochenen Doleritschichten.

Das Vorkommen von Thon- und Brauneisensteinstreifen in Begleitung von Basaltgängen, welche bunten Sandstein durchbrechen, wird vom Herrn v. Leonhard in seinem Werke über die Basaltgebilde als nicht ungewöhnlich gezeigt. Was aber mit dem jaspisartigen Eisenkiesel an dem Doleritgange auf Island noch mehr übereinstimmt, sind „die Saalbänder von einer opaljaspisartigen Masse oder richtiger von braunem jaspisartigem Eisenstein mit wackenartigen Basaltgängen verbunden, da wo letztere Brauneisensteingänge durchschneiden"; wie es von den Herrn Noeggerath und Schmidt an mehreren Punkten bei Offhausen, bei Siegen und bei Eisern beobachtet ist (Vergl. v. Leonhardt Basaltgebilde I. Abth. p. 450 u. f.).

Bevor wir die Betrachtung des Trappgebirges beschliefsen, müssen wir noch der Schlackenkrusten, welche auf der unteren Fläche mancher Doleritschichten vorkommen, Erwähnung thun. Die Erscheinung ist schon von Mackenzie an dem Esian und dem Akkrefield beobachtet worden; am letzterem Berge kommt sie vorzüglich deutlich vor; ich beobachtete sie auch aufserdem an vielen Trappfelsen im Thale der Norduraar in der Nähe des Bäula. Im Ganzen sind diese schlackartigen Gesteine in der isländischen Trappformation sehr selten; in dem ganzen Gebirge der Ostküste habe ich sie nicht gefunden; um so beachtungswerther müssen sie daher sein, da wo sie zum Vorschein kommen. Am Akkrefield lernt man, so weit man den steilen Felsenabhang ersteigen kann, nur die augitreichen Gesteine der untern Trappabtheilung kennen; fast alle Schichten, die in grofser Zahl aufeinander gereiht sind und dem Felsen die schöne horizontale Bandstreifung geben, besitzen an ihrer unteren Fläche eine Kruste von rothen porösen Schlacken, welche alle Spur des krystallinischen Gefüges des Dolerites verloren haben; die Kruste ist meistens nur 1 — 2 Zoll stark; sie ist durch die schnelle Abkühlung des feurigen Doleritstromes auf der Unterlage erfolgt. Die oberen Flächen der Schichten lassen niemals eine ähnliche Verschlackung wahrnehmen.

Mit Islands Trappgebirge verbinden wir die Betrachtung eines interessanten neptunischen Gebirges, welches zwar an sich selbstständig und unabhängig dasteht; aber in so fern hier füglich abgehandelt werden kann, als es das Grundgebirge des Trappes bildet und nur unter dessen mächtiger Decke aufgefunden wird.

An mehreren Punkten der Ostküste, vorzüglich deutlich am Röde- und Berufiord, wo das Trappgebirge hoch über den Meeresspiegel erhaben und durch Fiorde und Spaltenthäler tief genug eingeschnitten ist, sieht man es als Grundgebirge unter dem Trappe zum Vorschein kommen. Seine äufseren Kennzeichen sind ganz die eines normalen neptunischen Gebirges. Eine vollkommen deutliche Schichtung, welche das Gestein in die feinsten Tafeln abtheilt, häufig sogar in ausgezeichnet schiefrige Textur übergeht; verbunden mit den regelmäfsigen Querklüften, welche die Schichten in lauter Parallelogramme zertrennen, läfst nie an der Entstehung durch Absatz aus den Gewässern zweifeln.

Das Gestein ist jedenfalls, soweit man es noch erkennen kann, früher ein geschichteter Thon oder Letten gewesen, es hat aber starke vulkanische Einwirkungen erlitten; die Schichtung ist geblieben, die Masse aber in festgebrannte klingende Thonsteine umgewandelt. Man findet nicht einen einzigen Scherben, der von der Umwandelung verschont geblieben wäre; alle tragen mehr oder weniger die deutlichen Spuren der erlittenen Veränderungen durch die Hitze. Das Eisen, wo es vorhanden war, ist auf das höchste oxydirt und giebt den Gesteinen eine dunkelrothe Farbe; aber dadurch auch die gröfste Aehnlichkeit mit gebrannten Ziegeln. Das Gebirge bietet im Ganzen ein sehr buntes Ansehen dar, da rothe Schichten mit lichtern, mit hellgelben, blauen und grauen wechseln; sehr häufig sieht es dem Lettengebirge des bunten Sandsteines auf das Täuschendste ähnlich. Die gebrannten Thonsteine dieses Gebirges sind in der Regel so fest und hart, dafs sie mit dem Stahle Funken geben; ein grofser Theil von ihnen wird den perlgrauen Klingsteinen zum Verwechseln ähnlich; zumahl wenn einzelne nadelförmige Feldspathkrystalle sich ausscheiden. Wo das Gestein noch stärkeren Hitzgraden ausgesetzt war, ist es etwas gesintert und es haben sich dabei zahlreiche runde Concretionen wie bei manchen Porzellanen und Gläsern gebildet, welche dem Gestein ein bunt gesprenkeltes Ansehen geben. Diese kleinen runden Concretionen, welche anfänglich noch mit der Hauptmasse des Gesteines innig und ohne deutliche Umrisse verwachsen waren, werden nach und nach auch gröfser, sie scheiden sich von der Hauptmasse strenger ab, zeigen in ihrer Mitte eine drusenartige Höhlung, welche mit kleinen aber vollkommen auskrystallisirten Quarzen von weingelber Farbe bekleidet sind; diese Quarzkrystalle haben das Eigene, dafs immer drei abwechselnde Seitenflächen mit den zugehörigen Pyramidenflächen so stark vorwalten, dafs sie die übrigen fast ganz verdrängen.

Ueberall scheinen dabei hellglänzende Feldspathnadeln hervor. Viele dieser Gesteine werden dadurch porphyrartig; eine dichte feste Thonsteinmasse umschliefst Feldspath- und Quarzkrystalle; es wird manche Aehnlichkeit mit den quarzführenden Porphyren der ältesten Flötzzeit herbeigeführt.

Alle diese Umwandlungen sind durch die zahllosen Trappgänge bewirkt, welche das Thongebirge durchdringen mufsten, ehe sie sich auf der Oberfläche eröffnen und ihre Füllung in feurigen Strömen ausgiefsen konnten. Dabei sind aber keine der chemischen Stoffe, welche in den krystallinischen Gemengtheilen des Dolerites verbunden sind, in das veränderte Nebengestein eingedrungen; die Thonsteine zeigen keine Spur von Augit oder einem andern Mineral, welches Bittererde enthalten könnte. Die Krystalle, welche sich in den umgewandelten Thonsteinen ausgeschieden haben, sind nur Feldspath und Quarz, deren chemischen Bestandtheile aber in den Thonen schon vorher enthalten waren.

Die unglaubliche Zahl der Trappgänge, durch welche das Material zu dem gewaltigen Bau der überliegenden Trappformation aus der Tiefe heraufgeführt wurde, tritt vorzüglich schön und deutlich in dem Grundgebirge hervor; denn sehr viele Gänge, welche an den Trappwänden durch die Gleichheit der Masse und der Farbe dem Auge entschwinden, contrastiren immer stark gegen die hellen und buntfarbigen Schichten des unterliegenden Thonsteines.

Die Schichten des Thonsteines haben in ihrer Lagerung bedeutende Störungen erlitten; sie sind durch die zahlreichen Gangspalten verstürzt und oft in ein regelloses Gewirre gebracht; die ungestörte wunderbare Lage der horizontalen Trappschichten ist in dem unterliegenden Grundgebirge nicht wieder aufzufinden; hier sind die Erscheinungen ganz so, wie man sie bei einem gewaltsam durchbrochenen Gebirge zu erwarten hat.

Während meiner Untersuchung des Trappgebirges auf der Ostküste von Island war ich mehrmals auf Bruchstücke eines dunkelblauen Obsidians von grobschiefriger Textur gestofsen. Die Erscheinung war mir räthselhaft, da in einem sehr weiten Umkreise durchaus keine vulkanischen Kratere und keine Lavaströme zu suchen sind; und dennoch waren die Bruchstücke dieses Obsidianes zu häufig, um glauben zu können, sie wären durch irgend einen Zufall herbeigebracht. Erst lange Zeit, nachdem ich vergeblich nach Punkten gesucht hatte, wo ich diesen Obsidian anstehend finden könnte, war ich so glücklich, in geringer Entfernung westlich von der Handelsstadt Diupavog am Berufiord zufällig auf eine Stelle zu stoſsen, wo sich das Bildungsverhältniſs dieses Obsidians schön und deutlich vor Augen legte.

Zwei parallele Gänge eines augitreichen Dolerites schlieſsen in ihrer Mitte einen Keil jener gebrannten Thonsteine ein, welche man wenige Fuſs tiefer als Grundgebirge unter den Schichten des Trappes verbreitet sieht. Beide Doleritgänge sind von ganz gleicher Beschaffenheit ihres Gesteines, sie sind auch ohne Zweifel zu ganz gleicher Zeit entstanden; ihre Mächtigkeit beträgt 3 — 4 Fuſs. Der zwischen beiden Gängen eingeschlossene Thonstein ist mit in die Höhe gerissen worden; seine Schichten stehen senkrecht und mit den Gängen parallel. Die Breite des Thonsteinkeiles beträgt 10 Fuſs. Von beiden Gängen ist die Umwandelung des eingeschlossenen Thonsteines ausgegangen; in ihrer Nähe ist sie stärker, in einiger Entfernung nimmt sie sichtbar ab. In der unmittelbaren Berührung mit den Gängen sieht man den Thonstein in dunkelblauen schiefrigen Obsidian umgewandelt, der längs des Saalbandes eines jeden Ganges einen 9 — 12 Zoll starken Streifen bildet; an diesen Obsidian schlieſst sich ein zweiter Streifen eines sehr dichten feinsplittrigen Hornsteines von blaugrauer Farbe und einer Härte, welche mit dem Stahle Funken giebt; dieser zweite Streifen hat ohngefähr dieselbe Breite, wie der vorhergehende. In der Mitte nun folgen die gewöhnlichen gebrannten Thonsteine mit Ausscheidungen von Feldspathkrystallen und kugelförmigen Concretionen von Quarz. Beide parallelen Doleritgänge mit den eingeschlossenen Thonsteinen und mit ihren Obsidiansaalbändern kann man auf der Oberfläche des Gebirges auf 300 Fuſs weit verfolgen.

Auf meiner ferneren Reise längs der Ostküste hatte ich mehrfache Gelegenheit, das Thonsteingebirge zu beobachten. Am Hornefiord sah ich es in nicht unbeträchtlichen Felsenmassen zum Vorschein kommen; es war aber hier nicht mehr von derselben Beschaffenheit, wie ich es am Röde- und Berufiord und bei Mula im Thale des Langarfliot kennen gelernt hatte. Es ist bereits erwähnt, wie einzelne Stücke des Thonsteines durch deutliche Ausscheidungen von Quarz und Feldspath einige Aehnlichkeit mit den rothen quarzführenden Porphyren erhalten können. Am Hornefiord traf ich die ganze Masse des Thonsteines in den deutlichsten unverkennbaren Porphyr umgewandelt; die Schichtung war völlig verloren gegangen; die Felsen bildeten ein massiges Ganzes. Meine früheren Beobachtungen an den geschichteten Thonsteinen konnten mir die nöthige Anleitung geben, diese seltsame Porphyrbildung zu enträthseln; denn sie kann weder zur Trapp-, noch zu der Trachyt-Formation gerechnet werden; sie bildet das Grundgebirge des Trappes und wird von [illegible]lreichen Trappgängen durchschnitten.

4.

Ueber das Abbohren weiter Bohrlöcher mit dem Seilbohrer.

Von

dem Herrn Bergrath Sello zu Saarbrücken.

Der verstorbene Berggeschworene Heyn hat im B. VIII. des Archivs für Bergbau und Hüttenwesen über die Niederbringung eines 12zölligen Bohrlochs auf der Zeche Knappschaft und Vogelsang im Märkischen Bergamts-Bezirke Bericht erstattet, und die dort beschriebenen Bohrer und Gestänge sind im Jahre 1826 zur Niederstofsung eines ähnlichen 8. Lachter tiefen Bohrloches auf der Gerhardgrube im Saarbrücker Bergamtsbezirke angewendet worden. So sinnreich auch die ganze Vorrichtung ist; so ergeben sich doch bedeutende Schwierigkeiten bei Anwendung derselben, die mit der gröfseren Teufe wachsen, und schon bei mittleren Teufen zur Einstellung der Arbeit nöthigen würden. Die gröfsten davon sind, das schnelle Verstopfen des kleinen (bereits existirenden) Bohrloches, und das schnelle wacklich werden und Brechen der Meifsel. Der erste Uebelstand tritt fast jedesmal ein, wenn von den oberen gröfseren Meifseln im festen Gesteine kleine Gebirgsstücke losgestoſsen werden, und in das kleine Bohrloch fallen; sie setzen sich dann zwischen den Wänden des Bohrlochs und der Bohrstange fest, und es kann bei gröſseren Tiefen fast nicht fehlen, daſs dieser Uebelstand in jeder Schicht eintritt; ja man wird sich glücklich schätzen müssen, das Loch ohne Verlust des Bohrers verlassen zu können.

Im milden Gebirge ist das weniger zu befürchten, und darum ist der Bohrer auf Knappschaft und Vogelsang im Schieferthon in dem freilich nur 4½ Lacht. tiefen Bohrloche auch nur einmal fest geworden.

Das Brechen der Meiſsel ist ein anderer nicht minder groſser Uebelstand; sie sind so schwach, daſs ein Bruch bei festem Gesteine sehr leicht zu fürchten ist, und grade weil sie so schwach sind, sind sie mit keinem Instrumente zu fassen, und weil sie zum groſsen Theile aus Stahl bestehen sehr schwer zu zerbohren, wenn man dies als letztes Mittel versuchen wollte.

Die Art der Befestigung der Meiſsel ist gleichfalls nicht geeignet, dem Instrumente Festigkeit zu geben; durch die Schwere des Gestänges bei tiefen Bohrlöchern werden die Meiſsel gestaucht, und die ganze Maschine wird schlottrig.

Dies, und die groſse Zusammensetzung der Maschine mag wohl der Hauptgrund sein, warum der Heynsche Bohrer die Anwendung nicht gefunden hat, die er gewiſs so sehr verdient. Nichts desto weniger bleibt dem Geschwornen Heyn immer das Verdienst, die Idee, Bohrlöcher von groſsem Durchmesser beim Bergbau anzuwenden, angeregt und den Weg gewiesen zu haben, auf welchem das Ziel zu erreichen ist, selbst dann, wenn ein ganz anderer Weg hierzu gefunden wird.

Als ich im verflossenen Jahre einen steigeren Wetterschacht auf die Streichende Strecke Nr. 2 im Beust-

Sitz der Gerhardgrube abteufen liefs, der 32° tief werden sollte, mufste ich bei 11 Lacht. diese Arbeit der vielen Wasserzuflüsse wegen verlassen, und stiefs zur Ableitung derselben ein 4½" Bohrloch bis auf jene Strecke.

Aber auch nach Niederbringung dieses Bohrlochs gab das zerklüftete, doch feste Gestein noch so viel Wasser, dafs ich nur gegen sehr hohe Gedinge das Abteufen weiter fortbringen konnte.

Der Schacht war blofs zur Wetterversorgung bestimmt; ein Bohrloch von 18" Durchmesser konnte den beabsichtigten Zweck erreichen, und der Grube die Hälfte der Kosten ersparen, und da das Seilbohren bei kleinen Bohrlöchern so gute Resultate geliefert hatte, so hoffte ich auch ähnliche bei Bohrlöchern von gröfserem Durchmesser zu erhalten.

Ueber die der Bohrstange zu gebende Form war ich bald mit mir einig, auch lag es in der Natur der Sache, dafs diese nur von Gufseisen sein konnte, anders verhielt es sich aber mit dem eigentlichen Bohrer, der so einfach wie möglich sein mufste, um die Nachtheile zu beseitigen, welche die Anwendung des Heynschen Bohrers verhindert hatten. Da ich immer von der Ansicht ausging, dafs bei der Vorrichtung zum Seilbohren nur halbe, höchstens eine ganze Drehung gemacht werden kann: so konnte ich nur Kronenbohrer brauchen, und da ich die Zerbrechlichkeit der Heynschen Meifsel vermeiden wollte, so war meine Absicht, den Kern *A* des Bohrers selbst (Handzeichnung Taf. X. Fig. A.) aus einem Stücke schmieden, die einzelne Meifsel *b* aber an die vorspringenden Rippen *a* anschweifsen zu lassen; allein der Schmidt fand so viele Schwierigkeiten hierbei, dafs ich genöthigt war diese Idee aufzugeben, und zu der von Heyn zurückzukehren. So entstand der, in der chnung Fig. 11 angegebene und in den Figuren 7 bis und 4 bis 25 in seinen einzelnen Theilen darge- llte Bohrer, der sich von dem Heynschen nur dadurch erscheidet, dafs sämmtliche Meifsel durch die starke rne Büchse Fig. 12, die über ihnen auf den Rumpf gekeilt wird, so fest wie möglich gehalten werden.

Da diese Büchse selbst durch den Bolzen von jedem rücken gesichert ist, und da die Meifsel 1 und 2" er dem Rumpfe stehen, während ihr oberer Zapfen h vor dem Herrabrutschen schützt; so hätte man uben sollen, dafs ein Wacklichwerden kaum statt fin- n könne.

Es fand aber dennoch schon in der ersten Schicht t, und vermehrte sich bei Fortsetzung der Arbeit so, s man in jeder Schicht neue Meifsel einziehen, und alten wieder strecken mufste. — Da das Wacklich- rden allein daher rührt, dafs die Meifsel durch die were der Bohrstange ihrer Länge nach gestaucht wer- ; so entsteht noch ein anderer Nachtheil durch das iterwerden der Schneiden, nämlich ein ungleiches iterwerden des Bohrlochs.

Dieser Uebelstand allein würde hingereicht haben, Aenderung des Bohrers zu versuchen; aber die eit selbst zeigte auch, dafs man bei so grofsen Bohr- ern mit halben und selbst mit einer ganzen Seil- hung nicht ausreicht, denn die Meifsel wollten die- Drehung nicht folgen, sondern glitten immer wieder lie gestofsene Rinne, und die Büchse stiefs Stücke mehrere Pfunde Schwere in den festen Sandstein ab.

Es war einleuchtend, dafs man den Versuch aufge- mufste, wenn nicht ein Mittel gefunden würde, den rer wie bei einem gewöhnlichen Gestänge immer h einer und derselben Richtung zu drehen: war dies r gefunden, dann war eben so gewifs, dafs mit dem einfachen Meifsel gebohrt werden konnte, und die ga Maschine wurde dann sehr einfach.

Dies Mittel fand ich in Anwendung eines ganz fachen Wirbels und in Trennung des Bohrseils von Haspelseile; es konnte nun der blofse Meifsel gen men werden, und von da ab gieng die Bohrarbeit wünscht von Statten, bis der Bruch des Meifsel und Dringlichkeit, den Durchschlag zu bewirken, zur stellung derselben nöthigte, wie im Verfolg dieses A satzes näher gezeigt werden wird.

So wie die Sache jetzt steht, kann man unge der Nichtbeendigung des Bohrlochs im Wetters Nr. 3. der Gerhardgrube, als gewifs annehmen, Niederstofsung 18zölliger Bohrlöcher mittelst de bohrers möglich ist, und dafs da, wo solche Bohrl die Wetterschächte ersetzen können, eine grofse E rung an Zeit und Geld gegen die Abteufung der Sch bewirkt wird.

Es ist der Zweck dieses Aufsatzes, eine genau schreibung des grofsen Bohrers, so wie seiner A dung und Leistung zu geben; ich habe zu dem eine Zeichnung von allen Theilen anfertigen lassen, hier beiliegt, und zur Verdeutlichung der nachfolg Beschreibung dient.

Zum Bohren gehören:

1. Die Bohrstange.
2. Der Meifsel.
3. Die Büchse.
4. Der Löffel.
5. Das Seil.

1. Die Bohrstange (Taf. X. Fig. 1 bis 6.) Sie steht ganz aus Gufseisen, und zwar aus einem Cy von 5 Fufs Länge, und hat von oben bis an den ten Leitungskreis 4″ 6‴ Durchmesser. Am unt

Theile ist der Durchmesser bis auf 6″ 2‴ verstärkt, um nach Anbringung der Oeffnung für den Zapfen hinreichende Eisenstärke zu behalten.

Oben ist die Bohrstange etwas abgeplattet, Fig. 3., und in der Mitte dieser Abplattung von einem, 1″ im Durchmesser haltenden Loche durchbohrt, damit der aus Schmiedeeisen bestehende Seilring *R*, Fig. 1., welcher mittelst des Bolzens *x* daran befestigt und in diesem beweglich ist, besser angebracht werden kann. Der untere Theil der Bohrstange, welche Fig. 6. im Grundrisse darstellt, enthält genau in seiner Mitte ein Loch 6″ lang und 2″ im Quadrat, bestimmt, den Zapfen des Meifsels aufzunehmen, welcher durch die beiden Bolzen *y. y.* von ¾″ Durchmesser darin festgehalten wird.

Die Erfahrung hat gelehrt, dafs es zweckmäfsig ist, diesen Zapfen so stark wie möglich zu machen, und bei einem 18zölligen Bohrloche hindert nichts den unteren Theil der Bohrstange 12 Zoll, das Loch für den Meifselzapfen aber 3 bis 3½″ im Quadrat machen zu lassen.

Die Bohrstange hat ihrer Länge nach zwei Leitungskreise; der obere ist von dem Ende der Stange 6″ 3‴, die untere 9″ 10‴ entfernt, jeder hat 3″ 3‴ Höhe und beide stehen 4′ von einander. Sie bestehen wie die Bohrstange aus Gufseisen, haben in den Kränzen 1″ Eisenstärke, und sind durch 5 einen Zoll starken 10″ 6‴ langen Speichen mit dem Cylinder der Bohrstange verbunden, in der Art wie die Fig. 4 und 5 dies zeigen.

Es ist ein nothwendiges Erfordernifs dafs die Leitungskreise oder Räder vollkommen concentrisch mit der Bohrstange, und dafs alle gleichnamigen Theile ihrer Peripherie in denselben Ebenen liegen. — Diese Genauigkeit kann beim Gufs (Lehmgufs) nicht wohl erreicht werden, und es ist deshalb nothwendig, dafs die Bohrstange in die Drehbank gespannt wird, um dadurch die erforderliche Genauigkeit zu erhalten. Dadurch geschicht dann allerdings, dafs die Räderkränze ungleiche Eisenstärke erhalten, was ohne Nachtheil ist, weil sie wenig zu leiden haben.

Da die Leitungsräder aber zur Erhaltung des Bohrlochs in der senkrechten Richtung bestimmt sind, so folgt von selbst, dafs sie in ihrer äufseren Peripherie genau denselben Durchmesser wie die Meifsel haben müssen, im vorliegenden Falle also 18 Zoll.

Ich habe die Räder im Vergleich gegen die Wülste bei dem ersten Seilbohrer sehr schmal genommen, und durch die Anbringung von nur 5 Speichen so viel wie möglich Raum für das Herauftreten des Bohrschmandes gelassen. Die Erfahrung der ersten Versuche mit dem Seilbohren hat die Nothwendigkeit dieser Aenderung ergeben. Die Löcher, welche zum Herauftreten des Bohrschlamms in die Wülsten der 4½″ Bohrstange gelassen worden sind, haben sich beim Bohren im zähen Gebirgsgesteine als zu klein erwiesen, und es ist öfter der Fall eingetreten, dafs sich die Löcher verstopften, wo dann die Bohrstange als Kolben einer Pumpe wirkte, die Arbeit erschwerte, und selbst das Tieferwerden des Bohrlochs hinderte.

Dies allein erklärt schon die geringe Wirkung, welche durch das Seilbohren an anderen Puncten erreicht worden ist, und da es sehr schwer ist bei kleinern Bohrlöchern, gröfsere Oeffnungen für das Durchlassen des Bohrschmandes in den Wülsten anzubringen; so glaube ich, dafs man den Durchmesser der Bohrlöcher nicht unter 6″ nehmen darf, wenn man auf einen günstigen Erfolg beim Seilbohren rechnen will. Bei solchem Durchmesser lassen sich die Bohrstangen in allen ihren Theilen aus Gufseisen fertigen, und nicht allein ungleich wohlfeiler, sondern auch viel genauer erhalten, als es beim Schmieden möglich ist.

Die Verminderung in der Höhe der Wülste (Leitungsräder) halte ich gleichfalls für eine wesentliche Verbesserung, denn wenn sich ein Stückchen Gestein zwischen Wulst und Bohrlochwand legen sollte, so wird es weniger schwer sein, dasselbe durch einen Kranz von 2 oder 3″ Höhe als durch einen von 12″ durchzubringen. Bei einem Bohrloche von 18″ und so weiten Oeffnungen zwischen den Speichen der Leitungsräder kann der befürchtete Fall wohl kaum je eintreten. Da man aber bei einem Bohrloche von 6″ im Durchmesser, diese Leitungsräder nicht mit Speichen versehen, sondern nur Kreis und Schnitte etwa wie Fig. 9. (nur statt 6 deren 3) giefsen lassen kann, so ist hier ein Dazwischenlegen eines Gesteinsstückchen wohl möglich, und ich würde darum hier die Höhe dieser Leitungskreise nicht über 2″ nehmen.

Das ganze Gewicht der Bohrstange mit den Leitungsrädern, und ohne den Seilbügel beträgt 482 Pfd., sie ist auf der Eisenhütte zu Neunkirchen gegossen, und abgedreht, und kostet inclus. Modell 22 Thaler 29 Sgr.

2. Der Meifsel.

Ich habe bereits erwähnt, dafs ich früher von der Ansicht ausgieng, nur Kronenbohrer gebrauchen zu können. Da der Schmidt einen solchen nicht nach meinem Wunsche machen konnte, das Schärfen auch, wenn er aus einem Stücke bestanden hätte, überaus schwierig gewesen sein würde: so mufste dieser Bohrer aus einem Kernstücke und aus den einzelnen Meifseln bestehen. Die Figuren 7 bis 10 zeigen dieses Kernstück von verschiedenen Ansichten, und man sieht daraus leicht, wie die in Fig. 24. dargestellten 6 Meifsel daran befestigt werden. Diese müssen in die 1″ 6‴ tiefen Rinnen *rr* des Kerns eingetrieben werden, greifen dann mit dem vorspringenden Haken ½″ tiefer ein, und sitzen auf der ganz ebenen unteren Seite des Kernstücks fest und so auch, dafs sie die in Fig. 11 gezeichnete Ansicht gewähren. Zwei dieser Meifsel haben in ihrer Schneide 9″ Breite, und stofsen in der Mitte mit ihrer innern schmalen Seitenfläche dicht aneinander, die Breite der übrigen 4 Meifsel ist nur 8 Zoll, die Stärke der Meifsel ist 1 Zoll. Um den Meifsel vollkommen fest in den Kern zu schliefsen, dient eine 5‴ starke 7½″ hohe eiserne Kappe, wie sie Fig. 12. darstellt; sie ist, weil die Meifsel nach ihrer Schneide zu mehr als oben aus dem Kern hervortreten, unten weiter als oben, und wird von oben fest auf die Meifsel angetrieben. Ein Bolzen, der dicht über ihr durch den Kern getrieben wird, und 1 Zoll auf beiden Seiten vorsteht, schützt sie gegen Zurückweichen. Der Kern hat oben einen Zapfen von 6″ Länge, und 2″ Stärke im Quadrat und wird durch zwei ¾ Zoll starke Bolzen y in der Bohrstange festgehalten. Ich habe diese Befestigung mittelst Bolzen, der durch Schrauben vorgezogen, einmal weil die Schraubenmutter im Gufseisen nicht haltbar genug scheint, dann aber weil das Eisen im Zapfen des Bohrers durch das Schneiden der Schrauben sehr leidet, und Brüche viel häufiger zu fürchten sind.

Es ist bereits erwähnt worden, dafs es gut sein würde, dem Zapfen eine Stärke von 3″ im Quadrate und drüber zu geben, und dafs dies für grofse Meifsel immer räthlich sein dürfte, wogegen man sich für kleinere wohl mit 2 Zoll und darunter begnügen könnte. Wenn alles mit Sorgfalt gearbeitet, und eingesetzt, auch wo es erforderlich, mit der Feile nachgeholfen ist, dann scheint das ganze Instrument wie aus einem Stücke gegossen und fähig, den stärksten Stöfsen zu wiederstehen, ohne in irgend einem Theile schlottrig zu werden; dennoch ist dies wie Eingangs angeführt worden der Fall nicht.

Schon nach einer Arbeit von wenigen Stunden bemerkte man ein geringes Schlottern der Meifsel, und dies nahm bei fortwährender Arbeit zu, obgleich kein wesentlicher Nachtheil dabei bemerkbar wurde. Man fand leicht, dafs der Grund dieses Lockerwerdens darin lag, dafs die Meifsel ihrer Länge nach durch die Wirkung der sehr schweren Bohrstange gestaucht wurden, und besserte diesen Uebelstand beim jedesmaligen Schärfen.

Dennoch blieb es immer ein Uebelstand; auch war der Bohrer zu sehr zusammengesetzt, und da durch Anbringung des Wirbels, die Drehung des Bohrers wie beim gewöhnlichen Gestänge erfolgen konnte: so zweifelte ich nicht daran, dafs ein gewöhnlicher Meifsel auch beim Seilbohren gebraucht werden könnte, und dann wie immer, mehr als der Kronenbohrer leisten werde.

Ich liefs darum einen solchen Meifsel schmieden, konnte ihn aber im gewöhnlichen Schmiedefeuer nur in der Form erhalten, wie ihn Fig. 1 a. darstellt, dessen Mangelhaftigkeit auf dem ersten Blicke einleuchtet, den ich aber um die Bohrarbeit nicht zu unterbrechen anwenden mufste, und der sich auch in seiner Wirkung recht vortheilhaft bewies. Es war meine Absicht, ihn später durch einen im Frischfeuer geschmiedeten in Fig. 13. dargestellten Meifsel zu ersetzen; aber noch ehe dies geschehen konnte, brach er im Zapfen ab, und konnte, weil er sich mit seiner breiten Fläche vor Ort legen mufste, mit keinem Instrumente gegriffen werden.

Der neue Meifsel wird diesen grofsen Uebelstand entfernen, denn er hat wie beim gewöhnlichen Gestänge eine Wulst *m. m.* unter welcher das Fanginstrument greifen kann, und er ist so lang, dafs er sich nur mit geringer Neigung gegen eine Wand des Bohrlochs liegen mufs: zu noch gröfserer Vorsicht soll er in einem starken Riemen an dem unteren Leitungskreis der Bohrstange angehangen werden, wozu das Loch *l* dient, eine Vorrichtung, die auch bei dem ersten Meifsel angebracht werden sollte, aber nicht zur Ausführung kam. Der neue Meifsel ist in seinem oberen Theile 4″ im Quadrat stark; er verjüngt sich aus dieser Stärke in 11½″ Länge bis zur Schärfe, und scheint so stark zu sein, dafs an seiner Haltbarkeit kaum zu zweifeln ist. — Die Zapfen hätte ich gerne bis zu 3″ im Quadrat verstärkt, ich scheute aber die Bohrstange neu abgiefsen zu lassen, und habe mich begnügt, ihn auf 2¼″ im Quadrat zu verstärken, und das Loch in der Bohrstange hiernach aushauen zu lassen. Um sie gegen Zerspringen zu sichern, ist sie mit einem Ringe von Schmiedeeisen umgeben worden.

Der Bohrer wird durch die Fig. 13. deutlich sein; er ist ohne den Zapfen 2′ 2″ lang, und wiegt 164 Pfd.

Der in dem Schmiedefeuer gearbeitete Meifselbohrer wog nur 58 Pfd. und kostete 7 Thaler 15 Sgr. 10 Pf., er war mit 6 Pfd. Stahl verstählt.

3. Die Büchse.

Ein durchaus nöthiges Instrument für Bohrlöcher von grofsem Durchmesser ist die Büchse, und besonders dann, wenn man mit dem einfachen Meifsel arbeitet. Durch sie allein kann das Bohrloch stets zirkelrund, und gleich weit erhalten werden. Die Figuren 14 bis 17 stellen diese Büchse ganz und in ihren einzelnen Theilen dar; sie wird gebraucht, indem sie statt des Meifsels in die Bohrstange eingebracht, und mit ihr in das Bohrloch gelassen wird.

Es bedarf kaum der Erinnerung, dafs der gröfste Durchmesser der Büchse genau mit dem der Leitungskreise der Bohrstange übereinstimmen, und mit derselben in einer senkrechten Ebene liegen mufs. Es wäre schwierig gewesen, die Büchse aus einem einzigen Stücke zu schmieden, noch schwieriger aber, ein solches Stück zu schärfen, und in allen seinen Theilen die vollkommene Rundung herzustellen. Deshalb behielt ich den Kern des Kronenbohrers, und liefs die Büchse aus 6 Theilen fertigen, welche genau wie der Kronenbohrer an den Kern befestigt werden. So aufgesteckt, bilden diese 6 Stücke unten einen Kranz von 6 Zoll Höhe, der, um das Ausweichen zu verhüten, mit einem $2\frac{1}{4}$ Zoll hohen 4''' starken eisernen Ring Fig. 18. und 18 b. umgeben ist, welcher wiederum an die einzelnen Theile der Büchse durch Schrauben befestigt wird.

Die einzelnen Theile der Büchse dürften durch die Figuren 15. 16. und 17. so deutlich dargestellt sein, dafs es keiner weitern Beschreibung derselben bedarf, und ich habe nur zu bemerken, dafs das Instrument sich als vollkommen gut bewährt hat. Auch das Lockerwerden der einzelnen Theile ist nicht bemerkt worden, weil die Büchse nicht anhaltend gebraucht wird, und ungleich weniger zu leiden hat als der Bohrer; dennoch ist es gut hierauf aufmerksam zu sein, um sofortige Abhilfe eintreten zu lassen, weil dies Lockerwerden bei der Büchse nachtheiliger wie beim Bohrer werden kann.

Die zur Büchse gehörigen Theile wiegen mit dem Kerne 303 Pfd. Dafs ihre Meifsel sehr gut verstählt sein müssen, bedarf wohl kaum einer Erwähnung.

4. Der Löffel.

Der Löffel, dessen man sich bediente, besteht aus 3''' starken Eisenblech, hat 16'' im Durchmesser, und 3' 8'' Höhe.

Seine Construction zeigen die Figuren 19. und 20.

Für zähen Schieferthon wurde ein anderer Löffel gebraucht, der nur 2 Klappen hat, und unten mit einem scharfen, 1" vorstehenden Rande versehen ist. Beim Gebrauche des Löffels hat man sich desselben Seils bedient, womit gebohrt wurde; die Bohrstange ist zu dem Ende bis über die Bohrbühne gehoben, dort auf Spreitzen gelegt, und durch das Heraustreiben des den Bügel haltenden Bolzens vom Seile befreit worden.

Theils der Mangel an Raum, theils die Wunsch-Ausgaben zu ersparen, veranlafste die Weglassung eines besondern Löffelseils, das wegen des grofsen Gewichts des gefüllten Löffels nur durch eine besondere Vorrichtung hätte gehoben werden können, während man diese Vorrichtung beim Bohrseile durch den mit doppeltem Vorgelege versehenen Haspel bereits besafs. Das Füllen des Löffels geschah in gewöhnlicher Art, er wog 183 Pfd.

5. Das Bohrseil.

Das Seil selbst ist ein gewöhnliches gutgearbeitetes Seil aus Hanf, 15‴ im Durchmesser haltend. Es besteht (Handzeichnung Fig. B.) aus zwei Theilen, welche durch einen in seinem Nagel doppelt beweglichen Wirbel verbunden sind. — Das untere Seilstück, woran der Bohrer befestigt ist, ist doppelt so lang, wie die Entfernung des obern Theils der Bohrstange bis zum Scheibenhebel des Haspels, die eine nicht beschwerte Hälfte desselben *a* hängt lose neben dem andern beschwerten Trume *b* herab, und ist durch Bindfaden an dasselbe gebunden, damit es bei der Arbeit nicht hindert.

In dem Maafse, wie das Bohrloch tiefer wird, rückt der Wirbel dem Stande des Bohrhauers näher, und wenn er dort angekommen ist, wird er mit dem auf dem Haspel liegenden Seile wieder bis an den Scheibenhebel des Haspels gehoben, und das Ende des lose herabgehenden Seils in dem untern Wirbel befestigt. — Ist dann dieser Wirbel zum zweiten Male auf der Bühne des Bohrhauers angekommen, dann kann das zweite Seil nicht ferner gebraucht, sondern mufs mit einem andern vertauscht werden, das grade doppelt so lang sein kann, wie das zuerst verwendete. So wird jedes folgende Seil immer die doppelte Länge des ersten erhalten und man sieht leicht, dafs diese Seilstücke um so länger beibehalten werden können, je tiefer das Bohrloch wird. Aus demselben Grunde ist es auch vortheilhaft, den Standpunkt des Bohrhauers so tief wie möglich unter den Haspel zu bringen, damit man das erste Seilstück nicht zu kurz zu nehmen braucht, und das Haspelseil möglichst benutzen kann.

Durch die Anbringung des Wirbels ist es möglich, das untere Seil, und somit auch den ganzen Bohrer, grade wie ein gewöhnliches Gestänge, immer nach einer Richtung zu drehen, und es ist dadurch eine Hauptschwierigkeit gelöst, welche dem Seilbohrer entgegen stand.

Bei den weiten Bohrlöchern ist für die Abnutzung des Seils durch Reibung, wie es bei kleinern Bohrlöchern der Fall ist, nichts zu befürchten; aber auch bei Bohrlöchern von 6" im Durchmesser würden zwei Seiltrümmer von 1" Durchmesser jedes, ganz füglich, ohne Nachtheil aneinander gelegt werden können, und es scheint auf einigen Punkten nur darin gefehlt worden zu sein, dafs man die Seile zu stark genommen hat: ein Seil von 12 — 14''' im Durchmesser reicht auch für einen Bohrer von 8 — 10 Centner Schwere hin, wenn es sonst aus guten Materialien gut gemacht ist. — Vielleicht würde es vortheilhaft sein, sich bei weiten Bohrlöchern der Bandseile zu bedienen, weil durch sie wahrscheinlich das Drehen des Bohrers noch besser als bei runden Seilen verfolgen müfste; dazu sind aber besondere Vorrichtungen nöthig, deren später Erwähnung geschehen wird.

Nach der hiermit beendigten Beschreibung der einzelnen zum Abbohren grofser Bohrlöcher erforderlichen Instrumente würde jetzt die Beschreibung der zum Bohren selbst erforderlichen Vorrichtungen folgen müssen; da sie aber bei dem hier veranstalteten Versuche ganz genau dieselbe waren, wie sie bei dem Seilbohren mit Bohrern von kleinem Durchmesser angewendet werden, und da diese Vorrichtung in einem frühern Aufsatze bereits vollständig beschrieben, und durch Zeichnungen erläutert worden ist: so glaube ich, um Wiederholung zu vermeiden, mich auf jenen Aufsatz beziehen, und auf das darin Gesagte verweisen zu dürfen.

Die einzige Verschiedenheit zwischen der in jenem Aufsatze beschriebenen, und der beim Bohren mit dem 18zölligen Meifsel Vorrichtung besteht darin, dafs der Haspel an jedem seiner Enden ein Vorgelege erhalten hat, deren Räder zu ihren Getrieben sich wie 6 : 1 verhalten, eine Vorrichtung, welche durch die Schwere des Bohrers geboten wurde, wenn man zu der Arbeit nicht mehr als 3 Mann verwenden wollte.

Es sind gegen die Vorrichtungen des Scheibenhebels, der am Haspel befestigt ist, mehrere zum Theil sehr gegründete Bedenken geäufsert worden, unter welchen mir das am erheblichsten scheint, dafs man bei sehr tiefen Bohrlöchern, mit dem gewöhnlichen Haspel, das sich vielfach auftragende Seil, bei dem dadurch immer wachsenden Durchmesser des Haspels, nicht mehr heben könne: ich habe daher auf Abänderung der zeitherigen, für nicht zu tiefe Bohrlöcher gewifs passenden Vorrichtungen gedacht, und bin zu meiner ersten Ansicht, den gewöhnlichen Schwengel und das Tretrad zu gebrauchen, zurück gekehrt, in der Ueberzeugung, dafs eine ganz geringe Abänderung in der für Gestänge brauchbaren Vorrichtung, den beabsichtigten Zweck auch beim Seilbohren vollkommen erreichen lassen werden.

Wenn man nämlich (wie die Handzeichnung Fig. C. angiebt) das auf der Welle *a* eines gewöhnlichen Tretrades liegende Seil über den Hebekopf eines gewöhnlichen Schwengels *b* so gehen läfst, so dafs es auf dem Schwengel selbst durch ein Ziehband *c* festgehalten und willkührlich verlängert werden kann, während durch die Seilscheibe *d* die erforderliche Senkrechte behalten wird; so scheint mir die Aufgabe auf die einfachste Weise und so vollkommen gelöst zu sein, dafs der eben erwähnte, sehr triftige Einwand ganz beseitigt wird. — Bei solcher Vorrichtung wird man mit Vortheil der Bandseile sich bedienen, und daraus den Nutzen ziehen können, die ein gröfserer Durchmesser des Lastkorbes, bei geringen Bohrtiefen gewährt, während bei gröfseren Teufen derselbe sich vermindert, und so eine möglichst gleiche Kraftanwendung veranlafst. Dafs auch beim Arbeiten selbst durch leichtere und vollkommenere Drehung des Bohrers von der Anwendung der Bandseile Nutzen zu erwarten sein dürfte, ist bereits früher erwähnt worden.

Ich komme nun zu der Beschreibung der Leistungen, welche mit dem 18zölligen Bohrer hier wirklich erhalten worden sind, so wie der Hindernisse, welche sich der Ausführung der Arbeit entgegen gestellt haben, und werde dann auch der Instrumente erwähnen, welche zum Wiederherausschaffen der abgebrochenen Bohrer versucht worden sind, mit einigen Betrachtungen über den Nutzen schliefsend, welche der Bergbau von der Anwendung grofser Bohrlöcher erwarten darf.

Es war am 7. Juni 1833, als der erste Versuch mit dem 18zölligen Bohrer in dem Wetterschacht Nr. 3

der Gerhardgrube angefangen wurde. Man hatte im J. 1832. versucht, den Schacht in gewöhnlicher Weite abzuteufen, hatte das Abteufen aber bei 11⅝ Lachter wegen den überaus starken Wasserzuflüssen einstellen müssen, und den Durchschlag mit den Bauen auf dem Beustflötze mittelst eines, gröfstentheils mit dem Seilbohrer niedergestofsenen Bohrlochs von 4½″ Durchmesser bewirkt.

Die Gründe, aus welchen die Niederstofsung eines 18zölligen Bohrlochs auch jetzt noch dem Abteufen vorgezogen wurden, sind bereits im Eingange dieses Aufsatzes erwähnt, und während der Bohrer selbst in Arbeit war, wurden alle Vorrichtungen zu seiner Anwendung im Schachte selbst getroffen.

Da das kleine Bohrloch bereits vorhanden war, so wollte ich von demselben für dies gröfsern Nutzen ziehen, der sehr wesentlich sein mufste, wenn es den durch die vielen Wasserzuflüsse, flüssig gemachten Bohrschlamm abführte, und dadurch das Löffeln ersparte.

Ich hatte den Haspel nicht mit Vorgelege versehen lassen, weil ich die Kosten nicht anwenden wollte, bevor ich des Gelingens der Arbeit gewifs war; und liefs den Bohrer mittelst langer in die Löcher der Scheibe gesteckten Hebel auf die Hängebank bringen. Aber schon die ersten 3 Schichten, in welchen 30 Zoll in festen Sandstein gebohrt wurden, brachten mir die Ueberzeugung, dafs zwar der Versuch gelingen könne, dafs aber durchaus erforderlich sei

1, den Haspel mit Vorgelegen zu versehen, und

2, dafs nur dann auf sichern Erfolg gerechnet werden dürfe, wenn es gelänge, den Bohrer stets nach einer und derselben Richtung zu drehen, welches ich, wie bereits angeführt, durch Anwendung des Wirbels und zweifacher Seile erreichte. Das Bohrloch, welches bequem befahren werden konnte, zeigte sich zirkelrund, aber die Meifsel hatten bei den halben Seildrehungen 4" tiefe Rinnen gestofsen, und die Arbeit konnte ohne häufige Anwendung der Büchse nicht weiter gehen, diese aber stiefs Stücke von mehrere Pfunde Schwere ab, die erst durch den Meifsel wieder zerkleint werden mufsten.

Die Arbeit wurde darum bis zum 15ten Juli eingestellt, an welchem Tage alles Fehlende fertig war, und dann unter Anwendung des Kronenbohrers wieder fortgesetzt.

Schon in den ersten Tagen war das kleine Bohrloch nach einigen Stunden Arbeit immer verstopft, so dafs der Bohrschlamm durch dasselbe nicht abging, und mit dem Löffel herausgebracht werden mufste; es liefs sich aber gewöhnlich sehr leicht mit dem kleinen Gestänge wieder öffnen. Am 27sten war die Verstopfung indefs so grofs, dafs man das kleine Bohrloch von oben nicht mehr öffnen konnte, und dies von der Theilungsstrecke Nr. 2. aus that, wozu 6 Tage oder 18 Schichten erforderlich waren.

Nach Verlauf von neuen 3 Tagen war das kleine Bohrloch wieder eben so fest zu wie früher, und ich überzeugte mich, dafs es vergeblich und jedenfalls sehr kostspielig sein würde, wenn man darauf bestehen wollte, dies Bohrloch immer offen zu erhalten. Ueberdies lag mir daran, den Erfolg kennen zu lernen, den der grofse Bohrer im geschlossenen Gebirge hat, und ich liefs darum keinen weiteren Versuch zur Offenhaltung des kleinen Bohrlochs machen, sondern den sämmtlichen Bohrschlamm durch den Löffel zu Tage heben. — Die Wasser traten sofort bis zur Bühne des Bohrhäuers auf, hinderten aber den Fortgang der Bohrarbeiten nicht. Das Tagebuch, welches über die Arbeit geführt worden ist, ergiebt, dafs die Leistungen in dem umgeschlossenen Gebirge eben so grofs, als beim offenen kleinen Bohrloche waren, und wenn darüber noch Zweifel entstehen könnten, weil eingewendet werden darf, dafs das Vorhandensein dieses Bohrlochs das Bohren mit dem grofsen Meifsel erleichtert habe: so mufs dieser Zweifel doch vor der Gewifsheit weichen, dafs die letzten 80 Zolle unter diesem kleinen Bohrloche also ganz gewifs im geschlossenen Gebirge stehen, während hier dasselbe wie früher geleistet wurde.

Ich werde später auf dieses Verhältnifs zurückkommen, und bemerke hier nur, dafs am 20sten August zum erstenmale mit dem einfachen Meifsel, wie er in Fig. 1. *a* gezeichnet, gebohrt worden ist.

Da anfangs nur ein solcher Meifsel vorhanden war, so mufste man mit ihm und dem Kronenbohrer abwechselnd arbeiten, und das Tagebuch ergiebt, dafs zwischen den Leistungen beider kein bemerkbarer Unterschied statt fand. — Dies liegt gröfstentheils darin, dafs man, nachdem der einfache Meifsel sich brauchbar erwiesen, gewöhnlich nur zwei halbe Meifsel (die gröfsten) in das Kernstück einsetzte, während die darin befindlichen Räume für die übrigen, durch passende Eisenstücke ausgefüllt wurden, und dafs man sonach auch nur einen einfachen Meifsel statt des Kronenbohrers hatte.

Die Arbeit ging unter ziemlich gleichbleibenden, und mit der Festigkeit des Gebirges im Verhältnifs stehenden Leistungen ungestört bis zum 14ten September fort. An diesem Tage brach in der Frühschicht einer der halben Meifsel in der Mitte entzwei. Alle Versuche dieses Stück zu Tage zu bringen mifslangen, weil es mit seiner flachen Seite auflag und zu schwach war, um mit einem Fanginstrumente gefafst werden zu können.

Ich liefs darauf den Versuch machen, durch Oeffnung des kleinen Bohrlochs die Wasser abzuzapfen, um den abgebrochenen Meifsel durch einen in das grofse Bohrloch hinunter gelassenen Menschen nehmen zu lassen; als aber diese Arbeit viel Schwierigkeit fand, entschlofs ich mich, das nicht über 4 Pfund schwere, von Stahl ziemlich entblöfste Stück Eisen zu zerbohren, und liefs die Arbeit am 22sten October mit dem grofsen Meifsel wieder beginnen.

Die Leistungen entsprachen ganz der Festigkeit des Gebirgsgesteins, und der Bohrschlamm zeigte keine Spur von Eisen, was um so unbegreiflicher erscheint, als das früher eingelassene Modell die Lage des abgebrochenen Meifsels angegeben hatte, und als dieser durch alle Fanginstrumente, als fast in der Mitte des Bohrlochs liegend, angedeutet worden war. Am 31sten October brach der grofse Meifsel dicht an seinem Zapfen ab, und alle Versuche zu seiner Wiedergewinnung, besonders mit dem Fangekorbe, von dem allein ein Erfolg erwartet werden konnte, blieben ohne Erfolg.

Ich sah voraus, dafs ich mit den vielen Versuchen, welche zur Wiedergewinnung des abgebrochenen Meifsels gemacht werden konnten, die immer kostbarer werdende Zeit des herannahenden Winters verlieren würde, und entschlofs mich dazu, das kleine Bohrloch von unten öffnen zu lassen, in der Absicht, den Meifsel durch Einhängen eines Bergmanns in das grofse Bohrloch heraus zu holen.

Das Oeffnen glückte, die Wasser giengen ab, und das Bohrloch konnte befahren werden: aber nun ergab sich, (S. Handzeichnung Fig. *D.*) dafs das kleine Bohrloch *a* bedeutend von der Senkrechten abweichend, 4 Lacht. über dem Orte des grofsen Bohrlochs *b* in dieses einmündete, so dafs das erstere in dieser Höhe voll

Wasser stehen blieb. Ich hoffte mit Leichtigkeit die schwache Wand x, die beide Bohrlöcher trennt, durchstoßen zu können, ließ eine mit einer Lehne y versehene Bohrstange (Handzeichnung Fig. E.) machen, und stieß auch in den ersten zwei Schichten 60 Zoll der Wand durch; als diese aber stärker wurde, ging die Arbeit langsamer, und plötzlich entstand in einer Tiefe von 22 Lachter von oben ein Bruch in dem kleinen Bohrloche, welchen aufzuwältigen alle Mühe vergeblich war.

Ich hätte nun zu neuen Versuchen, den abgebrochenen Meißel durch Fangeinstrumente zu gewinnen, zurückkehren müssen, aber wir waren inzwischen in der Mitte des Dezembers, die ganzen Baue auf dem Beustflötze hingen von dem baldigen Durchschlage des Bohrlochs ab, denn es war gewiß, daß ohne diesen der größte Wettermangel im nächsten Frühjahre eintreten würde, und so blieb mir nichts übrig, als diesen Durchschlag mittelst eines Uebersichbrechens von der Theilungsstrecke No. 2. aus zu bewirken; eine Arbeit, die sogleich angefangen wurde, und den beabsichtigten Zweck hoffentlich zeitig genug, wenn auch mit größeren Kosten, als es durch ein Bohrloch geschehen wäre, erreichen wird.

Der eigentliche Zweck ist also mit dem 18″ Bohrloche nicht vollständig erreicht worden, ich glaube aber, daß man, nachdem 8¼ Lachter mit dem großen Bohrer abgebohrt worden sind, und das Ort desselben von der Hängebank des Schachts 19¼ Lachter tief ansteht, man wohl annehmen könne, daß der Versuch so große Bohrlöcher niederzubringen gelungen sei; ich glaube auch mit Zuversicht, daß ein neues Bohrloch mit dem größeren Meißel Fig. 13. ohne Hindernisse wird niedergestoßen werden können.

Es handelt sich jetzt nur noch darum, etwa abbrechende Stücke wieder zu gewinnen, und mir scheint, dafs dies bei dem neuen Meifsel nicht schwer sein könne, da er wohl kaum anders als im Zapfen brechen kann.

Seilbrüche sind wenig zu fürchten, denn bei der Construction der Bohrstange ist diese in solchem Falle sehr leicht zu fassen, und selbst mit dem Seile wieder zu Tage zu bringen.

Die ganze Bohrarbeit ist durch 3 Mann verrichtet worden, von denen 2 am Schwengel (Scheibenhebel), der dritte aber am Krückel gearbeitet haben.

Bei der Schwere des Bohrers, und weil kein Gegengewicht angebracht war, glaubte man Anfangs nicht über 4'' Hub geben zu dürfen; man überzeugt sich aber bald, dafs bis 8 Zoll ohne irgend einen Nachtheil und mit gröfserem Erfolge genommen werden konnten, und dehnte ihn beim Schieferthon selbst über 10 Zoll aus. — Der Widerstand des mit Wasser gefüllten Bohrlochs, so wie die dadurch relativ geringere Schwere des Bohrers, liefs so hohe Hübe ohne Gefahr zu; bei trockenen Bohrlöchern und festem Gestein würde ich aber doch kaum wagen, über 6 Zoll zu gehen, weil alle Theile des Bohrers, sonst zu viel leiden müssen.

Aus dem fortgeführten speciellen Tagebuch ergiebt sich, dafs 3 Mann, ein jeder 127 zwölfstündige Bohrschichten verfahren haben, dafs also zusammen in 381 Schichten, bei einem Schichtlohn von 10½ Sgr. für die Schicht, 8⅛ Lachter, bei 20 Lachter Seigerteufe abgebohrt worden sind, wornach 1 Lachter an Arbeitslohn 16 Thaler 20 Sgr. gekostet hat. Diese Kosten sind noch höher, als sie bei einer regelmäfsigen, durch keine Unglücksfälle unterbrochenen Bohrarbeit sein dürfen, und ich hoffe, dafs solche bei Niederstofsung eines zweiten Bohrloches ungleich geringer sein werden. Aber auch so betragen sie immer noch nicht die Hälfte, ja kaum über $\frac{1}{3}$ der Kosten, welche das Abteufen eines Schachtes erfordert haben würde, und in sofern hat die Abbohrung der $8\frac{1}{4}$ Lachter nicht allein die auf den Versuch verwendeten Kosten, sondern auch die angeschafften Bohrer u. s. w. reichlich bezahlt.

Es kommt beim Bohren mit dem gewöhnlichen Gestänge viel häufiger vor als man gewöhnlich zugeben will, dafs die Bohrlöcher von vorn herein schief gebohrt werden; beim Seilbohren kann dies noch viel leichter geschehen, und bei beiden Methoden ist es nur durch grofse Sorgfalt, die beim Anfange des Bohrlochs verwendet wird, zu vermeiden.

Diese Sorgfalt ist beim Anfangen des grofsen Bohrlochs beobachtet, die Lutten, welche von der Schachtscheibe bis 3 Lachter unter der Hängebank aufgestellt werden mufsten (weil die Wasser bis dahin auftreten konnten und der Schacht sehr nafs war), sind mit aller Vorsicht genau senkrecht gestellt und fest verspreizt worden; auch hat man mit derselben Sorgfalt den Scheibenhebel richtig gestellt. — Die darauf verwendete Mühe ist nicht vergeblich gewesen, denn das grofse Bohrloch ist, wie die später angestellte Prüfung ergeben hat, vollkommen senkrecht und zirkelrund.

Fange - Instrumente.

Das Zerreifsen des Bohrseils, das bei Bohrlöchern von kleinem Durchmesser so gefährlich werden kann, ist bei grofsen Bohrlöchern wenig zu befürchten, weil Raum genug vorhanden ist, jedes Instrument zur Wiedergewinnung anzubringen. Die Bohrstange selbst kann nicht wohl brechen, und ist, wenn das Seil reifst, mit einfachen Haken sehr leicht wieder herauszubringen; es bleibt daher nur der Bohrer selbst zu berücksichtigen, bei dem in der früheren Construction Brüche aber auch um so gefährlicher waren, je weniger Angriffspunkte so breite, wenig dicke Eisenstücke darbieten.

Als der halbe Meifsel abgebrochen war, glaubte ich zum Herausbringen desselben kein besseres Instrument anwenden zu können, als eine einfache mit einem Rande oder Kranze umgebene Schaufel, wie solche in Fig. 22, 23 und 26 dargestellt ist. Das Gestänge mufs hierbei, wenn das zu fassende Stück in der Mitte liegt, excentrisch gestellt, und nach der Stelle, wo dieses liegt, gedreht werden. Dann mufs, weil die vordere Spitze der Schaufel etwas nach unten gebogen ist, das auf der Sohle des Bohrlochs liegende Stück unterfafst und auf die Schaufel geschoben werden, von welcher wieder herabzufallen der Rand hindert.

Man hatte mit diesem Instrumente Versuche in einem über Tage ausgehauenen Bohrloche gemacht, die mit Erfolg gekrönt worden sind, auch hat man bei seiner Anwendung in dem Bohrloche des Wetterschachts das ganze Ort des Bohrlochs von allen Gesteinsstücken gereinigt und diese zu Tage gebracht; der abgebrochene Meifsel hat damit aber nicht gefafst werden können.

Ich versuchte das abgebrochene Stück dadurch wieder zu gewinnen, dafs ich ein Loch darin bohren und eine Schraubenmutter darin schneiden wollte, in welcher die über dem Fange-Instrumente befindliche Schraube sich befestigen sollte. — Es wurde mit diesem Instrumente 36 Stunden gebohrt; man mufste nach allen Zeichen glauben, dafs man das abgebrochene Stück gebohrt habe, allein der Erfolg zeigte, dafs die Arbeit vergeblich gemacht worden war.

Ganz sicher glaubte ich nun mit dem Fangekorb meinen Zweck zu erreichen. Fig. 21 stellt dieses Instrument in verschiedenen Ansichten dar. — Die Federn nehmen bei dem Einlassen in das Bohrloch den äufsersten Umkreis desselben ein, und werden durch das Hinabgleiten der Kappe *k* mittelst der Schraube *S* bis auf wenige Zolle langsam zusammengedrückt, so dafs nothwendig alles dazwischen liegende von der Feder gefafst werden mufs; aber auch dieses Instrument, obgleich die Versuche deutlich zeigten, dafs die Spitzen der Federn alles zusammen gebracht hatten, was auf der Sohle des Bohrloches lag, brachte den abgebrochenen Meifsel nicht zu Tage.

Es ist bereits erwähnt worden, dafs nach vergeblich gemachten Versuchen die Bohrversuche in der Absicht fortgesetzt wurden, den abgebrochenen Meifsel zu zerstofsen, dafs aber die erhaltenen Leistungen so grofs waren, als wenn das Bohrloch vollkommen von allen fremden Gegenständen frei gewesen wäre. Es ist sonach in der That möglich, dafs der abgebrochene Meifsel in eine der vielen und zum Theil sehr weiten Klüfte gefallen, oder später geschoben worden ist, welche das Gestein hier in allen Richtungen durchsetzen. Ich vermuthe, dafs diese Verschiebung durch die letzten Versuche mit der Suchschaufel geschehen ist, denn ich habe bereits angeführt, dafs ein früher angebrachtes Modell die Lage des abgebrochenen Stückes ergeben hatte, obgleich der Abdruck in dem Letten wegen des grofsen Wasserstandes nur schwach und undeutlich war.

Zur Wiedergewinnung des grofsen Meifsels ist nur der Fangkorb versucht worden, der Erfolg mufste aber ungünstig sein, weil das Anliegen seines oberen Theils die Federn verhinderte, vor Ort des Bohrlochs zu kommen, und weil er durch die Bohrstange sehr fest eingeklemmt worden war. In dem Augenblicke nämlich, wo der Bruch geschah und die Bohrstange plötzlich 9 Zoll sank, glaubte man in eine Kluft gekommen zu sein, und bohrte noch einige Minuten fort, stiefs also den abgebrochenen Meifsel immer fester.

Bei der Form dieses Meifsels und der Lage, die er im Bohrloche nothwendig einnehmen mufs, dürfte es wirklich schwer sein, ein Instrument anzugeben, dessen man sich mit Wahrscheinlichkeit des Erfolgs zu seiner Wiedergewinnung bedienen könnte; ich mufs wenigstens gestehen, dafs es mir bis jetzt noch nicht damit gelungen ist, und da der neue gröfsere Meifsel eine solche gefährliche Stellung nicht einnehmen kann, so hoffe ich, dafs man hier nicht mehr in den Fall kommen werde, eines solchen Instruments zu bedürfen, dafs vielmehr der einfache Geisfufs für die meisten Fälle hinreichen werde.

Es sind von mehreren hiesigen Beamten zur Wiedergewinnung des grofsen Meifsels verschiedene Fanginstrumente vorgeschlagen worden, die zum Theil recht sinnreich erdacht waren; da mir aber bei der Lage der Sache der Erfolg sehr zweifelhaft schien, und ich die Kosten ihrer Anfertigung, so wie die Kosten der Versuche selbst scheute, aufserdem schon die Absicht hatte, dem Bohrer eine ganz andere Form zu geben; so liefs ich es bei den Versuchen der eben beschriebenen Instrumente bewenden, und mufs der Zukunft auch hier das Bessere überlassen, dessen die ganze Bohrverrichtung noch gar sehr bedürftig ist.

Bei der Möglichkeit, so weite Bohrlöcher ohne grofse Unbequemlichkeit befahren zu können, würde vielleicht bei nicht so wasserreichem Gebirge das einfachste Mittel, abgebrochne Stücke wieder zu gewinnen, das Einbringen einer Druckpumpe, und mittelst dieser das Entleeren des Bohrlochs vom Wasser sein; immer aber dürfte dieses Mittel, wo kein anderes wirken will, übrig bleiben, um die Einstellung sehr wichtiger Bohrlöcher zu verhindern.

Bei dem Bohrversuche auf der Gerhardgrube würde ich die Entleerung des grofsen Bohrlochs vom Wasser auch durch Einbringung eines Hebers haben bewirken können, allein das Füllen der Röhren und das rechtzeitige Oefnen derselben ist bekanntlich schon im Freien schwierig, und würde es in einem Bohrloche, worin ein Mann wenig freie Bewegung hat, noch viel schwieriger gewesen sein.

Dann schien mir auch das Durchstofsen der Wand zwischen den beiden Bohrlöchern so leicht und mit so wenigen Kosten verbunden, dafs ich nur einige Schichten darauf wenden zu dürfen glaubte. Dafs ein Bruch im kleinen Bohrloche entstehen werde, konnte niemand erwarten, und dafs dies eintraf, bleibt mir heute noch unerklärlich, wenn ich nicht annehme, dafs ein Stück von der Leitstange darin stecken geblieben ist, was die Bohrhauer in Abrede stellen, was sich aber nach erfolgtem Durchschlage aus dem Uebersichbrechen zeigen wird. Ueber den Nutzen grofser Bohrlöcher für den Bergbau dürfte wohl wenig Meinungsverschiedenheit herrschen.

Wenn es unter allen Umständen gelingt, mit den eben beschriebenen Instrumenten oder mit verbesserten Vorrichtungen tiefe Bohrlöcher niederzustofsen, dann wird man überall das Abteufen der Wetterschächte entbehren, und die Hälfte auch $\frac{3}{4}$ der Kosten ersparen können, Holz und Mauermaterialien, Haldenplätze gar nicht in Rechnung gebracht. Mufs man aber zur Abführung der Wasser, und zur Wetterversorgung die Wetterschächte mit den Grubenbauen in Verbindung setzen, bevor man abteufen kann, dann treten die Kosten dieser Bohrarbeiten den Ersparungen beim Niederstofsen grofser Bohrlöcher hinzu, die oft eben so grofs wie die der letztern selbst sind. — Es ist eine sonderbare Erscheinung, daſs nach dem, was die Erfahrung bis jetzt gelehrt hat (das Abbohren des kleinen und des groſsen Bohrlochs im Wetterschachte Nr. 2. der Gerhardgrube) die Leistungen der Bohrhäuer bei Bohrer von $4\frac{1}{2}''$ und 18″ ganz und gar nicht so verschieden sind, wie man nach der Differenz der Durchmesser erwarten dürfte.

Nach der meinem früheren Aufsatze beigefügten Bohrtabelle ist mit dem kleinen Seilbohrer etwa das Doppelte, wie mit dem 18zölligen Bohrer geleistet worden, mit dem Gestänge aber wenig mehr als mit diesem.

Daſs Bohrlöcher von kleinem Durchmesser die Wetterschächte nicht zu ersetzen vermögen, wird jeder Bergmann erfahren haben. Bohrlöcher von 18zölligem Durchmesser müssen diesen Zweck aber erfüllen, gewiſs wenigstens in den meisten Fällen.

Da alle Hindernisse, welche dem Abteufen tiefer Wetterschächte entgegentreten, bei dem Gangbergbau in der Regel gröſser als bei dem Steinkohlenbergbau sind, und da der erstere gewöhnlich ärmer als der letzte ist; so hoffe ich, daſs dieser auch besondern Nutzen aus den groſsen Bohrlöchern ziehen werde.

Freilich bleibt noch vieles zu bessern, ehe der Erfolg des Abbohrens groſser Bohrlöcher mit dem Seilbohrer als völlig gesichert betrachtet werden kann; allein ich hoffe, daſs die Verbesserungen nicht ausbleiben werden, wenn dieser Aufsatz wie ich es wünsche Veranlassung zur Fortsetzung der Versuche in verschiedenen Bergrevieren giebt.

5.

Ueber die Anwendung der erhitzten Luft bei dem Hochofen zu Malapane.

Von

Herrn Wachler.

Auf allen Hüttenwerken, wo man den Versuch angestellt hat, die Gebläseluft vor dem Ausströmen aus den Düsen zu erhitzen, sind höchst glänzende Resultate erlangt worden. Die hier folgende Mittheilung des Herrn Wachler wird den praktischen Metallurgen willkommen sein. Es ist zu erwarten, dafs in wenigen Jahren kein Gebläse mehr wird gefunden werden, welches nicht mit einer Vorrichtung zur Erhitzung des ausströmenden Windes versehen ist. Bei den Hochöfen scheint die Benutzung der Gichtenflamme, oder überhaupt der, in dem Gichtraum sich entwickelnden Hitze, am einfachsten und wohlfeilsten zum Zweck zu führen. Sollte sich indefs, wie sehr wahrscheinlich, durch die Erfahrung ergeben, dafs die Vortheile in dem Verhältnifs zu nehmen, in welchem die Temperatur des Windes erhöhet wird; so dürfte, wenigstens bei den Hochöfen, welche mit Steinkohlen und Koaks genährt werden, die Aufstellung besonderer Erhitzungsvorrichtungen, wie in Schottland und England, nicht umgangen werden können.

Ueber den Grund der Erscheinung sind schon verschiedene Meinungen laut geworden. Aus rein theoretischen Gründen würde aber schwerlich ein Eisenhüttenmann veranlafst worden sein, die Erhitzung der Gebläseluft zu versuchen, denn ein solcher Versuch würde der ganz allgemeinen und wohl begründeten Erfahrung entgegen gewesen sein, dafs der Betrieb der Hochöfen im Winter jederzeit mit gröfserem ökonomischen Vortheil als im Sommer verbunden ist. Eine, durch den Zufall dargebotene Erfahrung hat also, wie so oft in anderen Fällen, auch hier die Veranlassung zu einer Vervollkommnung des Hüttenwesens gegeben, welche so wichtig und so bedeutend ist, dafs mit derselben eine neue Epoche für das Schmelzwesen beginnen wird.

K.

Bei den zu Malapane angestellten Versuchen, mit Anwendung der erhitzten Luft bei dem Betriebe des Hochofens, wollte man eine besondere Erhitzungs-Vorrichtung nicht anwenden, weil es die Localität nicht gestattete und weil man befürchtete, dafs eine besondere Feuerung bei dem Gebrauch von einem kostbaren Brennmaterial den zu hoffenden Nutzen wieder absorbiren würde. Die Erwärmungsart wie in Hausen und Albrugg, durch ein über der Gicht angebrachtes Röhrensystem liefs eine Störung beim Aufgeben besorgen. Die zu Wasseralfingen gewählte Vorrichtung, bei welcher die Gichtenflamme in einen Ofen geleitet wird, in welchem die Erhitzung der Röhren statt findet, ist äufserst einfach und zweckmäfsig und erinnert an die schon an einem anderen Ort im Archiv für Bergbau und Hüttenwesen (B. VI. S. 369.) mitgetheilte Benutzung der Gichtenflamme zur Benutzung bei einem Kalkofen. — Wahrscheinlich wird daher auch diese Vorrichtung in der Folge dort eine allgemeine Anwendung finden, wo die Erhitzung der Gebläseluft nicht durch besondere Heitzöfen, sondern durch die Gichtenflamme, zur Ersparung des Brennmaterials geschehen soll. Man wünschte indefs, zu Malapane eine noch einfachere Vorrichtung zu versuchen und die Erhitzung der Luft, nach einem von dem Herrn Ober-Berg-Rath Reil gemachten Vorschlage, durch den obern Theil des Kernschachtes (in dem Gichtenraum) angebrachte gufseiserne ringförmige Kasten zu bewerkstelligen. Diese Kasten sollten mit einer von ihren Flächen den innern Ofenraum begränzen, und unmittelbar durch die im Ofenschacht sich entwickelnde Hitze die erforderliche Erwärmung erhalten.

Die Vorrichtung sollte im Allgemeinen dergestalt getroffen werden, dafs die aus dem Gebläse strömende kalte Luft, in einer besondern Röhrentour, dicht hinter dem Kernschachte und im Rauchgemäuer des Ofens, zu den aus zwei getrennten und mit einem Halse in Verbindung stehenden, in der Gichthöhe des Schachtes angebrachten Erwärmungskasten hinaufgeführt, in diesen Kasten, beim Durchgange durch dieselben erhitzt, und in einer zweiten Röhrentour neben der erstern als erhitzte Luft zur Form wieder hinabgeleitet ward. Um den im obern Theil des Schachtes anzubringenden beiden Erwärmungskasten oder Ringen eine möglichst hohe Temperatur durch eine grofse Erwärmungsfläche ertheilen zu können, wurde ihnen bei 18 Zoll Höhe nur eine Breite von 6 Zoll zugetheilt.

Zur Verdeutlichung der hier folgenden Beschreibung der gewählten Vorrichtung nehme ich auf die Zeichnung Taf. XI. Bezug, auf welcher:

Fig. 1. den Querdurchschnitt des Malapaner Ofens

in der Formhöhe darstellt, nebst Windleitung und Schöpfheerd

Fig. 2. den Querdurchschnitt des Ofens in der Gichthöhe und des Erhitzungs-Apparates

Fig. 3. den Längendurchschnitt durch den Vorheerd, und

Fig. 4. den Längendurchschnitt durch die Form darstellen. Der obere Erwärmungskasten, 7 Zoll unter der Gichtöffnung beginnend, um noch mit einigen Schichten Schachtziegeln zur besseren Bewahrung des Gichtrandes belegt werden zu können, geht 18 Zoll in den Schacht hinab und steht durch einen 6 Zoll hohen und 16 Zoll im Lichten weiten Hals mit dem untersten, ebenfalls 18 Zoll hohen Erwärmungskasten in Verbindung, so dafs beide zusammen oder der gesammte Apparat 3′ 6″ hoch sind und sich von der Gicht ab gerechnet 4′ 1″ tief in dem Schachte befinden. Bei diesen Dimensionen wurde die Weite der Windleitungsröhren von 9″ Durchmesser im Lichten oder von 63,5 Quadratzoll Querschnitt zum Anhalten genommen, indem 16″ Höhe und 4″ lichte Weite des Erwärmungskastens ebenfalls 64 Quadratzoll im Querschnitt giebt.

Der Anfertigung dieser Erwärmungskasten aus dem Ganzen stellten sich vielerlei Hindernisse entgegen, nicht sowohl des Formens und des Giefsens wegen, sondern besonders wegen des sehr schwierigen Aufbringens auf den Kernschacht. Sie mufste daher nur aus 3 Stücken zusammengesetzt werden, welche durch Kränze ihre Verbindung erhielten. Um aber bei der ungleichen Erhitzung der zu einem Ganzen verbundenen Theile eine Ausdehnung derselben möglich zu machen, wurde jeder aus 3 Stücken bestehende Erwärmungsring nicht geschlossen, sondern er erhielt an einer Stelle eine Oeffnung von 6 Zoll Breite. Diese offenen Enden wurden mit Falzen versehen, worin Deckplatten verkeilt und verkittet wurden. Eine solche Unterbrechung der Ringe oder der Kasten war auch schon wegen der Zuführung und Ableitung des Windes nothwendig. Zu diesem Zweck befindet sich an der rechten Seite des untersten Kastens ein Halsrohr, welches mit der den kalten Wind zuführenden Röhrentour verbunden ist. Der hier einströmende kalte Wind aus dem Gebläse durchläuft also den Kasten, und wird an dessen äufserstem Ende, wo sich, in dem mit Deckplatten verschlossenen Zwischenraum, der beide Kasten in Verbindung setzende Hals befindet, in den obern Erwärmungskasten geführt. Nachdem er diesen ebenfalls durchströmt hat, gelangt er zu dem verschlossenen entgegengesetzten Ende des oberen Ringes oder Kastens, wo sich das die heifse Luft abführende Halsrohr befindet, das mit der zweiten Röhrentour, welche die erhitzte Luft zur Form abführt, in Verbindung steht.

Die mit diesem Erwärmungs-Apparat verbundene, die kalte Luft zuführende Röhrentour steigt aus dem rechten Formgewölbe, welches dem Gebläse zunächst gelegen ist, unmittelbar hinter dem Kernschacht in der Höhe, so dafs die Kränze der Röhrentour nur 1 bis $1\frac{1}{2}$ Zoll von dem Kernschacht entfernt sind. Die von der Gicht nach unten führende Röhrentour, durch welche die erhitzte Luft zu den Formen geleitet wird, liegt neben der Röhrentour, die den kalten Wind dem Apparat zuführt. Nur in der Höhe des Erwärmungs-Apparates sind beide Röhrensysteme rechts und links gewunden, um die Verbindung mit den an dem oberen und unteren Erwärmungskasten befindlichen Hälsen zu bewerkstelligen.

In dem rechten Formgewölbe ist die Röhrenleitung für die kalte Luft mit der alten Windleitung in Verbindung gesetzt; auch ist dort eine Vorrichtung getroffen, um die Röhrentour für die erhitzte Luft in einem Ventilkasten zu sammeln und den Formen zuzuführen. Für die Zuführung der erhitzten Luft zur linken Form hat man die alte Röhrentour daher auch beibehalten können.

Hierbei muss ich jedoch bemerken, dass man, um bald zu einem Resultat zu gelangen, zuerst nur die Absicht hatte, mit einer Form zu blasen und deshalb das dem Gebläse zunächst befindliche rechte Formgewölbe wählte, weshalb die Vorrichtung nur zum Betrieb des Ofens mit dieser rechten Form entworfen und ausgeführt ward. Weil der Ofen früher aber immer mit 2 Formen betrieben worden war, so entschloss man sich später, um eine vollständigere und genauere Vergleichung des Betriebes mit kalter und erhitzter Luft anstellen zu können, auch bei der linken Form die Vorrichtung zu treffen, musste nun aber, weil die Erwärmungs-Vorrichtung bereits eingebracht war, auf eine besondere unmittelbare Verbindung des erhitzten Windes mit dieser linken Form verzichten, und die heisse Luft mit Beibehaltung der alten Röhren unter dem Ofen durchführen.

Mehr jedoch als diese Erwärmungs-Vorrichtung zeichnet sich vor den bis jetzt bekannten die Einrichtung der Zuführung des heissen Windes zu den Formen aus. Es war dabei nicht allein die durch die Anwendung der erhitzten Luft bedingte Weglassung der ledernen Schläuche, mit welchen die Düsen verbunden sind und die dafür zu wählende Einrichtung bei der Fortführung der erhitzten Luft mittelst eiserner Röhren zu berücksichtigen, sondern man musste diese Einrichtung auch zugleich so treffen, dass eine völlig freie Bewegung der Düse, ein möglichst leichtes Vor- und Zurückziehen derselben, und jede durch den Gang des Ofens etwa gebotene Veränderung in der Lage und Richtung der Düsen, eben so leicht und schnell bewerkstelligt werden konnte, als dies durch Hülfe der ledernen Schläuche bei dem gewöhnlichen Betriebe des Ofens mit kalter Luft ausgeführt wird. Die zu diesem Zweck gewählte und ausgeführte Vorrichtung mag zwar etwas zusammengesetzt erscheinen, aber sie entspricht auch in jeder Hinsicht den Anforderungen und dürfte daher allgemeine Empfehlung verdienen.

Die Einrichtung der Windführung bei beiden Formen ist vollkommen gleich, nur mit dem schon erwähnten Unterschiede, dafs im rechten, dem Gebläse zunächst gelegenen Formgewölbe, die Zuleitung der kalten Gebläseluft nach dem obern Erwärmungs-Apparat und ebenso die Abführung der erhitzten Luft nach dem Ventilkasten dieser Form geschehen, von wo aus sodann die heifse Luft in der frühern, jetzt nur mit Eisenkitt vollkommen gedichteten Röhrentour unter dem Ofen durch, nach dem Ventilkasten der linken Form fortgeführt ist.

Die Ventilkasten haben zur Regulirung des dem Ofen zuzuführenden Wind-Quanti einen genau schliefsenden horizontalen Schieber, welcher auf einem an den Ventilkasten angeschraubten Rahmen dicht aufgeschliffen ist, und mittelst Kurbel und Schraube auf- und zugeschraubt werden kann.

An den Ventilkasten ist mittelst eines Muffes das krumme Knierohr befestigt, welches mit geschmiedeten Keilen zuvor in die gehörige Lage gebracht und demnächst gut verkittet ist. Da es jedoch an seinem obern Ende genau abgedreht und geschliffen werden mufste, so hat es zur bessern Centrirung an seiner Krümmung einen angegossenen Ansatz, womit es nicht nur auf der

Drehbank angebracht, sondern welcher auch demnächst als Unterstützungspunkt der auf diesem Rohre ruhenden weitern Windführung benutzt worden ist. Von diesem Rohre an bis zur Düse sind alle die folgenden Stücke nicht mehr gekittet, sondern als lauter bewegliche Theile genau abgedreht und zusammen geschliffen, welche Arbeit so ausgezeichnet gut ausgeführt ist, daſs sie sich nicht nur sehr leicht ihren Zwecken gemäſs bewegen lassen, sondern auch als aufs vollkommenste luftdicht sich bewähren.

Das auf diesem krummen Rohre befindliche Knierohr ist an beiden Enden mit eingelegten geschmiedeten, genau gedrehten und eingeschliffenen Ringen versehen, welche durch die in diesem Rohr angegossenen Knaggen, und ebenfalls genau eingedrehten und geschliffenen, an diesem Rohr angeschraubten Deckkränzen festgehalten werden, so daſs dieses Knierohr mittelst einer Stellschraube, die sich in einem, in dem krummen Rohr festgeschraubten geschmiedeten Stege bewegt und mit einem feinen Gewinde versehen ist, durch eine Kurbel auf dem krummen Rohre nicht nur 12 Zoll senkrecht auf und nieder schieben, sondern auch frei um seine Achse drehen läſst.

An dem entgegengesetzten Ende befindet sich ein Rohr, welches ebenfalls 18 Zoll lang genau abgedreht, leicht vor- und rückwärts beweglich ist, und die genaue Stellung der Düse zur Form nicht nur möglich macht, sondern auch sammt der daran befindlichen, weiter unten zu erwähnenden Nuſs, ganz und gar in das Knierohr zurückgeschoben werden kann, welches nothwendig ist, um bei dem etwa erforderlichen Umformen nicht allein die Düse abzuschrauben und wegzunehmen, sondern auch die den Raum beschränkende Röhre, an welcher die Düse befestigt ist, für die Zeit des Um mens zu entfernen.

Der schwierigste Theil der Windführung für Anfertigung ist die, die Düse und dies letzte Rohr verbindende Nuss, oder die Kugel, welche auf das aneste abgedreht und in die sie umgebende Hülle geschliffen sein muss. Die Kugel-Umfassung war vorgerichtet, dass man sie nach ihrer völligen Ba tung in 2 Hälften theilen konnte, welche mittelst geschmiedeten Ziehrings, das Rohr mit der Kugel dicht zusammen halten sollten; man fand jedoch dass dies bei möglichst sorgfältiger Bearbeitung etwas längerem mühsameren Einschleifen nicht dingt erforderlich sei, weshalb man sie auch nicht zwei Theilen zusammen setzte, sondern nur zum Anziehen an die Kugel, zwei etwas schräge eingesch tene konische Schrauben anbrachte, welche dem Zw vollkommen entsprachen. Durch diese Kugelbewe welche in ihrer Ausführung nichts zu wünschen ließ, ist die nach allen Richtungen freie und leichte wegung der Düse möglich gemacht, und hierdurch den Betrieb selbst ein wesentliches Hinderniss völlig seitigt worden. Mit dem schwachen Formhaken der Schmelzer der Düse jede beliebige Aenderung ben; und selbst durch Unterlage eines Stückchen die Düse so genau zum Formauge richten, als die der Verbindung der Düsen mit der Windleitung d lederne Schläuche früher möglich gewesen. Hat durch das mit der Kurbel versehene Knierohr die S lung der Windführung in horizontaler Richtung bew stelligt, so wird durch das Verbindungsstück die I fernung der Düse in der Form durch Vor- oder Zur schieben dieses Rohrstücks und dann der Düse s eine der Windführung entsprechende und für nöthig erachtete Lage ertheilt.

Die Einbringung der Erhitzungs-Vorrichtung in den Schacht des Ofens, ward in folgender Art bewerkstelligt. Nach dem Ausbrechen des alten Kernschachtes wurde in dem Rauchgemäuer ein 4 Fuſs breiter, 2 Fuſs tiefer Einbruch an der rechten Formseite von der Gicht bis zum untersten Tragebalken ausgehauen, die Oeffnungen zum Einbringen der krummen Röhren in die schräge über dem Formgewölbe befindliche Platte wurden ausgebohrt und zuerst diese beiden krummen Röhren eingebracht und 19 Zoll von Mittel zu Mittel von einander entfernt, gut abgesteift und unterstützt. Eine auf der Gicht angebrachte Winde erleichterte die alsdann von der Ofenbrustseite erfolgende Aufbringung der 4 Stück 9füſsigen Röhren, welche aber gleich so gestellt werden muſsten, daſs ihre obere Mittellinie genau 4 Fuſs von dem Hohofen-Mittel entfernt war. Die Röhren wurden sodann an einem oben auf der Gicht angebrachten Balken mittelst Hakenschrauben in ihrer richtigen Lage feststehend erhalten, in den Kränzen fest zusammengeschraubt und durch Eisenkitt sorgfältig verdichtet. Die erforderlich gewesene Rüstung ward sodann entfernt und die zur Aufführung des neuen Kernschachtes erforderliche Chablone eingebracht. Vor dem Beginn der Kernschachtmauerung wurden die beiden im Formgewölbe hervorragenden krummen Röhren so ummauert, daſs zwischen den Röhren und der Mauerung ein 1½ bis 2zölliger Spielraum blieb. Weiter aufwärts ward dann beim Fortführen des Kernschachtes gleichzeitig der die Röhren enthaltende Einbruch an den ohne weitern Verband stehenden Seiten- und Rückflächen begränzt, doch stets ohne Verband mit dem eigentlichen Kernschacht fortgeführt, eben so auch zwischen beiden Röhrensträngen eine aus einem halben Ziegel starke Zunge mit aufgeführt. Um aber diesen nebeneinander stehenden, gleichweit vom Kernschacht entfernten Röhrensträngen eine freie Ausdehnung zu gestatten, wurde die Begränzung des sie umgebenden Mauerwerks so fortgeführt, dafs durch eine Verzahnung bei den Kränzen, unter diesen, ein Spielraum von 3 Zoll blieb, der sich über den Kränzen wieder bis auf $1\frac{1}{2}$ Zoll an den Röhren anschlofs, wodurch Röhrenstränge bis oben hinauf eine freie Ausdehnung nach oben oder unten erhielten, und ihnen auch die Ausdehnung des Schachtes nicht nachtheilig werden konnte. Sie wurden also eigentlich in einem geschlossenen Canal fortgeführt. Als der Kernschacht bis zur Oberfläche dieser Röhren in die Höhe gebracht worden war, und nun der unterste Erwärmungskasten eingebracht werden mufste, wurde zuerst zur möglichsten Schonung für den Schacht ein die Schachtstärke deckender eiserner Kranz, aus 3 Stücken bestehend, aufgelegt, und dann wurden die noch fehlenden Gufswaaren mittelst des Gichtaufzuges aufgebracht. Als der unterste, aus 3 Stücken bestehende Erwärmungskasten in seinen einzelnen Theilen aufgebracht, zusammengefügt und in die richtige, genau mit dem Kernschachte übereinstimmende Stellung gebracht worden war, so dafs mit den Brechstangen nicht mehr gearbeitet werden durfte, folglich auch eine Beschädigung des obern Schachtes nicht mehr zu befürchten war, wurde er mittelst eines Hebels stellenweise um so viel gehoben, als nöthig war, um den nur zur Schonung des Futters untergelegten eisernen Kranz stückweise wieder herauszielien zu können, so dafs der Kasten mit seinen Kränzen unmittelbar auf dem Kernschacht ruhete. Weil diese Erwärmungskasten nur 6 Zoll Breite hatten, daher nur auf der Hälfte der 12 Zoll breiten Schachtziegel aufstanden, so besorgte man, dafs sie, bei ihrem bedeutenden Gewicht, beim Schadhaftwerden des Schachtes leicht eine Senkung, wohl gar ein völliges Einstürzen erleiden könnten. Um solchem Unfall vorzubeugen, wurden nach den Diagonalen des Gichtmantels 4 Stück sehr starke gegossene eiserne Platten (Roheisengänze) untergezogen, so dafs diese den Apparat mit tragen halfen. Auf den unteren Erwärmungskasten ward nun mit geringer Mühe der obere aufgebracht und befestigt; weil er jedoch nur durch den Communicationshals an einer Stelle unterstützt war, so mufste er vor der Untermaurung und vor dem mit Sorgfalt auszuführenden Anschliefsen der Verbindungsröhren, gehörig unterstützt werden. Dann wurden alle Rüstungen vollends fortgeschafft, und es erfolgte die vorsichtige und höchst sorgfältige Untermauerung der Kasten, und der sie trennenden Längeneinschnitte, nach welcher Arbeit die Chablone für den eingesetzten Kernschacht aus dem Ofenschacht herausgeschafft werden konnte. Beim Hintermauern der Kasten beobachtete man dasselbe Verfahren wie bei den Röhren und liefs wegen der Ausdehnungsverhältnisse über 1 Zoll Spielraum. Des schnelleren Austroknens wegen wurden nach den Aufsenseiten noch Luftzüge gebildet, welche jedoch später beim Betriebe des Ofens, als entbehrlich und Hitze raubend, wieder zugemauert wurden.

Bei allen Wechseln, sowohl bei den obern Erwärmungskasten als bei allen Röhren, sind an den Kränzen noch $\frac{3}{16}''$ stark hervorragende Dichtungskränze angegossen, welche befeilt, genau aufeinander passend vorgerichtet wurden. Erst dann ward der übrige Raum zwischen den Kränzen mit möglichst fest eingetriebenem Eisenkitt, (aus 4 Theilen Salmiak, 1 Theil Schwefel und 15 Theilen Eisenfeilspähnen) ausgefüllt. Dieser Kitt verbindet sich, wenn er langsam erhärtet ist, so fest mit dem Eisen, daſs er sich selbst in der stärksten Gluth nicht ablöſst. Hierdurch bezweckte man, bei einem möglichem Undichtwerden dem zu groſsen Windverlust vorzubeugen, indem derselbe im ungünstigen Fall nur aus einer sehr feinen Oeffnung entweichen konnte.

Weil die Ausführung des Erwärmungs Apparats in die bereits weit vorgerückte Hüttenreise des Ofens fiel, so war es bei den erforderlichen vielen neuen Modellen nicht möglich, alle Guſswaaren vor dem Niederblasen des Ofens anzufertigen, und man muſste sich damit begnügen, diejenigen Theile vollständig zu erhalten, welche bei der Zustellung durchaus eingebracht sein muſsten, um demnächst beim Wiederanblasen des Ofens mit kalter Luft die noch fehlenden Stücke nachzugieſsen und dann erst einzubringen. Solchergestalt war es auch nur möglich, den vollständigen Apparat nebst Röhren bis zum Anschluſs an die alte Windleitung zu beenden, so daſs die beiden krummen Röhren im Formgewölbe noch abgesteift hervorragten, woran nun der fernere Anschluſs bewerkstelligt werden sollte.

Der Ofen wurde mit kalter Luft angeblasen, und erst in der 15ten Betriebs-Woche war man mit der gesammten Bearbeitung der fehlenden Stücke zu beiden Formen so weit gediehen, daſs der Anschluſs erfolgen konnte. Der Ofen war in sehr gutem Gange und folglich auch in gröſster Hitze. Durch den 15 wöchentlichen Betrieb des Ofens mit kalter Luft, hatten sich die im Formgewölbe hervorragenden 2 krummen Röhren auffallend verlängert, und zwar die eine um 2¼ Zoll, die andere um 2½ Zoll. Diese Verlängerung muſste dem Schwinden oder Setzen des gesammten Kernschachtes sammt des darauf befindlichen Apparats beigemessen werden, weshalb nicht allein ein Undichtwerden der

Leitung zu befürchten war, sondern daraus auch der Nachtheil entsprang, dafs die schon sämmtlich fertigen Anschlufsröhren nicht mehr passen konnten. Eine ferner mögliche Ausdehnung berücksichtigend, war man genöthigt eine neue Muffen-Verbindung, worin die Röhren noch freien Spielraum hatten (wie die Zeichnung angiebt) anzubringen.

Bei Einbringung der zur Windführung erforderlichen Gufsstücke, so wie bei dem Anschlufs und der Verbindung derselben mit dem Gebläse und dem obern Erwärmungs-Apparat, mufsten sowohl der Ofen als die Frischfeuer *) während dieser Einwechselung und Dichtung, welche nur langsam erfolgen konnten, jedesmal in Kaltlager versetzt werden. Dadurch ward das Bedürfnifs fühlbar, nicht allein den Ofen und die Frischfeuer ganz von einander unabhängig zu machen, sondern auch die Einrichtung zu treffen, dafs ohne Zeitverlust der Ofen sowohl mit kalter Luft als auch mit erhitzter Luft betrieben werden könne, ohne an den Röhrentouren zeitraubende Veränderungen vornehmen zu müssen. Weil alle benöthigten Gufswaaren bereits vorhanden waren, und nur mit Zeitverlust neue, hiezu besonders vorgerichtete und mit Ventilen versehene Kasten hätten beschafft werden können, so blieb nichts übrig, als den kürzesten Weg zur Erreichung des gedachten Zweckes zu wählen, welcher darin bestand, dafs man dem einzuwechselnden Knierohr, zwischen dem Regulator und der alten Windleitung, welches zugleich die kalte Luft zum obern Erwärmungs Apparat führte, 2 Windabsperrungs-Klappen noch nachträglich zutheilte. Die eine Klappe schlofs die Verbindung mit der alten Windleitung.

*) Das zu Malapane vorhandene Cylindergebläse liefert nämlich den Wind für den Hohofen und für zwei Frischfeuer.

ab, und durch die zweite, im Knie dieses Rohres befindliche und geöffnete Klappe, ward dem aus dem Gebläse strömenden Winde der Zutritt in den obern Apparat gestattet.

Wenn gleich diese durch die Nothwendigkeit gebotene Einrichtung bei der sorgfältigsten Ausführung zwar keinen ganz vollkommen dichten Abschlufs erwarten liefs, so zeigte sich der Windverlust nach angestellter Probe doch so höchst unbedeutend, dafs dieser mit den durch diese Einrichtung für den Betrieb erlangten Vortheilen nicht in Vergleich gestellt werden konnte.

Durch die beiden Windabsperrungsklappen wurden nachstehende Zwecke in kürzester Zeit erreicht.

1. Sind beide Klappen geschlossen, so gelangt vom Gebläse weder Wind zum Apparat noch zum Ofen, und die Frischfeuer können ungestört fortarbeiten.

2. Ist die eine Klappe nach der Zuführungsröhre des obern Erwärmungs-Apparats geöffnet, dagegen die nach der Windleitung hinführende geschlossen, so mufs die dem Ofen zugeführte Gebläseluft durch den Erwärmungs Apparat hindurch, kommt als erhitzte Luft in den Ventilkasten der rechten Form wieder herab, und geht durch die abgesperrte Klappe, an einem andern Ausweg gehindert, durch die abwärts führende Windleitung unter dem Ofen hindurch auch als erhitzte Luft zur linken Form. Hierbei war nur der Nachtheil zu besorgen, dafs bei dieser geschlossenen Klappe auf der einen Seite die kalte Gebläseluft, auf der andern die erhitzte Luft abgeschlossen wird, und dafs durch ein etwa statt findendes Entweichen von etwas kalter Luft, die Temperatur der erhitzten Luft erniedrigt werden könnte; indefs ist diese Befürchtung bei dem längere Zeit fortgesetzten Betrieb mit heifser Luft nicht bestätigt worden. Der Temperatur-Unterschied

der erhitzten Luft zwischen beiden Formen mufs wohl mehr der langen, eine grofse Fläche darbietenden Windleitung zugeschrieben werden, als der obigen Ursache.

3. Gewähren diese Klappen noch den gröfsen Vortheil, dafs, wenn es die Umstände erfordern sollten, der Betrieb mit heifser Luft sofort durch Verschlufs der obern Klappe und durch das Oeffnen der untern, mit dem Betriebe mit kalter Luft verwechselt werden kann; indem der kalten Luft dadurch der Zutritt in den obern Apparat verschlossen und der Weg nach beiden Formen wie früher geöffnet ist, wodurch also für den ungestörten Betrieb des Ofens in keinem Fall etwas zu befürchten war.

Zur Beobachtung der Temperatur der erhitzten Luft, sind, auf beiden Ventilkasten sowohl, als auf dem Rohr, welches die erhitzte Luft aus dem obern Erwärmungskasten abführt, Oeffnungen von 1 Zoll Weite angebracht, welche durch eingeschliffene geschmiedete Pfropfen verschlossen sind, und zur Aufnahme eines Thermometers dienen. Es ward dazu ein von Greiner in Berlin angefertigtes Thermometer von Glas, bis auf 280 Grad Reaumur getheilt angewendet, welches sich in einer Messinghülle befindet, die zur Beobachtung der Temperaturgrade mit einem längs der Scale fortlaufenden Schlitz versehen ist.

Ueber die Ermittelung der Windpressung, ist Folgendes anzuführen. Die beim Betriebe des Hohofens mit kalter Luft hier vorhandenen Windmesser, bestehen aus einer buchsbaumenen Büchse mit Glasröhre und angebrachter messingenen Scala. Sie haben unten an dem Quecksilberbehälter einen conischen, mit Korkholz umgebenen Zapfen, mit welchem sie in die Oeffnung des Ventilkastens eingebracht werden. Diese Windmesser konnten zur Ermittelung der Pressung der erhitzten Luft nicht angewendet werden, und es war daher nothwendig, statt des Quecksilber-Windmessers eine andere Vorrichtung anzuwenden. Dazu gab die Anbringung von Sicherheits-Ventilen auf den Ventilkasten Gelegenheit. Diese Ventile glaubte man nämlich anbringen zu müssen, um in dem Fall, wenn etwa bei einer oder der andern, oder auch bei beiden Formen ein Absperren des Windes durch den Schieber, während des Ganges des Gebläses nothwendig werden sollte, die durch die Hitze ausgedehnte Luft nicht nachtheilig auf das Gebläse zurückwirken könne, sodern durch diese Ventile einen Ausweg erhalte. Man liefs zu diesem Behufe, und mit Berücksichtigung der Anwendung als Windmesser, auf jedem Ventilkasten eine Oeffnung von genau 3 Zoll Preufs ausbohren, welche mit einem genau passenden, in 2 Leeren sich aufwärts bewegenden Deckel versehen ward, welcher in der Mitte noch einen Stift hatte, worauf eine fernere Beschwerung angebracht werden konnte. Weil die Windleitung bis zur Düse, ohne Anschlufs mit dem obern Apparat, eine Woche früher eingebracht worden war, um sie vorher beim Betriebe mit kalter Luft prüfen zu können, so erhielt man dadurch Gelegenheit, die Angaben der Sicherheitsventile mit denen der Windmesser vergleichen zu können, indem man die beim hiesigen Betriebe gewöhnliche Windpressung von 1¼ Pfund auf den Quadratzoll Düsenfläche, zum Anhalten nahm und die 3 Zoll im Durchmesser weite Oeffnung des Sicherheits-Ventils (7,066 Quadratzoll) mit einem Gewicht von 8,83 oder 8¾ Pfunden reichlich belastete. Die alten Windmesser wurden auf die zu den Thermometer Beobachtungen bestimmte Oeffnung angebracht, die Deckel der Sicherheitsventile genau abgewogen und dem Gewicht derselben so viel hinzugefügt, bis die Beschwerung der Oeffnung $8\frac{3}{4}$ Pfund betrug. Bei dem allmäligen Oeffnen des Schiebers zeigte sich nun, dafs sich der beschwerte Deckel zu heben anfieng, als der Quecksilber Windmesser etwas über $1\frac{1}{4}$ Pfund Pressung zeigte, so dafs bei noch weiterm Aufschrauben der Schieber, beide Ventile gehoben wurden und der zu stark geprefste Wind ausgeblasen ward. Ist auf solche Weise die Pressung des Windes vorgeschrieben und bestimmt, so wird es den Schmelzern leicht, durch Zu- und Aufschrauben des Schiebers, oder durch stärkeres und geringeres Anziehen des Gebläses, die bestimmte Pressung genau zu behalten. Eine solche Einrichtung war um so nothwendiger, weil das Gebläse auch noch 2 Frischfeuer mit Wind zu versorgen hatte, welche in den verschiedenen Frischperioden sehr verschiedene Windquantitäten erfordern.

Durch die erwähnte Einrichtung ist der Weg, welchen der aus dem Gebläse strömende Wind im erhitzten Zustande zu durchlaufen hat, ehe er zu den Formen gelangt, im Vergleiche zu dem Betriebe mit kalter Luft um eine sehr bedeutende Strecke verlängert worden. Es beträgt nämlich die Entfernung vom Aufsteigen der kalten Luft bis zum Eintritt in den untern

Erwärmungskasten	38 Fuſs	— Zoll.
Der Weg durch die beiden Erwärmungskasten, nach dem mittlern Durchmesser.	28 —	6. —
Von den obern Erwärmungskasten bis zur Mitte des Ventilkastens der rechten Form.	36 —	4 —
Von der Mitte des Ventilkastens bei der rechten Form, unter dem Ofen hindurch bis zum linken Formauge beträgt der zu durchlaufende Weg noch	57 —	— —
Der kalte Wind hat daher vom Punkt des Aufsteigens im Knierohr bis zur lin- Form einen Weg von	159 Fuſs	10 Zoll

zu durchlaufen. Bei dieser nicht unbedeutenden Länge

h atder Wind weder an Pressung verloren, noch ist dadurch ein gröſserer Krafteffect des Gebläses erforderlich gewesen, wogegen diese Länge augenscheinlich dazu beigetragen hat, den Wind mehr zu reguliren als dies bei einer kürzeren Röhrenstrecke der Fall war, indem nicht das geringste Stoſsen oder Absetzen bemerkbar ward. Bei einer Weite der Windleitungsröhren von 9 Zoll im Durchmesser (63,585 Quadratzoll) beträgt der cubische Raum, welcher durch die gröſsere Länge der Röhren hinzugetreten, bei 102′ 10″ Länge, etwa 455 Kubikfuſs.

Der Hoheofen zu Malapane verschmelzt theils ockrige Brauneisensteine (Erze von Groſsstein) theils Sphärosiderite. (Erze von Babkowski) Das Brennmaterial besteht aus Kohlen von Kiefern- und Fichtenholz, von denen der Kubikf. Preuſs. im Durchschnitt 11 Preuſs. Pfunde wiegt.

Von den Erscheinungen beim Ofenbetriebe hebe ich diejenigen hervor, welche bei dem Betriebe mit erhitzter Luft eine wesentliche Aenderung zeigten. Sie betreffen vorzugsweise die Beschaffenheit der Schlacke und des erblasenen Roheisens. Die Schlacke bei gaarem Gange und bei Entstehung von feinschaumigem Eisen ist beim Betriebe mit kalter Luft stets lichtgrün, dickflieſsend, von Consistenz eines Bäckerteiges und muſs daher auch mit der Kratze ausgezogen werden; bei zunehmendem Gaargange wird sie stets kürzer und erschwert die Arbeit im Ofen, weil sie aus dem Hintergestell nur mit dem Haken hervorgearbeitet werden kann. Sie ist dann nach dem Erkalten weiſslichgrün bis zum völligen Gaarschaum, sehr leicht und bimsteinartig, das Eisen dagegen dickflüſsig, matt, und stöſst beim Erkalten auf der Oberfläche groſse Blättchen Graphit aus, kann daher zu Guſswaaren nicht gebraucht werden. Bei zunehmendem scharfen Gange wird die Schlacke stets flüſsiger, aber ohne Zusammenhang, zunehmend dunkler von Farbe, ist zuletzt schwärzlich, seltener braungrün, sehr porös und läuft dann aus dem Vorheerde selbst heraus, enthält aber in diesem Fall noch sehr viel unzersetztes Erz und mechanisch beigemengtes Eisen. Das Roheisen ist unter diesen Umständen weiſs im Bruch, aber meist matt und in vielen Fällen dann dickflieſsend, wobei es schnell in den Formen, oft mit lebhaftem Funkensprühen, erstarrt. Ein etwas zu groſser Kalkzuschlag hat immer das Ansetzen von Schlacke und Eisen bei dem Formen zur Folge gehabt und erforderte eine stete sorgfältige Aufsicht, indem sonst die Formen bald dunkel und die Schlacke kalt geblasen werden würde. Eben so ist das Ansetzen von sogenannten Zinkschwämmen an den obern Kernschacht, besonders in der Höhe des Gichtraums, bei den Zinkhaltigen Groſssteiner Erzen nicht unbedeutend. Dieser Ofenschwamm muſs bei jeder Hüttenreise mehreremal abgestoſsen und herausgeschafft werden, weil er nicht selten das regelmäſsige Niedergehen der Gichten, wegen der zu groſsen Verengung des Schachtes, hindert. Die Resultate der 3 letzten Hüttenreisen von zusammen 136½ Wochen, haben ergeben, daſs zur Darstellung eines Centners Roheisen aus Grossteiner Erzen durchschnittlich 26,6 Cubic Fuſs Holzkohlen, oder zu 1 Pf. Roheisen 2,7 Pf. Holzkohlen erforderlich gewesen sind. Nicht so günstig sind die Resultate der ersten 15 Betriebswochen der jetzigen Hüttenreise, in welcher Zeit von 15 Wochen der Ofen in gewöhnlicher Art mit kalter Luft versorgt ward. Der Holzkohlenverbrauch stieg nämlich bis auf 30 und 32 Kubikfuſs für 1 Cent. Roheisen. Der Grund ist lediglich in einem zufälligen Ereigniſs, nämlich in den durch anhaltenden Regen durchnäfsten Kohlen und in dem nassen Zustande der Erze zu suchen. Zu Anfange der 16ten Woche waren diese höchst ungünstigen Einflüsse völlig beseitigt und der Gang des Ofens sehr gut. Dagegen traten öftere Stillstände und Stöhrungen durch die Einwechselung der Röhren zur heifsen Windleitung ein, welche den Ofen sowohl in der wöchentlichen Produktion als im Materialienverbrauch zurückbrachten, bis endlich zu Anfange der 16ten Woche, am 7ten März 1834 Nachmittags, der Betrieb mit heifser Luft seinen Anfang nahm, und bis jetzt ohne Stöhrung fortgegangen ist. Der Apparat bewährte sich vollkommen gut, nur zeigten sich die Kränze des obersten Gicht Erwärmungs-Ringes sehr bald als nicht vollkommen dicht, indem durch den 15 wöchentlichen steten Wechsel der Temperatur, bei den sehr nassen Erzen und Kohlen, ein zu oft eintretendes Ausdehnen und Zusammenziehen der Kränze, Veranlassung zum Lockerwerden und Herausfallen des zwischen den Kränzen befindlichen Kittes gegeben hatten.

Weil vor der Verbindung des Apparats mit dem Gebläse, kein Luftwechsel in den längs dem Ofenschacht fortgeleiteten Röhren, und in den Erwärmungs Ringen, folglich auch keine Abkühlung stattfinden konnte, so befanden sich diese Theile des Apparats in sehr starker Hitze. Das Thermometer zeigte bei 9° Lufttemperatur eine Erhitzung der im obern Apparat stille stehenden Luftschicht von 195° Reaumur. Als aber der Apparat schon mehrere Stunden im Gange war, gab das Thermometer eine Zunahme der Temperatur des Windes an, und zwar:

Oben auf der Gicht an dem Punkte, wo die durch den Apparat erhitzte Luft in die abführende Röhrentour eintritt, von . . . . 210 — 220°
Bei der rechten Form . . . . 195°

und bei der linken, als der am entfernteten liegenden Form, von . . . . . . 135°.

Nach 10stündigem Betrieb war die Temperatur des ganzen Apparates durch die zugeführte kalte Luft sehr gesunken, denn bei 10° Luftwärme war die Temperatur des Windes oben auf der Gicht nur noch 105° — 110°.
Bei der rechten Form . . . . 105°.
Bei der linken Form . . . . 90°.

Sonntags den 9ten März war die Temperatur des Windes noch geringer und zwar bei 9° Luftwärme.
Oben auf der Gicht . . . . 92°.
Bei der rechten Form . . . . 102°.
Bei der linken Form . . . . 86°.
und diese Temperatur hat sich an den genannten drei Punkten von nun an ziemlich in gleicher Höhe erhalten.

Dafs bei der rechten Form, bis zur 23sten Betriebswoche, stets einige Grade mehr als oben auf der Gicht beobachtet wurden, beweifst, dafs die auf- und abführenden 26′ langen Röhrentouren hinter dem Schachte zur Temperatur Erhöhung des aus dem obern Apparat ausströmenden Windes wesentlich beitragen, wogegen die von der rechten Form unter dem Ofen durchgehende Röhrenleitung nach der linken Form 15 bis 20° Wärme verlor. Es wurden daher in der 21sten Betriebswoche die beiden Endöffnungen des massiven Kanals in welchem die Röhrentour von der rechten zur linken Form liegt, möglichst dicht zugemauert, wodurch aller Luftzug völlig abgeschlossen und dadurch auch bei dieser Form eine höhere Temperatur herbeigeführt wurde. Dadurch gelangte man dahin, dafs zwischen der rechten und linken Form nur noch ein Unterschied in der Temperatur von 6 — 10 Graden statt fand. Dafs aber in den ersten 4 Wochen, (bis zur 20sten Betriebswoche) die Temperatur des Windes stets unter 100° blieb und dann erst, ohne Einfluſs der äuſseren Temperatur der Luft, wieder zu steigen begann, war allein der auffallend verminderten Hitze im obern Theil des Kernschachtes und der nur sehr schwachen Gichtflamme zuzuschreiben, wodurch die Gicht-Erwärmungs-Ringe sehr abgekühlt wurden, und weniger als die in der Schachtmauerung auf- und abgehenden, stets in gleichmäſsiger Erwärmung befindlichen Röhren, zur Winderwärmung beitragen konnten.

Die von der 20sten Betriebswoche an stattfindende höhere Temperatur des Windes von 120 — 130° oben auf der Gicht und bei der rechten Form, und von 100 bis 120° bei der linken Form, läſst sich nur dadurch erklären, daſs der oberste Gichterwärmungsring in seinen 3 Kränzen mehr, als dies früher der Fall, undicht geworden war, und deshalb eine nicht unbedeutende Menge verdichteter Luft ausströmen lieſs, welche die Kohlen, während die Gichten niedergiengen, in eine hohe Gluth versetzte. Dadurch erhielt zwar der Erwärmungs Ring eine höhere Temperatur als früher, auch ward deshalb die Gichtflamme sichtbar verstärkt, dagegen aber auch ein Theil der Kohlen, ohne besonders nutzbaren Effect bei der Schmelzung, verbrannt. Jeder Versuch, die Kränze wieder zu dichten, wollte nicht gelingen und führte nur auf sehr kurze Zeit zum Zweck.

Während der 4 Betriebswochen im Mai, oder in der 23 bis 26sten Woche nahm die Temperatur des Windes, bei 21° im Freien, dergestalt zu, daſs als Maximum

Oben auf der Gicht . . . . 140°.
Bei der rechten Form . . . . 141°.
Bei der linken Form . . . . 128°

beobachtet wurden. Der Grund davon mag folgender sein. Der unterste Erwärmungskasten war während es Giefsereibetriebes, bei einer Beschickung aus Grusteiner Erzen, mit 2 bis 4 Zoll starkem Zinkschwamm berzogen und ebenso auch noch ein Theil des darunter efindlichen Schachtfutters. Man fürchtete, durch ein ewaltsames Abstofsen mit scharfen Werkzeugen, den bis ahin noch dichten Erwärmungskasten in seinen Kränen zu beschädigen, um so mehr, als der Zinkschwamm ehr innig an dem Eisen festhielt und ohne den Kitt in en Kranzfugen zu beschädigen, nicht füglich losgebrohen werden konnte. Während des 7 wöchentlichen Betriebes mit heifser Luft hatte der Zinkschwamm, wegen der geringeren Hitze in dem obern Theil des Ofens, her zu- als abgenommen, und verhinderte die Erhitzung er Ringe. Als später eine Beschickung von mehrenheils Babkowsker Erzen gewählt ward, erhöhete sich ie Temperatur auf der Gicht und der angesetzte Zinkchwamm ward völlig weggefressen, wodurch die äusere Eisenfläche des untersten Erwärmungskastens wieer stärker erhitzt werden konnte. Es ergiebt sich übriens, dafs die zu Malapane gewählte Vorrichtung zur rhitzung des Windes ziemlich unvollkommen zum weck führt, indem sie nur eine sehr mäfsige Erhitzung es Luftstromes gestattet, und dafs sie besonders bei inkhaltigen Eisenerzen keineswegs zu empfehlen ist. Im so mehr aber dürfte die Anwendung der erhitzten uft grofse Vortheile versprechen, als selbst bei dieser nvollkommenen Vorrichtung, ein vortheilhafter Erfolg eim Betriebe, im Vergleich mit dem Winde von der gewöhnlichen Temperatur der Atmosphäre, statt gefunden at.

Wenn gleich beim Betriebe mit heifser Luft die rühere Pressung des Windes unverändert beibehalten st, so nahm man doch Gelegenheit, durch absichtlich chnellern Wechsel des Gebläses sich Ueberzeugung zu verschaffen, ob durch vermehrte Pressung des Windes nicht auch eine erhöhete Temperatur herbeigeführt werden würde, welches sich jedoch bei bis zu $1\frac{3}{4}$ Pf. vermehrter Pressung, statt früher $1\frac{1}{4}$ Pf., nicht bestätigte, sondern kaum einen bemerkbaren Unterschied zeigte.

Es bleibt ferner bei der Angabe der Temperatur des Windes beim Betriebe mit erhitzter Luft, ein zu beachtender Umstand, in welcher Höhe der Temperatur der aus dem Gebläse strömende Wind, dem Erwärmungs-Apparat zugeführt wird. Zur Ermittelung dieser Temperatur ward in dem Wind-Communicationskasten zwischen beiden Gebläsecylindern eine Oeffnung zur Einbringung des Thermometers gebohrt, und nachstehende Beobachtungen in verschiedenen Zeiträumen angestellt.

Es ward bei 2° Reaumur Lufttemperatur, die Temperatur des durch Comprimirung erwärmten Windes im Communicationskasten zu . . . . + 9°

ferner,

bei + 6° im Freien, die Temp. des Windes zu + 21° und

bei + 9° im Freien, die T. des Windes zu + 20° und

bei + 16° im Freien, die T. des Windes zu + 25° gefunden, und diese Temperatur würde von der beobachteten Temperatur des Windes bei den Ventilkasten in Abzug gebracht werden müssen, um die Wirkungen des Apparats vollständig beurtheilen zu können. Fortgesetzte Beobachtungen dieser Art dürften manche Aufschlüsse gewähren, wozu die vorliegenden wenigen Beobachtungen noch nicht geeignet sind.

Ueber den Gang des Ofens. Bei der Inbetriebsetzung des Ofens mit heifser Luft in der 15ten Betriebswoche war der Gang sehr gut; es wurde daher auch die Beschickung in keiner Art geändert, sondern der alte Kohlensatz von $21\frac{1}{3}$ Kubikfufs bei $3\frac{1}{4}$ Centner Grofsteiner Erz und 80 Pf. Kalk beibehalten. Es stellte ich aber nach einigen Stunden ein sehr gaarer Gang ein; die Schlacke, meistens Gaarschaum, war dabei auffallend flüssiger gegen früher; die Formen, welche sonst sehr stark nafsten, blieben nicht nur rein, sondern zeigten eine bei weitem gesteigerte intensivere Hitze.

Die beim Betriebe mit kalter Luft gesetzten schärfern Gichten giengen kaum bemerkbar durch. Da der Gaargang sich bis zum andern Tage unverändert gleich blieb, so begann man allmälig an Kohlen abzubrechen. Das bei diesem Gange erblasene Roheisen war zwar sehr gaar, konnte aber zu den meisten Gufswaaren angewendet werden, und liefs, — eine Erscheinung, welche besonders Aufmerksamkeit verdient, — keinen Graphit auf der Oberfläche erkennen, während beim Betriebe mit kalter Luft und bei gaarer Schlacke, das Eisen gar nicht zum Vergiefsen hätte angewendet werden können, und wegen sehr starker Ausscheidung von Graphit auch dickflüssig gewesen sein würde. Selbst die in's Gestell tretenden schärfern Gichten zeigten noch stets einen sehr gaaren Gang und man mufste fortwährend an dem Kohlensatz abbrechen. Erst am dritten Tage, nachdem man mit dem Kohlensatz mehr als $\frac{1}{5}$ zurückgegangen war, stellte sich ein gleichförmigerer guter Gang ein. Die Schlacke zeigte sich bei weit gröfserer Flüfsigkeit derb und sehr gut verglafst, doch immer noch von lichtegrüner Farbe; die Arbeit im Ofen war leicht und sehr gut, die Formen blieben fortwährend hell und rein und das erblasene Eisen war ganz vorzüglich und zu allen Gufswaaren gleich gut geeignet.

Am zweiten Tage in der 16ten Woche, also am fünften Tage seit dem Betriebe mit heifser Luft, war man mit dem Kohlensatz auf 4 Schwingen Kohlen pro Gicht, bei unverändertem Erzsatze, herabgekommen, und erst hiebei zeigte sich der Gang, obwohl das Eisen noch stets sehr gut und die Arbeit gleichbleibend leicht war, etwas zu scharf, so dafs ein weiteres Kohlenabbrechen nicht mehr rathsam war, sondern, um den guten Gang zu erhalten, später etwas an Kohlen zugesetzt werden mufste. Bei einem gleich grofsen Erzsatz wurden, bei dem Betriebe mit heifser Luft, Kohlengichten zu 2 Tonnen Preufs. oder zu $14\frac{2}{9}$ Kubikfufs angewendet, während man beim Betriebe mit kalter Luft, Kohlengichten von $21\frac{1}{3}$ Kubikfufs zu nehmen genöthigt gewesen war, um Roheisen von demselben Grade der Gaare zu erhalten. Bei jenem Kohlensatz war aber, sobald die Temperatur des Windes etwas abnahm, der Gang des Ofens zu scharf, weshalb die Kohlengicht auch wieder verstärkt, und auf 17 Kubikfufs festgestellt werden mufste, welcher Satz als bleibend ermittelt und angenommen werden konnte. Das Verhältnifs des Kohlenverbrauchs bei heifser und kalter Luft würde sich also etwa verhalten wie 17 : 21.

Bei den im Ofen befindlichen Gichten mit $14\frac{2}{9}$ Kubikfufs Kohlen, stellte sich ein scharfer Gang ein, der jedoch eine sehr flüssige, schön bouteillengrüne, gut verglafste Schlacke mit sich führte, welche durchaus kein sichtbar beigemengtes Eisen enthielt. Die Formen blieben auch rein und helle, und liefsen mit blofsen Augen, wegen zu intensiver Hitze, kein Erz, wie dies bei kalter Luft der Fall ist, vor den Formen erkennen. Das Eisen war dabei noch grau.

Mit der Temperatur auf der Gicht war seit dem Betriebe mit heifser Luft eine sehr auffallende Veränderung vorgegangen. Die Gichtflamme war beinahe gänzlich verschwunden und die Arbeiter fürchteten, ehe sie mit dieser Erscheinung mehr vertraut wurden, der Ofen sei dem Ersticken nahe. Man konnte die Gichtöffnung bequem und ohne von Hitze zu leiden, rund umgehen.

Daraus erklärt sich aber auch, weshalb in den ersten 3 Wochen des Betriebes mit heifser Luft, die Temperatur des Windes, so sehr sehr gering war, wovon dann der gröfsere Kohlenverbrauch die Folge sein mufste.

Die auffallende, nur dem Betriebe mit heifser Luft eigene Erscheinung des Abnehmens der Hitze auf der Gicht, steht im Zusammenhange mit der vermehrten Hitze bei den Formen. Die günstigen Erfolge der Schmelzung werden dadurch einigermaafsen erklärt, indem die Kohlen mit grofserem Effekt im Schmelzraum verbrennen und bei einem leichtern Gange eine vollständigere Verschlackung, also auch eine vollkommnere Reduktion des Erzes aus der Beschickung bewerkstelligen. Nächstdem ist die dünnflüssigere Schlacke von mechanisch beigemengten Eisentheilchen fast ganz frei und besonders beachtenswerth ist die Erzeugung eines zu allen Gufswaaren brauchbaren, eben so flüssigen als haltbaren Roheisens.

Sobald die vergröfserten Kohlengichten von 17 Kubikfufs in's Gestell traten, stellte sich ein sehr gleichbleibender guter Gang ein, der deshalb auch ohne Unterbrechung, als der Temperatur des Windes so wie dem Gewicht der Erzgicht von 3¾ Centnern entsprechend, beibehalten ward. Der erste 4 wöchentliche ungestörte Betrieb des Ofens mit erhitzter Luft, stellte die Vortheile dieses Verfahrens schon aufser Zweifel, selbst wenn der wichtige Umstand unberücksichtigt blieb, dafs sich die Güte des Roheisens wesentlich verbessert hatte. Die gemachten Erfahrungen berechtigten zu dem Schlufs, dafs die Kohlenersparung noch gröfser ausfallen wird, wenn die Erhitzung des Windes einen höheren Grad erreicht, welches bei der hier gewählten, zwar sehr einfachen aber doch der Absicht nicht völlig entsprechenden richtung nicht möglich war.

Bei einem absichtlich (zur Darstellung von w Roheisen zu 40 Centner schweren Blechwalzen) lafsten, stark übersetzten Gange des Ofens, w weil täglich nur eine Walze abgegossen werden k mehrere Tage der 17ten Betriebs-Woche hindurc hielt, war die Schlacke zwar völlig dunkelgrün, noch dicht und völlig verglafst, der Gang bei fo rend reinen Formen immer leicht und ungleich w angreifend für den Ofen als bei kaltem Winde, die Ofenbrust wenig erhitzt ward, und es aus dem heerd auch nicht so stark dampfte, wie sonst bei übersetzten Ofengange. Die Beschaffenheit der Sc zeigte, dafs weit weniger Erz unreducirt vers ward, und dafs sie fast gar kein mechanisch beige tes Eisen enthielt. Das erblasene Eisen war d völlig weifs, dem Zweck vollkommen entsprechen zugleich so flüssig wie Wasser, so dafs die Güss gute Produckte lieferten.

Vier Betriebswochen (23—26) bestimmte m Darstellung von Roheisen aus Babkowsker Erze einem nur geringen Zusatz von Grossteiner Eise Man behielt hier den einmal ermittelten Kohlensa 17 Kubikfufs bei, verstärkte dagegen, in Berücksich der reichern und leichtflüfsigern Beschickung, de satz auf $3\frac{1}{4}$ Centner Babkowsker und $\frac{1}{4}$ Centner steiner, mit 35 Pfd. Kalk, so dafs die Beschickung der bekannten Beschaffenheit der Erze, 33 Proce sengehalt enthielt. Der Gang war bei diesem E aber zu gaar und man konnte noch $\frac{1}{4}$ Centner E setzen, so dafs derselbe $4\frac{1}{4}$ Centner auf eine Kohle von 17 Kubikfuſs betrug. Es stellte sich nun ein sehr guter gaarer Gang ein; die Arbeit war sehr leicht, die Schlacke zwar nicht so dicht als bei den Grossteiner Erzen, aber ebenfalls gut verglaſst und graulichgrün; die Flamme auf der Gicht war dagegen viel stärker, weil die lockere Schichtung des Erzsatzes, indem die dicht liegenden mulmigen Grossteiner Erze nur einen sehr geringen Theil der Beschickung ausmachten, dem Winde einen leichtern Durchgang gestattete, so daſs sich die Hitze der obern Erwärmungskasten um ein bedeutendes erhöhete. Bei den beiden ersten in 12 Stunden erfolgenden Abstichen war das Eisen zwar gaar erblasen und grau im Bruch, aber sehr matt und dickflieſsend. Der Grund lieſs sich bald auffinden; das Untergestell war nämlich schon sehr erweitert und das erblasene Eisen nahm darin, bei einer groſsen Oberfläche, eine geringe Höhe ein, wodurch es an Hitze verlor, weshalb die Abstiche nur alle 18 Stunden angeordnet werden muſsten, wodurch sich auch sofort das Uebel beseitigt fand. Wenngleich der Gang des Ofens auch vorher sehr gut war und ein richtiges Verhältniſs der Kohlen- zur Erzgicht statt fand, so durften die Kohlen sich doch nur etwas in ihrer Güte ändern, oder in zu kleinen Stücken angewendet werden, um sogleich einen scharfen Gang, und bei der leichtflüssigen Beschickung dann auch weiſses Eisen herbeizuführen, ohne daſs eine Verminderung des Erzsatzes diesem Uebel abgeholfen haben würde, welches beseitigt wurde, sobald die Ursache, wie angegeben, gehoben war. Durch die auffallend erhöhete Hitze bei den Formen, ward auch eine sehr bedeutende Ersparung an Fluſskalk herbeigeführt, ohne daſs es der Schlacke an reiner Verglasung fehlte; im Gegentheil war sie weit flüssiger, dichter, und reiner verglaſst als dies je früher der Fall gewesen. Durch diesen ungleich geringern Verbrauch an Kalk, welcher früher den Schlackenfall nicht nur bedeutend vermehrte, sondern auch wohl das Nasen und das häufig nöthige Reinigen der Formen herbeiführte, läſst sich das Reinbleiben der Formen genügend erklären. Der kalte Wind bewirkte ein stetes Abkühlen der Form und veranlaſste dadurch das Ansetzen von Schlacke und das Kaltblasen derselben, während dies bei erhitztem Winde nicht mehr statt fand. Dadurch ist dem Betriebe eine wesentliche Erleichterung verschafft. Der Gichtenwechsel zeigte sich gegen früher nicht vermehrt, indem die Anzahl der in einer gewissen Zeit durchgeschmolzenen Gichten gegen den Betrieb mit kalter Luft dieselbe blieb. Daſs das Gestell oder ein anderer Theil des Ofens beim Betriebe mit heiſser Luft mehr leide als früher, hat sich hier auf keine Art gezeigt.

Die hier angeführten Erscheinungen beim Betriebe mit heiſser Luft muſsten die Vorzüge dieses Verfahrens um so überzeugender darlegen, als weder in den Dimensionen des Schachtes und der Zustellung, noch in der Windführung eine Abänderung getroffen war. Alle Veränderungen bei dem Gange des Ofens müſste also nur allein der Wirkung des heiſsen Windes beigemessen werden.

Beschaffenheit des Roheisens. Das bei heiſser Luft erblasene Roheisen erhielt, auſser einer weit gröſsern Flüſsigkeit, — eine Folge der gröſseren Hitze, wodurch es zur Gieſserei vorzüglich anwendbar wird — auch zugleich einen hohen Grad von Haltbarkeit. Der Bruch des gaaren grauen Eisens ist sehr dicht, von feinem Korn, und von keiner sichtbaren Absonderung des krystallinischen Gefüges; es erhält eine dunkle Farbe bei starkem Metallglanz. Das weiſse Eisen ist, bei silberweiſser Farbe und dichtem Bruch, mit stark glänzenden Spiegelflächen versehen und nähert sich den blumigen Flossen. Beide besitzen einen sehr hohen Grad von Festigkeit, so daſs es sich nur durch die gröſste Kraftanwendung zerschlagen läſst. Beide Roheisenarten erstarren mit völlig glatter Oberfläche und schwinden beim Erkalten nicht mehr als das bei kalter Luft erblasene Roheisen. Alle Guſswaaren erhalten ein vorzüglich glattes schönes Aeuſsere; der Heerdguſs ist hier vielleicht noch nie so schwach in den Platten als bei diesem Eisen ausgefallen, welches durchaus keine Schweiſsnath erkennen läſst, und wenn gleich der Formsand mehr als früher anbrennt, so findet dabei kein Treiben statt. Auch lassen sich die groſsen Platten leicht biegen und durch Beschwerungsgewichte grade richten. Diese besonderen Eigenschaften des bei heiſser Luft erblasenen Roheisens verdankt dasselbe ohne Zweifel dem Verbindungszustande worin sich das Eisen mit der Kohle befindet. Wenn sonst bei kaltem Winde der Gang des Ofens nur 4 bis 6 Stunden lang zur gaar war, ohne daſs die Schlacke schon völlig Gaarschaum zeigte, so konnte das Eisen in den meisten Fällen zur Gieſserei schon nicht mehr verwendet werden, und zwar nicht allein deshalb, weil es beim Gieſsen und demnächstigen Erstarren, durch Ausscheidung von Graphit, die Guſswaaren unansehnlich machte, sondern mehr noch deshalb weil die dickflüssige und matte Beschaffenheit dieses gaaren Roheisens ein Auslaufen der Formen in den mehrsten Fällen nicht zulieſs, und weil bei starken Stücken zwar ein vollständiges Auslaufen statt fand, aber die Haltbarkeit der Guſsstücke, wegen der sich bildenden hohlen Räume sich sehr verminderte, auch das äufsere Ansehen derselben, wegen der Ausscheidung von grofsen Schuppen Graphit und dadurch sich bildender Löcher, die Anwendung dieses gaaren Roheisens nicht zuläfsig machte. Ganz entgegengesetzt verhält sich das bei heifser Luft erblasene gaare Eisen. Es ist nur bei einem sehr hohen Grad des Gaarganges etwas matt und dickflüssig, läfst Schaaleneisen in den Pfannen zurück, und zeigt dann nach dem Erstarren in schwachen Stücken eine geringe Abscheidung von feinem Graphit, aber diesen auch nicht einmal bei starken Gufsstücken, die langsamer erstarren, so dafs die Oberfläche immer noch rein erscheint. Die Verbindung des Eisens mit der Kohle mufs daher weit inniger sein, als unter gleichen Umständen bei Anwendung von kalter Luft. Eben so scheint jenes Eisen mehr Hitze gebunden zu halten, als dieses, und dadurch die Ausscheidung der Kohle in einem höheren Grade zu verhindern, indem die Erstarrung nicht so plötzlich das Krystallisations Gefüge unterbricht.

Dieser Erscheinung einer, wenn auch nicht geringern, aber doch chemisch innigeren Aufnahme von Kohle, schliefst sich diejenige an, welche die Beschaffenheit des beim übersetzten Gange des Ofens erblasenen weifsen Eisens zeigt. Durch das bei Darstellung dieses Eisens statt findende Verfahren, den Ersatz zu erhöhen, folglich absichtlich ein Mifsverhältnifs der Erze zu den Kohlen eintreten zu lassen, ist die Erniedrigung der Temperatur im Ofen die nothwendige Folge. Das Eisen wird daher in einem geringeren Temperaturgrad ausgeschieden und kann sich im Schmelzraum, aus Mangel an Hitze nicht in graues Eisen umändern, weil es den Schmelzpunkt wenig vorbereitet, zu schnell, erreicht. Daher ist das beim Betriebe mit kalter Luft und bei übersetztem Gange des Ofens erblasene weifse Eisen, bei scheinbarer Dünnflüssigkeit, meist matt und schnell erstarrend, indem es, bei einem geringen Temperaturgrad dargestellt, in diesem Zustande nur zu grofsen starken, aber auch nur zu harten Gufswaaren, als Walzen, Ambösen etc. anwendbar ist. Das unter gleichen Umständen dargestellte weifse Eisen bei heifser Luft, hat bei vollkommen silberweifsem Bruch, grofse Dichtigkeit und ist so flüssig wie Wasser, so dafs es in den Pfannen kein Schaaleneisen zurückläfst, die Formen gut ausfüllt und ganz vorzüglich zu Walzen sich anwendbar zeigt, indem es ein durchaus dichtes Gefüge besitzt. So unvorbereitet es folglich auch in den Schmelzpunkt gelangt, so wird es hier einem, wenn gleich zur Umwandlung in graues Roheisen nicht zureichenden oder hinreichend lange anhaltenden, doch im Vergleich zu dem Betriebe mit kalter Luft, weit höheren Hitzgrade ausgesetzt sein, wodurch es im weifsen Zustande flüssiger, folglich hitziger ausfallen mufs. Diese Erscheinung ist hier in einem auffallenden Grade beobachtet worden, indem man bei Gelegenheit des Gusses von zwei grofsen Blechwalzen von 80 Centner Gewicht, den übersetzten Gang des Ofens mehrere Tage lang fortdauern lassen mufste. Man erhielt nämlich nach beendetem Gufs, wegen der gröfsen Abkühlung des Ofens, auch selbst als schon leichte Erzgichten eingetreten waren, noch 2 Tage hindurch weifses und halbirtes Eisen; allein die Beschaffenheit des erblasenen Eisens blieb sich dabei ganz gleich und die Flüssigkeit desselben nahm eher zu, als ab, wogegen beim Betriebe mit kalter Luft, der Zustand des Ofens ein sehr gefährlicher gewesen sein würde.

Dafs das gaare, graue Eisen bei diesem höheren

Hitzgrad, noch keine nachtheilige Verbindung mit Erdbasen eingegangen sei, dafür scheint das aufserordentlich gute Verhalten beim Verfrischen zu sprechen.

Um den Unterschied des specifischen Gewichtes des bei heifser und kalter Luft erzeugten Roheisens zu ermitteln, wurden nachstehende Wiegungen von mir vorgenommen. Die hiezu angewandten Stücke waren sorgfältig aus der Mitte eines gröfsern Stückes geschlagen und von allem anhängenden Sande möglichst frei. Die Abwiegung geschah auf einer genauen Probirwage, bei einer Temperatur des Wassers von + 18° Reaum. bei welcher das spec. Gewicht desselben = 0,9980489 ist.

A. Bei kalter Luft erzeugtes Roheisen.

1. Graues Roheisen aus $\frac{7}{9}$ Babkowsker mit $\frac{2}{9}$ Grossteiner Erzen . . . . 7,154.
2. Graues (schaumiges) Roheisen aus Grossteiner Erzen . . . . 7,101.
3. Weifses Roheisen vom übersetzten Gange aus Grossteiner Erzen . . . . 7,421.
4. Weifses Roheisen, aus Grossteiner mit Zusatz von $\frac{2}{9}$ Babkowsker Erzen . . . . . 7,646.
5. Weifses Roheisen bei den Versuchen mit rohem Holze . . . . 7,652.

B. Roheisen Sorten bei heifser Luft.

6. Graues sehr gaares Roheisen aus Babkowsker Erzen . . . . 7.003.
7. Graues sehr gaares Roheisen aus $\frac{7}{9}$ Babkowsker mit $\frac{2}{9}$ Grossteiner Erzen . . . . 7,007.
8. Weifses Roheisen aus $\frac{7}{9}$ Babkowsker mit $\frac{2}{9}$ Grossteiner Erzen . . . . 7,752.

9. Graues sehr gaares Roheisen aus Grossteiner mit $\frac{2}{9}$ Babkowsker Erzen . . . . 6,967.

10. Graues, aber bei etwas schärfern Gange erblasenes Roheisen aus Grossteiner mit $\frac{2}{9}$ Babkowsker Erzen . . . . 7,160.

11. Stark halbirtes Roheisen aus Grossteiner mit $\frac{2}{9}$ Babkowsker Erzen . . . . 7,167.

12. Nicht vollkommen und durchgängig weifses Roheisen aus Grossteiner mit $\frac{2}{9}$ Babkowsker Erzen . . . . 7,500.

13. Vollkommen weifses Roheisen aus Grossteiner mit $\frac{1}{6}$ Babkowsker Erzen . . . . 7,639.

Hieraus geht hervor, dafs das graue Roheisen bei kalter Luft specifisch schwerer ist, als das bei heifser Luft erblasene, wogegen ein umgekehrtes Verhalten bei den weifsen Roheisensorten statt zu finden scheint.

Bei dem dichteren und wegen der höheren Temperatur, worin es erblasen ist, feinkörnigeren Bruch des bei heifser Luft dargestellten Roheisens, läfst sich die gefundene Verschiedenheit des specifischen Gewichts bei dem grauen Roheisen, wohl nicht füglich als richtig annehmen, indem sogar die Erfahrung schon gezeigt hat, dafs die aus bei heifser Luft erblasenem Roheisen dargestellten Gufswaaren, schöner im äufsern Ansehen, haltbarer, und zugleich auch schwerer als früher bei kalter Luft ausfallen. Oberflächliche Versuche mit unter gleichen Umständen und Erzen erblasenem Roheisen bei kalter und heifser Luft, welches mit möglichster Sorgfalt in genaue Würfel gefeilt ward, bestätigen es wenigstens, dafs das bei heifser Luft erblasene Roheisen eher ein gröfseres als ein geringeres spec. Gewicht wie das bei kalter Luft dargestellte Roheisen besitzt. Den

Grund warum sich das Gegentheil bei den Versuchen zur Bestimmung des spec. Gewicht ergeben hat, habe ich noch nicht auffinden können.

In einem weit auffallenderen Grade zeigt sich die Verschiedenheit des spec. Gewichtes bei dem weissen Roheisen. Hartwalzen in Kapseln gegossen, differirten in ihren Gewichten bei Roheisen mit kalter Luft erblasen, nie über 20 Pf., bei einem absoluten Gewicht von 9 Centner 40 bis 60 Pf. für 2 Walzen; wogegen dieselben bei Roheisen von heisser Luft stets 9 Cent. 90 Pf. und darüber wogen. Hatten die erstern häufig kleine Mängel beim Abschleifen auffinden lassen, so waren diese dagegen völlig rein und nahmen bei ihrer grossen Härte eine vorzügliche Politur an.

Resultate. Das Ausbringen des Roheisens aus den Erzen steht, bei dem 11 wöchentlichen Betriebe mit heisser Luft, gegen die früher erhaltenen und nach einem 3 jährigen Betriebserfolg ausgemittelten Resultate, nicht vortheilhaft, welches jedoch nur allein in der Verschiedenheit der zur Verarbeitung gekommenen Erze, nicht aber im Betriebe des Ofens seinen Grund hat.

Dagegen sind bei dem Betriebe mit kalter Luft, bei 64 Kubikfuss (1. Korb) Holzkohlen an Grossteiner Erzen verschmolzen . . . . 10 Cent. 70 Pf.
und bei heisser Luft, und zwar bei einer durchschnittlichen Temperatur von nur 93° Reaumur . . . . 14 — 89 —
Folglich bei heisser Luft mehr . . . 4 Cent. 19 Pf.

Bei einem Korb Holzkohlen sind bei Anwendung von kalter Luft an Roheisen erblasen 2 Cent. 44 Pf.
bei heisser Luft . . . . 3 — 21 —
Oder bei heisser Luft mehr . . . . — — 87 —

Zu 1 Centner Grossteiner Erz sind bei kalter Luft an Flufskalk erforderlich gewesen . . . . . 25,4 Pf.
Dagegen bei heifser Luft . . . . 17,0 —
Oder bei heifser Luft weniger . . . . . 8,4 Pf.
oder die Ersparung beträgt ein Drittheil.

Zur Darstellung von 1 Centner Roheisen aus Grossteiner Erzen waren bei kalter Luft an Holzkohlen erforderlich. . . . . 26,6 Cubikf.
Dagegen bei heifser Luft. . . . . 18,1 —
Oder bei heifser Luft weniger . . . . 8,5 Cubikf.

Bei der Roheisen Erzeugung aus Babkowsker Erzen, mit einem geringen Zusatz von Grossteiner Erzen, sind bei einem Korbe (64 Kubikf.) Holzkohlen, bei kalter Luft, an Erzen verschmolzen . . . 10 Cent. 61 Pf.
Dagegen bei einer Temperatur von durchschnittlich in 4 Wochen 127° Reaumur bei heifser Luft . . . . 18 — 45 —
Bei heifser Luft also mehr . . . . . 7 Cent. 94 Pf.

Bei 1 Korb Holzkohlen sind bei kalter Luft an Roheisen erblasen . . . . 3 Cent. 102 Pf.
dagegen bei heifser Luft . . . . . . 6 — 42 —
Bei heifser Luft mehr . . . . 2 Cent. 50 Pf.

Zu 1 Centner Roheisen waren an Holzkohlen erforderlich, bei kalter Luft . . . . . 16,2 Cubikf.
bei heifser Luft dagegen . . . . 10,0 —
Bei heifser Luft daher weniger . . . 6,2 Cubikf.

Zu 100 Centner Babkowsker Erzen wurde bei kalter Luft an Flufskalk erfordert . . . . . . 6,3 Cent.
dagegen bei heifser Luft . . . . 2,8 —
Bei heifser Lufs weniger . . . . 3,5 Cent.
oder es ward mehr als die Hälfte erspart.

Vergleicht man also den 11 wöchentlichen Betrieb mit heifser gegen den frühern mit kalter Luft, so ergiebt sich eine reichliche Ersparung von $\frac{1}{4}$ Holzkohle und von mehr als $\frac{1}{3}$ an Flufskalk, welches für den gesammten Hütten Haushalt von der gröfsten Wichtigkeit ist.

Ueber die anderen, nicht minder wesentlichen sehr bedeutenden Vortheile, welche die Anwendung der erhitzten Luft durch die Verbesserung des Eisens, besonders für den Giefsereibetrieb gewährt, habe ich mich schon oben geäufsert.

II.

Notizen.

1.

Geognostische Bemerkungen über die Länder des Caucasus.

(Aus einem Schreiben des Hrn. Du Bois an Hrn. L. v. Buch).

Tiflis, 24. Oct. 1833.

— — Ich war nach Sevastopol gekommen um mich einzuschiffen; ein Schiffs Capitain hinterging mich; ich mufste einen Monat auf den Abgang eines Kriegsschiffes warten, um an den Küsten von Circassien zu kreuzen. Ich sah im gröfsten Detail die Umgebung von Sevastopol und den alten Chersonesus; ich sammelte eine Menge von Beobachtungen über das vulkanische Gebirge, welches die herrliche Bai von Sevastopol umgiebt. Am 14ten Mai gingen wir unter Segel, und folgten der Küste bis über den Aioudagh hinaus, wo wir in das hohe Meer gingen. Vom Meere aus mufs man die Taurische Kette sehen, um sich einen Begriff von der riesenhaften Mauer von Kohlenkalkstein zu machen unter der man gegen die Winde geschützt ist. Ich zeichnete dieselbe so gut als möglich. Wir berührten die Asiatische Küste am Vorgebirge Ocessoussoup; von hier gegen Süd steuernd kamen wir vor Sudjuk-kale vorbei und liefen in die grofse Bai von Ghélindjik ein. Etwas südlich von Anapa beginnt das Terrain, sich zu heben, und damit eine ausgedehnte Schieferformation. Mehrere Hügelreihen, welche sich nach und nach erheben, jedoch die Höhe von 2000 Fufs nicht übersteigen, begränzen das Meer bis zum Einflufse des Kintchouli unfern Gagra. Keine Ebene ist zwischen der Küste und diesen Hügeln. An den meisten Punkten bieten sie einen steilen Rand dar, an dem die Wellen nagen und ihn untergraben, der die Mannigfaltigkeit der Schieferschichten deutlich zeigt. Während eines Monats untersuchte ich die Umgegend von Ghelindjik; nur unter starker militärischer Bedeckung gegen die Tsherkessen liefsen sich die Ausflüge unternehmen. Nirgends fand ich Versteinerungen; einige Pflanzen-Abdrücke waren die einzige Ausbeute. Der Schiefer ist wenig zusammenhaltend, er zerfällt in eckige Stücke, von schuppigem und erdigem Bruch, von grauer und bläulicher Farbe. Kieselschieferschichten sind nicht sehr häufig. Die Bai von Ghelindjik, 3 Werst breit, 2 Werst tief, mit einer Oeffnung von 1 Werst, ist nur ein schönes Becken in den niedrigen Schiefer-Felsen; es ist der letzte Hafen von Circassien und Abkasien. Die Bai von Soudjoukkale ist geräumig, weniger sicher, besonders gegen die Süd-West-Winde. Die anderen auf den Karten angegebenen Baien zu Pschad, Voulan, Kodos, Vardan, Soutchali sind nur offene Rheden. Es giebt keine gute Karte von dieser Küste, die von Gautier ist die beste, sie ist nicht ohne Fehler. Angesichts der Rhede von Kamouischlas, eines beträchtlichen Flusses, bemerkt man zuerst die Schneegipfel des Kaukasus; es sind abgestumpfte Pyramiden; sie bilden eine Reihe von Felsenspitzen. Auf einigen bildete am $\frac{\text{19ten Juni}}{\text{1sten Juli}}$ der Schnee eine glänzende Kuppel, während er an andern nur streifenweise im Grunde breiter Spalten erschien. Die Wälder steigen hoch hinauf; die Bergspitzen sind ringsum von einer schönen Vegetation eingefafst. — Endlich im Angesicht von Gagra erreicht man die Spitze oder das Nord-Westliche Ende des Kaukasus. Es ist ein imposanter Anblick, diese herrliche Kette plötzlich von ihrer ganzen Höhe ins Meer abstürzen zu sehen. Derselben liegt eine kleinere Kette vor, welche man die subkaukasische nennen könnte, wie man von einer subalpinischen redet. Diese Kette, deren

Gipfel beinahe die Schneegränze erreichen, folgt nahe den wahren alpinischen Gipfeln des Kaukasus, deren Richtung sich durch Abkasien, Mingrelien, Letschkoum, Ratscha, den District von Scharapana u. s. w. erstreckt. Es ist der Jura am Fuße der Alpen und noch merkwürdiger; die subkaukasische Kette besteht in der That nur aus Jurakalk, unteren und oberen.

Von der Ecke von Gagra begränzt die immer sehr steile Jurakette nicht unmittelbar das Meer, wie die Karten glauben lassen, sie weicht im Fortstreichen immer mehr von der Küste zurück; beim Cap Iskouria ist sie 30 — 40 Werst entfernt. Den Zwischenraum nimmt eine niedrige Gegend ein. Es sind ausgedehnte Ebenen von einigen gröfstentheils trachytischen Hügelgruppen mit Ausläufern des Juralkalkes unterbrochen. Der Grund dieser Ebenen ist sandig, wie zu Pitzounda, Capokados, Iskouria u. s. w. oder ein Conglomerat, wie in den herrlichen und fruchtbaren Ebenen von Bambor. Die Bäche welche das Meer erreichen sind kurzen Laufs, wiewohl ziemlich wasserreich; sie kommen aus der Hauptkette, durchbrechen die Jurakette in engen und tiefen Einschnitten, wie die von Gagra, von Sakojach, von Tsebeldah, welche der Gegend ein wunderbares Ansehen verleihen; im flachen Lande haben sie wenig Gefälle, einige verlieren sich in den Sümpfen, die einige Theile von Abkasien ungesund machen. Am $\frac{\text{21sten Juli}}{\text{2ten August}}$ kam ich in der Redoute Kale an; in der Redute Kale oder zu Poti zu landen ist beinahe eben so wie zu Damiette oder in den Lagunen von Ravenna. Aehnlich dem Delta des Nils oder den Ebenen der Lombardei, sind die Niederungen von Mingrelien und Immirette nur eine weite gleichförmige Ebene, in deren Mitte der Phase oder Rion langsam fliefst, und die Gewässer von der Süd-West-Seite des Kaukasus und von der Nordseite der Kette von Akalziché aufnimmt. Diese Ebene 200 Werst lang, 15 bis 30 Werst breit, langsam gebildet durch die Absätze eines beinahe immer trüben Flusses, ist von einer Fruchtbarkeit, von der man kaum eine Vorstellung hat: Nufsbäume, Buchen, Hagebuchen, Eichen, schwarze Ulmen immer dicht behängt, mit langen Weinguirlanden; Kastanien, Feigen, Granaten, Lorberbäume, Buchsbaum, Stechpalmen, Platanen, mehrere einheimische Bäume und Sträucher, wachsen bunt durcheinander und bilden nur einen dichten Wald, in dem die Dörfer wie gesäet sind von Holz gebaut. Wälder von Pflaumen-, Aepfel- und Birnen-Bäumen begränzen das Meer zwischen Redout Kale und Poti, während Pancratium illiricum das Gestade mit Wohlgerüchen erfüllt. Die Hirse, der Mais, dessen Stengel 14 Fufs Höhe erreichen, ein wenig Reis, sind aufser dem Wein die Hauptgegenstände der Cultur. Ich durchschnitt die Ebene, den Khopi aufsteigend bis zu dem berühmten Kloster gleichen Nahmens; hier verfolgt die grofse Strafse auf eine Strecke die letzten niedrigen kaukasischen Hügel. Ich kam darauf durch Sakharbet, Abacha, Marane, Goulitskali. Die Hügel von Khopi, Sakharbet sind gröfstentheils trachytisch und haben aus der Tiefe der Ebene Platten sehr veränderten Jurakalksteins herauf gebracht, welche ihre Gipfel krönen. Unter diesen Trachyten herrscht das Gestein vor, welches ich in der Uebersicht der Krimm mandelsteinartigen Basalt genannt habe. Durch diese Erhebungen verbindet sich der Kaukasus mit der Ebene. An dem Punkte, wo der Rion das Gebirge verläfst, sieht man die Jurakalkschichten aus der Ebene sich erheben, sich krümmen und aufrichten vor einem weiten Trachyt Amphitheater. Man sieht auf zerrissenen Felsen ein weitläuftiges Gewirre von Ruinen sich erheben, von allen Arten, von jedem Alter, Tempel, Kirchen, Brücken, Wasserleitungen, Wälle auf Wällen, Thürme auf Thürmen, versteckt unter Epheu und Granaten. Es ist das alte Koutais (Kutatis) die Stadt der Meder, der Fabeln. Es ist nichts mehr von der Herrlichkeit übrig. Die neue Hauptstadt von Immirette ist in der Ebene gebaut und das alte Koutais dient nur den Müssigen und den Mönchen zum Spatzirgange, welche allein ein Obdach in diesen Trümmmern behalten haben. Die untere Juraformation besteht aus dichtem Kalkstein, voll von Klüften, von gelblicher Farbe, der oft ein dolomitisches Ansehen besitzt. Versteinerungen sind überaus selten; ich habe nur kleine Gryphiten gefunden. Die obere Juraformation ist ein merglicher Kalkstein, weifs oder grau, sehr verändert, zerborsten bis ins Kleinste. Unter den Versteinerungen, von denen er voll ist, finden sich mehrere Species von Ammoniten, Terebrateln, ein Nautilus, eine Rostellaria, Podopsis, Pectiniten, Belemniten u. s. w. 40 — 50 Species habe ich gesammelt. Darüber kommt eine Formation von Mergel oder schiefrigem Thon, ohne andere Versteinerungen als mit einigen Belemniten; las Analogon der mächtigen Formation von schiefrigem Mergel, welcher in der Krimm den Jura von der Kreide rennt. Der Trachyt welcher zu verschiedenen Malen lie Juraformation erhoben und zerstört hat, hat hauptächlich seinen Sitz in den Transitions Schiefern; es ist ehr wahrscheinlich, dafs diese schiefrigen Mergel das Resultat des Meeres Absatzes in diesen Eruptions Epochen sind. Ich schob es auf, in den Kaukasus vorzuringen, um die einzige Jahreszeit zu benutzen, wo es nöglich ist die Kette von Akalziche zu übersteigen. Venn der Kaukasus nicht so nahe wäre, würde sie für in beträchtliches Gebirge gelten. Ausgehend weit hiner Batoum, vereinigt sie sich in grader Richtung mit lem Fufse des Kaukasus an den Quellen der Quirila, ınd trennt das Gebiet des Phase und des Koura. Die ıöchsten Spitzen sind zwischen Russisch Gouriel und ürkisch Gouriel und zwischen Bagdad und Akalziche. inige Gipfel behalten während des ganzen Jahres chneeflocken und Felder; woraus sich, unter dieser reite, ihre Höhe wohl auf 7000 Fufs schätzen läfst. leine Reise bis Akalziche giebt eine Idee von einem urchschnitte dieses Systems.

In Varzig angekommen, fingen wir an einige nierige trachytische Hügel zu besteigen, oder solche die ıs grofsen Geschieben bestehen, deren Bindemittel ein rümmertrachyt ist. Wir fanden Bagdad am Eingange nes engen Thales, welches senkrecht auf die Achse er Kette steht; im Grunde fliefst reissend der Khanitsali. Zu Bagdad habe ich den Schiefer zu beiden Seiın des Flusses gefunden; aber 8 Werst weiter herauf igt sich Grauwacke, deren mächtige Bänke, Mauern eich, das Thal auf eine Länge von 40 Werst so einwängen, dafs es einer breiten Spalte ähnlicher als irınd etwas anderem sieht. Kaum ist Raum genug für en Bach, der rauschend über aufgehäufte Blöcke stürzt. er Fufssteig führt über enge hervorspringende Felsen, ıter sich ein Abgrund von wildester Art. Das Dorf hane liegt 25 Werst von Bagdad, auf einer terrassenrmigen Erweiterung des Thales. Ueber Khane hinaus ört alle Kultur auf. Man geht 15 Werst weit durch nen Urwald von Tannen, Fichten, Buchen, Hagebuchen. iemals durchdringt die Sonne die dichten Laubgewölbe eser alten Sprossen der Erde, unter denen eine ewige

Feuchtigkeit herrscht, vermehrt durch eine grofse Menge von Quellen. Hier ist der schlechteste Weg den man sich denken kann. Im Ganzen sind die Schichten söhlig gelagert, obgleich eine Menge von Störungen, Klüften und Biegungen vorkommen. Ueberall herrscht Grauwacke und der Khanitskali fliefst mit immer wachsender Geschwindigkeit. Endlich fliefst er nicht mehr, sondern stürzt nur von Fall zu Fall; es ist ein fortdauernder Wasserfall; hier verläfst man das Bett des Flusses, hier ändert sich der Boden, hier hört die Grauwacke auf, hier fängt man an zu klettern, die hohen Trachytfelsen von einer schrecklichen Nacktheit zu erklimmen. Hat man endlich den Gipfel erreicht, so ist man erstaunt, Gehänge, Kämme zu sehen, mit der herrlichsten Vegetation bedeckt. Man verläfst in rascher Folge die Region der Buchen, Hagebuchen, Tannen, dann der Fichten, man erreicht die der Birken, Weiden und der Rhododendron. Sie hört auf, der nackte Gipfel mit ausgedehnten Alpen Weiden ist noch übrig, aus denen Trachytfelsen hervorsteigen, bestehend aus Blöcken, aus Geschieben, abgerundet, eckigt von ursprünglicher Bildung verbunden durch eine krystallinische graue Masse; der gröfsere Theil dieser Felsen verwittert mit aufserordentlicher Geschwindigkeit; — man kann nun nicht mehr erstaunen die Gipfel der Berge von so ausgezeichneter Fruchtbarkeit zu finden. Einige Erdhütten liegen auf diesen trefflichen Weideplätzen zerstreut, in denen Tartaren die schöne Jahreszeit mit ihren Hammelheerden zubringen. Im Herabsteigen findet man die Region der Birken wieder; man gelangt zu einem Gehänge, um welches sich ein schreckbarer Weg herumwindet, zwischen Trachytfelsen aus langen Feldspath- und Hornblendekrystallen bestehend. Unter diesem Gehänge ist wieder Grauwacke und Transitions Schiefer mit Wald bedeckt; endlich gelangt man in ein leicht welliges Terrain von sonderbarem Anblick. Wie das alte Colchis waldig und feucht ist, so ist diese alte Gränze Armeniens nackt und dürre; auf einer Seite zusammenhängende Wein Guirlanden, unter welchen sich die Dörfer verstecken, auf der andern Felder, unabsehbar mit Hütten und Erddächern bedeckt. Nur hier und da einige orientalische Papyrus bezeichnen die Ränder der Felder. Die Ufer des Koura und Patskoff allein sind mit frischem Grün bekleidet. Der Patskoff theilt Akalziche n die alte und neue Stadt, beide von der Festung beherrscht, die auf einer Gruppe Trachytfelsen von bizarrster Form gebaut ist. Wie grofs war mein Erstaunen die obersten Lagen von Tertiär Muscheln erfüllt zu sehen; weitere Untersuchungen zeigten, dafs ich mich in einem grofsen Tertiärbecken befand; es fängt weit östlich von Akalziche an und endet zu Akskour am Ausgange des Thales von Bardjom. Eine Menge Trachyt Ausbrüche kommen hervor, dem Laufe des Patskoff folgend. Der Nummulitenkalk bildet mehrere Schichten unmittelbar auf dem Trachyt; sie sind umgestürzt. Eine mächtige Bildung von blättrigem Thon ist ihnen aufgelagert, ohne Versteinerungen, bald gelblich, bald bläulich; sie erfüllt hauptsächlich das Bassin und steigt bis 1000 Fufs über das Niveau des Flusses. Die Schichten desselben sind gestürzt, gebogen. Am Ausgehenden viele Gipskrystalle in einer braunen Schicht, aus der eine Salzquelle von 12° Temperatur bei Akalziche entspringt. Ich habe 40 — 50 Species von Tertiär Versteinerungen gesammelt, deren Untersuchung interessante Resultate für die Geschichte dieses Beckens liefern wird. Die Trachytmasse, welche sie einschliefst, zeigt hinreichend an, dafs diese Tertiärbildung auf oder während eines trachytischen Durchbruches entstanden ist. Die Störungen der Schichten sind Beweise, dafs der Trachyt nach dem Nummulitenkalk und dem blättrigen Thone hervorgekommen ist. Welcher dieser Revolutionen mag ein Ausbruch angehören von kreisförmig gestellten Prismen eines schönen schwarzen Basaltes mit Agatkugeln, welche am Rande des Patskoff am Fufse des Festungsfelsen hervortritt? Ich verliefs Akalziche um die südliche Begränzung des Beckens aufzusuchen. Ich stieg 3 Werst weit über die Hügel des blättrigen Thones, welche sich auf eine Gruppe von Trachyt Conglomerat auflegen, deren Gipfel ich hinter mir liefs um eine alte Kirche zu erreichen, die auf das herrlichste mit Georgischen Sculpturen und Inschriften bedeckt ist und mit einem Schlosse des Prinzen Atta in einer der wildesten Trachytspalten liegt. Je mehr man sich dem Kour, Kwar oder Cyrus nähert, den man 25 Werst von Akalziche entfernt, bei Gobiete, erreicht, tritt man in die Schieferformationen ein, welche den Flufs einschliefsen. Aufsteigend den Lauf des Kour, immer noch Schiefer herrschend, überzeugt man sich bald, dafs man sich in einem ganz umgestürzten Lande befindet. Trachyt Ausbrüche zeigen hier und da ihre kühnen Felsen, nackt, bläulich oder rostig; Gruppen kegelförmiger Berge erheben sich aus dem Schiefer und bekränzen das Thal. Trachytströme durchsetzen mehrere Male den Lauf des Kour, welcher schäumend diesen grofsartigen Schleusen sich entzieht. Zwischen denselben Thalerweiterungen; wahrhafte Becken oder Kessel. Die Grauwacke und Schiefer, sobald sie sich zeigen, sind schrecklich verwirrt; aber noch mehr ist man erstaunt einzelne Lavablöcke zerstreut oder angehäuft auf den Gehängen der Thäler zu finden. Die Spannung steigt, wenn man endlich 50 Werst von Akalziche die Festung Hertwis erreicht. Sie liegt auf einem Felsen am Zusammenflufs der Taprovanie und des Koura. In der That man ist auf vulkanischem Boden, man erkennt ihn unter allen Gestalten. Man ist überzeugt einen Vulkan in der Nähe zu haben, wo ist er denn? Man steigt den Kour noch immer aufwärts. Hier auf eine Länge von 7 — 8 Werst ist er enger als jemals zusammengezogen; zwei steile Mauern, zerrissen, beinahe 100 Fufs hoch, schliefsen ihn ein. Massen vulkanischen Schuttes bilden Bänke 40 — 50 Fufs mächtig, auf denen Lavabänke liegen in regelmäfsigen Prismen gesondert. Auf dieser basaltischen Lava, welche 20 bis 100 Fufs stark ist, liegen Schichten von vulkanischen Trümmern, eckig von allen Arten, durch eine vulkanische Masse verbunden; oder Asche, welche hie und da eigene Schichten bildet. Diese Aschen sind weifs, grau, roth und bläulich. An einigen Punkten stöfst Grauwacke in dem Bette des Kour hervor; man sieht sie selbst als Unterlage dieser vulkanischen Auswürfe, die mit einer Lage grofser Blöcke ohne alles Bindemittel anfangen. In 7 Werst Entfernung von Hertwis entfernen sich die Wände, welche den Kour einschliefsen und bilden eine runde Ausweitung 5 — 6 Werste im Durchmesser, in deren Mitte der Kour in einem engen 50 — 60 Fufs tiefen Bette fliefst. In der ganzen Ausdehnung dieses Kesselthales sind Aschenkegel, hie und da ohne Regelmäfsigkeit, um einen kleinen ovalen See vereinigt, von 400 — 600 Fufs Durchmesser und aufserordentlicher Tiefe, mit einem Kranze von Lavablöcken rings umgeben. Das Wasser dieses kleinen Sees ohne Abzug, vom Koura einige 100 Schritte entfernt, steht mindestens 50 Fufs höher. Dies ist der Krater des Vulkans.

An dem entgegengesetzten Ende habe ich den Koure, eingeschlossen in vulkanischem Felsen, wiedergefunden, dessen über 1000 Fufs hoher Gipfel mit der weitläuftigen Festung der Königin Thamar gekrönt ist und 4 — 5 Werst von der Festung entfernt liegt ihr Warzie, eines der wunderbarsten Monumente; es ist eine ganze Stadt, ausgehöhlt in verhärteter vulkanischer Asche von 500 bis 600 Fufs Mächtigkeit. Man sieht drei grofse Kirchen, unterirdische Gänge, einige Werste lang, Gemächer ohne Ende, mit Geschmack ausgeführt, Keller, Brunnen, die Sommer- und Winterwohnung der Königin Thamar, — Gebäude in einem gröfseren Maafsstabe, als alles was man in der Krimm, zu Inkermann oder zu Tepekermann Aehnliches sieht. Von Warzie kehrte ich grades Weges nach Akskour zurück. Wie interessant ist es nicht, so alle trachytischen, basaltischen, vulkanischen Gebilde beinahe zusammengruppirt in einem Tertiärbecken zu finden, oder auf seiner Begränzung. Ich habe gesagt, dafs das Tertiärbecken von Akalziche sich bei Akskour endet. Abwärts an diesem Flusse kommt man unmittelbar in das schöne Thal von Bardjom, 45 Werst lang, dessen Wände den Flufs beständig einengen, der für Flösse erst 23 Wersten nach seinem Eintritt in das Thal schiffbar wird. In seiner ganzen Längenerstreckung nur Schiefer oder Grauwacke, schrecklich zerrüttet, umgestürzt; ungeheure Pics von Grünstein und Trachyt, gewaltige Massen mit eingeschlossenen Blöcken. Bänke prismatisch abgesonderten, verwitterten Trachyts auf Bänken von Geschieben und Blöcken, Berggestalten, Pics, Nadeln, mit Felsplatten, zerrissen; gespaltete Schichten von Grauwacke oder Schiefer, gehoben, gekrümmt, aufgerichtet, senkrecht; Orthoceratiten selten in der Grauwacke. Das Thal von Bardjom ist was man nur Mahlerisches sehen kann. Revolutionen haben die Bewohner vertrieben, überall die Ruinen von Schlössern; Thürme erheben sich über herrliche Wälder; auf jedem Schritt die Ruinen gewölbloser Brücken über der Koura; der Reisende versetzt sich an die Ufer des Rheins unterhalb des Bingerlochs. — In der Nähe von Souram öffnet sich das Thal plötzlich; auf dem linken Koura Ufer eine weite Ebene; hier fängt ein neues Tertiärbecken an, welches sich bis über Aragai hinaus erstreckt, und ganz Khartalinien nördlich vom Kour umfafst, während die Kette von Akalziche sich in zwei

Arme trennt. Einer erstreckt sich auf dem rechten Ufer des Koura bis Kakhetie; der andere vereinigt sich mit dem Fuſse des Kaukasus an den Quellen des Quirila. Ich muſste ihn übersteigen, um nach Scharapana zu gelangen. Im Ansteigen erkannte ich die Formation des Jura mit Terebrateln u. s. w. Aber kaum war ich über den Jugum hinaus, als ich mich unter den wilden Kegeln des Trachytes, des Grünsteins befand, welche die beginnenden Ufer der Tschikerimela bis Gherikhevi einfassen. Mit Ausnahme der groſsen Massen von Grauwacke und Schiefer erscheint nur auf eine kurze Erstreckung bei Moliti ein Mergelschiefer mit Ammoniten, Belemniten, den ich für Lias halte und über welchem gelagert der Jurakalk auftritt. Scharapana sich nähernd, zeigt sich der Jurakalk auf den Höhen und 4 Werst von dieser alten Stadt, jetzt verlassen, erreicht man das Bassin der Quirila; man steigt 7 — 800 Fuſs über tertiärem Gehänge herab; Schichten, nur allein bestehend aus kleinen Venus, Neriten, Potamiden, dehnen sich über eine weit verbreitete Formation von blättrigem Thon oder Klebschiefer aus. Ich erwähne hier eines dritten Tertiär Beckens zwischen dem Fuſse des Kaukasus und der Kette von Akalziche. Die breite Niederung, in der sich die Wasser des Quirila und Tschelaborj fortbewegen, ist die Fortsetzung der groſsen Ebene des Phase. Die niedrigen Hügel, welche diese Ebene bis nach Kurais durchschneiden, sind mit Schichten von Tertiärkalk bedeckt; ich habe sie noch über Bagdad hinaus gefunden. Auf dem Wege nach Ratscha bin ich durch dieses Tertiärbassin hindurch gekommen; ich überstieg die niedrige Berg-Kette welche den Phase von dem Quirila trennt. Am Fuſse erheben sich ansehnliche Trachytmassen, höher hinauf steigend fand ich Thon und bunten Sandstein und darüber den Jurakalkstein, welcher den ganzen Jugum zusammensetzt. Der bunte Sandstein tritt wieder hervor, wenn man nach Khokoi herabsteigt; keine Versteinerungen.

Das Niederland Ratscha oder das untere Thal des Rion besteht nur aus Jurakalkstein, durchbrochen oder erhoben durch Trachyt. Man darf daher keine Regelmäſsigkeit der Schichtenstellung erwarten; alle Erscheinungen des Jura kehren hier wieder; Spalten, durch welche der Phase flieſst; Grotten, bei Khotevi, eine natürliche Eishöhle, sehr groſs; Bach von Schauri, welcher ich in einem Schlunde verliert, und südwestlich wieder erscheint. In das obere Ratscha tritt man durch eine grofsartige Pforte ein, welche die Natur selbst in den Jurakalkstein gegraben hat, dessen beinahe senkrechten Schichten sich gegen 1000 Fufs über das Niveau des Phase erheben, der in in einem natürlichen Kanal eingeengt schäumt, kaum einem Fufssteig Raum gönnt. Hier ist die Gränze der Juraformation; hier öffnet sich der Phase; das Thal öffnet sich, um dem Dorfe von Baragone Raum zu geben. Man ist in einem Amphitheater von Trachytdomen und Felsen, welche 5 — 6 Werste von der Jurapforte eine zweite Enge bilden, wo sich der Rion furchtbar schäumend über ungeheure Trachytblöcke stürzt, welche seinen Weg versperren. Weiter erscheint der Transitionsschiefer, sehr verarbeitet von dem Trachyt, bis nach Outséré, wo er gänzlich verschwindet. Der Weinstock hört auf; einige Birken zeigen sich auf den Höhen, um allmählig in das Thal hinab zu steigen. Der Transitionsschiefer wird herrschend; seine zerrissenen Gipfel wachsen wie Riesen; sie bedecken sich mit ewigem Schnee, es giebt kein Thal mehr; nur der Rion schäumt, nagend an den schwarzen Wänden des Schiefers, mit alten Pinien bedeckt. Auf 7 — 8 Wersten Länge überschreitet man 9 mal den Rion auf zitternden Brücken. Man kommt zum Einflusse des Glolatskali; man ist in dem Innern des Kaukasus. Die Berge öffnen sich und bilden die Centralthäler des Glola und Ghebi. Stolze und rauhe Bergbewohner wissen treffliche Erndten einem Boden zu entlocken, den das Nadelholz und Birken bedeckten, wo Aepfel und Pflaumen nur mit Mühe gedeihen. Ihre Heerden irren hier und dort auf quellenreichen Wiesen. Die leichten Holzhäuser des unteren Ratscha und Immirette sind durch steinerne Gebäude ersetzt. Jeder Bergbewohner hat einen 50 bis 60 Fufs hohen Thurm mit Schiefsscharten versehen, an dem sich die ebenfalls im Vertheidigungs Zustande befindliche Wohnung anlehnt. Man urtheile über den Eindruck, den die Dörfer Ghebi, Glola, Tschihori machen, mitten unter glänzenden Eisfeldern. Mehrere starke Säuerlinge, der Reichthum jedes andern Landes, entspringen zu Outsere, Glola; Temperatur 8 — $9\frac{1}{2}$°. Eine starke Entwicklung kohlensauren Gases findet oberhalb Outsere, nahe bei einer alten Kirche statt, von den Pilgern besucht, welche

Heilung vom Einathmen dieses Gases hoffen. Ich stieg den Ratscha wieder herab, um nach Letschkoum zu gelangen, dem oberen Thale von Tskhenitskali (Pferdefluſs) welcher am Fuſse des Elbrus entspringt, und kam bei Mouri durch eine Pforte, von Baragone ähnlich, ebenfalls im Jurakalk. Ich verfolgte abwärts den Tskhenitskali bis in die offene Ebene von Mingrelien. Es ist ein fürchterlicher Weg. Ich durchschnitt die ganze Breite des Jurakalksteins, welcher den Fluſs mit steilen Mauern einfaſst, bald entsprechende Vorsprünge auf dem Rücken des Trachytes bildet, der ihn erhoben hat. Ich verfolgte alsdann den Fuſs der Hügel, das Bassin von Mingrelien einschlieſsend; überall sind diese äuſseren Hervorragungen Trachyte, welche Jurakalkstein aus der Tiefe mit hervorgehoben haben. Ich suchte zu Poti die Reste von Ea und Phasis. Phasis ist, was man das alte Poti nennt, 7 Werste von der Mündung von Rion. Ich fand in einem tiefen Sumpfe die Ruine einer Festung von Ziegelsteinen gemauert (vielleicht Ea?) 5 Werste von der wirklichen Mündung des Rion. Die Umgebung ist ein undurchdringlicher Sumpf; das Eingangsthor ein schlammigter Canal. Nur wenig erhebt sich die Ruine über den niedrigen Stand des Rion. Wie ist dieselbe versunken? Seit ihrer Gründung hat der Rion seinen Lauf um 5 Werst verlängert; das Meer hat eine Barre vor dem alten Golf aufgeführt, worin er sich ergoſs und hat den Salzsee von Paleastome gebildet (παλεαστομα, die alte Mündung). Ein Seitenarm des Phase ist der Hauptarm geworden. Der Phase oder Rion, jetzt 5 Wersten länger laufend als früher, hat sein Bett wo früher Ea war, um das Gefälle dieser Länge erhöht, welches kaum weniger als 7 bis 8 Fuſs ist. So war das alte Ea früher 7 — 8 Fuſs über dem Phase, jetzt ist es unter dem Wasser. Was mit Ea bereits geschehen ist, kann der jetzigen Festung von Poti ebenfalls begegnen. Schon ist der Rion um 2 Wersten fortgerückt, und das Niveau der Festung ist kaum noch 2 bis 3 Fuſs über dem Spiegel des Rion; wenn er noch 2 Werste vorschreitet, so wird Poti ebenso unter dem Wasser liegen wie Ea. Ich folgte der Küste von Poti nach St. Nicolas, wo ich des schönen Anblickes des Berg-Amphitheaters von Batoum genoſs. Ich trat in Gouriel ein, herrliches Land zwischen der hohen Kette von Akalziche und dem Rion, bewässert von einer Menge von Bächen. Ueberall treten Trachytfelsen an dem Fuſse der Hauptkette hervor, während die Grauwacke und der Schiefer die Höhen einnehmen. Man kann sich keine Vorstellung von der Pracht des Anblickes machen, den ich von den Höhen von Likhaouri, Askana, herab genoſs, welche auf diesen Trachytbergen angesiedelt sind. Kaum mag das gerühmte Ithome sich nähern. Ganz Gouriel liegt zu unseren Füſsen, wie ein groſser Garten; das Meer ist im Westen eine glänzende Begränzung; die groſsartigen Formen des Kaukasus schlieſsen in Nord und Ost den Horizont; die beiden Enden verlieren sich ins Blaue, während in der Mitte der Elbrus riesenhaft sich erhebt, umgeben von leuchtenden Spitzen. Rückwärts vertieft man sich in das Herz der Berge von Akalziche.

Zurückgekehrt nach Kotais wählte ich einen beschwerlichen Weg, den man mir aber als sehr interessant beschrieb. Ich durchkreutzte die Tertiärformationen, welche die Hügel von Simonetti, Tschkhari bedekken, und stieg in das Bett des Quirila 8 — 10 Werste oberhalb von Scharapana herab. Wir stiegen das Thal des Quirila herauf, eingeschlossen von Dolomitmauern. Auf 12 Wersten muſsten wir 9mal den Fluſs in Furten durchwaten, aufgehalten von undurchdringlichen Felsen. Der Dolomit erscheint wie ein See in Trachyt versunken, der ringsumher hervortritt und sich höher als der Dolomit erhebt, der sich 500 Fuſs über dem Niveau des Quirila findet. Man erkennt Spuren horizontaler Schichten; aber das Gestein ist ganz zerbrochen; die Bruchstücke zeigen Höhlungen und Risse nach allen Richtungen; Höhlen zeigen sich überall. Die gröſsten haben als Zufluchtsort und selbst als Wohnung gedient für die Bewohner des Landes bei den Einfällen von Djendjeskhan, Tamerlan, Mourvankrou u. s. w. Jetzt sind sie verlassen; nur das Dorf von Gouemi ist geblieben, dessen schöne Kirche ganz in einer dieser Höhlen gebaut ist, wo man noch eine Capelle, Gräber, eine starke Quelle findet, welche in Kaskaden von der Decke herabstürzt; auch das Dorf ist in Höhlen gebaut. Auf diese Dolomit Masse folgt das schöne und breite Thal von Satschkeri mit Tertiärbildungen, das alte Besitzthum der Fürsten Tsiratelles. Ich kam bei den Quellen des Dziroula vorbei, durch die Pophyrberge von Kordochti und trat in die Ebenen und das Tertiärbecken von Karthalinien ein; das Land ist nackt, trägt nur Weitzen; der

Wein leidet von den kalten Winden des Kaukasus. In 9 Wersten von Gori, besuchte ich Ouplostsiché, eine Stadt, welche ganz in einem Felsen von tertiärer Molasse ausgehöhlt ist, welcher am Koura liegt. Die reichsten Gemächer sind zierlich mit Pilastern geschmückt, die Decken sind auf das sauberste in Casetten ausgearbeitet. Es ist eine Persische oder Medische Arbeit. Es ist außer Zweifel, daſs die Ebene von Gori, welche sich wie eine Tafel bis Tschinval erstreckt, umgeben von Tertiärhügeln blättrigen Thones, Kalksteins oder Molasse, und die von Moukran, vormals Landseen gewesen sind, jetzt abgetrocknet; man kann ihr altes Niveau verfolgen im ganzen Umfange. Von Mschkhet nach Tiflis kommt man wieder in die Formationen des Schiefers und der Grauwacke, welche den Koura einschlieſsen. Es ist die Fortsetzung der Kette von Akalziche, welche dem Laufe des Koura folgend, hier herübersetzt, um nach Kakheti hineinzusetzen. Zu Tiflis, in dem Transitions Schiefer von Trachyt durchbrochen, waren sehr starke Schwefelquellen. Dies ist das Resultat meiner Reise. —

2.

Vorkommen, Gewinnung und Aufbereitung der Kobalterze in den Camsdorfer und angränzenden Revieren.

Von

Herrn Tantscher, zu Camsdorf.

Amtliche Verhältnisse sowohl, als wissenschaftliches Interesse haben mich bewogen, schon seit mehrern Jahren den verschiedenen Kobaltarten im hiesigen Revier und deren Vorkommen, besondere Aufmerksamkeit zu widmen. Die im hiesigen und dem angrenzenden Baierschen-, Saalfeldischen- und Schwarzburgischen Revier der alten Flötzkalkformation vorkommenden Kobaltarten sind:

Weifser und Grauer	Speiskobalt,
Schwarzer Brauner Gelber Grüner Rother	Erdkobalt.

Aufser dem Glanzkobalt brechen demnach hier alle bekannten Arten und kommen auch in den Handel. Namentlich dürfte die hiesige Gegend in Betreff der Erdkobalte der ausgezeichneteste Fundort sein; auch ist mir nicht bekannt, dafs die grüne Varietät noch an einem Punkte, wo man Erdkobalt gewinnt, als Glücksbrunn, Riegelsdorf, Friedrichrode, Bieber u. s. w. bricht. Ob diese, so wie die braune und gelbe Varietät, selbstständiger Art sei, darauf sind meine Untersuchungen und Beobachtungen hauptsächlich mit gerichtet gewesen und ich überlasse es dem Leser, zu beurtheilen, in wie weit mir dies gelungen und welcher Werth meinen Untersuchungen beizumessen ist. Minder ausgezeichnet sind der weifse und graue Speiskobalt und die Kobaltblüthe; der graue Speiskobalt kommt nicht krystallisirt vor, von dem weifsen und der Kobaltblüthe finden sich krystallisirte Exemplare.

Wenn wir die verschiedenen Arten näher betrachten, so ist:

1. der weifse Speiskobalt, wo er vorkommt, durch seine Krystallisation und die zinnweifse Farbe leicht zu erkennen und von dem grauen zu unterscheiden. An mehrern krystallisirten Stücken habe ich Hexaeder und Octaeder in Combination gefunden und dies ist der gewöhnlichste Fall. Uebrigens spaltbar nach den Flächen des Hexaeders, die Flächen etwas angelaufen. Sein eigenthümliches Gewicht, welches ich = 6,6 fand, und sein Verhalten vor dem Löthrohr sind zu bekannt, als dafs ich darüber etwas Neues anzuführen wüfste, was sich bei der vorgenommenen Untersuchung ergeben hätte.

2. Der graue Speiskobalt zeichnet sich durch die dunkel stahlgraue Farbe und durch schimmerndes Ansehn auf dem ziemlich ebenen Bruche aus. Man bekommt ihn selten rein und ich zweifelte daher anfangs,

dafs es hier wirklich vorhanden sei, um so mehr, als viele von mir untersuchte Stücke nur ein eigenthümliches Gewicht von 3 und 4 hatten, was jedenfalls Folge einer Verunreinigung war. Häufig ist er mit Kobaltblüthe und Fahlerzen durchzogen, weshalb man immer noch einen Antheil Silber in den meisten Stücken findet. Das eigenthümliche Gewicht eines, mir wenigstens ganz rein vorgekommenen, Stückes war bei 3¼ Grad R = 6,98. Da aber der graue Speiskobalt von Schneeberg immer über 7,00 schwer ist, so kann die Differenz wohl aus der Unreinheit des bestimmten Stückes entsprungen sein. Vor dem Löthrohr entbindet er auf der Kohle sehr bedeutenden Arsenik- und etwas Schwefelgeruch, schmelzt jedoch, gleich in die Reductionsflamme gebracht, nicht, sondern bleibt ziemlich unverändert. Färbt Phosphorsalz, warm: violett; kalt: blau. Mit Borax zum Schmelzen gebracht erhielt ich zugleich ein zinnweifses, metallisches Korn, welches Borax für sich noch sehr intensiv blau färbte.

Ein Kobalterz von speisgelber Farbe, welches sehr intensiv blau färbt, kommt auch zuweilen vor, scheint jedoch eine mit Schwefelkies und Kupfernikkel, mit welchem letztern die Speiskobalte überhaupt gern im Weifsliegenden zusammenbrechen, gemengte Varietät zu sein. Der Wernersche gestrikte Speiskobalt ist mir ebenfalls, namentlich auf der Königs-Zeche, vorgekommen. Dieser kann wohl mit Gewifsheit dem grauen Speiskobalte zugerechnet werden.

3. Aus der Auflösung und Veränderung beider, ist der rothe Erdkobalt — Kobaltblüthe und Kobaltbeschlag — entstanden und entsteht täglich noch, wenn die Umstände günstig dazu sind, namentlich in alten Grubenbauen und auf den Halden. Im letztern Fall ist es doch immer nur Kobaltbeschlag, was man findet. Beide Arten sind mithin, was schon längst als Thatsache gilt und bekannt war, von secundärer Bildung. Die schöne Farbe vom Kermesin und Pfirsichblüthroth bis ins Rosa, giebt die Kobaltblüthe augenblicklich zu erkennen. Der Kobaltbeschlag ist lichte rosa, mitunter sogar weifs. Hier grenzt er so genau an Pharmakolith oder Arsenikblüthe, welche selten fehlt, wo Kobalthbeschlag vorkommt, dafs die Unterscheidung oft schwierig und nur vor dem Löthrohr zu bewirken ist. Von der krystallisirten Varietät sind mir niemals Stücke

ekommen, woran sich leicht bestimmbare Krystalle oden hätten; so viel sieht man indessen ganz deut- dafs sie prismatisch sind. Das eigenthümliche Ge- t habe ich aus dem Grunde, weil ich kein ganz gnetes Stück dazu fand, nicht bestimmen können. dem Löthrohr entbindet er auf der Kohle starken enikgeruch, schmelzt zu einer schwärzlichen Kugel mmen und färbt Phosphorsalz, wie Borax, warm: ett; kalt: blau, und zwar sehr intensiv.

4. Die ausgezeichneteste Art unter den hiesigen balten ist ohne Zweifel der schwarze Erdko- t und niemals, wo er auch nur erscheint, zu ver- sen; allenfalls mit Kupferschwärze, welche sich auch eilen findet, zu verwechseln.

Man kann drei Unterarten unterscheiden:

. den trauben- und nierenförmigen,

. den derben und

. den rufsigen, leicht zerreiblichen (Rufskobalt).

Farbe ist er schwärzlich blau und sammtschwarz. Sobald er in's Bräunliche oder Gelbliche fällt, ist er reinigt. Er hat fettig glänzenden Strich und ist abfärbend. Der derbe läfst sich mit dem Messer t schaben und schneiden; auch er ist übrigens l zerreiblich. Er hat grofse Neigung zur krumm- aligen Absonderung, woher die trauben- und nie- örmige Gestaltung rührt, was übrigens auch noch dem derben zu bemerken ist, der auf dem Bruche lhenförmig erscheint, aber niemals die geringste gung zum Krystallinischen hat.

Eigenthümliches Gewicht des derben = 2,33 bei Grad R. Vor dem Löthrohr reducirt er sich mit So- auf Kohle. Bleibt ohne Soda unverändert, entbindet n ganz schwachen Arsenikgeruch, (erst bei mehrern ersuchungen konnte ich denselben warnehmen, bei chen Stücken gar nicht) und zerspringt bei stärkerem ersgrad leicht mit Knistern. Färbt Borax und Phos- rsalz sehr intensiv blau, sowohl kalt als warm. ch Cupellation erhielt ich auch nicht eine Spur von er.

5. Der braune Erdkobalt kommt nur derb vor, hnet sich durch seine leber- auch lederbraune Farbe ber- und Lederkobalt), durch den flachmuschligen ch und fettig glänzenden Strich, wie bei der vorher- enden ... erhält ihn mit Mühe ganz rein.

Dieser hat das Eigenthümliche, leicht zu zerspringen und sich zu zerklüften, so dafs er, wie eine gewisse Art Braunkohle, in Knorpeln zerfällt. Er färbt ein wenig ab. Durch seine Zerstörung mag häufig Kobaltblüthe und Kobaltbeschlag entstehen. Eigenthümliches Gewicht des derben lederbraunen = 2,45. Er schmelzt vor dem Löthrohr für sich zu einer schwärzlichen, metallisch-glänzenden Kugel, wobei sich Arsenikgeruch verbreitet. Die geschmolzene Masse sowohl, als Kobalt-Pulver, färbt Phosphorsalz warm: gelb; halbwarm: gelblichgrün, kalt: blau. Die gelbe Farbe läfst wohl auf Nikkel und Eisen schliefsen. Borax wurde warm: grünlich; und kalt: blau gefärbt. Durch Cupellation erhielt ich eine geringe Spur von Silber. Enthält dieser Kobalt viel Silber, so rührt dies jedenfalls davon her, dafs auf den feinen Sprüngen, welche er hat, gediegen Silber, wie angehaucht sitzt, welches Vorkommen namentlich von der Königszeche aus so bekannt geworden ist.

Von dem schwarzen Erdkobalt unterscheidet er sich hiernach wesentlich und kann ich, des eigenthümlichen Gewichts, der Bruch-Verhältnisse und des Verhaltens vor dem Löthrohr wegen, nicht glauben, dafs der braune Erdkobalt nur eine Abänderung, oder Verunreinigung des schwarzen, oder ein thoniger Kalkstein, mehr oder weniger mit schwarzem Erdkobalt inprägnirt, sei. Obige Kennzeichen, welche ein Kobaltoxyd mit Arsenik, Nikkel und Eisen vermuthen lassen, bekunden denselben als eine eigenthümliche Art. Arsenik, Nikkel und Eisen scheinen wesentliche Bestandtheile des braunen zu sein, während der schwarze Erdkobalt nur eine Spur von Arsenik zeigte.

6. Nicht mit dieser Selbstständigkeit hat sich der gelbe Erdkobalt gezeigt. Er unterscheidet sich wohl meistens nur in der Farbe von dem braunen, ja mitunter mag er wohl nicht einmal eine reine, sondern eine gemengte Varietät sein. Man findet zwischen dem braunen und gelben, Uebergänge an einem Stück. Die eigenthümliche Farbe ist braungelb ins ochergelbe übergehend. Bruch und fettig glänzender Strich sind wie bei dem braunen, beide jedoch von matterm und erdigerm Ansehn, übrigens auch mit Kobaltblüthe und Kobaltbeschlag durchzogen. Eigenthümliches Gewicht der braungelben Varietät = 2,2 bei $3\frac{1}{2}°$ R., was freilich in Be-

acht der andern Uebereinstimmungen mit dem braunen hr auffällt. Vor dem Löthrohr entbindet er auf der ohle Arsenikgeruch und sintert zu einer schwärzlichen asse zusammen, welche sich wie die von dem braunen verhält. Diese, so wie gepulverter Kobalt, färben hosphorsalz warm: gelb; halbwarm: lichtgrün und nn immer dunkler bis zum pistaziengrün; kalt: blau. orax, warm: apfelgrün; kalt: blau. Die Kohle ward, as ich auch schon bei der braunen Varietät bemerkte, i der Reduction blaugrau beschlagen, was auf Antion deutet. Die übrigen Kennzeichen lassen ebenfalls, ſser Arsenik, Nikkel und Eisen vermuthen. Durch upellation erhielt ich eine Spur von Silber. Brauner, nd gelber Erdkobalt machen sonach gewiſs eine Varieit aus, deren specifisches Gewicht zwischen 2,2 . . . 2,45 nd die Farbe leberbraun bis ochergelb ist. Farbe, gelb; ewicht kleiner, jedoch nicht unter 2,2.

7. Der grüne Erdkobalt ist immer derb, von achmuschligem Bruch. Er kommt gern mit dem braunen und gelben, so wie mit Fahlerzen zusammen vor, nd zerspringt wie erstere. Er ist zeisig- und apfelrün, zeichnet sich daher schon durch seine Farbe vor em eisenschüssigen Kupfergrün und Nikkelocker, mit elchem er auch zusammenbricht und für identisch gealten wird, aus. Der Nikkelocker (auch Nikkelblüthe nd Nikkelmulm) verhält sich zum grünen Erdkobalt, ie der Kobaltbeschlag zur festen Kobaltblüthe, oder zum othen Erdkobalt. Mitunter kommen brauner, gelber nd grüner Erdkobalt, Kobaltblüthe, eisenschüssiges upfergrün, Nikkelocker, Fahlerz und Kupferlasur an inem Stück vor; dann verunreinigt eins das andere; ennoch ist jedes einzelne Erz noch recht gut erkennbar.

Der grüne Erdkobalt hat ebenfalls fettig glänzenden trich. Die grüne Färbung rührt vielleicht von Nikkelxyd her und darin vermuthete ich den ganzen Unterhied mit dem braunen. Indessen hat er ein gröſseres gentbümliches Gewicht von 2,68 bei 3½° R., und sein erhalten vor dem Löthrohr ist auch etwas verschieden. r schmelzt nämlich auf der Kohle, unter Entwickelung linder arsenikalischer Dämpfe, leicht zu einer stahlauen, metallisch glänzenden Kugel, welche spröde und f dem Bruche eisenschwarz ist (Arsenik-Eisen). Pulr des Kobalts und der geschmolzenen Masse färbt hosphorsalz warm: dunkelviolett; halbwarm: bouteillengrün; kalt: blau, jedoch nicht sehr intensiv. Durch Cupellation fand ich einen bedeutenden Antheil von Silber. Borax wird warm: grasgrün; kalt: blaugefärbt, Mit Borax eingeschmolzen, erhielt ich in der Reductionsflamme ein silberweifses, dehnbares, metallisches Korn, welches Borax ungefärbt liefs.

Es ist bemerkenswerth, dafs nicht alle im Vorstehenden beschriebenen Kobalte zusammen vorkommen, sondern dafs sie, an gewisse relative Teufen und Gebirgsschichten gebunden, theils allgemeiner in den letztern verbreitet, theils von den besondern Lagerstätten im hiesigen Gebirge, den sogenannten Gängen, abhängig sind. Daraus geht zunächst hervor, dafs man, wie bei den übrigen Erzen, zweierlei Hauptvorkommen unterscheiden kann, das gang- und das flötzartige*). Aufser diesem allgemeinen Vorkommen unterscheiden sich noch drei Teufen, in deren jeder besondere Kobaltarten aufsetzen. Das gangartige Vorkommen hängt von den Rücken ab, welche auf mannigfaltige Weise im Kalkgebirge zum Vorschein kommen und characteristisch für dasselbe sind. Meine Ansichten über die Natur dieser Lagerstätten sind im Wesentlichen noch dieselben wie früher; nur in Betreff der Art und Weise ihrer Entstehung haben sie sich zum Theil geändert. Ich mufs nämlich bemerken, dafs mir öfters wirkliche Verschiebungen und Rutschungen von Gebirgstheilen vorgekommen sind; es mögen mithin wohl die gangartigen Vorkommnisse der untersten und obern Teufen mehr Folge von gewaltsamen Verrückungen der ohne Zweifel in horizontaler Lage sich befunden habenden Flötzschichten aus ihrer ursprünglichen Stelle, als Absetzungen auf den vorhandenen Unebenheiten des Grundgebirges sein **). Alle Umstände sprechen dafür; zu der modifizirten Ansicht hat mich aber besonders die

---

*) Zur deutlichern Verständigung des Nachfolgenden und überhaupt dessen, was ich hier unter gang- und flötzartigem Vorkommen verstehe, verweise ich wieder auf den Aufsatz im Archiv. 19 Bd. II. Heft. S. 377 u. s. w.

**) In A. Klipsteins: Darstellung des Kupferschiefer-Gebirges der Wetterau und des Spessart, S. 68 und 69 wird dies von den dortigen ähnlichen Verhältnissen angenommen.

Tageoberfläche bestimmt, bei deren genauer Beobachtung nebst Prüfung der Fallungslinien der Flötzschichten, eine Einsenkung des ganzen Gebirgs gegen Nord, dem Orlagrunde entlang, und Herausbebung gegen Süd in der Parthie des isolirt liegenden Rothenberges unverkennbar ist, wozu kommt, dafs die meisten wirklichen Gangebenen dieser Einsenkung oder Erhebung parallel sind. Auch können die Gebirgs-Ueberhänge (über- und untergreifende Lagerung) wie beim Silberblüthner Schachte *), beim Grenzschachte, bei Neugeboren-Kindlein und bei der Königszeche (vergl. Taf. XII. Profil 1 und 2) nicht ursprünglich so ruhig gebildet und abgesetzt worden sein, sondern sind Verschiebungen, oder Ueberschiebungen des Gebirgs, wobei sich die Gebirgsschichten zum Theil nicht wirklich getrennt, dagegen im Hangenden Klüfte gebildet haben, welche mit ihnen im Zusammenhange stehend, zum Theil mit Erzen wirklich angefüllt sind, wie die Kobaltgänge, so dafs die Erzführung nicht blos in den hangenden Gebirgsschichten vorkommt.

Dergleichen gangartige Lagerstätten sind im hiesigen Gebirge die häufigern; ein solches Hauptverhältnifs zieht sich namentlich am Abhange des Rothenberges herum, auf welchem die Gruben Silberblüthe, Elisabeth, Neugeboren-Kindlein und Maximiliana bauen. Ein anderes Hauptrücken-Verhältnifs geht vom Dinkler an der Schwarzburgischen Grenze über Bergmännische Hoffnung, Glücksstern, Kronprinz, in dessen Nähe die bedeutende Brauneisenstein Niederlage sich befindet und ist vermuthlich dasselbe, worauf auch der Grenzschacht und die Unverhoffte Freude im Saalfeldischen liegen. Ein drittes Hauptverhältnifs ist das von der Königszeche und dem blauen Lichtloch.

Mit dem gangartigen ist nun auch das flötzartige Vorkommen bei den Kobalten in der Art verbunden, als gewisse Schichten im Hangenden oder Liegenden, auf gröfsere oder geringere Entfernung von der Rückenfläche, mit Kobalt, oft in Gesellschaft von andern Erzen, durchzogen sind; das Hauptvorkommen der Art findet indessen auf weite Verbreitung nur im Kupferschiefer und in der obersten Schicht des Weifsliegenden

*) Ich verweise auf das Profil einer rückenartigen Veränderung des Flötzgebirges beim Silberblüthner Schachte, welches dem Aufsatze im 19ten Bd. II. Heft des Archivs beigegeben worden ist.

unmittelbar unter dem Kalkflötzdache, mitunter auch in einigen Kalksteinschichten und dem sogenannten Glimmerflötz *) statt. Auf der Lagerstätte selbst selten und schwer erkennbar, ergiebt sich der Kobalt-Gehalt erst durch den Beschlag nach langem Liegen der Gebirgstheile in den Gruben oder an der Luft, so wie auch beim Verschmelzen der silberhaltigen Kupfererze durch die Speise. Sie ist ein, nach einer von Herrn Augustin und mir angestellten ungefähren qualitativen Untersuchung, aus Nikkel, Kobalt, Eisen, Antimon, Kupfer, Silber, Wismuth, Arsenik und etwas Schwefel bestehendes Hüttenproduct **).

Der Arsenik- und Antimongehalt in den Fahlerzen und Kobalten ist die hauptsächlichste Ursache zur Bildung dieser Speise. Noch eine andere Art derselben ist in den sogenannten Eisensauen (regulinisches *Eisen*, welches sich in den Schmelzöfen absetzt) enthalten, in denen hier noch ein wesentlicher Antheil von Kobalt, Nikkel, Kupfer und Silber, wie ich nach der Bearbeitung derselben auf dem Gaarheerd vor dem Gebläse gefunden, enthalten ist, und in denen Herr Augustin den Gehalt der Mannsfeldischen Kupferschiefer, bei deren Verschmelzung die Eisensauen so häufig sind, an Kobalt, Nikkel und Wismuth vermuthet. Sie ist eigentlich das, was man andern Orten Arsenikkönig oder Kupferspeise nennt, denn früher wurde sie nur auf Kupfer und Silber weiter benutzt, und unterscheidet sich wesentlich in ihrer Zusammensetzung von denen, welche die Herrn Berthier und Wille, (Karstens Metallurgie Bd. IV. S. 628.) untersucht haben, was bloſse Hafenspeisen von Blaufarbenwerken gewesen zu sein scheinen, durch den bedeutenden Kupfer- und Silbergehalt, durch Antimon und insbesondere durch Wismuth. Letzteres ergab sich in Menge aus einer mit Wasser verdünnten Solution der Speise in Salpetersäure durch den bekannten Niederschlag, erstere durch die gewöhnlichen Proben, das Antimon vor dem Löthrohr.

Ich untersuchte die Speisen noch etwas näher und fand das specifische Gewicht einer blättrigen, sehr sprö-

---

*) Siehe Archiv etc. 19. Bd. II. Heft, wo das Glimmerflötz geschildert worden ist.

**) Eine Analyse dieses mit dem silberhaltigen Rohstein zugleich fallenden Hütten-Productes, so wie auch der Erdkobalte, wäre sehr wünschenswerth.

len und leicht zerspringbaren, graulich-weifsen Art mit ebhaftem Metallglanze = 6,1 bei $3\frac{1}{2}°$ R. Vor dem Löthrohr schmelzt sie, unter Entbindung starker schwefich-arsenikalischer Dämpfe, zu einer stahlgrauen, metallisch glänzenden Kugel, wobei die Kohle bläulichgrau beschlagen wurde. Färbt Phosphorsalz warm: gelb; halbwarm: lichtgrün, beinahe apfelgrün, kalt: blau; Borax dagegen warm: grasgrün, kalt: gelblichgrün, fast ins goldgelbe spielend. Nach der Löthrohrprobe enthielt sie 15 — 20 Loth Silber. Das specische Gewicht einer andern Art von dichtem und unbenem Bruche, Porosität, schwerer Zerspringbarkeit, stahlgrauer, ins röthliche spielender Farbe und mattem Glanze = 6,4. Sie schmelzt vor dem Löthrohr nicht, sondern sintert blofs zusammen unter Entwickelung gender arsenikalischer Dämpfe, wobei die Kohle bläulich und weifs beschlagen war. Färbt Phosphorsalz warm: schmutziggrün, beinahe lauchgrün, kalt: blau, Borax warm; grasgrün, kalt: blau. Der blaue Anflug auf der Kohle läfst sich leicht fortblasen, der weifse nicht *).

Die Speisen enthalten, je nach der Natur der verschmolzenen Erze, aus denen sie fallen, mehr oder weniger Kobalt, am meisten die von der Königszeche. Werden dieselben, was man auf hiesiger Schmelzhütte, nach vorangegangenen Versuchen, gegenwärtig zu unternehmen angefangen hat und auf einigen Blaufarbenwerken schon länger geschehen ist, auf dem Gaarheerde vor dem Gebläse mit verhältnifsmäfsigen Zuschlägen von Kieselerde, um das Eisen zu siliciren, raffinirt (mittelst eines Oxydationsprocesses), wobei das Silber und Kupfer, welches letztere bekanntlich der Güte der Farbe sehr schadet, ersteres aber dieselbe sehr unterstützen soll, herausgezogen wird; so kann eine verkäufliche Waare an Blaufarbenwerke dargestellt werden. Die raffinirte Speise deren Gewicht ich oben zu 6,1 angegeben habe, sah ganz einem grauen Speiskobalt ähnlich, schien prismatisch zu sein, spaltbar nach P. + ∞ und Pr. + ∞ (Mohsische Bezeichnungsart), verhielt sich aber

*) Ich bedaure recht sehr, dafs mir die Schriften, welche in älterer und neuerer Zeit Beiträge zur Geschichte der Kobalterze und der auf ihnen verführten Baue geliefert haben, an meinem Wohnorte und in der Umgegend nicht zu Gebot standen; an die Vergleichung derselben mit den hiesigen Verhältnissen hätte sich vielleicht noch manche interessante Bemerkung knüpfen lassen.

vor dem Löthrohr ähnlich wie der braune und gelbe Erdkobalt. —

Das flötzartige Vorkommen des Kobalts ist weit im hiesigen Revier verbreitet und der Kobaltgehalt im Kupferschiefer fehlt fast nirgends. Allein von bergmännischer Bedeutung ist dieses Vorkommen bisjetzt fast gar nicht gewesen. Die Erzeugung von Speise bei dem erwähnten Schmelzen der silberhaltigen Kupfererze wird diesem Vorkommen erst noch gröſsere Wichtigkeit geben. Reichere und die besten Anbrüche hat man in den Rücken; die hier aufgefundenen Kobalte sind jetzt Gegenstand der unmittelbaren bergmännischen Gewinnung und des Handels. In dieser Hinsicht zeichnet sich besonders der westliche Theil des Reviers, der Rotheberg, aus, an welchem Preuſsen, Baiern, Meiningen und Schwarzburg eben sowohl Antheil, als Gruben haben. In dem östlichen und mittäglichen Theile des Camsdorfer Reviers ist mir keine gangartige Kobaltführung vorgekommen. Am ausgezeichnetsten sind die Gruben Königs-Zeche und Neugeboren Kindlein, jene auf Baierschem, diese auf Preuſs. Territorio belegen.

Bei dem gangartigen Vorkommen habe ich, wie schon erwähnt, drei Teufen unterschieden, zu deren specieller Beschreibung ich nun übergehe.

Die unterste Kobaltteufe ist am sogenannten Weiſsen-Gebirg (einer aufgelösten Thonschieferschicht, das verbindende Glied zwischen Sandstein und Thonschiefer) und am Weiſsliegenden. Hier ist der Sitz der Speiskobalte in Gesellschaft von Fahlerzen. Nicht selten bricht auch damit Kupfernikkel, von dem ausgezeichnetesten Verhalten, und Kupferkies ein. In dieser Teufe ist auch das einzige Vorkommen des Kupfernickels, welchen beiläufig die Bergleute, (eben so wie die Blaufarbenwerke) ungern sehen, indem sie ihn als den Räuber des Kobalts betrachten. Die Hauptsache ist, daſs er der blauen Farbe, gleich dem Kupfer, schadet und sich durch die Handscheidung, des innigen Gemenges mit Kobalt wegen, schwer trennen läſst. Nieren und Nester von mehrern Erzarten zusammen, noch in das Grundgebirge, auch nachdem das Gangverhältniſs nach der Teufe sich schon ausgekleit hat, niedersetzend, sind am häufigsten; selten ist das Vorkommen in langgedehnten Platten der Rückenfläche parallel. Kobaltblüthe und Kobaltbeschlag fehlen natürlich nicht. Oft, wenn man beim Auffahren eines Ortes im weiſsen Gebirg und im Sand keine Spur von Kobaltgehalt bemerkt, sind schon nach einem Zeitraum von 1 — 2 Jahren die ganzen Stöfse roth beschlagen und dann geht in der Regel auch eine Zersetzung des Gesteins vor sich.

Zweite Kobaltteufe. Aus dem mehrerwähnten Aufsatz im Archiv 19. Bd. II. Heft ist es bekannt, dafs der Kupferschiefer nicht unmittelbar auf dem Weifsliegenden aufliegt, sondern zwischen beiden, insbesondere in dem Kobalt-Revier, ein Kalksteinflötz von ½ — 1 Lachter Mächtigkeit, schwärzlichgrauer Farbe, splittrigem und sehr dichtem Bruche sich befindet. Am Kupferschiefer, dessen Lage sonach genau bezeichnet ist, und zunächst darüber, habe ich die zunächst höhere, die zweite oder mittlere Kobaltteufe unterschieden. Hier findet man die braunen, gelben und grünen Erdkobalte, ebenfalls von Fahlerzen und Kobaltblüthe, die insbesondere die gelbe Varietät in Schnüren durchzieht, begleitet. Schwarzer Erdkobalt findet sich hier nie, Speiskobalt ist eine Seltenheit; der grüne Erdkobalt findet sich dagegen manchmal bei letzterm, wenn weifses Gebirge und Schiefer nahe beisammen liegen.

Das eigenthümliche Auftreten der verschiedenen Kobalterten in verschiedenen Teufen, obgleich für sich hinlänglich constatirt, ist doch noch mit der eigenthümlichen Beschaffenheit der Rücken- oder Gang-Verhältnisse, oder beider zusammen, genau verbunden und tritt, wenn auch nicht als unmittelbare Folge der letztern, wenigstens doch deutlicher an solchen Punkten hervor. Bevor ich daher den Unterschied der mittlern Kobaltteufe und der obern oder dritten, wo sich nur schwarze Erdkobalte finden, genauer bezeichne und die Eigenthümlichkeit der letztern und wie beide miteinander und mit den Gängen in Beziehung stehen, beschreibe, füge ich zwei Profile (Tab. XII. Fig. 1 und 2.) von Gangverhältnissen bei der Königs-Zeche und Neugeboren Kindlein bei, aus denen sich nicht nur meine Behauptung wird anschaulicher machen lassen, sondern die auch für sich hinreichendes geognostisches Interesse haben, um die Beigabe zu verdienen.

Das Profil 1 zeigt, nach einer genauen Aufnahme *) die Verhältnisse des Königs-Zechner Ganges. Von *A*,

---

*) Diese bewirkte ich durch die Güte und Hülfe des Königl. Baierschen Obersteigers Herrn Sievert auf der Königs-Zeche, so wie ich auch dem Königl. Baierschen Bergmeister Herrn

wo das Gangverhältnifs im Grundgebirge verschwindet, bis B ist die unterste Kobalt-Niederlage, welche ungefähr 2 Lachter Höhe hat. Bei B macht der Gang ein kurzes Knie, um sich bald darauf wieder $2\frac{1}{2}$ Lachter hoch aufzurichten. Hier, am Kupferschiefer und hauptsächlich dem Knie entlang, ist die zweite Kobalt-Niederlage, wo man sehr reiche Anbrüche fand. Von A bis C hatte man zugleich bedeutende Fahlerz-Anbrüche mit etwas Kupferkies. Bei C machen die Flötzgebirgschichten und der Gang ein zweites Knie, wo sich der letztere, wie man sagt, ganz flach legt. Man fuhr $7\frac{1}{8}$ Lachter an dem 6achen Trume, oder vielmehr auf den Schichtungsflächen des Kalksteins auf, um zu sehen, ob eine Fortsetzung des Gangverhältnisses nach der Höhe stattfinde. Bei D war man wirklich so glücklich, eine kenntliche Gangkluft zu finden, welche sich mit gleichem Streichen und Fallen wie der Königs-Zechner Gang aufrichtete. Auch sie verfolgte man noch mittelst Ueberbrechens und fand Spuren schwarzen Erdkobalts und gesäuerter, silberhaltiger Kupfererze. Man hat aber keine gegründete Hoffnung gehabt, gröfsere Anbrüche davon zu machen, indem man bald in den dolomitartigen Kalkstein **), welchen ich schon in dem Orte von C bis D fand, kommt, und dieser ist jeder Erzführung bisjetzt ungünstig befunden worden. Von C bis D würde übrigens, wenn der erwähnte Kalkstein sich nicht so weit hineingezogen hätte, die oberste Kobalt-Niederlage zu suchen sein, wo sie sich in der That bei den diesseitigen Gruben jederzeit findet. Ich bin überzeugt, jeden Bergmann und Gebirgskenner wird die ganz der Natur getreue Darstellung dieser gangartigen Bildung, welche so treppenförmig absetzt, und die Niederziehung der untern Flötzschichten, gleichmäfsig mit dem modifizirten Fallen derselben in der Nähe der Gangebene, ansprechen, um so mehr, wenn er sich die glatte, in dem untern Theile am Hangenden gröfstentheils gestreifte Rückenfläche hinzudenkt. Die Streifen sind nicht der Fallungslinie parallel, sondern meistens schief, und nach ihnen zu urtheilen ist eine Rutschung und

---

Reuter für die von ihm empfangenen Mittheilungen viele Dank schuldig bin.

**) Mergelkalk in dem mehrerwähnten Aufsatze von mir, Rauhkalk von Herrn Klipstein a. a. O. genannt, dessen Schriftchen überhaupt viele sehr interessante Vergleichungspunkte mit den hiesigen Verhältnissen darbietet.

leibung zweier Gebirgsklötze an einander nicht zu verkennen, wiewohl dieselbe mehr seitwärts, den schiefen Streifen parallel, gewesen sein mag, woraus ich zugleich in Auskeilen des Gangverhältnisses gegen Mittag-Morgen an der Kuppe des Rothenberges folgere, wie es auch in der That schon der Fall zu sein scheint.

Das Profil 2 zeigt eine andere Art von Gangverhältnifs bei Neugeboren Kindlein, ebenfalls nach einer genauen markscheiderischen Aufnahme, welche die dortigen bergmännischen Aufschlüsse gestatteten. Hier sieht man eine Ueberschiebung zweier Gebirgstheile, wobei die darunter liegende, ältere Gebirgsschicht, auf eine gewisse Länge, zum Hangenden, nämlich das weifse Gebirge und der Sand, ersteres auch unmittelbar zum Dach des Flötzkalksteins geworden ist *). Man könnte dieses Verhältnifs ein blofses modifizirtes Flötzfallen nennen, wenn nicht wirkliche Gangklüfte, der Luisen- und Neugeboren-Kindlein Gang, damit in genauem Zusammenhange ständen. Bei *A* trift man die unterste Kobalt-Niederlage, Speiskobalt mit Kupfernickel, auf verschiedenen Quarz, Kalk und Schwerspath führenden Trümmern, welche das Weifsliegende durchschwärmen. Bei *B* am Kupferschiefer würde die mittlere Kobalt-Niederlage sein, welche indessen hier fehlt, mir wenigstens noch nicht bekannt geworden ist. Von *C* aufwärts kommen, in mehrern Klüften nebeneinander, auf die ausgezeichneteste Weise für dieses Vorkommen im Allgemeinen, die schwarzen Erdkobalte vor, ohne Begleitung anderer Kobalt- und Erzarten, bis zu einer, nicht immer gleichen Höhe, deren äufserste Grenze man noch nicht hinlänglich kennt. Kobaltblüthe und Beschlag findet sich hier gar nicht, weshalb ich auch durchaus nicht glauben kann, dafs sich ein wesentlicher Antheil von Arseniksäure in dem schwarzen Erdkobalte findet.

Uebrigens haben hier noch ziemlich in der Höhe der schwarzen Erdkobalte, jedoch in Folge der Ueberschiebung, wodurch das weifse Gebirge das Dach des Flötzkalksteins geworden ist, bei *D* ausnahmsweise Speiskobalt und Kupfernikkel nierenförmig gebrochen.

Dritte oder oberste Kobaltteufe. Die schwarzen Erdkobalte bilden sonach die oberste Nieder-

*) Eines ähnlichen, vielleicht desselben Verhältnisses, in seiner weitern nur etwas veränderten Fortsetzung beim Silberblüthner Schachte, erwähnte ich bereits oben. S. Archiv 19 Bd, II Heft.

lage vom Kupferschiefer aufwärts bis in die oberste Abtheilung des hiesigen Flötzkalkgebirges, den dolomitartigen Kalkstein. Ob die Klüfte und mit ihnen die Kobaltanbrüche hier und da bis zu Tage aussetzen, ist noch nirgends ermittelt, jedoch nicht unwahrscheinlich und unmöglich, sobald der erzführende Kalkstein, wenn ich ihn so nennen darf, bis zu Tage aussetzt, was auf der Höhe des Rothenberges der Fall zu sein scheint. Diese Niederlage ist die merkwürdigste von den dreien, indem sie so isolirt dasteht, und wegen der eigenthümlichen Art des Einbrechens des Kobalts. Dieser sitzt ½ bis 2 auch 3 Zoll mächtig in den Kalksteinklüften wie Rufs, hier und da auf Neben- und Schichtungsklüften sich hineinziehend. Mitunter ist auch das Nebengestein, ein rauchgrauer oder röthlich-brauner, zum Theil eisenschüssiger und poröser Kalkstein (Rauchwacke) ganz mit schwarzem Erdkobalt so fein durchzogen, wie von Dampf, dafs es fast scheint, als wären beide nicht blos mechanisch verbunden. Der Kobalt sitzt in den Drusen, Poren und Klüften des Kalksteins wie angehaucht, trennt sich aber leicht beim Waschen und Schlämmen, worauf sich die hier übliche Aufbereitungsmethode gründet, wie ich weiter unten kürzlich beschreiben werde.

Man kann sich des Gedankens kaum erwehren, wenn man diese mit der feinen Masse, gleich wie Rufs in einer Esse, angefüllten Klüfte, und das wie mit Dampf durchzogene Nebengestein beobachtet, dafs die oberste Kobalt-Niederlage sich durch Sublimation abgesetzt habe, welche Idee sogar noch durch den mit diesem Vorkommen verbundenen Zechstein — Dolomit — und die gewifs nach Profil II auf gewaltsame Weise geschehene Umstürzung der Schichten, unterstützt wird. Auch darf ich hierbei nicht unbemerkt lassen, dafs von den Klüften aus eine Veränderung des Zechsteins in Dolomit vorgegangen zu sein scheint, indem theilweise noch vom Dolomit Stücken des Zechsteins eingeschlossen sind; und ein ähnlicher Uebergang stattfindet, wie bei dem in Braun-Eisenstein sich umändernden Glimmer- oder Spath-Eisenstein (Fig. 3.). Es gehört jedoch nicht hierher, diese Idee weiter zu verfolgen; ich füge aber noch die Versicherung bei, dafs ich das Vorkommen selbst ganz der Wahrheit getreu geschildert habe. Gleich bemerkenswerth und eigentlich als Thatsache von höherm Gewicht, ist dagegen das Vorkommen der verschiedenen Kobaltarten in den verschiedenen Teufen nach ihren specifithen Gewichten unterschieden, so, zwar daſs die schwaren Erdkobalte, mit dem leichtesten Gewicht, die oberste, er braune und grüne die mittlere und der Speiskobalt mit dem schwersten Gewicht, die unterste Teufe einehmen *).

Unter den Verhältnissen, wie auf Profil 2 von *C* is *D* kommt der schwarze Kobalt gern auf Schichtungsflächen vor, auch zieht er sich von den meistens seigern Klüften auf die Schichtungsflächen hinaus. Bei Unverhoffte Freude im Saalfeldischen hat man lange auf solhen Schichtungsflächen Baue verführt. Bei Neugebornen Kindlein ist der auf dem Luisengange auf obige Weise in Klüften brechende schwarze Erdkobalt gegenwärtig Hauptgegenstand der Gewinnung, desgleichen bei Elisabeth, Silberblüthe und auf mehrern Saalfeldischen Gruben. Der Luisengang besteht hauptsächlich aus 2 Klüften, welche $\frac{1}{2}$ — $\frac{3}{4}$ Lachter von einander entfernt ind. Der zwischen beiden eingelagerte, zum Theil m Dolomit umgeänderte Kalkstein, gleichsam die Gangnasse bildend, wird von unzähligen Klüften durchzogen Tab. XII. Fig. 3.) welche jedoch alle an den Hauptklüften abschneiden. Sowohl die Beschaffenheit des zwischen den Klüften liegenden Kalksteins, als die des Nebengesteins im Hangenden und Liegenden, haben wesentichen Einfluſs auf die Güte des Kobalts, was jedoch n keinem Fall von einem veredelnden Einflusse desselen auf die Kobaltführung, wie man wohl in vielen ndern Fällen warzunehmen Veranlassung hat, z. B. bei den Fahlerzen und Kupferkiesen im bituminösen Mergelschiefer und Weiſsliegenden, herrührt, sondern bloſs Folge einer spätern, durch hineingedrungene Tagewasser bewirkten, Auflösung des zum Theil sehr eisenchüssigen Kalksteins ist. Die Kobalte der mittlern und interster Niederlage sind ein Hauptbestandtheil des Königs-Zechner Erzdepots gewesen; im Camsdorfer District hat man dieselben am Silberblüthner, Silberkroner Gange, bei Maximiliana- und am Kronprinze Gange No. 1. kennen gelernt. Bei der Königs-Zeche werden diese Ko-

*) Etwas ähnliches, jedoch nur in ganz kleinem Maſsstabe, bemerkte ich vor Kurzem an einem Stück auf der Königs-Zeche, wo in einem drusenartigen Raume Kupferkies und Fahlerz zusammen enthalten waren, in der Art, daſs letzteres, als das schwerere, den untern Theil einnahm und darauf der Kupferkies lag; enthalte mich jedoch aller Folgerungen, welche man aus dieser, vielleicht auch nur ganz zufälligen, Erscheinung machen könnte.

balte mit Fahlerzen, Kupferkies auch Kupfernikkel zugleich gewonnen, durch sorgfältige Handscheidung separirt und nach ihrer Qualität in verschiedene Sorten getrennt. Mit den silberhaltigen Kupfererzen innig verbunden ist deren Handscheidung schwer, oft unmöglich. Gegenwärtig wird dieselbe dadurch erleichtert, dafs man wegen weiterer Benutzung der Speise auf Kobalt auch Speiskobalte, wenn die Handscheidung sehr kostspielig sein söllte, mit den silberhaltigen Erzen verschmelzen kann, ohne Verlust zu haben *).

Mühsam sind die schwarzen Erdkobalte zu gewinnen und aufzubereiten, so dafs nur ihr hoher Werth, den sie als ziemlich reine Kobalt Oxyde haben, die Kosten überträgt. Am liebsten sucht man ein solches Trum von dem untersten Punkte aus in Angriff zu nehmen, um Firstenbau zu treiben. Die Gewinnung in einem vorgerichteten Baue geschieht mit langen Messern, womit der Kobalt möglichst tief aus der Kluft herausgeholt wird und wobei er in eine untergesetzte oder gehaltene Mulde fällt. Kann der Arbeiter mit seinem Messer nicht weiter fort, so wird Nebengestein nachgeschossen und dieses, wenn noch Kobalt daran oder darin ist, sorgfältig gefördert. Alsdann werden die Saalbänder, an welchen noch Kobalt, meist in taubiger Gestalt, festsitzt, mit dem Messer abgeschabt, damit nichts verloren geht.

Wegen des fettig glänzenden Striches, welchen der Kobalt giebt, bekommen die Saalbänder dadurch einen eignen Glanz und eigenthümliches Ansehn. Wenn die Saalbänder mit Kobalt bekleidet sind, so führen die Trümmer in der Regel sehr schöne Anbrüche, welche mitunter gleich Kaufmannsgut sind. Ein solcher Firstenbau kann in der Regel nicht ganz regelmäfsig verführt werden, weil die Klüfte aufserordentlich häufig verdrückt sind, wodurch sich taube Mittel gebildet haben. Man geht deshalb auch immer wo möglich der offnen Kluft nach und läfst sich so gleichsam zu den Anbrüchen den Weg zeigen. Ist ein taubes Mittel gröfs, so wird es

*) Früher wurde die Speise, indem man sie nur als eine Kupferspeise betrachtete, mit den Rohsteinen zusammen geröstet und zu Schwarzkupfer weiter verschmolzen, wodurch nicht nur sehr unreine Schwarzkupfer entstanden, welche bei den Saigerhütten schwer zu bearbeiten waren, sondern auch beim Rösten durch das sich dabei verflüchtigende Antimon und Arsenik, viel Silberverlust bewirkt wurde.

ırchbrochen,-indem man dann auch hier die Kluft geľnet, und Kobaltführung erwarten kann, wenigstens ərmuthen darf. Der in den untergehaltenen Mulden əsammelte Kobalt wird, als eine reiche Sorte und weən des klaren Zustandes, gleich in dem Baue in Säcke əpackt und in diesen bis zu Tage gefördert, um nichts on dem werthvollen Producte zu verlieren. Ueber der ängebank angekommen wird er in Mulden gewaschen, odurch die anhängende Unreinigkeit abfliefst, das unıltige Nebengestein kenntlich wird und sogleich herausəworfen werden kann. Nach dem Waschen, welches ı fliefsendem Wasser geschieht, wird er im Sommer n der Luft auf hölzernen Bühnen, im Winter auf Eiənblechen über Oefen, oder auf diesen unmittelbar ge·ocknet und dann gesiebt. Die Siebe sind von Messingraht geflochten und haben feinere und gröbere Durchänge. Je nachdem die Umstände es erheischen, wird as getrocknete Haufwerk von den gröbern in die feiern Siebe gethan. Das Klare, was hierbei durch die iebe geht, ist gut und bildet in der Regel die erste orte. Das, was zurückbleibt, wird in 3 Theile getheilt ermittelst der Handscheidung, wozu man kleine Jungen on 12 bis 15 Jahren gebrauchen kann und mufs, wenn ıan an Kosten ersparen will. Ein Theil kommt noch u der Sorte 1, der andere bildet die zweite Sorte und ər dritte ist unhaltiges Gestein, was weggeworfen wird. 'as Nebengestein, woran noch Kobalt befindlich ist, 'ird wie schon erwähnt, in der Grube ausgehalten, über age durchgesehen, die guten Theile werden mit dem ſesser abgeschabt und, ist es dann noch zu benutzen, ıöglichst fein gepocht und ebenfalls gewaschen. Nach em Waschen, wenn das Haufwerk trocken geworden, ıfst sich das Gute von dem Unhaltigen leicht unterscheien und man bildet dann auf dem Wege der Handscheiung ebenfalls wieder mehrere Sorten, welche den obien beiden zugegeben werden. Das Sortiren beruht, ufser auf dem Augenschein, ganz besonders auf dem trich, welchen man mit dem Messer beim Schneiden rhält. Vielfach durch Erfahrung geübte Arbeiter gehöən daher immerhin dazu, insbesondere noch darum, weil uf die Art des Neben-Gesteins viel ankommt, indem ıan sich hüten mufs, von mancher Kalksteinart, welche isenschüssig ist und die die Arbeiter durch öfteres Seen genau kennen, etwas unter die verkäufliche Waare ı bringen, indem man sonst leicht Fuchs erhält.

Die Trübe, welche beim Waschen abgeht, läßt man nicht gleich in die wilde Fluth laufen, sondern in eine, der Gröfse der aufzuarbeitenden Massen angemessene Mehlführung, aus 3 bis 4 Gräben bestehend. In diesen setzt sich ein feiner Schlamm ab, welcher zwar nicht mehr sehr intensiv blau färbt, allein doch noch zum Verkauf zu benutzen ist, auch durch mehrmaliges Verwaschen höher in der Farbe getrieben werden kann. Ist der Kobalt sehr fein in dem Gesteine eingesprengt und wäscht man edle Geschicke, so mufs man übrigens sehr vorsichtig sein, damit man nicht der Leichtigkeit des Kobalts wegen (das specifische Gewicht desselben ist sogar geringer als das des Kalksteins) Verluste hat, indem derselbe, anstatt sich abzusetzen, mit weggeführt wird. Gemachte Erfahrungen erheischen in dieser Hinsicht grofse Vorsicht und es fragt sich daher, ob nicht noch eine zweckmäfsigere Aufbereitungsmethode anzuwenden wäre.

Erst in neuster Zeit hat man angefangen, mehr Erfahrungen über das Vorkommen sowohl als die bestmögliche Benutzung der Kobalte zu sammeln, indem es unter der sächsischen Regierung zwar nicht direct verboten war, Kobalte zu produciren, diese jedoch nur nach Schneeberg im Erzgebirge zum Verkauf geliefert werden durften, wo man nicht einmal gute Preifse erhielt. Man wird sich deshalb auch noch mancher neuen Erfahrung beim fernern ausgedehnten Betriebe unterwerfen müssen. Die angeführte Beschränkung, zum Nutzen und Flor der Schneeberger Blaufarbenwerke getroffen, hat übrigens noch den nachtheiligen Einflufs gehabt, dafs manche Baue ganz liegen bleiben mufsten, oder, wenn dies nicht geschah oder nicht verhindert werden konnte, die Baue von Bergleuten, welche heimlich Kobalt zu gewinnen und zu verkaufen suchten, zum Theil auf traurige Weise verunreinigt wurden. Obgleich diese Schlußbemerkung in keinem wesentlichen Zusammenhange mit dem vorstehenden Aufsatze steht, so ist sie doch eine geschichtliche Merkwürdigkeit, welche auf das vormals sächsische Revier Camsdorf und den beschriebenen Betriebszweig nachtheiligen Einflufs gehabt hat, und als solche habe ich sie beiläufig anführen wollen.

Lightning Source UK Ltd.
Milton Keynes UK
UKHW010610110219
337000UK00006B/297/P